鄭晃忠　劉傳璽　主編
台灣電子材料與元件協會　編著

# 新世代
# 積體電路
# **製程技術**

東華書局

國家圖書館出版品預行編目資料

新世代積體電路製程技術 / 王木俊等合著. 初版. -- 臺北市：臺灣東華，民 100.09

488 面 ; 19x26 公分

ISBN 978-957-483-671-0（平裝）

1. 積體電路

448.62　　　　　　　　　　　　　　　100017139

# 新世代積體電路製程技術

| | |
|---|---|
| 主　　編 | 鄭晃忠・劉傳璽 |
| 發 行 人 | 陳錦煌 |
| 出 版 者 | 臺灣東華書局股份有限公司 |
| 地　　址 | 臺北市重慶南路一段一四七號三樓 |
| 電　　話 | (02) 2311-4027 |
| 傳　　眞 | (02) 2311-6615 |
| 劃撥帳號 | 00064813 |
| 網　　址 | www.tunghua.com.tw |
| 讀者服務 | service@tunghua.com.tw |
| 直營門市 | 臺北市重慶南路一段一四七號一樓 |
| 電　　話 | (02) 2371-9320 |
| 出版日期 | 2011 年 9 月 1 版 1 刷<br>2017 年 7 月 1 版 4 刷 |

| | |
|---|---|
| ISBN | 978-957-483-671-0 |

版權所有 ・ 翻印必究

## 作者群

| | | | | |
|---|---|---|---|---|
| 王木俊 | 王哲麒 | 何青松 | 李敏鴻 | 阮弼群 |
| 林世杰 | 林成利 | 林蕙菁 | 翁士元 | 張書通 |
| 陳冠能 | 陳裕華 | 陳鴻文 | 曾靖揮 | 楊健國 |
| 葉文冠 | 鄒議漢 | 廖忠賢 | 劉傳璽 | 鄭晃忠 |
| 鄭裕庭 | 賴朝松 | | | |

# 主編的話

台灣在三、四十年前經由政府的規劃與推動，由國外引進積體電路製造及設計技術，由於介入國際分工的時機與策略正確，搭配高素質的人力資源，以及不斷投入研發及製程技術及充分利用核心能力，發展至今，已建立起獨特的上、中、下游垂直分工模式，自上游設計、中游製造至下游封測均有獨立專工的廠商，也在全球 IC 產業佔有一定的地位。因此，本協會 (台灣電子材料與元件協會) 在 1997 年由當時理事長 張俊彥教授與敝人共同主編【積體電路製程及設備技術手冊】一書，以利學界與業界對積體電路製程技術之瞭解。

多年來摩爾定律 (Moore's law) 一直扮演推動半導體製程發展的角色，而隨著積體電路技術之演進，元件尺寸日益縮小，逐漸碰觸到物理極限的問題，包括製作更小線寬之製程能力極限，MOS 元件持續的縮小時的漏電流 (leakage) 與功率消耗 (power consumption) 問題，元件模型在元件持續縮小時的適用性等。

面對這些技術上的艱鉅挑戰，新世代的積體電路製造技術必須尋求更先進的技術甚或不同材料的解決之道。筆者有識於此，乃再一次邀集國內業界領導廠商之專家與學界前瞻技術研究之教授共同編寫本書，針對前瞻的半導體製程技術，包含次世代的微影曝光、蝕刻、擴散、薄膜技術，以及材料與元件，如高介電常數 (high-k) 材料、應變矽 (strained silicon) 絕緣層上覆矽 (silicon on insulator；SOI)、鰭狀電晶體 (FinFET) 等之研究技術與發展作介紹。期望能讓各位讀者有所了解並投入參與，進而對台灣的新世代積體電路發展略盡棉薄之力。

台灣電子材料與元件協會 理事長
交通大學電子工程系　教授　鄭晃忠　謹識

2011 年 9 月

**積**體電路 (IC) 是我國的高科技明星產業，台灣近二、三十年來在積體電路製造技術上的成就，全世界有目共睹，可與世界先進技術並駕齊驅。就產能方面，台灣擁有全世界最密集的 IC 製造工廠，每年均需要大量的人才投入，因此不僅是電機、電子背景的人才，背景為物理、材料、化工、機電…等人才亦為 IC 廠積極網羅的對象。為因應大量的人才需求量與縮短摸索學習的時間，在 1997 年，由張俊彥教授與鄭晃忠教授主編、經濟部技術處發行的「積體電路製程及設備技術手冊」，匯集了當時國內半導體學術界與產業界的專家，專門為了適合國人閱讀而寫的嘔心瀝血之作。

　　如今製造積體電路的元件特徵尺寸，已由早期的次微米尺寸進入到奈米範圍，許多新的製程技術與應用也與以往大不相同，因此台灣電子材料與元件協會 (EDMA) 理事長鄭晃忠教授，邀集國內半導體業界與學界具有多年實務經驗的作者，針對目前最新的製造技術，共同編撰此書，以期讓有心投入 IC 產業的後進能夠以最有效率的方式，一窺先進積體電路製程技術的全貌。

　　本書宗旨是提供讀者在 IC 製造上的先進製程與應用介紹，同時也希望此書的出版，能對我國 IC 的技術發展與人才培育，略盡棉薄之力。最後，此書出版，由於時間緊迫，倉促付梓，疏漏之處，在所難免，企首期望產學界先進不吝來函指教，待再版時予以改進。

台灣師範大學機電科技學系 教授　劉傳璽　謹識

2011 年 9 月

# 目 錄

**Chapter 1** 總 論 ................................................. 1

**1.1** 電晶體與積體電路的發明　　2
**1.2** 積體電路製程技術　　5
**1.3** 關於摩爾定律　　7
**1.4** 記憶體積體電路的發展　　9
**1.5** 新摩爾定律　　11

**Chapter 2** 擴散模組 ................................................. 17

**2.1** 前言　　18
**2.2** 熱氧化 18
　　2.2.1 基礎氧化機制與傳統氧化法　　18
　　2.2.2 先進閘極氧化層製程　　22
　　2.2.3 新世代閘極氧化層製程　　33
**2.3** 先進 CMOS 積體電路離子佈植製程　　36

**Chapter 3** 薄膜模組 ................................................. 45

前言　　46
**3.1** 金屬化製程的金屬材料源及製程方式　　46
　　3.1.1 金屬化製程的金屬種類　　46

vii

| | | |
|---|---|---|
| | 3.1.2 金屬薄膜沉積方式 | 47 |
| **3.2** | 金屬薄膜物理氣相沉積 | 47 |
| **3.3** | 金屬薄膜化學氣相沉積 | 48 |
| **3.4** | 金屬薄膜化學電鍍沉積 | 49 |
| **3.5** | 金屬化薄膜在 IC 製程上的應用 | 50 |
| | 3.5.1 矽化物金屬薄膜製程 | 50 |
| | 3.5.2 接觸栓金屬薄膜製程 | 52 |
| | 3.5.3 導電層金屬薄膜沉積 | 56 |
| **3.6** | 介電層的介紹 | 69 |
| | 3.6.1 介電層的功能 | 69 |
| | 3.6.2 介電層的應用 | 69 |
| | 3.6.3 介電層的形成 | 69 |
| **3.7** | 化學氣相沉積 | 71 |
| | 3.7.1 反應機制 | 71 |
| | 3.7.2 晶核形成的形式 | 72 |
| | 3.7.3 沉積反應的形式 | 74 |
| | 3.7.4 反應能量形式 | 75 |
| | 3.7.5 階梯覆蓋率 | 76 |
| **3.8** | 介電層化學氣相沉積反應器類型 | 77 |
| | 3.8.1 APCVD | 77 |
| | 3.8.2 PECVD | 78 |
| | 3.8.3 HDP | 81 |
| **3.9** | 介電層化學氣相沉積製程的薄膜特性 | 84 |
| | 3.9.1 矽烷與 TEOS | 84 |
| | 3.9.2 製程反應器特性 | 85 |
| **3.10** | 介電層在積體電路製造的應用 | 86 |

目 錄

## Chapter 4　微影模組 — 93

- 4.1　簡介　94
- 4.2　光阻性質　96
- 4.3　微米與次微米曝光系統　102
  - 4.3.1　接觸式與鄰接式曝光系統　103
  - 4.3.2　投影式與掃描投影式曝光系統　105
  - 4.3.3　步進式與步進掃描式曝光系統　106
- 4.4　先進奈米曝光系統與技術　107
  - 4.4.1　相位移光罩技術　108
  - 4.4.2　浸潤式微影技術　110
  - 4.4.3　雙重曝影製作技術　111
  - 4.4.4　奈米轉印微影技術　113
  - 4.4.5　奈米噴印成像技術　115
  - 4.4.6　超紫外光 (EUV) 微影技術　116
  - 4.4.7　多重電子束微影技術　120
- 4.5　微影模組關鍵因素與考量　124
  - 4.5.1　微影模組中的景深　124
  - 4.5.2　微影模組中的曝光能量　125
  - 4.5.3　曝光尺寸偏差容忍度　126
- 4.6　微影模組技術的趨勢　127

## Chapter 5　蝕刻模組 — 135

- 5.1　前言　136
- 5.2　蝕刻技術原理　136
  - 5.2.1　蝕刻技術原理介紹　136
  - 5-2-2　蝕刻參數的介紹　138

ix

| | | | |
|---|---|---|---|
| 5-3 | 濕式蝕刻 | | 140 |
| | 5-3-1 金屬蝕刻 | | 140 |
| | 5-3-2 介電層蝕刻 | | 141 |
| 5-4 | 乾式蝕刻 | | 143 |
| | 5-4-1 何謂電漿 | | 145 |
| | 5-4-2 電漿蝕刻機制 | | 145 |
| | 5-4-3 蝕刻製程參數 | | 147 |
| | 5-4-4 高密度電漿 | | 148 |
| | 5-4-5 蝕刻終點偵測 | | 150 |
| | 5-4-6 電漿蝕刻的應用 | | 151 |
| 5-5 | 先進蝕刻製程技術與應用 | | 152 |
| | 5-5-1 先進蝕刻製程機台簡介 | | 152 |
| | 5-5-2 先進蝕刻製程簡介 | | 156 |

## Chapter 6　High-k 介電層製程 (I)：材料與整合製程 ------175

| | | | |
|---|---|---|---|
| 6.1 | 前言 | | 176 |
| 6.2 | 高介電係數介電層的需求與特性 | | 177 |
| | 6.2.1 介電常數和 band offset 大小 | | 180 |
| | 6.2.2 熱穩定性問題 | | 182 |
| | 6.2.3 薄膜形態 | | 182 |
| | 6.2.4 界面品質 | | 184 |
| | 6.2.5 閘極相容性 | | 186 |
| | 6.2.6 製程整合相容性 | | 189 |
| | 6.2.7 可靠度問題 | | 190 |
| 6.3 | 高介電係數介電層的元件製程 | | 194 |
| | 6.3.1 閘極先製製程 | | 194 |

6.3.2　閘極後製製程　　　　　　　　　　　　　　　194
6.4　高介電係數介電層/金屬閘極元件的物理和
　　　電性特性　　　　　　　　　　　　　　　　　　　197
　　　6.4.1　二氧化鋯 (ZrO2) 介電層　　　　　　　　　197
　　　6.4.2　二氧化鉿 (HfO2) 介電層　　　　　　　　　200
　　　6.4.3　Hf-silicate 介電層　　　　　　　　　　　　201
　　　6.4.4　HfLaO 介電層　　　　　　　　　　　　　　202
　　　6.4.5　HfAlO 介電層　　　　　　　　　　　　　　203

## Chapter 7　High-k 介電層製程 (II)：應用　　　211

7.1　前言　　　　　　　　　　　　　　　　　　　　　212
7.2　高介電係數材料在 SONOS 記憶體上的應用　　　212
　　　7.2.1　新型記憶體的近期研究　　　　　　　　　　213
　　　7.2.2　SONOS 的使用　　　　　　　　　　　　　　214
　　　7.2.3　SONOS 非揮發性記憶體的操作方式　　　　215
　　　7.2.4　High-k 材料在 SONOS 的應用　　　　　　　216
　　　7.2.5　BE-SONOS 的應用　　　　　　　　　　　　217
　　　小結　　　　　　　　　　　　　　　　　　　　　　220
7.3　高介電係數材料在奈米晶體記憶體上的應用　　　220
　　　7.3.1　High-k 奈米晶體　　　　　　　　　　　　　222
　　　7.3.2　奈米晶體的限制　　　　　　　　　　　　　　224
　　　7.3.3　High-k 奈米晶體記憶體的製程方法　　　　　225
　　　小結　　　　　　　　　　　　　　　　　　　　　　227
7.4　高介電係數材料在電阻式記憶體上的應用　　　　228
　　　7.4.1　電阻式記憶體 (RRAM) 簡介　　　　　　　　228
　　　7.4.2　新型導通橋式電阻式記憶體 (CBRAM)　　　233

新世代積體電路製程技術

|  |  | 7.4.3 電阻式記憶體的應用 | 235 |
|---|---|---|---|
|  |  | 小結 | 235 |
|  | **7.5** | 高介電係數材料在感測場效電晶體上的應用 | 236 |
|  |  | 7.5.1 感測器之簡介 | 237 |
|  |  | 7.5.2 離子感測場效電晶體之歷史背景 | 238 |
|  |  | 7.5.3 離子感測機制 | 239 |
|  |  | 7.5.4 感測器之製程技術 | 240 |
|  |  | 7.5.5 感測器之量測系統 | 242 |
|  |  | 7.5.6 高介電係數薄膜對感測特性之影響 | 242 |
|  |  | 7.5.7 雙層結構與薄膜厚度之極限：二氧化鉿 (HfO2) | 245 |
|  |  | 小結 | 246 |

## Chapter 8 應變矽製程 — 257

|  | **8.1** | 應變矽工程的理論基礎 | 258 |
|---|---|---|---|
|  |  | 8.1.1 應變矽的材料性質與載子傳輸特性 | 259 |
|  |  | 8.1.2 全區域應變 (global strain, 使用矽鍺虛擬基板) | 260 |
|  |  | 8.1.3 局部區域應變 [local strain, 使用各種局部應力源 (stressor)] | 261 |
|  | **8.2** | 全面性應變 (矽鍺緩衝層結構) | 264 |
|  | **8.3** | 區域性應變 (製程造成) | 270 |
|  |  | 8.3.1 Intel: 90 nm technology node for Pentium IV | 272 |
|  |  | 8.3.2 TSMC: 3D Strain Engineering (process-strained Si, PSS) | 273 |

| | | | |
|---|---|---|---|
| | 8.3.3 | Toshiba: Local Strain Induced by STI | 274 |
| | 8.3.4 | Mitsubishi Electric Corporation: Local strained Channel Technique | 275 |
| | 8.3.5 | Hitachi: Local Mechanical-Stress | 276 |
| | 8.3.6 | NEC: Mechanical stress induced by Etch-stop nitride | 277 |
| **8.4** | 先進應變矽元件製程技術 | | 278 |
| | 8.4.1 | Intel 的 45 nm 應變矽元件製程技術 | 278 |
| | 8.4.2 | 應變矽鰭式電晶體 | 281 |

## Chapter 9　SOI 製程 ........................................... 291

| | | | |
|---|---|---|---|
| **9.1** | 概述 | | 292 |
| **9.2** | SOI MOSFET 操作原理 | | 293 |
| | 9.2.1 | SOI 材料與晶圓 (wafer) 製作 | 295 |
| | 9.2.2 | SOI 技術的優點與限制 | 299 |
| | 9.2.3 | SOI MOSFET 電晶體種類與操作 | 300 |
| **9.3** | SOI 元件之應用 | | 309 |
| | 9.3.1 | 邏輯/射頻電路與記憶體應用 | 309 |
| | 9.3.2 | 影像感測器 | 312 |
| **9.4** | 新型 SOI 元件 | | 314 |
| | 9.4.1 | 双閘極及全環繞閘極 SOI 元件 | 316 |
| **9.5** | SOI 元件未來發展與展望 | | 320 |
| **9.6** | 結論 | | 324 |

# Chapter 10　非揮發性記憶體製程　331

**10.1**　概述　332

**10.2**　載子注入型記憶體發展　334

　　10.2.1　載子陷入元件　334

　　10.2.2　多晶肩側壁元件　337

　　10.2.3　奈米晶體元件　340

**10.3**　相變化記憶體　342

　　10.3.1　相變化記憶原理　343

　　10.3.2　現今發展的製程　344

　　10.3.3　未來發展的方向　345

**10.4**　磁阻隨機存取記憶體　346

　　10.4.1　磁阻記憶原理　347

　　10.4.2　現今發展的製程　349

　　10.4.3　未來發展的方向　349

**10.5**　鐵電隨機存取記憶體　351

　　10.5.1　鐵電記憶原理　351

　　10.5.2　現今發展的製程　353

　　10.5.3　未來發展的方向　355

**10.6**　電阻式隨機存取記憶體　357

　　10.6.1　電阻式記憶原理　359

　　10.6.2　現今發展的製程　360

　　10.6.3　未來發展的方向　361

# 目 錄

## Chapter 11 動態隨機存取記憶體技術 —— 369

**11.1** 概述　　370

**11.2** DRAM 簡介　　373
　　11.2.1　半導體記憶體　　373
　　11.2.2　DRAM 的種類　　375

**11.3** DRAM 的工作原理　　377
　　11.3.1　DRAM 的基本架構　　377
　　11.3.2　記憶單元資料之存取　　378
　　11.3.3　訊號感測電壓　　381

**11.4** DRAM 記憶單元技術　　382
　　11.4.1　DRAM 記憶單元電容技術　　382
　　11.4.2　DRAM 記憶單元電晶體技術　　391

**11.5** 周邊電路元件技術及其他　　398
　　11.5.1　DRAM 的存取速度　　399
　　11.5.2　DRAM 的數據速率　　399
　　11.5.3　記憶單元佈線技術　　400

**11.6** DRAM 未來之展望　　401

**11.7** 結論　　402

## Chapter 12 新世代邏輯製程應用 —— 411

**12.1** 前言　　412

**12.2** 邏輯製程平台-微型化　　413

**12.3** 嵌入式記憶體　　418
　　嵌入式 SRAM　　419
　　嵌入式 DRAM　　422
　　嵌入式 NVM　　424

| | | |
|---|---|---|
| **12.4** | 整合類比射頻與高電壓元件 | 426 |
| | 12.4.1　整合類比射頻元件 | 426 |
| | 12.4.2　整合高電壓元件 | 432 |
| **12.5** | 整合感測與致動元件 | 435 |

## Chapter 13　三維積體電路製程　441

| | | |
|---|---|---|
| **13.1** | 前言 | 442 |
| **13.2** | 晶圓級三維積體電路製程 | 443 |
| | 13.2.1　晶圓級 3DIC 技術分類 | 443 |
| | 13.2.2　實例介紹：MIT 晶圓級三維積體電路製程 | 446 |
| | 13.2.3　關鍵晶圓級三維積體電路製程技術 | 451 |
| **13.3** | 三維積體電路系統構裝技術 | 453 |
| **13.4** | 三維積體電路製程技術在微系統的應用 | 458 |
| | 13.4.1　微機電系統應用與關鍵製程技術簡介 | 459 |
| | 13.4.2　應用於微系統整合之三維積體電路技術與所面臨之挑戰 | 464 |
| **13.5** | 三維積體電路優點與挑戰 | 467 |
| **13.6** | 結論 | 467 |
| | 誌謝 | 468 |

# Chapter 1

# 總 論

鄭晃忠
翁士元

## 作者簡介

### 鄭晃忠

國立台灣大學物理系學士、國立清華大學材料科學與工程研究所碩士與博士。現為國立交通大學電子工程系暨電子研究所教授、台灣電子材料與元件協會理事長、國科會中部科學園區管理局技審會電子與光電領域召集人。曾任中華民國真空學會常務理事、中國液態晶體學會理監事、台灣電子材料與元件協會副祕書長、理事及其 "電子資訊" 審校及副總編輯、中山科學研究院科專計畫合作委員會學界委員與產業科技顧問委員會委員。經歷先後包括國科會國家毫微米元件實驗室副主任、國立交通大學半導體中心 (現為奈米中心) 主任、行政院科技顧問組兼任研究員、北京清華大學微電子研究所客座教授、國際資訊顯示學會台灣分會副秘書長、工業技術研究院光電所科專計畫合作委員會學界委員。曾先後榮獲裴陶裴會員、國科會優良及甲等研究獎、中華文化復興總會創作發明銅牌獎、國科會大專學生研究創作獎、台灣電子材料及元件協會傑出論文獎、國際平面顯示器之研討會 (1996, 1997, 1998, 1999) IDW 及 1998AMLCD 之邀請演講及論文委員會委員、電子技術第八屆金筆獎、宏碁電腦龍騰獎、科林公司 (Lam Research) 論文頭等獎與優等獎多次。著作有國際性期刊論文 200 餘篇、國際性及國內研討會論文 200 餘篇、中英文書籍 6 本、與美國專利及中華民國專利 50 餘件。

### 翁士元

國立交通大學電子研究所博士。現擔任鉅晶電子技術開發處副處長。曾在工研院電子所、茂德科技及聯華電子之技術開發與製程整合單位任職逾十五年。

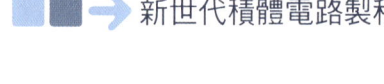新世代積體電路製程技術

## 1.1 電晶體與積體電路的發明

電晶體出現以前的時代，電子裝置都是利用真空管 (vacuum tube) 所建構，參見圖 1.1。真空管是一種真空元件，可使電子在真空狀態下的管內活動。舉凡無線電廣播、通訊、電視、長途電話、導航系統、電腦、自動控制等，真空管都佔有很重要的位置。但真空管體積龐大、耗電量大、散熱不易、可靠性低，在使用上相當不方便，而且價格昂貴。

圖 1.1　真空管與電晶體。(來源：Nobelprize.org)

1947 年，由美國貝爾實驗室的三位科學家——巴定 (John Bardeen)、布萊坦 (Walter Brattain)、蕭克利 (William Shockley) 共同以鍺元素作為半導體基材，發明了點接觸式電晶體 (point contact transistor)，並更進一步使用點接觸電晶體做成了一個語音放大器。數年之後，各式各樣的電晶體紛紛湧現，不僅能替代用來作為整流、檢波和放大功用的真空管，而且具有更小、更輕、更快、更敏銳、更可靠且更省電的優點。為此，蕭克利、布拉頓和巴丁分享了 1956 年諾貝爾物理學獎 [1]。

儘管電晶體的發明順利地取代了真空管在眾多電子電路方面的應用，但是當時的電路是把很多個單獨的電晶體、電阻、電容、電感等元件，藉由銲接技術組合起來，銲接點的品質往往影響了電路的可靠度；而且當電路越複雜時，電路上電晶體的數目就越來越多，因此造成互連的接頭太多，實際上很難實現成品，除非互連的難題能夠解決，否則電晶體應用的前景再怎麼有希望，都可能永遠也無法實現。這個製造難題促使全球各地的政府、研究實驗室，已逐漸開始研究其解

決之道。

　　到了 1958 年，美國德州儀器 (Texas Instrument) 公司的基爾比 (Jack Kilby) 與快捷半導體 (Fairchild) 公司的諾義斯 (Robert Noyce) 兩人，不約而同地提出積體電路 (integrated circuit, IC) 的概念。基爾比用鍺製作一個含有電阻和電容的震盪器電路。諾宜斯則是使用矽取代鍺，先把矽表面氧化，然後再蒸鍍金屬，完成積體電路的製作。

　　有別於傳統個別元件以焊接的方式把多個獨立的元件連結組成迴路的做法，積體電路是將電晶體加上二極體、電阻器及電容器等電路元件，製作在同一晶片上，並用金屬導線串接這些元件，組裝成一個具備特定功能，以及完整邏輯電路的單晶片電路，如圖 1.2 所示。利用這種做法，可把一個複雜的電路，乃至於一個完整系統壓縮在微小的空間內。

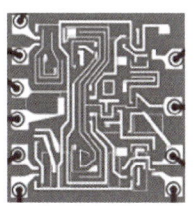 

圖 1.2　積體電路將眾多電路元件，製作在同一晶片上 [1]。

　　蕭克利、布拉頓和巴丁所發明的第一個電晶體是屬於雙極性接面電晶體 (bipolar junction transistor, BJT)，早期的積體電路也都是由雙極型電晶體所組成的。所謂雙極性接面電晶體，是由兩個 P-N 接面所形成的三端元件，包括 NPN 及 PNP 兩類電晶體。而這兩個 P-N 接面可外接順向偏壓或逆向偏壓，如此便有四種不同的排列組合，這也是電晶體的四種工作模式，如圖 1.3 所示。

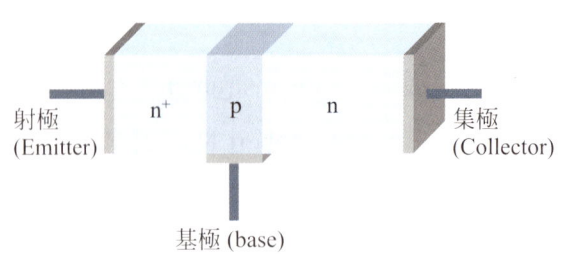

圖 1.3　NPN 雙極性接面電晶體示意圖。

直到 1970 年，通用微電子 (General Microelectronics) 與通用儀器公司 (General Instruments)，解決了矽與二氧化矽界面間大量表面態的問題，開發出金氧半電晶體 (metal-oxide-semiconductor, MOS)。

MOSFET 是利用閘極的偏壓在 MOS 電容的半導體和氧化層介面處吸引導電載體形成通道，閘極偏壓改變則通道載子 (channel carrier) 跟著改變。當閘極和源極間的電壓 $V_{GS}$ (G 代表閘極，S 代表源極) 小於一個稱為臨界電壓 (threshold voltage, $V_{th}$) 的值時，這個金氧半場效電晶體是處在「截止」(cutoff) 的狀態，電流無法流過這個金氧半場效電晶體，也就是說這個金氧半場效電晶體不導通。當一個夠大的電位差施於金氧半場效電晶體的閘極與源極之間時，電場會在氧化層下方的半導體表面形成感應電荷，因而形成所謂的「反轉層」(inversion layer)，此時金氧半場效電晶體便為導通的狀況。金屬氧化物半導體場效電晶體依照其「通道」的極性不同，可分為電子佔多數的 N 通道型與電洞佔多數的 P 通道型，通常又稱為 N 型金氧半場效電晶體 (NMOSFET) 與 P 型金氧半場效電晶體 (PMOSFET)，如圖 1.4 所示。由於金氧半電晶體比起雙極型電晶體所需的功率較低、有較高的集成度，同時因製程較簡單，所以價格也比較便宜。此外，由於 MOSFET 的結構特別適合被縮小化，而且功率需求也小，在同一晶片上製作上千萬個電晶體開關變得可行，因此成為後來大型積體電路的基本元件，特別是在電腦及通訊相關的電子設備中，這種大量的電晶體開關幫助我們處理、運算及記憶大量的數據。

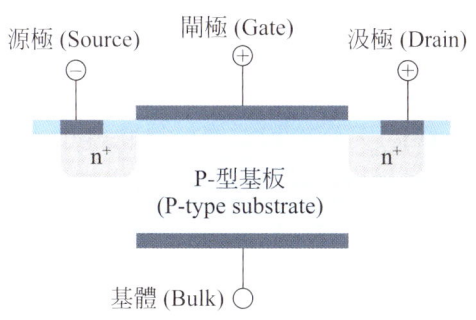

圖 1.4　N 型金氧半場效電晶體示意圖。

由於技術的迅速成長與突破，使得積體電路製成的電子儀器因成本低、性能高且能量消耗低的優勢，得以大行其道，半導體產業也因此急速成長，逐步成為現代新興工業的主流。現在日常所用的小型電子裝備，如個人電腦、手機、數位相機、網路等，都因積體電路技術的發展而存在，家電產品、交通運輸、太空、醫療及生物科技等領域，甚至連經濟活動及國際貿易也都離不開積體電路。

## 1.2 積體電路製程技術

積體電路的製造，其含塵量必須非常少，對於溼度、溫度與壓力均有嚴格控管的潔淨室中進行。其製作過程，則是以晶圓為基本材料，結合光罩進行曝光、顯像，使晶圓上形成各類型的電路，經過光學顯影與蝕刻、離子植入、高溫製程、化學氣相沉積、化學機械研磨等，一連串製程步驟交替地重複使用，再加上適當的製程監控，完成前段的晶圓製造 [2]。然後再經過晶圓探針檢測、切割、晶片封裝、測試等後段製程方始完成而成電子產品。

在傳統上，積體電路的前段的晶圓製程技術可分為擴散 (diffusion)、薄膜沉積 (thin film deposition)、微影 (photolithography)、與蝕刻 (etching) 等四大製程模組 (process modules)。本書的第 2 章到第 5 章將依序針對擴散、薄膜沉積、微影、與蝕刻等四大模組的製程技術進行介紹及討論。

第二章的擴散模組將針對熱氧化 (thermal oxidation) 與離子佈植 (ion implantation) 進行討論。把矽晶片曝露於高溫且含氧的環境中一段時間之後，即可在晶片表面長成一層與矽的附著性良好，且電性符合絕緣體要求的二氧化矽 (SiO$_2$)，可作為 MOS 結構中的墊氧化層 (pad oxide)、場氧化層 (field oxide)，及犧牲氧化層 (sacrificial oxide)。至於離子佈植是將經由高電壓加速的帶電原子或分子直接打入基材，最原始的目的是將欲摻雜的離子打入晶片中，因為比擴散法更能將所需要的摻雜物質準確地打入且控制濃度分佈，所以在積體電路中的應用很廣，例如製作 CMOS 電晶體中的源極 (source) 與汲極 (drain)、N 型及 P 型井與通道阻絕 (channel stop) 等。在第 2 章的熱氧化部分，將會從基本的氧化機制與傳統氧化法，再論及先進閘極氧化層製程，新世代閘極氧化層製程。最後在離子佈植部分，則會針對其在先進的 CMOS 製程的應用作介紹。

　　第 3 章的薄膜沉積模組，則將分別述及金屬化 (metallization) 製程與介電層 (dielectric) 製程兩大部分。金屬化製程的金屬薄膜沉積一般可由物理氣相沉積或化學氣相沉積獲得，而銅製程中的電鍍銅薄膜沉積方式，則是在含有硫酸銅電鍍液中進行。第 3 章金屬化製程的討論包括金屬矽化物 (silicide)、金屬導線阻障層 (barrier layer) 以及金屬導線 (metal wire) 的製作；至於介電層的介紹則包含化學氣相沉積 (chemical vapor deposition, CVD)、CVD 反應器類型、CVD 介電層的薄膜特性，以及介電層在積體電路製造中的應用。

　　一般微影製程大致可分為三大主要操作階段：光阻塗佈、對準與曝光，以及光阻顯影。隨著 MOSFET 元件尺寸持續的微縮，半導體製程由微米、次微米製程技術進入至現今奈米製程 (元件尺寸小於 100 奈米者稱之)，在微影模組部分已有重大的演變。如何解析出圖案，又能達到所預期的線寬 (line width) 與線間距 (spacing)，甚至沒有光阻殘留等現象，是一個很大的挑戰課題。第 4 章的微影製程部分，將會針對為滿足製程的演變的需求，在光阻的性質、曝光系統與曝光技術的發展與演進作介紹，最後還將對微影模組的關鍵因素與考量進行討論。

　　微影製程就是將光罩上的電路圖形轉移到光阻層上，這些光阻圖案必須再次轉移至下層的材料以形成元件的結構。此種圖案轉移 (pattern transfer) 是利用蝕刻製程，選擇性地將下層材料未被光阻遮蓋的區域以物理或化學反應或者是兩者的複合反應的方式去除，完成圖形的實現。第 5 章將從蝕刻製程的基本原理談起，然後依序介紹濕式與乾式(電漿)蝕刻，接著介紹蝕刻技術在半導體工業的應用，最後再探討先進蝕刻技術的應用。

## 1.3 關於摩爾定律

積體電路的發明促成了微電子產業的起飛。1965 年，英特爾 (Intel) 公司的創辦人摩爾 (Gordon Moore) 先生提出了一個經驗定律，他預言：約 18 到 24 個月積體電路晶片上的電晶體密度會以兩倍的速率成長，他也預測這樣的趨勢會持續一段時日，這就是有名的摩爾定律 (Moore's law)。

要持續這定律並非易事，首先元件的尺寸必須要微縮，以免晶片的面積增加到不合理的地步。電晶體縮小後，因為載子在電晶體中運行的距離變短了，所以訊號的傳輸時間也縮短了。將近半世紀來摩爾定律推動了產能提升，除了讓電晶體的成本下降，因此造就價格實惠的系統單晶片，也帶動了半導體產業驚人的發展。發展至今，現在一塊積體電路內包含上億顆電晶體已是稀鬆平常的事，展現的強大功能與影響已遠遠超越發展初期多數人的想像。

電晶體密度的提升有助於增加電路設計的彈性與應用的多樣化，因此晶片的功能也隨時間演進而日新月異。實際上，由於摩爾定律的加持、積體電路的發展造就了許多重要電子產業的崛起。這驅動力創造了超高速數位處理器、頻寬的提升及容量龐大的記憶體，使得個人電腦、行動電話以及需要大量資料流量與儲存空間的應用裝置，生產力獲得大幅提升。

目前摩爾定律仍將會持續邁進。但已有許多有識之士提出，若僅僅想依靠改變製程尺寸以提升性能而滿足摩爾定律的發展，即將遇到阻礙。因為摩爾定律率先預言，固定面積矽晶片上的電晶體數目，每 18 個月會增加一倍。這項定律至今都完全正確。不過由於製造過程中的電晶體密度增加，因此相關的製程開發成本也隨之大幅提升。

儘管種種有關摩爾定律已死的評論不斷在業界出現，但這並不表示半導體產業不再循摩爾定律，而是現在的摩爾定律應該更取決於產業所能開發出新材料的能力，這當然包括高介電係數介電層 (high-k dielectric)、應變矽 (strained silicon) 及絕緣膜上形成單結晶矽晶基板的半導體 SOI (Silicon-on-Insulator) 等。這才是半導體產業遵循摩爾定律的新方向，製程的微縮再也不是延續摩爾定律的坦途！

此外，隨著元件不斷地微縮，由深次微米進入奈米世代，有一些材料的物理極限，大大地提高了製程的困難度。以閘極氧化層為例，隨著 CMOS 元件尺寸之持續縮微，閘極氧化層厚度亦須隨之降低，而由於載子直接穿隧 (direct tunneling) 現象，使得閘極漏電流的情形變得更加嚴重。而多晶矽閘極亦由於多晶矽空乏、硼穿透，造成臨界電壓不穩定與可靠度變差的問題，已無法符合元件需求。為了克服以上兩點在新世代製程遭遇的困難，將傳統使用的二氧化矽 ($SiO_2$) 閘極氧化層以高介電係數介電層取代，並搭配金屬閘極 (metal gate) 的使用，為一個普遍認為可行的解決方法。在本書第 6 章即針對傳統複晶矽 (poly-Si) 閘極與二氧化矽絕緣層的物理極限，以及 high-k 介電層材料與金屬閘極間之整合製程，作一個有系統的介紹。本書的第 7 章則將針對高介電係數材料在記憶體與感測元件的應用作一個詳細的介紹，從理論敘述、製程方法，和元件特性等方面來比較不同高介電係數材料應用的優劣點以及未來的趨勢。

此外，由於元件尺度微縮以提升金氧半場效電晶體特性表現的方式遭遇到微影製程技術瓶頸、技術成本大幅增加等因素，其他替代方法被廣泛研究。換言之，尋求能夠延續製程微縮的新興材料，以便能延用現有製程設備，又能持續微縮的奈米級 CMOS 技術，是多年來半導體業界關注的重要議題。

其中利用材料特性上的應變作用 (strain effect) 來改善元件驅動電流的方式備受矚目。目前矽材料技術的發展已朝向利用應變工程的方式來調整其能隙與載子遷移率，進而達到更好的性能。元件特性亦可藉由提供適當地通道應力來獲得提升，最早先由史丹佛大學與麻省理工的研究團隊提出，將矽長在矽鍺虛擬基板方式形成應變矽 [3] [4]。此外，值得一提的是，Intel 從其 90 nm 技術節點到現在 32 nm 技術節點都採用應變矽技術來提升其產品效能，使得 CMOS 技術正式宣告進入應變工程的新紀元。在電晶體製造過程中，常見的應力產生方式有：將矽長在矽鍺虛擬基板、用矽鍺合金或矽碳合金來填充的源極與汲極應力源、附有應力的氮化矽覆蓋層 (CESL)、淺溝渠隔離技術 (STI) 等等。對先進的矽積體電路而言，引入應力至通道來提升元件效益的觀念，是目前主流的技術。在本書第 8 章將應變矽製程技術分為四個小節來介紹：首先，介紹應變矽的基本原理；接下來，將分別介紹全區域應變 (global strain) 製程與局部區域應變 (local strain) 製程；最後，以目前先進應變矽技術，與高介電質合金屬閘技術的結合，以及鰭式場效電晶體 (Fin field-effect transistor, FinFET) 與應變工程的結合作為結尾。

FinFET 是一種新的互補式金氧半導體電晶體。在傳統電晶體結構中，控制電流通過的閘門，只能在閘門的一側控制電路的接通與斷開，屬於平面的架構。在 FinFET 的架構中，閘門成類似魚鰭的叉狀 3D 架構，可於電路的兩側控制電路的接通與斷開。這種設計可以大幅改善電路控制並減少漏電流，也可以大幅縮短電晶體的閘長。目前 FinFET 閘長已可小於 25 奈米，未來預期可以進一步縮小至 9 奈米。

另一方面，為了能夠達到元件持續微縮後所衍生的功率消耗減低，以及抑制散熱與高性能化等需求，絕緣膜上形成單結晶矽晶基板的半導體 SOI 已也已被研發成功 [5]。SOI 技術可以降低電源消耗、減少電流的流失、加快 IC 的處理速度，應用在需要較低電源消耗的設備上，如行動電話、手錶等。SOI 被預期能在現有至 22 nm，甚至是以下節點之中，為製程微縮所帶來之電晶體結構問題提供解決方案的主要技術之一。為了能充分發揮 SOI 高速作業的特點，目前也積極朝高頻率 IC 應用發展。在第 9 章將針對 SOI 技術的發展過程，基本元件操作特性，SOI 基板與元件的製作方法與過程、材料與元件特性以及產品應用等逐一作分析，並探討未來 SOI 元件技術上的挑戰。

## 1.4 記憶體積體電路的發展

在科技日益進步的今日，各種不同的電子產品帶給我們舒適便利的生活。在這些電子產品中，記憶體積體電路扮演著舉足輕重的角色。記憶體 IC 依照其資料儲存的特性，一般可分為揮發性 (volatile) 記憶體以及非揮發性 (non-volatile)

記憶體。

　　揮發性記憶體 IC 的資料儲存需要一直有電源的供給，才能擁有儲存資料的能力。當電源切斷時，揮發性記憶體內存的資料會很快的揮發消失掉。常見的揮發性記憶體，包含靜態隨機存取記憶體 (static random access memory, SRAM)以及動態隨機存取記憶體 (dynamic random access memory, DRAM)。SRAM 與 DRAM 常被大量使用在電腦系統及電子產品中作為資料暫存用之記憶體。非揮發性記憶體則是利用特殊的半導體元件以及物理機制，讓特定數量的電子能夠長期儲存在記憶體元件裡面的浮動閘極來保存資料，就算電源被切斷，非揮發性記憶體還是能夠維持所保存之資料。常見的非揮發性記憶體，包含在數位相機中的記憶卡、隨身碟，以及 MP3 Player 中常被使用的快閃記憶體 (flash memory) 與任天堂，以及其他掌上型遊戲卡帶常被使用的唯讀記憶體 (ROM)。

　　由於應用需求的推動，非揮發性記憶體技術發展非常迅速。過去，許多應用只需儲存少量啟動程式碼即可，而現在的應用卻需要儲存數 GB 的音樂和視訊數據，也因此為非揮發性記憶體的發展帶來革命性的變化。

　　第 10 章主要在探討非揮發性記憶體的結構及寫入與抹除的操作原理。另外正開發的矽基記憶體產品如相變化記憶體、磁阻式記憶體、鐵電記憶體、電阻式記憶體，雖然操作不是傳統載子寫入及抹除方式，但記憶單元必須整合於半導體製程中，將被論及。

　　另一方面，揮發性記憶體中的動態隨機存取記憶體在整個資訊通信科技產業乃至於整個高科技產業，具有舉足輕重的地位，其應用的領域相當的廣泛，從傳統型的電腦 (PC & notebook)、手機、光碟機、數位相機、印表機、GPS、行動通訊裝置，乃至於智慧型手機如 i-phone、小筆電 (netbook)，以及現今最夯的平板電腦 (tablet PC) 等需要資料儲存的數位產品，皆需要 DRAM。其中，超過一半以上是以 PC 及 notebook 應用為主的標準型 (commodity) DRAM，無法像其他的半導體 IC 可以藉由產品規格差異化來吸引客戶，俾能不斷的降低生產成本以提升利潤。於是，除了提升研發，透過「產品良率提升」來提高單位面積的晶粒 (die) 產出量，以降低成本及提高營收、增加獲利，變成很重要的方法，也是

DRAM 產業的特色。

在消費動能方面,由於標準型 DRAM 的需求在 2010 年佔了 DRAM 總產能的 62% 左右 (PC and upgrade modules),比例很高,再加上 DRAM 規格升級快速及其他 DRAM 領域的應用,市場就更大。因此全球 DRAM 大廠莫不在「技術研發創新」及「產品良率提升」上繼續努力,期待站在技術的頂端,享受獲利的果實。這樣的激烈競爭無非是為了提高市佔率以及領先獲利,使得 DRAM 主流技術產品的生命週期就越來越短,例如 2008-2009 年的 70/60 nm 1Gb DDR2、2010 年的 50 nm 1Gb DDR3,以及 2011 年的 40 nm 2Gb DDR3 都是如此,以維持競爭力,2012 年預料將是 30nm 4Gb DDR3 的時代,不然企業就必須轉型做利基型 (niche) 產品或退出 DRAM 市場,以求繼續生存。

第 11 章根據市場應用端的需求,對 DRAM 技術發展之歷程與現況所做的簡要說明,除了讓讀者瞭解 DRAM 技術方面之發展,並希望引導讀者對於DRAM 建立些許市場需求之看法。

## 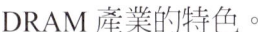 1.5 新摩爾定律

由於電子產品的功能不斷增加,以及可隨身攜帶的風潮帶動下輕、薄、短、小、多 (多功)、省 (省電)、廉 (價廉)、快 (快速)、美 (美觀)、慧 (智慧) 成為未來產品的發展趨勢。半導體技術藍圖正朝兩大方向發展:一是製程技術繼續依照摩爾定律 (Moore's law) 不斷微縮 (more Moore),IC 產品每隔一段時間製程微縮技術就會進入下一個世代,使得在相同面積下可容納的電晶體數目倍增,如邏輯、微處理器及記憶體等數位功能的應用。半個多世紀以來,矽晶片上電晶體的數目已經從一個增加到將近 10 億個。二是在摩爾定律以外進行反向思考而產生的新摩爾定律 (more than Moore) 的理念,透過以 CMOS 技術為基礎的各種元件製程之相容性,高度整合數位與非數位的不同功能 IC (例如 logic、analog、HV power、sensors、biochips 等),著重在技術多樣化,以提升晶片系統化層級並提高附加價值,讓客戶有更多元化的選擇 [6]。這種朝向具多重技術裝置的演進趨

勢，不但提供半導體製造商與眾不同的新方法與備受歡迎的商業創新方案，另一方面，也影響未來元件模型建立、設計規則與方法，以及系統架構的開發工作。

摩爾定律原本是早年英特爾共同創辦人 Gordon Moore 觀察 1958 年到 1965 年間晶片的電晶體數進化而得到的結論，當時他預計這個趨勢會繼續維持 10 年，但直到今天依然正確。摩爾定律較著重在數位 IC 應用的半導體技術發展，使得數位 IC 產品能持續降低成本，提升性能與功能。而新摩爾定律則較著重在整合數位與非數位 IC 應用的半導體技術發展，整合的方式包含系統單晶片 (system-on-chip, SOC) 與系統級封裝 (system-in-package, SIP) 兩種技術，將原本需透過電路板連結的晶片整合於單一構裝元件中以執行系統層級應用的相關技術 [7]。

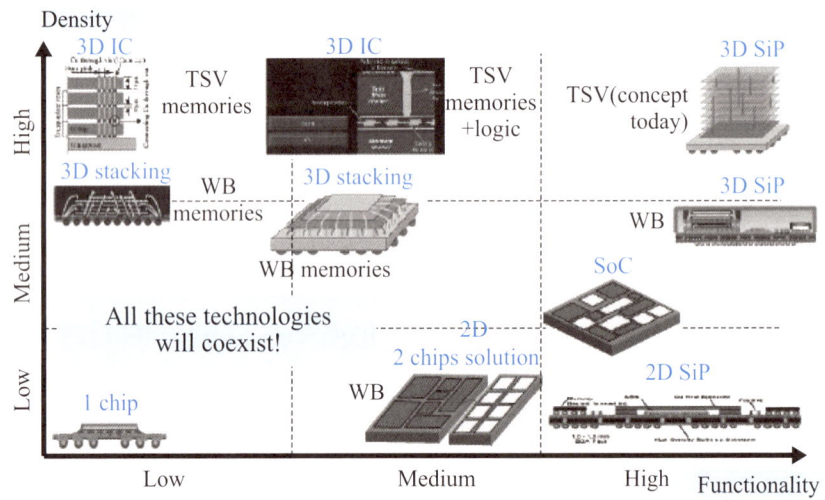

圖 1.5　高度整合晶片涵概 SOC 和 SIP [7]。(來源：工研院 IEK)

SOC 是以 CMOS 技術為平台融和類比射頻、電源管理、感測與致動 IC 的單晶片。第 12 章將以摩爾定律與 SOC 的新摩爾定律相關技術及應用為探討重點。

藉由縮小電子元件本身的體積與增加運算能力，晶片功能得以不斷的提升，因此電腦與電子相關產品的功能日益強大。在晶片微型化的過程中，兼具效能是非常關鍵的目標。如何在更小的晶片尺寸中，放入更多的功能，一直是半導體業者所努力的研發方向。然而在不久的未來，由於微影技術及物理極限，此縮小電子元件的趨勢將會遭遇到瓶頸。另一方面，隨著晶片上元件密度的持續增加，在電路越趨複雜的情形下，金屬導線的總長度也急速增加，其總導線電阻電容延遲 (global interconnect RC delay) 將會直接影響晶片的表現。三維積體電路 (3D IC)，乃是在為解決此問題所產生的技術，除了邏輯電路的微型化之外，還企圖將記憶體、MEMS 與射頻晶片等晶片也一併以 3D 堆疊的方式，整合至單一個晶片中，此法不但能縮小體積、增加密度，在應用與性能，甚至在降低成本上也超過傳統的晶片，也因此 3D IC 被認為是次世代的主流晶片技術之一。在本書的第 13 章將對三維積體電路及其製程做一個系統性的介紹。

根據 ITRS 的技術藍圖，2015 年 22 nm 邏輯製程進入量產。45 nm 與 32 nm 成熟產品達到商業製造成本；所產出之高效能，高速運算 IC，透過封裝式 (system in package) 或嵌入式 (embedded) 高密度記憶體與顯示器整合的 IC，將光電、感測、無線與電功能整合，將廣泛應用於通訊、娛樂、商務管理、車用電子、能源管理與健康照顧等領域。3D IC 技術可能將在系統整合上扮演重要角色，將感測晶片與微處理器、記憶體透過製程整合成一個系統，大量應用在各類型的消費性產品上，快速與精準的設計能力將扮演產品開發成敗的關鍵角色。

新世代積體電路製程技術

**本章習題**

1. 請分別舉出電晶體與積體電路的發明者？
2. 金氧半電晶體 (MOSFET) 成為大型積體電路的主要基本元件之原因為何？
3. 何謂摩爾定律 (Moore's law)？
4. 試舉出當前摩爾定律發展的挑戰。
5. 何謂新摩爾定律 (more than Moore)？其著重方向與摩爾定律之差異為何？

## 參考文獻

1. The History of the Integrated Circuit, http://nobelprize.org/educational/ physics/integrated_circuit/history/
2. 劉傳璽、陳進來，半導體元件物理與製程，五南圖書 (2009)。
3. 林宏年、呂嘉裕、林鴻志、黃調元，"局部與全面形變矽通道 (strained Si channel) 互補式金氧半 (CMOS) 之材料、製程與元件特性分析"，國家奈米元件實驗室奈米通訊 (2005)。
4. S. E. Thompson, G. Sun, Y. S. Choi, and T. Nishida, "Uniaxial-Process-Induced Strained-Si: Extending the CMOS Roadmap", IEEE Trans. on Electron Devices, Vol. 53, 1010 (2006).
5. J. P. Colinge, Silicon-on-Insulator Technology: Materials to VLSI, 3rd edition, Springer (2004).
6. E. Sangiorgi, "When more Moore meets more than Moore and beyond CMOS", http://www.sinano.eu/data/document/talk-sangiorgi-sinano- nanosil-sept10.pdf
7. 工研院產業經濟與趨勢研究中心及資策會資訊市場情報中心，"2015 年台灣重要產業技術發展藍圖 I"，工研院 IEK (2008)。

# Chapter 2

# 擴散模組

劉傳璽

## 作者簡介

### 劉傳璽

美國亞歷桑那州立大學電機所博士。現為國立臺灣師大機電系教授,並為國立台北科大奈米矽元件研發中心、明志科大薄膜中心成員。經歷先後包括聯華電子公司經理、美國紐約 IBM 研發部工程師、銘傳大學電子系副教授兼主任兼國際學院學群主任、北科大兼任副教授。曾擔任 IEEE Electron Device Letters, Transactions on Electron Devices, Transactions on Device and Materials Reliability, Journal of the Electrochemical Society, Applied Physics Letters, Journal of Applied Physics, Microelectronic Engineering,與 Progress in Photovoltaics……等國際知名期刊審稿委員。另曾任 2003 & 2004 IEEE/IEDM (國際電子元件會議) 與 2011 IEEE/INEC (國際奈米電子研討會) 之委員會委員與論文審查委員;2003 IEEE/IRPS (國際可靠度物理研討會) workshop moderator 與 2011 VLSI Technology 論文審查。亦曾受邀任台積電、聯電、聯詠、台灣應材、力晶、漢磊、義隆、華邦、鉅晶、敦南科技、松翰科技、凌陽科技、經濟部工業局、半導體產業協會、清大自強基金會……等之授課老師或專題演講。在學與就業期間曾先後榮獲 Phi Kappa Phi 榮譽學會榮譽會員、聯電績優工程師 (技術突破)、銘傳大學教學特優教師、自強基金會卓越貢獻教師等獎。著作有國際學術論文超過 100 篇、中文書籍 5 本 (專書 2 本、修訂與校閱 3 本)、與中美專利超過 20 件。

## 2.1 前言

一般來說,積體電路(integrated circuit, IC) 的製程技術可分為擴散 (diffusion)、薄膜沉積 (thin film deposition)、微影 (photolithography)、與蝕刻 (etching) 等四大製程模組 (process modules);也就是說,整個 IC 的製造就是交替地重複使用這四大製程模組。本章將討論擴散模組 (diffusion module) 的重要製程,包括熱氧化 (thermal oxidation, 或簡稱氧化, oxidation) 與離子佈植 (ion implantation) 等。

有些人無法理解在現代的 IC 廠中已幾乎不用擴散的方式來摻雜半導體,為何還有所謂的「擴散模組」。此乃因為早期的半導體產業使用高溫擴散來摻雜半導體,而其工具就是高溫石英爐管 (furnace),因此「擴散爐管」這個名稱就一直使用至今。同樣地,高溫爐管在 IC 廠所在的區域就稱為「擴散區」;而在擴散區進行的製程就統稱為「擴散模組」。

## 2.2 熱氧化 (thermal oxidation)

### 2.2.1 基礎氧化機制與傳統氧化法

在許多的加熱製程中,氧化是最重要的製程之一,傳統的方法是將矽晶圓在高溫下 (通常是 900°C 到 1200°C 之間) 通入高純度的氧氣 ($O_2$) 或水蒸氣 ($H_2O$) 的氣態氧化劑 [1],氧化劑則與矽晶圓起化學反應形成二氧化矽 ($SiO_2$)。當通入的氣體為 $O_2$ 時,此氧化方式稱為乾氧化 (dry oxidation),而成長出的氧化層稱為乾氧化層 (dry oxide)。乾式氧化的化學反應式為:

$$Si + O_2 \rightarrow SiO_2 \qquad (2.1)$$

反之,濕氧化 (wet oxidation) 則是通入水蒸氣 ($H_2O$) 來使矽晶圓氧化,形成所謂的濕氧化層 (wet oxide 或 steam oxide),化學反應式為:

$$Si + 2H_2O \rightarrow SiO_2 + 2H_2 \qquad (2.2)$$

為了得到高品質的濕氧化層，通常使用氫氧燃燒濕氧化系統，藉由氫氣和氧氣的化學反應，提供 (2.2) 式中所需之高純度的水蒸氣。這種提供高純度水蒸氣的方法，在業界慣稱為氫氧點火 (pyro)。

圖 2.1 為利用熱氧化成長二氧化矽的反應機制示意圖。由反應式 (2.1) 與 (2.2) 可知，在氧化的過程中會消耗矽，因此圖 2.1 顯示矽與二氧化矽的界面 (interface) 會隨著氧化的進行而逐漸往矽基板內部移動，且所消耗掉矽的厚度約佔生成二氧化矽的 45%。例如，使用熱氧化 (不論是乾氧化或濕氧化) 成長厚度為 100 nm 的二氧化矽，需消耗約 45 nm 厚的矽。

亦由圖 2.1 箭頭所示，當矽表面成長二氧化矽後，若還欲繼續氧化，則氧氣或水蒸氣必須擴散穿過已成長的二氧化矽，才得以與底下的矽原子再進行反應，也就是說，氧化反應總是在矽與二氧化矽的界面處進行，因為反應式 (2.1) 與 (2.2) 中的氧氣或水蒸氣是分別和矽發生反應，而不是和二氧化矽反應。當氧化時的溫度愈高，氧分子或水蒸氣分子的擴散速率愈大，因此成長氧化層薄膜的速度也就愈快。而且，在高溫下成長之二氧化矽氧化層薄膜的品質，也比在較低溫環境下成長的氧化層薄膜品質好，因此氧化製程總是在高溫的環境中進行。

上述氧化成長二氧化矽的機制看起來簡單，然而在實務上卻是十分有用及重

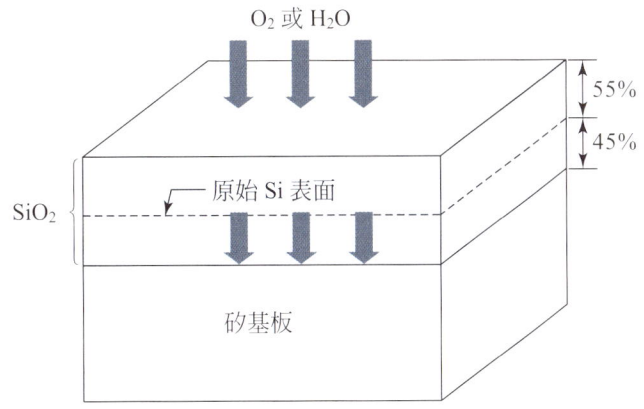

圖 2.1　熱氧化成長二氧化矽的機制示意圖。

要，它可用來解釋許多現象以及作為先進氧化製程的基礎，底下舉一些例子來說明。第一：氧化時，隨著二氧化矽的增厚，氧氣或水蒸氣需要擴散達到底下矽基板的距離也增加，使得氧化速率會愈來愈慢而趨於飽和。同樣地，在室溫下接觸到大氣的矽晶圓，立刻就和空氣中的氧氣或濕氣產生化學反應，形成一層很薄的二氧化矽 (大約10 Å)，即所謂的原生氧化層 (native oxide)。由於在室溫下 (溫度遠低於氧化製程溫度)，這層很薄的二氧化矽就足以阻止矽的繼續氧化；也由於是在低溫下氧化，而且空氣中的氧氣或濕氣純度低並含有大量雜質，因此一般來說，原生氧化層的品質是不好的，是故在進行高品質的熱氧化之前，需先將此原生氧化層清洗 (cleaning) 掉。

第二：乾氧化與濕氧化主要的差別在於氧的來源，但不同的氧來源會影響氧化層的生成速度與品質。濕氧化使用的氧化劑為水蒸氣 ($H_2O$) 的分子量 18，比乾氧化用的氧氣 ($O_2$) 的分子量 32 還小 (分子量較小的水蒸氣有較小的分子體積)，較容易穿過已成長的二氧化矽與底下的矽反應，因此濕氧化的氧化速度較快；但乾氧化成長的氧化層較緻密，且與矽有較好的界面 (即 $Si/SiO_2$ interface) 品質。因此在積體電路的製程中，若採用矽局部氧化法 (Local Oxidation of Si, LOCOS) 形成元件之間的隔離 (isolation)，須使用濕氧化法，因為要成長的氧化層相當厚(約 5000 Å)；而在製程一開始時的墊氧化層 (pad oxide)，則使用乾氧化法，因為除了與矽基板有較好的界面品質外，也容易控制成長厚度很薄的墊氧化層 (約 150 Å)。(註：關於積體電路的製造流程，請參見參考文獻 [2] 之第六章，有一簡潔與系統性之介紹)

圖 2.2(a) 和 (b) 分別為乾氧化與濕氧化在 (100) 或 (111) 晶體方向的矽晶圓上成長氧化層厚度與氧化時間及氧化溫度的關係圖 [3]。此圖除了驗證溫度愈高有愈大的氧化速率、氧化速率隨時間愈來愈慢而趨於飽和 (注意：此圖是畫在對數座標上，因此兩座標不是呈線性關係)，以及濕氧化的氧化速率遠快於乾氧化，我們也可看出氧化速率和矽基板的平面方向有關。即不論是乾氧化或濕氧化，在 (111) 矽晶體方向的氧化速率，比 (100) 平面方向的氧化速率快。一種解釋晶體方向會影響氧化速率的說法是：氧化進行時，矽基板可提供的 Si 離子化斷鍵

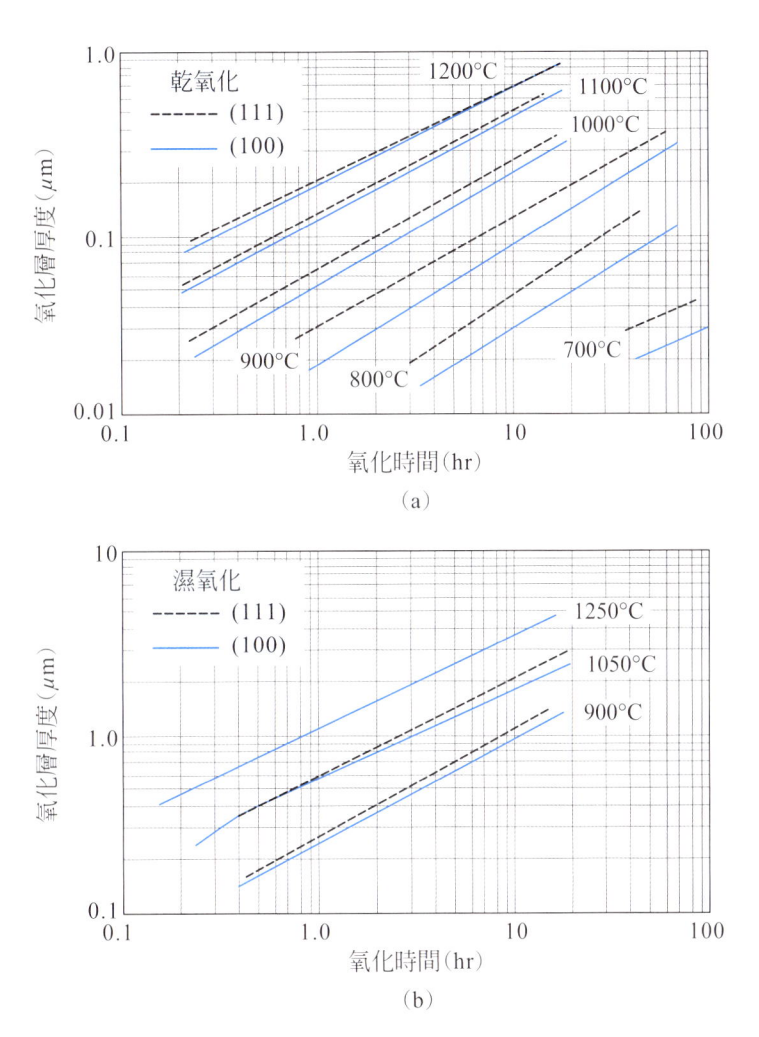

**圖 2.2** (a) 乾氧化、(b) 濕氧化成長氧化層厚度與氧化時間及氧化溫度的關係圖 [3]。

數目 [4]。一般而言，在矽晶體的三種主要晶體平面 (111)、(110)、及(100) 中，可提供氧化所需的斷鍵數量為 (111) > (110) > (100)，因此氧化速率亦為 (111) > (110) > (100)。順便一提，上述晶體平面的斷鍵數量，也使得 MOS 電容器與 MOSFET 電晶體中的閘極氧化層之 $Q_f$ (固定氧化層電荷) 和 $Q_{it}$ (界面陷阱電荷) 的量，基本上也是 (111) > (110) > (100)，因此現在用於製造積體電路的矽晶圓幾乎都是 (100) 晶向。(註：關於 $Q_f$、$Q_{it}$、$Q_m$、$Q_{ot}$ 等四種基本的閘極氧化層電荷介紹，請參見參考文獻 [2] 之 3.3 節)

第三：雖然氧化層與矽基底的界面品質，跟氧化方式和氧化溫度有很大的關係，但必須強調最終的氧化條件才是最重要的。例如，在相同溫度下，「先以濕氧化成長 50 Å，再以乾氧化成長 50 Å 的 Si/SiO$_2$ 界面品質」，會優於「先以乾氧化成長 50 Å，再以濕氧化成長 50 Å 的 Si/SiO$_2$ 界面品質」。這是因為在氧化時，氧化劑須擴散過二氧化矽與底下的矽反應生成新的二氧化矽，所以愈後面成長的氧化層愈靠近 Si/SiO$_2$ 界面，也就主導界面品質。這也是早期為了兼顧氧化時間與 Si/SiO$_2$ 界面品質，而有所謂的 dry-wet-dry oxidation (乾-濕-乾氧化法) [5, 6]。圖 2.3 即為業界當年在閘極氧化層製程上，相當盛行的乾-濕-乾氧化法的一個範例示意圖 [6]。此氧化層之成長主要控制在時間點 T2-T5 間，依序分成三個步驟進行：乾氧化 (T2-T3)，濕氧化 (T3-T4)，及乾氧化 (T4-T5)。第一個和第三個步驟所長的乾氧化層是為了增加 SiO$_2$/poly-Si 與 Si/SiO$_2$ 的界面品質；第二個步驟所長的濕氧化層，是為了縮短整個氧化製程所需的時間。另外，為了降低金屬污染，可在氧化時，於反應氣體中加入少量含氯 (Cl) 的氣態化合物，如 TCE (三氯乙烯，trichloroethylene)、TCA (三氯乙烷，trichloroethane)、或 HCl (氯化氫)。這種方法 (稱為 gettering) 廣為業界所使用，但需注意氯含量的控制，因為過多的氯，反而會侵蝕矽基底造成不平坦的界面，因此一般較常使用腐蝕性比 HCl 緩和的 TCE 或 TCA。至於跟隨在氧化之後 (時間點 T5-T6 間) 的高溫退火 (通常在惰氣 Ar 或鈍氣 N$_2$ 的環境中)，則是用來增加氧化層的緻密性與降低 Q$_f$ 的量 [7, 8]。

## 2.2.2 先進閘極氧化層製程

在上一小節討論的傳統熱氧化法，大多是在高溫石英爐管中反應的。高溫爐一次能夠處理數批 (lots) 晶圓 (通常一批有 25 片)，有直立式和水平式兩類，但大部分的半導體廠採用直立式的爐管，主要因為直立式爐管具有佔地面積較小、均勻性較佳，與較不易受微塵污染 (由於晶圓是直立堆疊置放，大部分的微粒會掉到最上面的晶圓上) 等優勢。另外，由於高溫爐所需的熱容量很大，以及為了讓爐管內多達上百片的晶圓能夠接受均勻的熱，爐管只能夠慢慢地昇溫與降溫及

進行長時間的氧化 (如圖 2.3 所示)，因此氧化製程需要很長的時間。這種長時間的高溫製程不但耗時，還不利於積體電路與元件的微縮 (scaling)。

為了追求元件的微縮，需要降低製程熱預算 (thermal budget，定義為晶圓在製造過程中的總受熱量，可簡單地想成各段製程時間與受熱溫度的乘積總和)，因為大的熱預算會引起晶圓內的摻雜物，產生我們不希望的擴散。此現象稱為摻質擴散 (dopant diffusion)，會造成均勻性的問題。圖 2.4 舉例說明一個大的熱預算引起 S/D 嚴重的摻質擴散，將使元件特性產生明顯變異 (如臨界電壓、開

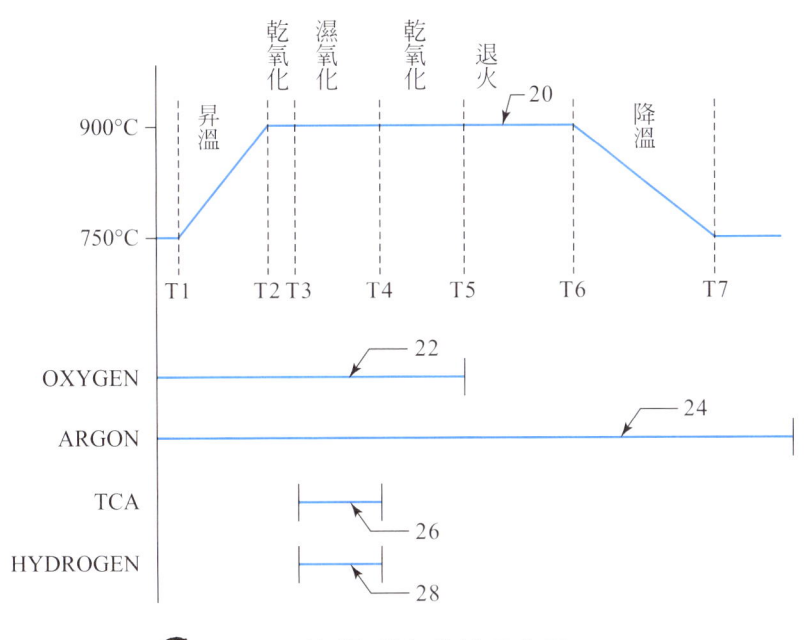

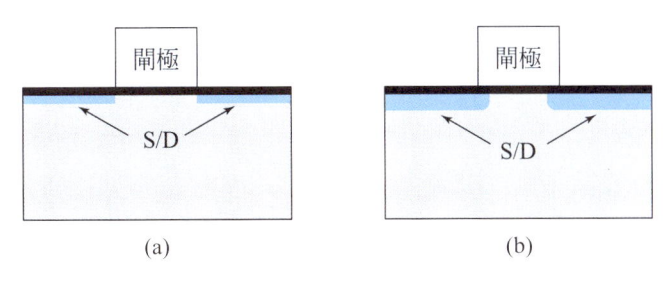

圖 2.3　乾-濕-乾氧化法示意圖 [6]。

圖 2.4　大的熱預算造成 S/D 的摻質擴散由 (a) 擴散至 (b) 圖。

電流，及漏電流等等)，甚至於 WAT 失效 (註：wafer acceptance test，晶圓允收測試，乃利用電性量測的方法判別製程變異程度或好壞)。另一方面，由於先進 CMOS 電晶體要求極薄的閘極氧化層厚度 (如 50 Å)，也因此需要短時間的氧化與好的厚度均勻性 (註：閘極氧化層厚度會直接影響電晶體的臨界電壓及其他相關元件特性，請參見參考文獻 [2] 之 4.4.3 節)。為了達到上述需求，快速熱氧化法 (RTO, rapid thermal oxidation) 因應而生 [9, 10]。

圖 2.5 顯示一個於業界典型使用的 RTO 流程步驟範例。將晶圓載入後，分成兩階段昇溫，如圖中 T1-T2 時間點所示，先以較快的昇溫速度升到 850℃，再以較慢的速度升到所需的氧化溫度 1150℃，如此可在短時間內 (數秒) 昇溫並穩定達到氧化溫度。接著 (於時間點 T2-T3)，通入氧氣進行快速熱氧化，同時並可通入如 HCl 含氯的氣體來降低鹼金屬離子污染；氧化完成後，關掉氧氣和 HCl 氣體改通氮氣，進行高溫退火降低界面處固定氧化層電荷的量。最後，再於短時間內 (數秒) 將晶圓降溫至原來的溫度，並將晶圓置入晶圓盒內。

RTO 系統通常採單片晶圓製程，熱容量不大，故可快速昇溫與降溫，因此大大降低製程熱預算。也由於是單片晶圓製程，RTO 系統能夠經確地控制整片晶圓的溫度均勻性，因此能夠成長厚度又薄又均勻的高品質氧化層 [10]。另外，

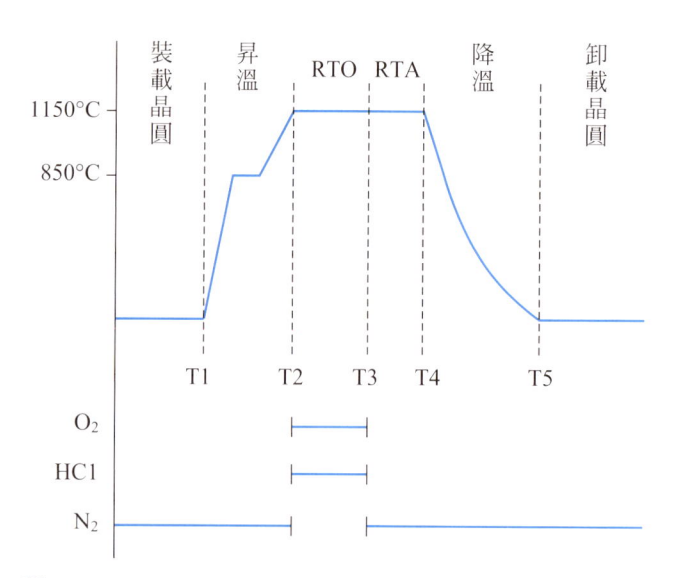

圖 2.5 業界上典型使用的 RTO 步驟流程範例。

雖然 RTO 是單晶圓製程，但由於其整個製程所需時間很短，其產能並不會輸給傳統爐管的熱氧化製程。

為了藉由改善閘極氧化層與矽基底間的界面品質，進而增進元件特性 (device performance) 與元件可靠度 (device reliability)，在業界有一種作法為：類似在氧化時加入含氯的氣體，將適量的氟 (F, fluorine) 引入閘極氧化層中 [11-14]。氟引入閘極氧化層中有兩種常見的作法，分別如圖 2.6 和圖 2.7 所示。圖

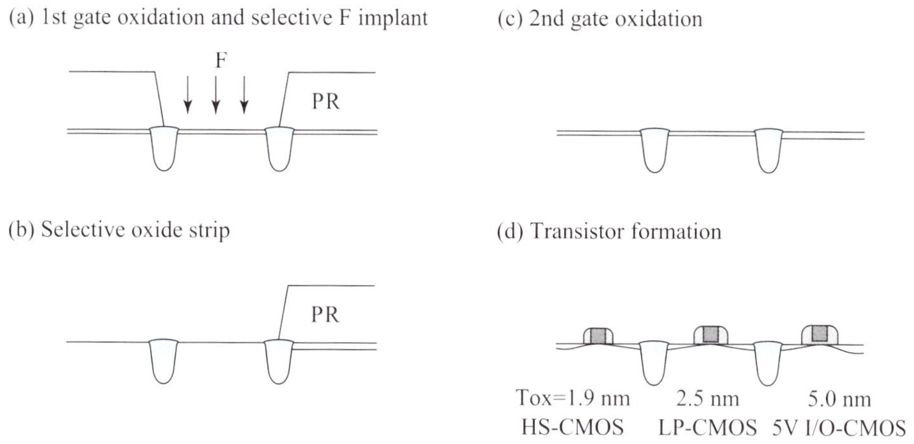

(a) 1st gate oxidation and selective F implant

(b) Selective oxide strip

(c) 2nd gate oxidation

(d) Transistor formation

Tox=1.9 nm　　2.5 nm　　5.0 nm
HS-CMOS　LP-CMOS　5V I/O-CMOS

圖 2.6　利用氟植入閘極氧化層與矽基底界面處的方式，將氟引入閘極氧化層中[13]。

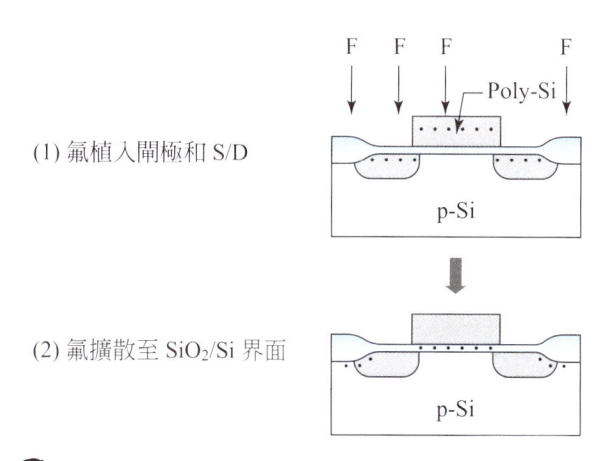

(1) 氟植入閘極和 S/D

(2) 氟擴散至 SiO$_2$/Si 界面

圖 2.7　氟植入多晶矽閘極中，再由高溫退火擴散至氧化層與矽基底界面處 [14]。

2.6 顯示的方式是，將氟直接植入氧化層與矽基底的界面處，氟就如氫一般 (均為一價)，會填補矽的空鍵 (註：此空鍵稱為懸浮鍵，dangling bonds，會捕獲電荷，形成所謂的界面陷阱電荷 $Q_{it}$)，而成為 Si-F 鍵，又 Si-F 的鍵能 (bond energy) 約 5.73 eV，遠大於 Si-H 的鍵能約 3.17 eV，較不易被打斷，因此有較好的界面。圖 2.7 顯示的第二種方式是，先將氟植入多晶矽閘極與源/汲極區域，然後植入的氟會在接著高溫退火修補植入損傷的同時，擴散至閘極氧化層與矽基底的界面，填補未完全氧化的矽空鍵。然而，需注意的是，引入氟的量不可過多，否則會增厚氧化層的厚度及增加電荷捕獲中心懸浮鍵的量 [15, 16]。圖 2.8 示意，氟在高溫退火時會往氧化層的方向擴散，如 (a) 所示；又由於氟的活性很大，所以氟除了填補界面的矽空鍵外，多餘的氟會打斷鍵結較弱的 Si-O 間之鍵結，並取代被打斷的氧原子，也同時釋放出氧原子。被釋放出的氧原子擴散到 Poly-Si/SiO₂ 界面和 SiO₂/Si 界面，繼而氧化 Poly-Si 和 Si，而導致不想要的氧化層厚度增加，如圖 (b) 所示。另外，如圖 2.9 所示，當氟取代 Si-O-Si 中的 O 後，Si 的懸浮鍵 (常以≡Si*表示) 就形成了一個電荷捕獲中心 (或稱為陷阱，trap)。不過，稍微多量的氟會增加氧化層厚度這個現象，有時反而可利用來同時成長不同厚度的氧化層，如圖 2.6 所示，成長 1.9 nm 和 2.5 nm 的氧化層。

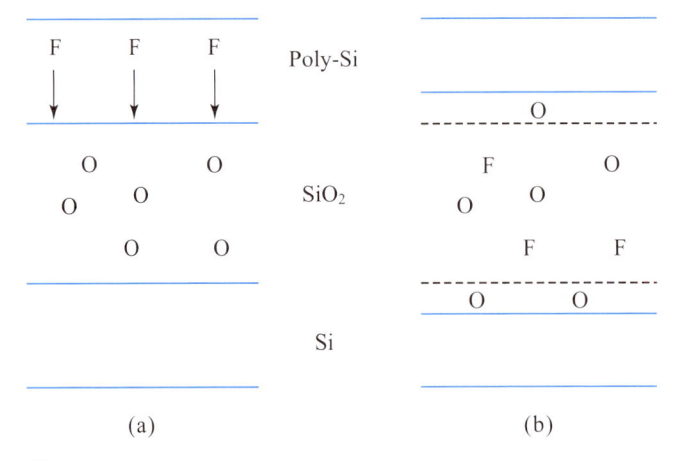

圖 2.8 過多的氟引入閘極氧化層中導致氧化層厚度增加之示意圖 [15]。

```
        F
        ↓
        O                          F
       ╱ ╲                        ╱
  ╲   ╱   ╲   ╱       →     ╲   ╱      ╲   ╱
    Si      Si                 Si         *Si
  ╱   ╲   ╱   ╲             ╱   ╲      ╱   ╲

        (a)                        (b)
```

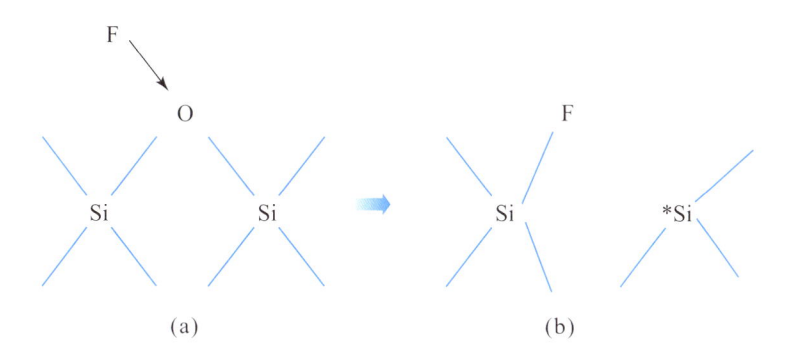

圖 2.9　氟取代氧化層中的氧，形成電荷捕獲中心之示意圖 [15]。

二氧化矽閘極氧化層幾十年來不斷地微縮，其主要的目的就是要增加 CMOS 場效電晶體的飽和電流 (saturation current)，即 (2.3) 式中的 $I_{Dsat}$：

$$I_{D,sat} = \frac{W}{L}\mu C_{ox}\frac{(V_G - V_T)^2}{2} \tag{2.3}$$

上式中，$\mu$ 為載子遷移率 (carrier mobility)；W 為通道寬度 (channel width)；L 為通道長度 (channel length)；$V_G$ 為施加在閘極上之工作電壓；$V_T$ 為電晶體的臨界電壓 (threshold voltage)；而 $C_{ox}$ 為單位面積的氧化層電容，可表示為：

$$C_{ox} = \frac{\varepsilon_{ox}}{t_{ox}} \tag{2.4}$$

上式中，$t_{ox}$ 為氧化層厚度；$\varepsilon_{ox}$ 為氧化層的介電係數 (dielectric constant 或 permittivity)，等於：

$$\varepsilon_{ox} = \varepsilon_r \varepsilon_o \tag{2.5}$$

其中 $\varepsilon_o$ 為真空介電係數 (permittivity of vacuum)，等於 $8.854 \times 10^{-14}$ F/cm；$\varepsilon_r$ 為氧化層材料相對於真空的相對介電係數 (relative permittivity 或 relative dielectric constant，亦常以 $\kappa$ 表示)，$SiO_2$ 與 $Si_3N_4$ 的相對介電係數分別約為 3.9 與 7.8。由公式 (2.3) 和 (2.4) 可知，氧化層厚度變薄可增加氧化層電容，進而增加驅動電流 (drive current)。另一方面，閘極氧化層變薄，也使得閘極漏電流 (gate leakage current) 急遽昇高 (註：閘極漏電流 $I_G$ 為關電流 $I_{OFF}$ 的主要來源之一)，大幅增

加操作或待機時的電力消耗。圖 2.10 顯示不同 $SiO_2$ 厚度，$I_G$ 與 $V_G$ 的關係圖 [17]。由圖可推知，在先進的製程技術，二氧化矽的厚度每減少 5 Å，其閘極漏電流約增加兩個數量級 (order)。

實際上，由於直接穿隧 (direct tunneling) 的影響，閘極漏電流隨著閘極介電層的「物理厚度」(physical thickness) 減少，而呈指數增加 [18] (註：這個觀念也廣被業界使用閘極漏電流，間接推算閘極介電層的物理厚度)。就 ULSI 積體電路技術的發展，一般認為於 1 伏特的操作電壓下，最大可容忍的閘極電流密度約為 1 $A/cm^2$，對應於圖 2.10 中氧化層厚度為介於 15 到 20 Å 之間 [17]。換言之，當氧化層物理厚度小於 20 Å 時，已逼進可使用的極限。面對這個挑戰，一個有效的解決方案為增加閘極介電層的介電係數。由公式 (2.4)，在相同的電容值下，使用較高介電係數材料的介電層的物理厚度大於二氧化矽氧化層的厚度，因此在一定的跨壓下有較小的電場強度 (其等於跨壓除以物理厚度)，故而有較小的閘極漏電流，繼續往更薄的 (< 20 Å) 等效氧化層厚度 (EOT, equivalent oxide thickness) 發展。

對於上述使用較高介電係數的介電層來降低閘極漏電流 (另一觀點，在相

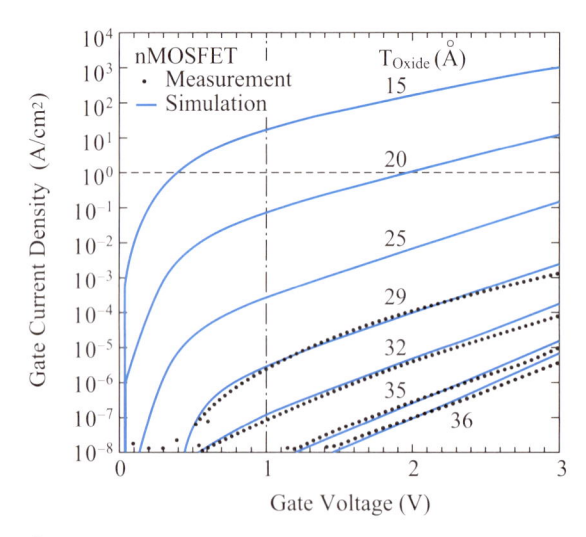

圖 2.10 不同 $SiO_2$ 厚度之閘極電壓 $V_G$ 與閘極漏電流 $I_G$ 的關係圖 [17]。

同的物理厚度下，可增加 $C_{ox}$ 與 $I_{D,sat}$)，目前業界最普遍使用的是氮氧矽化合物 $SiO_xN_y$ (silicon oxynitride 簡稱 oxynitride，常以 SiON 表示)。SiON 可藉由不同的製程技術將氮引入 $SiO_2$ 中，所形成的一種閘極介電層，這種介電層不僅有較高的介電係數，還和矽基底有很好的 $SiO_2$/Si 界面特性。圖 2.11 為幾種常見形成 SiON 的製程方法：(1) 如圖 (a) 所示，先熱氧化成長二氧化矽，再接著於含有氮的氣體中 (常使用 $NH_3$、$N_2O$、或 NO) 作退火 (稱為氮化，nitridation；另外，業界基本上不在 $N_2$ 中作氮化處理，因為 $N_2$ 為鈍性氣體，能氮化的程度很有限)、(2) 如圖 (b) 所示，直接在上述含有氮的氣體中，高溫成長 SiON (稱為熱氧氮化，thermal oxynitridation)、或 (3) 如圖 (c) 所示，在如上述方法形成 SiON 後，

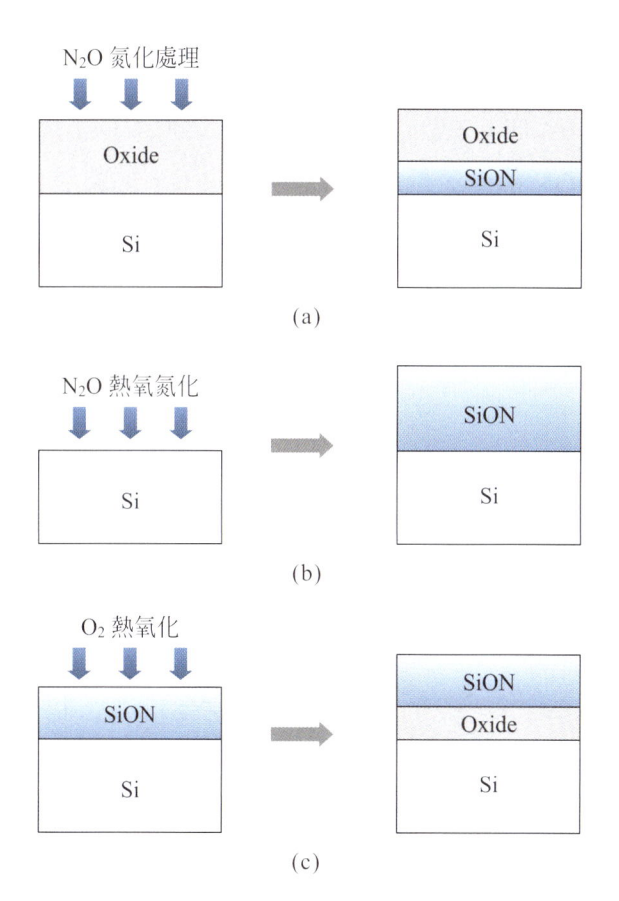

● 圖 2.11　幾種業界常見形成氮氧矽化合物 $SiO_xN_y$ 的製程方法示意圖。

再接著作熱氧化 [19]。由圖 2.11 的示意圖可看出，不同製程方式形成 SiON 的氮化程度 (即含氮量)，與氮在介電層中的位置均不盡相同，這也會對元件特性與可靠度造成不同的影響，以下分別討論之。

SiON 的含氮量對介電層之介電係數的影響，可由圖 2.12 清楚看出 [20]。圖的最左和最右端分別為 SiON 的兩個極端，即純的二氧化矽 (SiO$_2$) 與純的氮化矽 (Si$_3$N$_4$)；其相對介電係數 ($\varepsilon_r$ 或 $\kappa$) 如公式 (2.5) 中提到的分別為 3.9 與 7.8，且隨含氮量的增加而呈現線性增加。因此，SiON 的介電係數可表示為：

$$\varepsilon_{SiON} = \varepsilon_{ox} + (1-\alpha) \times (\varepsilon_{SiN} - \varepsilon_{ox}) = 3.9 \times (2-\alpha) \times \varepsilon_o \tag{2.6}$$

其中 $\varepsilon_o$ 為真空介電係數，等於 $8.854 \times 10^{-14}$ F/cm；$\varepsilon_{SiON}$、$\varepsilon_{ox}$、$\varepsilon_{SiN}$ 分別為 SiON、SiO$_2$，與 Si$_3$N$_4$ 的介電係數；$\alpha$ 為 SiON 中含有 SiO$_2$ 成分的百分比，即 $\alpha$=100% 表示純 SiO$_2$，而 $\alpha$=0% 表示純 Si$_3$N$_4$。因此，為了提升電晶體的飽和電流，基本上希望 SiON 的含氮量愈多愈好。同樣地，如圖 2.13 所顯示，在相同的等效氧化層厚度下，氮含量愈高的 SiON 有愈小的漏電流密度。因此，常有人會疑問，為何不直接使用純的 Si$_3$N$_4$ 當閘極介電層？這主要有兩個原因：第

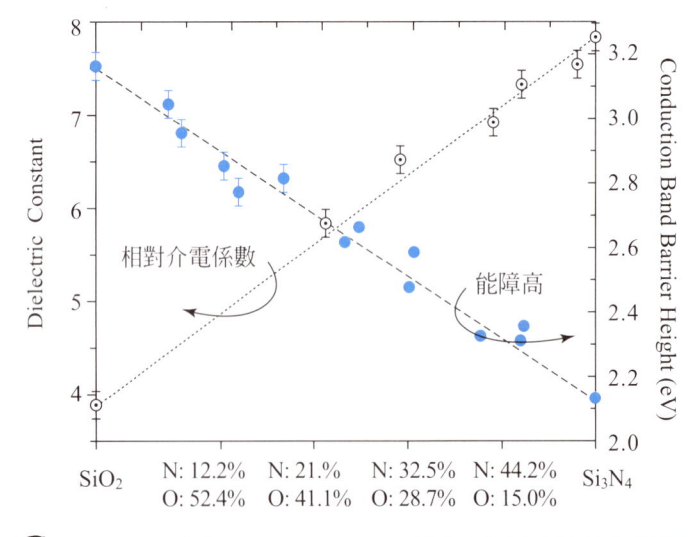

圖 2.12　含氮量不同 SiO$_x$N$_y$ 的相對介電係數與導電帶能障高 [20]。

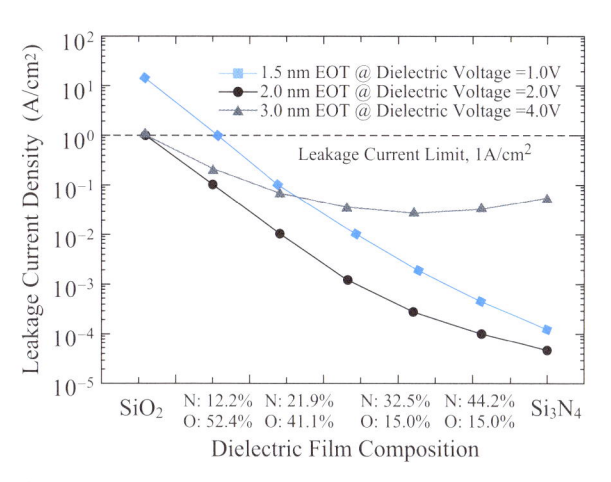

圖 2.13 三種不同 $SiO_xN_y$ 厚度，在不同氮含量下的閘極漏電流密度 [20]。

一，$Si_3N_4$ 不若 $SiO_2$ 般在高溫下通入氧化劑即可形成，$Si_3N_4$ 須靠化學氣相沉積 (CVD, chemical vapor deposition) 的方式形成，如 (2.7) 反應式所示：

$$3SiH_4 + 4NH_3 \rightarrow Si_3N_4 + 12H_2 \quad (2.7)$$

由於矽基板沒有參與 (2.7) 式中的反應，因此使用沉積方式形成的 $Si_3N_4$ 介電層與矽基板的界面品質，會遠差於使用氧化方式形成 $SiO_2$ 介電層的界面品質。第二，$Si_3N_4$ 有大的應力，若當作閘極介電層，直接與矽基板接觸會破壞矽基板表面，產生缺陷 (defect)。最後，我們將業界常使用在氮化退火中，提供氮來源的三種氣體 ($NH_3$、$N_2O$、與 $NO$) 作一比較，如表 2.1。

以下，接著討論 SiON 中的氮濃度峰值在介電層中的位置，對元件特性與可靠度造成的影響，以示意圖 2.14 來解釋 [22, 23]。圖 (a) 為控制組 (control)，使用傳統熱氧化成長的二氧化矽氧化層，容易發生 NBTI (negative bias temperature instability) [12]、熱載子效應 (HCE, hot carrier effect) [24]、硼穿透 (boron penetration) [25] 與引起的臨界電壓和電性改變等等。圖 (b) 顯示 SiON 中的氮濃度峰值位於介電層與矽基底的界面處，又由於 Si-N 的鍵能約 4.6 eV，大於 Si-H 的鍵能 3.17 eV，較不易被打斷，因此對熱載子效應有較好的抵抗能力。然而，

表 2.1 常用於氮化處理的三種氣體比較 [19, 21]

| 氣體名稱 | 優 點 | 缺 點 |
|---|---|---|
| NH$_3$ (ammonia，氨氣) | 能提供多的 N 含量於 SiON 中 | NH$_3$ 中的 H 易助長熱載子效應與氧化層電荷捕獲 (oxide charge trapping) |
| N$_2$O (nitrous oxide，俗稱笑氣) | 比 NH$_3$ 能形成較好的 SiON 介電層品質及 SiON/Si-sub 的界面特性 | 能提供的 N 含量不夠多 (因為 N$_2$O 須先分解出 NO，NO 再與 SiO$_2$ 反應形成 SiON) |
| NO (nitric oxide) | 低的熱預算下，即能提供多的 N 含量 (因為能直接與 SiO$_2$ 反應) | 具毒性 |

對硼穿透而言，情況並沒有特別改善。硼穿透是發生在 pMOS 電晶體中，現代 pMOS 電晶體的閘極材料是使用植入 B 或 BF$_2$ 的 p$^+$ 多晶矽 (p$^+$ poly-Si)，又硼的體積小，因此容易受到熱製程 (如植入後之退火)，而往閘極氧化層以及矽基底的通道 (channel) 區域擴散，稱為硼穿透，如圖 2.14(a) 所示；一旦發生硼穿透，

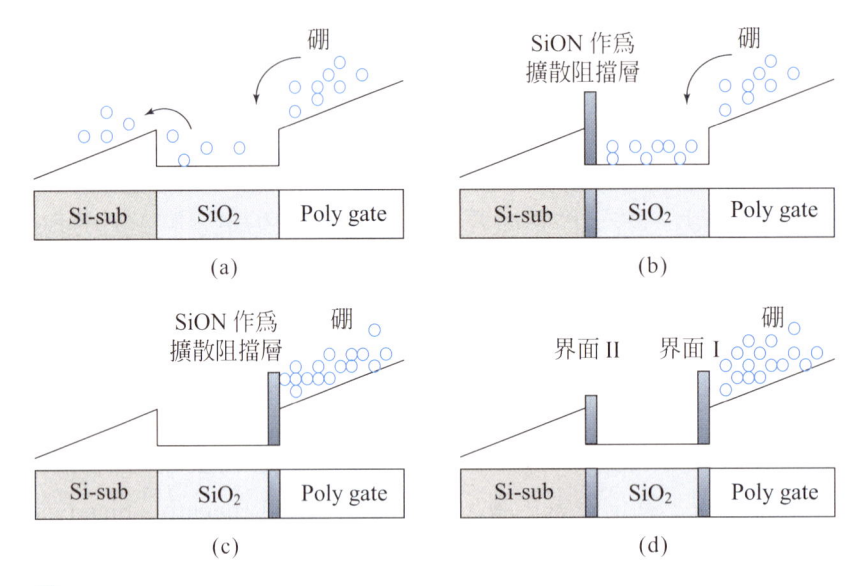

圖 2.14 SiO$_x$N$_y$ 中的氮在介電層中的位置示意圖：(a) 純 SiO$_2$ 不含氮；(b) 氮主要位於介電層與矽基底的界面處；(c) 氮主要位於介電層與閘極的界面處；(d) 均有氮在介電層與矽基底以及介電層與閘極的界面處。

pMOS 電晶體的臨界電壓會改變 (硼似電洞，帶正電)，也跟著影響其他電性。

在圖 2.14(b) 中，位於介電層與矽基底界面處的 SiON，可擋住介電層中的硼往矽基底擴散，但硼穿透還是會發生，從 $p^+$ 多晶矽閘極擴散至介電層，這會使 pMOS 電晶體的臨界電壓往負電壓方向變化，以及閘極介電層可靠度 (gate dielectric reliability)，如 TDDB (time dependent dielectric breakdown) 變差。一般，將 $SiO_2$ 作氮化處理 (使用 $NH_3$、$N_2O$、或 NO)，氮濃度的峰值是在介電層與矽基底的界面處，如先前的圖 2.11(a) 所表示。相反地，若是 SiON 氮濃度的峰值是位於介電層與多晶矽閘極的界面處，如圖 2.14(c) 所示，則較不易發生硼穿透與臨界電壓漂移，因為在閘極界面的 SiON，就擋住 $p^+$ 多晶矽中的硼往介電層或通道區域擴散；然而，也因為在矽基底界面處的氮含量很少，對熱載子效應沒有太大的幫助。若依圖 2.11(c) 所示的製程，將 SiON 通氧氣或水蒸氣高溫氧化，由於氧化反應是在矽與介電層的界面處進行 (參考圖 2.1 之熱氧化機制)，因此 SiON 的氮濃度峰值會如圖 2.14(c) 所示，位於介電層與多晶矽閘極的界面處。

總結以上討論，若需全面顧及硼穿透、氧化層陷阱電荷、界面特性與熱載子效應等，則我們希望生成 SiON 的氮濃度峰值是分別位於介電層與多晶矽閘極和矽基底的兩個界面處，如圖 2.14(d) 所示之界面 I 與 II。但需注意的是，界面 II 處的氮濃度不可太高，若太高，反而會因應力的緣故使界面品質變差，跟著發生如通道中的載子遷移率變小 [19]，與 NBTI 可靠度變差 [26] 等不良效應。另外，若欲達到如圖 2.14(d) 所顯示的氮濃度峰值之製程，觀念上可將圖 2.11 的幾種製程方式搭配起來使用。例如，將 SiON 經 RTO 再氧化後，再於 NO 中作適當的退火處理即可達到，這也是目前業界十分喜好的一種製程方法。

### 2.2.3 新世代閘極氧化層製程

針對新世代 (以及下世代) 的閘極氧化層製程，為了更進一步增加介電層的介電係數，須採用含氮濃度 (意即氮化程度) 更高或所謂的「高介電係數介電層」(high-κ dielectrics)。關於高介電係數介電層的製程將於第六章作介紹，在此先討論高氮化的 SiON (heavily nitrided oxide) 製程技術。

第一種方式為先將氮植入 (nitrogen implantation) 矽基板,再進行氧化 [27] 或熱氧氮化 [28],如圖 2.15 的示意圖所顯示。首先,先成長一層氧化層,稱為犧牲氧化層 (sacrificial oxide),目的為在進行接續的氮植入步驟時,避免直接植入矽基板引起過大的損壞,而且還有助於氮植入深度的控制 (即降低通道效應)。接著,使用微影製程將不欲植入氮的區域以光阻遮住 (若是使用單一氧化層厚度,則沒有這道步驟),然後利用低能量離子佈植機 (low energy ion implanter) 將氮植入在矽基底的表面淺層。在去除光阻、犧牲氧化層及清洗後,再施行適當的熱氧化或熱氧氮化處理,即可在植入氮的區域形成高氮濃度的 SiON;且根據氧化機

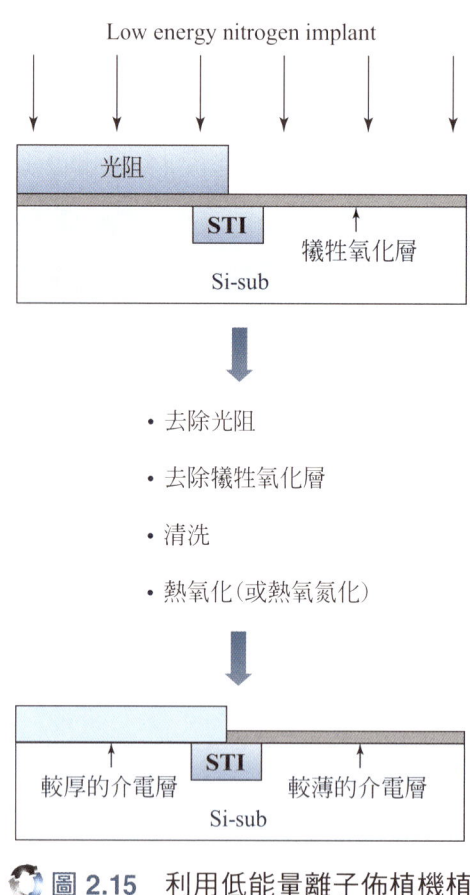

圖 2.15 利用低能量離子佈植機植入氮,可形成高氮濃度的 $SiO_xN_y$ 與不同厚度介電層的製程方法示意圖。

制，氮濃度主要會分佈在介電層與多晶矽閘極的界面處。又由於植入氮的區域成長速率較慢 (此現象稱為 self-limited)，因此可同時成長出不同厚度的介電層，如圖 2.15 所示。另外，將氮用植入的方式至矽基底，或多或少會造成矽晶體損壞，影響界面品質與可靠度 [29]。

第二種形成高氮化的 SiON 介電層，是使用 RPN (remote plasma nitridation) [30, 31] 或 DPN (decoupled plasma nitridation；為 RPN 的改良，可得到較佳的 uniformity) [32, 33] 的製程技術。圖 2.16 顯示的是一個以 RPN 為例子的製程步驟示意圖；首先，先以 RTO 成長一層很薄的氧化層 (稱為 base oxide，約 10-20 Å)，再以含氮的電漿 (plasma) 作氮化處理。如此，可得到相當高氮濃度的 SiON 介電層，且氮濃度主要分佈在靠近多晶矽閘極的界面處 [31, 32, 34]。

以上兩種方法均是目前業界針對先進閘極氧化層製程 (90 nm 節點製程技術

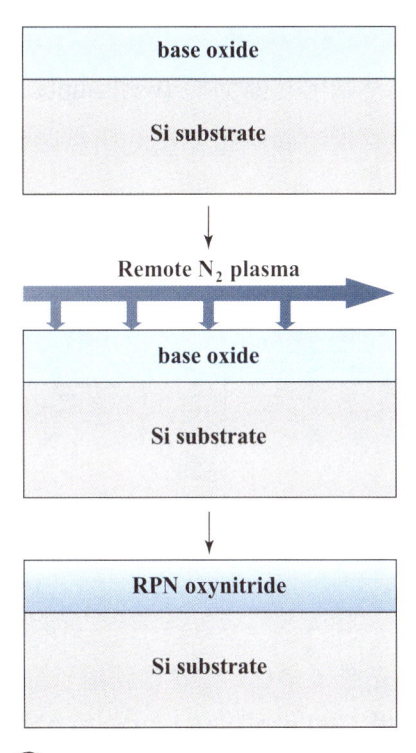

圖 2.16 利用 RPN 形成高氮濃度 $SiO_xN_y$ 介電層的製程步驟示意圖。

以下) 常採用的。然而，為了特殊需求，可將兩種方法同時使用，或搭配 2.2.2 節中所討論過的方法使用。舉例來說，重複使用 DPN 兩次 [34]，或先將氮植入再施行 RPN[35] 等等都是可行的方式。因此，雖然對「下世代製程技術」而言，high-κ/metal gate (高介電係數介電層/金屬閘極) 是不可避免的趨勢 (這部份將於第六、七章討論)，但若能善用 SiON/poly gate (氮氧化矽介電層/多晶矽閘極)，仍可將其成功地延伸至 32 nm 節點製程技術或者以下 [36]。

## 2.3 先進 CMOS 積體電路離子佈植製程

在 CMOS 積體電路離子佈植製程中，有幾個重要的觀念必須瞭解：佈植區域與植入離子型態、各佈植步驟之目的，以及植入離子濃度對元件特性的影響。由於篇幅限制，接下來以圖 2.17 所示的一個典型先進 CMOS 離子佈植區域示意圖為例，就上述觀念作一重點式的討論。

圖中所示之區域 A 為井區，井區佈植 (well implantation) 是濃度低、接面深度很深的離子佈植，其目的是定義出電晶體的主動區域 (active area)。對圖 (a)

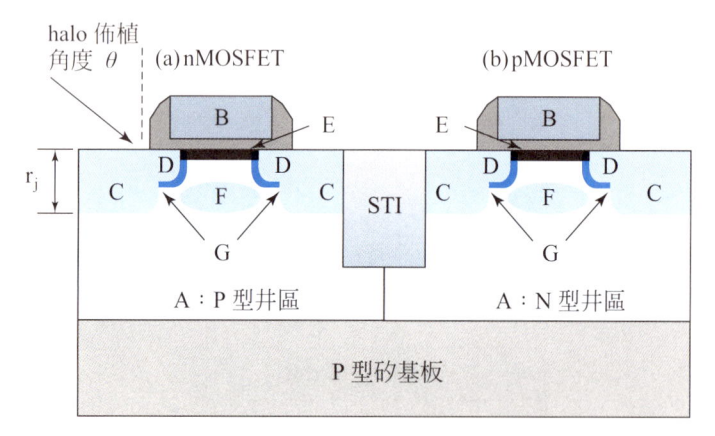

**圖 2.17** 先進 CMOS 積體電路離子佈植區域示意圖：(a) nMOSFET，與 (b) pMOSFET。其中 $r_j$ 為源極和汲極的接面深度；$\theta$ 為 halo (或稱 pocket) 植入的佈植角度，會使得部分摻雜進入通道區域。

的 nMOSFET 而言，井區摻雜物為 p 型；圖 (b) 的 pMOSFET 之井區摻雜則為 n 型。因此，n 型電晶體是建立在 p-well 上，p 型電晶體是建立在 n-well 上。井區的濃度會直接影響電晶體的特性，但通常為了減輕基板偏壓效應 (substrate bias effect 或 body effect；見參考文獻 [2] 之 4.4.2 節) 與短通道效應 (short channel effect) 中的臨界電壓下滑 ($V_T$, roll-off；見參考文獻 [2] 之 5.2.1 節)，我們會採用較淡的摻雜濃度。然而，濃度也不能過淡，否則會造成井區阻值 (well resistance) 過大，而導致閉鎖 (latch-up) 效應的發生 [37]。

區域 B 為多晶矽閘極佈植 (poly-Si gate implantation)。為了得到良好的導電性 (即低的閘極阻值與片電阻)，必須為高濃度的佈植；又植入的摻雜物在後續的熱處理中，會快速地延著多晶矽的晶粒邊界 (grain boundary) 擴散，因此採用低的佈植能量。至於離子型態，在 0.35 $\mu$m 節點製程技術及以上，nMOSFET 與 pMOSFET 都是使用 n$^+$ 多晶矽閘極；但在先進的 CMOS 製程 (0.25 $\mu$m 節點技術及以下)，nMOSFET 是使用 n$^+$ 多晶矽閘極，而 pMOSFET 則是使用 p$^+$ 多晶矽當作閘極 (稱為 dual gate process)。使用 dual gate process 主要是為了調整 pMOSFET 的閘極功函數 (work function)，可使得 nMOSFET 與 pMOSFET 的臨界電壓較為對稱，以及改善 pMOSFET 的短通道效應；但主要的缺點有 pMOSFET 可能會發生 boron penetration、poly-depletion effect，以及有較大的閘極阻值 (因為電洞的遷移率比電子的小)，使得 RC 傳輸延遲時間常數變大。(可見參考文獻 [2] 之 7.3.2 節)

區域 C 為源/汲極 (S/D) 區，是為低能量、高濃度的離子佈植。目的是當電晶體導通時，可提供載子讓元件持續運作，因此 n 型電晶體使用 n$^+$ 摻雜，而 p 型電晶體使用 p$^+$ 摻雜。在先進的 CMOS 製程，為了抑制短通道效應，必須降低源極和汲極的接面深度 (junction depth) $r_j$，也就是所謂的淺接面技術 (shallow junction technique) [38]。然而，這會增加 S/D 的寄生串聯電阻 (series resistance) 而影響元件的性能。一個具有實用性的解決方法為使用選擇性磊晶成長 (SEG, selective epitaxial growth) 技術，以 LPCVD 的方式沉積磊晶矽 (epi-Si) [39] 或 epi-SiGe [40]，製作提高式源/汲極 (raised S/D 或 elevated S/D)。

區域 D 可當成源/汲極的一部分，或是視為源/汲極的延伸區。一般 CMOS 傳統製程是在形成側壁 (spacer) 之前，在 MOSFET 通道的兩端，側壁的下方區域植入和源/汲極相同離子型態，但濃度較低、深度較淺的摻雜 (即 nMOSFET 使用 n⁻ 摻雜，而 pMOSFET 使用 p⁻ 摻雜)，稱為輕摻雜汲極 (LDD，lightly doped drain) 佈植。這個低能量、低濃度的佈植製程，是為了藉由降低在汲極端的最大電場，來改善電晶體的熱載子效應 [24] (但同時也會增加 S/D 的電阻與降低飽和電流)。然而，在先進的 CMOS 積體電路製程中，為了短通道效應的考量，如同在區域 C 中須降低源極和汲極的接面深度，LDD 的接面深度也必須降低；但是，這又會增加 S/D 的阻值，違反我們對元件的要求，因此提高摻雜濃度來降低 S/D 阻值。因此，有人將之改稱為「源/汲極延伸」(S/D extension)，不再強調輕摻雜。另外，由於元件通道長度愈來愈短，接面的濃度高且陡峭，汲極端的電壓產生的大電場會發生能帶間直接穿隧 (band-to-band tunneling)，引起的額外汲極電流稱為 GIDL (gate-induced drain leakage)，會使關電流 $I_{OFF}$ 變大 [41]。

在圖中，通道區域 E 的佈植稱為臨界電壓調整佈植 ($V_T$ adjustment implantation)，是一個低能量、低濃度的離子佈植；目的是調整電晶體導通所需的臨界電壓，因為 $V_T$ 對通道區的摻雜濃度非常敏感。臨界電壓是 CMOS 元件特性中最基本、最重要的，$V_T$ 值的要求與調整，受限於電晶體的漏電與電路的雜訊等限制，設計者會根據不同的需求，應用在不同場合的設計上。例如，應用在高速產品裡的電晶體 (如高速電腦)，會傾向設計較低的 $V_T$ 值，增加其速度；但對於低耗能的應用 (如需充電或以電池供電的筆記型電腦)，則傾向設計較高的 $V_T$ 值，使漏電流電量降低。基本上，若欲調升 $V_T$ (nMOSFET 的 $V_T$ 往正的增加；pMOSFET 的 $V_T$ 往負的增加)，則使用與井區相同型態的摻雜 (即 nMOSFET使用 p 型摻雜，而 pMOSFET 使用 n 型摻雜)。反之，若欲調降 $V_T$，則使用與井區相反型態的摻雜 (即 nMOSFET 使用 n 型摻雜，而 pMOSFET使 用 p 型摻雜)。此外，需注意的是，此處的佈植劑量不可過高，否則會由於雜質散射 (impurity scattering)，而降低通道中的載子遷移率。

區域 F 稱為抗貫穿 (anti-punchthrough, APT) 佈植，為局部性地於半導體基

板表面 (即電晶體的通道反轉層) 下方的區域 (此為貫穿發生的路徑)，多植入一道與井區摻雜型態相同的離子 (即 nMOSFET 用 p 型，而 pMOSFET 用 n 型)，目的在抑制因偏壓造成源極接面與汲極接面的空乏區 (depletion region) 接觸。以 nMOSFET 為例，若一旦發生貫穿，源極的電子可經由此接合的空乏區路徑流向汲極 (即不需經由通道導通，因為空乏區內有大的電場使電子產生漂移)，造成汲極電流的激增，此時電晶體就如短路般，失去其該有的運作。順便一提，在前面所介紹的淺接面技術，除了可抑制短通道效應外，還可延緩貫穿的發生，因為淺接面使得源、汲極空乏區接觸的路徑變長了(見參考文獻 [2] 之 5.2.3 節)。

圖 2.17 中之區域 G 為所謂的袋形植入 (pocket implantation) 或暈形植入 (halo implantation)，目前通常利用大角度斜角植入 (LATI, large angle tilt implant；例如業界常用 45°或 30°等角度) 的方式，選擇性地在源極與汲極端的周圍植入與井區摻雜型態相同但濃度較高的離子 (即 nMOSFET 用 p 型，而 pMOSFET 用 n 型)。此佈植主要的目的在抑制 DIBL (drain-induced barrier lowering, 汲極引起的能障下降) 效應，但對上一段討論的貫穿效應也有改善；此一較高濃度的佈值由於只提高局部濃度，所以不會增加太多的寄生電容。然而，此佈植的濃度也不可過濃，否則會降低汲極端的接面崩潰電壓 (junction breakdown voltage)。(註：關於 DIBL 與 halo implant 的成因與改善，可見參考文獻 [2] 之 5.2.2 與 7.4.3 節)。另外，由於 halo 佈植是以一個傾斜角度 $\theta$ 植入 CMOS 積體電路製程中，因此有部分的摻雜會進入通道區域 (即在圖中區域 E 的兩端)；故實務上，也可藉由控制 halo 植入的能量、劑量、角度，來調整臨界電壓與改善短通道行為 [42]。

## 本章習題

1. 請參考圖 2.1，說明矽晶圓利用熱氧化生成二氧化矽的成長機制。試比較其與化學氣相沉積 (CVD) 方式生成二氧化矽有何不同？

2. 就氧化速率以及與矽基底的界面品質，比較乾氧化與濕氧化的優缺點。

3. 何謂熱預算 (thermal budget)？請說明熱預算對積體電路製程的影響。

4. 請以圖 2.5 為例，說明一典型快速熱氧化 (RTO) 之製程步驟。為何在厚度與電性上，它比傳統氧化有較好的均勻性？

5. 就公式 (2.3)，試述增加 CMOS 電晶體之飽和電流有哪些方法？微縮電晶體的閘極氧化層厚度的優缺點為何？

6. 氮化矽 ($Si_3N_4$) 與二氧化矽 ($SiO_2$) 都是在 CMOS 積體電路製程中常用的介電質，但為何不使用純的氮化矽當作閘極介電層材料？並請簡述目前習慣使用的閘極介電層材料二氧化矽，所面臨新世代積體電路製程的瓶頸為何？

7. 仿圖 2.1 的氧化機制，試說明圖 2.11 中不同製程方式形成的 SiON，會造成不同的氮分佈位置。

8. 將二氧化矽作氮化 (nitridation) 處理，常用的氣體有哪三種？試比較此三種氮化處理的優缺點？

9. 就硼穿透與熱載子效應兩個觀點，試比較圖 2.14(a)、(b)、(c) 的介電層？並說明為何 (d) 是最好的？另就 (a)－(d)，各舉一個製程方法。

10. 試說明使用 DPN 形成高氮濃度之閘極介電層的製程步驟。並舉兩點使用 DPN 最大的優勢？

11. 參考圖 2.17，分別說明七個離子佈植 A－G 的名稱、功能、離子型態。

12. 以 nMOSFET 為例，分別說明在 halo 佈植中，若增加 (a) 佈植角度或 (b) 佈植濃度，則電晶體的臨界電壓會如何變化？

## 參考文獻

1. B. E. Deal and A. S. Grove, "General Relationship for the Thermal Oxidation of Silicon," J. Appl. Phys., **36**, 3770 (1965).
2. 劉傳璽、陳進來，半導體元件物理與製程 (二版三刷)，五南圖書，2009 年。
3. 林鴻志 (翻譯)，半導體製程概論 (二版)，交大出版社，2008 年。
4. J. R. Ligenza, "Effect of Crystal Orientation on Oxidation Rates of Silicon in High Pressure Steam," J. Phys. Chem., **65**, 2011 (1961).
5. T. Nishida and S.E. Thompson, "Oxide Field and Thickness Dependence of Trap Generation in 9-30 nm Dry and Dry/Wet/Dry Oxides," J. Appl. Phys., **69**, 3986 (1991).
6. F. R. Bryant and F. T. Liou, "Thin Oxide Structure and Method," USA Patent No. 5057463 (1991).
7. D. K. Schroder, Semiconductor Material and Device Characterization, 2$^{nd}$ edition, Wiley-Interscience, New York, 1998.
8. B. E. Deal, M. Sklar, A. S. Grove, and E. H. Snow, "Characteristics of the Surface-State Charge (Qss) of Thermally Oxidized Silicon," J. Electrochem. Soc., **114**, 266 (1967).
9. J. Nulman, J. P. Krusius, and A. Gat, "Rapid Thermal Processing of Thin Gate Dielectrics," IEEE Electron Dev. Lett., **6**, 205 (1985).
10. H. Fukuda, T. Iwabuchi, and S. Ohno, "The Dielectric Reliability of Very Thin $SiO_2$ Films Grown by Rapid Thermal Processing," Jpn. J. Appl. Phys., **27**, L2164 (1988).
11. K.P. MacWilliams, L.F. Halle, and T.C. Zietlow, "Improved Hot-Carrier Resistance with Fluorinated Gate Oxides," IEEE Electron Dev. Lett., **11**, 3 (1990).
12. C.H. Liu *et al.*, "Mechanism of Threshold Voltage Shift ($\Delta$Vth) Caused by

Negative Bias Temperature Instability (NBTI) in Deep Submicron pMOSFETs," Jpn. J. Appl. Phys., **41**, 2423 (2002).

13. Y. Goto *et al.*, "A Triple Gate Oxide CMOS Technology Using Fluorine Implant for System-on-a-Chip," Symp. on VLSI Tech., 148 (2000).

14. Y. Nishioka *et al.*, "Radiation Hardened Micron and Submicron MOSFETS Containing Fluorinated Oxides," IEEE Trans. Nucl. Sci., **36**, 2116 (1989).

15. P. J. Wright and K. C. Saraswat, "The Effect of Fluorine in Silicon Dioxide Gate Dielectrics," IEEE Trans. Electron Dev., **36**, 879 (1989).

16. Y. Mitani, H. Satake, Y. Nakasaki, and A. Toriumi, "Improvement of Charge-to-Breakdown Distribution by Fluorine Incorporation into Thin Gate Oxides," IEEE Trans. Electron Dev., **50**, 2221 (2003).

17. S. H. Lo, D. A. Buchanan, Y. Taur, and W. Wang, "Quantum-Mechanical Modeling of Electron Tunneling Current from the Inversion Layer of Ultra-Thin-Oxide nMOSFET's," IEEE Electron Dev. Lett., **18**, 209 (1997).

18. M. S. Krishnan, L. Chang, T.J. King, J. Bokor, and C. Hu, "MOSFETs with 9 to 13 A Thick Gate Oxides," IEDM Technical Digest, 241 (1999).

19. E. P. Gusev, H. C. Lu, E.L. Garfunkel, T. Gustafsson, and M. L. Green, "Growth and Characterization of Ultrathin Nitrided Silicon Oxide Films," IBM J. Res. Develop., **43**, 265 (1999).

20. X. Guo and T. P. Ma, "Tunneling Leakage Current in Oxynitride: Dependence on Oxygen/Nitrogen Content," IEEE Electron Dev. Lett., **19**, 207 (1998).

21. D. Bensahel, Y. Campidelli, F. Martin, and C. Hernandez, "Process for Nitriding the Gate Oxide Layer of a Semiconductor Device and Device Obtained," USA Patent No. 6372581 (2002).

22. Y. Wu, G. Lucovsky, and H. Z. Massoud, "Improvement of Gate Dielectric Reliability for p+ Poly MOS Devices Using Remote PECVD Top Nitride Deposition on Thin Gate Oxides," International Reliability Physics Symp., 70

# Chapter 3

# 薄膜模組

廖忠賢
林薏菁

## 作者簡介

### 廖忠賢
聯華電子股份有限公司,現任薄膜模組部經理

中山大學材料科學博士。現任職於新竹科學園區聯華電子股份有限公司,擔任薄膜模組部經理。

### 林薏菁
旺宏電子股份有限公司,現任 QA 經理

美國猶他大學化工碩士。現任職於新竹科學園區旺宏電子股份有限公司,擔任 QA 經理。曾擔任聯華電子薄膜製程正工程師。

## 前言

本章主要分為金屬化製程 (3.1 節至 3.5 節) 與介電層製程 (3.6 節至 3.10 節) 兩大部份。金屬化 (metallization) 製程的討論包括金屬矽化物 (silicide)、金屬導線阻障層 (barrier layer) 以及金屬導線 (metal wire) 的製作；介電層 (dielectric) 的介紹則包含化學氣相沉積 (chemical vapor deposition, CVD)、CVD 反應器類型、CVD 介電層的薄膜特性，以及介電層在積體電路製造中的應用。

## 3.1 金屬化製程的金屬材料源及製程方式

金屬化製程最根本的要件就是金屬材料源，金屬材料源一般可分為固態金屬靶以及氣態分子兩種型態。固態金屬靶一般是以激發態的氬氣電漿 (argon plasma)，利用氬離子撞擊固態金屬靶以產生金屬薄膜的沉積，這種方式就是所謂的物理氣相沉積 (physical vapor deposition，簡稱 PVD)。相對的，利用氣體間的化學反應或熱裂解方式達成金屬沉積的目的，這種方式被稱為化學氣相沉積 (chemical vapor deposition，簡稱 CVD)。

由於近幾年銅製程的興起，銅導線的金屬薄膜沉積方式會利用電化學電鍍 (electrochemical plating, ECP) 的方式來完成，這種銅電鍍的製程與一般的電鍍原理相同，將電鍍液中的銅離子還原成銅原子，產生薄膜沉積的行為。

### 3.1.1 金屬化製程的金屬種類

一般金屬化製程所使用的金屬可包含：鈷 (cobalt)、鎳 (nickel)、鈦 (titanium)、鎢 (tungsten)、鋁 (aluminum)、鉭 (tantalum) 以及銅 (copper)。有些金屬會使用其矽化物或氮化物而非純金屬，如矽化鈷 ($CoSi_2$)，矽化鎳 (NiSi)、氮化鈦 (TiN) 以及氮化鉭 (TaN)。圖 3.1 為銅製程 IC 晶片的剖面示意圖 (僅顯示兩層金屬層)，可將 IC 晶片簡單的分成兩個部份，即 IC 元件及 IC 線路，IC 線路就是由這些金屬及其矽化物或氮化物所組成的。

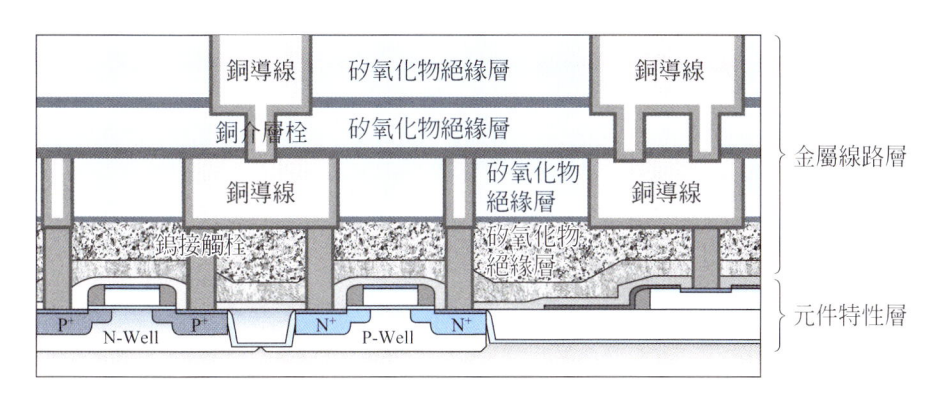

○ 圖 3.1　IC 晶片剖面圖，顯示金屬線路與元件之間的連接。

### 3.1.2　金屬薄膜沉積方式

　　金屬化製程的金屬薄膜沉積一般可由物理氣相沉積或化學氣相沉積獲得，這兩種方式的製程都是在一個具有流量、壓力、溫度、功率控制的沉積室 (deposition chamber) 內進行，而銅製程中的電鍍銅薄膜沉積方式，則是在含有硫酸銅電鍍液、添加劑 (additive)，以及可控制輸出電流的電鍍槽 (plating cell) 內進行。

## 3.2　金屬薄膜物理氣相沉積

　　薄膜物理氣相沉積是使用固態金屬靶當作金屬源，其沉積室基本上包含了晶片 (wafer) 承載台、金屬靶、永久磁鐵、氣體進出路徑以及電源輸入端，圖 3.2 說明了這些架構是如何組成沉積室。當沉積室通入一定量的氬氣後，讓沉積室維持一定的壓力 (一般在數 mtorr 之間)，接著輸入電源來激發這些氬氣並形成穩定的電漿，而帶有正電的氬離子會受到負電位的吸引而朝向金屬靶 (電源輸入負端)，將金屬撞擊出，被撞擊出的金屬原子落在晶片表面，經由成核成長的過程而形成薄膜沉積的行為。

　　整個沉積過程中，穩定的電漿狀態是藉由激發態的氬氣所釋放出的電子，這些帶有能量的電子會去碰撞其他氬氣使其成為激發態，這種連鎖反應必須要有足

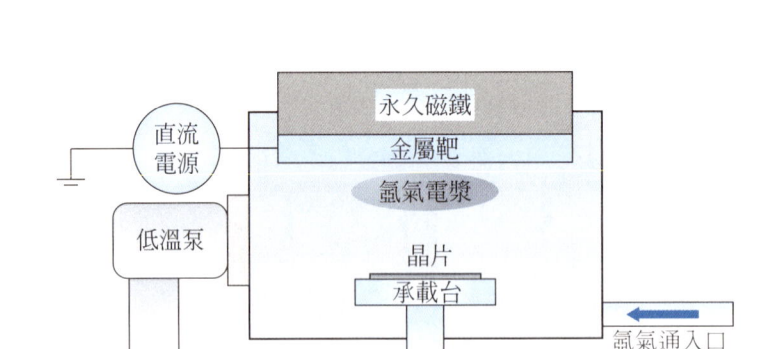

○ 圖 3.2　物理氣相沉積室的基本架構。

夠的電子存在沉積室才能達到,而永久磁鐵在沉積過程中保持定速旋轉,如此便能增加電子的平均自由路徑,而達到穩定電漿的形成,而穩定的氬氣電漿才能有穩定的沉積速率,沒有穩定的沉積速率是無法有效控制金屬薄膜沉積的厚度。

## 3.3　金屬薄膜化學氣相沉積

　　薄膜化學氣相沉積是在沉積室內通入含有金屬成分的氣體分子,這些含有金屬成分的氣體分子與同時通入沉積室內其他反應氣體,在一定的溫度及壓力下產生反應並生成所需要的金屬薄膜。或是直接將含有金屬成分的氣體分子通入沉積室,這些氣體分子到達晶片表面時,受到晶片表面溫度的影響而發生熱裂解反應,並產生所需要的金屬薄膜。

　　化學反應方式產生薄膜沉積,除了產生出所需要的金屬薄膜外,也會產生其他氣態生成物,這些氣態生成物會藉由幫浦抽離沉積室,避免影響下一片晶片金屬薄膜的正常沉積行為。除此之外,化學氣相沉積並不會只在晶片表面發生,沉積室內其他地方也都沉積了這些金屬薄膜,這些金屬薄膜隨著生產時間的增加而逐漸變厚,會導致金屬薄膜特性偏離以及微塵粒子污染晶片。沉積室在經過金屬薄膜沉積之後,一般會通入含有氟或氯的氣體,清除沉積室內的金屬薄膜。圖3.3 顯示一個鎢金屬薄膜化學氣相沉積室的示意圖。

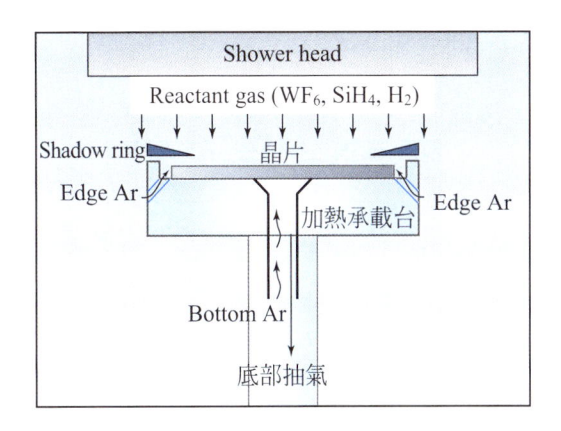

圖 3.3 鎢金屬化學沉積室，包含反應氣體及其他輔助氣體來得到良好的沉積薄膜特性。

## 3.4 金屬薄膜化學電鍍沉積

在製作 IC 晶片的銅導線步驟，目前都是採用化學電鍍的方式來沉積銅，但是如何控制電鍍過程中的參數，使得電鍍銅的沉積能夠有良好的填洞能力 (gap-fill capacity) 是非常重要的關鍵。

圖 3.4 顯示半導體製程常用的銅化學電鍍的電鍍槽示意圖，包含了幾個基本的架構：陰極 (cathode) 端為承載晶片的 Load Cup，陽極 (anode) 端為提供銅離子的銅塊，電鍍液為硫酸銅溶液。當電鍍迴路通入電流時，陽極端的銅塊會被解離產生銅離子，此帶正電的銅離子受到陰極端的電位吸引而在晶片表面形成電鍍銅的沉積。

電鍍銅的薄膜沉積通常是使用幾個不同步驟的定電流沉積，每個步驟的電流固定但大小不同，一般是由小而大逐漸增加電流。另外在電鍍液中會加入少量的添加劑來達到銅導線製程上的特性需求，這些特性包含了不能有孔洞在導線內發生，以及沉積完成後的銅薄膜表面須保持平整。添加劑大致上分為三類：加速劑 (accelerator)、平整劑 (leveler) 以及抑制劑 (suppressor)，控制這三種添加劑的添加量也是形成良好的銅電鍍薄膜的重要因素之一。

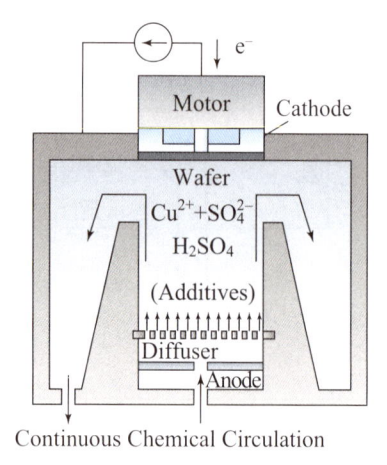

圖 3.4　電鍍槽構造示意圖

## 3.5 金屬化薄膜在 IC 製程上的應用

整個 IC 晶片製作過程中所用到金屬薄膜沉積為矽化物金屬薄膜製程、接觸栓 (contact plug) 金屬薄膜製程、介層栓 (via plug) 金屬薄膜製程，以及渠溝 (trench) 金屬薄膜製程。

### 3.5.1 矽化物金屬薄膜製程

在場效電晶體 (MOSFET) 的製作過程中，電晶體的閘極、源極及汲極上需形成一道金屬矽化物層，圖 3.5 顯示此矽化物金屬層的要件：①在源極、閘極及汲極上所形成的金屬矽化物的阻抗要低，②矽的消耗要低，③不會產生接面漏電 (junction leakage) 的問題，④不會有金屬殘留導致間隙壁 (spacer) 發生橋接 (bridge) 問題，⑤金屬矽化物與矽之間的界面要平順，⑥優異的熱穩定性。

表 3.1 為常見的金屬矽化物的特性比較，由表中各種金屬矽化物特性來看，二矽化鈷 ($CoSi_2$)、矽化鎳 (NiSi) 以及二矽化鈦 ($TiSi_2$) 的阻抗較低，因此鈷、鎳及鈦金屬最適合用來作為 IC 晶片製程矽化物金屬的金屬源。

一般來說，定義 IC 晶片的元件及線路都是經由黃光曝光及蝕刻來達成的，但金屬矽化物是不需要經過黃光製程就能精準的在所需要的位置上形成，這就是

- 金屬矽化物的阻抗要低
- 矽的消耗不可過高
- 良好的熱穩定性

- 間隙壁無橋接問題

Silicide / Spacer / Gate / Source / Drain / STI

- 金屬矽化物的阻抗要低
- 矽的消耗要低
- 金屬矽化物與矽之間的介面平順
- 接合漏電要低
- 接觸電阻要低
- 良好的熱穩定性

圖 3.5　顯示金屬矽化物的特性要求。

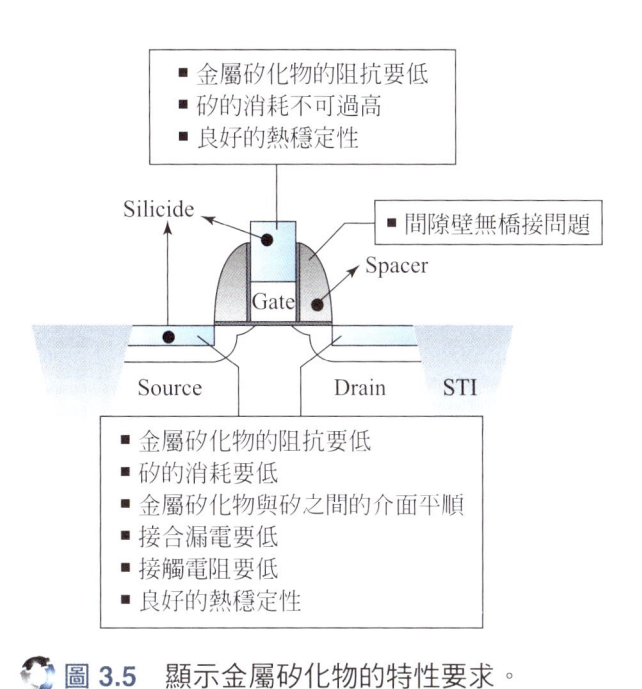

表 3.1　各種不同金屬矽化物的物理特性

|  | CoSi$_2$ | Pd$_2$Si | PtSi | NiSi | NiSi$_2$ | TiSi$_2$ |
|---|---|---|---|---|---|---|
| 薄膜電阻 ($\mu\Omega$-cm) | 14-20 | 25-35 | 28-35 | 14-20 | 30-50 | 13-20 |
| 每 1nm 金屬的矽消耗 (nm) | 3.6 | 0.7 | 1.3 | 1.8 | 3.6 | 2.3 |
| 形成溫度 (°C) | 600-700 | 200-500 | 300-600 | 400-600 | 600-700 | 600-700 |
| 熔點 (°C) | 1326 | 1394 | 1229 | 992 | 992 | 1500 |

所謂的自動對準矽化物製程 (self-aligned silicide，簡稱 Salicide)。Salicide 的製程順序包含了金屬沉積、一次回火矽化物形成、未反應成矽化物的金屬去除，最後再經過二次回火形成低阻抗的矽化物。其四個階段過程如圖 3.6 所示 (以鈷矽化物製程為例)。

形成金屬矽化物的這些金屬薄膜是以物理氣相沉積方式來獲得的，金屬矽化物的形成是將金屬沉積在矽上，再經由 RTP (rapid thermal process) 的高溫製程讓金屬與矽藉由擴散反應成金屬矽化物。因此，若矽的表面受到氧化而形成二氧化

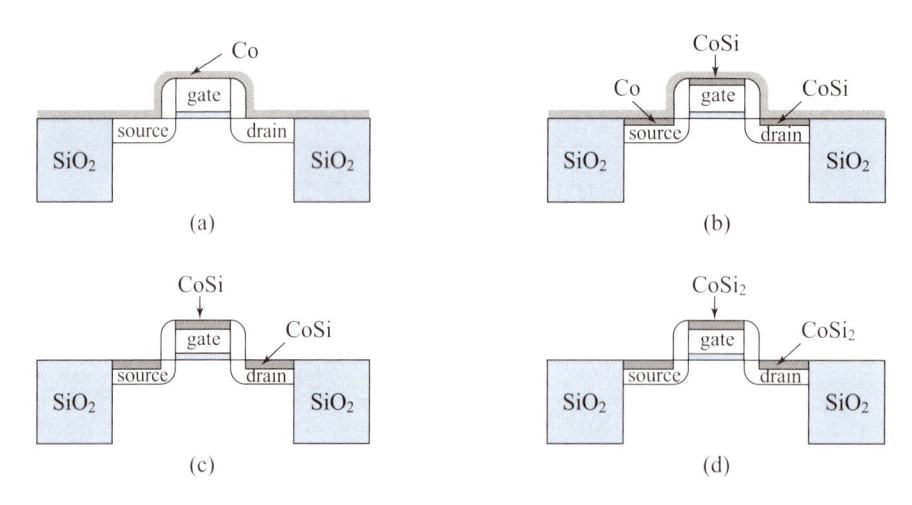

圖 3.6　鈷金屬矽化物的製程，**(a)** 沉積鈷金屬薄膜；**(b)** 進行第一次回火，形成高阻抗的金屬矽化物；**(c)** 去除未反應的金屬薄膜；**(d)** 進行第二次回火，形成低阻的金屬矽化物。

矽，這將會影響到金屬與矽之的金屬矽化物形成。反之，若金屬受到氧化也會影響到金屬矽化物的形成。因此，金屬矽化物的薄膜沉積過程必須針對矽表面以及金屬的氧化問題作管控。

### 3.5.2 接觸栓金屬薄膜製程

完成金屬矽化物的製程後，接下來的金屬薄膜沉積製程便是接觸栓金屬薄膜的沉積，接觸栓金屬薄膜主要是用來連接金屬矽化物與第一層金屬導線，以建立兩者之間的電流通路。接觸栓是經由黃光及蝕刻製程在氧化矽絕緣層上所挖出來的柱狀圖案，接觸栓金屬沉積的要件便是如何將金屬填入接觸栓而不會有孔洞問題的發生。

對於 0.18 $\mu m$ 以後的製程，接觸栓金屬薄膜主要是沉積鎢金屬，但是鎢金屬無法直接沉積在氧化矽絕緣層上，所以在沉積鎢金屬之前，必須先在接觸栓內沉積阻障層，一般是使用鈦 (Ti) 以及氮化鈦 (TiN) 這兩種薄膜，而沉積的組合方式大致上分為兩類，以下介紹半導體業常用的兩種鈦及氮化鈦沉積方式，以及鎢金屬薄膜沉積製程。

### 阻障層 PVD Ti 及 CVD TiN

鈦可以直接沉積在氧化矽絕緣層上，而且與氧化矽有良好的界面強度。為了提升物理氣相沉積鈦金屬在接觸栓內沉積的階梯覆蓋率，鈦金屬的沉積室通常配備有離子化金屬電漿 (ionized metal plasma, IMP) 的功能，其目的是將金屬靶上被轟擊出來的鈦原子，經過沉積室內安裝的鈦環 (Ti coil) 所產生的氬氣電漿激發而產生離子化的鈦金屬離子，若在晶片承載台加上射頻產生器 (RF generator)，這會讓鈦金屬的沉積具有方向性，使得接觸栓底部有足夠的鈦金屬薄膜厚度且接觸栓頂端也不會發生明顯的鈦金屬突懸 (overhang) 現象。圖 3.7 顯示離子化金屬電漿的鈦沉積室示意圖。

鈦金屬薄膜沉積完成後並不能直接沉積鎢金屬薄膜，因為沉積鎢金屬薄膜會使用到六氟化鎢 ($WF_6$) 的反應氣體，此氣體若與鈦金屬直接接觸，則會產生反應並生成四氟化鈦 ($TiF_4$) 的氣態產物，產生所謂的火山 (volcano) 效應，使得鎢金屬沉積不良，反應式如公式 (3.1)，圖 3.8 則顯示發生火山效應的接觸栓。

$$2WF_{6(g)} + 3Ti_{(s)} \rightarrow 2W_{(s)} + 3TiF_{4(g)} \tag{3.1}$$

為了避免鎢金屬薄膜沉積過程發生火山效應的問題，會在鈦金屬薄膜表面再以有機化學氣相沉積方式沉積一層氮化鈦，此氮化鈦薄膜層可以保護鈦金屬薄膜

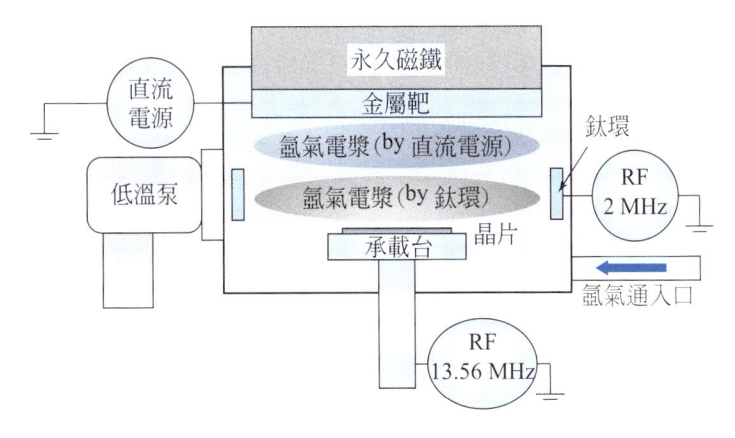

**圖 3.7** 鈦薄膜離子化金屬電漿物理相沉積室示意圖。

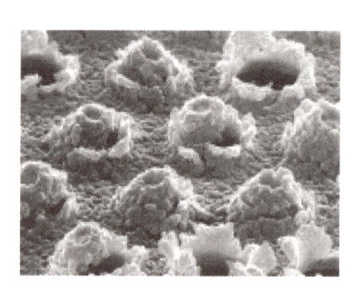

● 圖 3.8　接觸栓金屬鎢化學氣相沉積發生火山效應的情形。

層不被六氟化鎢侵蝕。有機金屬化學氣相沉積氮化鈦的沉積方式是將含有鈦以及氮的二甲基氨基鈦 (TDMAT) 有機金屬分子通入沉積室，藉由晶片承載台高溫 (約 400 ℃) 的作用而在晶片表面發生裂解，並且產生氮化鈦的沉積。其化學結構式及熱裂解反應如式 (3.2) 所示，

$$[(CH_3)_2N]_4Ti \xrightarrow[1.5T]{375^\circ C \sim 400^\circ C} Ti(C)N + (CH_3)_2NH + hydrocabons \qquad (3.2)$$

此反應所得到的氮化鈦含有大量的碳 (C) 成分，造成氮化鈦的阻值偏高，為了降低氮化鈦的阻值，可在沉積室內通入 $N_2$ 以及 $H_2$ 並形成電漿，藉由電漿來撞擊含碳量偏高的氮化鈦薄膜，減少氮化鈦的碳含量。

### 阻障層 CVD Ti 及 CVD TiN

對於深寬比較高 (aspect ratio > 15) 的接觸栓製程，使用物理氣相沉積鈦及有機金屬化學氣相沉積氮化鈦的方式，並不一定會得到最佳的階梯覆蓋，但若採用四氯化鈦 (titanium tetrachloride, TiCl₄) 為反應物來沉積鈦及氮化鈦，便可以大幅改善阻障層的階梯覆蓋率，除此之外，以四氯化鈦沉積的氮化鈦性質較單一，並不像 TDMAT 沉積出來的氮化鈦，含有不少的碳而需要做電漿處理降低碳含量。

四氯化鈦在常溫下為液態且揮發性相當高，半導體製程上與 $H_2$ 及 $NH_3$ 的反應式如式 3.3.1 及 3.3.2 所示：

$$TiCl_{4(g)} + H_{2(g)} \xrightarrow[T > 600^\circ C]{RF\ plasma} Ti_{(s)} + 4HCl_{(g)} \qquad (3.3.1)$$

$$6TiCl_{4(g)} + 8NH_{3(g)} \xrightarrow{T > 600^\circ C} 6TiN_{(s)} + 24HCl_{(g)} + N_{2(g)} \tag{3.3.2}$$

雖然四氯化鈦製程擁有較佳的階梯覆蓋率以及較好的薄膜純度，但是其反應溫度相當高，因此，此項沉積技術並不適合用在沉積金屬導線之後的製程或其他對溫度敏感的薄膜層上。

**鎢金屬薄膜製程**

阻障層鈦以及氮化鈦沉積完成後，接著便是沉積鎢金屬薄膜。鎢金屬薄膜必須使用化學氣相沉積的方式才有可能將接觸栓填滿，其沉積可為兩個主要步驟，也就是鎢成核沉積 (nucleation deposition) 以及鎢體積沉積 (bulk deposition)。

鎢的沉積溫度一般控制在 400 ℃ 左右，主要使用的反應氣體有 $WF_6$、$H_2$ 以及 $SiH_4$。在成核沉積的階段，是要長出一層均質且厚度均勻的薄膜，厚度約在 500Å 左右，所以沉積速率不能太快以便能控制沉積薄膜的均勻度及厚度的穩定性，其反應式如公式 3.4 所示：

$$2WF_{6(g)} + 3SiH_{4(g)} \xrightarrow[T \sim 400^\circ C]{P \sim 30torr} 2W_{(s)} + 3SiF_{4(g)} + 6H_{2(g)} \tag{3.4}$$

此鎢成核薄膜即當作是鎢體積沉積的晶種層 (seed layer)。

鎢體積沉積著重在填洞能力是否足夠，其沉積速率亦比鎢成核沉積快，沉積壓力亦會高出許多，其反應式如公式 3.5 所示：

$$WF_{6(g)} + 3H_{2(g)} \xrightarrow[T \sim 400^\circ C]{P \sim 90torr} W_{(s)} + 6HF_{(g)} \tag{3.5}$$

但隨著製程的進步，電晶體越做越小，這會使得接觸栓的口徑越來越小，深寬比越來越大，鎢金屬薄膜沉積會面臨了填洞能力不佳的問題，必須發展出厚度較薄的鎢成核沉積以及填洞能力更佳的鎢體積沉積。

針對改善鎢成核沉積薄膜，目前業界有採用的方式是原子層沉積 (atomic layer deposition, ALD)，來得到更薄更均勻的鎢金屬成核薄膜，只要進行數次的短時間成核沉積步驟，便能得到所需要的厚度值，且達到良好的階梯覆蓋率及較佳均勻度的特性。每一次的沉積包含了以下幾個步驟，如圖 3.9 所示：

反應物 1

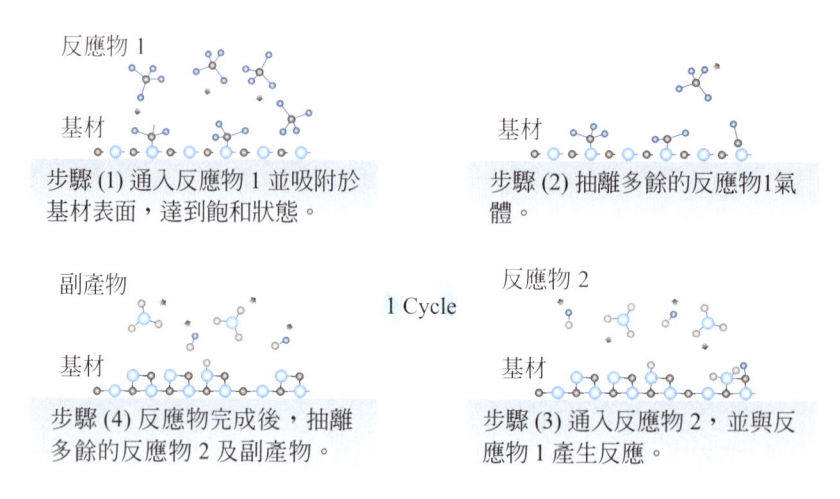

基材

步驟 (1) 通入反應物 1 並吸附於基材表面，達到飽和狀態。

基材

步驟 (2) 抽離多餘的反應物 1 氣體。

1 Cycle

副產物

基材

步驟 (4) 反應物完成後，抽離多餘的反應物 2 及副產物。

反應物 2

基材

步驟 (3) 通入反應物 2，並與反應物 1 產生反應。

圖 3.9　CVD 原子層沉積方式示意圖。

對於鎢體積沉積薄膜填洞能力的改善，在接觸栓口徑變小及深寬比變大的情況下，提高反應氣體的沉積室壓力，讓反應氣體順利的進入接觸栓內進行沉積反應，並得到良好的填洞效果，如圖 3.10 所示。

### 3.5.3 導電層金屬薄膜沉積

導電層金屬薄膜沉積主要是用來沉積金屬導線以及連接上下層金屬導線的介

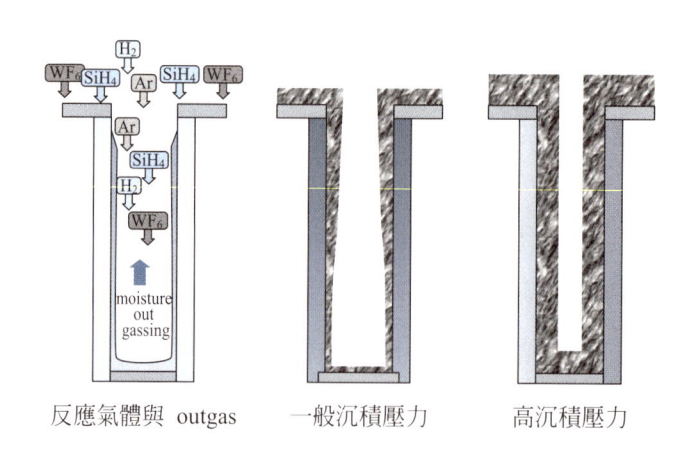

反應氣體與 outgas　　一般沉積壓力　　高沉積壓力

圖 3.10　顯示提高鎢金屬沉積壓力可改善接觸栓底部附近的階梯覆蓋率。

層栓。金屬導線所使用的薄膜為鋁線或銅線，半導體製程在 0.18 μm 產品以下大致上都是使用鋁製程，但是隨著製程的進步，導線寬度越來越小，於是阻抗也變得較大，引發了阻容延遲 (RC delay) 以及可靠度變差的問題，而銅的阻抗比其一般的金屬要來的小，雖然銀的阻抗比銅小，但其價格貴且取得容易程度並不若銅來的好，因此，使用銅製程來降低元件縮小後所遇到的問題在實際量產上是較為可行的。圖 3.11 顯示不同金屬的阻抗比較以及鋁製程與銅製程在不同世代產品上 RC delay 的差異。

鋁製程與銅製程最大的差異性是在形成金屬導線的方式極為不同。鋁金屬導線的製作是先將鋁金屬薄膜沉積在晶片表面，再經過黃光及蝕刻製程將鋁金屬導線的線路定義出來，接著沉積二氧化矽絕緣層來阻隔並保護金屬線路。而銅金屬導線的製作則事先沉積二氧化矽絕緣層，再經由黃光及蝕刻製程定義線路，將二氧化矽絕緣層挖出線路位置及大小，接著才沉積銅金屬薄膜製晶片表面，這種先挖洞再填金屬導線的做法稱作 damascene 製程。圖 3.12 顯示這兩種不同製程的差異性。

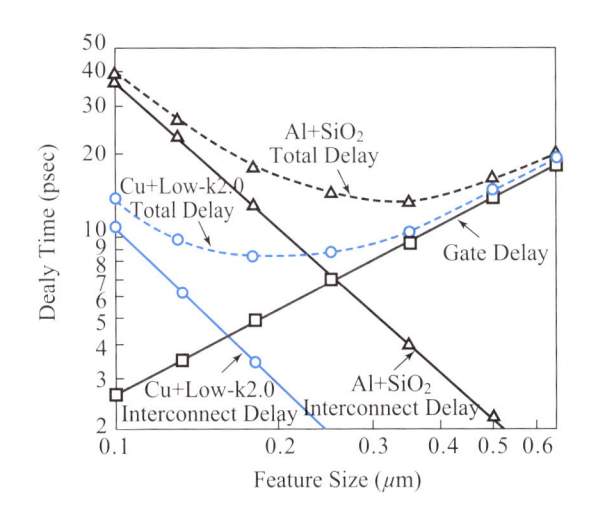

| Metal | Bulk Resistivity, $\mu\Omega$-cm |
|---|---|
| Ag | 1.63 |
| **Cu** | **1.67** |
| Au | 2.35 |
| Al | 2.67 |
| W | 6.65 |

圖 3.11　顯示線寬越小時，銅製程的 **RC delay** 優於鋁製程。

| | | | |
|---|---|---|---|
| ▤ 光阻 | ▦ 金屬 | ☐ 氧化矽 | ■ 蝕刻停止層 |

(a) (1) 正圖案　(2) 金屬蝕刻　(3) 氧化矽沉積　(4) 平坦化研磨

(b) (1) 負圖案　(2) 氧化矽蝕刻　(3) 金屬沉積　(4) 平坦化研磨　(5) 氧化矽沉積

**圖 3.12**　顯示鋁製程金屬導線與銅製程金屬導線製作上的差異。

### 3.5.3.1 鋁製程導電層金屬薄膜沉積

鋁製程導電層導的金屬薄膜沉積一般包含了三個部份，即 liner Ti/TiN、金屬導線 Al 以及 ARC Ti/TiN 的沉積流程，這些薄膜都是採用傳統 PVD 方式沉積，其結構如圖 3.13 所示。Liner Ti/TiN 的 Ti 其濕潤 (wetting) 能力較佳，可被當成黏著層 (glue layer)，而 TiN 則是可避免鋁金屬導線與 W 插栓之間電流擁擠效應 (current crowding effect) 的產生，金屬導線 Al 是用來傳導電流，至於 ARC Ti/TiN 指的是抗反射 (anti-reflection coating, ARC) 層，在後續黃光曝光製程中，可用來減少光的反射，維持曝光的穩定性。

隨著元件尺寸越做越小，金屬導線寬度與厚度也隨之減少，並且金屬導線的電流密度隨之升高，造成電致遷移 (electromigration, EM) 的問題，所謂的電致遷

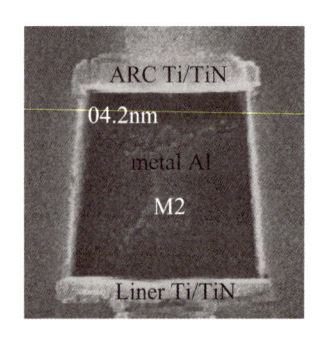

**圖 3.13**　鋁金屬導線剖面圖，顯示 **Liner Ti/TiN、metal Al** 以及 **ARC Ti/TiN** 三個部份。

移是因為金屬原子與電流載子相互作用而來，當鋁金屬導線通入電流時，產生一個電場，促使鋁金屬原子沿著晶界 (grain boundary) 移動，在鋁金屬導線的一端型成山丘 (hillock)，另一端則形成孔洞 (void) 而逐漸使得金屬導線斷裂，如圖 3.14 所示。

鋁金屬導線的沉積溫度在業界的使用，一般是在 250 ℃ 至 400 ℃ 的範圍，較低溫的鋁金沉積溫度有可能會產生明顯的 $CuAl_2$ 析出物，而此析出物在鋁金屬蝕刻過程中是無法被去除掉的，因此有可能會造成金屬導線短路的問題。除此之外，低溫沉積所形成的鋁晶粒較小，由於晶粒較小的情況下，會導致鋁金屬導線本身擁有較大的應力，其電致遷移的可靠度會變差，因此會在鋁金屬薄膜蝕刻形成鋁金屬導線後，加入一道回火製程來降低應力。高溫的鋁金屬導線雖然不易產生 CuAl2 析出物，應力也比較小，但是晶粒會較大，這會造成鋁金屬表面的粗糙度 (roughness) 過大，產生金屬表面不平整的現象。

當完成某一層鋁金屬導電層時，需要進行沉積下一層鋁金屬導電層之前，必須先沉積金屬栓塞來連接上下兩層鋁金屬導電層。此處的金屬栓塞稱為介層栓，如圖 3.15 所示，一般是使用與前面章節介紹過的接觸栓相同方式來沉積介層栓，即先沉積 Ti/TiN 阻障層，接著沉積金屬鎢來完成鎢介層栓，作為連接上下鋁金屬導電層的通道。

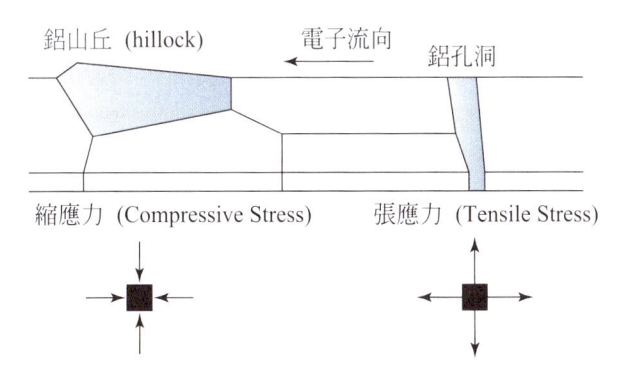

**圖 3.14** 鋁金屬導線因為電致遷移而導致斷裂之情形。

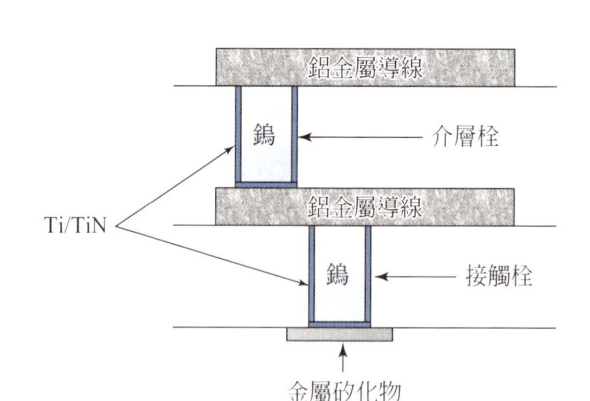

圖 3.15 顯示接觸栓塞為連接金屬層與金屬矽化物,而介層栓則是連接金屬層與金屬層。

### 3.5.3.2 銅製程金屬導線沉積

銅製程金屬導線的薄膜沉積一般是包含了三個部份,即阻障層 (barrier layer) Ta/TaN 金屬薄膜、晶種層 Cu 金屬薄膜以及電化學電鍍 Cu 金屬導電層薄膜,如圖 3.16 所示。這些導線線路包含了介層 (via) 以及渠溝 (trench),所謂的渠溝即是金屬導線的位置,介層則是用來連接上下金屬導線層。

阻障層 TaN/Ta 與晶種層 Cu 製程概念

一般在銅製程金屬導線所使用的阻障層材料為 Ta 及 TaN,這兩種薄膜目前都是使用物理氣相沉積,由於 TaN 對 Cu 的阻障效果較 Ta 佳,而 Ta 則與 Cu 間的濕潤效果較佳,這也意味著 Cu 與 Ta 之間的界面性質較好,所以在阻障層金

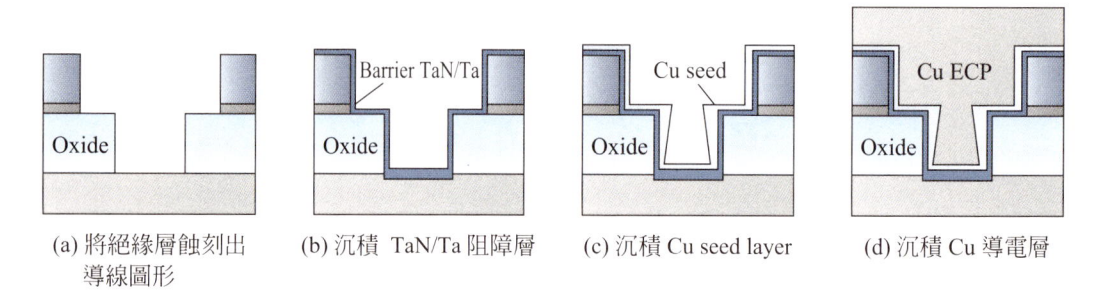

(a) 將絕緣層蝕刻出導線圖形
(b) 沉積 TaN/Ta 阻障層
(c) 沉積 Cu seed layer
(d) 沉積 Cu 導電層

圖 3.16 顯示銅製程金屬導線沉積的的步驟。

屬薄膜沉積的順序上，一般會先沉積 TaN 在絕緣層上，避免 Cu 擴散至絕緣層，接著沉積 Ta 在 TaN 上，使阻障層與 Cu 金屬層之間有良好的界面性質。

晶種層 Cu 的薄膜沉積主要是因應後續的電鍍銅沉積所必須先沉積的金屬薄膜，而晶種層 Cu 薄膜的性質更是影響了電鍍銅沉積的好壞。一般晶種層 Cu 沉積的溫度不能太高，過高的沉積溫度可能會造成 Cu 金屬薄膜在介層栓及渠溝的連續性或一致性變差，導致電鍍銅沉積時產生缺陷，這種缺陷包含了銅導線內的孔洞或是內應力 (internal stress) 的產生。

一般物理氣相的沉積方式對於側壁沉積的階梯覆蓋率是較差的，如圖 3.17 所示，因此阻障層 TaN/Ta 及晶種層 Cu 沉積厚度不能太薄，以避免側壁厚度不足，導致阻障效果變差或是電鍍銅沉積出來的銅具有缺陷。

但是阻障層 TaN/Ta 以及晶種層 Cu 的薄膜沉積厚度也不能過厚，因為 TaN/Ta 若太厚，會造成介層阻值明顯偏高以及薄膜沉積突懸現象的產生，造成晶種層 Cu 沉積在側壁的薄膜厚度不足。相同的，若晶種層 Cu 沉積厚度太厚，也會造成突懸的問題，會使得後續的電鍍銅沉積無法填滿介層栓及渠溝，造成孔洞殘留在介層及渠溝內，如圖 3.18 所示。

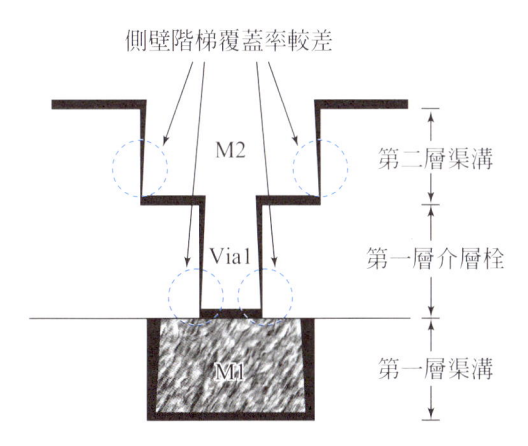

圖 3.17　顯示物以理氣相沉積金屬薄膜時，介層及渠溝的側壁階梯覆蓋率較差，導致沉積厚度較薄。

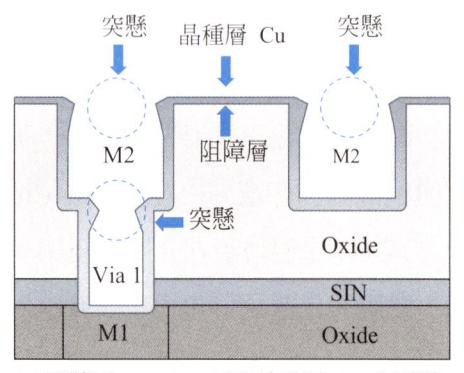

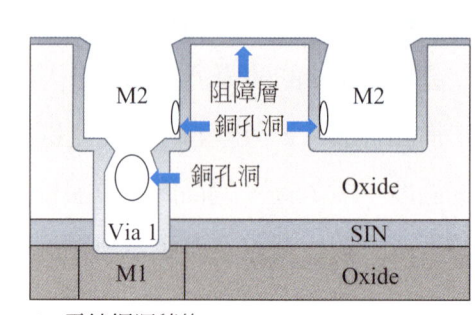

(a) 阻障層 TaN/Ta 以及晶種層 Cu 沉積後　　(b) 電鍍銅沉積後

圖 3.18　顯示 (a) 阻障層 TaN/Ta 與晶種層 Cu 側壁偏薄及突懸對 (b) 電鍍 Cu 孔洞生成的影響。

從以上說明可知，阻障層 TaN/Ta 及晶種層 Cu 沉積必須要滿足幾項基本要求：

(1) TaN/Ta 在介層底部不能太厚
(2) TaN/Ta 在介層及渠溝側壁的沉積厚度要足夠
(3) Cu 在介層及渠溝側壁的沉積厚度要足夠
(4) TaN/Ta 以及 Cu 沉積的突懸必須減少

阻障層 TaN/Ta 沉積

在金屬薄膜的物理氣相沉積技術演進裡，為了因應製程上的需求而發展出所謂的離子化金屬電漿的物理氣相薄膜沉積技術，3.4.2 章節已稍微介紹過。當金屬靶的原子被氬離子撞擊出來後，在到達晶片之前會先經過金屬環產生的氬氣電漿，並且被離子化成金屬離子，金屬離子受到到晶片承載台的偏壓吸引而形成有方向性的沉積，如圖 3.19 所示。

IMP 的物理氣相沉積只能部分解決沉積時的突懸問題，但是對側壁的厚度沉積仍稍顯不足，因此針對 IMP 沉積的缺點，發展出所謂的回濺鍍 (re-sputter) 的物理氣相沉積技術。當阻障層金屬薄膜沉積於介層栓及渠溝內時，由於晶片承載台被施予交流偏壓，大部份的金屬離子會以垂直方向沉積，此沉積步驟結束後，

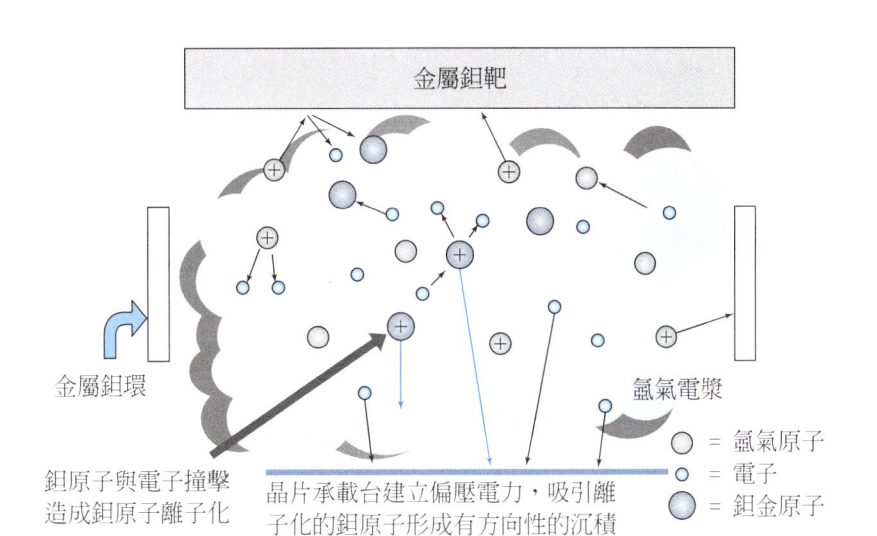

圖 3.19　顯示 IMP 鉭金屬物理氣相沉積的作用模式。

直接在原沉積室內進行蝕刻步驟，以氬離子轟擊底部的金屬薄膜，促使部份金屬薄膜往側壁回濺而沉積在側壁上，如此可讓側壁金屬薄膜厚度增加並減少底部的金屬薄膜厚度，但是在介層栓及渠溝的頂部肩處，阻障層金屬薄膜會被氬離子轟擊掉而導致該處絕緣層裸露，不過同時金屬鉭環也會受到氬離子轟擊，而被轟擊出的金屬原子便會沉積在此處，避免絕緣層的裸露，如圖 3.20 所示。

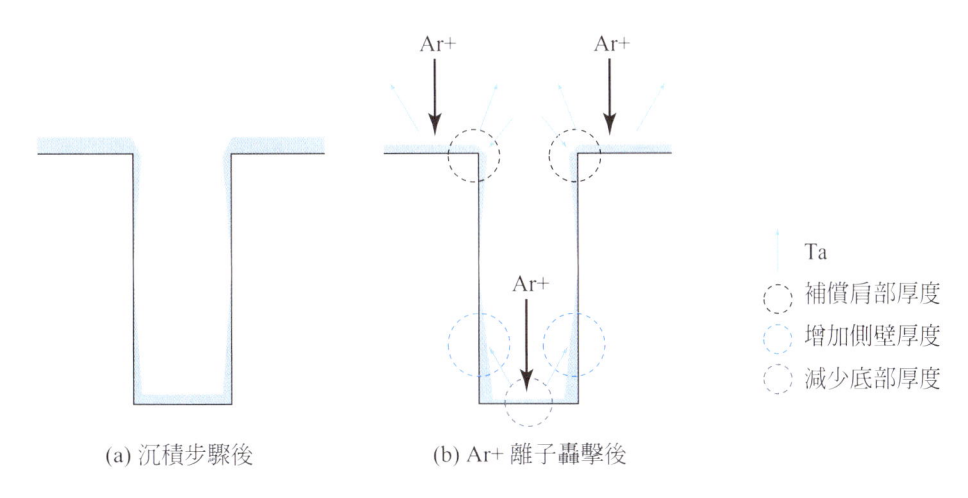

(a) 沉積步驟後　　(b) Ar+ 離子轟擊後

圖 3.20　顯示回濺鍍物理氣相沉積在介層及渠溝不同部位的作用。

這種可以利用沉積以及蝕刻的物理氣相沉積技術,可以確實的增加側壁的階梯覆蓋率,一般稱為覆蓋增強回濺法 (enhance coverage with re-sputter,簡稱為 EnCoRe)。圖 3.21 顯示 IMP 沉積室與 EnCoRe 沉積室的示意圖,兩種沉積法在電力輸入、沉積壓力以及磁鐵型態上是不一樣的。

晶種層 Cu 沉積

阻障層 TaN/Ta 沉積完畢後,接著便是沉積晶種層 Cu。晶種層 Cu 的沉積好壞對後續電鍍銅的沉積影響甚鉅,為了讓沉積在介層栓及渠溝內的晶種層 Cu 金屬薄膜擁有較佳的連續性 (continuity) 及一致性 (conformity),一樣使用離子化金屬沉積的方式來達到良好的階梯覆蓋率。目前業界八吋廠較常用的是自發式離子化金屬電漿 (self ionized metal plasma, SIP) 沉積,SIP 沉積室並沒有額外的金屬環,如圖 3.22 所示。

晶種層 Cu 沉積完畢後,必須盡快接續電鍍銅的沉積,因為一旦晶種層 Cu 表面受到環境的汙染,有可能會造成電鍍銅沉積不良。

電鍍銅 Cu 沉積

電鍍銅的沉積原理是採用電化學的方式,將銅電鍍在晶片表面,在銅電鍍製

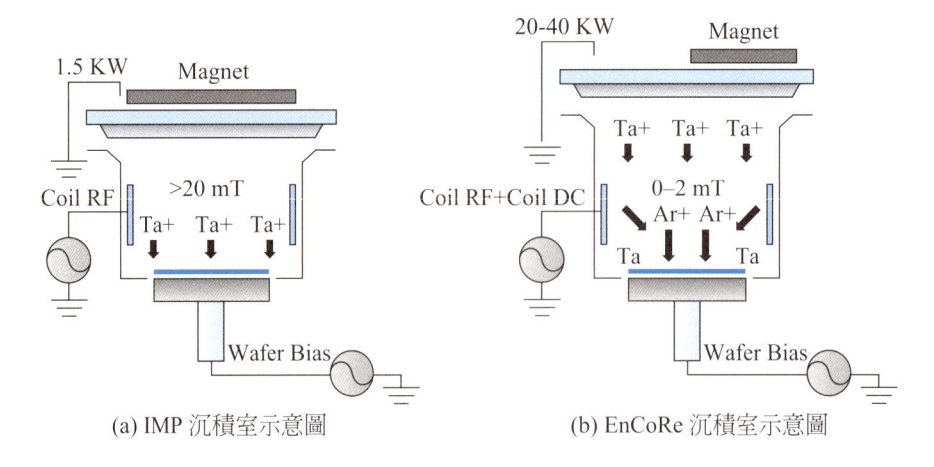

(a) IMP 沉積室示意圖　　　　　(b) EnCoRe 沉積室示意圖

**圖 3.21**　顯示 IMP 沉積室與 EnCoRe 沉積室之示意圖比較。

◎ 圖 3.22　SIP 沉積室示意圖。

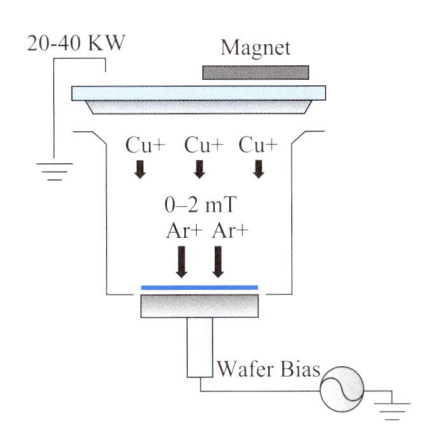

程中，主要的關鍵技術在於如何在晶片表面沉積出均勻且低雜質度的銅薄膜，並在介層栓及渠溝內產生超充填 (super-filling) 且無隙縫的電鍍行為。這些關鍵的技術包含銅晶種層良好特性、電鍍電流、電鍍時間、電鍍旋轉速度以及電鍍液化學添加劑等等。

沉積電鍍銅的電鍍槽如圖 3.23 所示，包含電鍍液、陰極以及陽極，其中陰極為晶片擺放位置，陽極則為銅塊擺放位置。當電源加在晶片與銅塊之間，電鍍液中形成一個電場，陰陽兩極將各自發生如反應式 3.6.1 與 3.6.2 所示的反應，陽極的銅失去電子，成為銅離子而溶於電鍍液中，陰極附近的銅離子獲得電子而形

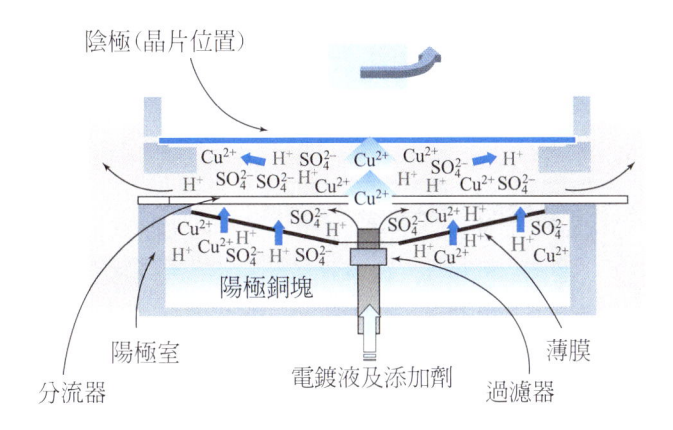

◎ 圖 3.23　顯示電鍍槽構造示意圖。

成銅並電鍍在晶片表面。

$$陽極：Cu \rightarrow Cu^{2+} + 2e^- \quad (3.6.1)$$

$$陰極：Cu^{2+} + 2e^- \rightarrow Cu \quad (3.6.2)$$

一般在電鍍液中會加入一些添加劑來達到良好的充填效果，此類添加劑有所謂的加速劑 (accelerator)、平整劑 (leveler) 以及抑制劑 (suppressor)。加速劑為含有硫成分的高水溶性有機酸鹽分子，這種分子極易吸附在銅表面並且降低介面能，進而加速電流的流動，使得沉積速率變快，由於電鍍進行時加速劑的分子濃度在介層栓底部較高，因此，促使電鍍銅的沉積是由介層栓底部向上來填滿介層栓及渠溝，即所謂的由下而上充填 (bottom-up filling) 或超充填行為，如圖 3.24 所示。不過，針對介層栓及渠溝，因為邊角的電場密度較大，電鍍速率亦較大，有可能超充填沉積的電鍍銅尚未填滿就發生封口的現象，導致銅導線內部孔洞的產生，所以電鍍液中須添加第二種有機添加劑-平整劑，平整劑是屬於電流抑制分子，此平衡劑因為帶有極性，因此容易吸附在邊角，進而抑制該處電鍍銅的電鍍速率，避免提前封口的現象產生，如圖 3.25 所示。

位在介層栓上面的渠溝，由於介層栓內電鍍銅沉積速度很快，導致電鍍銅薄膜厚度會比其他沒有直接接連介層栓的渠溝要厚些，因此造成這些地方電鍍銅薄膜凸出的現象。為了解決這個問題，電鍍液中需要添加第三種有機添加劑-抑制劑，抑制劑為聚乙稀二醇 (Polyethylene Glycols, PEGs) 的高分子聚合物，其分子量大小約在 2000~20000 的範圍，因此不容易進入介層栓及渠溝內，但是會在整

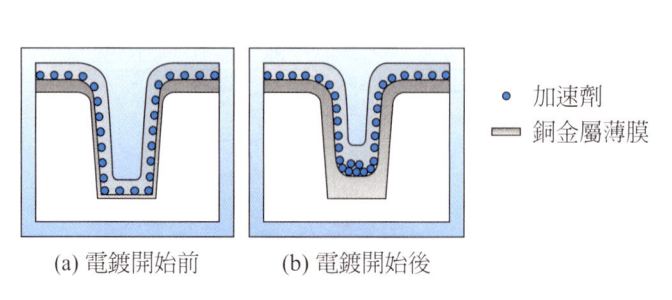

(a) 電鍍開始前　(b) 電鍍開始後

● 加速劑
▬ 銅金屬薄膜

**圖 3.24** 顯示電鍍銅加速劑對超充填的機制作用方式

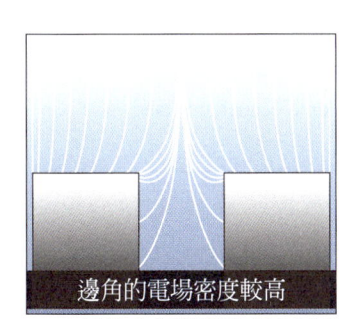

(a) 介層栓及渠溝腳邊電流密度較高　　(b) 介平整劑易吸附在角邊

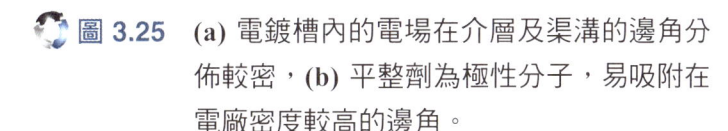

圖 3.25　(a) 電鍍槽內的電場在介層及渠溝的邊角分佈較密，(b) 平整劑為極性分子，易吸附在電廠密度較高的邊角。

個晶片的銅表面形成電流抑制薄膜，減緩電鍍銅沉積速率，因整面晶片表面皆吸附了抑制劑，所以電鍍銅得以很均勻的沉積在晶片表面，不會有表面銅凸出的現象發生，如圖 3.26 示。

由於各個有機添加劑在電鍍過程中的消耗速率並不相同，而且有機添加劑與電鍍液的無機成分彼此間也會進行反應，造成有機添加劑的分解或是改變了初始的成分，並且會產生一些副產物，這些副產物極有可能會影響整個電鍍過程，導致電鍍不良的問題產生，因此個別監控這些添加劑濃度的變化並適時的自動補充至電鍍液中是相當重要的。

要得到良好的電鍍銅沉積薄膜特性，除了精準的監控添加劑濃度外，電鍍電流波型也是十分重要的參數。圖 3.27 是一個三階段的直流電鍍電流波形製程，

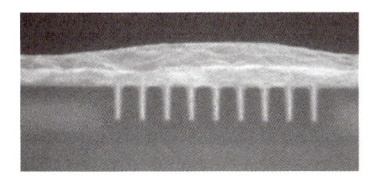

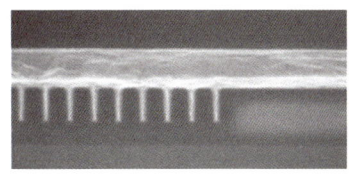

圖 3.26　(a) 未添加抑制劑的電鍍銅，介層栓上面的銅會有凸出的情形，(b) 添加抑制劑的電鍍銅，晶片表面的銅較為平整。

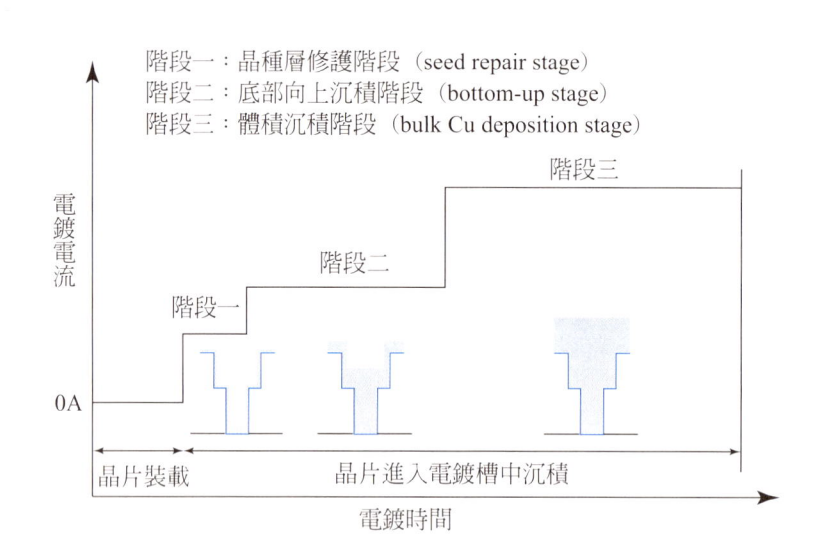

階段一：晶種層修護階段（seed repair stage）
階段二：底部向上沉積階段（bottom-up stage）
階段三：體積沉積階段（bulk Cu deposition stage）

圖 3.27　電鍍銅沉積的電流波形，此波形為三階段沉積。

第一階段為晶片開始進入電鍍液中進行電鍍沉積，使用小電流 (1 安培~3 安培) 及短時間 (< 5 秒) 的沉積方式。由於晶種層的厚度僅有數百 Å，且晶種層的表面可能會有局部粗糙或結塊的表面，若暴露在電鍍液中會造成銅腐蝕，這是因為銅表面不平整導致的電位差所致，一般稱之為奧斯瓦特 (Ostwald) 腐蝕。因此在這階段中施予小的電鍍電流，這些腐蝕的反應就可以減少或逆轉，而小電流的沉積也會讓沉積速率減緩，所以可獲得較佳的沉積覆蓋性。第二階段主要是針對介層栓及渠溝作電鍍銅填充，端賴電鍍液的條件和金屬線路圖樣分佈大小而定，深寬比較大的圖樣，其由下而上充填所需的條件發展較快，所以會填充的比較早，此階段電流約 5 安培~10 安培，時間約 15 秒~20 秒。第三階段主要是針對深寬比遠小於 1 的圖樣，比如量測框，因為在這些深寬比較小的圖樣裡，由下而上充填的條件不易發展，僅能靠大電流及長時間的電鍍條件來盡快填滿這些圖樣，此階段電流約 15 安培~30 安培，時間則視沉積厚度來決定。

## 3.6 介電層的介紹

### 3.6.1 介電層的功能

在積體電路元件的製造過程中，介電層的形成或沉積是很重要，會影響元件的功能及可靠性，介電層即所謂介於導電層或半導體層之間絕緣層，此絕緣層必須具有在導電層或半導體層通入一定的電壓之後，仍可使導電層或半導體層之間不至於崩潰的能力，此介電層的絕緣能力與介電質本身的物質特性有關，每一種物質都有其相對於空氣的介電常數，以空氣的介電值常數為 1.0，來推算其他物質的介電常數；以矽基底為主要製造的積體電路元件，常用二氧化矽為絕緣體，其相對於空氣的介電常數約為 4.0，另外，也稱此介電層為氧化層。

伴隨著元件的尺寸日趨縮小，介電層的選擇除了需要有好的絕緣功能，還需要降低電阻電容 (RC)，以增進元件的速率，其中降低電容的方式，就是選擇低介電常數的介電值；在 0.25 $\mu$m 以下的製程，以二氧化矽為主的介電層，就必須加入氟降低介電常數，並可以增加製程的平坦度，在 0.13 $\mu$m 以下的製程，則需選擇以有機成分的低介電層，以及低電阻的銅製程，取代鋁製程，如此的製程技術，已普遍被應用在奈米積體電路元件的量產製造。

### 3.6.2 介電層的應用

介電層需具有良好的絕緣能力，在矽基材為主的積體電路元件，二氧化矽為主要介電層，這些可應用於場氧化層 (field oxide, FOX)、淺溝渠絕緣 (shallow trench isolation, STI)、閘極氧化層 (gate oxide, GOX)、接觸窗間氧化層 (interlayer dielectric, ILD)、金屬層間氧化層 (inter metal dielectric, IMD)，亦可應用於護層 (passivation layer)，此層為元件最上層，其功能以保護積體電路元件在後續的封裝過程中，不會受到水氣、酸性或鹼性物質的侵蝕而影響其元件的可靠度。

### 3.6.3 介電層的形成

介電層的形成，最主要有兩種方式，一種是熱氧化方式形成，於矽基底的表面通入含氧的氣體，利用高溫的方式，將氧分子從矽基底的表面，擴散至矽分子間，並形成矽氧的共價結構的薄膜，即 O = Si = O；隨著二氧化矽厚度的增長，擴散速度也漸漸的變慢，所以以此方式形成的氧化層厚度有限，且製程中的氧化溫度甚高 (大約 1000 ℃)，並會消耗一定的矽基板的厚度，故只適合金屬層之前的氧化層製程，例如場氧化層 (FOX)、閘極氧化層 (GOX) 等。

另一種是化學氣相沉積，利用加熱的方式，將通入反應器的氣體反應成氧化層，此過程反應的溫度低於熱氧化層的溫度，此方法生成的氧化層，可以摻入雜質，例如磷 (P)、硼 (B) 等元素，增加製程上平坦化的功能，亦可摻入氟 (F) 元素，除了增加平坦化，亦可降低氧化層的介電常數，另外，亦可使用不同操作壓力，例如：常壓化學氣相沉積 (APCVD)、低壓化學氣相沉積 (LPCVD)，增加製程上的彈性度，如提高沉積速率，或改善階梯覆蓋率 (step coverage) 等等，並可以輔佐以電漿，例如：電漿輔助化學氣相沉積 (PECVD)、高密度電漿化學氣相沉積 (HDP)，這些製程的演進，可以改善上述製程上的缺點，並可突破製程上的瓶頸。

在元件的製造過程當中，盡量避免高熱預算 (thermal budget) 對元件的不良影響，熱預算的考量為：當反應溫度高時，離子及電子的擴散即移動便會增加，除了要考慮當層反應層的薄膜性質之外，前層的薄膜性質是否會因為此因素而變化，而產生不必要的缺陷，或前層的薄膜中雜質濃度起變化，繼而影響元件的功能。

就熱氧化及化學氣相沉積兩種介電層的形成方式，其對矽基底的影響如圖 3.28 所示。

熱氧化的製程生成的氧化層厚度與消耗矽基底的厚度比例約為 1：0.44，且生成的厚度會被限制，生成的區域也會被限制，在製程應用上也會被限制；化學氣相沉積的氧化層既不會消耗矽基底的厚度，在製程應用上，也比較廣泛，也比較有彈性。以下的章節將就針對化學氣相沉積相關的製程演進及沉積的機台作介紹。

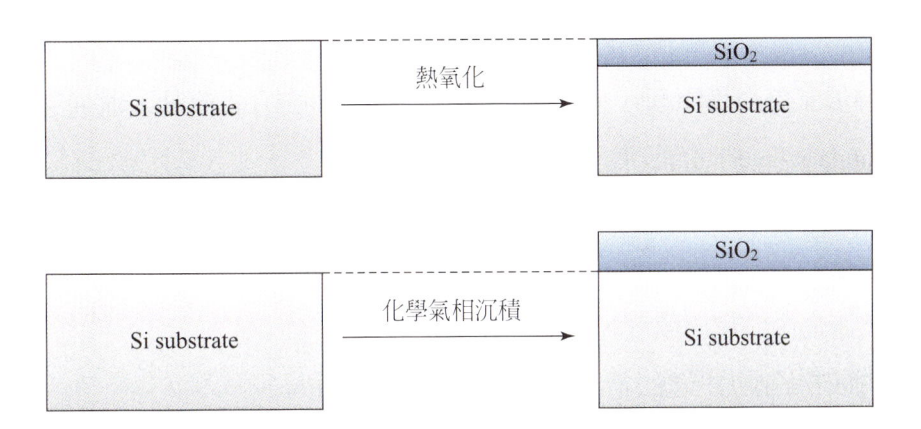

圖 3.28 熱氧化層與化學氣相沉積氧化層對矽基底厚度的影響

## 3.7 化學氣相沉積

### 3.7.1 反應機制

化學氣相沉積 (chemical Vapor Deposition, CVD) 最主要利用的熱反應將氣體的前驅物 (precursor)，在晶片基底上形成非揮發性固體薄膜，且此固態薄膜與晶片基底的黏著性高，其反應機制必須經過以下的步驟 (如圖 3.29)：

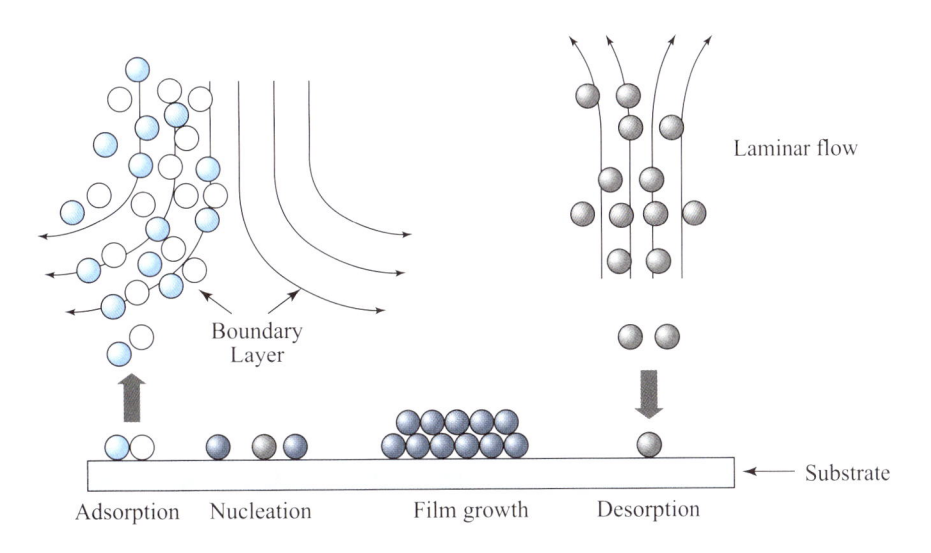

圖 3.29 化學氣相沉積反應機制。

1. 將氣體的反應物傳輸到晶片基底的表面
   - 此時依流體力學原理，反應物會慢慢的以擴散的方式流動，並通過邊界層 (boundary layer) 才能到達晶片基底的的表面。
2. 反應生成物被吸附 (adsorption) 在晶片基底
   - 當反應物及反應物之間，從晶片基底上獲得足夠的熱能，此熱能為晶片基底在反應器中的反應溫度，反應生成物便形成。
3. 反應生成物於晶片基底上，慢慢形成晶核 (nucleation)
   - 前驅物與氧氣需同時到達於晶片基底表面，並反應成二氧化矽，二氧化矽分子在表面移動並聚集，慢慢形成晶核。因每一種氣體的黏度 (viscosity) 不同，從管路端傳輸至晶片基底表面的速度不同，所以反應器的製程製法參數 (process recipe parameter) 對前驅物與氧氣設定硬不同，並調整至最佳形成晶核的狀態。
4. 晶核在晶片基底表面慢慢滾動並聚集，完成橫向連續的薄膜後，後續的薄膜堆疊 (film growth) 沉積漸漸形成。
5. 氣體反應物的副產品及未被吸附 (desorption) 的部份生成物，脫離表面並擴散置氣體層流 (laminar flow) 中，然後被反應物抽離系統。

## 3.7.2 晶核形成的形式

在 3.7.1 節中，化學氣體沉積步驟 3 中，晶核形成可分為同質反應 (homogeneous reaction)，及異質反應 (heterogeneous reaction)，其特性如下：

### 3.7.2.1 異質反應

當反應氣體在加熱的晶片基底形成非揮發性固體生成物，並粘著於晶片基底，稱之為異質反應，晶核經由滾動且依序排列並吸附在晶片基底上，其生成的晶核薄膜的密度高、品質較佳，且為氣體反應物的主要產物，對薄膜沉積的品質有提升的作用，也是預期的化學氣相沉積反應。

第 3 章　薄膜模組　　73

反應器壁上 ⎯⎯→
同質反應物 ⎯⎯→
異質反應物 ⎯⎯→
晶片缺陷
晶片缺陷

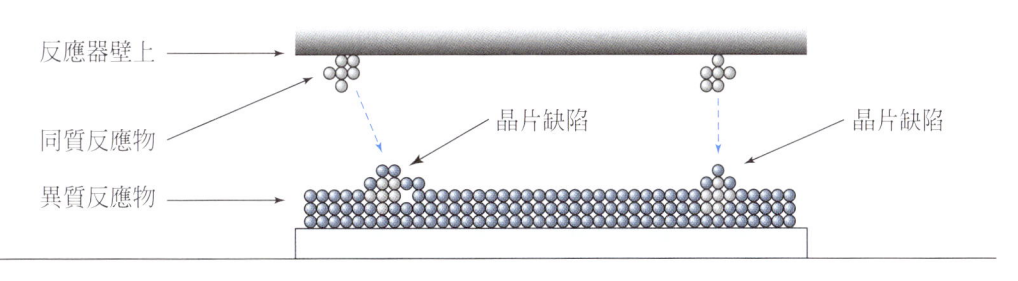

圖 3.30　同質反應物對異質反應物可能產生的缺陷示意圖。

### 3.7.2.2 同質反應

在反應氣體未到達晶片基底之前，即反應成氣體生成物，且以氣體顆粒形成，稱之為同質反應，此生成物無法吸附於晶片基底表面，形成密度低且品質差的薄膜，若此氣體顆粒被擴散氣體層流中且被反應器抽離系統，則會降低異質反應生成物的沉積速率，有些氣體顆粒未被帶離反應器，並黏附於反應器壁上，久而久之，會形成晶片元件的缺陷來源 (如圖 3.30)，此為非預期反應。元件內缺陷的 FIB 分析圖 (如圖 3.31)。

在同一反應器，異質反應率遠大於同質反應率，但些微的同質反應在連續生

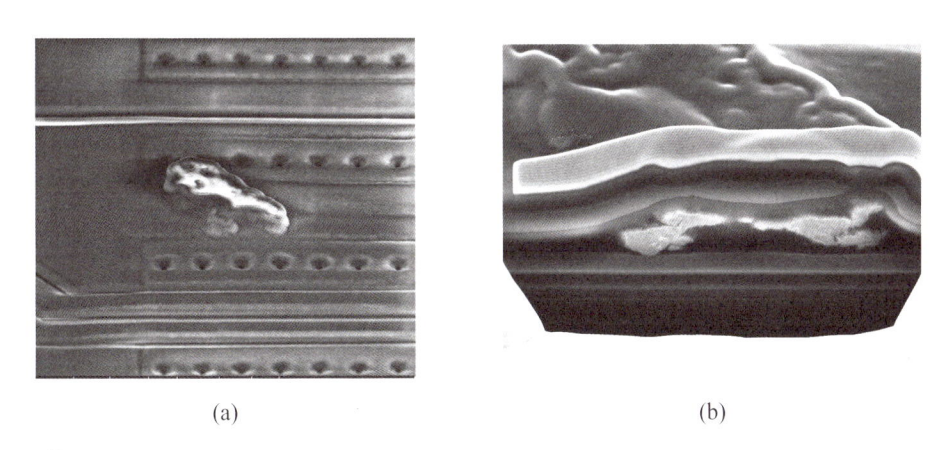

(a)　　　　　　　　　　(b)

圖 3.31　氧化層沉積時，產生的元件缺陷：(a) 聚焦式離子束顯微鏡表面檢驗照片，(b) 聚焦式離子束顯微鏡剖切面分析照片 (由旺宏電子公司所提供)。

產過程當中,會漸漸影響反應器的製程狀態。進而影響晶片元件的品質及可靠性。

### 3.7.3 沉積反應的形式

在化學氣體沉積過程中,如 3.7.1 節的步驟 5,反應氣體的反應速率決定於兩種反應型態 (如圖 3.32):

#### 3.7.3.1 質量傳輸限制

在 3.7.1 節的步驟 1 中,氣體反應物經由擴散的方式傳輸至晶片基底表面,而形成濃度梯度 (flux concentration gradient),當晶片基底表面溫度高時,反應速率決定氣體質量傳輸的速度,稱之為質量傳輸限制型態 (mass transport limit) (或擴散限制),因為當表面溫度高時,表面沉積速度高,表面的氣體濃度消耗快,表面反應氣體濃度相對低於反應器內的氣體濃度,所以氣體質量傳輸速率快慢,決定表面反應氣體沉積速率。

#### 3.7.3.2 表面反應速率限制

當晶片基底表面溫度低時,表面沉積速率低,表面氣體的濃度消耗慢,表面氣體濃度相當於反應器內的氣體,此時稱之為表面反應速率限制 (surface reaction rate limit) 型態。

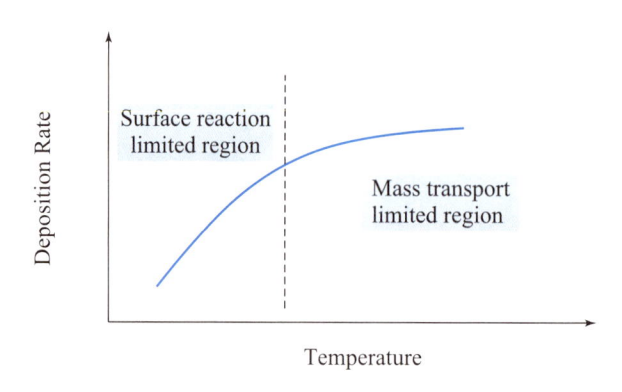

**圖 3.32** 質量傳輸限制及表面反應速率限制與溫度的關係。

### 3.7.3.3 反應溫度對反應速率的影響

以反應動力學中，Arrhenius equation 說明反應速率與反應溫度成對數關係：

$$K = K_0 e^{(-Ea/RT)}$$

其中 $Ea$ 是反應活化能，此為反應物轉成生成物所需的最低熱能；$R$ 是氣體常數；$K_0$ 是反應常數；$T$ 為絕對溫度。反應速率跟碰撞次數有關，兩種分子間的碰撞機會跟碰撞角度、相對轉換能量及內部能量 (振動能) 有關；巨觀而言，活化能 ($Ea$) 及反應速率 ($K$) 的量測是在不同碰撞參數下，產生許多個別碰撞的結果；簡而言之，降低活化能，提高反應溫度，可增加反應速率。

## 3.7.4 反應能量形式

化學氣相沉積反應能量形式可分為三類：

**1. 熱能量 (thermal)**

反應能量只依賴熱能，即將晶片基底加熱，氧化層薄膜於晶片表面長成，例如常壓化學氣體沉積 (APCVD)、低壓化學氣體沉積 (LPCVD)、半常壓化學氣體沉積 (SACVD) 等。

**2. 電漿能量 (plasma)**

電漿是利用射頻 (RF) 將反應氣體解離成離子、原子、原子基 (失去電子的原子)，這些解離的氣體在帶有電場的反應器中朝晶片表面移動，經由解離的程序，在較低的反應溫度，即可在晶片基底表面反應成氧化層薄膜，例如電漿輔助化學氣體沉積 (PECVD)、高密度電漿化學氣體沉積 (HDP) 等。

**3. 光激發 (photo-induced)**

利用高密度、高能量的光子將基底表面加熱，並激發反應氣體，光子也幾乎不與氣體反應，所有能量都可以被氣體反應利用且轉換成氧化層薄膜。其優點是反應溫度低、良好的階梯覆蓋率、低缺陷率，但其缺點是密度低，而極低的沉積速率，目前部不適合採用於大量生產。

### 3.7.5 階梯覆蓋率 (step coverage)

#### 3.6.5.1 什麼是階梯覆蓋率

在晶片的製造過程之中，介電層必須填充於金屬線之間，元件中金屬線分布密度並不均勻，介電層在填充於高密度的金屬線之間，須具備良好的階梯覆蓋率，以期望能將金屬線間的空隙填滿，減少空洞 (void) 產生，已達到絕緣的功能，避免產生漏電流，以增加元件可靠度。

階梯覆蓋率的定義及計算 (如圖 3.33)。

#### 3.6.5.2 影響階梯覆蓋率的因素

**1. 被吸附分子的遷移率**

當反應氣體擴散至晶片表面時，藉由分子在表面的遷移率，得到良好的階梯覆蓋率，但分子的表面遷移率與分子的種類及反應能量有強相關；在氧化層化學氣體沉積所使用的反應氣體中，使用四乙氧基矽烷 (tetraethylorthosilicate, TEOS) 的階梯覆蓋率，就比使用矽烷 ($SiH_4$) 好很多，因矽烷的表面遷移率低的原因；在反應能量方面，使用較高的晶片基底溫度，即反應溫度，或較高的離子轟擊的

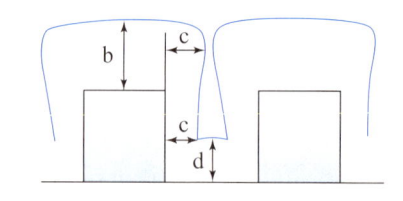

a / b = sidewall coverage;  　　d / b = bottom coverage
a / c = conformality;　　　　　 (c–a) / b = overhang

**圖 3.33** 階梯覆蓋率的定義：側壁覆蓋率 (sidewall coverage)、底部覆蓋率 (bottom coverage)、保形度 (conformality) 與懸突 (overhang)。

方式,也是增加階梯覆蓋率的方法,例如在 PECVD 製程,提高射頻功率,增加電漿濃度,以提工較高的反應能量。

**2. 反應氣體的平均自由路徑 (mean free path)**

影響平均自由路徑最主要的因素是反應氣體壓力高低,在一定的反應器的容量空間下,體積不變,當沉積壓力較高時,反應氣體的分子變多,分子與分子之間的距離 (及平均自由路徑) 變小,沉積速率快,容易產生懸突 (overhang) (如圖 3.33.4),就產生較差的的階梯覆蓋率,比如 APCVD。

當沉積壓力較低時,則平均自由路徑變大,沉積速率較慢,沉積時呈現保形性 (conformal) (如圖 3.33.3),階梯覆蓋率較佳,比如 LPCVD、PECVD。

## 3.8 介電層化學氣相沉積反應器類型 (Reactor types of dielectric CVD)

### 3.8.1 APCVD

APCVD 是在大氣壓下沉積,其沉積的能量來源是熱能,操作溫度可在高溫,亦可在低溫;在晶圓製造製程中,可運用於槽溝填充、側壁空間層、多晶矽層間的氧化層 ILD、IMD、護層,氧化層沉積製程為了降低晶片的高低差,提升良率,會以添加雜質,例如磷 (P)、硼 (B),生產磷硼玻璃增加平坦程度,CVD 使用的先驅物有兩種:$SiH_4$ 與 TEOS。

#### 3.8.1.1 矽烷與四乙氧基矽烷的比較

以矽烷當先驅物的製程比較容易控制,但矽烷是易燃性高且有毒的氣體,管路中若有一點點矽烷外洩,則易與氧氣反應引起爆炸,兩者反應的二氧化矽粉塵污染,更是難以清除;矽烷的分子結構對稱,分子不具極性,與晶片表面難以吸附,但矽烷獲得熱能或其他能量,容易被解離成 SH、SH2、SH3,這些離子具有極性,吸附性強,而分子遷移率低,容易造成懸突,階梯覆蓋率差,這是 APCVD 使用矽烷當前趨物的一大缺點。

四乙氧基矽烷分子有不對稱的有機基(乙氧基)與矽結合，乙氧基是具有極性的有機基，其容易吸附於晶片表面，且分子遷移率高，其反應生成的介電層，有較佳的階梯覆蓋率，及平坦化程度。

### 3.8.1.2 APCVD 製造流程介紹

晶片由機械手臂送至 Muffle 上，經由皮帶傳送入通有反應氣體的反應是，反應氣體由上而下，由噴嘴器送至反應器，噴嘴器間有氮氣簾 (N2 curtains) 相隔，以免在到達晶片表面前即作同質氣相反應，在連續的四個反應室完成沉積後，即被機械手臂送出 Muffle；反應室的四周，皆有氮氣簾相隔與外界隔離，反應室之間皆有氮氣簾相隔，且氣體皆被抽離之下，以控制反應室內的沉積反應不受干擾。(如圖 3.34)

## 3.8.2 PECVD

PECVD 是利用射頻電磁波，產生的發光放電來傳輸能量給反應的氣體，其反應氣體被解離成各種帶電荷的電子、離子、不帶電的分子及原子團 (radicals)，形成電漿，其操作壓力在 100~10000 mTorr，低壓下，平均自由路徑長，分子碰撞後，產生的動能也較大，反應速率也相對提高，所以可以選擇較低的反應溫度；可運用於側壁空間層、ILD、IMD、護層；此種製程是經由電子及

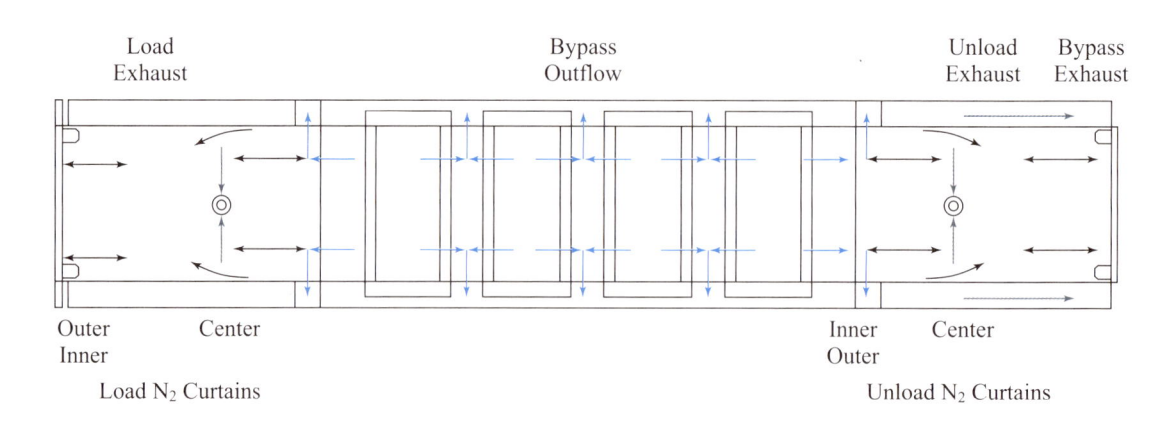

**圖 3.34** Walking Johnson 1000 Process Muffle Plan View。

離子轟擊所產生的薄膜，其特性如下敘述：

- PECVD 所沉積薄膜時，會對晶片產生應力，對應力的控制可以以調節 RF 的方式進行，應力過大會使晶片曲度過大，進而影響後續製程的進行，比如黃光顯影失焦等問題！
- 在低溫下，可獲得高的沈積速率。
- 沉積完且晶片被傳送出反應室後，以氟原子產生的電漿清除反應室內殘餘的塵粒，並以終點偵測器傳送清除狀態訊號，以保持下一次沉積的反應室良好的狀態，減少下一晶片的缺陷產生。
- 由電漿輔助的薄膜沉積，填洞 (gap fill) 的能力良好，是 $0.25\mu m$ 以下線寬的 ILD、IMD 氧化層及護層必要的製程應用。
- PECVD 的氧化層薄膜容易含有一些氫元素，造成薄膜不穩定的來源。
- 非等劑量的二氧化矽，即矽比例過高，會影響平坦化的結果，可以加入磷跟硼摻雜，增加平坦度。

### 3.8.2.1 PECVD 製造流程介紹

PECVD 反應器的結構請參考如圖 3.35，將反應氣體從上方，經由蓮蓬式頭

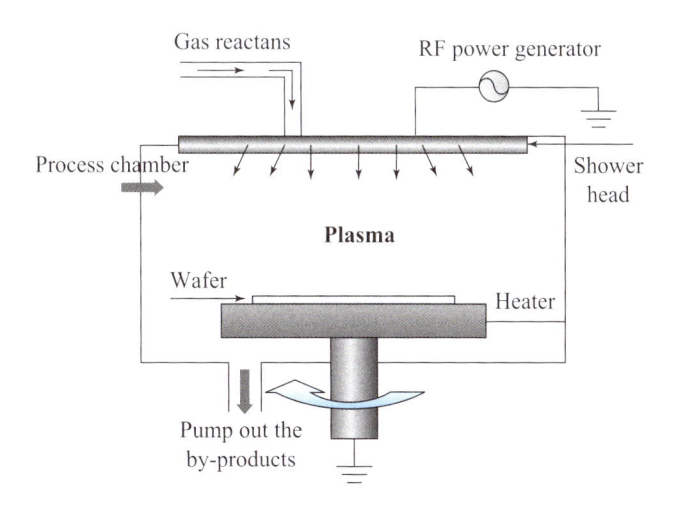

圖 3.35　PECVD 反應器主要製程反應室的結構。

板均勻分配的輸送至反應室,這時 RF 功率產生器,大約 13.56 MHz,將反應氣體解離成電漿,同時晶片在加熱板 (heater) 上加熱,繼而薄膜在晶片上沉積,最後剩餘的氣體及反應副產物從反應室被抽離。

PECVD 以每次單一晶片沉積的方式生產,在製程製法參數設定上,首先在啟動 RF 步驟之前,需設定氣體穩定步驟,確保每個氣體穩定輸送,當然,反應室的壓力一定已經到達設定壓力,製程步驟才會開始;以連續生產的方式下,容易發生第一片效應,即若在空轉後生產的第一片,會因溫度較低,而使得沉積率較低於其他片號,因電漿產生過程,也會產生熱能,使得晶片在連續生產過程會逐漸些微上升;另外在設備定期維修時,對每一個機台的加熱板溫度校正要有一致性,否則會造成每一批與每一批 (lot to lot) 薄膜品質不一致,導致晶片良率 (yield) 不穩定的問題,這是大量生產必須注意的。

以 TEOS 為先驅物的 PECVD 製程薄膜,可稱為 PETEOS,其特性為低沉積溫度、高反應速率、較好的同型性,產生高階梯覆蓋率的結果,經由調節製程製法的參數以生產出更符合預期的薄膜條件;在晶片製造過程,薄膜在整個晶片分布的均勻度 (uniformity) 也很重要,此因素關聯到整片晶片良率的標準偏差,經過調整 PECVD 反應器的電極之間的距離 (electrode space),可以調整出預期的均勻度;若要增加沉積速率,則可以提高反應溫度;要降低應力,則可以調整射頻功率,若要增加平坦度,可增加 TMP 的流量,以增加 磷 (P) 摻雜濃度等等調節參數方式;其中因 P 的吸水性強,與鋁線接觸時,容易產生磷腐蝕,所以需要控制磷的含量。

### 3.8.2.2 晶片製造流程介紹 (Novellus Sequel Express) (如圖 3.36)

SMIF Pod 為晶舟防塵裝置,大部分的八吋晶圓廠都有安裝此裝置,首先將晶舟 (cassette) 從 SMIF Pod 取出,送至 LoadLock,等待機械手臂將晶舟內的晶片送至傳送區 (transfer station),傳送區有兩個機械手臂,當主沉積反應室 (main deposition station) 門開啟時,一個機械手臂取出完成沉積的晶片,另一個機械手臂將等待沉積的晶片送入主沉積反應室;主沉積反應室共有六個沉積台,晶片連

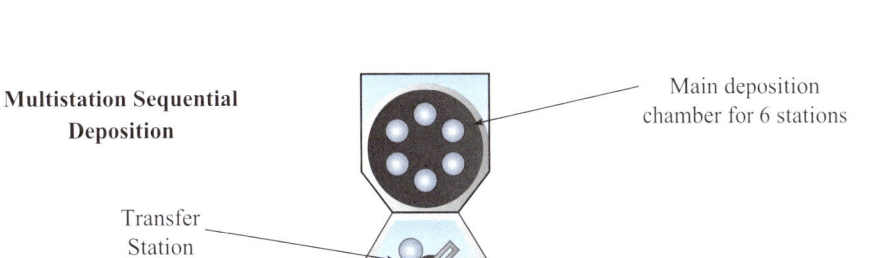

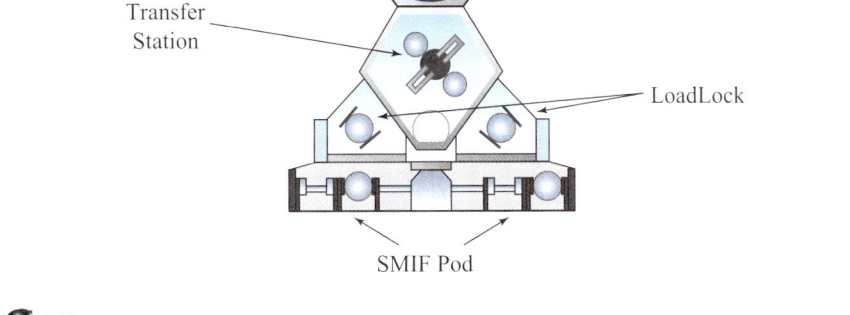

圖 3.36　Novellus Sequel Express Process procedure。

續在六個沉積台完成沉積後，送出主沉積反應室，由傳送區的機械手臂將晶片送回晶舟。此種反應器設計的優點是，沉積速率快，產能高，是不錯的量產機台。

### 3.8.3 HDP

為了解決 step coverage 的問題，增加填洞的能力，減少沉積時所產生的空洞 (void)，HDP 的反應機制為沉積後，隨即進行濺鍍蝕刻 (sputter etching)，再反覆此流程。HDP 的操作壓力在 0.5~50 mTorr 之間，反應時的電漿密度增加至 $10^{11}$-$10^{12}$/cm$^3$，通常 PECVD 的電漿密度為 $10^8$-$10^{10}$/cm$^3$，所以 HDP 的電漿密度大概是 PECVD 的 1000 倍，且在沉積一定厚度後，接著將懸突的部份，利用氬氣所產生的電漿，於反應器底部設定一偏壓 (bias)下，將它蝕刻去除，使氧化層的剖面 (profile) 更適合沉積；再繼續重複沉積、蝕刻的步驟，產生良好的 step coverage 及 gap fill 的結果，但此方式進行的總體沉積率較 PECVD 慢，是其一缺點。

HDP 的基本概念敘述如圖 3.37 所示。其中，D/S ratio 為沉積速率與濺鍍速率間的比值：

D/S ratio: D/S = (Net Dep rate + Blanket Sput Rate)/ Blanket Sput Rate

因為 HDP 製程的 step coverage 已經可以符合預期，此製程通常只使用矽烷當先

- 沉積與濺鍍(蝕刻)同時進行

沉積 + 濺鍍 = HDP-CVD

- 沉積速率與濺鍍速率比值(D/S)

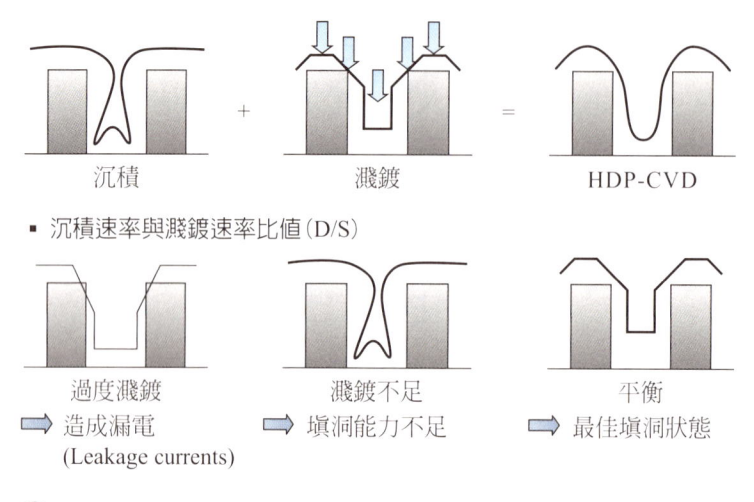

過度濺鍍 ⇒ 造成漏電 (Leakage currents)

濺鍍不足 ⇒ 填洞能力不足

平衡 ⇒ 最佳填洞狀態

圖 3.37　HDPCVD basic concept。

驅物，在線寬小於 0.25um 的元件，會使用 HDP 製程，且在反應氣體中加入氟(F) 元素當雜質，反應成氟摻雜二氧化矽 (fluorinated $SiO_2$, FSG)，以降低二氧化矽的介電常數，FSG 的介電常數為 3.5，比二氧化矽來得低，常用的介電質特性可參考表 3.2。HDP 製程可運用於 trench fill、ILD、IMD 及 passivation。

HDP 與 PECVD 沉積薄膜的特性上，HDP 的薄膜密度比 PECVD 高，由兩者先驅物的反應物當中，HDP 的生成薄膜中，SiH 及 SiOH 濃度低；且收縮式的應力也比較低，其乃因沉積後，接著蝕刻的步驟，薄膜的應力，在這些反覆的步驟中慢慢的被釋放。

表 3.2　Dielectric constant for various material

| Compositin | Dielectric constant (k) | Type | Process |
|---|---|---|---|
| SiO2 | 4.0 | Inorganic | CVD, PECVD, HDP |
| FSG | 3.5 ~ 3.7 | Inorganic | HDP |
| Polyimide | 3.0 ~ 3.7 | Organic | Spin-on |
| FLARE | 2.8 | Organic | Spin-on |
| Cyclic Siloxane | 2.7 | Organic | PECVD |

HDP 製程的總體沉機率雖然比較低，但單次沉積率是高的，源自於高密度電漿的功能，搭配迅速轉換成濺渡蝕刻功能，在反應器的設計上，可使用電子迴旋共振法 (electron cyclotron resonance, ECR)，或者是感應耦合電漿法 (inductively coupled plasma, ICP)。

### 3.8.3.1 HDP 製造流程介紹

PECVD 是使用電容耦合的方式產生電漿，但此法對離子間的平均自由路徑最長，只限於電極之間，即使降低壓力，也無法產生高密度的電漿。

如上述，HDP 可以使用感應耦合電漿法 (如圖 3.38)，在反應器上方及側面皆設置 RF，是為了用來調整電漿密度均勻度，當在上方及側面的感應線圈通入射頻電流時，會產生一個交流磁場，再由此交流磁場，感應一個電場，因此電場線為迴旋型，電子隨著迴旋路徑加速，獲得較大的離子碰撞能，所以即使在低壓下，也可以產生高密度電漿，在反應器晶片的方向加入射頻偏壓 (bias RF)，來控制離子轟擊的強度及濺鍍速率，在此低壓的反應室，晶片需要使用靜電吸

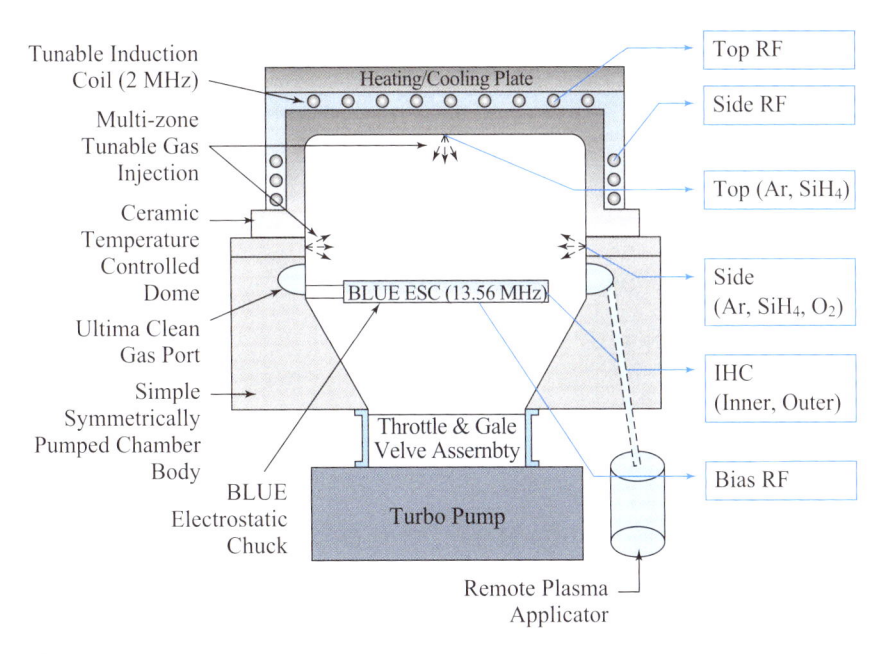

圖 3.38　HDPCVD 反應器主要製程反應室的結構。

附的方式固定於基板上,且使用獨立氦氣冷卻系統 (independent helium cooling, IHC),分內外 (inner, outer) 兩條,用以降低沉積溫度,HDP 通常將反應溫度控制於 350-400 ℃,因為晶片會受到兩個熱源影響,一是電漿輻射,一是離子轟擊;氦氣的另一個作用是偵測晶片與基板的吸附度,經由通入氦氣的壓力可偵測吸附的狀態,當壓力上升時,表示吸附度不佳,晶片在沉積過程會移位,沉積的薄膜均勻度就會變差,當然吸附度不佳,除了機械上的問題外,也有可能是晶背髒污造成,所以此時最好停機查明原因,再繼續生產,以免造成大量報廢。

## 3.9 介電層化學氣相沉積製程的薄膜特性

### 3.9.1 矽烷與 TEOS

以矽烷或 TEOS 為先驅物所沉積的薄膜特性比較如下:

**1. 矽烷 – Silane based**
- 薄膜種類:PEOX, PSG, SiON, FSG, SiN, BPSG
- 階梯覆蓋率比較差,比較容易產生懸突及空洞
- 容易含有氫分子,造成薄膜屬性不安定
- 但若使用高密度電漿反應器,可獲得高階梯覆蓋率,薄膜屬性可以比較安定。

**2. 四乙氧基矽烷 – TEOS based**
- 薄膜種類:USG, PSG, BPSG
- 分子遷移率 (mobility) 高
- 有良好的階梯覆蓋率,平坦化及同型性。

基於上述的特性,運用 PECVD 的沉積 ILD 或 IMD 時,通常為三層或五層的堆疊架構,為了讓增加平坦度,氧化層之間會塗佈一層 spin-on glass (SOG),形成一個三明治結構,OX/SOG/OX 可以有效改善熱電子效應,OX 有較佳的可

靠性，但如果只有 OX 與 SOG 堆疊層，因平坦化不佳，會限制 IMD 的空間，所以最好選擇 $O_2$-TEOS 來改善平坦化問題，假如是 $O_2$-TEOS /SOG/ $O_2$-TEOS，因 $O_2$-TEOS 及 SOG 中有水氣，導致可靠性不佳，最好的方式是以 $N_2O$-TEOS 取代 $O_2$-TEOS，以改善水氣的問題，所以若架構成 $N_2O$-TEOS /SOG/OX，可以有較佳的平坦化效果，與 SOG 堆疊也表現較佳的使用壽命，尤其元件通道長度減短後，此特性也更顯著！

## 3.9.2 製程反應器特性

化學氣相沉積的各項反應器，在之前的章節已經陳述，其各項反應器的優缺點可參考表 3.3。

其中 SACVD 為 semi-atmosphere chemical vapor deposition，反應壓力介於 APCVD 與 LPCVD之間，操作壓力大約於 600 Torr，其沉積的薄膜流動性佳，特性上同型性較佳，尤其是 BPSG 的階梯覆蓋率更好，可用於三明治結構氧化層的中間層，與 PECVD 的氧化層堆疊，SACVD 的另一個優點是，其應力為正向應

**表 3.3** Characteristics of Dielectric CVD process reactor

| Process | Pros | Cons | Applications |
|---|---|---|---|
| APCVD | • Simple reactor<br>• High deposition rate | • Poor stepcoverage<br>• Hard process control | • Pre-Metal Delectric |
| LPCVD | • Excellent purity<br>• Uniform conformal<br>• Large wafer capacity | • High temperature<br>• Low deposition rate | • Pre-Metal Delectric |
| PECVD | • Low temperature<br>• High deposition rate | • Hydrogen content<br>• Poor step coverge | • Inter metal dielectrics<br>• Passivation film |
| SACVD | • Low temperature<br>• Conformal | • Low deprate<br>• Moisture | • Inter metal dielectrics |
| HDPCVD | • Excellent gap fill<br>• Low K material | • Complex Reactor | • Pre-Metal Delectric<br>• Inter metal dielectrics<br>• Passivation film |

力,正可以中和 PECVD 的負向應力,防止晶片破片的風險;但 SACVD 的缺點是容易吸水,會造成薄膜屬性不穩定的來源。

　　PECVD 反應器的設計,不如 HDP 來的複雜,其階梯覆蓋率,也比 HDP 差,PECVD 因懸突而形成空洞步驟如圖 3.39(a),在高密度金屬線間,以 PECVD 沉積結果,用掃描式電子顯微鏡 (SEM) 分析,如圖 3.39(b) 所示,金屬線間產生許多空洞,會造成絕緣不良,引發漏電,影響元件的可靠度;若以 HDP 方式沉積,則結果如圖 3.39(c) 所示,金屬線間完全無空洞,填洞效果非常好。

## 3.10 介電層在積體電路製造的應用

　　積體電路應用在邏輯運算的晶片設計上,需要多層金屬堆疊的架構,以六層金屬層的邏輯元件,其剖面結構如圖 3.40。

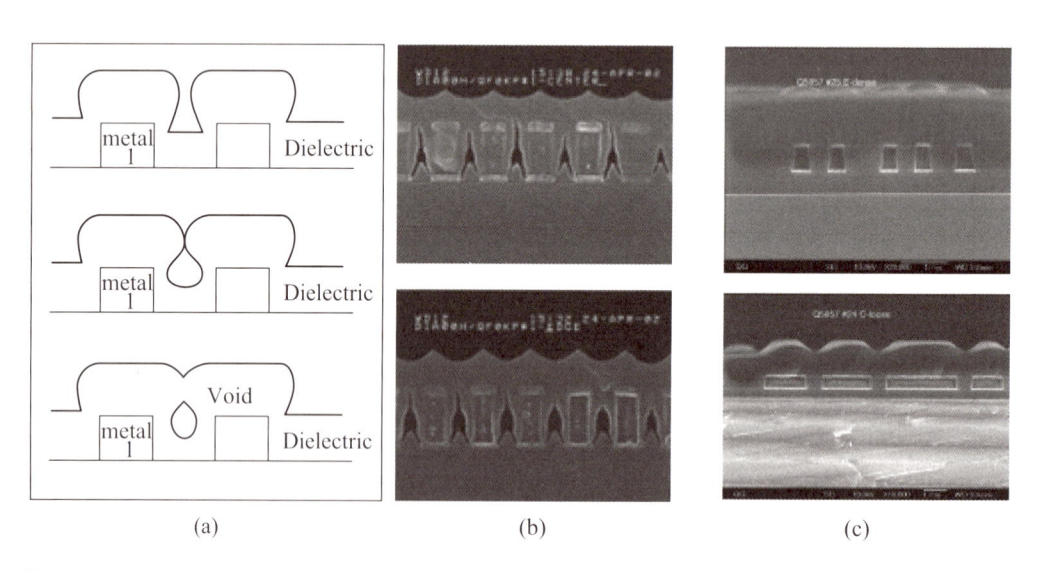

圖 3.39　PECVD 及 HDP 沉積製程的比較,**(a)** PECVD 空洞形成步驟,**(b)** PECVD 沉積後,於高密度金屬線間,形成空洞的 SEM 圖片,**(c)** HDP 沉積後,於高密度金屬線間,無空洞形成的圖片 (由聯華電子公司所提供)。

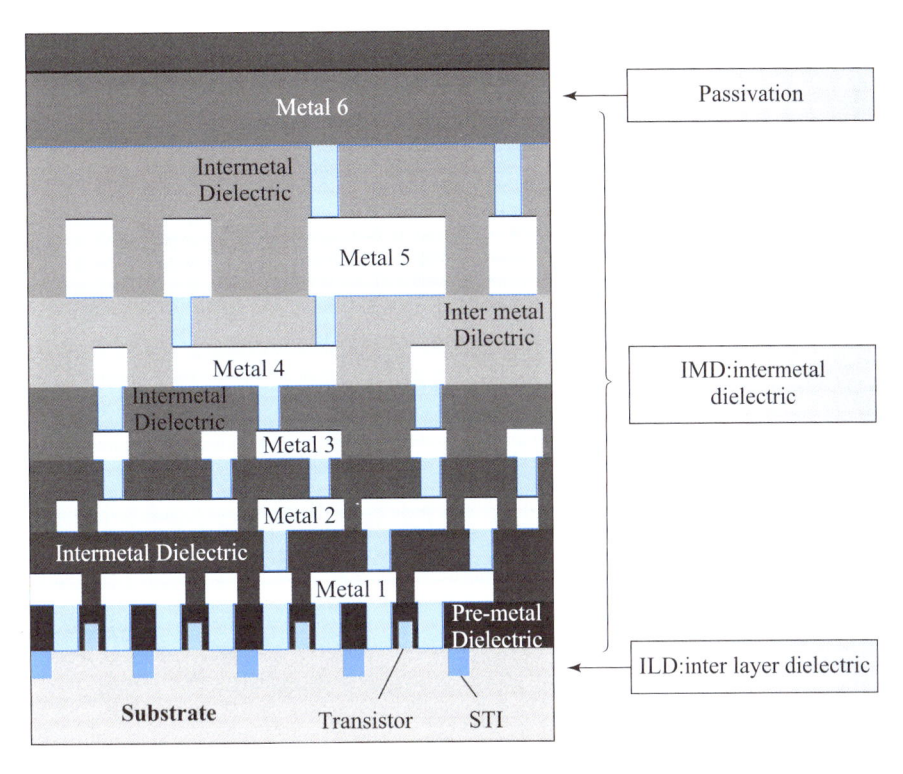

圖 3.40　六層金屬的邏輯元件剖面示意圖

　　從第一層金屬層到第六層金屬層，共有五層介電層，加上接觸窗介電層，共需要六層，在堆疊過程中，介電層的厚度越來越厚，單純只利用介電層的再流動性 (reflow) 控制或 SOG 回蝕 (etch back) 等方法，已經無法滿足製程的需求，以 0.25 $\mu$m 線寬以下的製程，需要使用化學機械平坦化 (Chemical Mechanical Planarization, CMP) 的方式，減少在層層的堆疊中所產生的高度差，若晶粒 (chip) 與晶粒間，高度差異太大，則會造成黃光聚焦問題，多層金屬結構的堆疊可能性就變得不可能實現。

　　介電層化學機械平坦化 (dielectric CMP 或 oxide CMP, OCMP) 運用在介電層的沉積步驟中，如圖 3.41 所示，先進行 HDP 沉積，利用 HDP 的高填洞能力，將金屬線間的縫隙填滿介電層，形成無空洞的結構，再沉積 PEOX 主體介電層 (bulk dielectric)，運用 CMP 進行平坦化後，再沉積 PEOX 將剩餘的厚度補足。

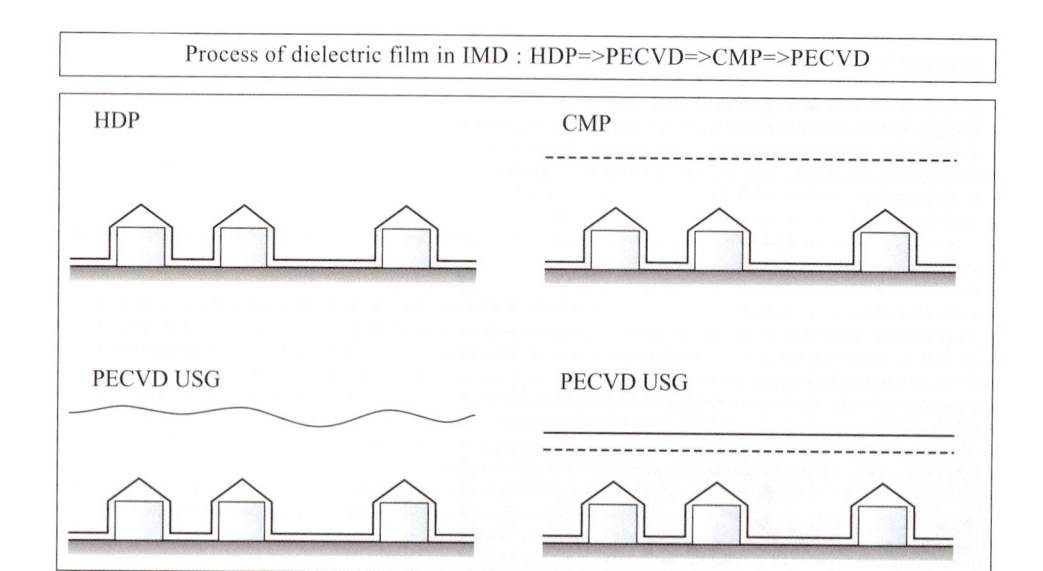

圖 3.41　介電層化學機械平坦化應用。

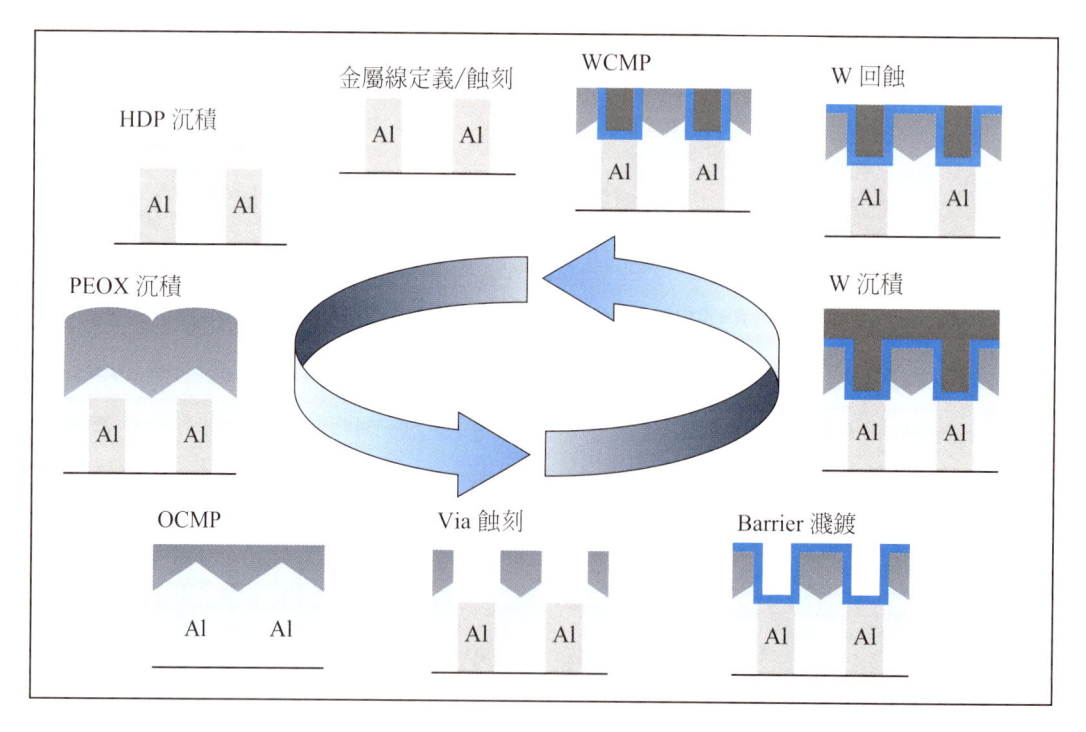

圖 3.42　後段金屬層製程步驟。

之後金屬層的堆疊，所經歷的製程步驟大致相同，如圖 3.42 所示。在鋁線蝕刻定義後，經歷 HDP、PEOX、OCMP 等步驟，將金屬層間氧化層完成沉積，將氧化層蝕刻定義出金屬導孔 (metal via)，再經過濺鍍阻障層，化學氣相沉積鎢導孔 (W via)，最後使用鎢回蝕 (W etch back) 或鎢化學機械平坦化 (WCMP)，完成一個金屬層的循環，六層金屬層，即完成五個循環步驟，最後完成鋁墊層及護層。

## 本章習題

1. 請簡述金屬化製程的三種沉積方式為何？
2. 金屬矽化物 Salicide 製程的四個階段為何？
3. 要如何降低 MOCVD TiN 阻障層沉積的薄膜電阻值？
4. 接觸窗金屬製程中的火山效應指的是什麼？如何形成？
5. 請敘述鋁製程與銅製程的金屬導線製程的差異？
6. 請描述鋁製程中 liner Ti/TiN 及 ARC Ti/TiN 的功用為何？
7. 阻障層 TaN/Ta 及晶種層 Cu 薄膜沉積必須要滿足的基本要求？
8. IMP 物理氣相沉積與 EnCoRe 物理氣相沉積的差異為何？？
9. 試說明化學電鍍銅製程的三種有機添加劑的作用為何？
10. 二氧化矽為絕緣體，其相對於空氣的介電常數為何？
11. 請列舉三項方法，可增加以二氧化矽為主的介電層製程平坦度？
12. 介電層化學氣相沉積最常用的先驅物為何？
13. 請陳述介電層化學氣相沉積的四個步驟？
14. 介電層化學氣相沉積的晶核形成可分為哪兩種反應？
15. 可否簡述側壁覆蓋率及底部覆蓋率的計算方式？
16. 電漿化學氣相沉積使用四乙基矽晚為先驅物的製程薄膜又稱為何？
17. 高密度電漿化學氣相沉積的最主要的步驟為何？何謂 D/S ratio？

## 參考文獻

1. Hong Xiao, "Introduction to Semiconductor Manufacture Technology", 2001.
2. 陳力俊 主編, "微電子材料與製程", 中國材料科學學會, 2000.
3. L. K. Wang, D. S. Wen, A. A. Bright, T. N. Nguyen* and W. Chang, "Characteristic of CMOS Devices Fabricated Using High Quality Thin PECVD Gate Oxide", IBM T. J. Watson Research Center, NY.
4. Peter Lee, Maria Galiano, Peter Keswick, Jerry Wong, Bok Shin, David Wang, "Sub-atmospheric Chemical Vapor Deposition (SACVD) of TEOS-ozone USG and BPSG", Applied Materials, Inc. CA.
5. Heather Benson- Woodward, Edd Hanson, Stephen Moreau, "Process Control Methodology for PSG and PETEOS Films in a Highly Interactive Multi-process CVD System", Digital Semiconductor, MA.
6. D. Allman", L. K. Han, and D. L. Kwong, "Effects of PECVD Oxide Process in the Sandwiched SOG Structure on MOSFET Hot-Carrier Reliability", Symbios Logic Inc., CO.
7. Guohua Wei, Sony Varghese, Kevin Beaman, Irina Vasilyeva, Tom Mendiola, Andrew Carswell, David Fillmore and Shifeng Lu, "A Comprehensive Study on Nanomechanical Properties of Various SiO2-based Dielectric Films", Micron Technology, Inc., Idaho.

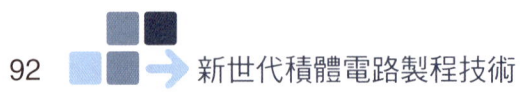

# Chapter 4

# 微影模組

王木俊
林世杰

## 作者簡介

### 王木俊

美國德州農工大學電機博士。現任職於明新科技大學電子系教授兼晶片中心主任。亦是國立台北科技大學機電所兼任教授與奈米矽元件研發中心成員。曾任職於工研院光電所、世界先進與聯華電子技術處元件部經理，之後轉進學界，先任教於大葉大學電機系，目前落腳於現職。曾擔任 IEEE/TDMR 與 Sensors Journal 等國際期刊之審稿委員，及擔任 IEEE/INEC2011 與 IEDMS2008 等國際研討會之委員會委員與論文審查委員。也是國際電機電子工程學會、美國電化學協會與美國機械工程協會會員。也是「台積電、聯電、友達、華邦、力晶、茂德、漢磊、台灣應材、台達電、晶發半導體、帆宣科技、沛亨半導體、恩智浦半導體、經濟部工業局、新竹科管局、台灣半導體產業協會、工研院自強基金會、交大電子培訓中心」等之訓練講師。著作有國內/外學術論文超過 221 篇、專書 1 本、技術報告 1 本與中美專利 52 件。專業領域涵蓋 IC 製程整合、微/奈米矽元件設計、IC 可靠性工程與封裝、RF IC/RFID 設計、IC 故障分析、光電薄膜電晶體特性與生醫光纖感測等。

### 林世杰

台灣大學物理碩士。現任職於新竹科學園區台灣積體電路有限公司，擔任 RD/NPTD 經理。曾擔任 SPIE, BACUS 等國際研討會之委員會委員。專業興趣涵蓋半導體微影技術及製程整合。

## 4.1 簡介

半導體製程由微米、次微米製程技術進入至今的奈米製程 (元件尺寸小於 100 奈米者稱之)，在微影 (Lithography) 模組部分已有重大的演變。為了達到莫耳定律 (Moore's law) 的製程發展要求，MOSFET 元件尺寸的微縮是一個持續性的工作與必然趨勢。當要達到量產的尺寸微縮時，首先遇到的是曝光系統 (Exposure system) 解析度瓶頸。在評估微影技術的可延伸能力時，我們可參考雷利解析度 (Rayleigh resolution, R) 方程式：

$$R = K_1 \frac{\lambda}{NA} \quad (4.1)$$

其中 R 可表示為最小解析能力或 CD (Critical dimension) 最小尺寸 (Feature size，線幅)，然而現今 R 大多以半節距 (Half pitch, HP，即為線幅加上間隙的總合再取半值) 來稱呼，此乃曝光系統的光學解析度取決於半節距而非僅僅限於線幅本身的尺寸大小之故；$\lambda$ 為光源波長；$K_1$ 為光罩、設備與製程相關的系統因子；NA (Numerical aperture) 是數值孔徑，亦可表示為：

$$NA = \frac{2r_o}{D} \quad (4.2)$$

其中 $2r_o$ 乃透鏡的直徑；D 是光罩與透鏡間的距離。此 NA 值代表透鏡收集繞射光的能力。表 4.1 顯示從 2006 年至 2012 年以波長 193 奈米光源生產半導體產品的最小線幅，以及預計所能採用設備的 NA 值與其相對應的 $K_1$ 值，其中 $K_1$ 值的物理極限為 0.25，此數值愈接近物理極限代表成像的困難度也愈高 [1]。

另外，由 (4.1) 式可知，若欲增加解析度 (即降低 R 值) 時，可藉由縮短光源波長、提高 NA 值或降低 $K_1$ 值等方式來達成此目標。目前半導體業界常用的方法有：相位移光罩 (Phase shift mask, PSM)、雙重曝影技術 (Double patterning technology, DPT)、浸潤式微影 (Immersion lithography) [2] 與更小的波長光源 [諸如極 (或超) 紫外光 (Extreme ultra-violet, EUV) 或多重電子束 (Multiple e-beams) 等。當曝光系統的光源確定後，相關的搭配材料也將跟進發展，特別是光阻材

**表 4.1** 波長 193 奈米光源之奈米製程技術節點時期、$NA$ 值與相對應之 $K_1$ 值之預估表。色字者，代表可行性低。

| Half pitch | 65 | 45 | 32 | 20 |
|---|---|---|---|---|
| Year | 2006 | 2008 | 2010 | 2012 |
| $\lambda$ [nm] | NA | | | | |
| | 0.93 | 0.31 | | | |
| 193 | 1.2 | 0.40 | 0.28 | | |
| | 1.35 | | 0.31 | 0.22 | 0.15 |
| | 1.55 | | | 0.26 | 0.18 |

料 (Photoresist, PR)。如何有效地塗佈 (Coating) 在晶圓 (Wafer) 表面上，以達成其在微影過程中所扮演的角色「影像形成」(Image formation)，使各種設計圖案 (Pattern) 透過光罩或倍縮光罩 (Reticle mask) 投影轉印成形於晶圓表面上。使此等圖案完成後可應用於蝕刻製程 (Etch process)、離子佈植 (Ion implantation) 或銅金屬電鍍 (Electroplating) 上。當上述製程透過光阻圖案完成後，也需考慮如何清除此硬化後的光阻，不能有光阻殘餘 (Photoresist residue)，而導致影響整體製程良率。

舉個例子說明，以一典型 0.13 微米邏輯 CMOS 1P4M (一層多晶矽閘極/四層金屬層，1 poly layer/4 metal layers) 為例，以瞭解新世代微影製程在整體製程中所扮演的吃重角色。一般而言，在此製程中，所需用的光罩常是超過 30 個，而整體製程步驟也約有 474 道。在微影曝光部分方面約有 212 道。另外，在使用光阻作為圖案轉移 (Pattern transfer) 的製程中也約有 105 道，由此可見，整體微影製程於先進半導體製程中，所佔的比重份量，的確是比先前的微米製程 (微影製程約佔整體步驟 30~40%) 高出很多，約有 60% 至 70% 之多。

因此在先進半導體製程中，此微影技術對於解析度、感光度、精確的對準與低缺陷密度等需特別費心地研究，以達到量產良率與成本的要求。

一般微影製程大致可分為三大主要操作階段：光阻塗佈、對準與曝光，以及光阻顯影。

在光阻塗佈的程序中，首先在晶圓表面上塗佈一層感光薄膜，即所謂的光阻，此光阻會接受到從光罩明區處 (Clear zone) 穿透而來的紫外光或深紫外光以達到曝光的效果。在先進半導體製程中常用正光阻，此光阻因光產生化學變化，在顯影時即易溶於顯影劑中，而未曝光的光阻則停留在晶圓表面上，這也幾近於複製了光罩的暗區圖案 (Dark pattern)。最後常見之曝光、顯影與蝕刻後，於晶圓表面上的圖案如圖 4.1 所示。

一般常見晶圓上的圖案有線條形 [諸如：多晶矽閘極 (Poly-Si gate) 與金屬連接線] 與圓孔洞作為兩層導線的連接點 [諸如：多晶矽閘極 (Poly-Si gate) 與金屬連接點：多晶接觸窗 (Poly contact)；金屬線與金屬線之連接點：栓塞 (Via)]。如何解析出圖案來又能達到所預期的線寬 (Line width) 與線間距 (Space)，並且沒有光阻殘留等現象，是一個很大的挑戰課題。

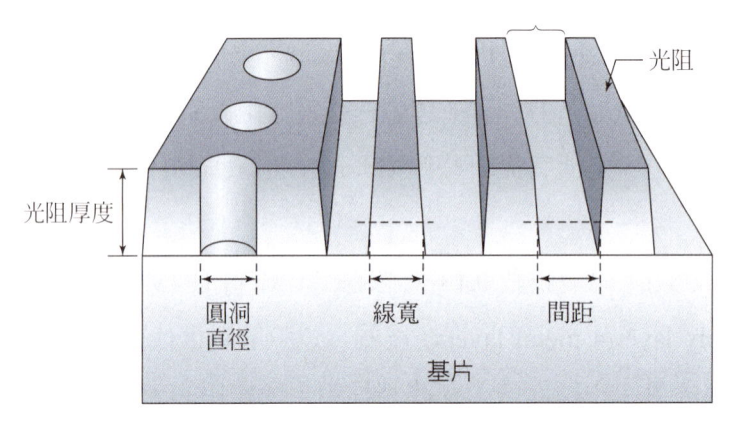

圖 4.1 光阻曝光、顯影與蝕刻後之立體圖案。

## 4.2 光阻性質

光阻是一種對輻射敏感的感光材料 [3]，它可將光罩上的幾何 IC 設計圖案轉印到晶圓的表面上。簡單區分為正光阻 (Positive PR) 與負光阻 (Negative PR) 兩種。其工作原理與早期的底片感光材料類似，但和底片的感光層特性略有不同。光阻對於可見光並不敏感，也不需要對光的色彩變化或光的灰階很靈敏。但對於紫外光卻很敏感，由於此特性，微影製程並不需要一個像沖洗底片的暗房。也由於光阻不會對黃光感光，因此半導體工廠的微影技術區域皆使用黃光照明，即一般通稱的黃光區間。

對於負光阻而言，曝光部分會因為光化學反應而成為交連狀 (Cross-linked) 的高分子，並在顯影之後，交連狀的高分子部分會被保留在晶圓表面上，未被曝照之處則被顯影劑所溶解；但對於正光阻來說，其主要成分是酚醛 (Novolak) 樹脂，因此在未曝光時已呈現交連狀的高分子聚合物 (Polymer)。經過曝光步驟後，有曝光區域之處的交連狀高分子材料，會因為光溶解化學作用 (Photo solubilization) 反應而斷裂且變成低分子材料，之後會被顯影劑所溶解，而未曝照之處則保留在晶圓表面上。圖 4.2 即說明了此兩種不同光阻特性與其圖案轉換過程 [4]。經過曝光與顯影程序後，正光阻在基片 (Substrate) 上的圖案與在光罩上的圖案一致，而負光阻在基片上的圖案則是相反的。早期的幻燈片即是一種正片，所拍攝的影像與在正片所見的影像相同；對於照相底片一般則為負片，其經過照相與顯影過程後，所得的影像與照相時的影像相反，因此需用負光學相紙再次曝光和顯影後才能印出正常的影像。

從圖 4.3 所列舉的兩種光阻材料中，可知正光阻需較高的曝光能量與較長的曝光時間以裂解其交連聚合物，對量產而言是有其可改善之處。圖 4.3(a) 表示正

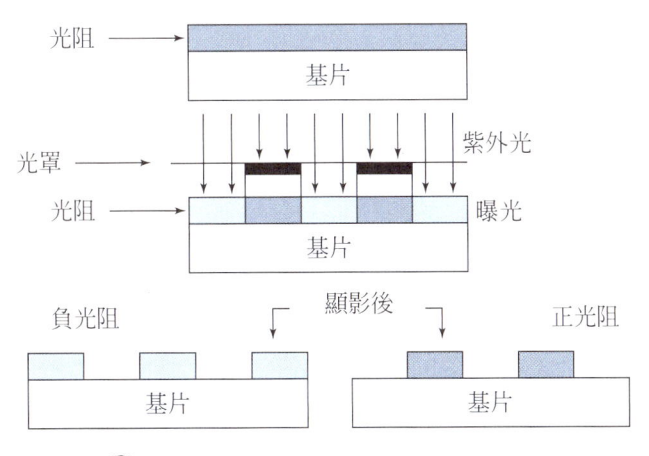

圖 4.2　正負光阻的圖案化製程。

(a)

(b)

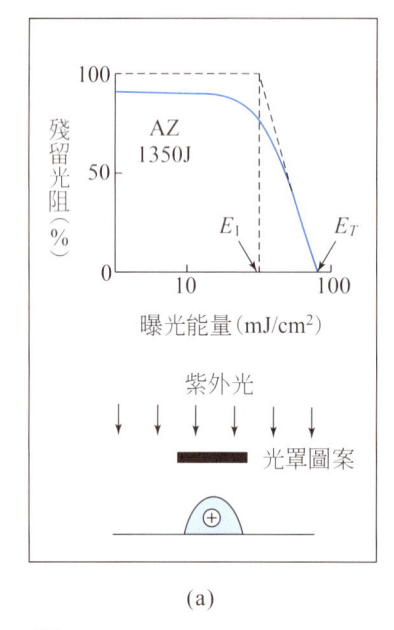

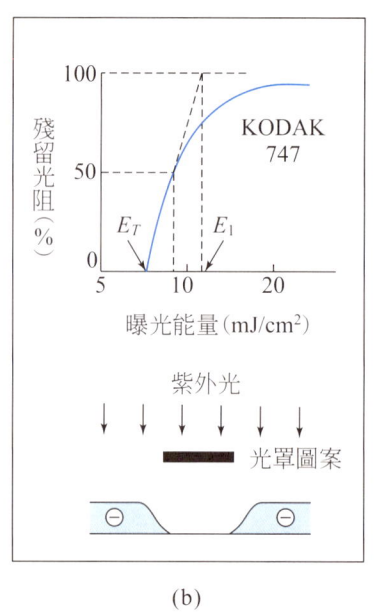

◎ 圖 4.3 (a)正光阻 **AZ1350J** 顯影後的曝光曲線與光阻影像剖面圖；(b) 負光阻**KODAK747** 顯影後的曝光曲線與光阻影像剖面圖 [3]。

光阻的曝光反應曲線與影像區，曝光曲線為曝光顯影後殘留光阻百分比與曝光能量之關係 [5]，值得一提的是，即使未經曝光，顯影劑仍可溶解部分光阻，當曝光能量增加，溶解速率也隨之增加，直到臨界能量 $E_T$，曝光之光阻可完全溶解。

正光阻的敏感度定義為曝光區內可完全溶解所需的能量，故此 $E_T$ 對應敏感度大小，除了 $E_T$ 值外，用另一參數「緊縮率、敏感度或稱光阻對比(resist contrast)」$\gamma_P$ 來定義光阻的性質

$$\gamma_P = \left[\ln \frac{E_T}{E_1}\right]^{-1} \tag{4.3}$$

其中 $E_1$ 表示 $E_T$ 處的曝光曲線之切線與 100% 光阻厚度之交點能量，如圖 4.3(a) 所示。若 $\gamma_P$ 愈大，表示增加相同的曝光能量，其溶解度則愈大，影像也相對地愈清晰。圖 4.3(a) 的影像剖面區顯示光罩邊緣與光阻影像邊緣，經顯影後的對應

關係。由於光的繞射效應，造成光阻影像邊緣無法得到正直角，而影像邊緣即代表對應等於臨界能量 $E_T$ 的吸收總能量。圖 4.3(b) 表示負光阻的曝光反應曲線與影像剖面區，當曝光能量小於臨界能量 $E_T$ 時，負光阻可完全溶解於顯影劑中；反之，當曝光能量大於 $E_T$ 時，曝光區的殘留光阻將增加，當曝光能量達到臨界能量之兩倍時，光阻層完全不溶於顯影劑中，負光阻的敏感度定義 $\gamma_n$ 可為

$$\gamma_n = \left[ \ln \frac{E_1}{E_T} \right]^{-1} \tag{4.4}$$

負光阻之影像剖面亦受光繞射效應之影響。

再者，一般光阻的基本成分大致可分為下列四種：聚合物 (Polymer)、感光劑 (Sensitizer)、溶劑 (Solvent) 與添加劑 (Additives)。

聚合物是附著在晶圓表面上的有機固體材質，在作為圖案轉移過程中的遮蔽層時，能承受得起蝕刻製程的侵蝕與離子佈植製程時的轟擊。此聚合物常是由有機複合物所組成的，此等複合物一般皆具有複雜的鏈狀和環狀結構的碳氫分子 ($C_xH_y$)。較常使用於正光阻聚合物的乃是酚甲醛 (Phenol-formaldehyde) 或酚醛 (Novolak) 樹脂 (如圖 4.4(a))；而在負光阻聚合物方面，較常用的是環化聚異戊二烯 (Cyclized polyisoprene) 橡膠 (如圖 4.4(b)) [6]。

感光劑是一種感光性很強的有機化合物，主要作用乃是控制並調整光阻在曝光過程中的光化學反應。對於正光阻的感光劑也是一種溶解抑制劑 (Inhibitor)，與聚合物樹脂會有所交連。在曝光過程時，光的能量會分解感光劑並破壞交連結構，使得被曝光的樹脂變得可溶解於顯影液中。而負光阻的感光劑卻是一種含有 $N_3$ 團的有機分子。當感光劑曝露在紫外光時，則會釋放出氮氣體而形成有助於交連橡膠分子的自由基 (Free radical)。此種交連結構的連鎖反應可以使曝光區的光阻聚合化，以至於光阻有較好的連接強度與較佳的化學藥品抵擋力。

溶劑是溶解聚合物和感光劑的一種液體，且使聚合物與感光劑得以懸浮在整體液態光阻中。溶劑能夠幫助光阻在晶圓表面上輕易地形成 0.5 微米至 3 微米左右厚度的薄膜。概念與一般油漆中的松香劑相似，溶劑可稀釋光阻有助於旋轉時

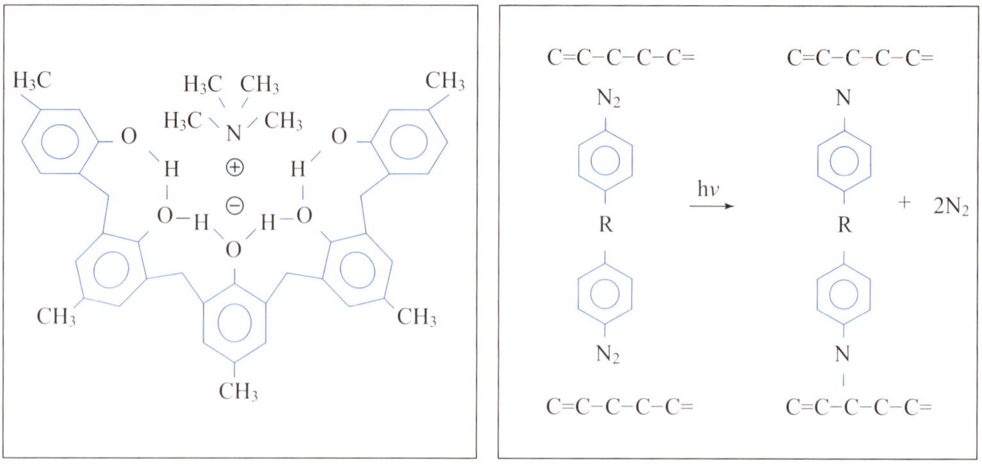

**圖 4.4** 光阻結構：(a) 一種正光阻聚合物材料——酚醛 (Novolak) 樹脂；(b) 一種負光阻聚合物材料——聚異戊二烯 (Polyisoprene) 之照光硬化。

形成薄膜。在旋轉塗佈之前，溶劑於光阻中所佔的比重將近 75%。正光阻的溶劑常用的是醋酸鹽類，而負光阻的溶劑則是以二甲苯 (Xylene, $C_8H_{10}$) 居多。

添加劑的作用也是用以控制並調整光阻在曝光過程中的光化學反應，進而影響光化學反應強度與反應時間，最終達到較佳的微影解析度 (Resolution)。對於正或負光阻而言，染料 (Dye) 是一種常用的添加劑。

由於負光阻搭配的顯影液 (Developer) 也含有成分很高的二甲苯，此物質能以溶解未曝光的光阻，但有些許的顯影液會被曝光的交連光阻吸收，以至於有「膨脹」(Swelling) 的現象發生，造成所欲取得之圖案形狀有所扭曲，並且限制了解析度只能達到光阻厚度的 2~3 倍。在 1980 年代之前，圖案尺寸一般多大於 3 微米，因此負光阻尚能被半導體業界所接受。然而由於其解析度受到限制，今日先進的半導體工廠已不再使用它。相反的，對於正光阻，由於不吸收顯影液，故能達到較高的解析度，因此現今還能被廣泛地採用於微影製程中。圖 4.5 說明正或負光阻在顯影後的解析度 [7]。

根據 (4.1) 式，若要將圖案微縮小，採用短波長的光源作為曝光是一個可行的方法。微影製程在使用水銀燈所發出的 G-光線 (G-line, $\lambda$ = 436 nm) 與 I-光線

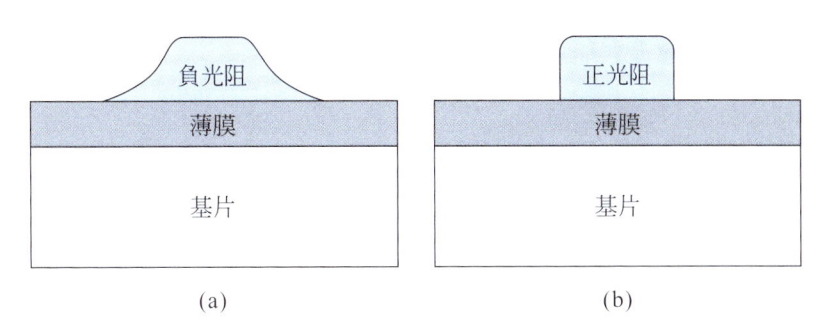

圖 4.5　光阻在顯影後的剖面結構圖：(a)負光阻；(b) 正光阻。

(I-line, λ = 365 nm) (如圖 4.6 所示 [7]) 於製程所使用的光阻，是異於使用深紫外光 (Deep ultra-violet, DUV, λ= 248 or 193 nm) (如表 4.2 所示 [6]) 時所需之光阻。這是由於深紫外光光源 (一般為準分子雷射) 的強度遠低於水銀燈所發出的光強度。為解決此問題，尤其是在 0.25 微米製程或更小的圖形於圖案化的應用上，開發了一種化學強化式的光阻 (Chemically amplified photo-resist)。於此微影製程中，使用催化作用來增加光阻的有效感光度。當光阻受到 DUV 光線照射時，光阻會生出光酸 (Photo acid) [8]。在曝光後烘烤 (Post exposure bake, PEB) 製程中會將晶圓加熱至上百度的溫度，而在催化反應中，熱能會驅使光酸擴散與增加感光度。

為了達成完整的圖案轉移，光阻的解析度要好、抗蝕刻能力要高、於晶圓表面上的附著力也要佳。雖然光阻的解析度乃為達成圖案轉移的主要關鍵，但若抗

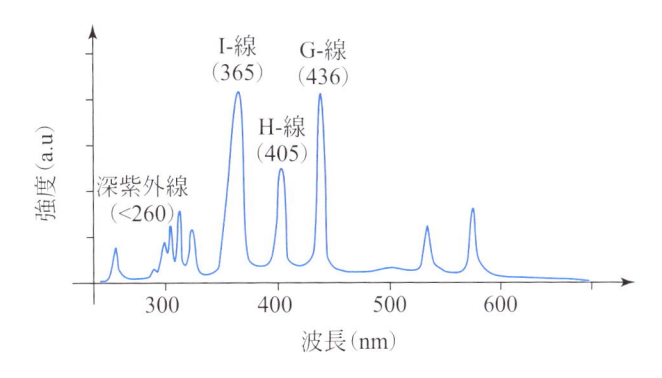

圖 4.6　水銀燈的放射光譜 [4]。

表 4.2 微影技術於量產與研發所使用的光源 [4]。

| | 名 稱 | 波 長 (nm) | 所應用的圖形尺寸範圍 ($\mu$m) |
|---|---|---|---|
| 水銀燈 | G-線 | 436 | 0.50 |
| | H-線 | 405 | |
| | I-線 | 365 | 0.35~0.25 |
| 準分子雷射 | XeF | 351 | |
| | XeCl | 308 | |
| | KrF (DUV) | 248 | 0.25~0.13 |
| | ArF | 193 | 0.13~0.028 |
| 氟雷射 | $F_2$ | 157 | 0.09 或更小 |

蝕刻能力與附著力差時，於後段的銜接製程——蝕刻與離子佈植，極可能發生無可挽回的錯誤而降低生產良率。一般而言，光阻薄膜愈薄時，光阻解析度也就相對地提高。但較薄的薄膜，其對抗蝕刻與離子佈植的能力也相對地偏低。工程人員需在此兩種狀況下取得平衡。

當製程技術不斷地往微縮前進時，在 22 奈米世代以下之曝光光源，可能採用極紫外光 (Extreme ultra-violet, EUV, $\lambda$ = 13.5 nm) [9-10] 或無光罩的電子束曝影技術 [11-12]，但所需的光阻材料內容也應有所調整 [6]，以配合全體整合量產之要求。

最後，在光阻特性的要求上亦應包括好的容許度或寬容度 (Latitude)，其泛指光阻對不同的旋轉速率、烘烤溫度與曝光能量的容許度。製程的容許度愈大，製程也愈穩定。這也是工程人員為製程選擇光阻時必須考量的因素之一。

## 4.3 微米與次微米曝光系統

一般而言，微影製程包括三大步驟：光阻塗佈、曝光與顯影。早期微影製程皆將此三大步驟分開個別處理。但在無塵室中，「人」是一個最大的汙染源。隨著元件尺寸微縮，微塵粒子大小也被要求愈小化。因此，上述三大步驟即被整合於一套完全的曝光系統中。整體微米製程之微影流程主要可分為八個步驟，包括：晶圓清洗、預烤、底漆層 (Primer) 和光阻的旋轉塗佈、軟烘烤、對準與曝光、顯影、圖案檢視及硬烘烤。而在先進製程中為了提高微影解析度，則增加了晶圓軌道對準 (Track-aligner) 整合系統，以提升製程良率與產量。整體簡易微影製程流程圖如圖 4.7 所示。另外，由於自動化設備的更新，光罩與晶圓間的對準技術也大幅地提升，這也是微影製程能一直往更小尺寸微縮的一個重要關鍵技術。

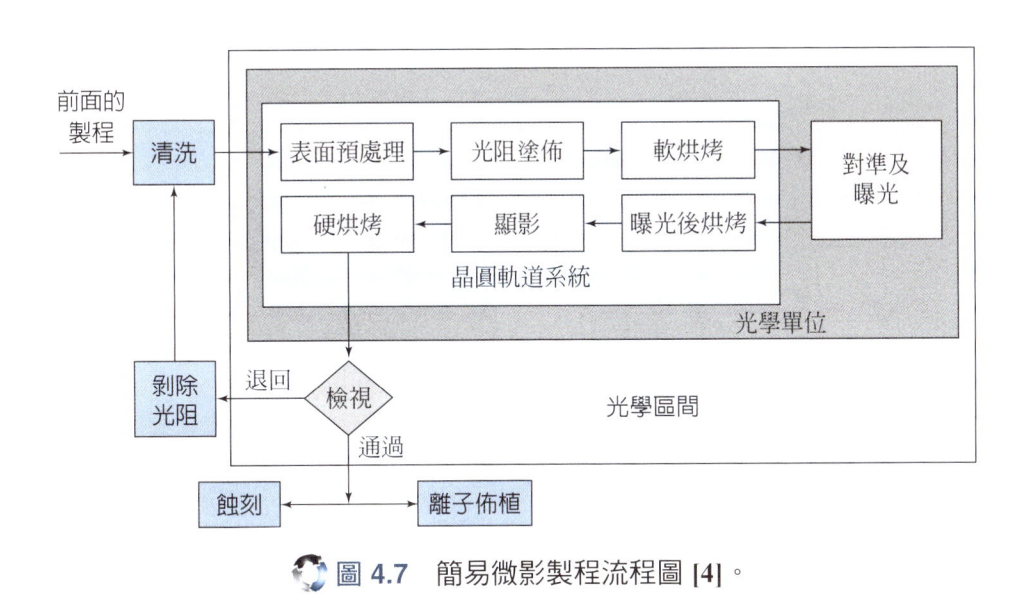

圖 4.7　簡易微影製程流程圖 [4]。

## 4.3.1　接觸式與鄰接式曝光系統

在 1970 年代中期以前的半導體工業中，接觸式 (Contact) (如圖 4.8) 與鄰接式 (Proximity) 印像曝光系統 (如圖 4.9) 皆被廣泛地使用在對準與曝光製程上。

接觸式印像曝光系統是最早亦是最簡單的工具。在接觸式印像曝光製程中，光罩與晶圓上的光阻是直接地接觸，紫外光即從光罩的透明區穿過而將其下的光阻曝光，其最高解析度可達次微米範圍。然而主要的缺點乃是光罩上會有微粒狀

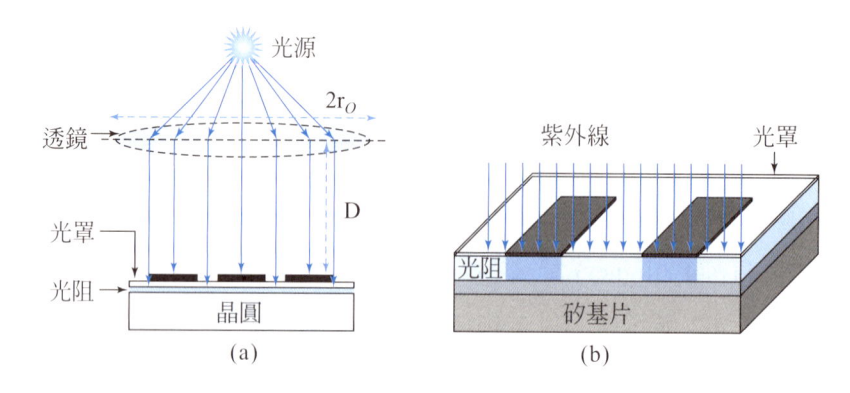

圖 4.8　(a) 接觸式印像系統示意圖；(b) 光罩與光阻之位置示意圖。

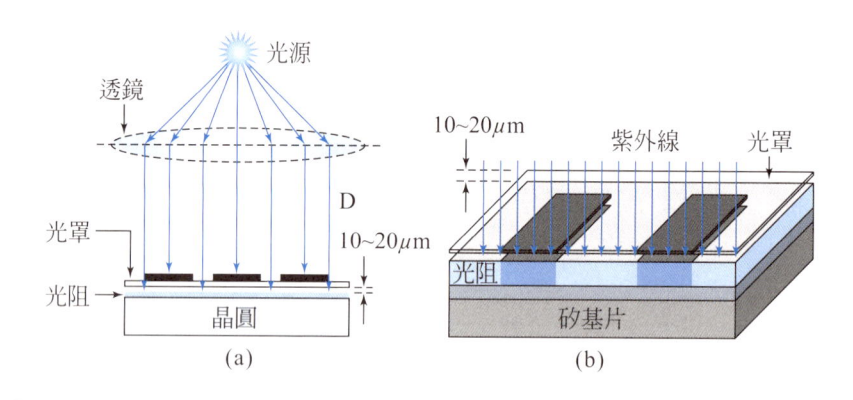

圖 4.9　(a) 鄰接式印像系統示意圖；(b) 光罩與光阻之位置示意圖。

物質殘留，因而降低光罩壽命與製程良率。

　　故此若能將光罩與光阻之間的距離稍微拉開至 10~20 微米，則光罩上污染的問題即可降低許多，此乃所謂的鄰接式印像曝光系統。但其解析度較差，因為有較大的間隙，會造成較大的光學繞射。其最好的解析度約為 2 微米。由於一般研究機構或學校實驗室，比較不在乎良率又因整體系統費用算是便宜的，仍是被青睞的，尤其在作微機電系統 (Microelectro-mechanical system, MEMS) 或元件開發上的研究。但若對於量產工廠而言，時序進入超大型積體電路 (VLSI, very large scale IC) 或極大型積體電路 (ULSI, ultra-large-scale IC) 等級或以上的晶片製造時，此兩種曝光系統便不合時宜了。

## 4.3.2 投影式與掃描投影式曝光系統

為了更進一步地提升曝光系統的解析度,而同時又可保有較低的微粒污染量,因應此需求投影式 (Projection) 曝光系統 (如圖 4.10) 即被發展出來,並應用於 VLSI 等級的半導體廠中。此等解析度的能力,可以達到約為 1 微米並且較無微粒污染。

若能經由透鏡與鏡面的光學特性,雖從光罩的圖案影像投射至晶圓表面上,仍為 1:1,但曝影的品質大大提升,也因沒有光罩與晶圓表面的接觸,使得量產良率也大幅提高,如圖 4.11 所示。此種改良式的曝影系統稱之為掃描投影式

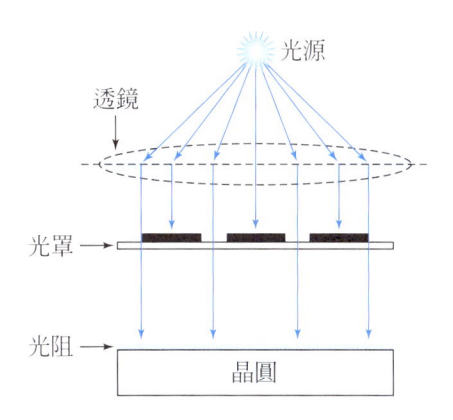

圖 4.10　投影式 (Projection) 曝光系統示意圖。

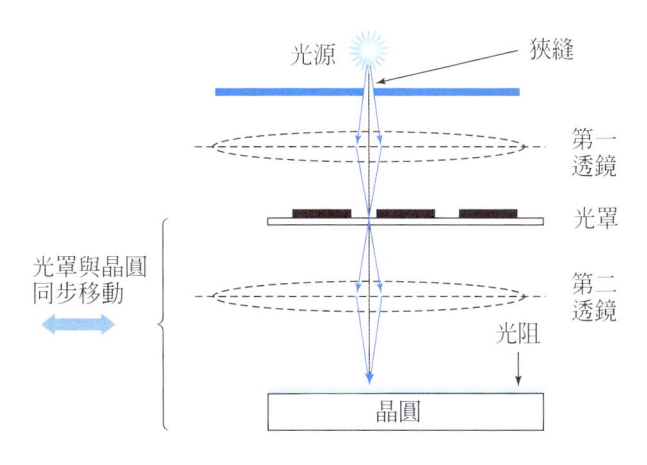

圖 4.11　掃描投影式曝光系統簡易示意圖。

曝光系統 (Scanning projection exposure system)。利用系統中的一個狹縫來擋住光源的部分光線以減少光的散射，進而改善系統的解析度。光藉著第一個透鏡聚焦在光罩上，並把投影式的透鏡當作另一狹縫，藉著第二透鏡讓光重新聚焦在晶圓表面上。光罩與晶圓同步地移動，使紫外光掃描整個光罩並重新聚焦在晶圓表面上，且讓整體晶圓的光阻曝光。

### 4.3.3 步進式與步進掃描式曝光系統

因元件尺寸微縮仍是必然的趨勢，若能將在光罩上的影像微縮至晶圓表面上，諸如其比例以 4：1、5：1 或 10：1 進行，則曝光系統的解析度能力又可往前提升，而此種光罩與先前光罩作法不太一樣，又稱為倍縮光罩 (Reticle mask)。雖然無法一次曝光即曝滿整片晶圓表面，但藉著步進 (Stepping) 的概念依然可以完成曝影的工作，而且一般也可達到曝影產量能力，需要大於 100 WPH (Wafers per hour) 的要求。如圖 4.12 所示。一般而言，步進式曝光系統 (Stepping exposure system) 每個曝影步驟皆須對準，每個晶圓需要 20 到 60 次的曝影步驟才能佈滿整個晶圓，曝影次數取決於製程或產品規格。對次微米或更先

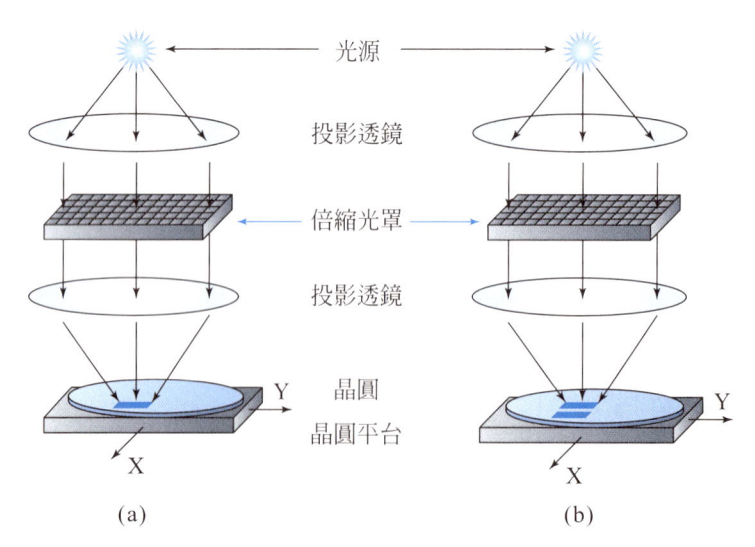

圖 4.12 步進式曝光系統的簡易圖：**(a)** 第一個晶粒曝影；**(b)** 步進與重複曝影於第二個晶粒上。

進的光學微影技術製程而言，對準的容錯空間是愈來愈小。為了達到量產的要求，每一個對準與曝光步驟只能允許花費 1~2 秒的時間。因此該曝光系統需要一個自動化的對準系統作為輔助工具。如圖 4.13 所示。

　　為了更進一步改善影像轉移的解析度，研究人員結合掃描的投影式曝光系統與步進式曝光系統的技術，發展出步進掃描式曝光系統 (Step-and-scan exposure system)，而此種曝光系統目前亦廣泛地應用於深次微米 (指 0.35～0.13 微米的製程技術) 的積體電路製造上。由於很多的次微米半導體製造的光阻，在軟烘烤完成時，即必須儘快地作曝光的動作，否則曝光的解析度即有可能因光阻的感光劑受到環境中微量的胺污染產生衰退而受到影響。因此在大部分的半導體廠中，步進式曝光系統與晶圓軌道系統內的光阻塗佈機並顯影機台是整合為一單機體的曝光系統。

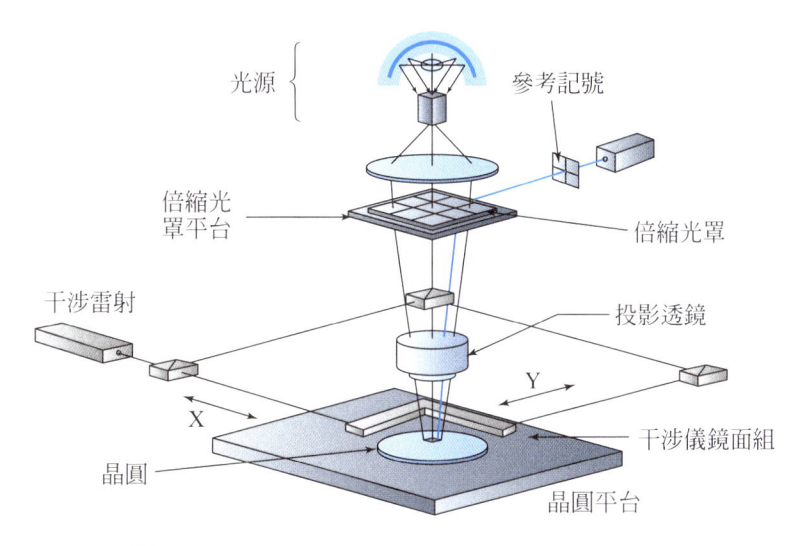

圖 4.13　步進式對準與曝光系統的示意圖。

## 4.4 先進奈米曝光系統與技術

　　從 (4.1) 式可知曝光光源的波長愈短，解析度愈佳。當光源的波長小於 180 奈米時，曝光的能量會被透鏡和光罩吸收，因而造成降低光阻吸收到的曝光能量,導致曝光時間太長的現象產生而降低生產量。再者,因為吸收曝光能量,使得受光照之處的溫度增加,而影響透鏡、光罩和晶圓的物理特性 (諸如彎曲、曲率改變、形變、聚焦特性、膨脹等),最後造成整體曝影品質下降。因此有浸潤式微影 (Immersion lithography) (或稱為濕式微影) 的技術發展出來 [13-14],此時所使用的光源的波長依然為 193 奈米,避開了上述可能的弊病。另外加上相位移光罩 (PSM) 的引進與雙重曝影製作技術 (DPT) 的開發成功 [1],使得量產製程的推進已從 130 奈米,進入 32 奈米 (Intel、韓國三星與台積電 三家公司於 2010 年已擁有此技術) 可達到量產的程度。若要進入 22 奈米世代或以下量產的程度,可行性的微影製程方法有:奈米轉印微影技術 (Nano imprint lithography)[2,15]、奈米噴印成像技術 (Nano-injection lithography, NIL) [16-18]、超紫外光 (EUV) 與多重電子束等。

### 4.4.1 相位移光罩技術

根據方程式 (4.1) 所示,若能藉著降低系統常數 $K_1$ 亦是一種改善微影技術的好方法以達到較好的解析度。要達此利基,可使用不同的光學系統來達成,其中一種在量產可行性的方法是採用相位移光罩 (如圖 4.14 所示)。聯華電子 (UMC) 在 2004 年 12 月 1 日的日本半導體展 (Japan Semicon) 中,發表其交替式相位移光罩 (Alternating PSM) 技術,可供採用於 90 奈米製程發展高效能與低耗電 IC 客戶使用,藉以增進微影術解析度、擴大製程寬容度,獲得更優異的效能,提升整體可製造性。

將單獨的個別圖案轉至光阻上,基本上不是很困難。但若很多的小圖案被緊密地排放在一起時,其困難度即增加許多,此乃因光的繞射 (Diffraction) 與干涉 (Interference) 現象會扭曲此等圖案。透過相位移光罩的應用,在 90 奈米製程甚至到 65 奈米製程 (搭配 193 奈米步進掃描式曝光系統) 皆可使用此技術。而要作相位的轉移,基本上有兩種方式可以達成:相位移介電物質 ($MoSiO_2$) (如圖 4.15) 與蝕刻光罩石英基片 (如圖 4.16)。

介電物質塗佈的厚度 ($d$) 與介電物質之折射率 ($n_f$) 需小心地控制。因形成反

圖 4.14 微影製程技術使用：**(a)** 一般光罩 **(b)** 相位移光罩。

圖 4.15 相位移光罩：介電物質 (MoSiO$_2$)。

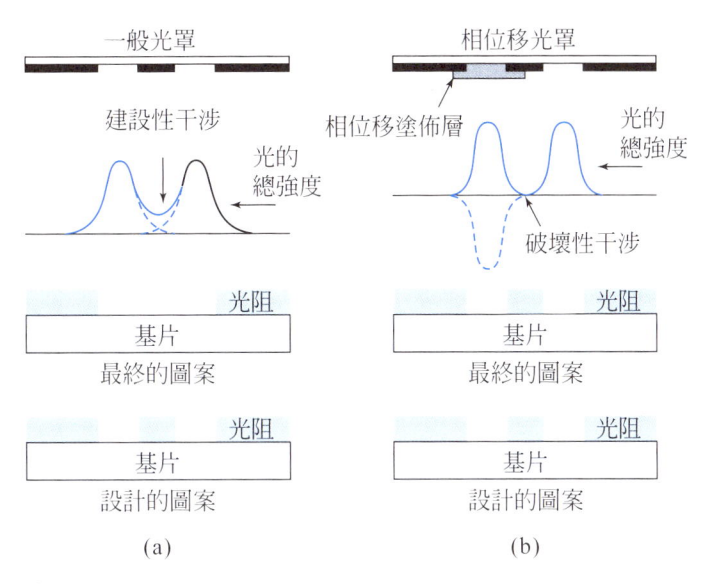

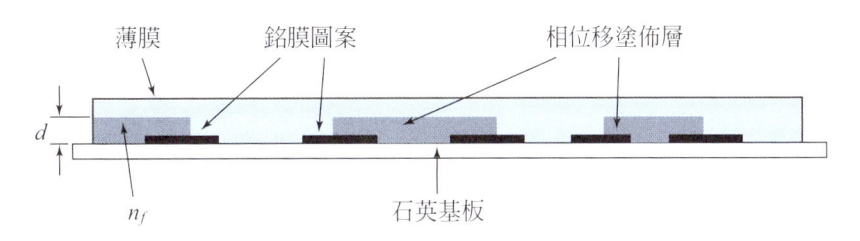

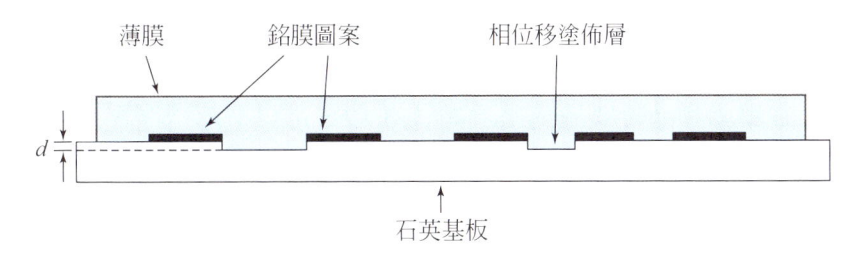

圖 4.16 相位移光罩：蝕刻光罩石英基片。

相的條件乃是

$$d(n_f - 1) = \frac{\lambda}{2} \tag{4.5}$$

其中 $\lambda$ 為曝光光線的波長。通過沒有相位移塗佈之開口部分的光線，會與通過有相位移塗佈之開口部分的光線產生破壞性干涉。由於相位移相反，使得高密度排放區域的影像顯得非常清楚。

另外一種達成相位移的方式即蝕刻光罩石英基片。其形成反相的條件乃是

$$d(n_g - 1) = \frac{\lambda}{2} \tag{4.6}$$

其中 $d$ 為光罩石英基片的蝕刻深度；$n_g$ 為光罩石英基片的折射率。

若光學微影製程仍然是採用傳統的光罩 [亦稱為二元式光罩 (Binary mask：分為透光與不透光) 或振幅光罩]，因利用光場的振幅來定義元件圖案) [19]，以蝕刻光罩石英基片達到相位移效應被小部分的半導體廠所採用的，5% $MoSiO_2$ 相位移光罩是目前主流。事實也證明，若採用相位移光罩，可讓最小的圖案尺寸小到只有曝光波長的二分之一，又稱為次波長 (Sub-wavelength) 光學微影技術。

## 4.4.2 浸潤式微影技術

為了達到更好的解析度，(4.1) 式也告訴我們，改變波長是一個很好的方法，因此當在 0.13 微米製程採用 193 奈米曝光光源時，即有很多人力與資金投入下一世代的 157 奈米準分子雷射光源的曝光系統。但台灣積體電路公司的林本堅處長獨排眾議，認為現有 193 奈米曝光設備加上純水介質 (即浸潤式微影技術)，其效能可比 157 奈米設備更為優越 [20]。在空氣中，鏡頭的解析度有其極限；但是，在鏡頭和晶片間填滿水，如圖 4.17，可以把解析度提高 44%，讓微影技術再邁進二、三個世代，可讓半導體廠節省數十億美金的成本支出。這就像水結冰讓人類跨越障礙，徒步渡河一樣。水的折射率在一般常用的波長，都僅比 1.3 稍高，只能把解析度提高至比 30% 多一點。很特別的是，以微影技術可用的最短波長 193 奈米的光當成光源，水的折射率可以進一步達到 1.44，而且透明度

乾式曝影 (dry)　　浸潤式 (immersion)

　　　　　　　　　　　　　　←----- 光線

　　　　　　　透鏡

氣體環境　　liquid　液體環境
　　　　　　　　　　　　　　← 光阻
　　　　　　　　　　　　　　← 晶圓

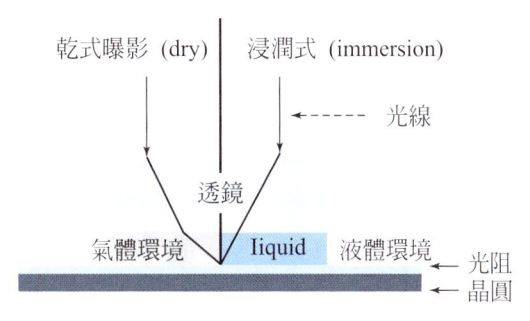

圖 4.17　微影設備之投影透鏡系統與晶圓平台示意圖 (ASML 2003/11)。

依然很高。這跟它在 4°C 以下違反熱脹冷縮的物性一樣奇妙。在液體中的波長 ($\lambda_{\_liquid}$) 與空氣中的波長 ($\lambda_{\_air}$) 可藉著液體的折射率 ($n_{\_liquid}$) 作連結

$$\lambda_{\_liquid} = \frac{\lambda_{\_air}}{n_{\_liquid}} \tag{4.7}$$

其波長可縮短為 134 奈米，而可以跳過 157 奈米曝光系統的開發。

接著，荷蘭艾司摩爾 (ASML) 公司在 2003 年脫穎而出，首先宣佈接受此款曝影機的訂單。台積電立即訂購了世界第一台數字孔徑 0.85 的量產機台，該機台已於 2004 年 11 月進駐台積電廠房。然而浸潤式微影技術於量產時仍有幾項關鍵因素需注意，例如水中氣泡的影響、曝光時水溫變化的影響、水與光阻交互作用造成鏡頭汙染、光阻的選擇、晶片邊緣的剝離問題、晶片邊緣的平坦度問題及避免水痕的產生而影響良率等 [14]。最後，此款曝影技術有機會推進至 20 奈米世代的量產極限，台積電於 2011 年 1 月宣布，將於 2012 年底率先導入 20 奈米製程量產於 18 英寸晶圓廠中，其微影曝影製程方式，依然採用浸潤式微影技術。

### 4.4.3 雙重曝影製作技術

在此僅針對波長為 193 奈米的技術來作探討。由表 4.1 知，提高 NA 至 1.55 時，將有機會符合 2010 年所需的 32 奈米產品開發，但無論是透鏡材料與設計

或是浸潤液體開發都有很高的難度，因此其可行性較低。若採用 1.35 NA 曝光設備 (如 ASML 的 XT：1900 系列產品)，在 32 奈米世代其 $K_1$ 值將低於 0.25，單次曝光不可能實現，利用雙重 (或多重) 曝光的方式加大線路圖案間距的方式以提高 $K_1$ 值是目前可行的方法之一。需注意事項，乃是必須將原有線路圖案均勻地一拆為二 (或更多)，再以雙重 (或多重) 曝光的方式將拆開的圖案重疊組合在一起，最後搭配蝕刻製程，將完整的線路圖案轉移至底層材料。利用此種雙重曝影製作技術，可以延伸現有曝光機台的使用範圍，可以暫緩使用全新開發的曝光設備，如超高 NA 的 193 奈米波長曝光機或 EUV 微影系統等。

雙重曝影製作技術通常是經由二次微影與蝕刻法後，將所拆解的圖案疊加在一起。由光罩圖案的種類，此種技術又可分為正型與負型 DPT 兩種，如圖 4.18 所示 [1, 21]。以正型 DPT 技術為例，光罩圖案和欲定義於晶圓上的圖案相同而非反相。在晶圓經過塗佈硬遮罩 (Hard mask) 材料後，進行第一次微影與蝕刻至硬遮罩 (如步驟 I)。再利用第二道光罩進行第二次微影圖案製作 (如步驟 II)，接著利用硬遮罩材料和光阻對底層材料之高蝕刻選擇比，經由蝕刻製程後將二道

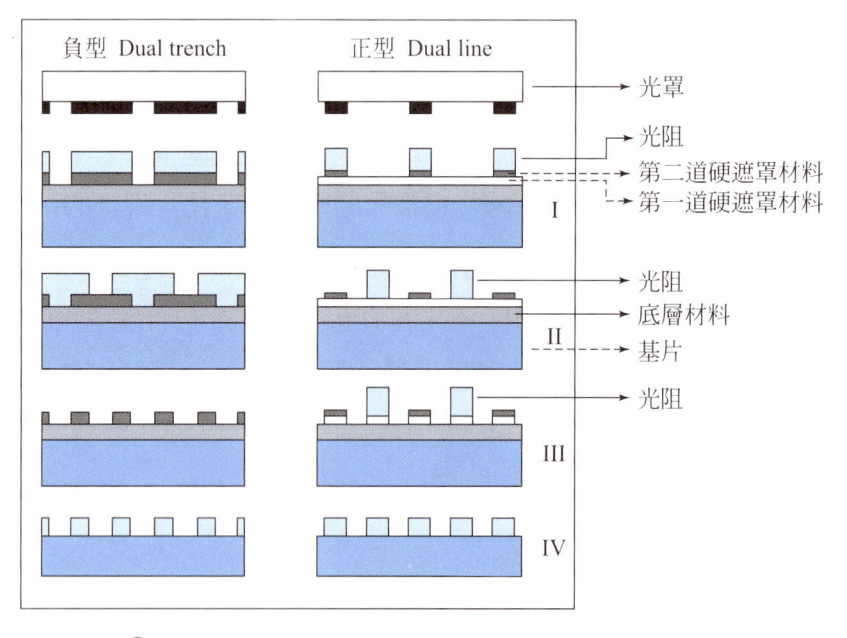

圖 4.18　正型與負型 DPT 技術之微影簡示圖。

光罩圖案一起轉移至底層材料 (如步驟 III 與 IV)。相同地，透過相似的方法可應用於負型 DPT 製程微影中，只是光罩圖案和欲定義於晶圓上的最後圖案是反相的。這意味著晶圓上的圖案線路是由光罩上的圖案所「切割」出來的，因此最後的圖案尺寸均勻性 (CD uniformity, CDU) 與曝影機台的疊對精確度 (Overlay accuracy) 比單次曝光有更高的要求。值得一提的是，在圖 4.18 中僅顯示一般 DPT 技術，以製程的複雜度、製程費用、圖案製作效能、對設備性能的依賴性等為考量依據，可發展出各種不同的適用製程，包括對硬遮罩材料、硬遮罩材料層的數目、光阻材料與製程、蝕刻方法與製程、以及各步驟之先後順序等進行最佳化的調配。

### 4.4.4 奈米轉印微影技術

奈米轉印微影技術 (Nano imprint lithography) 主要包含兩個步驟：壓印 (Imprinting) 與圖案轉移 (Pattern transfer)，如圖 4.19 所示 [15]。在壓印的過程中，將一個表面具有奈米結構圖案的模子壓印在一個薄阻劑膜上，在圖案轉移過程中，利用非等向性蝕刻 (Anisotropic etch) 的步驟 (諸如：活性離子蝕刻，Reactive ion etch, RIE) 來去除殘餘在擠壓區之殘餘阻劑，此步驟的目的乃是轉移具高度差之圖案到整層阻劑，以增加阻劑的深寬比。

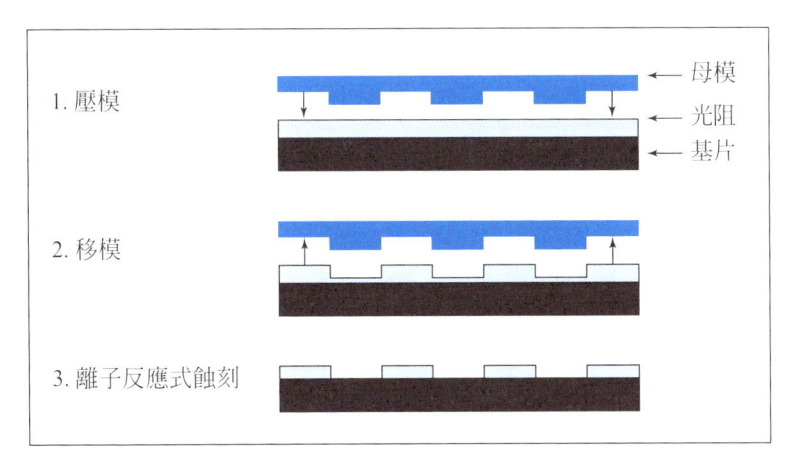

圖 4.19　奈米轉印微影技術示意圖。

在壓印的過程中，熱塑性阻劑被加熱至超過阻劑本身的玻璃轉換溫度 (Glass transition temperature, Tg)，在此高溫下，熱塑性的阻劑變成黏度低且可流動的液體，因此阻劑形狀可以被母模的形狀所成形，熱塑性阻劑的黏度會隨著溫度升高而降低。相較於傳統的光學微影方法，奈米轉印微影技術不會有光波在阻劑中的折射、散射與干涉等效應，也沒有電子束在基材中的背向散射 (Back scattering) 問題。此外，奈米轉印微影原理上也不同於利用軟模 (Stamp) 與自組裝薄膜的微接觸式壓印微影，奈米轉印微影較偏向利用機械與物理的方法來定義圖案，而非化學式的微接觸式壓印微影。

接著探討其製程條件，奈米轉印微影技術之母模通常利用氧化矽或矽作為材料，其母模製作是利用高解析的電子束微影技術配合活性離子蝕刻製作而成的。阻劑通常是使用熱塑的聚甲基丙烯酸甲酯 (Polymethylmethacrylate, PMMA 又稱為 Acrylic) 或 Novolak 樹脂為主要材料，其中 PMMA 對奈米轉印微影具有較佳的物理特性，例如 PMMA 本身具有較小的熱膨脹係數 (Thermal expansion coefficient, ~ $5 \times 10^{-5}$/℃) 與較小的壓力縮減係數 (Pressure shrinkage coefficient, ~ $3.8 \times 10^{-7}$/psi)。在壓印過程中，也常添加脫模劑至阻劑中，以降低在母模與阻劑分離時之附著力。

壓印的過程中的溫度與壓力決定於阻劑本身的特性。以 PMMA 為例，其 Tg 溫度約為 105℃，故壓印的溫度環境選擇大約在 140 ~ 180℃，壓力選擇約落在 600 ~ 1,900 psi，在此溫度與壓力範圍內，PMMA 的熱膨脹小於 0.8%，而壓力縮減值小於 0.07% (高壓下對於小體積的形變)。因此 PMMA 可以被母模所定型，圖案可經由母模轉移至 PMMA 上。此外為了降低氣泡的產生，整個壓印的過程需在真空中操作。

通常所製作的母模深度約為 40 至 200 奈米，其深寬比約為 3：1，而阻劑的厚度約為 50 至 250 奈米，且保持阻劑厚度比母模的深度厚，避免母模直接接觸基材並增加母模的使用壽命。因此一般在轉印後，需先用氧電漿將底部殘留的阻劑清除乾淨，然後再進行後續的蝕刻製程。此技術最大的困難點是缺陷密度太高，母模製作不易且其可壓印次數太低 (< 10,000 次)。

## 4.4.5 奈米噴印成像技術

依照國際半導體技術藍圖 (ITRS) 的規劃，2017 年預計開始進入 16 奈米的元件世代，其中微影技術是被認為此世代最重要的製程開發技術之一，特別目前研發中的超紫外光 (EUV) 與電子束 (e-beam) 曝光技術，但是兩者仍存在許多難題尚待解決。而對於使用光阻與光罩進行製程的 EUV 技術，機台設備單價高達 15 億台幣以上 (~ 五千萬美元)，而 EUV 量產光罩製作也相當困難，一套光罩售價將高達 2 億台幣或以上，歸屬於非常昂貴的微影製程生產技術，所以無需光罩的電子束微影技術 (Electron-beam lithography, EBL) 即具備很好的吸引力。此兩種微影技術都必須透過光阻作為成像媒介，其曝光過程時，鄰近圖像成型易受到光學近接效應 (Proximity effect) 或電子散射影響的干涉作用，對於得到高密度圖案與高解析度的成像，從而產生許多嚴格的挑戰。

為了突破此瓶頸，無需使用光罩與光阻的成像技術，稱為奈米噴印成像技術 (Nano-injection lithography, NIL) 已被開發出來。奈米噴印成像技術原理是利用控制電子束的能量與噴入基板表面的氣體由其化學反應來產生薄膜材料 (如圖 4.20)，使用此薄膜沉積作為抵擋蝕刻過程所需的硬阻擋層 (Hard mask)，而電子束輔助化學反應可以根據不同應用而選擇使用不同的前驅氣體，產生不同性質的薄膜材料，如氧化物 (Oxide) 或是金屬 (如鉑或鎢) 薄膜。由於沒有一般傳統成像技術的近接效應，能夠提供快速、高鑑別率和高密度的硬阻擋層圖形，而後只需對硬阻擋層圖形直接做蝕刻製程，便完成整個奈米線成像結果，利用該技術可從

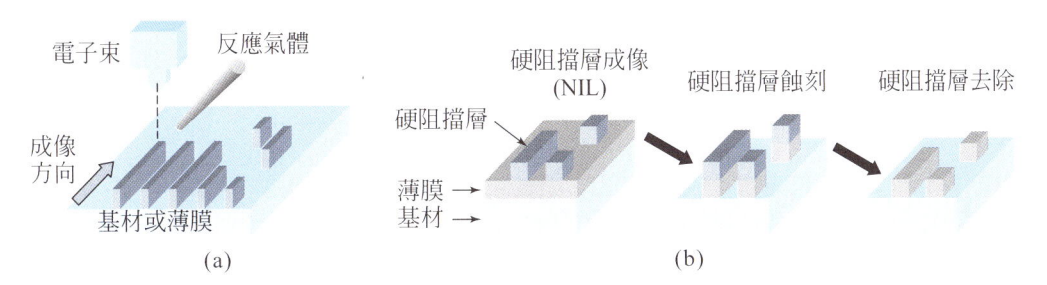

**圖 4.20** NIL 原理與流程圖：**(a)** NIL 原理：硬阻擋層直接成像；**(b)** NIL 製作奈米線的流程圖。

目前超過 10 個製程步驟的傳統光學成像及 5 個製程步驟的傳統電子束成像，降低到僅需 1 個微影製程步驟。綜合該技術所提供三個關鍵特色：無需使用光罩和光阻、去除光學及電子束產生的近接效應及大幅簡化傳統微影成像製程步驟。讓 16 奈米元件除了製作成本昂貴的 E-Beam、EUV 機台及模具製作困難的奈米壓印等成像技術外，有了新的選項 [22]。

也由於「奈米噴印成像技術」採用類似最便宜的印刷方式，無需使用光阻及光罩，可省掉昂貴的光罩製作費用，和非常複雜的光阻干涉現象。確實能夠為 16 奈米以下世代，半導體微影成像技術提供新的選擇，一個 16 奈米實驗型的 6T-SRAM (6 個電晶體組成之靜態隨機存取記憶體) 基本晶胞單元圖案已於 2009 IEDM 國際研討會中被發表出來 [16]。此技術也由於機台構造較簡單，可輕易突破傳統光學微影成像在 10 奈米左右的物理極限，並可延伸至 5 奈米的終極元件尺寸 [23]，實在是先進積體電路元件製程的重大突破性創新。但良率與產品產量 (Product throughput) 有需要進一步的提升，這需要半導體廠一齊努力來達成。

### 4.4.6 超紫外光 (EUV) 微影技術

由圖 4.21 電磁波的波長與頻率的關係圖可知，頻率愈高；波長愈短。透過方程式 (4.1) 可知，短波長能帶來較好的解析度，因此由表 4.2 可知曝影光源的發展源由。而 NA 值方面，由早期的 0.3，進步至現今的 0.93 或以浸潤式曝影技術的 1.35；在 $K_1$ 值上，藉由透鏡系統的設計、光罩圖案的佈局技術、光阻劑的製程改善等方法，皆可降低其值以改進解析度。

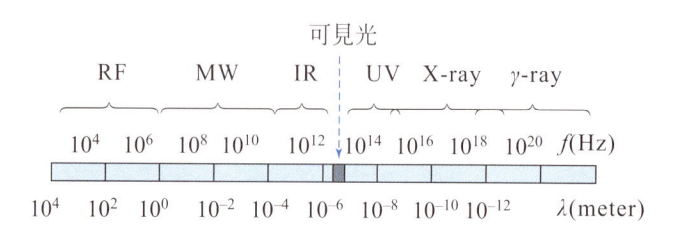

RF：射頻頻率；MW：微波；IR：紅外線；及 UV：紫外線

圖 4.21　電磁波的波長與頻率之關係圖。

然而現有的 ArF 浸潤式微影技術已達到光學解析度的極限 ($K_1 \sim 0.25$)，不易以單次曝影的方式，實現出 20 奈米設計上的 CD 或 Half pitch。因此欲增加解析度時，有需要再次縮短波長 (< 193 nm)、提高 NA ( > 1.35)、或者整合如前所述的多重曝影製程 DPT 來達成。在評估先進微影製程技術時，生產成本及開發時程往往為主要的考量。相較之下，以極短波長 ($\lambda$ = 13.5 nm) 曝影之 EUV 技術 (如表 4.3)，由於每層之曝影費用，比使用高折射率液體的浸潤式微影或多重曝影結合蝕刻製程還低些，因此採用 EUV 曝影技術以實現量產，其可行性應更高些。而 EUV 光的特性，也與一般的光源不太一樣，被歸類於軟 X 射線的光源，其光源特性，如圖 4.22 [9]。

表 4.3 波長 13.5 奈米之奈米製程技術世代時期、NA 值與相對應之 $K_1$ 值之預估表。藍色字代表可行性低。

| | Half pitch (nm) | 65 | 45 | 32 | 20 | 16 | 10 |
|---|---|---|---|---|---|---|---|
| | Year | 2006 | 2008 | 2010 | 2012 | 2014 | 2016 |
| $\lambda$ [nm] | NA | | | | | | |
| | 0.25 | | | 0.59 | 0.41 | | |
| 13.5 | 0.35 | | | | 0.57 | 0.41 | |
| | 0.45 | | | | | 0.53 | 0.37 |

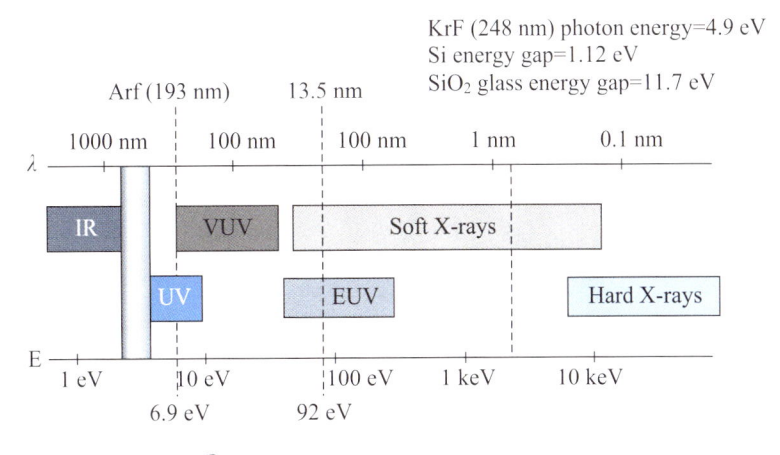

圖 4.22 EUV 光的光源特性。

為了能導入量產，荷蘭 ASML 公司已於 2003 年致力於 EUV 微影技術之開發，從概念的驗證、系統的研究、效能的評估，進而規劃推進至量產，此技術已有長足的進步。已在 2009 年底推出第一部可 EUV 的微影系統原型機，適用於 32 奈米以下世代，三星、Intel 和台積電等一線大廠已於 2011 年陸續裝機於其 12 吋廠內 (機台名稱：ASML TWINSCAN NXE：3100 超紫外光微影設備)。

接下來，針對 EUV 基本原理與微影設備設計需求作一簡要說明。在新世代微影技術之研發上，第一要件為曝光波長。在選擇時，需考量到光源的穩定性與再現性、光源之光功率大小，以及光學材料的特性與感光組劑之配合等主要因素。目前業界選用的 EUV 光源波長為 13.5 奈米，此數值比現有的 193 奈米曝影縮短近 10 倍以上，理論上將大幅地提升解析度。EUV 光源之光子能量約為 92 電子伏特 (eV)，而 193 奈米曝影系統之光子能量約為 6.9 eV。當波長範圍確定後，緊接著是考量光源與光學系統之設計。由於這麼小的波長會被空氣、石英玻璃與光罩保護膜等吸收，也可以說是對一般物質穿透率極低，因此光學系統無法採用傳統的折射式透鏡，設計上乃改為反射式鏡面。同時為延長反射式鏡面壽命，曝光系統需在真空中進行。

相較於以前的微影技術，反射式光學與真空系統是 EUV 製程上的重大變遷。圖 4.23 是 EUV 曝光系統簡圖，顯示出所有光軸路徑上的重要元件，包含光

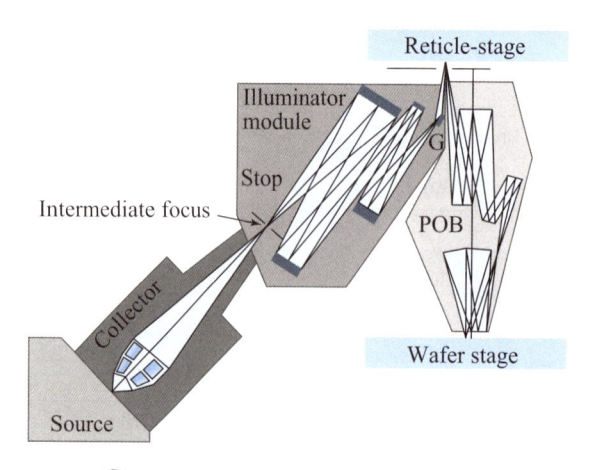

**圖 4.23** EUV 曝光系統簡圖。

罩在內均為鏡面反射式的方式。此光學系統大致上可分為：光源系統 (Source and collector)、照明系統模組 (Illuminator module)、光罩平台 (Reticle stage)、投射鏡箱 (Projection optical box, POB)，與晶圓乘載平台 (Wafer stage)。此等模組皆須重新設計與測試，以符合 EUV 曝影製程的需求。

由於 EUV 曝光系統的光源與一般傳統的設計差異性很大，特別在此做進一步說明。在 EUV 曝光系統的光源，以採用雷射激發電漿技術 (Laser produced plasma, LPP) 為主，如圖 4.24 所示。在圖 4.24 的右邊，顯示了三個時期 (Gen1, Gen2, Gen3) 的光源發展，皆可滿足微影量產時所需的最低光源功率 100W [在 (內部中間聚焦焦距：Inter-mediate focus, IF) IF 點量測到的]。由圖中的二氧化碳產生的高能雷射 (約 10 KW)，經過半球面聚光鏡中心孔洞，撞擊以液態錫 (Sn) 構成的水滴狀標靶，激發出 13.5 奈米之光波，再將光線透過集光器聚焦在 IF 點後，射入曝光機台。

一個良好的光源系統應該是輸出高能量且穩定之光波，因能量的高低會直接影響曝影速率與量產，而波長的不穩定會影響線幅均勻性 (CD uniformity, CDU)。因此在選用雷射與標靶時，能量的轉換率 (Conversion efficiency, CE) 不能過低，而目前之最佳值約為 3～4% 之間。整體之曝影實體以 ASML 之 EUV 原型曝光機台作例子，如圖 4.25 所示。

另外，在撞擊標靶時，會產生一些帶電的離子與自由電子，此等激發出的破

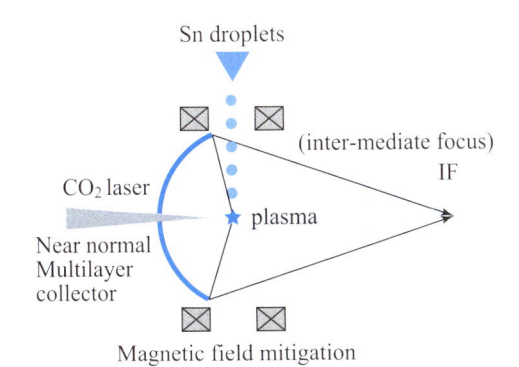

|  | Gen1 | Gen2 | Gen3 |
|---|---|---|---|
| Laser Power (kW) | 10.8 | 15 | 16 |
| CE | 3% | 3.5% | 4% |
| Collector reflectivity | 50% | 50% | 50% |
| Total power at IF (W) | 100 | 165 | 225 |

圖 4.24　EUV 雷射激發電漿光源簡圖。

- 波長　　　13.5 nm
- 數值孔徑　0.25
- 曝光範圍　26 × 33 mm$^2$
- 放大倍率　4 × reduction
- Sigma　　0.5
- 入射角 6 degrees
- 單一平台 300 mm 晶圓
- ATHFNA 對準系統
- TWINSCAN 對焦技術
- 反射式光學系統

圖 4.25　ASML 之 EUV 原型曝光機台示意圖 [1]。

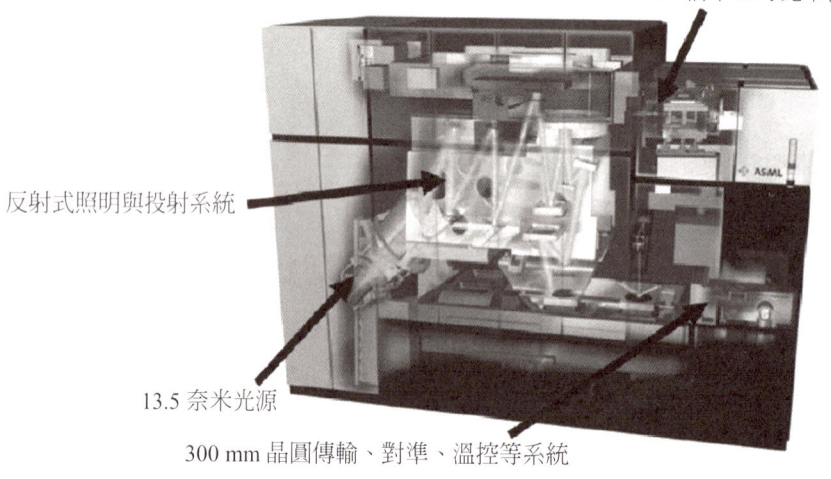

碎物質 (Debris)，也會散落各處，碰撞並破壞集光器反射面的平滑度 (鏡面平滑度一般須小於均方值 0.14 奈米)，因而降低鏡面反射率 (一般採用 MoSi 多層鍍膜方式，其反射率可達到 65% 以上)。也會增加集光器局部溫度而導致波長有所變化，嚴重地影響整體光源系統壽命 (標準期限為 > 3000 小時)。由於光源系統費用一套至少是上千萬美元，為了延長光源系統使用期限並降低成本，運用磁/電場效應和阻絕氣層來抑制帶電離子儼然是一種可行性很高的方法，若能佐以一些特殊方式以清潔受錫沉積損毀的鏡面，效果會更好些。

### 4.4.7 多重電子束微影技術

電子束微影系統 (如圖 4.26 所示) 一般應用是在光罩的曝寫製作，由於其波長甚短，其解析度可至數奈米等級，但缺點是曝寫製作時間過長、電子散射 (Electron scattering) 與鄰近效應 (Proximity effect) 現象存在，需作技術上的改善。

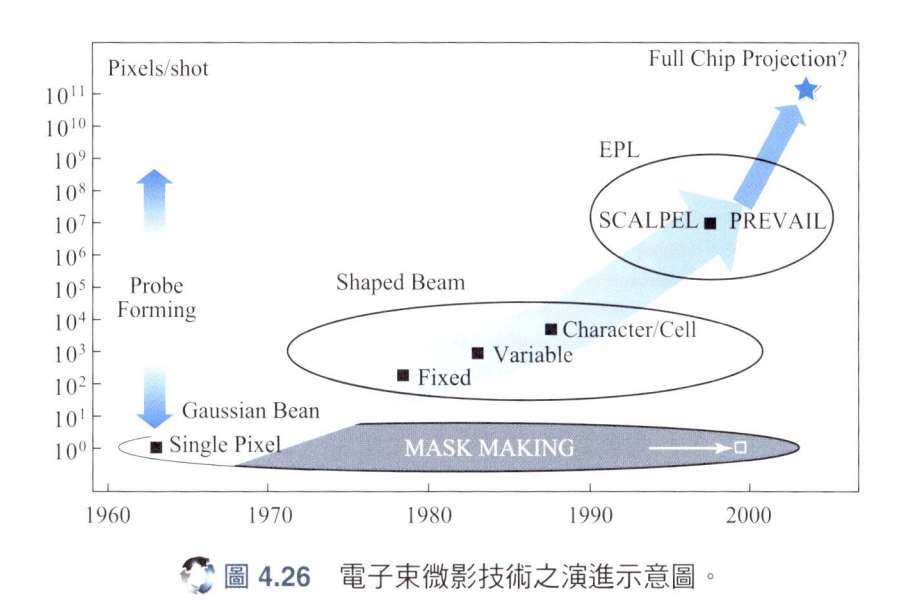

圖 4.26　電子束微影技術之演進示意圖。

　　然而，當曝光設備面臨 22 奈米世代的瓶頸時，除上述的 EUV 曝光系統外，「無光罩多重電子束」(Multiple e-beam maskless system) 曝光技術已成為一個可敬的競爭對手。透過上萬個電子束平行排列作光源掃描，產生巨量的資料，需要精確掌控資料的傳遞。此等工作以前只需一台 PC 可做的事，現須有大量的微處理器同步作控制並處理。雖控制的困難度提升，但整體而言，比較起來，「無光罩多重電子束」技術如果真正能夠量產，似乎真的比較合乎成本效益。

　　電子束微影技術早在 1960-1970 年即被發展，最初的高斯式電子束微影術 (Gaussian beam lithography) 是每次射擊 (Shot) 只有單一電子 (Pixel)，雖然解析度很好，但因曝影速度太慢，不具量產的可行性。之後陸續有遮式電子束微影 (Shaped electron beam lithography) 技術被開發，諸如：Fixed shaped beam、Variable shape beam 與 Cell shaped beam 等，其平均曝影速度比 Gaussian beam 技術快 1,000 倍以上。但此等果效也不過是 6 吋晶圓產能約 2 WPH，僅可應用於光罩曝寫，仍無法應用於晶圓量產上。

　　在 1981 年，IBM 發展了可變軸透鏡技術 (Variable axis immersion lenses, VAIL)。在 1995 年，接著又對此系統作局部改善，稱為投射微縮可變軸透鏡曝影技術 (Projection reduction exposure with Variable axis immersion lenses,

PREVAIL)。此技術之優點乃在系統透鏡組是可移動的，因此電子束之中心軸也是可移動的，可以將電子束進行移動曝光，即具有局部快速掃描的特性，可應用於晶圓量產上。這是電子束投射微影技術 (Electron projection lithography, EPL) 其中的一種 [24-26]。另一種為貝爾 (Bell) 實驗室在 1990 年所發明的，稱為有限角度散射電子束投射微影術 (Scattering with angular limitation projection electron lithography, SCALPEL)，但此技術與 PREVAIL 技術皆需光罩，其成像可縮小四倍。此兩種技術每次射擊出的像素數有 107 個之多。對於 8 吋晶圓可達到曝影 25 WPH 的能力。此兩種曝影技術示意圖，如圖 4.27 所示。

而進入 2010 年後，荷蘭 MAPPER 微影公司與日本電子公司 (JEOL) 在電子束曝寫技術研發上，除了應用在光罩外，也已開發出可曝寫在 12 吋晶圓光阻上。有時考慮量產，會與光學曝影技術搭配使用。利用光學曝影技術來曝影較大的 IC 圖案，而較小的特徵尺寸則可利用電子束曝寫技術來達成。由於前述之 DPT 疊對能力的提升與曝影對準技術的改善，此種混合式的量產概念，有可能是 16 奈米曝影製程以下，最符合成本的技術之一。一套 JEOL JBX-9300FS 電子

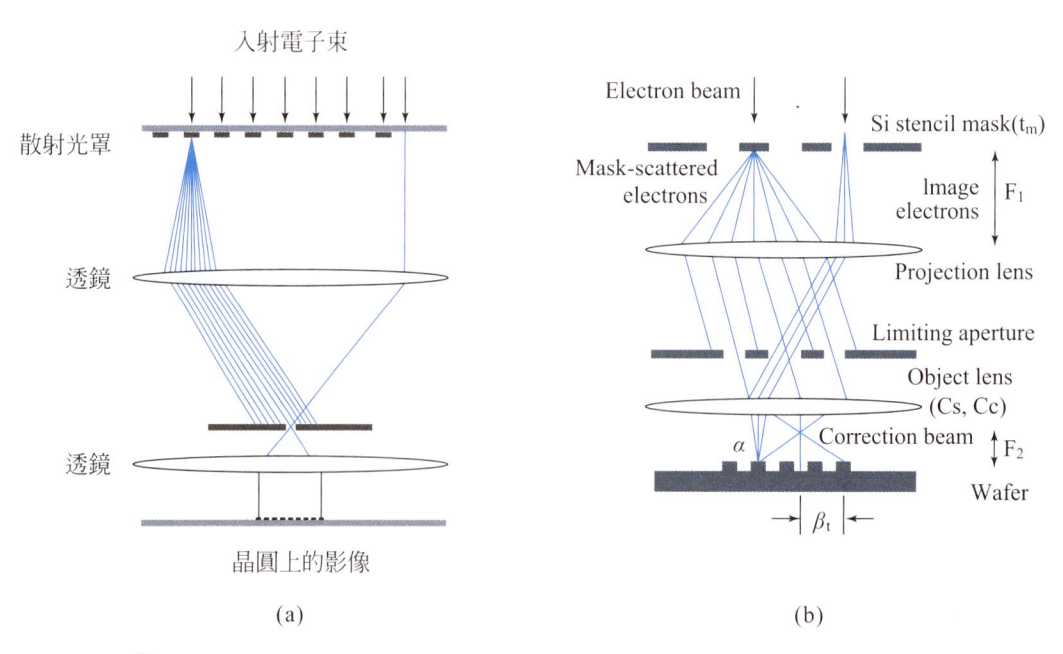

**圖 4.27** 電子束投射微影技術：**(a)** SCALPEL；**(b)** PREVAIL。

束微影製程設備，如圖 4.28 所示。

此曝影機台主要分為電子光學系統 (Electron optical system, EOS)、真空平台系統與控制系統三大部份，如圖 4.29 所示 [26]。其較新型機種為 JEOL JBX-9300FX。

圖 4.28　JEOL JBX-9300FS 電子束微影製程設備之外觀示意圖 [33]。

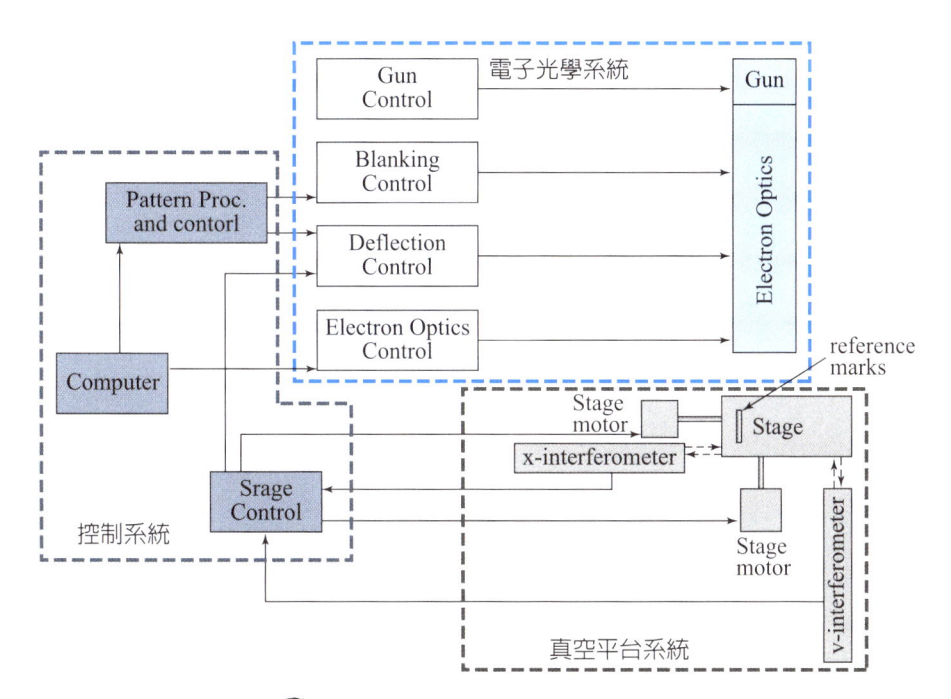

圖 4.29　電子束曝寫示意圖。

## 4.5 微影模組關鍵因素與考量

在微影製程中，除了解析度是一重大考量外，景深 (Depth of focus, DOF)、曝光能量大小與曝光尺寸偏差容忍度 (Exposure latitude, EL)，也是深深地影響微影製程良率的主要因素。特對此兩種因素作一論述。

### 4.5.1 微影模組中的景深

「景深」，這是一個範圍 (Range)，光在此範圍內是在透鏡的焦距上，而投射影像於此範圍，可達到一個良好的解析度，如圖 4.30 所示，而其物理模式可表示為

$$DOF = \frac{K_2 \lambda}{2(NA)^2} \tag{4.8}$$

其中 $K_2$ 為光學系統之另一系統常數。

從 (4.8) 式可知較小的數值孔徑 (NA)，有較大的景深，但由方程式 (4.1) 卻是得到解析度差的結果，因數值孔徑表示透鏡收集繞射光的能力。為此，高解析度致使景深變小，二者需作折衷，或提出其他可行的變通方案，諸如引進 CMP 製程以達到更好的晶圓表面平坦化，則可降低對景深的要求，以提高解析度的能力。

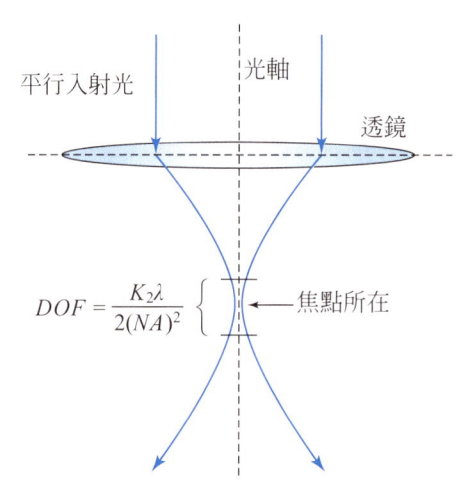

**圖 4.30** 光學系統的景深示意圖。

在微影製程中,常期盼景深能大些。如此一來,即使晶圓表面的平坦度差些,依舊仍可在有效的曝光範圍內,而能裂解正光阻。因此,此景深也深深地決定了光阻旋轉與軟烘烤後的厚度,如圖 4.31 所示。

## 4.5.2 微影模組中的曝光能量

微影製程中的曝光能量與正光阻的裂解息息相關。隨著光罩圖案的縮小,其間隙或孔洞接近光波的波長時,光的繞射現象越明顯。此時曝影於晶圓表面的圖案即很難與光罩圖案一樣清楚。使用透鏡,將繞射的光收集聚焦,則可藉著減少光的繞射而能改善解析度,如圖 4.32 所示。

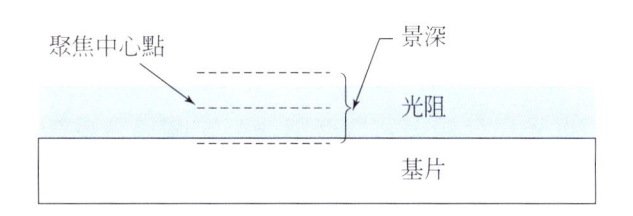

圖 4.31 景深與光阻厚度之關係圖。

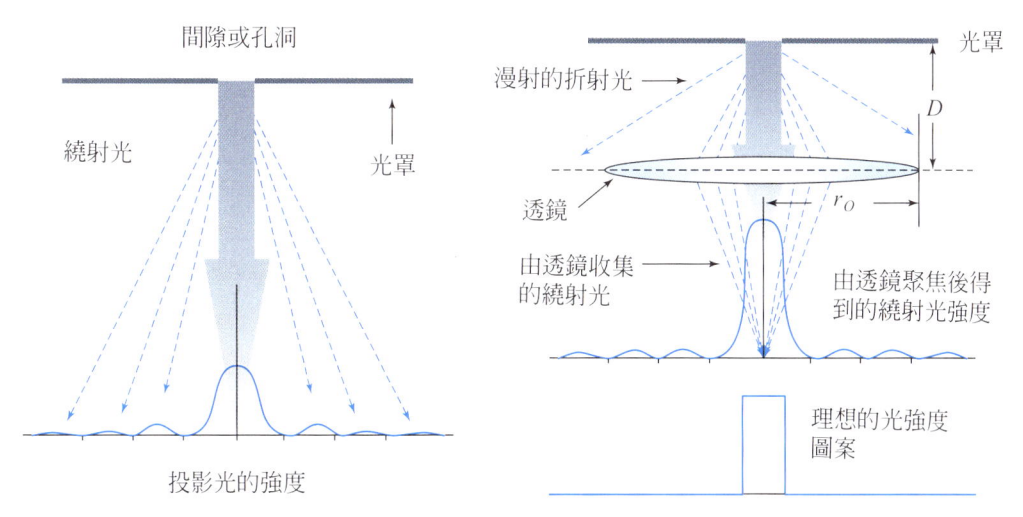

圖 4.32 光通過光罩間隙或孔洞之光繞射強度圖:(a) 無透鏡;(b) 有透鏡。

### 4.5.3 曝光尺寸偏差容忍度

決定曝影的元件尺寸大小之因素，除了景深與曝光尺寸偏差容忍度外，其他因素尚包括：對準精確度 (Alignment accuracy)、曝光倍率 (Magnification) 與曝光時的旋轉 (Rotations) 等。曝光尺寸偏差容忍度一般以±10% CD 作為可接受的誤差標準。接下來，在此僅就波長 365 奈米之曝光能量與失焦範圍 [Exposure-defocus (E-D) window]，且曝光尺寸偏差容忍度之相互依存關係作一扼要說明，如圖 4.33 所示。在圖 4.33(a) 中，說明線性曝光能量值 (單位：mJ/cm$^2$) 與失焦之關係，其中此曝光參數為 NA：0.6，CD：0.35 微米，±10% CD 則為其可容許的偏差量 (Tol)：35/35 nm，曝光尺寸偏差容忍度 (Elat) 是在 10.2% 與 DOF 為 1.47 (微米) 所在的條件下，歸屬檔名為 LW004.LWF。而另一比較樣本 Com 為 common E-D 區域的簡稱，在此理想 E-D 區域內皆可達到很好的曝光良率。在圖 4.33(b) 中，乃說明曝光尺寸偏差容忍度與景深的關係。景深小一點，則可容許的曝光尺寸偏差量可以大一些。此圖 4.33(a) 與 (b)，也與所選用的光阻不同時，需作不同修正與模擬。

若將圖 4.33(a) 的條件曝影於整片晶圓上，以 0.35 微米製程用波長 365 奈米

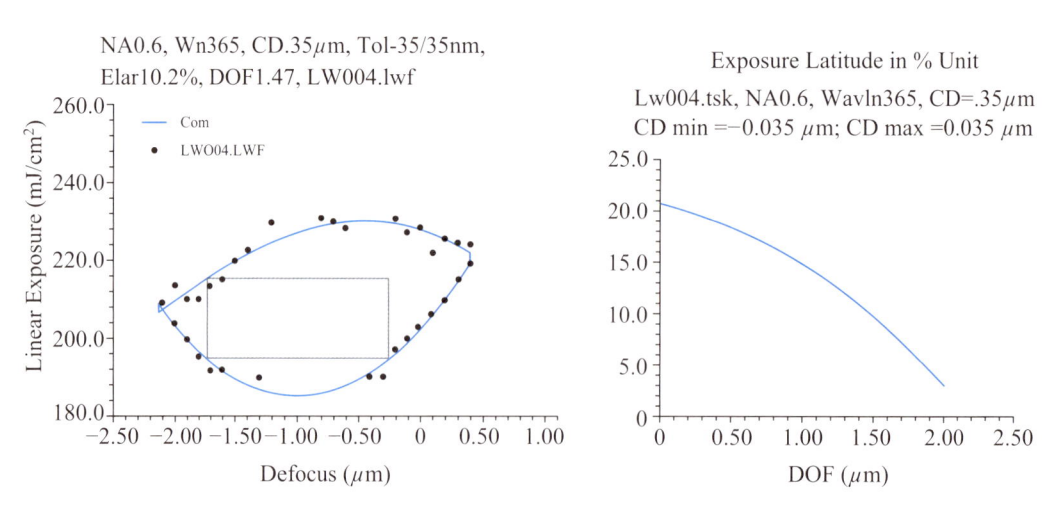

**圖 4.33** 微影曝光參數之關係圖：**(a)** 曝光能量與失焦；**(b)** 曝光尺寸偏差與景深 [2]。

之光源為例，如圖 4.34 所示。在圖 4.34(a) 中，將景深固定於 1.47 微米與失焦為 –1 微米時，瞭解曝光能量於晶圓表面之分佈狀況。由圖可知，晶圓有凹陷之處其所需之曝光能量較低，也代表此片晶圓的平坦度在某一層製程中已有偏差產生，可能是前面的製程蝕刻效果不好，或是此層的光阻塗佈後的均勻性不佳。若是光阻塗佈後的均勻性不佳，可以重作 (Rework)。若偏差勉強可接受時，可調整對焦作曝光能量分佈調整，如圖 4.34(b) 所示。

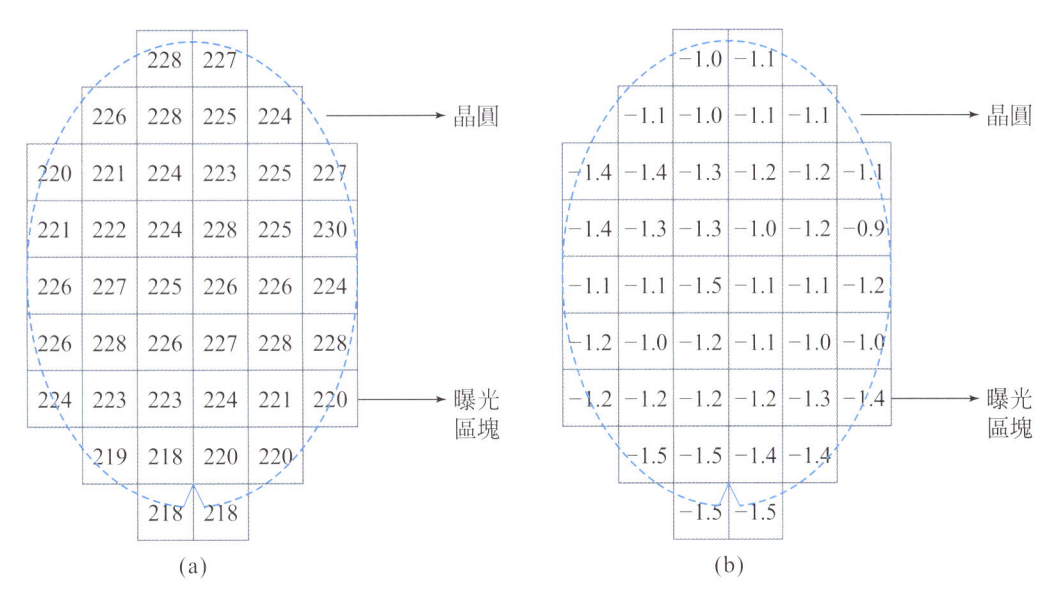

圖 4.34 晶圓上之曝光能量與失焦圖：(a) 固定景深 (= 1.47 微米) 與失焦 (–1 微米) 後之曝光能量 (單位：mJ/cm$^2$) 分佈圖；(b) 固定曝光能量 (= 228 mJ/cm$^2$) 與景深 (= 1.47 微米) 後之失焦 (單位：微米) 分佈圖。

## 4.6 微影模組技術的趨勢

在光學微影製程中 [27]，(4.1) 式與 (4.8) 式是主要決定微影製程的容許範圍 (Process window)。在 2010 年國際半導體技術藍圖中，已提出至 2022 年，最具有潛力微影曝影工具的解決方案，如圖 4.35 所示。

以光學微影製程為主軸的開發時 (如圖 4.36 所示)，其可量產的終極極限有可能逼近 10 奈米世代，但須有下列幾個主要項目 [19] 作配合改進：在光源系統

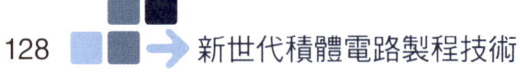

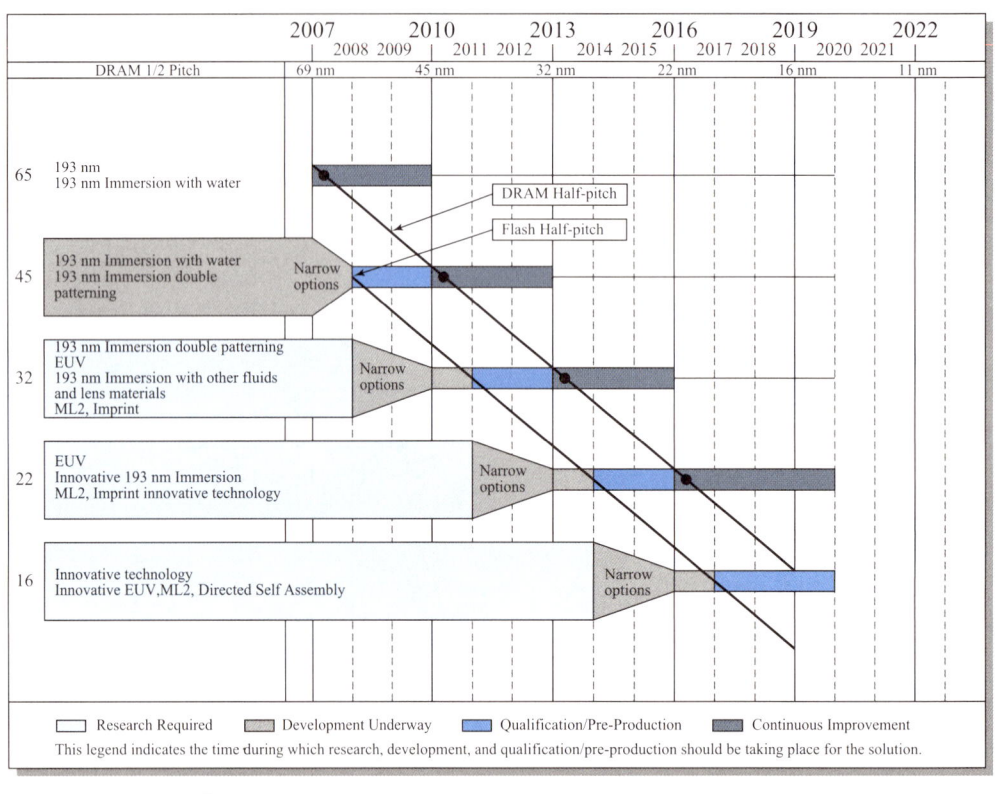

圖 4.35　ITRS 公佈各類微影技術實用可行性。

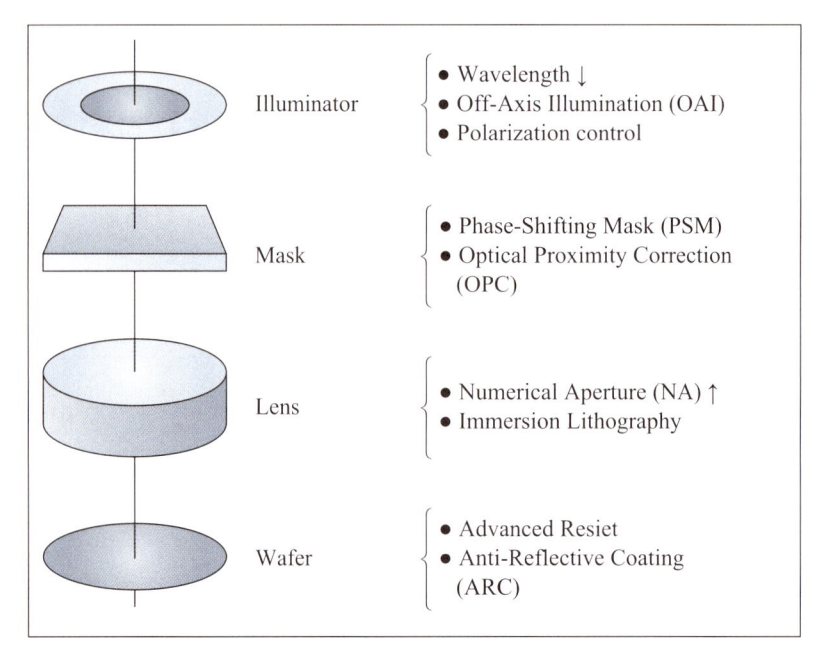

圖 4.36　光學微影可改善區塊示意圖。

部分 (Illuminator)，包括：波長要短 (如 EUV 光源)、採用改良後的偏軸 (off-axis) 式曝光與光偏極化控制等；光罩部分，包括：相位移光罩 (PSM) 的採用與光學鄰近效應 (Optical proximity correction, OPC) 軟體作修正 [28-30]；在透鏡部分，拉升數值孔徑 (NA) 的值與搭配浸潤式的方式；最後一部分，在晶圓部分，使用較先進的光阻劑並佐以抗反射層的塗佈 (Anti-reflective coating, ARC) 等。

整體而言，以 EUV 微影術、無光罩多重電子束微影術 (Maskless lithography, ML2) [31-32] 與紫外光奈米壓印微影術 (Ultraviolet nanoimprint lithography, UV-NIL) 等，是最具潛力的下一世代 20 奈米或以下微影量產技術。而更新型的奈米噴印成像技術，若能為國際半導體設備商所青睞，則其量產潛力有可能延伸至 5 奈米的等級 [22]。

台灣的台積電公司目前已多樣化投資於 **EUV 微影術** (至 2011 年第一季，全世界已有 6 台 ASML EUV 設備安裝於半導體廠作量產測試，量產能力 > 100 WPH)、**無光罩電子束微影術** (採用荷蘭 MAPPER 微影公司的 pre-α 機台，可提供 13,000 條平行之 5-keV 電子束作曝影，量產能力 > 100WPH) [11-12] 與**浸潤式曝影術** (193 奈米 ArF 浸潤式曝影搭配 DPT 技術)。但 193 奈米浸潤式曝影至 32 奈米世代以下，需進一步地調高浸潤液體與光阻劑的折射率，並且須搭配各種複雜的解析度加強技術 (Resolution enhancement techniques, RET)，使得製造成本大幅地提升。與前述兩種的成本競爭力已不再有絕對優勢了。

最後，在下一代 20 奈米世代微影技術考量上，誠如台積電公司微製像技術發展處林本堅副總於 2010 年 9 月於「哇！People」網站所言：比較起來，「無光罩多重電子束」技術如果真正能夠量產，似乎比較合乎成本效益。過去，為了延續摩爾定律，半導體產業逐漸發展出了許多昂貴的技術手法。未來，如果能夠以摩爾定律的元件，自己延續摩爾定律，當「下一代 (技術) 變得貴一點，但電子又便宜一點，這個比較有希望」。

## 本章習題

1. 在微影技術中,其解析度與哪些參數有關?
2. 在微影技術中,如何定義數值孔徑?其意義於微影功能為何?
3. 整體微影製程於微米製程與先進半導體製程中,其所佔的步驟比重有何差異?
4. 微影製程中,光阻分哪兩種?試說明其功能。
5. 如何為正光阻的敏感度定義?
6. 一般光阻的基本成分有哪四大項?
7. 一般微米製程之微影流程可分為哪八個步驟?
8. 微米與次微米曝光系統中,有哪些可行的曝光系統?
9. 在先進奈米曝光系統與技術中,有哪些可行的曝光系統與技術可用?
10. 在微影模組關鍵因素與考量中,試舉出三個可影響曝影良率的重要參數。
11. 何謂浸潤式微影?其與乾式微影最大不同點為何?浸潤式微影有哪些關鍵因素需注意?
12. 相位移光罩之製作原理為何?
13. 簡述雙重曝影製作技術。
14. 奈米轉印微影技術主要包含哪兩種步驟?
15. 簡述奈米噴印成像技術。並扼要地與傳統光學微影製程及電子束微影製程作比較。奈米噴印成像技術之三個關鍵特色為何?
16. 在超(或極)紫外光(EUV)微影技術中,與193奈米曝光機台在光學設計上最大的差異為何?試說明理由。
17. 電子束微影系統最大的缺點有哪三項?當進入20奈米節點時,為何多重電子束微影技術有可能被青睞,其最大優點有哪二項?
18. 在微影量產製程中,最需要被考量的四個重要參數為何?

## 參考文獻

1. 謝政憲、邱燦賓、徐仲偉,「次世代微影技術發展現況──雙重曝影製作技術 (DPT) 與極紫外光 (EUV)」,pp. 122-140,電子月刊第 14 卷第 3 期,2008 年 3 月。
2. Burn J. Lin, *Optical Lithography: here is why*, 1$^{st}$ edition, SPIE Press, Washington, 2010.
3. 黃炳照,「光阻劑在半導體上之應用」,pp. 140-148,化工技術第 7 卷第 9 期,1999 年 9 月。
4. 羅正忠、張鼎張譯,「半導體製程技術導論」,歐亞書局,三版一刷,2007 年 2 月。
5. C.Y. Chang and S.M. Sze, *ULSI Technology*, McGraw-Hill, Singapore, 1996.
6. 曾朝輝,「半導體製程用光阻劑」,pp. 136-153,化工技術第 5 卷第 10 期,1997 年 10 月。
7. Hong Xiao, *Introduction to Semiconductor Manufacturing Technology*, 1$^{st}$ edition, Prentice Hall, New Jersey, 2001.
8. 劉瑞祥、施仁傑,「光酸增幅型光阻劑」,pp. 150-158,化工技術第 7 卷第 9 期,1999 年 9 月。
9. 施錫龍、丁永強、戴寶通,「極紫外光微影技術簡介」,pp. 114-120,電子月刊第 16 卷第 3 期,2010 年 3 月。
10. 鄭秀英,「極紫外光 (EUV) 微影光阻發展現況」,pp. 144-158,電子月刊第 14 卷第 9 期,2008 年 9 月。
11. S. J. Lin, *et al*, "Imaging Performance of Production-Worthy Multiple-E-Beam Maskless Lithography," *Proc. SPIE*, pp.752009-1~7, 2010.
12. S. J. Lin, *et al*, "Characteristics Performance of Production-Worthy Multiple-E-Beam Maskless Lithography," *Proc. SPIE*, pp.763717-1~7, 2010.
13. 邱燦賓、蕭志煒、謝政憲,「浸潤式微影技術之發展現況」,pp. 148-160,

電子月刊第 12 卷第 9 期，2006 年 9 月。

14. 古進譽，「浸潤式微影技術在半導體製程之重要性」，pp. 181-190，電子月刊第 13 卷第 3 期，2007 年 3 月。

15. 柯富祥、葛祖榮、謝忠益，「奈米世代微影技術之原理及應用」，pp. 141-153，電子月刊第 9 卷第 9 期，2003 年 9 月。

16. Fu-Liang Yang, Hou-Yu Chen, and Chien-Chao Huang, "Outlook for 15nm CMOS Research Technologies," 10th *IEEE International Conference on Solid-State and Integrated Circuit Technology (ICSICT)*, pp. 62-65, 2010.

17. Hou-Yu Chen, *et al*, "16 nm functional 0.039 $\mu m^2$ 6T-SRAM cell with nano injection lithography, nanowire channel, and full TiN gate," 2009 *IEEE International Electron Devices Meeting (IEDM)*, pp.1-3.

18. 郭雅欣，「跨入 16 奈米世代 一步到位」，科學人雜誌，2010 年 3 月。

19. 林俊宏，「先進微影製程技術簡介」，pp. 164-173，電子月刊第 12 卷第 3 期，2006 年 3 月。

20. 林本堅，「水把晶片變小了」，科學人雜誌，2005 年 8 月。

21. M. Dusa, *et al*, "Pitch doubling through Dual Patterning Lithography Challenges in Integration and Litho Budgets," *SPIE Proceedings*, vol. 6520, 2007.

22. 黃健朝，「16 奈米世代半導體元件」，國家奈米元件實驗室，2010 年 10 月。

23. Fu-Liang Yang, *et al*, "5nm-gate nanowire FinFET," *IEEE VLSI Technology*, pp.196-197, 2004.

24. 柯富祥，「電子束微影術之加工技術與應用」，pp. 8-18，機械月刊第 30 卷第 5 期，2004 年 5 月。

25. 岑尚仁，「奈米微影技術簡介」，pp. 128-138，電子月刊第 15 卷第 3 期，2009 年 3 月。

26. 古志鵬、鍾武雄，「電子束微影製程技術簡介」，pp. 162-171，電子月刊第 16 卷第 9 期，2010 年 9 月。

27. L. R. Harriott, "Limits of Lithography," *Proceedings of the IEEE*, vol. 89, iss. 3, pp. 366-374, 2001.

28. 羅正忠、李嘉平、鄭湘原譯,「半導體工程──先進製程與模擬」,培生教育出版集團,初版二刷,2005 年 1 月。

29. D. Z. Pan, *et al*, "Layout Optimizations for Double Patterning Lithography," *IEEE 8$^{th}$ International Conference on ASIC, (ASICON '09)*, pp. 726-729, 2009.

30. R. F. Pease, S.Y. Chou, "Lithography and Other Patterning Techniques for Future Electronics," *Proceedings of the IEEE*, vol. 96, iss. 2, pp. 248-270, 2008.

31. M. Peckerar, R. Bass, "E-beam proximity control in the sub-50 nm limit," *IEEE International Semiconductor Device Research Symposium*, p. 358, 2001.

32. P. Kruit, *et al*, "Hundreds of electron beams from a single source," *IEEE/ 8$^{th}$ International Vacuum Electron Sources Conference and Nanocarbon (IVESC)*, pp. 31-32, 2010.

33. http://www.jeol.com/PRODUCTS/SemiconductorEquipment/ElectronBeamLithography/JBX9300FS/tabid/152/Default.aspx

# Chapter 5

# 蝕刻模組

鄒議漢
曾靖揮

## 作者簡介

### 鄒議漢

國立台灣大學化工所碩士。現任職於新竹科學園區聯華電子股份有限公司,擔任蝕刻模組部經理。專業興趣涵蓋半導體元件之蝕刻製程研發與光電材料特性分析。

### 曾靖揮

國立中山大學電機工程所博士。現任職於南亞科技產品工程處先進封裝技術部,負責先進封裝技術開發,目前負責 TSV 3DIC 開發。從 2007 年起迄今擔任 Journal of Electrochemical Society、Microelectronic Engineering 等國際期刊之審稿委員。專業興趣涵蓋半導體元件之製程整合與特性分析以及高速系統設計與分析。

## 5.1 前言

微影製程就是將光罩上的電路圖形轉移到光阻層上,而這些光阻圖案必須再次轉移至下層的材料以形成元件的結構。此種圖案轉移 (pattern transfer) 是利用蝕刻 (etching) 製程,選擇性地將下層材料未被光阻遮蓋的區域以物理或化學反應或者是兩者的複合反應的方式去除,完成圖形的實現。

蝕刻製程在積體電路製程的應用,主要有三:(1) 把晶片上留下的特定薄膜,全面清除,(2) 把沒有光阻保護的部分薄膜去除,使留下來的薄膜成為 IC 線路的一部分,(3) 同樣是對薄膜進行部分區域的蝕除,在薄膜留下一個個的窗洞作為 IC 的接觸窗 (contact) 與中介窗 (via) 之用。本章的內容將從蝕刻製程的基本原理談起,然後依序介紹濕式與乾式 (電漿) 蝕刻,接著介紹蝕刻技術在半導體工業的應用,最後再探討先進蝕刻技術的應用。

## 5.2 蝕刻技術原理

### 5.2.1 蝕刻技術原理介紹

蝕刻是將材料使用化學或物理方法,選擇地從矽晶片表面去除不需要材料的過程。蝕刻的目標是在塗佈光阻的晶片上正確地複製光罩上的圖形,有圖形的光阻層在蝕刻過程中不受到蝕刻源的侵蝕,保護晶片上的特殊區域而選擇性地蝕刻掉未被光阻保護的區域,如圖 5.1 所示。

廣義而言,蝕刻技術包含了薄膜全面移除及圖案選擇性去除的技術。而大略可分為濕式蝕刻 (wet etching) 與乾式蝕刻 (dry etching) 兩種技術。早期半導體製程中所採用的蝕刻方式為濕式蝕刻,即將晶片浸沒於適當的化學溶液中,經由溶液與被蝕刻物間的化學反應,來移除薄膜表面的原子,以達到蝕刻的目的。濕式蝕刻的步驟為擴散→反應→擴散出,如圖 5.2 所示,且一般在尺寸較大的情況下 (>3 μm) 使用。然而,在目前先進的製程技術上,濕式蝕刻仍然被用來蝕刻矽晶片上的某些層面,或用來去除乾蝕刻後的殘留物。

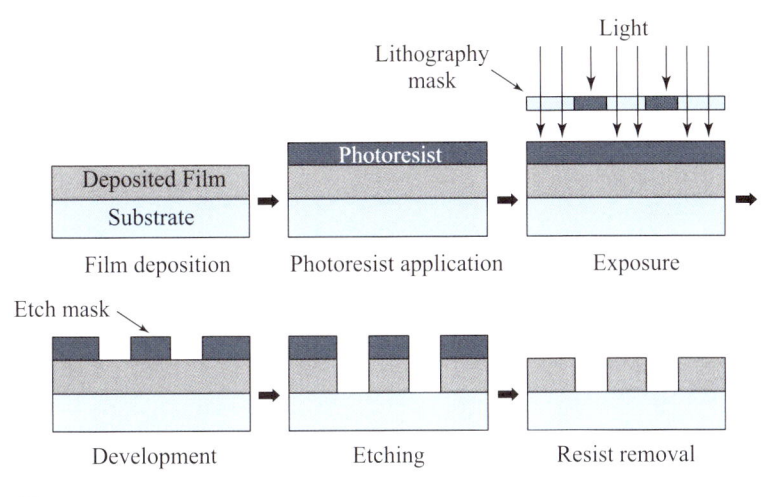

◯ 圖 5.1　圖案轉移技術。

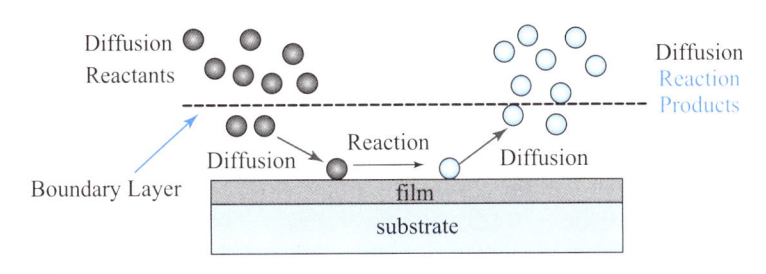

◯ 圖 5.2　濕式蝕刻時，蝕刻溶液與薄膜所進行的反應機制。

濕式蝕刻的進行主要是藉由溶液與待蝕刻材質間的化學反應，因此可藉由調配與選取適當的化學溶液，得到所需的蝕刻速率 (etching rate)，以及待蝕刻材料與光阻及下層材質良好的蝕刻選擇比 (selectivity)。然而，隨著積體電路中的元件尺寸越做越小，由於濕式蝕刻是等向性 (isotropic) 的，因此當蝕刻液做縱向蝕刻時，側向的蝕刻亦同時發生，進而造成底切 (undercut) 現象，導致圖案線寬失真，故濕蝕刻不適合高深寬比 (aspect ratio) 及孔穴寬度 (cavity width) 小於 2-3 $\mu$m 元件之蝕刻，濕式蝕刻在次微米元件的製程中已被乾式蝕刻所取代。

乾式蝕刻通常指利用輝光放電方式，產生包含離子、電子等帶電粒子及具有高度化學活性的中性原子與分子及自由基的電漿來進行圖案轉印的蝕刻技術，其蝕刻機制有以下三點：(1) 必須選能與材料形成持續性化學反應的氣體，(2) 對於光阻與底層有相對較低的反應速率，(3) 化學反應所形成的產物，必須是氣態，可以被真空幫浦抽離反應腔體，如此才不會形成蝕刻的缺陷。氣體在電漿中會形成激態的離子，這些離子會藉由電漿所形成的電場被吸附到材料表面上，並形成化學反應或物理撞擊 (physical bombardment)，乾式蝕刻便是利用這種連續性的反應達到預期的目的，如圖 5.3 所示。由於電漿蝕刻的能量較高，因此在光阻與底層的保護上亦需要特別注意，否則可能會造成斷線或是過蝕刻 (over-etching) 的現象。

## 5-2-2 蝕刻參數的介紹

### 5-2-2a 等向性 (isotropic) 與非等向性 (anisotropic) 蝕刻

不同的蝕刻機制對蝕刻後的輪廓 (profile) 產生直接的影響。純的化學蝕刻通常沒有方向選擇性，蝕刻後將形成圓弧的輪廓，並在遮罩 (mask) 下形成底切，如圖 5.4 所示，此謂之等向性蝕刻。等向性蝕刻通常對下層物質具有很好的選擇比，但線寬定義不易控制。而非等向性蝕刻則是藉助具有方向性離子撞擊，造成特定方向的蝕刻，而蝕刻後形成垂直的輪廓，如圖 5.4 所示，可以定義較細微的線寬。

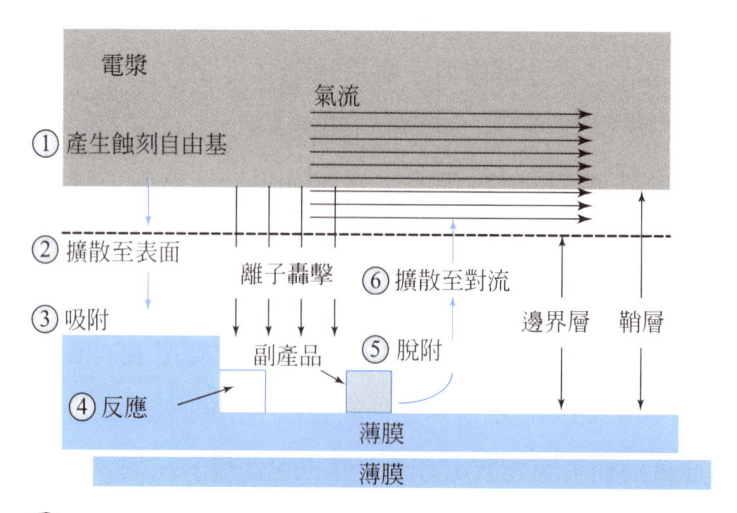

圖 5.3　電漿蝕刻的反應示意圖。

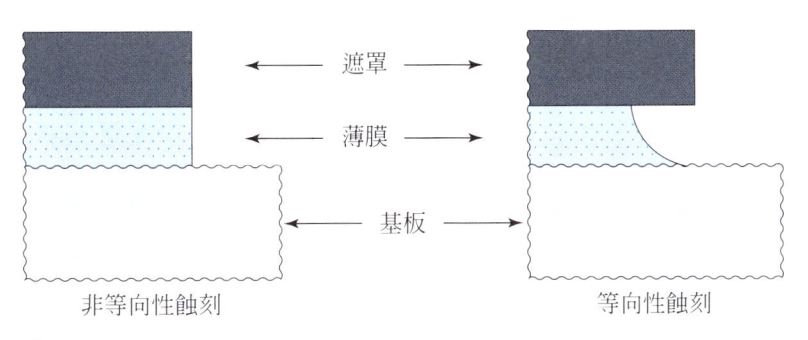

圖 5.4　等向性與非等向性蝕刻示意圖。

### 5-2-2b 選擇比 (selectivity)

選擇比表示在某蝕刻條件下，一種材料與另一種材料蝕刻速率的比率。又可分為對遮罩物質的選擇比及對待蝕刻物質下層物質的選擇比，如圖 5.5 所示，其中 $E_f$ = 被蝕刻材料的蝕刻速率；$E_r$ = 遮罩物質的蝕刻速率。高選擇比在最先進蝕刻製程中，為了確保關鍵尺寸和剖面控制是必需的，特別是關鍵尺寸越小，選擇比要求越高。

### 5-2-2c 負載效應 (loading effect)

負載效應就是當被蝕刻材質裸露在反應氣體或溶液時，面積較大者蝕刻速率較面積較小者為慢的情形。此乃由於反應物質在面積較大的區域中被消耗的程度較為嚴重，導致反應物質濃度變低，而蝕刻速率又與反應物質濃度成正比關係，大部份的等向性蝕刻都有這種現象。

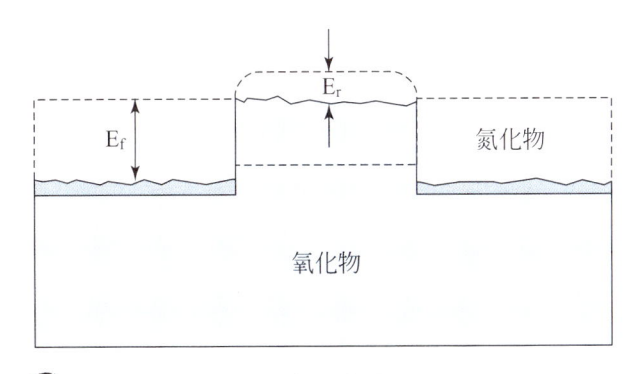

圖 5.5　蝕刻選擇比示意圖。

## 5-3 濕式蝕刻 (wet etching)

最早的蝕刻技術是利用特定的化學溶液與薄膜間的化學反應,來去除薄膜未被光阻覆蓋的部分,而達到蝕刻的目的,這種蝕刻方式也就是所謂的濕式蝕刻。濕式蝕刻之所以在微電子製作過程中被廣泛地採用,乃由於其具有低成本、高可靠性、高產能及優越的蝕刻選擇比等優點。但相對於乾式蝕刻,其主要缺點為無法定義較細的線寬。濕式蝕刻過程可分為三個步驟:(1) 化學蝕刻液擴散至待蝕刻材料之表面,(2) 蝕刻液與待蝕刻材料發生化學反應,(3) 反應後之副產物從蝕刻材料之表面擴散至溶液中,並隨溶液排出。

大部分的蝕刻過程包含了一個或多個化學反應步驟,各種形態的反應都有可能發生,常遇到的一種反應是將待蝕刻層表面先予以氧化,再將此氧化層溶解,並隨溶液排出,如此反覆進行以達到蝕刻的效果。如蝕刻矽、鋁時即是利用此種化學反應方式。

濕式蝕刻的速率通常可藉由改變溶液濃度及溫度予以控制。溶液濃度可改變反應物質到達及離開待蝕刻物表面的速率,一般而言,當溶液濃度增加時,蝕刻速率將會提高。而提高溶液溫度可加速化學反應速率,進而加速蝕刻速率。除了溶液的選用外,選擇適用的遮罩物質亦是十分重要的,它必須與待蝕刻材料表面有很好的附著性、並能承受蝕刻溶液的侵蝕且穩定而不變質。而光阻通常是一個很好的遮罩材料,且由於其圖案轉印步驟簡單,因此常被使用。但使用光阻作為遮罩材料時也會發生邊緣剝離或龜裂的情形。邊緣剝離乃由於蝕刻溶液的侵蝕,造成光阻與基材間的黏著性變差所致。解決的方法則可使用黏著促進劑來增加光阻與基材間的黏著性,如 Hexamethyl-disilazane (HMDS)。龜裂則是因為光阻與基材間的應力差異太大,減緩龜裂的方法可利用較具彈性的遮罩材質來吸收兩者間的應力差。

### 5-3-1 金屬蝕刻

濕式蝕刻主要可分為兩大類:金屬蝕刻及介電層蝕刻。首先,我們先介紹鋁及矽的濕式蝕刻，下一節再介紹介電層的濕式蝕刻。

鋁或鋁合金的濕式蝕刻主要是利用加熱的磷酸、硝酸、醋酸及水的混合溶液來進行。典型的比例為 80% 的磷酸、5% 的硝酸、5% 的醋酸及 10% 的水。而一般加熱的溫度約在 35 到 45℃ 左右，溫度越高，蝕刻速率越快，一般而言，蝕刻速率約為 1000-3000 Å /min，而溶液的組成比例、不同的溫度及蝕刻過程中攪拌與否都會影響到蝕刻的速率。反應機制是藉由硝酸將鋁氧化成為氧化鋁，再利用磷酸將氧化鋁予以溶解去除，如此反覆進行以達到蝕刻的效果。在濕式蝕刻鋁的同時會有氫氣泡的產生，這些氣泡會附著在鋁的表面，而局部地抑制蝕刻的進行，造成蝕刻的不均勻性。若在此蝕刻過程中，予於攪動或添加催化劑降低介面張力，可降低這種問題。

單晶矽與複晶矽的蝕刻通常利用硝酸與氫氟酸的混合液來進行。此反應是利用硝酸將矽表面氧化成二氧化矽，再利用氫氟酸將形成的二氧化矽溶解去除，反應式如下：

$$Si + HNO_3 + 6HF \rightarrow H_2SiF_6 + HNO_2 + H_2 + H_2O$$

在上述的反應中，可添加醋酸作為緩衝劑 (buffer agent)，以抑制硝酸的解離。而蝕刻速率的調整，可藉由改變硝酸與氫氟酸的比例，並配合醋酸添加與水的稀釋加以控制。

在某些應用中，常利用蝕刻溶液對於不同矽晶面的不同蝕刻速率加以進行。例如，使用氫氧化鉀 (KOH) 與異丙醇 (IPA) 的混合溶液進行矽的蝕刻。這種溶液對矽 (100) 面的蝕刻速率遠比 (111) 面快了許多，因此在 (100) 平面方向的晶圓上，蝕刻後的輪廓將形成 V 型的溝渠，如圖 5.6 所示。此類蝕刻方式常見於微機械元件的製作上。

## 5-3-2 介電層蝕刻

介電層的濕蝕刻主要以酸為基礎的化學反應。在微電子元件製作應用中，常見的介電層材料二氧化矽之濕式蝕刻通常採用氫氟酸溶液，反應式為：

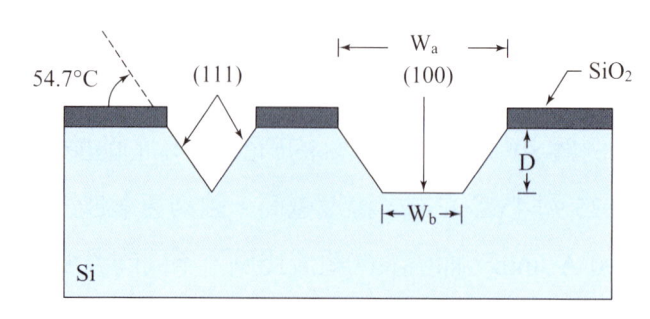

圖 5.6　蝕刻速率與矽晶面方向有關之蝕刻。

$$SiO_2 + 6HF \rightarrow H_2SiOF_6 \text{ (aq)} + 2H_2O$$

室溫的氫氟酸溶液可與二氧化矽進行反應，但卻不會蝕刻矽基材及複晶矽。由於氫氟酸對二氧化矽的蝕刻速率相當高，在製程上很難控制，因此在實際應用上都是使用稀釋後的氫氟酸溶液，或是添加氟化銨作為緩衝劑的混合液，來進行二氧化矽的蝕刻。氟化銨的加入可避免氟化物離子的消耗，以保持穩定的蝕刻速率。而無添加緩衝劑氫氟酸蝕刻溶液常造成光阻的剝離。典型的緩衝氧化矽蝕刻液 (BOE:Buffer Oxide Etcher)，含體積比 6:1 之氟化銨 (40%) 與氫氟酸 (49%)，對於高溫成長的氧化層之蝕刻速率約為 1000 Å/min。

在半導體製程中，二氧化矽的形成方式有熱氧化及化學氣相沉積兩種方式；而所使用的二氧化矽除了純二氧化矽外，尚有含有摻雜的二氧化矽如 PSG、BPSG 等等。然而，由於這些以不同方式成長或不同成分的二氧化矽，其組成或是結構並不完全相同，因此氫氟酸溶液對於這些二氧化矽的蝕刻速率也會不同。但一般而言，高溫熱成長的氧化層較以化學氣相沉積方式之氧化層蝕刻速率為慢，因其組成結構較為緻密。

另一種常見介電層材料氮化矽的濕蝕刻，可利用加熱至 180°C 的磷酸溶液 (85%) 來進行蝕刻。其蝕刻速率與氮化矽的成長方式有關，以電漿輔助化學氣相沉積 (PECVD) 方式形成之氮化矽，由於組成結構 ($Si_xN_yH_z$ 相較於 $Si_3N_4$) 較以高溫低壓化學氣相沉積 (LPCVD) 方式形成之氮化矽為鬆散，因此蝕刻速率較快許多。但在高溫熱磷酸溶液中，光阻容易剝落，因此在作氮化矽圖案蝕刻時，常利用二氧化矽作為遮罩。一般來說，氮化矽的濕蝕刻大多應用於整面氮化矽的剝除。對於有圖案的氮化矽蝕刻，最好採用乾式蝕刻為宜。

## 5-4 乾式蝕刻 (dry etching)

乾蝕刻通常是指利用電漿蝕刻 (plasma etching)。由於蝕刻作用的不同，電漿中離子的物理轟擊、活性自由基 (active radical) 與晶片表面原子內的化學反應，或是兩者的複合作用，可分為三大類：

**1. 物理性蝕刻：(1) 濺擊蝕刻 (sputter etching)，(2) 離子束蝕刻 (ion beam etching)。**

是利用輝光放電，將氣體如 Ar，解離成帶正電的離子，再利用偏壓將離子加速，濺擊在被蝕刻物的表面，而將被蝕刻物質原子擊出。此過程乃完全利用物理上能量的轉移，故謂之物理性蝕刻。特色為離子撞擊有很好的方向性，可得到接近垂直的蝕刻輪廓。但缺點是由於離子是以撞擊的方式達到蝕刻的目的，因此光阻與待蝕刻材料兩者將同時遭受蝕刻，造成對遮罩物質的蝕刻選擇比較差，同時蝕刻終點必須精確掌控，因為以離子撞擊方式蝕刻對於底層物質的選擇比很低。且被擊出的物質往往非揮發性物質，而這些物質容易再度沉積至被蝕刻物薄膜的表面或側壁，加上蝕刻效率偏低，因此，以物理性蝕刻方式在積體電路製程中較少使用。

**2. 化學性蝕刻：**

純化學反應性蝕刻，是利用電漿產生化學活性極強的原 (分) 子團，此原 (分) 子團擴散至待蝕刻物質的表面，並與待蝕刻物質反應產生揮發性之反應生成物，並被真空設備抽離反應腔。因此種反應完全利用化學反應來達成，故稱為化學反應性蝕刻。此蝕刻方式相近於濕式蝕刻，只是反應物及產物的狀態由液態改變為氣態，並利用電漿來促進蝕刻的速率。

**3. 結合物理、化學之複合蝕刻：**

反應性離子蝕刻 (reactive ion etching, RIE)。此種蝕刻方式兼具非等向性及高選擇比的雙重優點，蝕刻的進行主要靠化學反應來達成，以獲得高選擇比。加入離子撞擊的作用有二：一是將待蝕刻物質表面的原子鍵結破壞，以加速蝕刻速率；二是將再沉積於待蝕刻物質表面的產物或聚合物 (polymer) 打掉，以便待蝕刻物質表面能再與反應蝕刻氣體接觸。非等向性蝕刻的達成，則是靠再沉積的產物或聚合物，沉積於待蝕刻圖形上，在表面的沉積物可被離子打掉，蝕刻可繼續進行，而在側壁上的沉積物，因未受離子的撞擊而保留下來，阻隔了表面與反應蝕刻氣體的接觸，使得側壁不受侵蝕，而獲得非等向性蝕刻。

電漿蝕刻主要應用於積體電路製程中線路圖案的定義，通常須搭配光阻的使用及微影技術，包括：

1. 氮化矽 (nitride) 蝕刻：用於定義主動區；
2. 複晶矽化物/複晶矽 (polycide/poly) 蝕刻：用於定義閘極寬度/長度；
3. 複晶矽 (poly) 蝕刻：用於定義複晶矽電容及負載用之複晶矽；
4. 側壁 (spacer) 蝕刻：用於定義 LDD 寬度；
5. 接觸窗 (contact) 及中介洞 (via) 蝕刻：用於定義接觸窗及引洞之尺寸；
6. 鎢回蝕刻 (etch back)：用於鎢栓塞 (W-plug) 之形成；
7. 塗佈玻璃 (SOG) 回蝕刻：用於平坦化製程；
8. 金屬蝕刻：用於定義金屬線寬及線長；
9. 接腳 (bonding pad) 蝕刻等。

綜合以上，電漿 (乾式) 蝕刻的完成包含了以下幾個過程：

1. 化學反應，屬等向性；
2. 離子輔助蝕刻，具方向性；
3. 保護層的形成，可避免側壁遭受蝕刻；
4. 生成物殘留的排除。

## 5-4-1 何謂電漿

電漿是一種由正電荷 (離子)，負電荷 (電子) 及中性自由基 (Radical) 所構成的部份解離氣體。氣體受強電場作用時，可能會崩潰。剛開始電子是由於『光解離』(photoionization) 或『場放射』(field emission) 的作用被釋放出來。這個電子由於電場的作用而被加速，動能也因而提高。電子在氣體中行進時，會經由撞擊而將能量轉移給其他電子。隨著電子能量的增加，最終將具有足夠的能量可以將電子激發，並且使氣體分子解離。被解離產生的正離子會往陰極移動，而正離子與陰極撞擊之後並可以再產生『二次電子』。如此的過程不斷連鎖反覆發生，解離的氣體分子以及自由電子的數量會快速增加。一旦電場超過氣體的崩潰電場，氣體就會快速的解離。這些氣體分子中被激發的電子回復至基態時會釋放出光子，因此，氣體的光線放射主要是由於電子激發所造成。

在蝕刻用的電漿中，氣體的解離程度很低，通常在 $10^{-5} \sim 10^{-1}$ 之間。在一般的電漿或活性離子反應器中氣體的解離程度約為 $10^{-5} \sim 10^{-4}$，若解離程度到達 $10^{-3} \sim 10^{-1}$ 則屬於高密度電漿。

## 5-4-2 電漿蝕刻機制

以矽蝕刻為例，圖 5.7 所示為含氟原子的電漿蝕刻矽薄膜的機制，反應後的產物為揮發性之 $SiF_4$ 及 $SiF_2$。

若以純 $CF_4$ 電漿氣體蝕刻矽或氧化矽薄膜，則蝕刻速率相對很慢。但若將少量的氧氣 (O2) 加入 $CF_4$ 氣體中，則矽或氧化矽薄膜的蝕刻速率將大幅度增加，如圖 5.8 所示。氧氣的加入，通常伴隨著電漿中氟原子密度的增加，此乃由於氧與 $CF_4$ 反應而釋出氟原子所致，可能的反應為：$CF_4+O_2 \rightarrow COF_2+2F$。氧氣的加入並且消耗掉部份的碳，使得電漿中的氟碳比增加，進而增進了矽或氧化矽薄膜的蝕刻速率。

從圖 5.8 亦可看出，在氧的添加後，對矽的蝕刻速率提升要比氧化矽來得快，由此可知，氧的加入將使得氧化矽對矽的蝕刻速率選擇比降低。但若將氧的

圖 5.7　含氟之電漿蝕刻矽薄膜的機制。

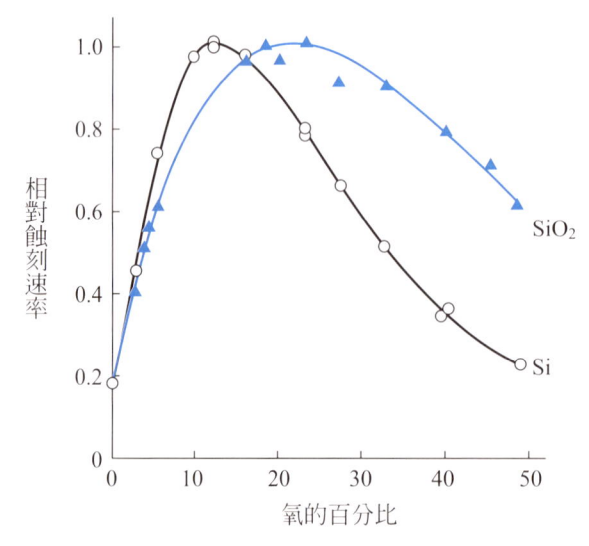

圖 5.8　氧的添加對矽與氧化矽蝕刻速率的影響。

含量持續增加，則額外的氧將會把氟原子的濃度稀釋，因而造成蝕刻速率的降低。如果我們在 $CF_4$ 中加入氫氣，則氫氣分解成氫原子後與氟原子反應形成氟化氫 (HF)。對矽的蝕刻而言，氟原子濃度減少，使得蝕刻速率直線下降。對氧化矽的蝕刻而言，雖然 HF 可蝕刻氧化矽，但蝕刻速率仍比原來慢了點。因此，適量氫氣的加入可提升氧化矽對矽的蝕刻選擇比。圖 5.9 為加入氫氣後，矽、氧化矽及光阻蝕刻速率的變化情形。

### 5-4-3 蝕刻製程參數

電漿蝕刻製程參數一般包括了射頻 (RF) 功率、壓力、氣體種類及流量、蝕刻溫度及腔體的設計等因素，而這些因素的綜合結果將直接影響蝕刻的結果，圖 5.10 所示為其相互關係的示意圖。射頻功率是產生電漿及提供離子能量的來源，因此功率的改變將影響電漿中離子密度及撞擊能量而改變蝕刻的結果。壓力也會影響離子的密度及撞擊能量，而改變化學聚合的能力；蝕刻反應物滯留在腔體內的時間正比於壓力的大小，一般說來，延長反應物滯留的時間將會提高化學蝕刻的機率並且提高聚合速率。氣體流量的大小會影響反應物滯留在腔體內的時間；

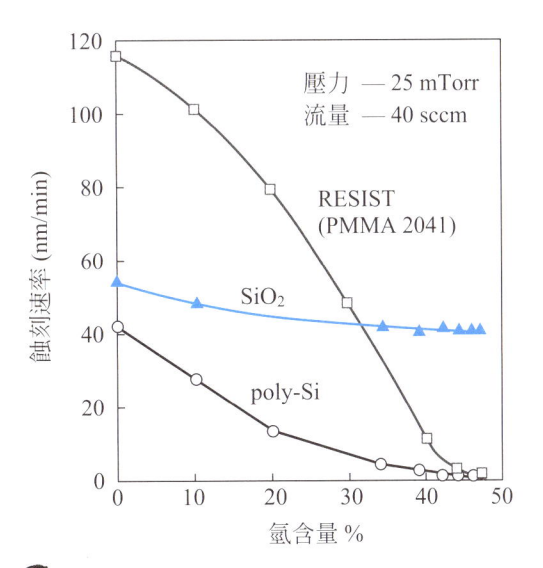

圖 5.9 $CF_4$ 電漿中氫含量對矽、氧化矽及光阻蝕刻速率之關係圖。

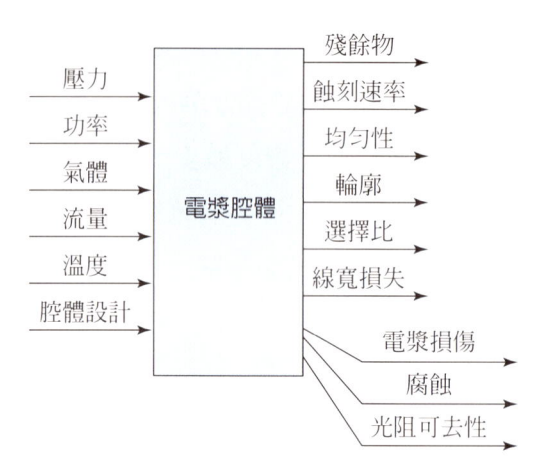

```
         壓力  ──→  ┌─────────┐  ──→  殘餘物
         功率  ──→  │         │  ──→  蝕刻速率
         氣體  ──→  │         │  ──→  均勻性
                    │  電漿腔體 │  ──→  輪廓
         流量  ──→  │         │  ──→  選擇比
         溫度  ──→  │         │  ──→  線寬損失
         腔體設計 ─→ └─────────┘  ──→  電漿損傷
                                  ──→  腐蝕
                                  ──→  光阻可去性
```

🌐 圖 5.10　電漿蝕刻製程參數與蝕刻結果之關係。

增加氣體流量，將加速氣體的分佈，並可提供更多未反應的蝕刻反應物，因此可降低負載效應；改變氣體流量也會影響蝕刻率。溫度會影響化學反應速率及反應物的吸附係數，提高晶片溫度將使得聚合物的沉積速率降低，導致側壁的保護減低，但表面在蝕刻後會較為乾淨；增加腔體的溫度可減少聚合物沉積於管壁的機率，以提升蝕刻製程的再現性。

## 5-4-4　高密度電漿

產生高密度電漿的基本原則，係為了讓自由電子在反應腔體內所滯留的時間變長，如此一來，便能增加自由電子與氣體分子間的碰撞機率，電漿的解離程度才能提高。增加自由電子在反應腔體內所滯留時間的方法可為：1. 加入固定的磁場；2. 利用磁場來形成環狀的電場；3. 採用低速電場。因此高密度電漿源有下列幾種：1. 電子迴旋共振 (electron cyclotron resonance, ECR)；2. 感應耦合式電漿 (ICP, inductive coupled plasma) 或變壓耦合式電漿 (transformer coupled plasma, TCP)；3. 磁場強化活性離子蝕刻 (magnetic enhanced reactive ion etching, MERIE)。分別如圖 5.11、5.12、5.13 所示。在一般的活性離子蝕刻系統，離子密度非常低，因此反應主要掌控於自由基；而在高密度電漿蝕刻系統中，離子密度與活性基密度相近，因此反應可能掌控於離子。高密度電漿蝕刻的優點為：1.

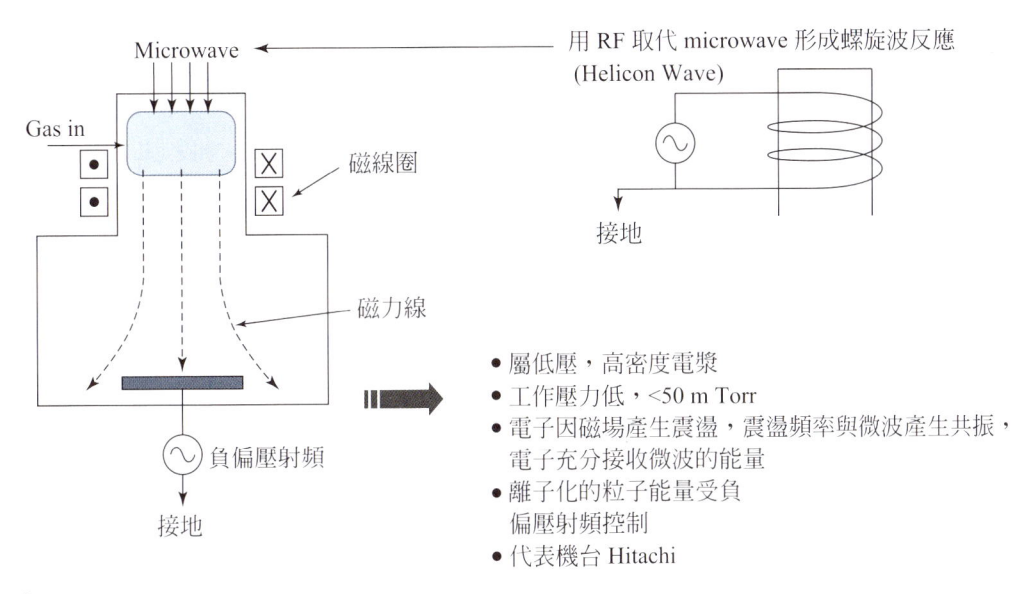

- 屬低壓，高密度電漿
- 工作壓力低，<50 m Torr
- 電子因磁場產生震盪，震盪頻率與微波產生共振，電子充分接收微波的能量
- 離子化的粒子能量受負偏壓射頻控制
- 代表機台 Hitachi

圖 5.11　電子迴旋共振式 (ECR) 離子反應電漿。

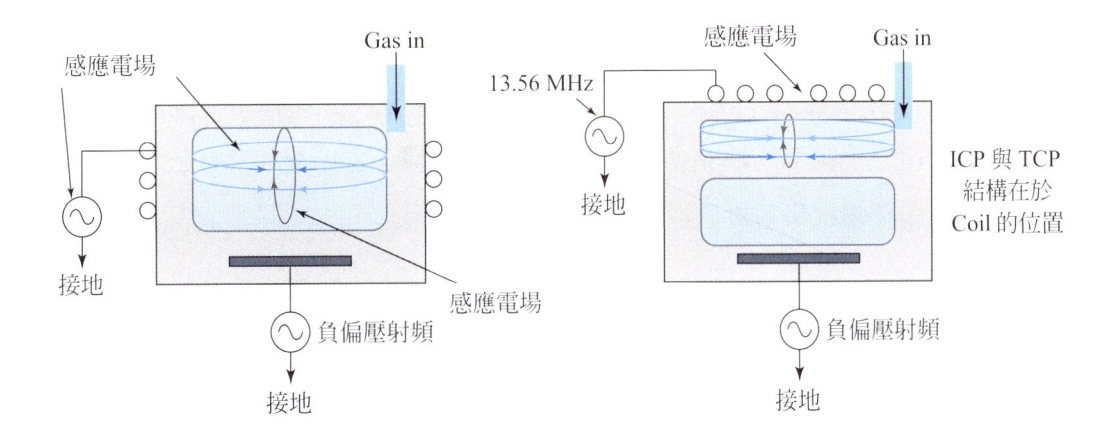

- 無需外加磁場
- 主要為化學性蝕刻
- 電漿產生處與晶圓分開→有時會加負偏壓射頻增加蝕刻率和非等向性蝕刻
- 代表機台 LAM 及 DPS

圖 5.12　電感耦合式電漿 (ICP)。

### 磁場強化反應性離子蝕刻

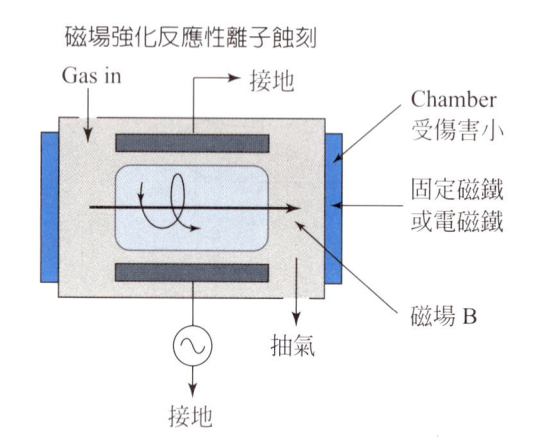

```
Gas in          接地
                         Chamber
                         受傷害小
                         固定磁鐵
                         或電磁鐵
                         磁場 B
         抽氣
    接地
```

- 於 Chamber 周圍增加一組固定磁鐵或電磁鐵
- 電子繞著磁場做逆時針移動
- 電子因磁場的作用增加其碰撞離子機會
- 碰撞機會增加→電漿產生濃度增加
- 代表機台 MxP 及 TEL

**圖 5.13** 磁場強化反應性離子蝕刻 (MERIE)。

低壓下操作，離子的平均自由路徑大，離子有很好的方向性；2. 高離子密度使得離子主控蝕刻過程，因此可減少甚至不需要聚合物的側壁保護 (passivation)，製程將變得更乾淨，且蝕刻後的輪廓更具非等向性；再者高離子密度可減少直流偏壓之使用，因而降低或消除電漿所導致的元件損傷，而蝕刻速率也因離子密度的增加而增加；3. 由於離子密度與離子能量並無關係，因此製程可變動範疇可加大。而高密度電漿蝕刻的缺點則為：1. 系統較為複雜；2. 所需的尺寸較大、成本較高；3. 電漿不易聚集，則腔體管壁損壞較快。

### 5-4-5 蝕刻終點偵測 (endpoint detection)

乾式蝕刻不若濕式蝕刻有很高的蝕刻選擇性，而過度的蝕刻易損傷下一層材料，因此蝕刻的時間必須精確的掌控。再者，機台狀況及製程參數的些微變化都會影響蝕刻時間的控制，因此必須經常檢查蝕刻速率的變化，以確保蝕刻的再現性。而使用終點偵測器可估計出蝕刻結束的時間，進而精確地控制蝕刻的時間，以達到蝕刻的再現性。常見的終點偵測法有三種，分別為 1. 雷射干涉及反射度量；2. 光學放射頻譜分析；3. 質譜分析。雷射干涉度量是利用干涉效應偵測薄膜厚度的變化，以判定蝕刻終點。而雷射反射度量則是利用不同物質間反射係數的差異來判定蝕刻終點。光學放射頻譜分析是利用偵測電漿中某種光線強度的變化來達到終點偵測的目的。光學放射頻譜分析是最常用的終點偵測方式,因為它可以很容易地架設在蝕刻設備上,且不影響蝕刻的進行。質譜分析應用於終點偵測時,將電磁場固定在觀測分析時所需之大小,觀察收集資訊的變化情形即可得知蝕刻終點,但設備不易安裝於各種蝕刻機台。

## 5-4-6 電漿蝕刻的應用

### 5-4-6a 複晶矽蝕刻 (poly-Si etching)

在 MOS 元件的應用中,閘極線寬必須嚴格的控制,因為它關係著 MOS 元件通道的長度,與元件特性有很大的關係。因此當複晶矽作為閘極材料時,複晶矽的蝕刻必須要能夠忠實地將光罩上的尺寸轉移到複晶矽上。因此,在複晶矽的蝕刻中必須具備高度的線寬控制及均勻性。

### 5-4-6b 氧化層蝕刻 (oxide etching)

氧化層蝕刻的應用主要有以下幾項:1. 側壁 (spacer) 蝕刻,主要為定義 LDD 的寬度以降低熱載子效應;2. 接觸窗 (contact) 蝕刻,用以定義接觸窗尺寸大小以達成金屬與複晶矽或矽間的連結,通常需要作一些等向性蝕刻,使得金屬在接觸窗邊緣能有好的階梯覆蓋;3. 塗佈玻璃 (SOG) 回蝕刻 (etch back),主要用來增進表面之平坦化;4. 中介洞 (via) 蝕刻,用以定義金屬與金屬間連結接觸窗的大小;5. 腳位 (pad) 蝕刻,用以定義封裝時所需的接線腳位。

蝕刻氧化層所常見的蝕刻氣體通常含有 $CH_xF_y$, $BH_xCl_y$, $CH_xCl_y$ 及 F 等化學成分。其中 $CH_xF_y$ 及 $CH_xCl_y$ 中所含之碳可以幫助去除氧化層中的氧而產生 CO 及 $CO_2$ 之副產物。而由於氟原子蝕刻矽的速率很快,若要增加對矽的蝕刻選擇比,則必須降低氟原子的濃度。再者由於 Si-O 鍵結甚強,因此在作氧化層的蝕刻時,必須配合離子的撞擊,以破壞 Si-O 鍵結,加速蝕刻的速率。

### 5-4-6c 耐火金屬 (鎢) 蝕刻

積體電路中,耐火金屬 (如 W) 常應用於金屬間連結洞插栓及擴散阻擋層 (diffusion barrier, 如 TiN, TiW) 中,而其矽化物則廣為應用於複晶矽閘極上方之區域連接線。因此其相關蝕刻機制亦有需要探討。要了解耐火金屬及其矽化物的乾蝕刻機制，首先必須了解其鹵化物的揮發性。鎢 (W) 及鉬 (Mo) 可形成和矽一樣的高揮發性鹵化物，因此它們的蝕刻機制也與矽類似。在 $CF_4$-$O_2$ 的系統中，$WF_6$ 的揮發速率快於 W 與 F 之反應速率，所以 W 與 F 之反應速率主宰了蝕刻速率，故 W 的蝕刻速率隨氟原子的增加而變快。而鎢矽化物 ($WSi_2$) 的蝕刻速率則介於鎢和矽之間。TiF4 的揮發性不佳，因此揮發速率主導著蝕刻速率，故適當提高溫度，則有助於蝕刻速率的提高。

### 5-4-6d 鋁及鋁合金的蝕刻

鋁是半導體製程中主要的導線材料。它具有低電阻、易於沉積及蝕刻等優點而廣為大家所採用。在先進積體電路中，由於元件的密度受限於導線所佔據之面積，加上金屬層的非等向性蝕刻可使得金屬導線間的間距縮小，藉以增加導線之接線能力，因此鋁及鋁合金的乾蝕刻在積體電路製程中是一個非常重要的步驟。

## 5-5 先進蝕刻製程技術與應用

基本上，蝕刻是每一階段的最後一道製程，首先當材質 (如 k 值、阻值) 決定後，接著便是曝光光阻的決定。曝光顯影的最佳化後，若無法達到該製程要求的關鍵尺寸 (CD, critical dimension)，最後將由蝕刻扮演關鍵的角色，舉凡 AEI-CD (after etch inspection CD)，蝕刻輪廓的控制……等等。因此，蝕刻猶如一位雕塑藝術家，對各種不同材質使用不同器具來雕塑。本章後半段，接著就先進蝕刻製程的基本技術與應用作一論述。

### 5-5-1 先進蝕刻製程機台簡介

隨著半導體製程持續微縮至物理臨界特徵尺寸，以及改善元件性能，多樣性新蝕刻技術浮現。由於特徵尺寸的微縮及積集度的要求，在 12 吋晶圓上已要求原子級的控制水準；尤其是新的金屬閘極及高介電常數介電層導入元件構造，需要先進的多層薄膜蝕刻能力。而先進的晶片設計，有新構造的蝕刻需求，例如凹

陷通道 (recess channel)、3D (three dimensional) 閘極電晶體，有別於傳統的平面電晶體構造。此外，40/45 奈米以下製程，已臨屆黃光的製程極限，需要蝕刻幫助做尺寸的修整達到複製微縮的目的，這些挑戰都需要導體蝕刻系統提供先進的能力。

針對介電層的蝕刻技術，所面臨的是 40/45 奈米以下多層新材質整合及尺寸微縮在物理特性與化學特性的挑戰。例如，為定義關鍵尺寸時，必須用到多層不同光阻 (multi-layer photoresist)，非晶系碳硬式罩幕 (carbon hard mask)；而在量產上，為提供並控制重複性尺寸，以及對記憶體電容需求等，要求具較高的高寬比結構，需維持蝕刻輪廓，尤其是後段銅製程上，多種 Low-k 材質的蝕刻更具挑戰性。

由於上述挑戰，蝕刻機台朝向高密度、低轟擊、均勻度佳的目的設計，例如採用雙功率 (dual frequency power)，基本上有所謂的三大功率系統：ICP (inductive coupled plasma)，TCP (transformer coupled plasma)，SCCM (super capacitive coupled plasma module) 模式。氣體可由上電極中央及旁邊流出，下電極溫度可藉由背壓氣體及冷卻器調整，以達到最佳的蝕刻功能。

### 5-5-1a 導體蝕刻機台

導體蝕刻主要是針對矽淺溝槽 (STI)、鍺 (Ge)、多晶矽閘極、金屬閘極、應變矽 (strained-Si)、金屬導線、金屬焊墊 (pad)、後段銅製程的硬式幕罩 (hard mask) 的 TiN/TaN、金屬電容的 TiN…等的蝕刻。目前，一般已不再使用磁場對離子加速，避免高能量的離子轟擊，造成元件的損傷 (plasma damage)。

圖 5.14 為目前雙頻功率的先進導體蝕刻機台示意圖。舉例說明，腔體設計可採用中間氣體噴出可控制單獨中心，或單獨旁邊或同時噴出，固定的下電極中心及外圍分開設定溫度；而更新一代的機台則進化到可隨蝕刻步驟調整溫度分布及上電極溫度。總之，如此的設計完全為了得到最佳的蝕刻均勻度，包含 CD、膜厚、輪廓，尤其是在 12 吋晶圓製程上。

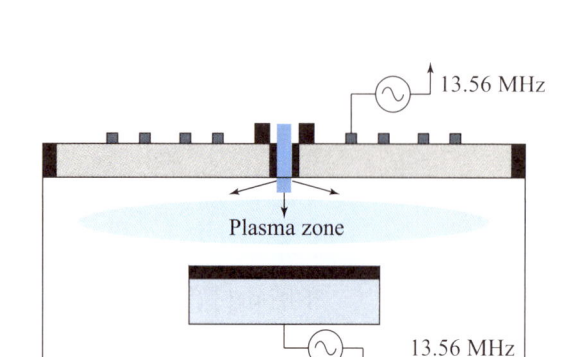

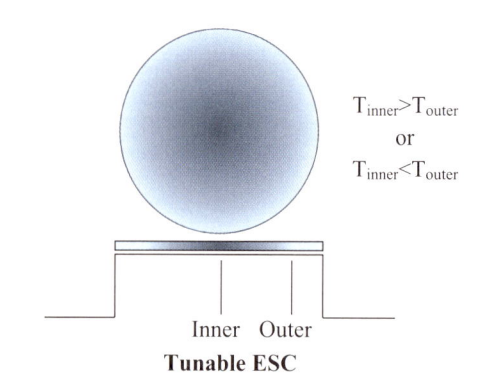

**圖 5.14** 導體蝕刻腔體簡圖與其下電極 (ESC) 溫控示意圖。

### 5-5-1b 介電層蝕刻機台

先進的介電層蝕刻機台一般具有上下不同頻率的雙功率，以及同導體蝕刻機台之電漿禁閉 (plasma confined) 設計，允許各種不同材質的蝕刻、乾清洗。這樣的設計可以避免蝕刻過程中的化學反應損傷腔體壁面、降低因高分子副產物的累積所造成的微粒掉落機率、增加每一次蝕刻的可靠度及重複性，並具降低後續保養的困難度等優點。

介電層材質包含氧化矽 (oxide)、氮化矽 (SiN)、氮氧化矽 (SiON)、氮碳化矽 (SiCN)、有機低介電氧化層 (low-k)、非晶系碳 (amorphous carbon) 硬式罩幕，在同一蝕刻腔體做所謂的一次性 (in-situ) 蝕刻，而非分多步驟在不同蝕刻腔體蝕刻不同材質，達到降低每一層之週期時間 (cycle time) 及製造成本。目前後段 (back-end-of-line, BEOL) 銅製程的多層蝕刻 (multi layer)，例如：氧化層、低介電層、與多孔性 (porous) 低介電層的雙大馬士革蝕刻，即利用 in-situ 去光阻與去停止層 (stop layer)。而前段 (front-end-of-line, FEOL) 接觸窗蝕刻，包含自對準接觸窗 (self-aligned contact)、高深寬比接觸窗、電容胞 (cell)，及無邊界接觸窗 (borderless contact)……等同時蝕刻不同深度的應用，都需要用到這些先進的蝕刻機台。

過去傳統的 MERIE 單一頻率輸出功率與目前先進的雙頻率輸出功率的蝕刻腔體比較。MERIE 所形成的電漿離子具高能量，易造成所謂的電漿損傷，而先進的蝕刻腔體，例如 SCCM 形成均勻的高密度電漿，藉由下電極功率形成較低能量的轟擊，如圖 5.15 所示。至於選擇怎樣的電漿密度與轟擊能量，尚需考量光阻種類、抗反射層種類、介電層堆疊方式及種類、停止層材質種類以及要求的輪廓 (傾斜角度) 等。

### 5-5-1c 清洗機台

如同電漿蝕刻機台般的重要，蝕刻光阻去除後的清洗步驟是先進製程很重要的一環，舉凡光阻殘渣、掉落的微粒、蝕刻輪廓側壁累積的高分子副產物、晶圓邊緣正面及背面所殘留的高分子副產物，都必須在進入下一道製程 (不管是黃光、薄膜、擴散) 前將其清除，避免污染後續製程機台，或產品因過多的薄膜加高分子副產物堆疊而剝離 (peeling)。

另外，隨晶圓尺寸越來越大，清洗機台若維持傳統槽式設計，將增加化學品的成本；以風險成本考量而言，當傳統槽式當機，則在槽內的所有晶圓將有報廢的風險。以元件構造越來越小，對製程穩定度與均勻度要求更高，傳統槽式晶片

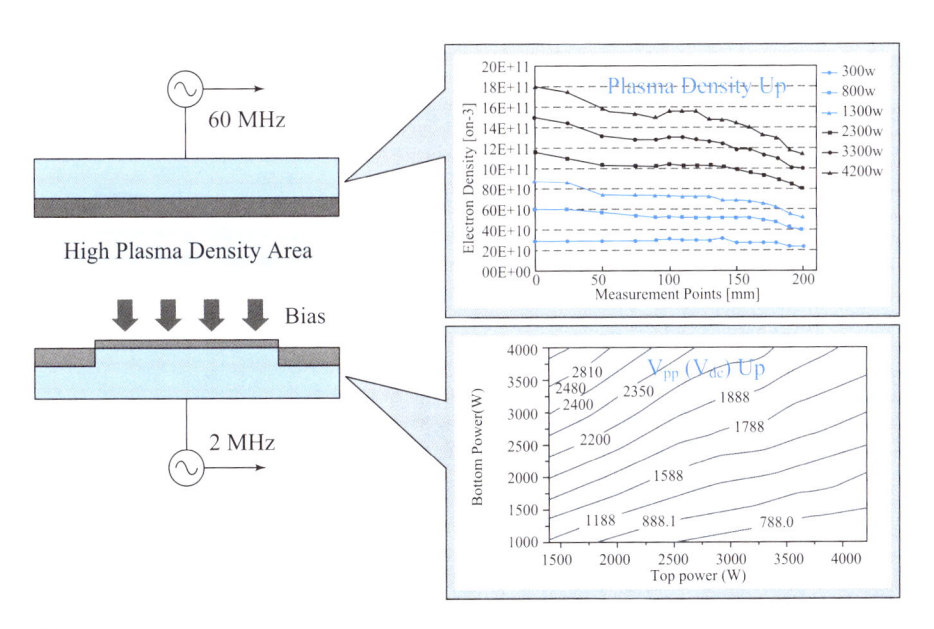

圖 5.15　電漿密度的分布與實際腔體中不同輸出功率的電漿離子能量分布。

垂直擺放的方式，因由槽頂放入槽底，由槽底向上拉升至槽頂的時間差，也會造成不均勻現象。因此單片性 (single wafer) 短秒數清洗機台因運而生，目前業界所使用的單片性清洗機台主要有兩種模式。第一種模式，如圖 5.16，為單一晶片旋轉清洗。清洗溶劑或酸液的注入方式又可分為中央注入及偏移注入。此模式藉由晶片旋轉，達到晶片每吋範圍都可清洗乾淨，提供優良的均勻度；且可應用於稀釋的化學溶液，做為高分子副產物、殘渣或微粒的去除、晶圓基材的薄化、光阻的去除、或晶面/晶背邊緣的清洗。第二種模式，如圖 5.17，為單一晶片線性清洗，利用所謂的化學驅動清洗表面的殘留物。化學溶液具高選擇比，可有效去除目標材質而不會傷到須留下的材質，例如高介電層/金屬閘極的薄膜移除…等等。

## 5-5-2 先進蝕刻製程簡介

本章前半部已概述過蝕刻控制參數，一般來說，不同氣體的組合、比例、與總流量是影響整個蝕刻行為的主要關鍵。例如，不同的氣體組合，對不同的材質有不同的蝕刻率，亦即不同的選擇比；而蝕刻率的不同即物理轟擊、化學反應、副產物產生之間的拉鋸與平衡。表 5.1 為目前常用之蝕刻氣體組成，後續針對每

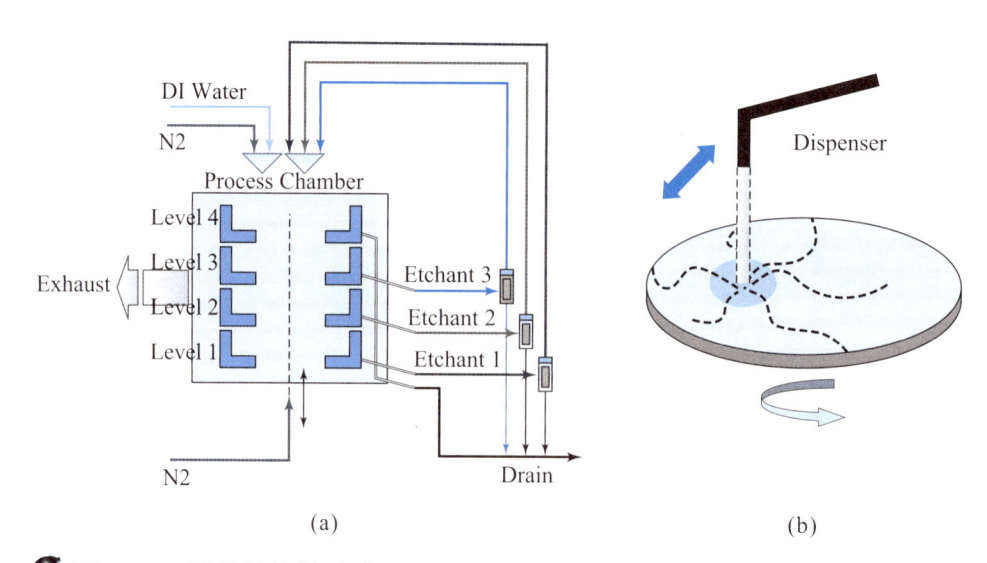

(a)      (b)

圖 5.16 單晶片旋轉清洗：**(a)** 剖面示意圖，**(b)** 偏移注入清洗流場圖。

(a)

(b)

🌀 圖 5.17　單一晶片線性清洗：(a) 剖面示意圖，(b) 清洗反應機制。

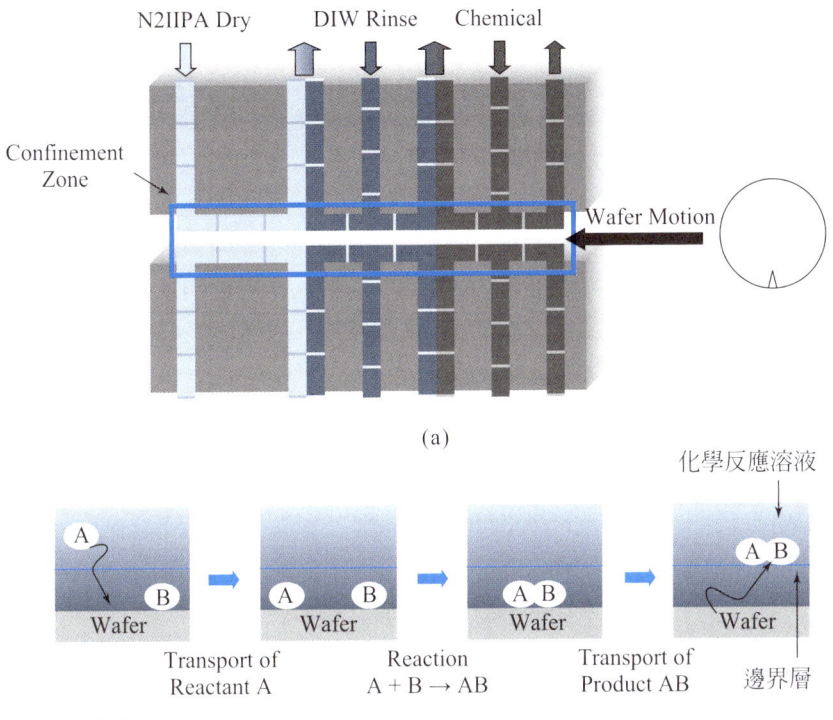

一製程做概略的探討。

### 5-5-2a 矽槽蝕刻

　　矽槽蝕刻主要分為兩種，第一種屬於淺層矽槽 (STI) 蝕刻，用於 MOS 技術中，當作元件隔離用。如我們所知 250 nm 製程以下，已不再使用場氧化層 (field oxide) 的絕緣技術，取而代之的是淺層矽槽。此道製程隨製程技術微縮，將尺寸縮小外，沒有構造上太大的變化；但對矽槽上半部的輪廓、中段的角度、底部的輪廓卻有特別的要求，因為後續製程的側壁氮化矽或氧化矽內襯 (liner) 厚度，快速熱製程等後續高溫之影響，會導致矽底材的差排 (dislocation) 或斷皮 (divot) 產生，如圖 5.18。第二種屬於深層矽槽 (deep trench) 蝕刻，一般為 DRAM 技術中當成電容器。

表 5.1  常用在積體電路上的材料、應用與其常見之蝕刻氣體。

| Material | Common Applications | Common Etching Gases |
|---|---|---|
| Silicon (Sl) | Trench isolation | $Cl_2$, HBr, HCl, $CF_4$, $SF_6$, $C_2F_6$, $NF_3$ |
| Polysilicon (poly-si) | Gate electrode | $Cl_2$, HBr, $CF_4$, $SF_6$, $C_2F_6$, $NF_3$ |
| Silicides (such as Wsix) | Gate electrode | $Cl_2$, HBr, HCl, $CF_4$, $C_2F_6$, $NF_3$ |
| Silicon nitride ($Si_3N_4$) | Oxidation barrier; etch stop layer | $CF_4$, $SF_6$, $C_2F_6$, $CH_3F$ |
| Silicon dioxide ($SiO_2$) | Isolation; hardmask | $CF_4$, $C_2F_6$, $C_4F_8$, $CHF_3$ |
| Aluminum (Al) | Metallic Interconnect | $Cl_2$, $BCl_3+Cl_2$, $SiCl_4$, $CCl_4$ |
| Tungsten (W) | Metallic Interconnect | $SF_6$, $SF_6+N_2$ |
| Titanium nitride (TiN) | Diffusion barrier; antireflective coating (ARC) layer | $Cl_2$, $SF_6$, $BCl_3+Cl_2$ |
| Resist (polymers) | Mask | $O_2$, $O_2+He$, $O_2+Ar$, $CO_2$ |
| Fluorinated $SiO_2$ | Inorganic chemical vapor deposited (CVD) low dielectric constant (low-k) insulation | $CF_4$, $C_2F_6$, $C_4F_8$, $CHF_3$ |
| Fluorinated amorphous carbon, Parylene | Organic CVD low-k insulation | $N_2/O_2/C_2H_2F_4$, $N_2/H_2$, $N_2/O_2/CH_4/C_4F_8$ |
| SiLK*, FLARE**, Polyimides | Organic spin-on dielectric (SOD); low-k insulation | $N_2/O_2/C_2H_2F_4$, $N_2/H_2$, $N_2/O_2/CH_4/C_4F_8$ |
| Silsesquioxanes ($RSiO_{0.5}$) | Inorganic SOD; low-k insulation | $CF_4$, $C_2F_6$, $C_4F_8$, $CHF_3$ |
| Silicon oxynitride ($SIN_xO_y$), Tantalum oxide ($Ta_2O_5$) | High-k gate dielectric; capacitors | $NF_3$, $CF_4$ |
| Titanium (Ti) | Adhesion layer | $Cl_2$, $SF_6$, $BCl_3+Cl_2$ |

\* Trademark of The Dow Chemical Company.
\*\* Trademark of AlledSignal, Inc.

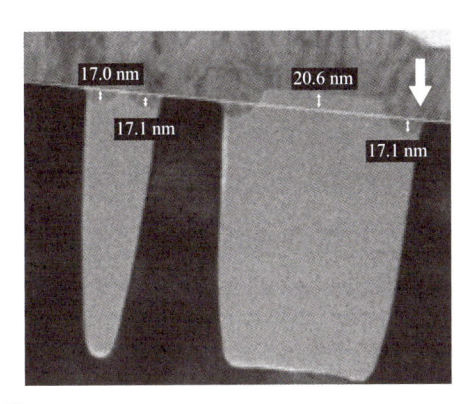

圖 5.18　STI 氧化層之斷皮 (divot)。

　　STI 蝕刻製程如圖 5.19 所示，分為五個基本步驟：步驟 A 為有機 BARC (bottom anti reflective coating) 蝕刻，主要定義 STI 的關鍵尺寸 (CD)，此 CD 的均勻度至為重要，且要求對下一層 SiN 的選擇比要足夠，避免造成 SiN 凹陷深度不一，使用的氣體主要有 $O_2$、$CF_4$、$C_2F_6$、$He$ 等；步驟 B 與 C 則順序向下蝕刻，使用的氣體有 $He/O_2$、$C_2F_6$、$CH_2F_2$、$O_2$、$Ar$、$CHF_3$ 等，此兩步驟的側向蝕刻程度將影響步驟 D 矽槽蝕刻時上半部的輪廓，而矽槽蝕刻中段的角度將

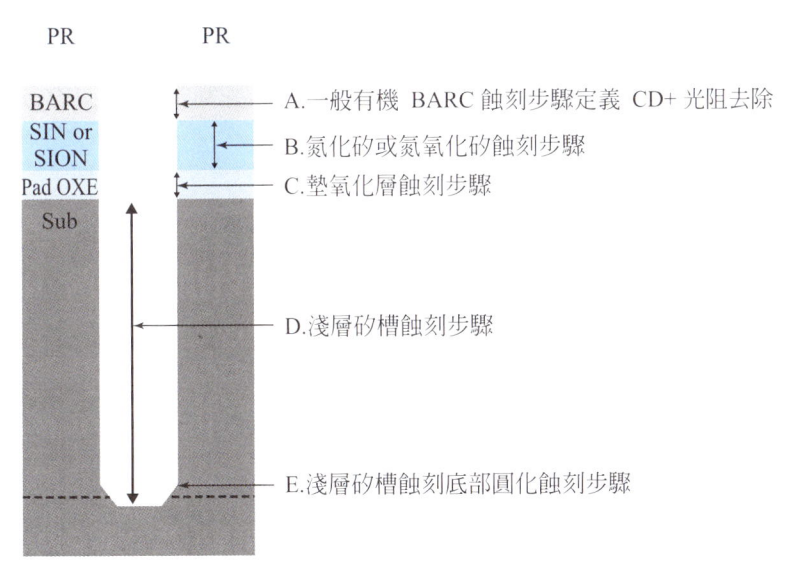

A. 一般有機 BARC 蝕刻步驟定義 CD+ 光阻去除
B. 氮化矽或氮氧化矽蝕刻步驟
C. 墊氧化層蝕刻步驟
D. 淺層矽槽蝕刻步驟
E. 淺層矽槽蝕刻底部圓化蝕刻步驟

圖 5.19　STI 蝕刻之基本步驟。

對後續的 HDP 氧化層填洞能力是一大考驗，若角度太直，可能形成所謂的裂縫 (seam)；步驟 E 為最終的底部圓化，也是避免填洞不佳與矽底材的差排，D 和 E 兩步驟使用氣體有 $Cl_2$、$He/O_2$、$He$、$N_2$……等。

### 5-5-2b 多晶矽閘極及鰭狀 (Fin) 矽閘極蝕刻

製程微縮至 90 nm 以下，考驗各大半導體廠的製程能力及資本支出。除特定半導體廠建置浸潤式曝光顯影機台，直接可達到需求閘極尺寸外，大多數半導體廠採用「光阻＋有機抗反射層＋硬式罩幕」，並搭配修整 (trim) 技術，來達到所需的閘極尺寸，如圖 5.20(a) 所示；甚且更先進的「三明治結構光阻＋硬式罩幕」，如圖 5.20(b) 的示意圖。而硬式罩幕的材質不外乎氮化矽、氮氧化矽、或氧化層 (PEOX 或 TEOS)。下方的閘極介電層除傳統的熱氧化層之外，目前還有先進的室溫電漿氮氧化矽 ($SiOxNy$) 等，而蝕刻時需考量這些材質開發出高選擇比的配方。

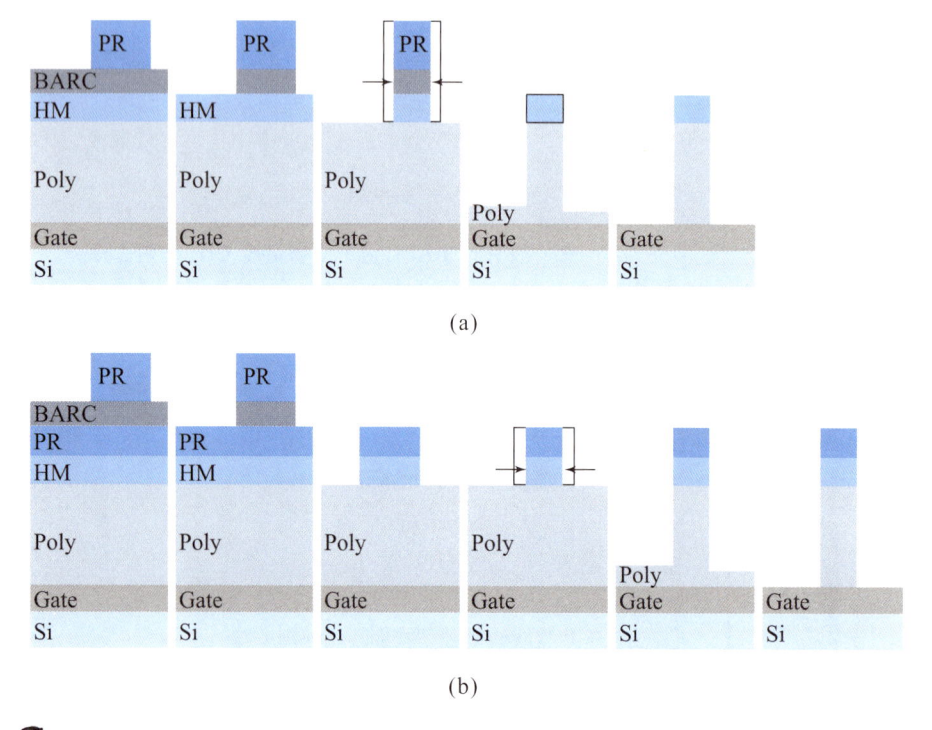

圖 5.20　(a) 一般硬式罩幕；與 (b) 三明治硬式罩幕之多晶矽閘極蝕刻。

另外，一種先進的部分消耗 (partially-depleted 簡稱 PD) 的鰭式場效電晶體 (FinFET)，乃針對高速無電容 (capacitorless) 的 1T-DRAM 及非揮發性記憶體 (NVM) 所設計的。此種記憶體包含浮動體 (floating body) 及氧氮氧 (ONO) 層結合在單一的 FinFET 內，提供多功能的 URAM 模式。此電晶體採用所謂的 SOI (silicon on insulator) 當底材，並使用氮化矽 ($Si_3N_4$) 當硬式罩幕來蝕刻 (100) 單晶矽，如圖 5.21 所示，使用的氣體可參照矽槽蝕刻。

### 5-5-2c 高介電常數介電層/金屬閘極 (HK/MG) 蝕刻

金屬閘極 (MG) 的 CMOS 元件搭配高介電常數 (high-k) 介電層是目前積極研究導入量產的製程技術，其具有高效率與低啓始電壓 (Vt) 的特性。依照金屬閘極完成先後順序，可區分為閘極優先 (gate first) 與閘極最後 (gate last) 兩類製程。然而，為了不同功函數 (work function)，也發展出各種複雜度不一的製程流程。因此，如何降低製程複雜度，也變成各半導體廠的主要目標之一。表 5.2 重點地整理幾家半導體廠 HK/MG 的開發趨勢。

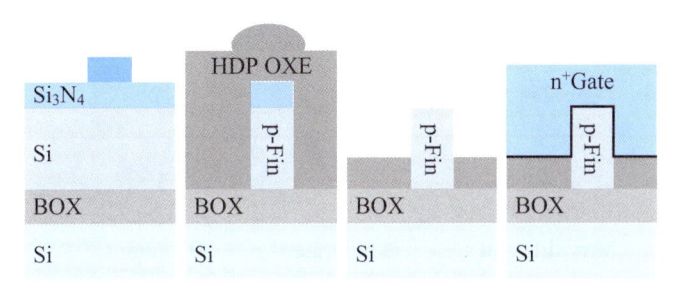

圖 5.21 鰭式場效電晶體 (FinFET) 閘極蝕刻。

表 5.2 各半導體廠 HK/MG 開發趨勢。

|  | 45/40 nm | 32/28 nm | 22/20nm |
|---|---|---|---|
| Gate First |  | IBM, SamSung, Globe Foundry.. |  |
| Gate Last | Intel | Intel, TSMC.. | Intel, TSMC, IBM, SamSung Globe Foundry |

金屬閘極優先製程的特色在於成本低，若能夠降低其複雜度至與傳統的多晶矽閘極蝕刻將更吸引人。此外，如果在金屬閘極完成後，可允許後續的高溫流程，則對某些產品而言更具彈性，例如嵌入式 DRAM 技術。表 5.3 整理金屬閘極優先四種主要的堆疊方式，即 SMSD (single-metal/single-dielectric)、SMDD (single-metal/dual dielectric)、DMSD (dual-metal/single-dielectric)、DMDD (dual-metal/dual-dielectric)，搭配金屬插入多晶矽 (metal- inserted-poly-Si, MIPS) 的 CMOS 元件。而其中高介電常數介電層的材質，目前研究較多的有 $HfO_2$、HfSiO、HfSiON、HfAlSiON、HfTaON……等；而作為下層覆蓋 (capping layer) 及上層覆蓋的材質，常用的則有 $La_2O_3$、$Dr_2O_3$、$Al_2O_3$、TaC……等；金屬閘極材質則有 TiN、TiAlN、$TaN_x$、TaSiN、Al、Tb、Ir、Ru……等，甚至兩種以上之金屬堆疊成金屬閘極。

由以上材質之組合方式，不難看出製程的複雜度，對蝕刻更是一大挑戰。例

表 5.3 金屬閘極優先的四種主要堆疊及對蝕刻的挑戰程度 [8,10]

|  | SMSD | SMDD | DMSD | DMDD |
|---|---|---|---|---|
| Additional Process Steps | 2 | 10 | 12 | 18 |
| GateStack Materials | 4 | 5 | 5 | 10 |
| Low Vt challenge | Very difficult | Moderate | Difficult | Easy |
| Extra Mask Steps |  | 2 |  | 2 |
| GateStack Etch challenge | Easy | Moderate | Difficult | Difficult |
| Gate Etch Aspects | NA | One metal etched only | NA | different metals etched at the same time |
| Vt tuning fiexibility |  | cap layer only |  | cap layer & metal |
| Gate Dielectric Integrity |  | gate dielectric only exposed to wet chemistries |  | gate dielectric not toughed during removal processes |

如多層膜蝕刻需考量輪廓的延伸性，若因乾蝕刻的選擇比不夠高或電漿損傷問題，不得不採用濕式蝕刻時，則需考量側向蝕刻 (undercut) 問題。另外，不論對 high-k 的選擇性移除，或對光阻去除，皆須考量物、電性，希望不衝擊啟始電壓 ($V_t$)、等效氧化層厚度 (EOT)、遷移率 (mobility)、TDDB……等等。

如圖 5.22 所示為金屬閘極優先製程的 SMDD，先利用稀釋的鹽酸或稀釋氫氟酸將 cap 1 做選擇性的移除，再堆疊 high-k 及 cap 2 介電材質並曝光顯影後，將 cap 2 做選擇性移除，繼而沉積金屬閘極材料及單晶矽或多晶矽閘極材料，最後以乾蝕刻定義閘極。

至於金屬閘極最後製程，是利用可取代或易於清除的金屬閘極材質 (如 HfN、TaN……等) 當成取代閘極 (replacement gate)，經由簡易的 SMSD 製程流程後，進行後續的側壁 (spacer) 定義、植入……等製程後，再沉積 ILD 並 CMP 至取代閘極頂部，進行取代閘極移除，並填入所要求的金屬閘極材料，CMP 後，再填入另一種金屬閘極材料，最後再進行 CMP 至完成的金屬閘極頂部，如圖 5.23 所示。

### 5-5-2d 後段銅製程蝕刻

銅製程之低介電材料已被廣泛用來降低積體電路內連線的寄生電容，除了不同材質的使用外，深次微米半導體關鍵尺寸的微縮，黃光曝光極限的限制，以及不同產品要求的圖形密度 (pattern density) 與特殊佈局，皆須蝕刻製程的微細調整，不啻是一大挑戰。此章接著介紹先進半導體製程中的後段銅製程，包含概略的製造流程，大部分業界採用的整合技術，例如介電洞優先 (via first) 製程，使

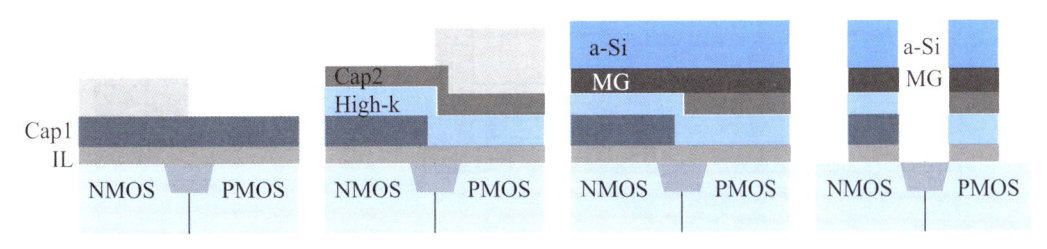

**圖 5.22** HK/MG 金屬閘極優先 (gate first) 之 SMDD 流程示意圖。

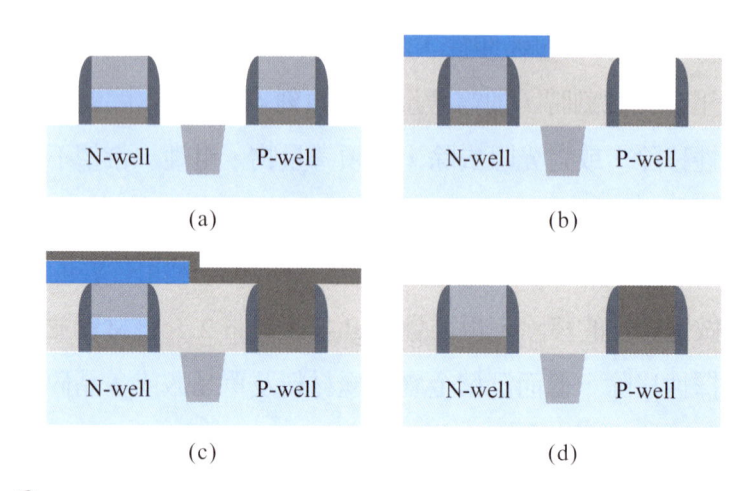

圖 5.23　HK/MG 金屬閘極最後 (gate last) 之流程示意圖。

用介層洞 (via hole) 蝕刻後，搭配抗反射層塗佈 (anti-reflective coating, ARC，或 bottom anti-reflective coating, BARC) 以及填洞 (gap fill) 製程，再進行所謂的大馬士革 (dual damascene, DD) 方式蝕刻完成溝渠 (trench) 並使 Cu 露出後，接續薄膜製程的阻障層 (barrier layer) 電鍍，經一系列的 Cu 種晶，無電鍍銅法 (electroless Cu plating, ECP) ……等。當然，大馬士革方法依製程先後、困難度、成本、製程週期長短……等考量而有不同的整合方式，底下一一介紹。

首先，先從所謂的單大馬士革渠槽 (single damascene trench, SD) 做介紹。SD 通常應用在後段銅製程中的第一道金屬層，作為與前段製程的接觸窗 (contact) 連結導通，如圖 5.24 所示。其又依製程能力的不同分類為傳統製程的光阻幕罩

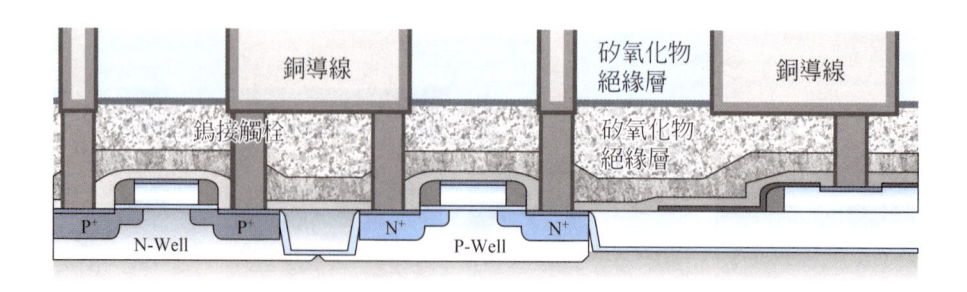

圖 5.24　後段製程 (BEOL) 第一道金屬導線示意圖。

(PR mask) 及先進製程的硬式幕罩 (hard mask)。

　　光阻幕罩的優點為製程簡單、成本較低，唯一必須考量的是黃光曝光的能力是否能夠在製程微縮 (min. pitch＝min. space＋min. width) 的情況下曝開圖形，以及與蝕刻對光阻選擇比的控制達成低消耗光阻，優化圖形輪廓。圖 5.25(a) 為 PR mask 流程，在接觸窗的鎢 CMP 後，依序堆疊金屬中介層 (inter metal dielectric，IMD) 材質，第一層為傳統的阻障層氮氧化矽 SiON 至先進製程的 SiCN 或 NDC……等，再覆以低介電層材料，最後再覆上無機介電層 SiON 或有機介電層當曝光的 BARC。然後，蝕刻利用 HDP (high density plasma) 的乾式蝕刻機台，進行 BARC 蝕刻、低介電層蝕刻、阻障層蝕刻至接觸窗，並加以適當的過蝕刻 (over etch)，而達成鎢插塞旁的內層介電層 (inter layer dielectric, ILD) 適當的凹陷 (recess)，來增加蝕刻製程的能力範圍 (window)，避免量產過程中因各參數的變異而造成蝕刻終止未導通 (open)。

　　圖 5.25(b) 為 hard mask 流程。其與 PR mask 流程不同的是為了獲得較佳的抗

(a)

(b)

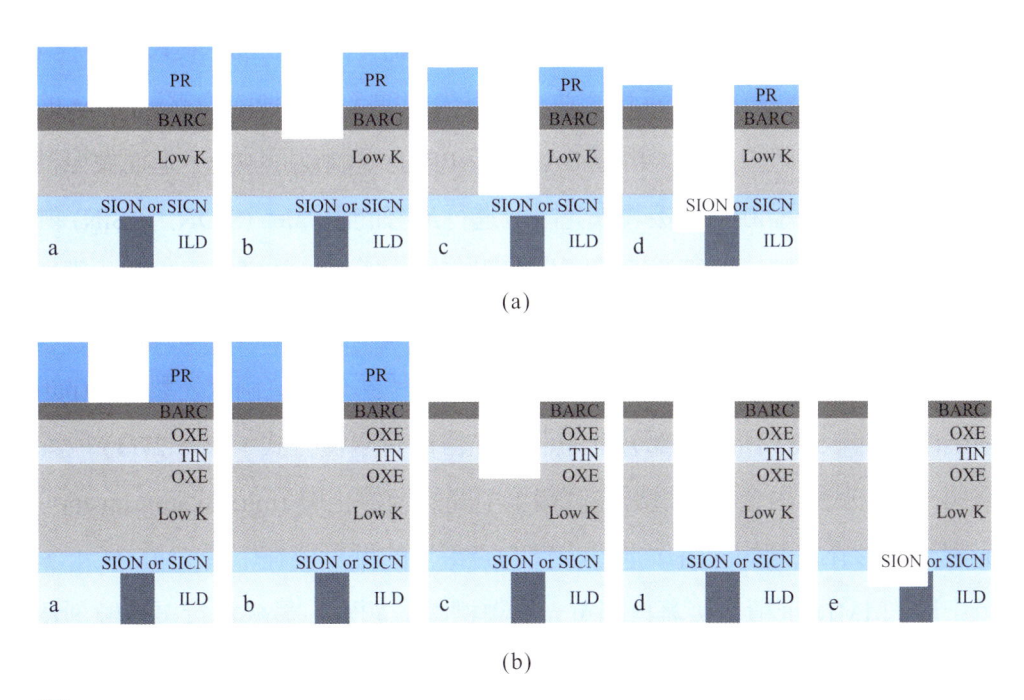

圖 5.25　後段第一道金屬導線概要流程：**(a) PR mask，(b) hard mask**。

反射效果、較佳的薄膜間附著力 (adhesion) /熱應力 (thermal stress)、避免 Low k 材質被損傷，分別在 hard mask 層的上方多墊一層氮氧化矽或氧化矽材料，其餘 IMD 層則與 PR mask 流程相同。而蝕刻的步驟則因 hard mask 的存在，會多一至二道蝕刻；前面這一至二道蝕刻若有掉落的微粒或蝕刻副產物 (by-product)，會增加後續因製程缺陷造成圖形異常 (masking) 的機率。

接下來將介紹依產品設計不同，而有不同層數但重複堆疊的內連線銅製程。

先介紹銅製程內連線中所謂的雙大馬士革渠槽 (dual damascene trench, DD)，此是後段銅製程中最重要的部份，也是提升良率不可不琢磨的法門。它與 SD 製程一樣，主要區分為 PR mask 與 hard mask 兩種製程。首先，針對 PR mask 製程，又可大致分為介電洞優先 (via first) 及渠槽優先 (trench first)。在此說明，有些產品因應用不同，所以對所謂的金屬-氧化層-金屬 (Metal-OXE-Metal, MOM) 間的電容要求甚為嚴謹，因而在 IMD 中間會加上一層所謂的內停止層 (inter stop layer)，既可調整電容，又可在蝕刻製程尚未達到成熟階段時，當成蝕刻停止層，控制最佳的金屬層電阻。

介電洞優先細分為「全介電洞優先」(via first)，如圖 5.26。後段銅製程 (含內停止層)，經內金屬介電層沉積，並上光阻後即進入第一道的介電洞 (via) 的蝕刻，並停在下方的阻障層上，再經 BARC 或 PR 的填洞及回蝕刻，進而做渠槽的曝光顯影，以及渠槽蝕刻，接著去光阻並進行最終的阻障層 (SiON 或 SiN) 蝕刻停在前一層的銅導線，接續清洗相關步驟即完成此種 DD 結構。再來，我們知道有些特殊產品使用較厚的內金屬介電層，為了避免挑戰過深的介電洞蝕刻，而導致蝕刻中斷的結果，有些半導體廠會使用所謂的「部分介電洞優先製程」(partial via first)。如圖 5.27 所示，部分介電洞優先目前有兩種方式。圖 5.27(1) 所顯示的為第一種方式，內金屬介電層先沉積至中間的內停止層 (middle stop layer)，經黃光曝光顯影介電洞的光阻，進行少量的介電洞的蝕刻停在下層的 IMD 上，再進行上層的 IMD 沉積，接著再經黃光的渠槽曝光顯影，最終進行渠槽蝕刻及阻障層 (SiON 或 SiN) 蝕刻。這樣的結構有其簡單的流程優點，但隨著 CD 日漸縮小，薄膜填洞能力已無法將部分介電洞填滿，造成空洞 (void)，因此被限定在尺

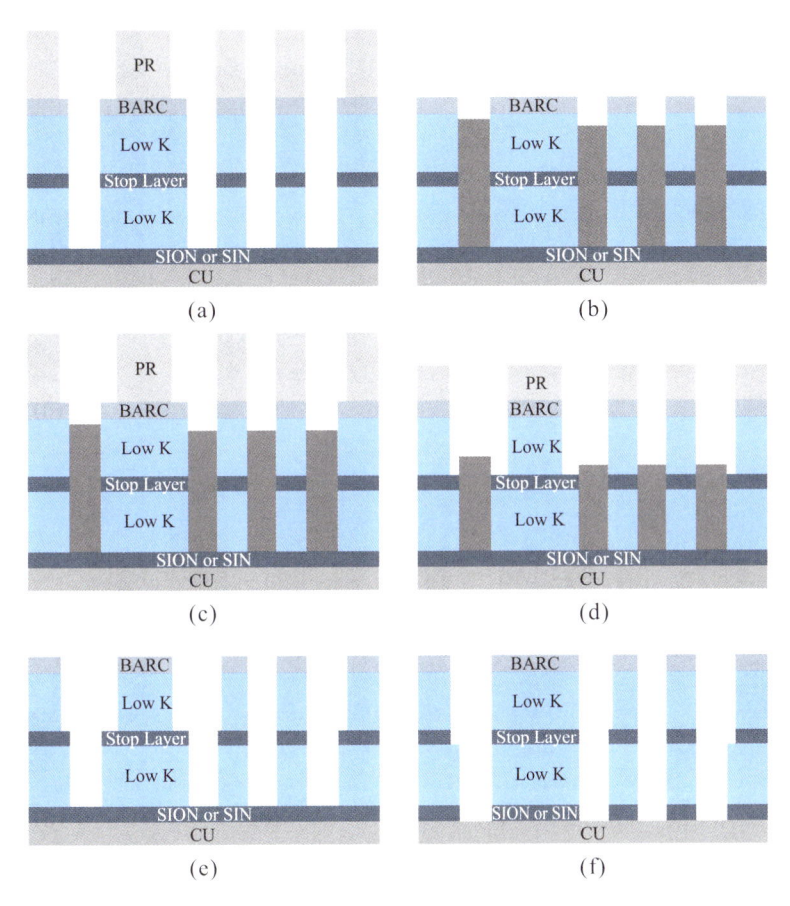

圖 5.26　後段銅製程含內停止層-全介電洞優先。

寸較大的圖形製程上。第二種方式如圖 5.27(2)，內金屬介電層整個沉積完成，經黃光曝顯影介電洞的光阻，進行介電洞蝕刻停在下層的介電層，再經渠槽曝光顯影，進行渠槽蝕刻，並延原介電洞的輪廓向下蝕刻。此結構的優點為不受薄膜填洞能力的限制。

雙大馬士革渠槽製程的渠槽優先 (trench first) 則如圖 5.28 所示，先進行渠槽蝕刻，再填 BARC 並塗佈光阻曝光顯影，最後進行介電洞的蝕刻。其結構與介電洞優先並無太大差異，僅是製程流程的順序不同以及所適用製程能力高低，當填洞之 BARC 越厚，介電洞的蝕刻輪廓越難控制。

緊接著討論的議題，為目前 90 奈米以下，主要半導體業界最常使用的硬式

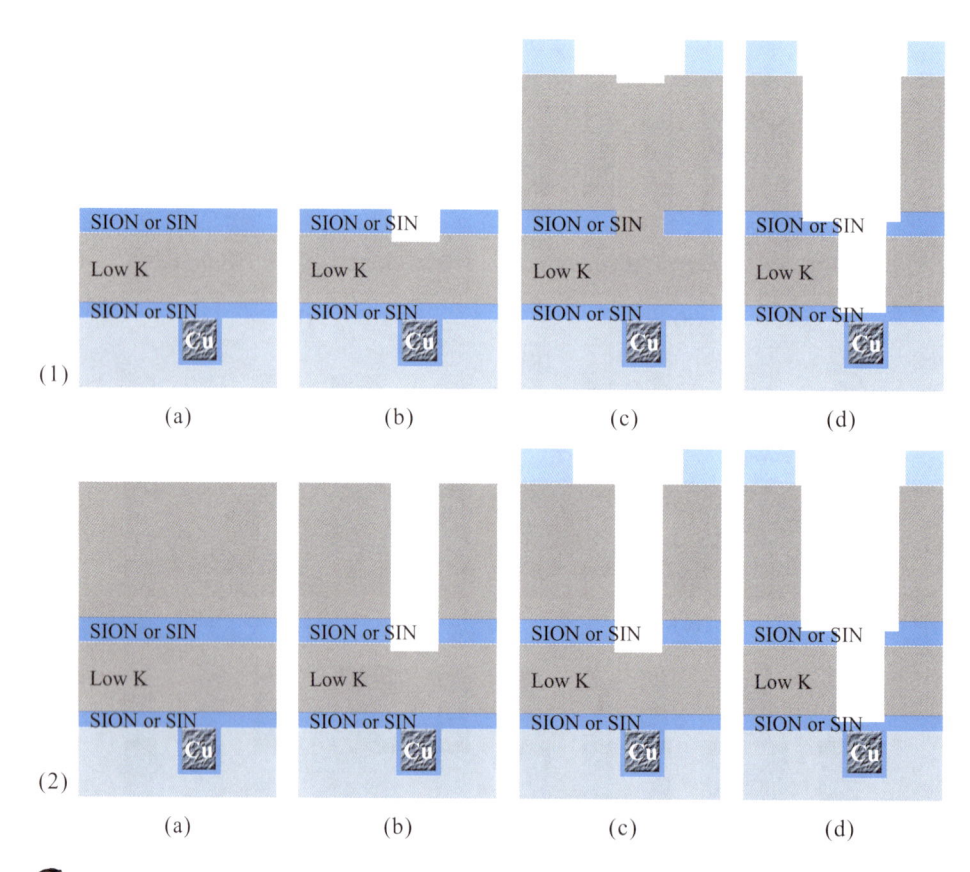

**圖 5.27** 後段銅製程含內停止層-部分介電洞優先 **(1) (2)** 的兩種作法。

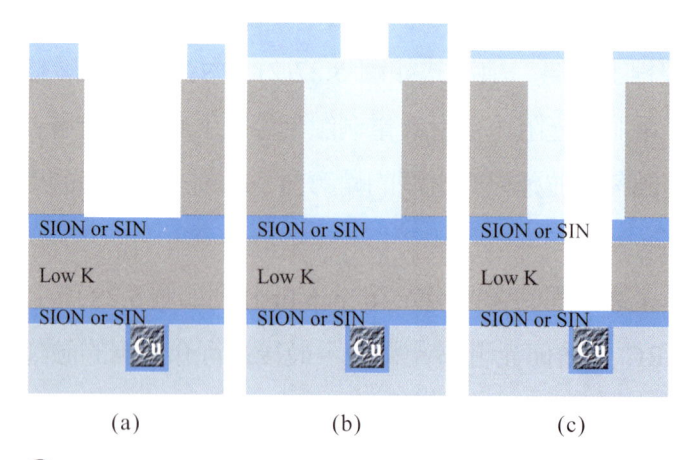

**圖 5.28** 後段銅製程含內停止層-雙大馬士革渠槽的渠槽優先製程。

罩幕 (hard mask) DD 製程，其優點為解決 193 奈米光阻最佳曝光條件時，光阻厚度不足以防止蝕刻電漿的轟擊，且硬式罩幕允許蝕刻作細微的修整 CD 至更小的尺寸。另外，為了減少流程轉換機台，造成無法去除的缺陷，經最上層 hard mask 蝕刻，後續蝕刻所有流程皆在同一機台相同蝕刻腔體或同一機台不同蝕刻腔體，即一般業界所謂的 all-in-one 或 in-situ 製程。如圖 5.29，硬式罩幕製程完成渠槽定義，塗佈 BARC 光阻曝光顯影定義，接著進行部份介電洞蝕刻，光阻去除，渠槽蝕刻，以及蝕刻後處理，清洗流程。此渠槽定義不若表面看起來這般簡單，塗佈 BARC 光阻曝光顯影定義，須考量不同圖形密度 (pattern density)，BARC 會有厚薄差異，此差異延伸至硬式罩幕定義後的深度不同 (均勻度不佳)，影響後續蝕刻的製程能力範圍，如圖 5.30。

以上討論這麼多不同整合起來的光阻罩幕 (PR mask) 製程與硬式罩幕 (hard mask) 製程，是否已經覺得蝕刻製程猶如建築師或雕塑家，每個細節都需要仔細琢磨製作！總之，由以上之先進蝕刻技術的介紹，各位後進可以知道蝕刻真的是一門技術，更是一門藝術，因此需花費非常多之心力來修飾完成元件所要求的圖形 (pattern)。

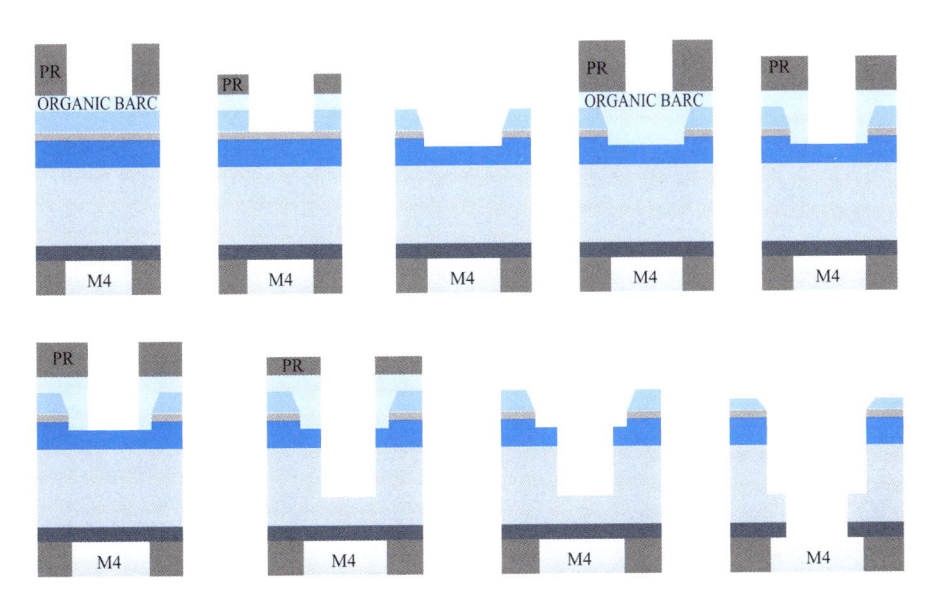

圖 5.29　後段銅製程 (不含內停止層) -雙大馬士革渠槽採用硬式罩幕方式。

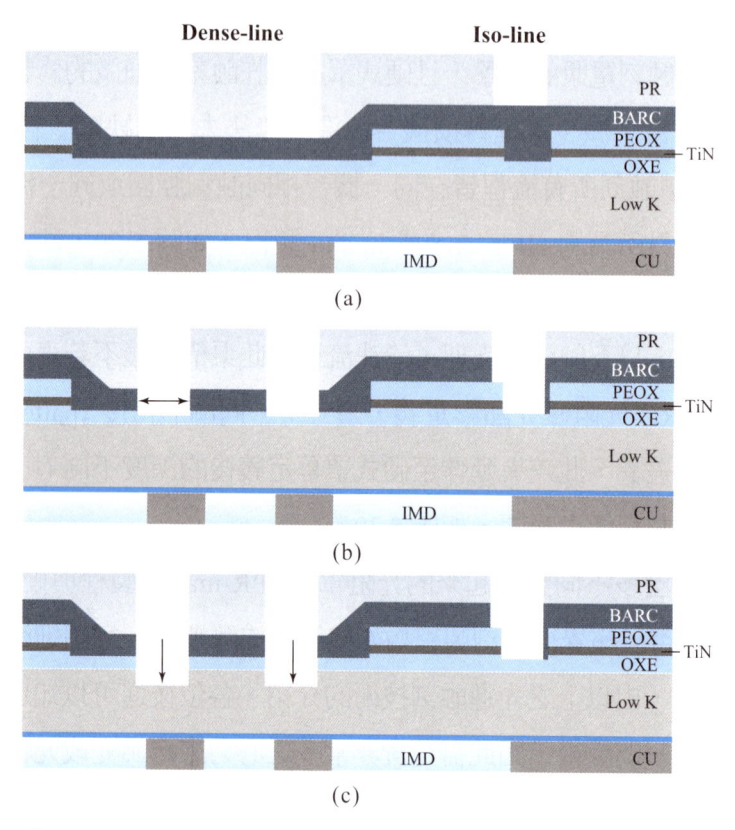

圖 5.30　HM-DD 定義-圖形對 BARC 厚度的影響。

## 本章習題

1. 何謂方向性？爲何在蝕刻製程中需要方向性？
2. 請舉出在乾式蝕刻中，發生蝕刻反應的三種方法。
3. 請敘述乾式蝕刻的物理化學混合的機制。
4. 請討論多晶矽蝕刻的化學氣體。
5. 試描述負載效應及其與蝕刻速率之關係。
6. 試描述高選擇比或低選擇比的含義及其應用？
7. 乾式蝕刻的目的爲何？試比較乾式蝕刻及濕式蝕刻的優缺點？
8. 矽溝槽蝕刻過程中側壁是如何被保護而不被橫向蝕刻影響。
9. 目前先進蝕刻機台主要分爲哪三大功率系統？
10. 先進蝕刻機台功率系統爲求高電漿密度，其頻率主要爲單頻或雙頻？
11. 先進蝕刻清洗機台主要有哪兩種模式？
12. 矽槽蝕刻分爲那兩種？各爲什麼功能？
13. 目前用於先進製程之 CD 量測爲何？有何功用？
14. 先進多晶矽閘極蝕刻主要分爲哪兩類？
15. 高介電常數介電層/金屬閘極依閘極完成先後及複雜度，可分爲哪兩大類？
16. 高介電常數介電層/金屬閘極優先依功能不同可分爲哪四類？
17. 銅製程中之雙大馬士革構造依蝕刻完成先後可分爲哪兩類？
18. 銅製程中之雙大馬士革構造的介電洞優先蝕刻分爲哪兩類？

## 參考文獻

1. H.C Lee, M. Creusen, *et al*. International Symposium on PPID, 1998, pp. 72~75.

2. Qiuxia Xu, Qian He, *et al*. American Vacuum Society, 2003, pp. 2352~2359.

3. Yi Huang, Shan-Shan Du, et al. IEEE, 2008.

4. L.Y.Cheng, C.P.Chen, *et al*. VLSI Tech., 2005, pp. 164~165.

5. Jin-Woo Han, Seong-Wan Ryu, *et al*. IEDM, 2007, pp. 929~932.

6. Jin-Woo Han, Chung-Jin Kim, *et al*. LED, 2009, pp. 544~546.

7. B.B.Ju, S.C.Song, *et al*. IEDM, 2006, pp. 1~4.

8. T.Schram, S.Kubicek, *et al*. VLSI Tech., 2008, pp. 44~45.

9. Wan Sik Hwang, Byung-Jin Cho, *et al*. Journal of Vac. Sci. Tech. B, 2006, pp. 2689~2694.

10. L-A Ragnarsson, T. Schram, *et al*. VTSA, 2009, pp. 49~50.

11. V. S. Basker, T. Standaert, *et al*. VLSI Tech., 2010, pp. 19~20.

12. Heinrich D. B. Gottlob, Thomas Mollenhauer, et al. Journal of Vac. Sci. Tech. B, 2006, pp. 710~714.

13. C. Ren, S. Balakumar, *et al*. LED, 2006, pp. 811~813.

14. Andy Eu-Jin Lim, Dim-Lee Kwong, *et al*. VLSI Tech., 2008, pp. 466~473.

15. Satoshi Kamiyama, Dai Ishikawa, *et al*. IEDM, 2008, pp. 1~4.

16. Seung-Chul Song, Zhibo Zhang, *et al*. TED, 2006, pp. 979~989.

17. Wen-Tung Chang, Tsung-Eong Hsieh, et al. Journal of Vac. Sci. Tech. B, 2007, pp. 1265~1269.

18. M. Kadoshima, T. Matsuki, *et al*. IEDM, 2007, pp. 531~534.

19. P. Majhi, H.C. Wen, H. Alshareef, *et al*. ICICT, 2005, pp. 69~72.

20. C. Ren, D.S.H. Chan, *et al*. ESSDERC, 2006, pp. 154~157.

21. Z.B. Zhang, S.C. Song, *et al*. VLSI Tech., 2005, pp. 50~51.

22. Takashi Matsukawa, Kazuhiko Endo, *et al*. TED, 2008, pp. 2454~2461.

23. H. Yu, J.C. Hooker, *et al*. VLSI-TSA, 2007.

24. T. Matsuki, K. Torii, *et al*. ICMTS, 2004, pp. 105~110.

25. Chi On Chui, Hyoungsub Kim, *et al*. IEEE, 2006.

26. Jemin Park, Chenming Hu, VTSA, 2009, pp. 105~106.

27. Takashi Matsukawa, Kazuhiko Endo, *et al*. LED, 2008, pp. 618~620.

28. C. Ren, H.Y. Yu, et al. LED, 2004, pp. 580~582.

29. Chun-Jen Weng, EDSSC, 2008.

30. H. Struyf, D. Hendrickx, *et al*. IITC, 2005, pp. 30~32.

31. A.W. Topol, D.C. La Tulipe, *et al*. IEDM, 2005, pp. 352~355.

32. Yong Kong SIEW, Janko Versluijs, *et al*. IITC, 2010, pp. 1~3.

33. A. Ikeda, Y. Travaly, *et al*. IITC, 2006, pp. 42~44.

34. Takao Kamoshima, Yasuhisa Fujii, *et al*. TSM, 2008, pp. 573~577.

35. C.N. Yeh, Y.C. Lu, *et al*. IITC, 2003, pp. 192~194.

36. S. Arakawa, I. Mizuno, *et al*. IITC, 2006, pp. 210~212.

37. Soo-Geun Lee, Kyoung-Woo Lee, *et al*. IEDM, 2002, pp. 591~594.

38. J. M. Knecht, D.R.W. Yost, *et al*. IITC, 2005, pp. 104~105.

39. Matthias Uhlig, A. Bertz, *et al*. IEEE Conference, 2001, pp. 250~256.

40. M. A. Worsley, S. F. Bent, *et al*. Journal of Applied Physics 101, 013305, 2007.

# Chapter 6

# High-k 介電層製程 (I)：
# 材料與整合製程

陳鴻文
劉傳璽

## 作者簡介

### 陳鴻文

國立台北科技大學機電整合研究所碩士、博士。現於台北科技大學擔任兼任助理教授。曾任職博士後研究人員、桃園職訓局授課教師、自強工業科學基金會授課教師、Microelectronic Engineering 論文審查委員及 2011 IEEE International NanoElectronics Conference (INEC) 委員會委員。博士論文主題為研究高介電係數薄膜元件的先進製程，元件的電性與物性分析，國際學術論文發表 50 篇，專書審閱 2 本，近年研究著重於高介電係數介電層/金屬閘極的電性與物性分析，以及相關可靠度問題分析。

### 劉傳璽

美國亞歷桑那州立大學電機所博士。現為國立臺灣師大機電系教授，並為國立台北科大奈米矽元件研發中心、明志科大薄膜中心成員。經歷先後包括聯華電子公司經理、美國紐約 IBM 研發部工程師、銘傳大學電子系副教授兼主任兼國際學院學群主任、北科大兼任副教授。曾擔任 IEEE Electron Device Letters, Transactions on Electron Devices, Transactions on Device and Materials Reliability, Journal of the Electrochemical Society, Applied Physics Letters, Journal of Applied Physics, Microelectronic Engineering，與 Progress in Photovoltaics……等國際知名期刊審稿委員。另曾任 2003 & 2004 IEEE/IEDM (國際電子元件會議) 與 2011 IEEE/

INEC (國際奈米電子研討會) 之委員會委員與論文審查委員；2003 IEEE/IRPS (國際可靠度物理研討會) workshop moderator 與 2011 VLSI Technology 論文審查。亦曾受邀任台積電、聯電、聯詠、台灣應材、力晶、漢磊、義隆、華邦、鉅晶、敦南科技、松翰科技、凌陽科技、經濟部工業局、半導體產業協會、清大自強基金會……等之授課老師或專題演講。在學與就業期間曾先後榮獲 Phi Kappa Phi 榮譽學會榮譽會員、聯電績優工程師 (技術突破)、銘傳大學教學特優教師、自強基金會卓越貢獻教師等獎。著作有國際學術論文超過 100 篇、中文書籍 5 本 (專書 2 本、修訂與校閱 3 本)、與中美專利超過 20 件。

## 6.1 前言

　　CMOS 在近 50 年來爲了降低生產成本、提升性能、及增加功能性，一直持續元件的微縮和製程的改善。但隨著元件不斷地微縮，由深次微米進入奈米世代，有一些材料的物理極限，大大地提高了製程的困難度，舉例來說，(1) 閘極氧化層：在 45 奈米以下的製程中，二氧化矽閘極氧化層的厚度將小於 13 Å，由於載子直接穿隧 (direct tunneling) 現象，使得閘極漏電流的情形變得更加嚴重，(2) 多晶矽閘極：現在普遍使用的多晶矽閘極，在偏壓下會形成空乏 (稱爲 poly depletion)，進而造成閘極電容降低 (如同間接增加氧化層的厚度)，爲了避免這個現象，則必須加重摻雜物濃度，但相對地也會由於過多的摻雜物因後續熱製程產生擴散 (稱爲 dopant penetration；特別當摻雜物是硼時，稱爲硼穿透，boron penetration) 到閘極氧化層或矽基底通道區域，造成臨界電壓不穩定與可靠度變差的情形發生。爲了克服以上兩點在新世代製程遭遇的困難，將傳統使用的二氧化矽 (SiO$_2$) 閘極氧化層以高介電係數介電層 (high-k dielectric) 取代，並搭配金屬閘極 (metal gate) 的使用，爲一個普遍認爲可行的解決方法。本章即針對 high-k 介電層材料與金屬閘極間之整合製程，作一個有系統的介紹。

## 6.2 高介電係數介電層的需求與特性

CMOS 特徵尺寸微縮的要求會隨著應用的不同而有所改變，在邏輯晶片的應用中主要可分為三方面：(1) 高性能 (high performance, HP)，如桌上型電腦，(2) 低操作電力 (low operating power, LOP)，如筆記型電腦，(3) 低待機電力 (low standby power, LSTP)，如非智慧型行動電話。

$$I_{D,sat} = \frac{W}{L} \mu C_{ox} \frac{(V_G - V_T)^2}{2} \tag{6.1}$$

(6.1) 式是場效電晶體的驅動電流公式 (飽和模式)，其中提高驅動電流的方式包含：(1) 提高工作電壓，使 ($V_G - V_T$) 這一項變大，但因為要降低功率消耗，所以工作電壓只會降低，不會提高，而且工作電壓也與元件可靠度相關，如果工作電壓太高，將會造成高電場效應，使得元件的使用壽命減短，再者，臨界電壓 ($V_T$) 也不容易降低到 200 (mV) 以下，(2) 提高通道載子遷移率 ($\mu$)，隨著閘極氧化層厚度的減少，遷移率也會變小，所以無法達到提升驅動電流，(3) 增加通道的寬度 ($W$)，可達到提高驅動電流值，但卻使得面積增加，以至於元件密度變低，違反了高密度及降低成本的原則，所以這個方法也不可行。因此由 (6.1) 式可知，唯有縮減通道長度 ($L$) 及增加閘極氧化層的電容值 ($C_{ox}$) 才是提高元件性能及降低成本的最佳方法。在增加閘極介電層的電容值部分有 2 個方法可達成：

**1. 減少閘極介電層厚度 ($t_{ox}$)：**

我們首先考慮傳統閘極氧化層的電容 (忽略量子效應及在矽基板、閘極的空乏效應)

$$C_{ox} = \frac{\kappa \varepsilon_0 A}{t_{ox}} \tag{6.2}$$

如 (6.2) 式所示，當閘極氧化層厚度變小時，閘極氧化層的電容值 ($C_{OX}$) 同時也會變大，近 50 年來微縮的工程皆是用這方法，但直到近 5 年，傳統上慣用的二氧化矽 ($SiO_2$)，在不斷微縮變薄之後，閘極漏電流 (gate leakage current) 也持續大

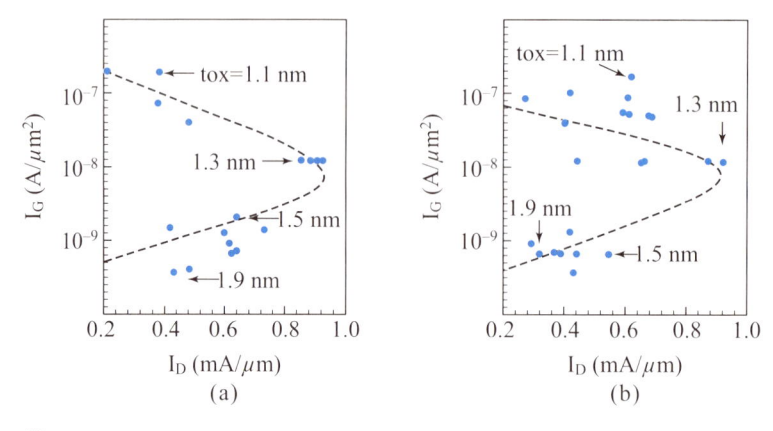

**圖 6.1** 不同通道長度：**(a) 140 nm**、**(b) 70 nm** 的驅動電流和漏電流比較 [1]。

幅升高，造成增加操作時電力的消耗和降低反轉層的電荷量。

如圖 6.1，當閘極介電層薄至 10-12 Å 時，不僅會大幅增加直接穿隧的閘極漏電流，而且也無法獲得更大的驅動電流，這也說明了二氧化矽面臨了本身的物理極限。

**2. 選擇新的介電層材料**

微縮最重要之關鍵因素在於閘極氧化層的縮減，閘極氧化層的材料長久以來皆是使用非晶化的二氧化矽 (amorphous $SiO_2$)，主要是因為非晶化的二氧化矽擁有下列幾項優點：(a) 優異的熱穩定度與電性特性。(b) 與矽基板的界面 (Si-$SiO_2$) 品質非常好，所以在能隙中間 (mid-gap) 的界面缺陷 (interface states) 約可控制在 $10^{10}/cm^2$-eV。(c) 依現今製程技術，可將氧化層陷阱電荷 (oxide trapped charge) 的數量控制在 $10^{10}/cm^2$ 這個數量級。(d) 擁有很高的崩潰電場，約為 15 MV/cm。(e) 極佳的製程相容性，也因為這些熟知的絕佳的特性，所以二氧化矽一直是被使用當作閘極氧化層的材料。

但由圖 6.1 可知二氧化矽面臨了本身的物理極限，亦由 (6.2) 式可知另一方法是選擇 $k$ (介電常數) 值較大的材料。例如，若二氧化矽的厚度為 1 nm，由 (6.2) 式可得到單位電容值為 34.5 $fF/\mu m^2$，因此若使用高介電係數材料，並且使

## 第 6 章　High-k 介電層製程 (I)：材料與整合製程

其等效厚度 (等效於二氧化矽的厚度) 也為 1 nm，則中間的轉換過程如 (6.3) 式所示：

$$\frac{t_{ox}}{\kappa_{ox}} = \frac{t_{high-\kappa}}{\kappa_{high-\kappa}} \quad (6.3)$$

意即若 high-k 的介電常數是 16 的話 (二氧化矽約為 3.9)，則實際上此材料的實際厚度 (或物理厚度，physical thickness) 就算做到 4 nm，也和 1 nm 厚的二氧化矽介電層有相同的氧化層電容與驅動電流，但因 high-k 介電層的實際厚度較厚，所以漏電流就會大幅降低了，再者如果將實際厚度做到 2 nm，則不僅改善驅動電流，同時也改善了漏電流問題，相關示意如圖 6.2 所示。

相對於高性能的微電子處理器的消費市場，近年來，低功率應用元件的市場正在快速發展中，因此對 LOP 和 LSTP 邏輯晶片而言，漏電流的要求是更加嚴格的，其中最主要挑戰之一，就是閘極氧化層的直接穿隧漏電流，因為閘極漏電流會隨著閘極氧化層的實際厚度減少而呈現指數增加。

如圖 6.3 所示，其中電流密度及功率消耗都畫成是閘極電壓的函數圖，15 Å 閘極氧化層 SiO$_2$ 曲線是實際量測的值，high-k 曲線是指使用高介電係數介電層等效於 15 Å 的二氧化矽厚度的特性行為。由圖可知 high-k 介電層可以大幅減少漏電流，所以相當適合應用於低功率的產品。

由上述可知，微縮工程已逐漸遇到瓶頸，面臨這個嚴峻的挑戰，使用高介電係數介電層來取代現行的二氧化矽是可實現的方案，因為在相同的電容值要求

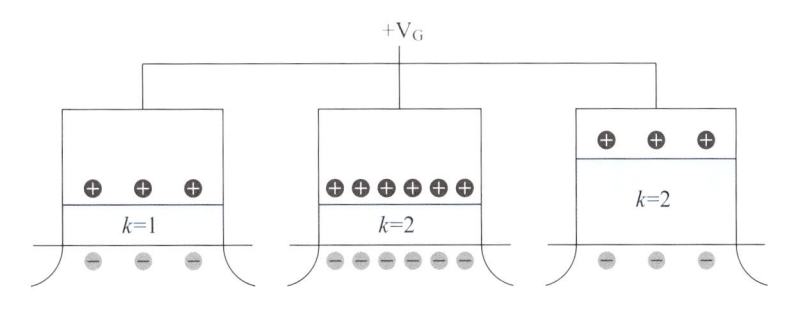

圖 6.2　使用高介電係數介電層的電性行為示意圖 [2]。

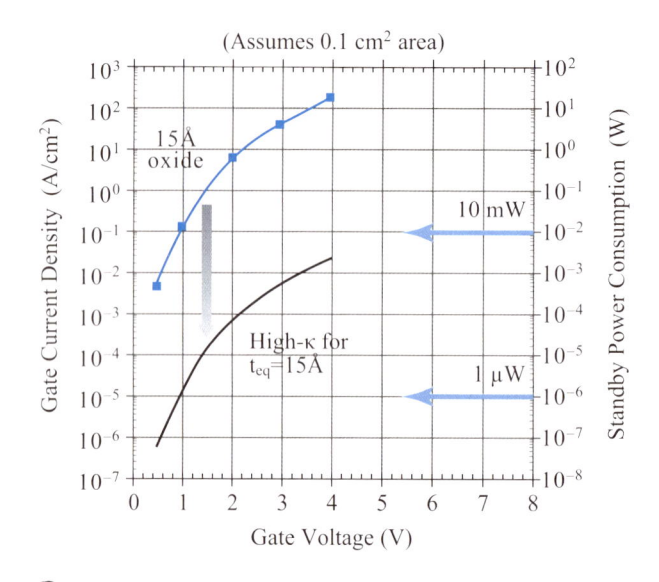

圖 6.3 不同閘極介電層 (二氧化矽和高介電係數材料) 的功率消耗和漏電流比較 [3]。

下,高介電係數介電層的實際厚度可遠大於現行習慣使用的二氧化矽厚度,所以在固定的跨壓下,可降低介電層內的電場強度,進而改善閘極漏電流現象。因此,當二氧化矽的厚度過薄而造成過大的閘極漏電流時,就可使用高介電係數介電層來取代。一般我們所考慮高介電係數介電層的特性與要求,包含如下:(1) 介電常數和導電帶能階差 (band offset, $\Delta E_G$) 大小,(2) 熱穩定問題 (thermal stability),(3) 薄膜形態 (film morphology),(4) 界面品質 (interface quality),(5) 製程整合的相容性 (process compatibility),(6) 閘極相容性 (gate compatibility),(7) 可靠度問題 (reliability)。以下我們將對於這七點加以說明和探討。

## 6.2.1 介電常數和 band offset 大小

選擇比二氧化矽更高的介電常數材料,作為閘極介電層是最基本的條件,但除此之外,能障高度 (barrier height) 也是防止電子從矽基底穿隧到閘極的重要因素,因為直接穿隧造成的漏電流會隨閘極氧化層厚度變薄或是能障 ($\Phi_B$, $\Delta E_G$) 變小時 [4] 呈現指數增加,如 (6.4) 式所示:

# 第 6 章  High-k 介電層製程 (I)：材料與整合製程

$$J_{DT} = \frac{A}{t_{diel}^2} \exp\left(-2t_{diel}\sqrt{\frac{2m^*q}{\hbar^2}\left\{\Phi_B - \frac{V_{diel}}{2}\right\}}\right) \qquad (6.4)$$

其中：A 是常數。

$t_{diel}$ 是閘極氧化層的物理厚度。

$V_{diel}$ 是跨在閘極氧化層的電壓。

$m^*$ 是在閘極氧化層中電子的等效質量 (effective mass)。

$\Phi_B$ 是電子能障高 (即閘極氧化層導帶能階與矽基板導帶能階的差)。

由 (6.4) 式可知，要得到較低的漏電流，除了使用高介電係數介電層增加實際厚度之外，也需要較大的 $\Phi_B$ ($\Delta E_G$) 配合。一般而言，目前製程上要求的$\Delta E_G$ 最小值約為 1 eV，如此才可達到可接受的直接穿隧漏電流值，以此為依據刪除不合適的材料，並針對合適的材料繼續做更深入的研究。圖 6.4 和 6.5 就是統整了許多有關高介電係數介電層在此方面的資訊。由圖中可知，二氧化鉿 ($HfO_2$) 及 Hf-based 的材料均符合此條件，這也是為何近 10 年來 $HfO_2$ 及 Hf-based 的材料一直是熱門的研究對象。

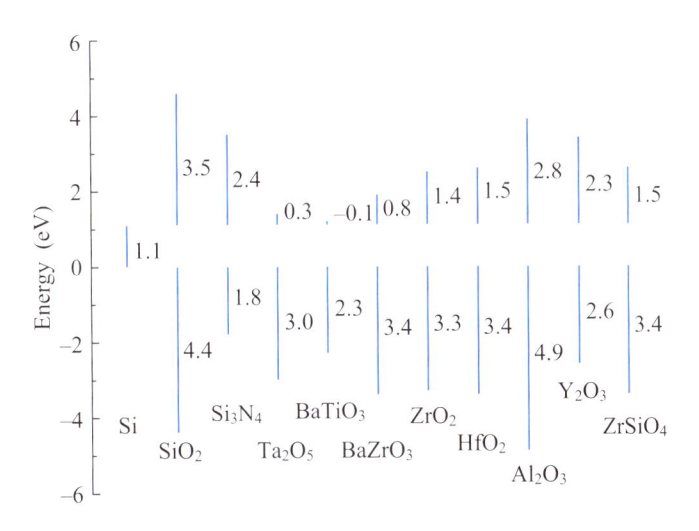

圖 6.4　不同高介電係數介電層材料的 band offset 計算值比較 [5]。

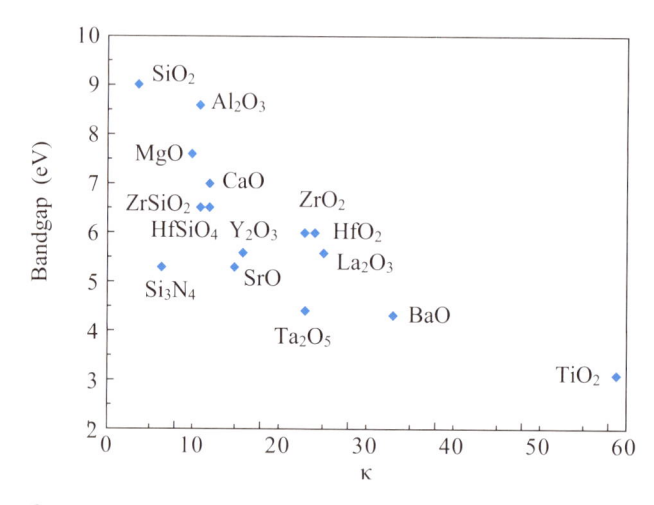

圖 6.5 不同高介電係數介電層材料之介電常數和能隙關係圖 [5]。

## 6.2.2 熱穩定性問題

在矽基板 (Si substrate) 上直接成長高介電係數介電層通常伴隨著許多的擴散或是化學反應，造成高介電係數介電層的特性退化。且在現行的製程技術中，摻雜物的活化溫度約在 900-1050°C，所以高介電係數介電層材料必須要在此溫度下，能穩定的和矽基板結合。因此圖 6.6 就依此觀點，將週期表中能產生氧化物 ($MO_X$)，且在 1000 K 的高溫時，能夠和矽基板穩定結合的元素挑選出來。

除了上述之外，另一選擇就是矽化物 (silicate)，在近年的研究中，可知在非常高的溫度下 (950°C以上)，矽化物依然可以和矽基板做穩定的結合，而目前最有發展潛力的就是矽化鉿化合物 HfSiO 或 HfSiON (註：常用 HfSiO(N) 表示兩者)。

## 6.2.3 薄膜形態

除了上述的熱穩定度問題之外，我們仍需要考慮在經過高溫退火處理後，高介電係數介電層材料的薄膜形態。近年研究指出，絕大多數的高介電係數介電層材料經過高溫退火處理後，會有結晶化 (crystallization) 的情形發生，但在現行

第 6 章　High-k 介電層製程 (I)：材料與整合製程

未被挑選的元素主要原因有三：
(1) 放射性問題
(2) 在 1000 K 下不是固體
(3) $MO_X$ 和 Si 會有不好或是失敗的反應

🌐 圖 6.6　週期表上的元素能產生氧化物 ($MO_X$)，且在 1000 K 的溫度下和矽基板能穩定結合的元素一覽表 [6]。

先進的製程中，非晶化 (amorphous) 的閘極氧化層才是最理想的，因為結晶化的高介電係數介電層有較多的晶粒邊界 (grain boundary)，會導致較高的閘極漏電流 (路徑變多)。此外，晶粒的大小與方向的改變也會造成介電常數變化。

表 6.1 是將近年有潛力的高介電係數材料，在其經過高溫退火後的薄膜形態比較表。由表中可清楚地發現，大多數的高介電係數材料在經過高溫退火後，會有結晶化的情形。不過，還算幸運的是表 6.1 所列的晶相乃高介電係數材料本身的物理特性，而當這些材料要作為超薄閘極介電層來應用時，會因為厚度的減少，使得結晶的情形有些抑制。此外，閘極介電層應用不同的材料組合及熱退火方法，對結晶化的抑制也會有所助益。但實際上，若依現行的先進製程，活化摻雜物的溫度高達 900～1050℃，對多數的高介電係數材料而言，結晶化的現象依然無法解決，所以目前製程中最常用的方法，就是在高介電係數介電層和矽基板中間，加入一層非晶化的界面層 (amorphous interfacial layer)，如 $SiO_2$ 或 SiON，

表 6.1 有潛力的高介電係數材料之重要特性比較 [5, 7, 8]

| 材料 | 介電常數 ($\kappa$) | 能隙 $E_G$ (eV) | $\Delta E_G$ (eV) | 結晶體結構 |
|---|---|---|---|---|
| $SiO_2$ | 3.9 | 8.9 | 3.2 | Amorphous |
| $Si_3N_4$ | 7 | 5.1 | 2.0 | Amorphous |
| $Al_2O_3$ | 9 | 8.7 | 2.8 | Amorphous |
| $Y_2O_3$ | 15 | 6 | 2.3 | Cubic |
| $La_2O_3$ | 30 | 6 | 2.3 | Hexagonal, cubic |
| $TiO_2$ | 80 | 3.05 | 0 | Tetragonal |
| $ZrO_2$ | 25 | 5.8 | 1.4 | Monoclinic/Tetragonal/Cubic |
| $HfO_2$ | 25 | 6 | 1.5 | Monoclinic/Tetragonal/Cubic |
| $ZrSiO_4$ | 11 | 6 | 1.5 | Amorphous |
| $HfSiO_4$ | 11 | 6 | 1.5 | Amorphous |

來改善界面品質，並且同時降低閘極漏電流。

### 6.2.4 界面品質

對高介電係數介電層而言，其與矽基板間的界面層扮演了很重要的角色，甚至決定了高介電係數介電層的重要電特性。對於任何一種有潛力的高介電係數介電層而言，我們都希望其與矽通道 (channel) 有良好的界面品質，甚至可以和傳統使用的二氧化矽匹配，但事實上，這是非常困難的。一般而言，若閘極介電層是二氧化矽，則在矽的能隙中間 (mid-gap) 的界面缺陷 ($D_{it}$) 約為 $10^{10}$ (1/cm²-eV)，而一般高介電係數介電層的界面缺陷約為 $10^{11} - 10^{12}$ (1/cm²-eV) 的等級，甚至更多，而增加出來的界面缺陷會造成平帶電壓 (flatband voltage) 偏移約 200-300 mV 和遲滯現象 (hysteresis)，造成電性的改變，所以如何將高介電係數介電層和矽基板的界面最佳化，是一個相當重要的議題。

如果每個原子的平均配位 (coordination) 數 >3，則界面缺陷密度也會成比例的增加，導致元件的性能退化，如表 6.2 所示。再者，延伸到介電層中的矽化物

### 表 6.2　界面層 (位於介電層和矽基板間) 的平均配位數 [9]

| Material system | Average coordination ($N_{av}$) | Electrical quality |
| --- | --- | --- |
| Si – SiO$_2$ (1.5 molecular layers) | 2.8 | excellent, thermal oxides |
| Si – Si$_3$N$_4$ (1.5 molecular layers) | 3.5 | very poor |
| Si – {SiO$_2$}($t$) – Si$_3$N$_4$ | $t=0.6$ nm: 3.0 | very good |
| $t=$ oxide layer thickness | $t=1.5$ nm: 2.9 | excellent |
| Si – {Si$_3$N$_4$}($t$) – SiO$_2$ | $t=0.4$ nm: 3.3[d] | poor |
| $t=$ oxide layer thickness | $t=0.8$ nm: 3.4 | poor |
| Si – N – SiO$_2$ (1 monolayer (ML)} | 2.8 | excellent |
| Si – (SiO$_2$)$_{0.977}$ (Si$_3$N$_4$)$_{0.023}$ | 2.3 at. % N: 2.8 | excellent |
| Si – (SiO$_2$)$_{0.89}$ (Si$_3$N$_4$)$_{0.11}$ | 11 at. % N: 3.0 | poor |
| Si – TiO$_2$}[a] (1.5 molecular layers) | 4.0 | unreported |
| Si – Ta$_2$O$_5$}[b] (1.5 molecular layers) | 3.5 | unreported |
| Si – Al$_2$O$_3$}[c] (1.5 molecular layers) | 3.6 | unreported |

[a] Average coordination [Ti]$=6$, [O]$=3.0$ [rutile/anatase bonding].
[b] Average coordination: [Ta]$=6$, [O]$=2.4$.
[c] Average coordination: Al$=[4.5]$, [O]$=3.0$ [3:1 ratio of tetrahedral to octahedral sites].
[d] Sample calculation of $N_{av}$ for Si – {Si$_3$N$_4$}($t$) – SiO$_2$: $t=0.4$. Substrate: 1/2 atomic layer: 0.5 atoms, 2 bonds. Interface layer: 1 molecular layer: 7 atoms (Si$_3$N$_4$), 24 bonds. Dielectric film: 1/2 molecular layer: 1.5 atoms (SiO$_2$), 4 bonds. 30 bonds/9 atoms$=N_{av}=3.3$ bonds/atom.

會造成載子遷移率下降 (carrier mobility degradation)。所以，如何避免在通道或是附近產生矽化物是非常重要的。然而，至今所研究的高介電係數介電層與矽基底的界面都存在一個過渡區——界面層 (interfacial layer, IL)，這是我們所不願見到的，此界面層多屬於品質不佳的二氧化矽或是矽化物 (silicate)，而且此界面層的介電常數相對於原本高介電係數的介電層，也是低許多；然而，既然無法避免此界面層的產生，所以目前解決的方法，是在矽基板先成長一層品質較佳的二氧化矽或是氮氧化矽，雖然整體的等效介電常數降低了，但卻可改善界面層的品質，降低界面缺陷的數量，所以這是一個平衡的作法，犧牲一點介電常數換得與矽基板有較穩定的界面層，並且使元件有較佳的電性特性。

## 6.2.5 閘極相容性

如何將高介電係數介電層納入 CMOS 標準製程中,並且能和多晶矽閘極 (poly-Si gate) 製程相容亦是一個重要的議題。就目前製程而言,我們希望多晶矽閘極能繼續延用,因為可以利用摻雜的方法得到 p 型和 n 型場效電晶體所需的臨界電壓 (threshold voltage)。但實際上,由近年的研究可知,如果繼續使用多晶矽當閘極,則會產生下列問題:

**1. 費米能階釘住 (Fermi-level pinning) 的問題**

因為高介電係數介電層和多晶矽閘極的界面會形成大量的缺陷,使得費米能階產生被固定住的問題,導致無法得到理想的臨界電壓,如圖 6.7 所示。

**2. 載子遷移率下降問題**

隨著元件不斷的微縮下,載子遷移率受短通道效應 (short channel effect, SCE) 的影響,不斷的在降低,此外,因為多晶矽閘極是濃摻雜的半導體,而不是真的金屬,所以其內部的電子分佈並不是非常的均勻,造成在整個通道內的載子受到的庫倫力並不平均,導致載子的遷移率下降得更嚴重,如圖 6.8 所示。

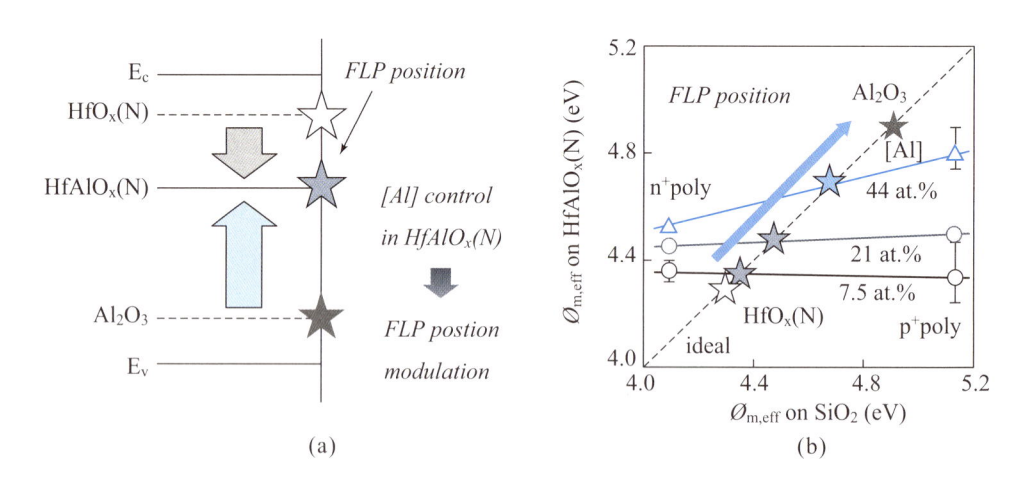

圖 6.7 (a) 費米能階位置調整 (FLP modulation) 示意圖,費米能階的位置會隨高介電係數介電層 (HfAlO$_x$) 的 Al 濃度不同而改變。(b) 使用多晶矽閘極和含有不同 Al 濃度的高介電係數介電層 (HfAlO$_x$),比較其等效功函數 [10]。

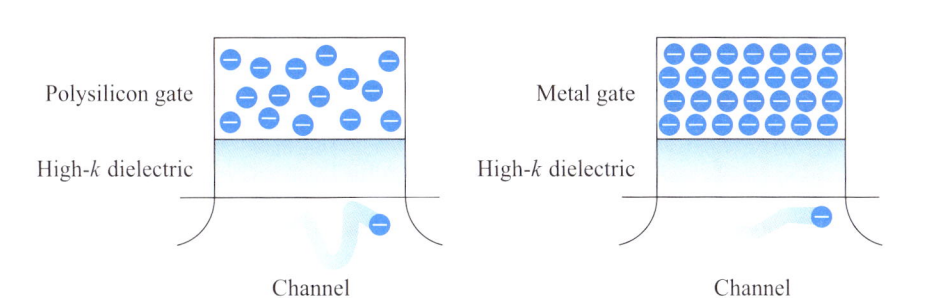

○ 圖 6.8　使用多晶矽閘極和金屬閘極對通道內載子遷移率的影響 [2]。

### 3. 閘極電容值的降低

多晶矽閘極在偏壓下，會因摻雜物空乏，造成閘極電容值的降低。其實這個問題在近年一直存在，只是到了今日，當閘極介電層的等效厚度 (equivalent oxide thickness, EOT) 已經到了 1 nm，此現象已無法忽視。此外，過薄的閘極介電層，在 p 型的場效電晶體 (pMOSFETs) 中，會引起過多的摻雜物 (硼) 因為擴散，穿透至閘極介電層或穿過閘極介電層到矽基板，導致臨界電壓不穩的情形發生。

### 4. RC delay 問題

多晶矽閘極並非是真的金屬，所以阻值相對於真的金屬而言，就會比較高，對高性能元件而言，此現象需加以避免，以利未來之發展。

所以由上述可知，使用金屬閘極來取代現行習用的多晶矽閘極是可以解決許多已存在的問題，如圖 6.10 所示。從近年的研究整理後，利用金屬閘極來取代目前使用的多晶矽閘極的方法可大致分為兩種：(1) 雙金屬閘極與 (2) 單一金屬閘極，如圖 6.9 所示。

### 1. 雙金屬閘極 (dual metals)

由於現行的互補式金氧半導體 (CMOS) 元件，在最佳化時，PMOS 及 NMOS 分別需要不同的金屬功函數 (work function)，所以我們需要兩種不同功函數的金屬，一種金屬的功函數約 4.1 eV，用來製作 NMOS 元件；另外一種金屬

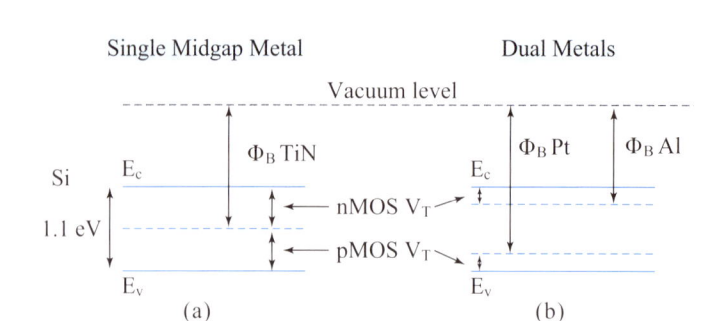

圖 6.9　N/PMOS 元件用 (a) 單一金屬閘極、(b) 雙金屬閘極後的能帶與臨界電壓示意圖 [8]。

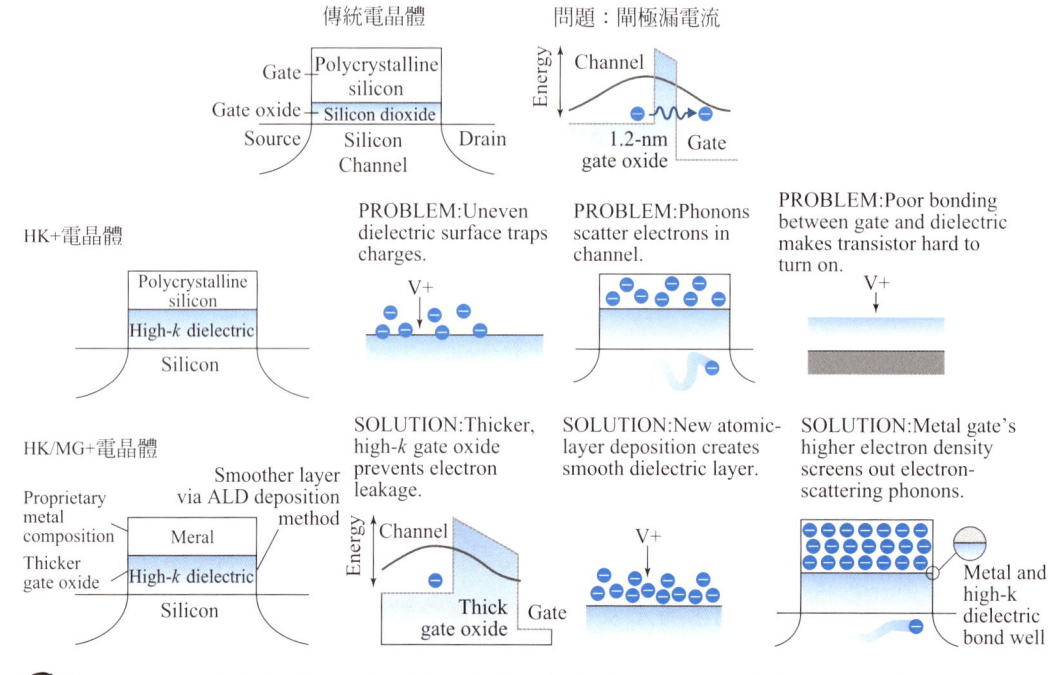

圖 6.10　高介電係數介電層搭配金屬閘極製程，可解決高介電係數介電層和多晶矽閘極製程存在的許多問題 [2]。

的功函數約 5.1 eV，用來製作 PMOS 元件。如圖 6.9(b) 所示，例如在理想狀態下，對 NMOS 元件而言，鋁的功函數可使臨界電壓值達到約 0.2 V；對 PMOS 元件而言，鉑的功函數可使臨界電壓值達到約 −0.2 V。然而這樣的要求，在實際的製程中，會增加製程整合的困難度，同時也會增加晶片製造的成本。

表 6.3　常用的金屬閘極之功函數

| 雙金屬閘極 |||| 單一金屬閘極 ||
|---|---|---|---|---|---|
| NMOS 元件 || PMOS 元件 || N/PMOS 元件 ||
| 金屬閘極 | 功函數 (eV) | 金屬閘極 | 功函數 (eV) | 金屬閘極 | 功函數(eV) |
| Al | 4.13 | $RuO_2$ | 4.9 | TiN | 4.7 |
| Ta | 4.19 | Ir | 5.35 | Co | 4.45 |
| Ma | 4.45 | Pt | 5.65 | Cr | 4.5 |
| Ti | 4.14 | $Mo_2N$ | 5.33 | Ru | 4.68 |
| TaN | 4.05 | TaN | 5.43 | WN | 4.6 |

**2. 單一金屬閘極 (single mid-gap metal)**

若用單一金屬作為閘極，則可應用功函數接近 mid-gap 的金屬材料，如此一來，將可避免像雙金屬閘極提高製程整合的困難度、增加晶片製造的成本。然而，如圖 6.9(a) 所示，當我們使用接近能隙中心的單一金屬閘極時，對 N/PMOS 元件而言，雖然會有較對稱的臨界電壓，但由於功函數很靠近能隙中心，將造成臨界電壓過高的窘境 (因為當功函數很靠近能隙中心時，會分別導致 NMOS 或 PMOS 元件的平帶電壓過正或過負，使得臨界電壓值調整不下來)。

### 6.2.6　製程整合相容性

在決定最後高介電係數介電層的品質及電特性中，有一個很重要的因素：沉積 (deposition) 方式。這些沉積方法必須符合 CMOS 製程流程，成本考量及生產率……等等，以下我們將幾種常見的沉積法做簡單的探討：

**1. 物理氣相沉積法 (physical vapor deposition, PVD)**

PVD 是一個相當快速且便利的方法，PVD 的優點是快速便利和阻值低；PVD 的缺點是在濺鍍的過程中會造成表面的損害、平坦度不佳，所以 PVD 不適合應用在沉積高介電係數介電層，PVD 主要的應用在於沉積金屬層 (metal layer)。

### 2. 化學氣相沉積法 (chemical vapor deposition, CVD)

目前半導體工業中用的 CVD 方法有四種：(a) APCVD (atmosphere pressure CVD)，其優點在於沉積速度快，常使用在沉積未摻雜的矽玻璃 (USG) 和摻雜的氧化物 (PSG、BPSG、和 FSG)。(b) LPCVD (low pressure CVD)，其優點在於沉積速率與源材料氣體的擴散速率及吸附速率較無關，因此可將晶圓集中在一起進行沈積，可節省成本增加產能，而且沉積的薄膜品質相對 APCVD 而言也較佳許多，故此法比 APCVD 更廣泛地應用在氮化矽的沉積和多晶矽閘極的沉積。(c) PECVD (plasma enhanced CVD)，其優點在於沉積的溫度低、階梯覆蓋性佳和沉積快速，因此此法近年廣受歡迎，此法常使用於二氧化矽、摻雜的氧化物或是氮化矽 (如護層，passivation) 的沉積。(d) ALCVD (atomic layer CVD)，此法利用原子鍵結一層沉積完再沉積下一層，利用此方式可以得到最佳的平坦度，且薄膜品質也最好，但因為其沈積方式為一層接續一層，所以非常耗時，這是此法最大的缺點，目前高介電係數介電層的沉積方式多數是利用此法。表 6.4 是此四種沉積方法的優缺點比較。

### 6.2.7 可靠度問題

高介電係數介電層的崩潰 (breakdown) 是一個非常重要的關鍵點，若某一高介電係數介電層都符合 6.2.1 到 6.2.6 節的要求，但在製成元件時，卻無法承受工作時的電場強度，而引發介電層的崩潰，則此材料也是不堪使用。其實文獻上，早在 1998 年，美國 IBM 公司就有專家指出，傳統的二氧化矽介電層在約 2.3 nm

**表 6.4** APCVD、LPCVD、PECVD 與 ALCVD 的比較 [11]

|  | 優　點 | 缺　點 |
|---|---|---|
| APCVD | 沉積溫度低且快速 | 薄膜品質差 |
| LPCVD | 沉積品質佳 | 高溫操作、沉積速率低 |
| PECVD | 階梯覆蓋性佳、沉積快速且低溫 | 成本高、應力大 |
| ALCVD | 沉積的薄膜品質最佳 | 低產能、成本高 |

的厚度時,將面臨 10 年使用壽命 (lifetime) 的挑戰,如圖 6.11 所示。(註:一個介電層的使用壽命若要大於 10 年,首要條件為其韋伯斜率需大於 1,表示介電層的品質是沒有問題的!)

因此,了解各種有潛力的高介電係數材料的電場強度相當重要。圖 6.12 顯示了介電常數 ($\kappa$) 和介電層崩潰電場 ($E_{bd}$) 的關係,兩者大約呈現 $(\kappa)^{-1/2} \sim (E_{bd})$ 的關係 [13]。基本上,介電常數較高的介電層有較低的崩潰電場。

此外,電場加速因子 (electric-field-acceleration parameter, $\gamma$) 對時間相依介電層崩潰 (time-dependent-dielectric-breakdown, TDDB) 而言,是非常重要的,因為 $\gamma = P_0(2+\kappa)/3k_BT$,其中 $P_0$ 是分子的偶極矩,$\kappa$ 是介電常數,$k_B$ 是波茲曼常數 (Boltzmann's constant),$T$ 是絕對溫度。所以當介電常數變大時,電場加速因子也隨之增加,而如圖 6.13 所示,導致崩潰電場變小。表 6.5 整理了一些高介電係數介電層之介電常數與崩潰電場間的數值比較。

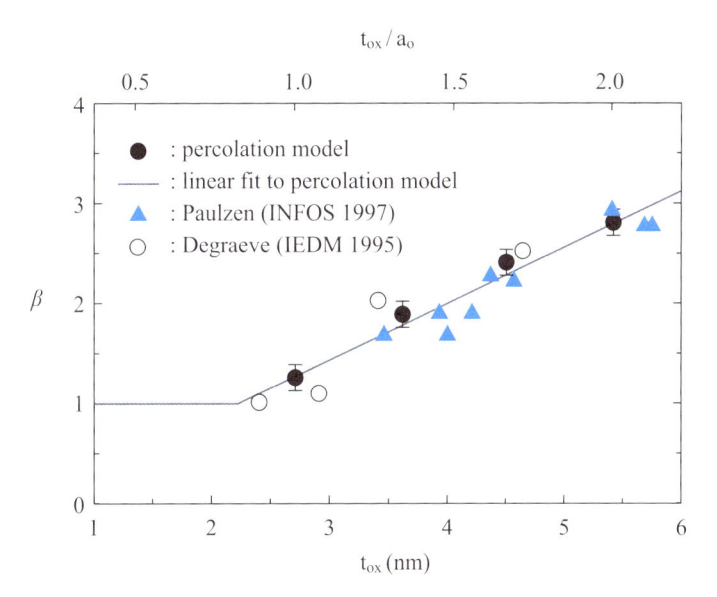

**圖 6.11** 韋伯斜率 (Weibull slope, $\beta$) 和氧化層厚度比較 [12]。

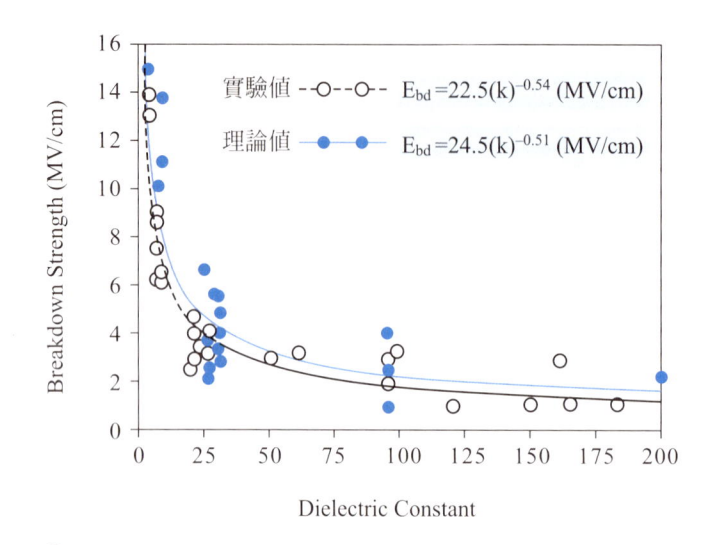

圖 6.12　介電常數 ($\kappa$) 和介電層崩潰電場 ($E_{bd}$) 的比較 [13]。

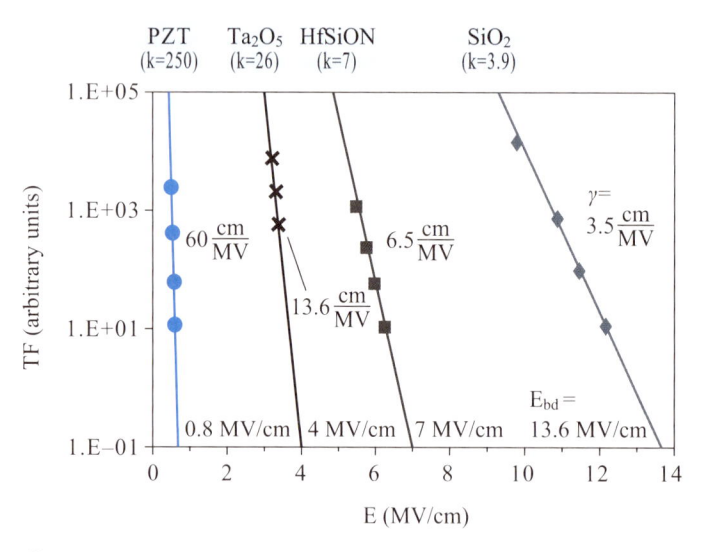

圖 6.13　TDDB、介電常數和崩潰電場三者比較關係 [13]。

表 6.5　一些高介電係數介電層之崩潰電場比較 [13]

| 材料 | 介電常數 | 能隙 (eV) | $\Delta E_G$ (eV) | 崩潰電流 (A/cm$^2$) | 崩潰電場 (MV/cm) | 崩潰參考值 |
|---|---|---|---|---|---|---|
| SiO$_2$ | 3.9 | 9 | 3.1 | 10 | 14.0 | 12 |
| SiO$_2$ | 3.9 | 9 | 3.1 | 3 | 13.1 | 11 |
| Si$_3$N$_4$ | 6.3 | 5.3 | | | 6.3 | 13 |
| Si$_3$N$_4$ | 6.7 | 5.3 | 2.1 | 1 | 8.7 | 14 |
| Si$_3$N$_4$ | 7.1 | 5.3 | | | 7.6 | 13 |
| Si$_3$N$_4$ | 7.1 | 5.3 | 2.7 | 4 | 9.2 | 15 |
| Al$_2$O$_3$ | 8.5 | 8.8 | 2.8 | 1 | 6.2 | 16 |
| Al$_2$O$_3$ | 8.5 | 8.8 | 2.8 | 1.00E-01 | 7.2 | 17 |
| HfO$_2$ | 21.0 | 6 | 4 | 2.00E-01 | 4.7 | 18 |
| HfO$_2$ | 21.0 | 6 | 3.15 | 5.00E-02 | 4.0 | 19 |
| HfO$_2$ | 21.0 | 6 | 2.5 | | 3.0 | 18 |
| Ta$_2$O$_5$ | 19.0 | 4.4 | | | 2.5 | 20 |
| Ta$_2$O$_5$ | 19.0 | 4.4 | 1.3 | 1.00E-02 | 6.0 | 21 |
| Ta$_2$O$_5$ | 23.4 | 4.4 | 1.3 | 1.50E-02 | 3.5 | 22 |
| Ta$_2$O$_5$ | 26.0 | 4.4 | 0.36 | 1.00E-05 | 3.2 | 23 |
| Ta$_2$O$_5$ | 26.0 | 4.4 | 2.65 | 6.00E-05 | 4.2 | 25 |
| La$_2$O$_3$ | 26.8 | 6 | 2.3 | 1 | 4.2 | 24 |
| ZrO$_2$ | 29.0 | 5.8 | 2.5 | | 3.8 | 26 |
| Pr$_2$O$_3$ | 31.0 | | | | 4.0 | 27 |
| TiO$_2$ | 60.0 | 3.1 | 1.7 | 1.00E-02 | 3.2 | 28 |
| TiO$_2$ | 95.0 | 3.1 | 1.7 | | 3.0 | 29 |
| TiO$_2$ | 95.0 | 3.1 | 1.7 | | 2.5 | 29 |
| TiO$_2$ | 95.0 | 3.1 | 1.7 | | 2.0 | 29 |
| TiO$_2$ | 95.0 | 3.1 | 1.7 | | 1.0 | 29 |
| SrTiO$_3$ | 50.0 | 3.3 | | | 3.0 | 30 |
| SrTiO$_3$ | 98.0 | 3.3 | | | 3.3 | 30 |
| SrTiO$_3$ | 120.0 | 3.3 | 1.75 | 1.00E-05 | 1.0 | 31 |
| SrTiO$_3$ | 150.0 | 3.3 | 1.75 | 4.00E-05 | 1.1 | 31 |
| SrTiO$_3$ | 161.0 | 3.3 | | | 2.9 | 30 |
| SrTiO$_3$ | 165.0 | 3.3 | 1.75 | 2.00E-05 | 1.1 | 31 |
| SrTiO$_3$ | 183.0 | 3.3 | 1.75 | 1.00E-05 | 1.1 | 31 |

## 6.3 高介電係數介電層的元件製程

因為高介電係數材料在高溫退火後，會有結晶的問題，引發過高的閘極漏電流，並且在先進的製程中，傳統使用的多晶矽閘極將被金屬閘極所取代，但因為金屬閘極的熔點絕大多數比多晶矽低，因此也無法承受活化摻雜物質時的高溫退火(約 900-1050 ℃)，因此高介電係數介電層的元件製程，可大略分為兩類：(1) 閘極先製製程 (gate first)，及 (2) 閘極後製製程 (gate last)。兩者的區分在於，若是閘極製作完成後，再執行活化摻雜物的高溫退火，則屬於現在使用的閘極先製製程；反之，所謂的閘極後製製程，指的就是先完成元件的汲/源極區域離子植入、高溫退火活化後，再製作金屬閘極。

### 6.3.1 閘極先製製程 (gate first)

高介電係數介電層/金屬閘極 (HK/MG) 製程技術中的閘極先製製程，和目前的先進製程方法是類似的，最大不同之處在於常用的閘極氧化層由高介電係數介電層取代二氧化矽、金屬閘極取代多晶矽閘極和加入一層用來調整功函數的金屬薄膜，此薄膜的用意在於使 NMOS 元件的金屬功函數達到約 4.1 eV。反之，使 PMOS 元件的金屬功函數達到約 5.1 eV，如此方可得到理想的臨界電壓和表面通道 (surface channel)，整個製作流程如圖 6.14 所示。此法最大的優點在於和目前的製程技術相容度高，比起閘極後製製程，成本也較為節省，其中 IBM 在 45 nm 和 32 nm 的節點技術，即是利用此法，其方法為在 PMOS 上覆蓋一層氧化鋁 (AlOx) 薄膜，和在 NMOS 上覆蓋一層氧化鑭 (LaO) 薄膜，用來得到理想的臨界電壓。但是這種製程有熱穩定性的麻煩，導致產生臨界電壓漂移 (threshold voltage shift)，尤其是對 PMOS 而言，更是嚴重。所以閘極先製製程技術不利於運用於高性能的元件，但若是對 LSTP 的應用，則是很好的製程方法。

### 6.3.2 閘極後製製程 (gate last)

閘極後製製程，主要是在 2007 年，由 Intel 發表 45 nm 的 HK/MG 製程技術

第 6 章　High-k 介電層製程 (I)：材料與整合製程　　195

| 基本製程步驟 | 製程示意圖 | 製程重點 |
|---|---|---|
| 1. 沉積 HK<br>2. 沉積 WF1 (nMOS)<br>3. 沉積 MG1 (nMOS) | 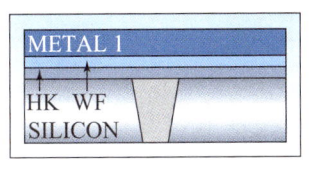 METAL 1<br>HK　WF<br>SILICON | 1. WF1 薄膜厚度 <1 nm<br>2. MG1 薄膜對氧缺陷很敏感 |
| 1. 形成 MG1, WF1 (nMOS)<br>2. 沉積 WF2 (pMOS)<br>3. 沉積 MG2 (pMOS) | 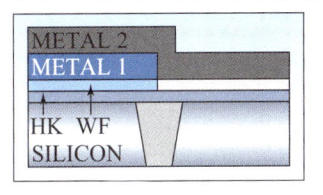 METAL 2<br>METAL 1<br>HK　WF<br>SILICON | 1. WF2 薄膜厚度 <1 nm<br>2. MG2 薄膜對氧缺陷很敏感 |
| 1. 沉積和 CMP 多晶矽<br>2. 形成閘極 | 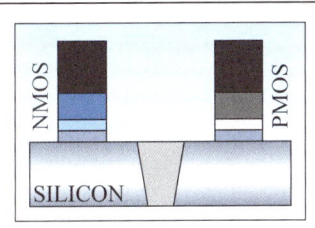 NMOS　PMOS<br>SILICON | 1. 浸潤式微影<br>2. 蝕刻選擇比<br>3. 殘留的 WF 去除 |
| 1. 離子佈植<br>2. 高溫退火活化<br>3. 沉積 ILD，蝕刻 contacts | 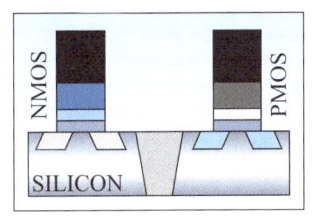 NMOS　PMOS<br>SILICON | 1. 高溫退火對 HK 和 WF 薄膜影響 |

圖 6.14　閘極先製製程的流程示意圖 [14]。(其中縮寫，HK：高介電係數介電層，MG：金屬閘極，WF：調整功函數的金屬薄膜)

時所引入的新製程方法。此法最大的優點，在於避免高溫退火下 (摻雜活化)，引起低熔點的金屬閘極熔化和高介電係數介電層結晶化的問題，因此利用此法得到的元件，其性能與漏電流情形都較佳，缺點在於需要多次化學機械研磨步驟，以及成本亦較閘極先製製程技術高，整個閘極後製製程的方法如下 [15]，製作流程示意圖如圖 6.15。

1. 淺溝槽隔離 (STI)，對井區結構 (wells) 與臨界電壓調整 ($V_T$ adjustment) 進行植入 (implants)。

| 基本製程步驟 | 製程示意圖 | 製程重點 |
|---|---|---|
| 1. 沉積 HK<br>2. 沉積多晶矽假閘極 (dummy gate) | 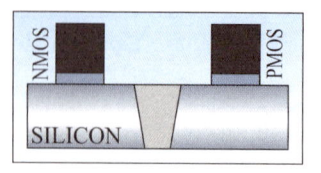 | 1. 浸潤式微影<br>2. 不用 WF |
| 1. 源/汲極離子佈植<br>2. 高溫退火<br>3. 沉積和 ILD CMP | 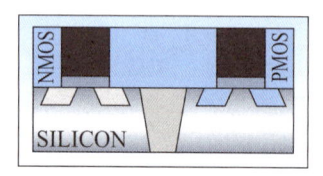 | 1. 源/汲極的應力控制 |
| 1. 蝕刻掉假閘極<br>2. 微影和沉積 nMOS MG1<br>3. 微影和沉積 pMOS MG2 | 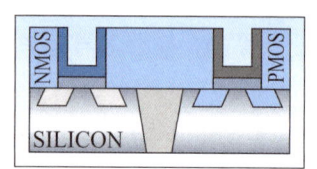 | 1. 蝕刻選擇比 |
| 1. 填充 MG3<br>2. CMP MG3 | 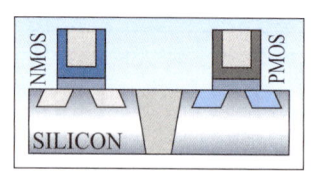 | 1. CMP 有時需要用到假結構 (dummy structures) |

圖 6.15　閘極後製製程的流程示意圖 [14]。(其中縮寫，HK：高介電係數介電層，MG：金屬閘極，WF：調整功函數的金屬薄膜)

2. 高介電常數介電層與多晶矽沉積。
3. 微影與閘極蝕刻。
4. 源/汲極延伸 (S/D extensions) 植入、側壁 (spacer)。
5. 源極/汲極 (Source/Drain) 植入。
6. 多晶矽打開 (poly open) CMP 製程、多晶矽蝕刻。
7. PMOS 功函數金屬 (work-function metal) 沉積。
8. 金屬閘極微影與蝕刻。
9. NMOS 功函數金屬沉積。
10. 金屬閘極填充 (metal gate fill) 與化學機械研磨。

Intel 最近在 32 nm 製程節點上，將以上流程做了部分修改。其改變在於移除多晶矽假閘極後，才沉積高介電係數介電層，之後再沉積金屬閘極。如此一來，即可改善元件的可靠度與載子遷移率。此外，聯華電子公司 (UMC) 於 2009 年發表了一個複合式的高介電係數介電層與金屬閘極製程，其中 nMOSFETs 採用閘極先製製程，而對 pMOSFETs 則採用閘極後製製程。此方法的好處在於可克服閘極先製製程時，pMOSFETs 的臨界電壓會有過高的問題，同時也適度簡化閘極後製製程所需的多次 CMP 步驟與雙重金屬閘極沉積。目前在 32 nm 節點以下的製程，主流的製程技術是使用閘極後製製程。

綜合以上可知，目前主要的 HK/MG 製程中，是在高介電係數介電層和矽基底中間，先沉積一層品質較佳的 SiO(N) (約為 0.5 nm) 作為界面層，再利用 ALCVD 沉積高品質之高介電係數介電層，之後再加入調整功函數的金屬薄膜 (gate first)。對 NMOS 元件就是 LaO 薄膜；對 PMOS 元件，則是加入 AlO 薄膜。而金屬閘極目前的主流材料是 TiN，最後再沉積多晶矽作為覆蓋層。但當製程技術發展到 22 nm 以下時，為了達到更好的元件性能，元件的結構將由傳統的平面式閘極轉變成為如鰭式電晶體 (FinFET) 或三重式閘極 (Tri-gate) 等等。這些三維 (3-D) 的元件對於 HK/MG 的製程選擇會帶來很大的影響。也有可能為了避免過度依賴複雜的化學機械研磨製程，這可能也會使得閘極先製製程再度成為主流製程技術。

## 6.4 高介電係數介電層/金屬閘極元件的物理和電性特性

由 6.2 和 6.3 節整理後，在文獻中，高介電係數介電層是以鋯為基礎的材料 (Zr-based) 和以鉿為基礎的材料 (Hf-based) 最有發展潛力 [17-27]，以下就其物理和電性特性加以說明。

### 6.4.1 二氧化鋯 ($ZrO_2$) 介電層

$ZrO_2$ 介電層在文獻上可知其有許多的優點，如大的能隙 (5.16~7.8 eV)[8]、

高的介電常數 (~25)[8] 和高的崩潰電場強度 (> 5 MV/cm) 等等 [16]。圖 6.16 和 6.17 即是以二氧化鋯為介電層的元件表現的電特性 [17]。由圖 6.17 可發現，次臨界擺幅 (subthreshold swing) 約為 117 mV/dec，這表示有大量的界面缺陷存在 ($D_{it}$ ~ 7.4 × $10^{12}$ cm$^{-2}$ · eV$^{-1}$)，這個數量級是傳統二氧化矽的 100 倍左右，而大量的界面缺陷會引起漏電流問題、載子遷移率下降和可靠度問題。就目前文獻上可知，$ZrO_2$ 介電層的兩個問題在於結晶溫度太低和容易與矽基板形成品質不佳且較厚的界面層 (interfacial layer, IL)。一個解決的方法是摻雜鑭 (La)，如此可有效地抑制這兩個缺點，如圖 6.18 所示。

圖 6.18(a) 顯示純的 $ZrO_2$ 在經過 650°C 的高溫退火後，有厚的界面層成長以及介電層已呈現出明顯的結晶；然而，如圖 6.18(b) 所示，在 $ZrO_2$ 中摻入鑭 (以 ZrLaO 表之) 在經過 850°C 的高溫退火後，成長的界面層較薄，而且介電層仍然為非晶態。

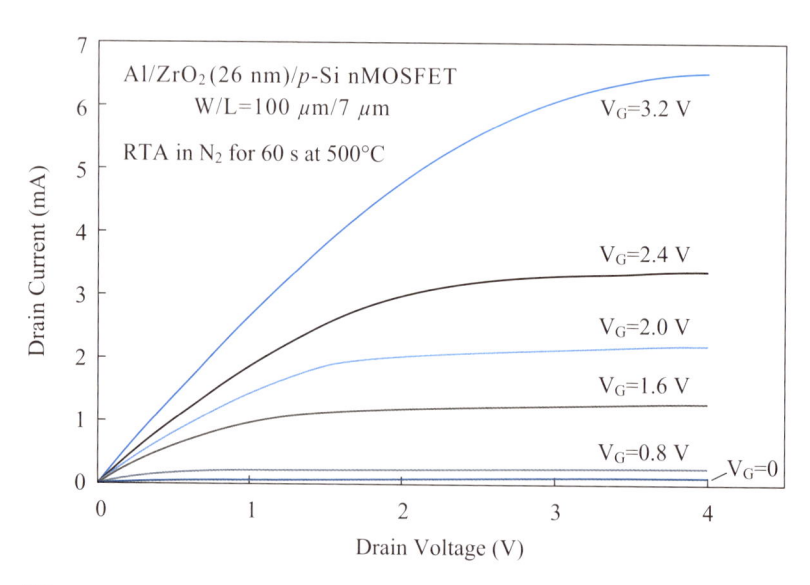

圖 6.16 以二氧化鋯為介電層的元件，所表現的電特性 ($I_{DS}$-$V_{DS}$)[17]。

第 6 章　High-k 介電層製程 (I)：材料與整合製程　　199

圖 6.17 以二氧化鋯為介電層的元件，所表現的電特性 ($I_{DS}$-$V_{GS}$)[17]。

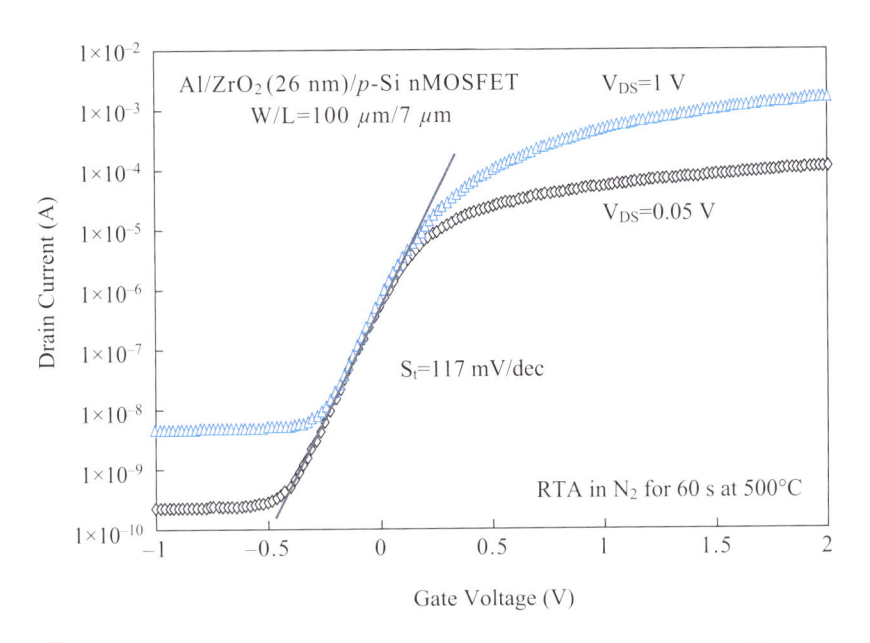

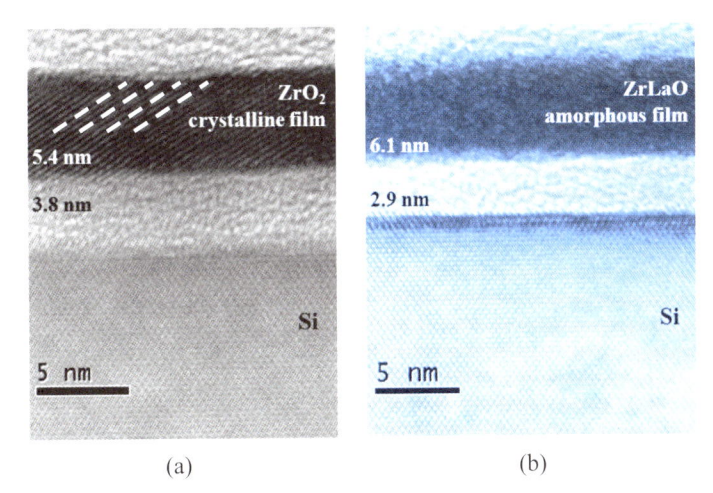

圖 6.18 (a) $ZrO_2$ 在高溫退火 (650°C) 後的 TEM 橫切面圖，(b) ZrLaO 在高溫退火 (850°C) 後的 TEM 橫切面圖 [18]。

## 6.4.2 二氧化鉿 (HfO₂) 介電層

另一有潛力的材料即是二氧化鉿 (HfO₂)，HfO₂ 介電層有符合所需的高介電常數 (~30)、可接受的能隙 (~6.0 eV)、好的熱穩定性、高的 band offset (理論 $\Delta E_G$ ~1 至 1.5 eV，但會受製程影響而下降，如圖 6.19 所示)，及不錯的崩潰電場強度等優點 [5-8]。

但 HfO₂ 介電層有二個主要的缺點，就是結晶溫度低 (約 700 ℃)，如圖 6.20 所示 [20]，還有 Fermi-level pinning 引起臨界電壓過高的問題。為了解決

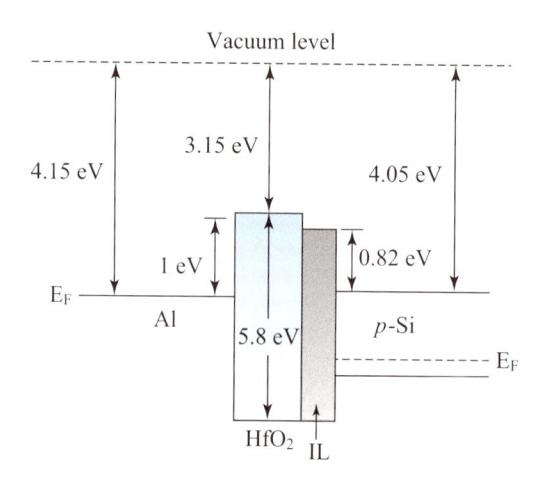

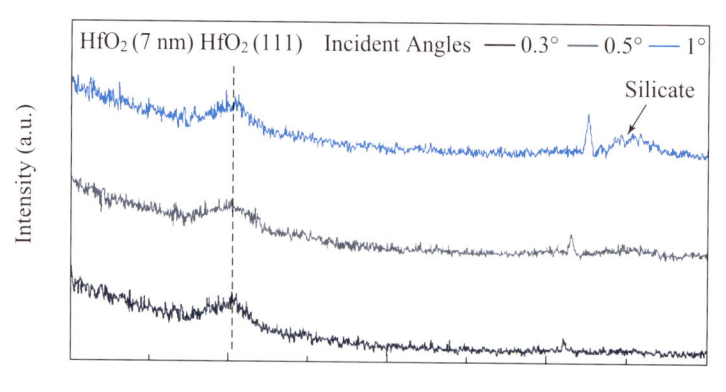

圖 6.19　Al-HfO₂-Silicon 系統的能帶圖 [19]。

圖 6.20　HfO₂ 介電層在 850℃ 高溫退火後的 XRD 圖 [20]。

這兩個問題，目前常看到的方法有：對 nMOSFET 摻雜鑭 (即形成 HfLaO)，對 pMOSFET 摻雜鋁 (即形成 HfAlO)，或是使用 Hf-silicate，後面將一一介紹。

### 6.4.3 Hf-silicate 介電層

IBM 是第一家利用 Hf-silicate，如 HfSiO(N) 介電層搭配金屬閘極成功結合閘極先製製程方法，製作出 45 nm 的 LSTP 元件。雖然 HfSiO(N) 介電層的介電常數 (約 8-15，視矽和鉿的比例而變) 相對於 $HfO_2$ 介電層來得低，但 HfSiO(N) 介電層卻擁有較高的結晶溫度 (≥900℃)，可輕易納入現行的閘極先製製程技術。圖 6.21 顯示 HfSiOH 作為介電層，比 $SiO_2$ 與 $HfO_2$ 有較好的 $J_g$-EOT 特性；圖 6.22 則顯示 HfSiON 的轉移特性與載子遷移率。

然而如上所述，Hf-silicate 介電層的介電常數相對於其他的高介電係數材料而言，其實是比較低的，所以發展也比較受限，因此 Hf-silicate 介電層多利用在 LSTP 或 LOP 元件上，而非在高性能元件上。而且，若是元件持續微縮到 22 nm 或是 14 nm 以下，則也有可能遇到材料本身物理極限的瓶頸。

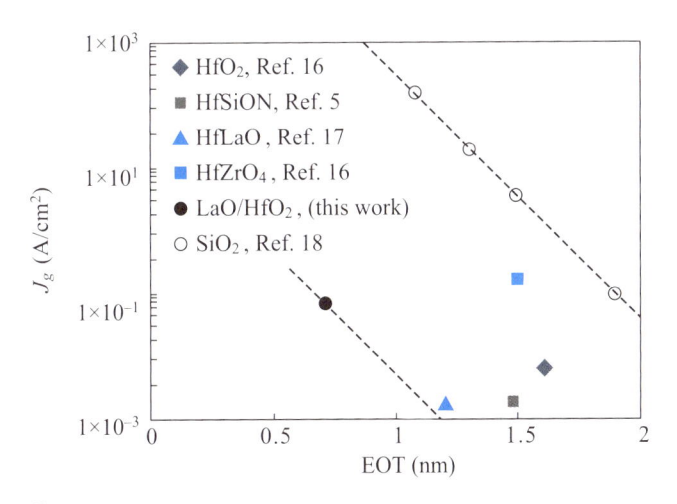

圖 6.21　Hf-based 介電層的閘極漏電流和等效厚度比較圖 [21]。

圖 6.22　以 HfSiO(N) 為介電層的元件，所表現的電特性 ($I_{DS}$-$V_{GS}$)[22]。

## 6.4.4　HfLaO 介電層

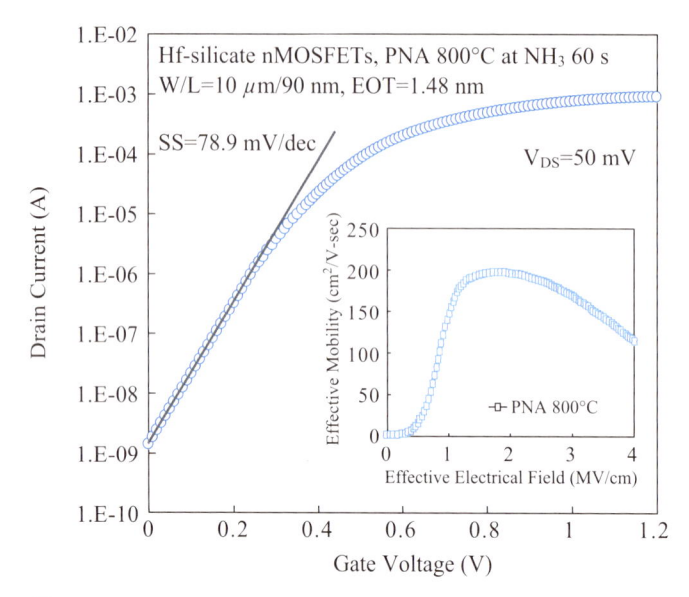

為了高性能元件的需求，近年文獻上可發現最多的研究集中在 HfLaO 介電層，因為當 La 摻雜到 $HfO_2$ 介電層中時，因高溫退火後，擴散至 high-k/$SiO_2$ 的界面形成偶極矩 (dipole moment)，如此一來，可達到 $\Delta E_G$ 的偏移 (意即如同調整了閘極的等效功函數)，能使得臨界電壓下降，較接近欲調整的理想值，如圖 6.23 和 6.24 所示。圖 6.25 顯示出利用變溫的量測方式得到 TaC 閘極與 HfLaO 介電層的能障約為 1.21 eV。

此外，$HfO_2$ 介電層的另一缺點就是結晶溫度太低，經過鑭的摻雜後，便可以提高介電層的結晶溫度，如圖 6.26 所示。也因為鑭的摻雜有如此多的優點，所以現今許多的 nMOSFETs 元件 (高性能) 就是將氧化鑭 ($La_2O_3$) 作為 high-k 介電層的覆蓋層 (調整功函數的金屬薄膜)，如 6.3 節所述。

第 6 章　High-k 介電層製程 (I)：材料與整合製程

◉ 圖 6.23　偶極矩對平帶電壓 (flatband voltage) 偏移的示意圖 [23]。

◉ 圖 6.24　有摻雜 La 和沒有摻雜 La 的元件都有相同的次臨界擺幅，而其中臨界電壓的偏移就是偶極矩的影響 [23]。

◉ 圖 6.25　TaC/HfLaO/p-Si 結構的能帶示意圖 [21]。

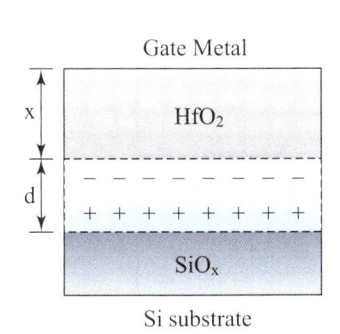

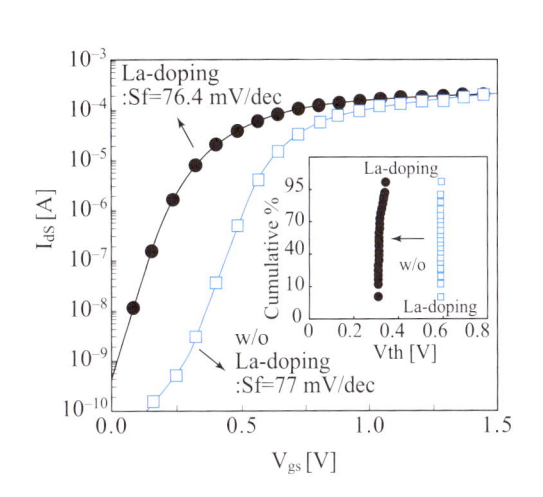

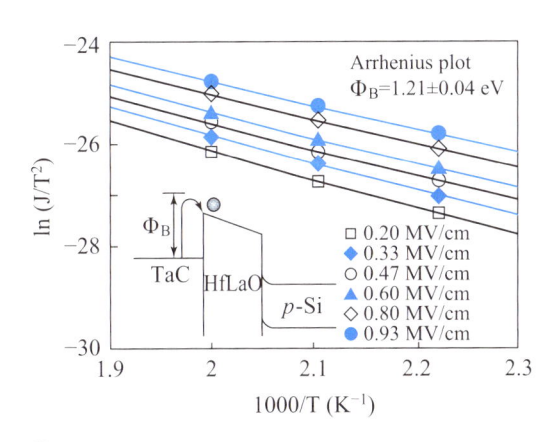

## 6.4.5 HfAlO 介電層

在 pMOSFETs 中，另有一個非常大的問題，即是元件閘極的功函數要能達到 5.1 eV，否則元件的臨界電壓將會非常的大。為了解決這一項難題，文獻上可看見許多的專家學者投入大量的心力來克服，至今較為普遍的作法有：(1) 利

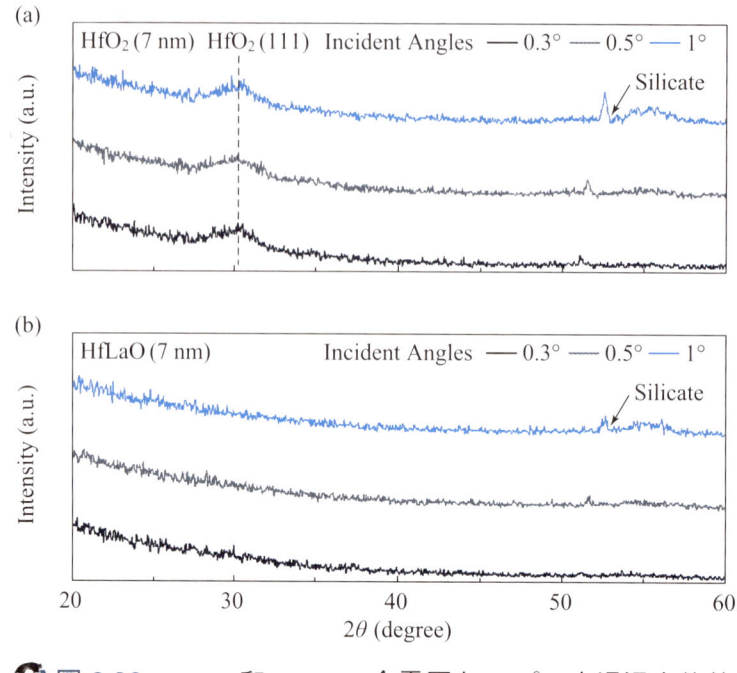

圖 6.26 HfO₂ 和 HfLaO 介電層在 **850**℃ 高溫退火後的 XRD 圖，可發現 HfO₂ 介電層在 (111) 方向有結晶現象，而 HfLaO 介電層則沒有 [20]。

用氧化鋁 (Al₂O₃) 或是氮化鋁 (AlN) 作為 high-k 的覆蓋層 (調整功函數的金屬薄膜)，(2) 使用含 Al 的金屬閘極，(3) 使用 HfAlO 介電層搭配金屬閘極 (功函數 ~ 5.1 eV) 等方法。圖 6.27 與 6.28 是以 MoN/HfAlO/SiON 形成之 p-MOS 電容器為例，分別顯示電容、閘極漏電流與電洞遷移率等重要電特性。

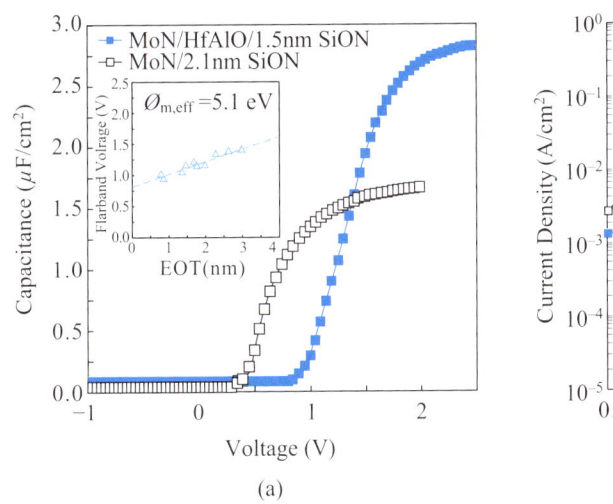

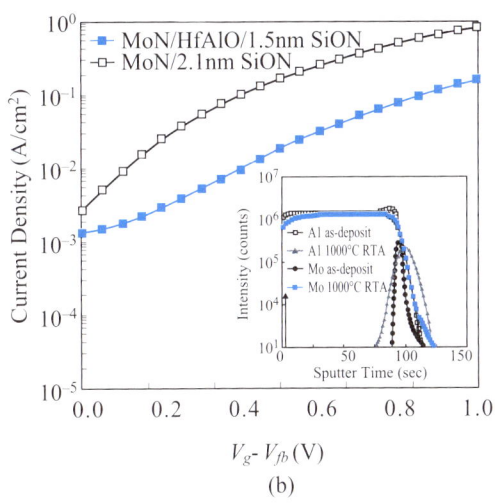

第 6 章　High-k 介電層製程 (I)：材料與整合製程

圖 6.27　MoN/HfAlO/SiON 和 MoN/SiON p-MOS 電容器在高溫退火後 (1000℃) 的電性特性：(a) C–V 與 (b) J–V。在 (a) 的插圖是在不同的 HfAlO 厚度及固定 1.5-nm SiON 厚度下的 $V_{fb}$–EOT，在 (b) 的插圖是在高溫退火前後 (1000℃) 的 SIMS 圖 [24]。

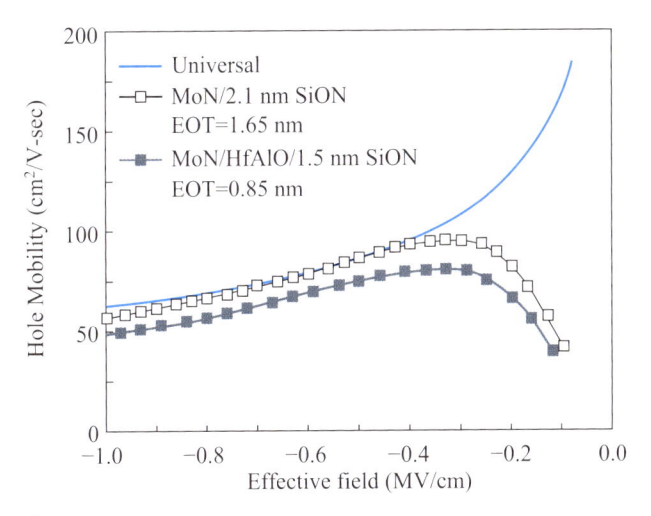

圖 6.28　載子遷移率 (電洞) 比較圖 [24]。

## 本章習題

1. 簡述目前習慣使用的閘極氧化層材料二氧化矽的優點為何？其面臨新世代積體電路製程的瓶頸為何？
2. 說明高介電係數材料使用的考慮條件有哪些？
3. 請參考圖 6.5，說明介電層之介電常數 ($\kappa$) 和介電層能隙 (bandgap) 的關係為何？若根據此圖，該如何選擇適當的 high-k 閘極介電層？
4. 請參考圖 6.7，說明何謂 Fermi-level pinning？有什麼解決的方法？
5. 在新世代製程中，使用金屬閘極取代多晶矽閘極之主要原因為何？
6. 請參考圖 6.9，說明在 high-k 介電層製程中，搭配使用：(1) 雙金屬閘極 (dual metals)，或 (2) 單一金屬閘極 (single midgap metal) 的考量及優缺點為何？
7. 請參考圖 6.12 和 6.13，說明介電層之介電常數 ($\kappa$) 和介電層崩潰電場的關係為何？
8. 請參考圖 6.14，說明閘極先製 (gate first) 製程的流程。此製程特色與優缺點為何？
9. 請參考圖 6.15，說明閘極後製 (gate last) 製程的流程。此製程特色與優缺點為何？
10. 為何在高介電係數介電層和矽基板中間，要先形成一層品質較佳的界面層 $SiO_2$ 或 SiON 等？
11. 就閘極漏電流與微縮的同時考量下，請說明圖 6.21 中的介電層材料 HfLaO 優於 $HfO_2$，而 $HfO_2$ 又優於 $SiO_2$。
12. 在閘極先製製程中，若分別在 nMOSFETs 和 pMOSFETs 中的 high-k 介電層上沉積一層氧化鑭和氧化鋁薄膜，其目的為何？
13. 請簡述目前最有潛力的 high-k 介電層鉿基 (Hf-based) 材料的優缺點。

## 參考文獻

1. G. Timp et al., "Low Leakage, Ultra-thin Gate Oxides for Extremely High Performance Sub-100nm nMOSFETs," in *IEEE IEMD Tech. Dig.*, pp. 930-932, 1997.

2. M. T. Bohr et al., "The High-k Solution," *IEEE Spectrum*, vol. 44, pp. 29-35, 2007.

3. S. Tang, R. M. Wallace, A. Seabaugh, and D. King-Smith, *Appl. Surf. Sci.*, vol. 135, pp. 137, 1998.

4. T. Hori, *Gate Dielectrics and MOS ULSIs* (Springer-Verlag, New York), pp. 44-46, 1977.

5. J. Robertson, "Electronic Structure and Band Offsets of High-dielectric-constant Gate Oxides," *Mater. Research Soc.*, vol. 27, pp. 217-221, 2002.

6. D. G. Schlom and J. H. Haeni, "A Thermodynamic Approach to Selecting Alternative Gate Dielectrics," *Mater. Research Soc.*, vol. 27, pp. 198, 2002.

7. J. Robertson, "Band Offsets of Wide-band-gap Oxides and Implications for Future Electronic Devices," *J. Vac. Sci. Technol. B*, vol. 18, pp. 1785-1791, 2000.

8. G. D. Wilk, R. M. Wallace, and J. M. Anthony, "High-$\kappa$ Gate Dielectrics: Current Status and Materials Properties Considerations," *J. Appl. Phys.*, vol. 89, pp. 5243-5275, 2001.

9. G. Lucovsky, Y. Wu, H. Niimi, V. Misra, and J. C. Phillips, *Appl. Phys. Lett.*, vol. 74, pp. 2005, 1999.

10. M. Kadoshima et al., "Fermi Level Pinning Engineering by Al Compositional Modulationand Doped Partial Silicide for HfAlOx(N) CMOSFETs," in *Symposium on VLSI Technology.*, pp. 70-71, 2005.

11. 劉傳璽、陳進來，半導體元件物理與製程 (理論與實務)，修訂三版，五南圖書，2011 年。

12. J. H. Stathis and D. J. DiMaria, "Reliability Projection for Ultra-Thin Oxides at Low Voltage," in *IEEE IEDM Tech. Dig.*, pp. 167-170, 1998.

13. J. McPherson, J. Kim, A. Shanware, H. Mogul, and J. Rodriguez, "Proposed Universal Relationship between Dielectric Breakdown and Dielectric Constant," in *IEEE IEDM Tech. Dig.*, pp. 633-636, 2002.

14. The Materials Metrology™ Company, http://www.revera.com/VeraFlex/hkmg_approachesGate.htm

15. K. Mistry et al., "A 45nm Logic Technology with High-k + Metal Gate Transistors, Strained Silicon, 9 Cu Interconnect Layers, 193nm Dry Patterning, and 100% Pb-free Packaging," in *IEDM Tech. Dig.*, p.247, 2007.

16. W. J. Qi, et al., "MOSCAP and MOSFET Characteristics Using $ZrO_2$ Gate Dielectric Deposited Directly on Si," in *IEDM Tech. Dig.*, pp. 145–148, 1999.

17. C. H. Liu and F. C. Chiu, "Electrical Characterization of ZrO2/Si Interface Properties in MOSFETs with $ZrO_2$ Gate Dielectrics," *Electron Device Letters*, vol. 26, pp. 62-64, 2007.

18. C. H. Liu, P. C. Juan, Y. H. Chou, and J. Y. Lin, "The Effect of Lanthanum (La) Incorporation in Ultra-Thin $ZrO_2$ High-k Gate Dielectrics," in *International Conference on Electronic Materials*, PI-315, 2010.

19. H. W. Chen et al., "Interface Characterization and Current Conduction in $HfO_2$-gated MOS Capacitors," *Applied Surface Science*, vol. 254, pp. 6112–6115, 2008.

20. C. H. Liu, P. C. Juan, J. Y. Lin, "The Influence of Lanthanum Doping Position in Ultra-thin $HfO_2$ Films for High-k Gate Dielectrics," *Thin Solid Films*, vol. 518, pp. 7455-7459, 2010.

21. C. H. Liu, H. W. Chen, S. Y. Chen, H. S. Huang, and L. W. Cheng, "Current Conduction of 0.72 nm EOT LaO/$HfO_2$ Stacked Gate Dielectrics," *Appl. Phys. Lett.*, vol. 95, pp. 012103, 2009.

22. H. W. Chen et al., "Electrical Characterization and Carrier Transportation in Hf-

silicate Dielectric Using ALD Gate Stacks for 90 nm Node MOSFETs," *Applied Surface Science*, vol. 254, pp.6127-6130, 2008.

23. C. Y. Kang et al., "The Impact of La-doping on the Reliability of Low Vth High-k/Metal Gate nMOSFETs under Various Gate Stress Conditions," in *IEDM Tech. Dig.*, pp. 1-4, 2008.

24. M. F. Chang et al., "Low-Threshold-Voltage MoN/HfAlO/SiON p-MOSFETs with 0.85-nm EOT," *Electron Device Letters*, vol. 30, pp. 861-863, 2009.

25. C. S. Lai, W. C. Wu, J. C. Wang, and T. S. Chao, "Characterization of $CF_4$-plasma Fluorinated $HfO_2$ Gate Dielectrics with TaN Metal Gate," *Appl. Phys. Lett.*, vol. 86, pp. 1-3, 2005.

26. C. S. Lai et al., "Fluorine Effects on the Dipole Structures of the $Al_2O_3$ Thin Films and Characterization by Spectroscopic Ellipsometry," *Appl. Phys. Let.*, vol. 90, pp. 172904, 2007.

27. C. S. Lai et al., "Characterizations of $Hf_xMo_yN_z$ Alloys as Gate Electrodes for n- and p-channel Metal Oxide Semiconductor Field Effect Transistors," *Jpn. J. App. Phys.*, vol. 47, pp. 2442, 2008.

# Chapter 7

# High-k 介電層製程 (II)：應用

賴朝松
王哲麒

## 作者簡介

### 賴朝松

國立交通大學電子博士。博士論文獲得科林論文頭等獎，受邀至美國史丹福大學與加州大學柏克萊分校演講。曾任職於國家奈米元件實驗室，也曾於美國加州大學柏克萊分校訪問研究，從事奈米製程與生物感測器的開發。曾獲得台灣電子材料與元件協會傑出服務獎、長庚大學優良教師、中山科學研究院績優建教合作案等獎項。現擔任長庚大學電子工程學系教授兼系主任，也負責生醫工程研究中心生物感測相關之研究。國際期刊與研討會論文超過 210 篇、專利獲證 15 件、申請中約有 10 件。現擔任台灣電子材料與元件協會理事與中華化學科技感測協會監事。並多次主辦研討會，包含 2003 感測器科技研討會、2009 國際電子材料與元件研討會、2010 雙邊生醫工程研討會及 2011 IEEE 國際奈米電子研討會等。

### 王哲麒

國立交通大學電子博士。現擔任長庚大學電子工程學系助理教授。曾任職於南亞科技研發部門元件開發處課經理。現在主要從事奈米及記憶體元件與生醫感測器之開發。國際期刊與研討會論文超過 80 篇、專利獲證 7 件、申請中約有 20 件。擔任許多國際期刊論文之審查委員，並共同舉辦多次國際研討會，包括 2009 年國際電子材料與元件研討會及 2011 年 IEEE 國際奈米電子研討會等。

## 7.1 前言

近年來，高介電係數 (high-k dielectric) 材料的技術發展已有廣泛的研究，其應用也越來越廣，像大家較為熟知的金屬閘極與高介電係數閘極絕緣層結構，其應用的目的是為了解決互補式金氧半場效電晶體 (CMOS) 元件尺寸不斷的微縮時，傳統複晶矽 (poly-Si) 閘極與二氧化矽 ($SiO_2$) 絕緣層的物理極限，此部分已於第六章有詳盡的敘述。其他包括記憶體的應用，如 SONOS (silicon-oxide-nitride-oxide-silicon) 記憶體、奈米晶體記憶體 (nanocrystal) 以及電阻式記憶體 (resistive switching memory) 等，都是為了解決傳統的快閃式記憶體 (flash memory) 所採用的浮動式閘極 (floating gate) 結構中，穿隧氧化層 (tunneling oxide) 微縮的問題。此外，高介電係數材料也成功地應用到離子感測場效電晶體元件 (ion sensitive field effect transistor, ISFET) 中，使用高介電係數材料來作為感測薄膜 (sensing membrane)，其特性會隨著材料與製程方式的不同而改變。本章將針對以上這幾種高介電係數材料的應用做一個詳細的介紹，從理論敘述、製程方法和元件特性等方面，來比較不同高介電係數材料應用的優劣點以及未來的趨勢。

## 7.2 高介電係數材料在 SONOS 記憶體上的應用

隨著半導體產業的日益蓬勃發展、科技的日益更新，許多功能性的電子產品如手機、筆記型電腦、PDA、隨身存取硬碟等等……，已經被大量的生產，並且隨著人們的使用性需求而不斷的進化、更新。在如此眾多的消費性、高功能電子產品中，整合型晶片變成最重要的研究課題，並且由於半導體的微縮化，對於整合型晶片的元件可靠性要求越來越高。其中，記憶體單元幾乎是每一種電子產品不可或缺的元件之一。記憶體元件可分為揮發性 (volatile)，如 DRAM、SRAM 等……，及非揮發性 (non-volatile)，如手機內的記憶體、隨身碟 (Flash drive)、硬碟等……，兩大類，而隨著單位晶圓的元件密度增加、元件尺寸越來越小，伴隨而來的可靠性問題 (reliability issue) 就越來越嚴重。近年來許多非揮發性記憶體的研究如 nanocrystal (NC) memory、SONOS、PCRAM、RRAM等等，都是為了解決傳統的快閃式記憶體 (flash memory) 所採用的浮動式閘極(floating gate, FG) 的穿隧氧化層 (tunneling oxide) 微縮的問題。如下圖 7.1，傳統的浮動式閘極遭遇到穿隧氧化層微縮後，氧化層當中的漏電路徑非常容易形成，進而造成在浮動閘極中整層的電子可從漏電路徑回到基板，形成嚴重的電荷流失。

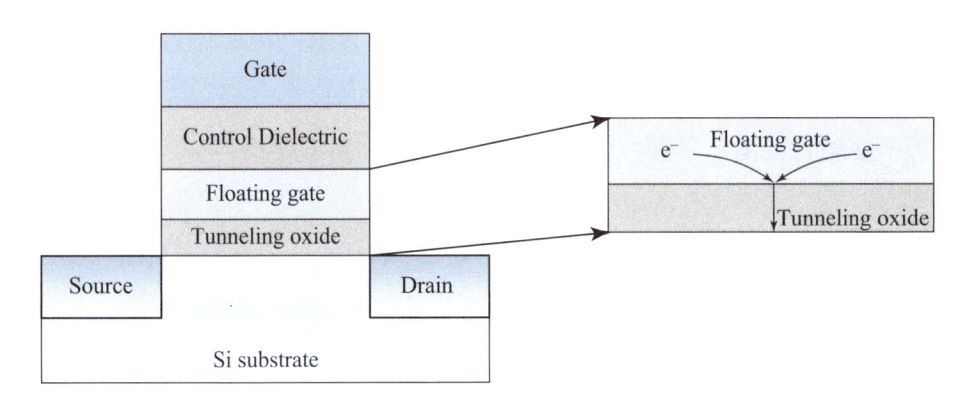

**圖 7.1** 浮動式閘極 **(floating gate)** 元件結構示意圖。在穿隧氧化層 **(tunneling oxide)** 內所產生的漏電路徑，會造成浮動閘極內的電荷流失。

### 7.2.1 新型記憶體的近期研究

隨著高介電係數 (high-k) 材料被發明出來，許多解決記憶體微縮化所帶來的問題也被廣泛的研究。其中，利用 high-k 材料取代一般傳統的二氧化矽 ($SiO_2$) 或氮氧化矽 (SiON) 算是最常見的研究之一[1]。high-k 材料的高介電係數使得電容值提升，造成較薄的等效氧化層厚度 (equivalent oxide thickness, EOT) 而不會犧牲物理厚度，可同時達到快速寫入及抹除和長時間電荷儲存的能力。

然而，為了徹底改善記憶體之微縮所帶來的問題，利用多晶矽當作電子儲存層必須被淘汰，而改用其他種電子儲存之機制。目前學術界及產業界的研究最主要有兩種新結構被提出：

**1. 利用氮化矽 (SiN) 當作電子儲存層。**

由於氮化矽本身的特性，可提供許多電子缺陷，並且這些電子缺陷是不會移動的，因此可避免穿隧氧化層的漏電流問題。利用矽 (Si)-二氧化矽 (Oxide)-氮化矽 (Nitride)-二氧化矽 (Oxide)-多晶矽 (Si) 的結構來當作記憶體的操作已經被發明出來，並且取其各層第一個英文字母當作簡稱 (SONOS)。

**2. 利用分離式奈米晶體當作電子儲存點。**

為了解決多晶矽內的電子自由移動特性，利用分離式的奈米儲存點的概念因此被提出。其中心思想是利用電子儲存在很多分離的電子儲存點 (discrete nodes)，而此儲存點我們稱作奈米晶體 (nanocrystal)。

為了不使讀者混淆，下面我們將分開探討此兩種新型結構。

## 7.2.2 SONOS 的使用

懸浮閘極的快閃式記憶體最為人詬病的缺點為其周圍絕緣體只要有一項缺陷，就會導致全部儲存的電荷流失。因此，一種增加快閃記憶體可靠性的方法是採用包含很多離散電荷儲存區域 (discrete node) 的薄膜來取代懸浮閘極。這種薄膜可製造成多層夾層的結構-氧化層/氮化矽/氧化層，將能夠儲存大量電荷的氮化矽「夾在」上下二層二氧化矽中。這樣的結構稱之為矽-氧化層-氮化矽-氧化層-矽 (silicon-oxide-nitride-oxide-silicon, SONOS) [2]。氮化矽的整合與標準 CMOS 製程非常相容，因此近幾年已越來越常作為離散電荷儲存的一種選擇。SONOS 元件的侷限性在於：為能在低電壓下工作，氮化矽下的介電材料厚度必須降低到 1~2 奈米。這樣薄的閘極絕緣層快閃記憶體在快閃記憶體大量寫入和抹除應用後，將受限於電荷儲存力 (retention) 的不足。一些公司透過大幅將底部介電材料厚度增加到 7~8 奈米來解決電荷儲存力的問題。然而，對於這樣厚的介電層材料，電子無法透過量子效應在氮化矽中出入，因此必須在氮化矽中注入熱電洞 (hot hole) 來寫入或抹除電荷 [3]。熱電洞的注入會導致介電材料嚴重劣化而引起快閃記憶體的可靠性問題，特別是在惡劣的汽車環境應用下。

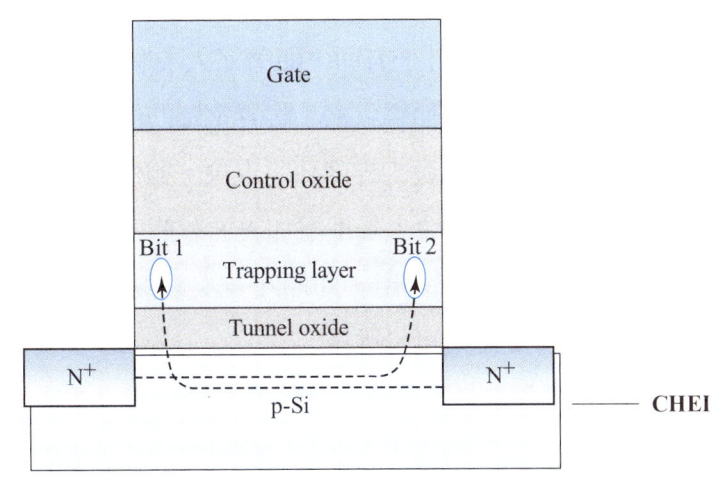

## 7.2.3 SONOS 非揮發性記憶體的操作方式

SONOS 非揮發性記憶體寫入的方式有兩種：(1) 通道熱載子注入寫入 (channel hot electron injection programming) 和 (2) F-N 穿隧寫入 (Fowler-Nordheim tunneling programming)。懸浮閘極結構的快閃記憶體目前是以通道熱載子寫入作為其主要的寫入機制，如下圖 7.2 所示，SONOS 非揮發性記憶體利用通道熱載子注入寫入的方式，可獲得一個元件二個位元 (one cell two bit) 的好處。

然而，通道熱載子寫入對介電層的可靠度影響很深。當通道導通時，由於橫向電場的作用，會有大量電子往汲極移動，當進入夾止區時，因電場的加速作用使得電子獲得很高的能量而形成熱電子，再經過垂直電場的牽引使熱電子穿隧過穿隧氧化層而進入電荷儲存層，即完成寫入的動作。因為熱電子具有很高的能量，所以容易對穿隧氧化層造成傷害，會使得穿隧氧化層以及矽基板的界面狀態密度增加，進而讓寫入特性衰減，而產生可靠度問題。另外，SONOS 非揮發性記憶體也可以用 F-N 穿隧的方式寫入，但是由於穿隧氧化層可能要承受到大於 10 MV/cm 的電場，考慮到二氧化矽的崩潰電壓為 10 MV/cm，所以氧化層崩潰會是 F-N 寫入的主要問題。實驗結果顯示將會引起漏電流增加、依時性介電層崩潰 (Time Dependence Dielectric Breakdown, TDDB) 等。F-N 寫入以及抹除如圖 7.3 所示意。

**圖 7.2** One cell two bit 操作示意圖。

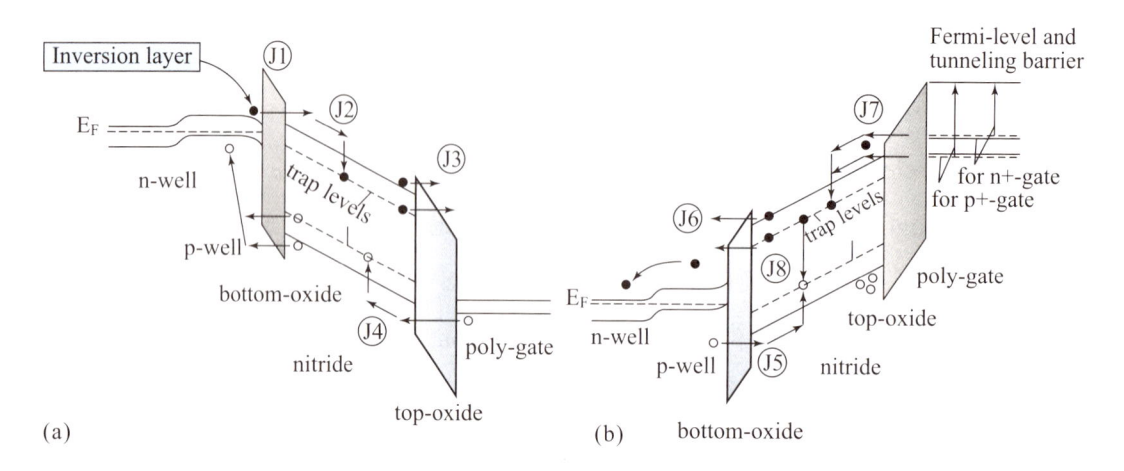

圖 7.3　SONOS 非揮發性記憶體在 (a) 寫入，以及 (b) 抹除工作時的能帶圖 [4]。

### 7.2.4 High-k 材料在 SONOS 的應用

由於閘極到汲極之間的耦合效應 (coupling ratio effect) 問題，所以懸浮閘極元件被觀察到有嚴重的短通道效應。所幸這是可以使用介於控制閘極與元件通道之間薄的 ONO 層之 SONOS 元件結構來緩和這個現象。在本節中，我們探討 high-k 材料取代 SONOS 元件中氮化矽電荷儲存層的影響。再者，我們觀察到 SONOS 元件中 ONO 層頂端較薄的二氧化矽層所引發的可靠性議題，其中又以影響最顯著的直接穿隧電荷流失效應為最重要，所以使用 high-k 材料來取代 ONO 層頂端的二氧化矽層。在另外一方面，隨著寫入/抹除的次數增加，懸浮閘極元件會產生重要的電子捕捉現象而導致縮小臨界電壓的操作範圍。此外我們觀察到兩種記憶體元件寫入方法所引發的界面缺陷現象。雖然 SONOS 元件的通道初始二次電子 (CHISEL) 寫入方式會大量地增加界面狀態密度和導致次臨界電壓變異的退化，然而我們從結果可以看出，即使在多次重複寫入/抹除狀態後，一個可以接受的臨界電壓操作範圍是可以維持。

以 Hf-based 的高介電係數材料當電荷儲存層結構如圖 7.4 所示意。我們以 HfAlO 為例，並探討不同 Hf/Al 組成比的電荷儲存層對元件特性的影響。結果可發現，以 $HfO_2$ 作為 SONOS 快閃記憶體之電荷儲層給予 500~600°C 為最佳的熱

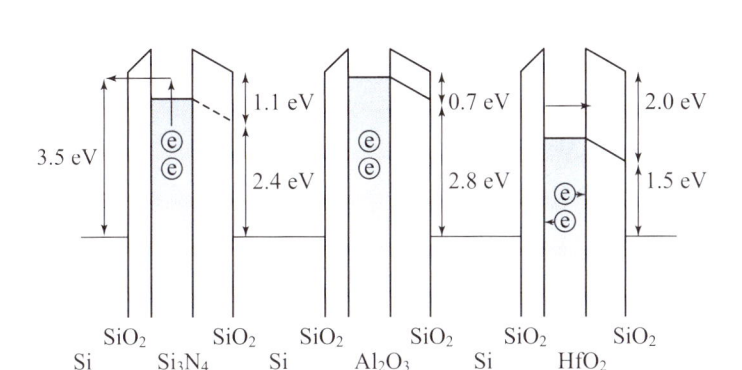

## 圖 7.4 不同種類電荷儲存層之示意圖：(a) Si₃N₄，(b) Al₂O₃、以及 (c) HfO₂。

退火溫度。若以不同組成比的 Hf$_x$Al$_y$O 堆疊作電荷儲存層，Al 含量從穿隧氧化層到上氧化層以逐漸增加的組成有較佳的寫入/抹除特性。比較電容的不同製程以有隔離的結構特性較佳。HfO₂ 添加了 Al₂O₃ 可提高熱穩定性外，也提供較高的電荷缺陷密度來捕捉穿隧電荷，並且保有適當的 Si/Hf$_x$Al$_y$O 的能隙差，結果顯示，Hf/Al=1:2 的 Hf$_x$Al$_y$O 組成，具有較佳的寫入/抹除特性。另外，Hf$_x$Al$_y$O 之電荷儲存層在元件可靠度方面，也有很好的電荷保存力和至少 1000 次讀寫能力，在 100 秒的汲極及讀取干擾方面，臨限電壓的漂移也不超過 0.1V/0.2V。總結來說，Hf$_x$Al$_y$O 且 Hf/Al=1:2 的組成是適合當 SONOS 快閃記憶體的電荷儲存層的材料。

在另一方面，利用 high-k 材料當作阻擋氧化層的影響也可從圖 7.5 看出來。實線部分是用 high-k 材料當作阻擋氧化層的示意圖。可以看到較低的能障高度會影響到寫入或抹除的特性。

### 7.2.5 BE-SONOS 的應用

目前企業界正致力於開發一種新型的 SONOS 非揮發性記憶體結構，一般相信，此舉將能消弭當前懸浮閘技術在 45 奈米線寬所遭遇的障礙。BE-SONOS (Band Engineering SONOS) 是 SONOS 非揮發性記憶體的能隙工程改良結構。

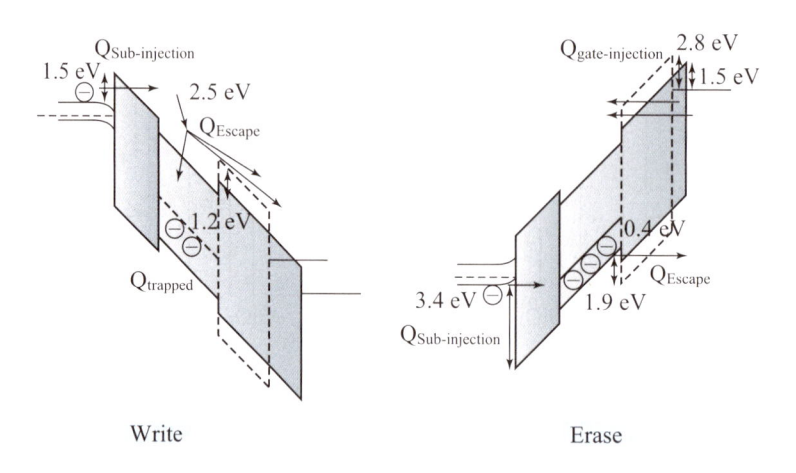

圖 7.5 以 **high-k** 材料做為阻擋氧化層之能帶示意圖。

SONOS 已問世多年，並被視為一種比標準懸浮閘極結構更好的離散式非揮發性記憶體。BE-SONOS 結構如圖 7.6 所示。

由於 SONOS 結構相容於一般的邏輯製程，將有助於把嵌入式快閃記憶體推入各種過去必須考量成本議題的應用中。然而，電荷保存的問題仍然困擾著傳統的SONOS；同時，在多數情況下，底部的氧化層也由於太薄而無法阻止任何偏壓下的穿隧效應。過去曾透過增加另一個氮化層，使總厚度小於 4 奈米來解決這個問題。這種作法提供了更好的電荷保存性能，但卻造成了更漫長的操作時間，因此這項折衷方案已證明無法被接受。BE-SONOS 則進一步增加了氧化層和氮化層。創新部分在於用圖 7.6 中的 O1-N1-O2 取代了 SONOS 中的穿隧氧化層 (O1 層)，因此，BE-SONOS 實際上相當於一個 SONONOS 結構。結果是製造出了厚度為 5.3 奈米的厚穿隧介電層。接著覆蓋上一層 7 奈米的厚氮化層 (N2) 來作為電荷儲存層。最後的 O3 層則是 9 奈米厚的阻擋氧化層。由於第一層 (O1-N1-O2 層) 的總厚度增加，資料保存能力也因而提高。但當對元件進行寫入時，能帶的偏移會有效地消除 N1 和 O2 的阻斷特性，使電子能輕易通過 O1 層而進入電荷儲存層 N2。BE-SONOS 的寫入及電荷保存示意圖如圖 7.7 所示。這種結構適用於 NAND 或 NOR 快閃記憶體，但預期會先應用在 NAND 中。其寫入以 6Mb/s 速度執行，但抹除時間為每區塊 3~4 毫秒，比正常的 2 毫秒稍高一些，因

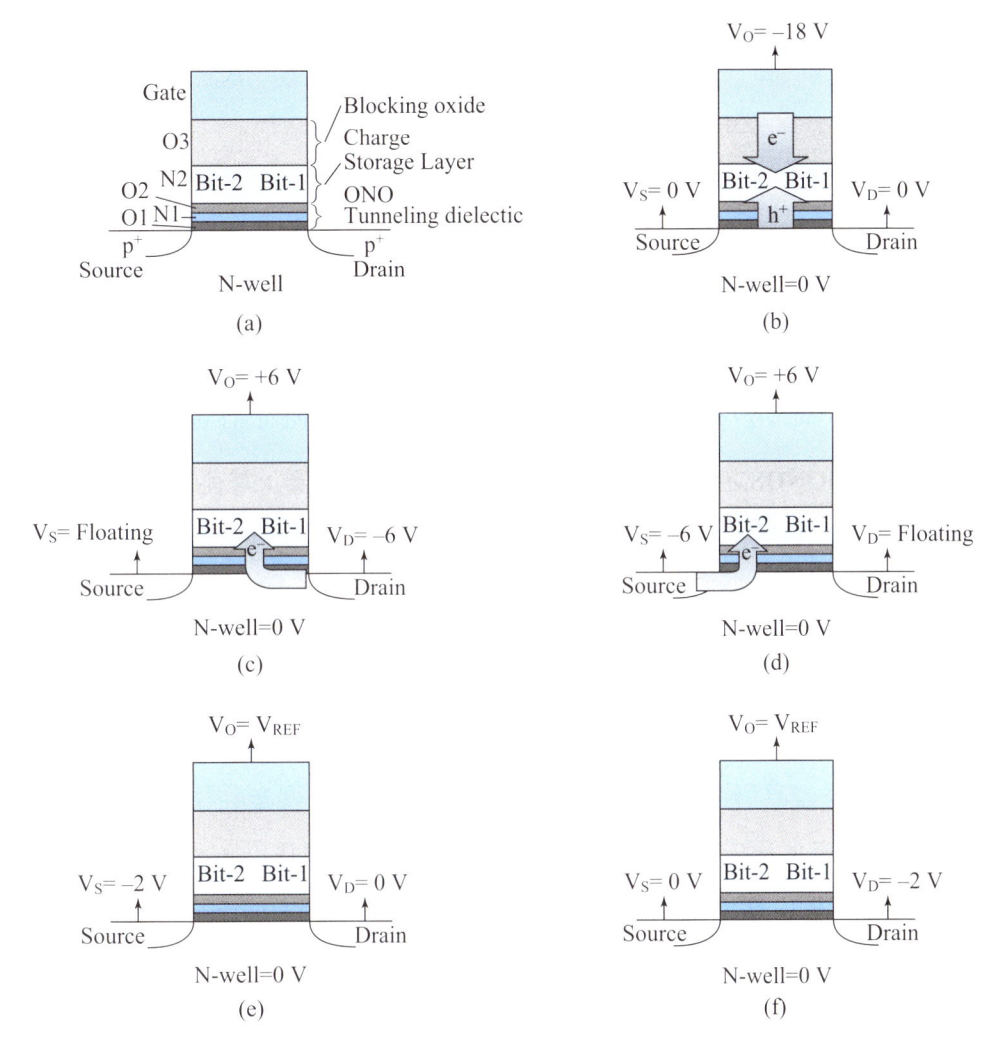

圖 7.6 (a) BE-SONOS 的結構示意圖。(b) 利用 FN-tunneling 注入方式改變元件狀態。(c)(d) 利用通道熱載子注入的操作電壓示意圖，可達到單邊注入 (源極或汲極)。(e)(f) 元件讀取時的電壓示意圖 [5]。

此此結構仍需持續最佳化。而 10,000 次以上的讀寫能力則與目前的快閃記憶體相當。

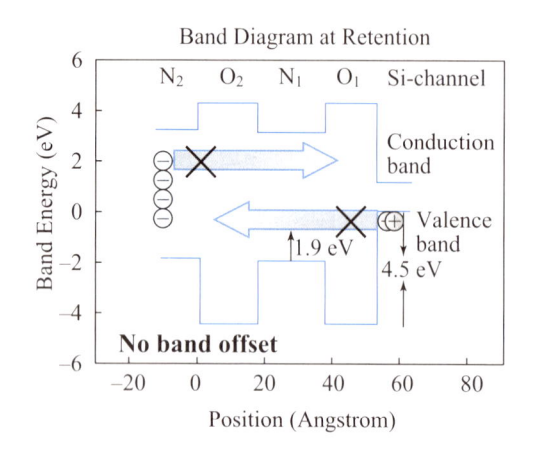

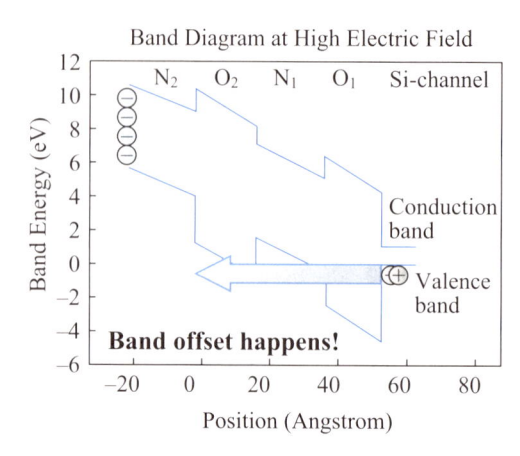

圖 7.7 BE-SONOS之ONO 穿隧氧化層能帶示意圖。左圖：電荷保存時的狀態。右圖：高電場寫入時的狀態。

## 小結

SONOS 型非揮發性記憶體擁有著比傳統懸浮閘極式記憶體較好的電荷儲存時間以及更久的產品壽命，讓其成為新一代相當有希望量產的快閃式記憶體。目前SONOS 製程的穩定性已經有效的被控制，良率的提升以及成本的降低是另外一個考驗。此外，微縮化的問題也是一個需要被考慮的重要因素。利用 high-k 材料應用在 SONOS 結構上將有效地改善其特性。

## 7.3 高介電係數材料在奈米晶體 (nanocrystal) 記憶體上的應用

近年來，除了 SONOS 記憶體之外，利用奈米結晶點記憶體 (nanocrystal, NC-memory) 是另一個被認為可能成為未來快閃記憶體的替代方案。其原理係利用分離式 (discrete-nodes) 的奈米晶體點當作電荷儲存位置，可達到彼此獨立並分散的效果，即使氧化層微縮後所產生的漏電路徑也不會影響其他未在漏電路徑之上的奈米點，如下圖 7.8 所示。

奈米晶體記憶體的研究已經持續了一段時間。在所有的奈米結晶點記憶體

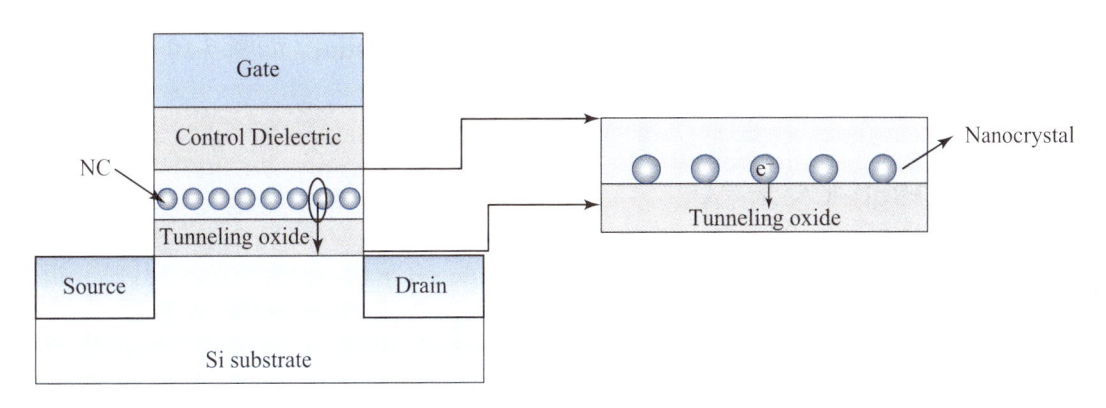

**圖 7.8** 奈米結晶點記憶體 (nanocrystal, NC-memory) 元件結構示意圖。在穿隧氧化層 (tunneling oxide) 內漏電路徑的產生，只會對少許奈米晶體點造成影響。

中，矽奈米結晶點 (Si-NCs)[6] 及鍺奈米結晶點 (Ge-NCs)[7] 是最早被研發出來的，如下圖 7.9 所示，我們可以清楚地看到其結晶點的形成；然而，其記憶窗 (memory window) 對於實用性來說仍然不夠。為了更進一步改善奈米結晶點記憶體的特性，金屬奈米結晶點 (metal NCs) 被提出來利用其能障不對稱性來同時達成快速讀寫與抹除以及優良的電荷保存特性 [8]，不同的金屬因為功函數 (work function) 不同，因此電子寫入與抹除的能力也不盡相同。

矽 (Si) 和鍺 (Ge) 可以說是最常被研究來當作奈米晶體的材料。搭配 $HfO_2$ 材料的穿隧氧化層 (TO) 及阻擋氧化層 (BO)，除了降低等效氧化層厚度之外，high-k 材料的低能障所產生的 F-N 穿隧效應 (F-N tunneling) 可使其具有良好的電

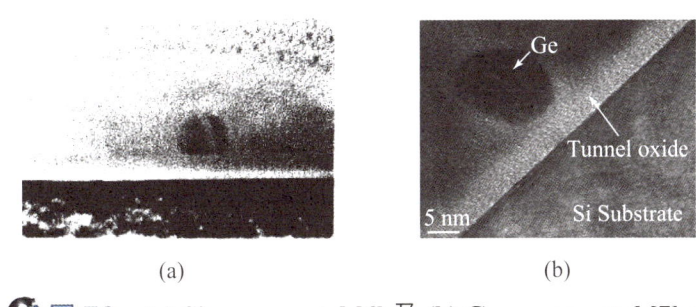

**圖 7.9** (a) Si nanocrystal [6] 及 (b) Ge nanocrystal [7]。

子寫入速度/長時間電荷儲存效率比 ($J_{g,\ program}/J_{g,\ retention}$ ratio)，如圖 7.10 的能帶圖所示。

### 7.3.1 High-k 奈米晶體

利用 high-k 材料的奈米晶體 (metal-oxide NC) 也成功地被製作出來，如 $HfO_2$, $RuO_x$, $Gd_2O_3$ 等等 [9-11]。如圖 7.11 所示的 $HfO_2$-NC，周圍被 $SiO_2$ 包住，使 $HfO_2$-NC 之間具有良好的絕緣效果，阻擋了晶體與晶體之間的傳導路徑，形成了絕佳的奈米晶體記憶體 [9]。而 $Gd_2O_3$ 的奈米晶體不同於其他金屬氧化物的奈米晶體，係利用快速熱退火後所形成不同的晶相來達到能障差，使得奈米晶體內的電子缺陷得以儲存電荷 [11]，如圖 7.12 所示。

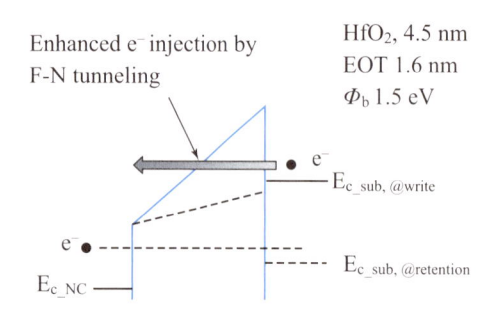

圖 7.10 利用 $HfO_2$ 當作穿隧式氧化層的能帶示意圖 [1]。

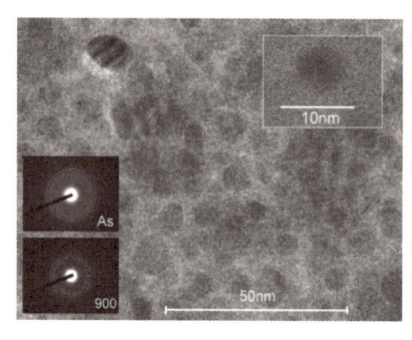

圖 7.11 高解析度電子顯微鏡 (HRTEM) 下的 $HfO_2$ 奈米晶體 [9]。

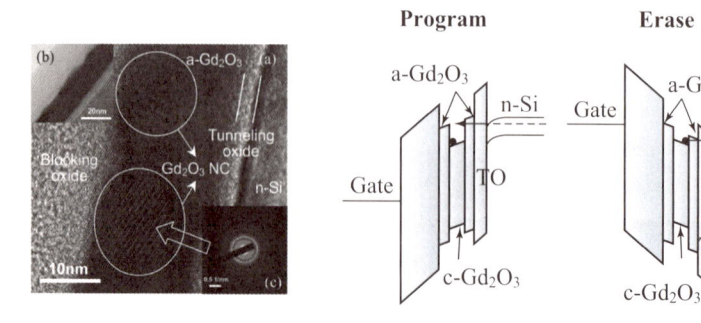

圖 7.12 高解析度電子顯微鏡 (HRTEM) 下的 $Gd_2O_3$ 奈米晶體及其能帶示意圖 [11]。

奈米晶體的概念早在 70 年代已被提出，並且有一些簡單的模型概念。由於奈米晶體的尺寸已達到量子等級，其物理行為與量子物理學有很密切的關係。最早將矽奈米晶體應用在記憶體上的學者 S. Tiwari，利用實驗成功地做出了矽奈米晶體記憶體，並且利用電性方式成功操作，其結構如圖 7.13 所示。他同時也提出了簡單的奈米晶體記憶體的臨界電壓飄移公式 ($\Delta V_T$) [6]：

$$\Delta V_T = \frac{qn_{well}}{\varepsilon_{ox}}\left(t_{cntl} + \frac{1}{2}\frac{\varepsilon_{ox}}{\varepsilon_{si}}t_{well}\right) \tag{7.1}$$

其中，$\Delta V_T$ 是臨界電壓飄移量，$t_{cntl}$ 是閘極氧化層 (control oxide) 的厚度，$t_{well}$ 是奈米晶體的平均直徑，$\varepsilon$ 是介電係數，$n_{well}$ 是奈米晶體的平均分佈密度。對於一個理想的矽奈米晶體記憶體，其奈米晶體直徑為 5nm，密度為 $10^{12}cm^{-2}$，閘極氧化層厚度為 7nm，若每個矽奈米晶體內有一個電子，則可以造成約 0.36 V 的臨界電壓飄移，此電壓可讓汲極電流 ($I_{drain}$) 造成約 $10^4$ 倍的電流差值，對於辨別其元件的關 (0) 或開 (1) 是相當足夠的。

當電子儲存在奈米晶體內，考慮到電子的漏電路徑可簡單的分為三種：

1. 奈米晶體與奈米晶體之間的電子穿隧。
2. 電子從奈米晶體內回到矽基板。
3. 電子從奈米晶體內回到閘極。

對於一個理想的奈米晶體系統而言，若每個奈米晶體之間的距離越大，則彼

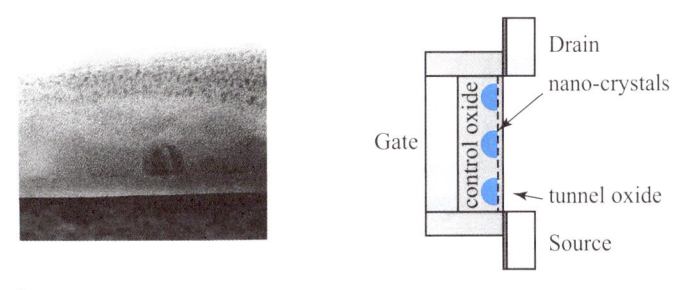

圖 7.13 高解析度電子顯微鏡 (HRTEM) 下的 Si 奈米晶體及其結構示意圖 [6]。

此之間的電子穿隧機率會大幅降低。而電子在零電場之下，要穿越超過10nm 厚的閘極氧化層回到閘極的機率也是非常低。因此唯一有較大的漏電機率的是電子穿越相當薄的穿隧氧化層回到矽基板的情形。

### 7.3.2 奈米晶體的限制

量子限制效應 (quantum confinement effect) 在小的奈米晶體中會非常的嚴重，尤其是在小於 5nm 以下的奈米晶體，此效應會顯著增加。這在奈米晶體記憶體中是不能被忽略的 (如圖 7.14 所示)。

研究文獻上有證據指出，事實上，電子是儲存在奈米晶體內的能隙缺陷 (traps) 內，而不是儲存在奈米晶體的傳導帶內 [12-15]。此一事實是觀察電子儲存在奈米晶體內，經過了高溫長時間的測試之後，電子的漏電情形而得知。實驗結果發現電子的漏電情形和溫度有很明顯的關係 [12]。這是由於電子儲存在能隙的缺陷內，當電子被熱激發之後跳躍至傳導帶邊緣，再經由直接穿隧效應 (direct tunneling) 穿過薄的穿隧氧化層回到矽基板而造成。由於 high-k 材料本身的缺陷密度較大，因此 high-k 奈米晶體的優點也在於此。如 $HfO_2$、$Gd_2O_3$ 奈米晶體，都能提供電子缺陷而讓電子儲存在能隙內。以高介電係數 $Gd_2O_3$ 奈米晶體記憶體為例，電子儲存在奈米晶體內的漏電情形可分為兩階段 [16]，如圖 7.15 所示。

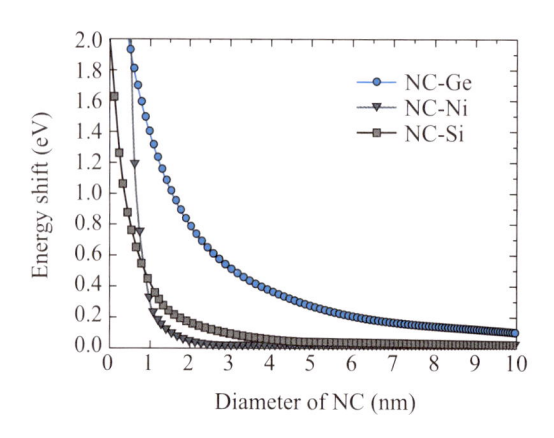

圖 7.14　傳導帶飄移量與奈米晶體大小之關係圖 [15]。

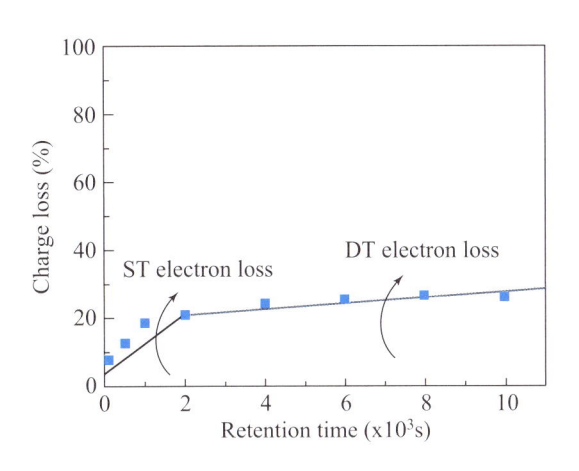

图 7.15　Gd$_2$O$_3$ 奈米晶體的電子保存度 (retention) 特性圖。

在漏電初期，電子從高介電係數奈米晶體內的電子缺陷被熱激發至傳導帶，再從傳導帶穿隧回到矽基板，此階段稱為淺層電子缺陷流失 (shallow trap electron loss, ST)。第二階段由於較深的電子缺陷得不到足夠的熱激發能量，只能藉由矽及氧化層接面處 (interface) 的電子缺陷流失，此階段稱為深層電子缺陷流失 (deep trap electron loss, DT)。電荷流失的活化能 (activation energy, E$_a$) 公式如下：

$$Q_{loss} \propto \exp(-E_a / k_B T) \tag{7.2}$$

其中，$Q_{loss}$ 為某一特定時間內之電荷流失量，$k_B$ 為波茲曼常數，$T$ 為絕對溫度。從活化能的大小可以看出電荷流失與溫度之間的關係。實驗結果顯示，淺層電子缺陷流失的階段有較大的活化能，正說明了以上所述的現象。

### 7.3.3　High-k 奈米晶體記憶體的製程方法

金屬奈米晶體的形成理論，係利用金屬薄膜 (<5 nm) 經過高溫之後，原子團之間的應力及發散力，形成分離式的奈米晶體。然而 high-k 奈米晶體形成方式和其化學反應熱有較大的關係。最早應用在記憶體的 high-k 奈米晶體如 HfO$_2$-NC，就是利用晶相分離的方法 (phase separation) [9,17]，形成 HfO$_2$ 奈米晶體嵌

在 SiO$_2$ 層內，如圖 7.16 所示。

　　HfO$_2$ 奈米晶體的製程方式係利用雙濺鍍製程 (co-sputter)，同時在 Si 及 Hf 兩個靶材施加射頻功率 (RF power)，並通入氬氣 (Ar) 及氧氣 (O$_2$)，分別當作離子源及製程氣體，沉積在晶圓上的薄膜是 Hf$_x$Si$_y$O$_z$，如圖 7.17 所示。此薄膜經過高溫的熱退火製程後，會使二氧化鉿 (HfO$_2$) 析出，形成晶相為單斜晶體 (monoclinic) 的 HfO$_2$-NC，並且被周圍非結晶相 (amorphous) 的 SiO$_2$ 包圍。此種 HfO$_2$-NC 的記憶體具有良好的電性及可靠度。然而，需利用雙濺鍍製程的靶材互相污染問題 (contamination) 似乎會是一個需要考慮的問題。

　　類似的 high-k 奈米晶體形成方式已經被發表在許多的期刊論文內，例如釕的氧化物 (RuO$_x$) 的奈米晶體，也是利用了 RuO$_x$ 與 HfO$_2$ 混和在一起，不過由於 HfO$_2$ 經過高溫之後會有很明顯的結晶現象產生，所以此種記憶體混和了兩種奈米晶體來當作電荷儲存點，如圖 7.18 所示 [10]。

　　另一種製作 high-k 奈米晶體的方式，是利用溶膠-凝膠法 (Sol-Gel)，將薄膜用旋轉的方式塗佈在穿隧氧化層上 (spin coating)，再經過高溫熱退火，結晶形成奈米晶體。如圖 7.19 所示 [18]，所形成的鉿的矽化物 (HfSi) 結晶，也具有記憶體的特性。然而，溶膠-凝膠法所形成的奈米晶體之間的分離程度是一個需要考慮的問題。若是奈米晶體之間的距離不夠，那麼利用奈米晶體當作記憶體也就失去它的作用。溶膠-凝膠法的好處是沒有靶材的污染問題，但是由於旋轉塗佈上

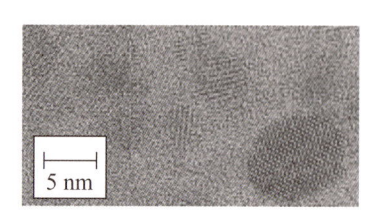

圖 7.16　HfO$_2$ 奈米晶體嵌在 SiO$_2$ 層內 [17]。

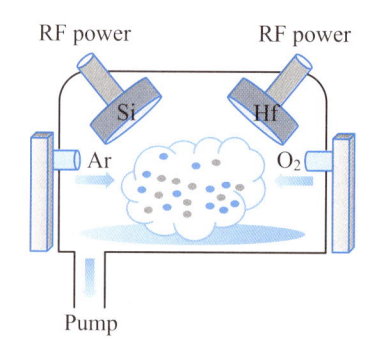

圖 7.17　Hf$_x$Si$_y$O$_z$ 薄膜濺鍍製程示意圖。

圖 7.18　RuO$_x$ 與 HfO$_2$ 奈米晶體 [10]。

圖 7.19　利用溶膠-凝膠法 (Sol-Gel) 所形成的 HfSi 奈米晶體 [18]。

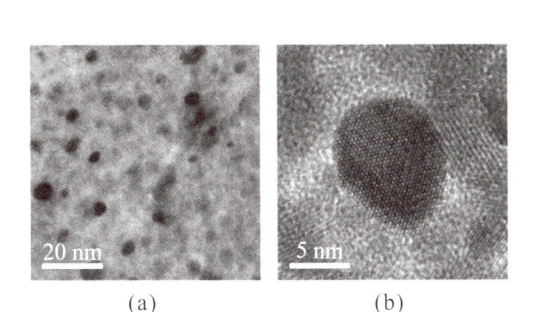

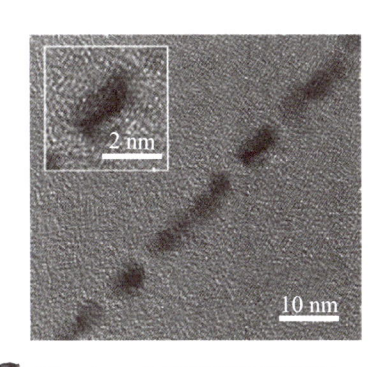

的 high-k 薄膜均勻性是被質疑的，因此經過高溫熱退火之後，結晶體之間的分離程度也許就不是那麼的理想。

不論是利用哪一種方法形成 high-k 奈米晶體，所需要經過的熱製程都非常高溫，導致製程當中有較高的熱過程 (thermal budget)。在積體電路製程整合 (process integration) 的應用上，高溫熱製程的容忍度是需要被考慮進去的，原因是因為過於高溫的熱製程可能會使晶圓中的摻雜分佈擴散 (thermal enhanced diffusion)，導致元件可靠度的問題。

另外一種方法是利用化學反應的方式，形成 high-k 的膠體 (colloidal)。此方式係利用帶有結晶水的 high-k 的前導反應物 (precursor)，與油酸 (oleic) 反應，形成的 high-k 膠體會經過一連串的過濾過程被分離出來 [19]。此種 high-k 膠體為球狀，大小可由反應物的濃度所控制，如圖 7.20 所示。這種方法的優點是不需要經過熱製程，也可形成 high-k 的奈米晶體。其缺點是所形成的 high-k 膠體要用何種製程方式吸附在穿隧氧化層的表面，仍有待討論。且此種化學方式形成的 high-k 奈米晶體與半導體廠的製程如何整合在一起，仍是一個重要的課題。

## 小結

High-k 奈米晶體記憶體已經成功地被製作出來，其記憶特性相當不錯，但是電荷保存力仍須要進一步改善。此外，high-k 奈米晶體的製程通常很難避免高

圖 7.20 利用化學反應形成的 high-k 奈米膠體 [19]。

溫製程，即便是利用化學方式所製作出來的奈米晶體如何運用在記憶體上，仍是一種考驗。在另一方面，high-k 奈米晶體的製程穩定度以及重複性也是今後需要克服的課題。

## 7.4 高介電係數材料在電阻式記憶體上的應用

在現今非揮發性記憶體元件的應用下，遇到了微縮上的極限，因此已經有改變原本浮動閘極記憶體之電荷儲存方式的想法。近年來許多不同結構的新型記憶體被廣泛地研究，其中以電阻式記憶體 (RRAM) 最受注目，電阻式記憶體已經大量採用高介電係數材料當作其結構中最重要的電阻轉換層材料，根據高介電係數材料與氧原子結合能力的不同，能產生更好的電阻轉換反應，達到更優越的記憶體元件效能。但是此種元件因為操作機制不明確的原因，雖然有好的效能卻沒有量產的能力，所以有研究發現在基本 RRAM 元件結構的上電極材料作一些改變，可以獲得一種新型的「導電橋式電阻式記憶體」(CBRAM)，因為有明確的操作機制與良好的效能，已有公司在 2011 年推出樣品。因此高介電係數材料在未來新型記憶體上的應用，可說是越來越重要。

### 7.4.1 電阻式記憶體 (Resistive switching menory, RRAM) 簡介

近年來，記憶體產品的市場逐年攀升，尤其是非揮發性記憶體 (non-volatile

memory) 的市場需求更有突破性的成長，因為如隨身碟、數位相機儲存卡、手機記憶體等電子產品的應用在近幾年大量出現，創造出其他技術無法涵蓋的全新市場。目前主流的非揮發性記憶產品為快閃記憶體 (FLASH)，其製程為漂浮閘極 (floating gate) 技術，但是在尺寸逐漸微縮之後，將面臨物理極限的挑戰，同時也面臨諸多特性上的限制，例如操作速度太慢、操作週期不長及讀/寫時需高電壓等問題。因此更有潛力的記憶體技術需要被進一步開發，以滿足未來更廣大的記憶需求。而一個優良的新世代記憶體需具有高密度、非揮發性、讀/寫速度快及不限讀/寫次數、低操作電壓、低功率消耗、與現有的 CMOS 製程相容等優點。因此有許多新型記憶體結構先後被提出，如鐵電記憶體 (FeRAM)、磁記憶體 (MRAM)，以及相變化記憶體 (PCRAM)，但是由於使用材料非一般半導體製程材料，因此匹配度較低。

而電阻式記憶體 (Resistive switching memory, RRAM) 技術正是現在非揮發性記憶體新技術當中最具有潛力的新興技術，近年來也受到國際半導體大廠和主要研究單位的關注。其原因在於電阻式記憶體的元件結構相當簡單，而且所採用的材料也很普遍，許多的研究單位及半導體大廠的製程能力都可以做到，操作上只需加一電壓或電流來程式化電阻而形成高電阻態 (HRS) 或低電阻態 (LRS)。電阻式記憶體具備操作電壓低、快速操作時間、結構簡單化、可多位元記憶、耐久性佳、記憶元件面積小及非破壞性讀取等優勢，並且擁有低成本的競爭力，因此發展潛力深受市場矚目 [20-21]。而電阻轉換現象最早於 1970 年就由 J. C. Bruyere 等人發現，但是直到美國夏普實驗室與休斯頓大學的 S. T. Hsu 等人在 2002 年於 IEDM 共同發表高低電阻比率高達 $10^1$~$10^3$ 倍的 NiO 薄膜 [22]，並且在 2005 年發表了一篇 NiO 電阻式記憶體的期刊論文，此時電阻式記憶體才開始受到關注，並有許多研究單位開始研究。

圖 7.21 為電阻式記憶體的主要結構，它和一般平行板電容器結構極為相似，目前主要是採用金屬-絕緣層-金屬 (MIM) 結構，所以結構上來說是十分簡單。由於此結構是在半導體後段製程中製作，且所需製程溫度不高，因此與 CMOS 製程整合困難度並不高，所以相當適合使用電晶體元件來操作記憶單元

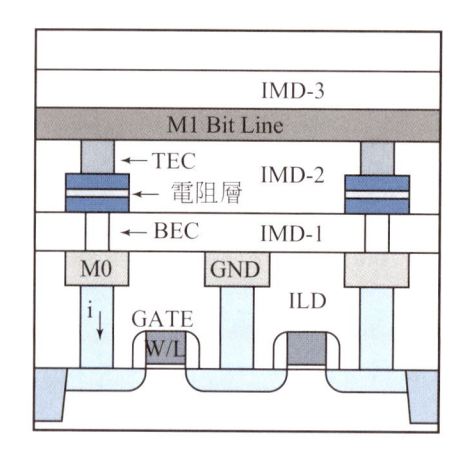

图 7.21　RRAM 主要結構。

(memory cell)。電阻式記憶體的電阻轉換現象主要發生於中間絕緣層，因此這一層薄膜又稱為電阻轉換層 (resistive switching layer)，這一層主要影響了電阻式記憶體特性的優劣。到目前為止，能夠拿來當作電阻式記憶體的材料主要有三大類，第一種是超巨磁阻材料 (CMR)，成分為 $Pr_xCa_{1-x}MnO_3$；第二種是聚合物材料 (Polymer)，主要材料為TCNQ；而第三種也是目前最熱門的材料為金屬氧化物材料 (metal-oxide)，如氧化銅 (CuxO)[23]，其中也有高介電係數金屬氧化物材料如氧化鎳 (NiO)[24]、氧化鈦 ($TiO_2$)[25]、氧化鋯 ($ZrO_2$)[26]、氧化鉿 ($HfO_2$)[27] 及氧化釓 ($Gd_2O_3$)[28] 等，因為使用這類材料，與半導體製程有很高的相容性，所以高介電係數材料被廣泛研究，各個材料在文獻中都顯示出不錯的記憶及循環操作特性，因此在未來高密度記憶體將占有一席之地，由表 7.1 得知現在各個材料在文獻上的特性。

　　圖 7.22 為電阻式記憶體的操作模式，分別是 (1) 形成 (forming)：元件剛製作完成時需先經過一次偏壓的步驟，使元件的氧化層產生軟崩潰 (soft breakdown)，或者讓所有在氧化層內之缺陷路徑 (filament) 排列整齊，目的在使元件的漏電流增加，如此元件才能開始有電阻式記憶體特性 (如圖中 ---- 線所示)。有些氧化層其實不需要 forming 即可具備電阻式記憶體特性，這端看氧化物本身的性質以及製程條件而定。(2) 低電阻態 (set)：為元件由高電阻態轉變為

○ 圖 7.22　RRAM 操作模式。

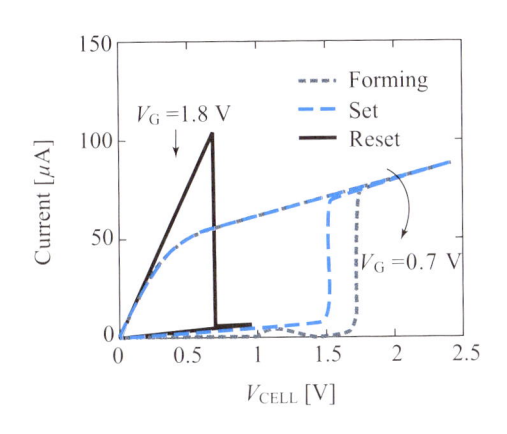

表 7.1　不同的高介電材料電阻式記憶體特性比較 (U:unipolar; B:bipolar mode)

| High-K 材料 | NiO | TiO$_2$ | ZrO$_2$ | HfO$_2$ | Gd$_2$O$_3$ | ZnO |
|---|---|---|---|---|---|---|
| 上/下電極 | Pt/Pt | Pt/Pt | Ti/Pt | Pt/Pt | Pt/Pt | TiN/Pt |
| 操作模式 | U/B | B | B | U/B | U | B |
| V$_{SET}$ (v) | −1.6/−1.4 | 1.7 | 1.2 | −2.6/−1.8 | 1.1 | 0.9 |
| V$_{RESET}$ (v) | −0.4/0.6 | −0.3 | −1.8 | −0.8/0.6 | 0.65 | −1.2 |
| On/Off Ratio | ~10$^5$ | ~10$^3$ | ~10$^3$ | ~10$^6$ | >10$^6$ | ~3×10$^2$ |
| 操作耐久度 (次數) |  |  | ~10000 |  | 60 |  |
| 元件持久度 (秒) | ~5×10$^4$ | ~250 | ~10$^5$ | ~5×10$^4$ | ~10$^5$ | ~10$^4$ |
| 參考文獻 | [24] | [25] | [26] | [27] | [28] | [29] |

低電阻態的步驟，當施加偏壓超過某一臨界電壓時，元件將會由高電阻態轉為低電阻態，此時通常需要限制流過元件的電流大小，以免元件燒毀 (如圖中 -- 線所示)。(3) 高電阻態 (reset)：為元件由低電阻態轉變為高電阻態的步驟，當施加偏壓超過某一臨界電壓時，元件將會由低電阻態轉為高電阻態，此時不需要限制流過元件的電流大小，讓元件能完整重回高電阻態 (如圖中 ── 線所示)。另外，電阻式記憶體元件依照操作模式的不同還可區分為單極性元件 (unipolar) 及雙極性元件 (bipolar)，如下圖 7.23 所示，所謂單極性元件，亦即元件的 set 及 reset 步

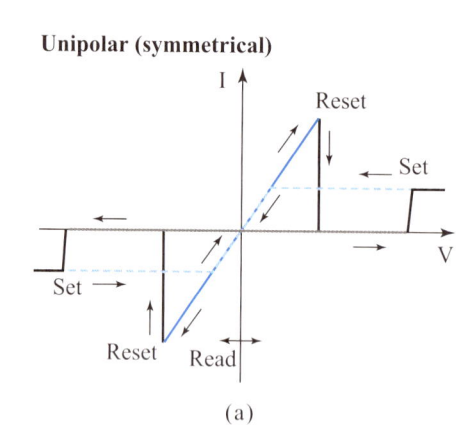

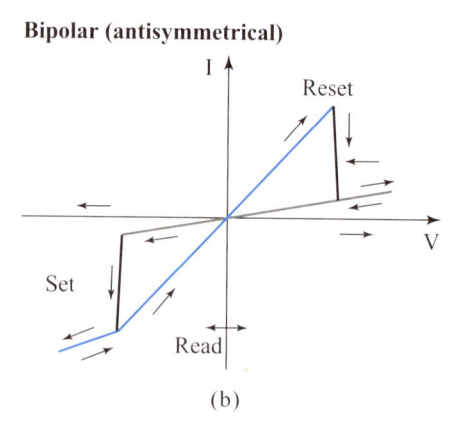

▲ 圖 7.23　(a) 單極性及；(b) 雙極性電阻式記憶體。

驟皆在同一極性的偏壓下操作，而雙極性元件則是元件的 set 及 reset 步驟在不同極性的偏壓下操作。根據研究發現，元件是否為單極性或雙極性特性，與所採用的電極材料相關；也就是說，相同的氧化層材料如果使用不同的電極材料，便可由單極性元件變成雙極性元件，或由雙極性元件變成單極性元件。表 7.1 同時也整理出各個高介電係數材料不同的操作極性。

而目前金屬氧化物的電阻式記憶體記憶特性的機制眾說紛紜，是其至今無法量產最主要的原因，而從文獻中猜測主要的機制可以區分為以下兩種模式，第一種為奈米通道效應 (filament-type) (如圖 7.24(a) 所示)，這是一種金屬氧化物層整

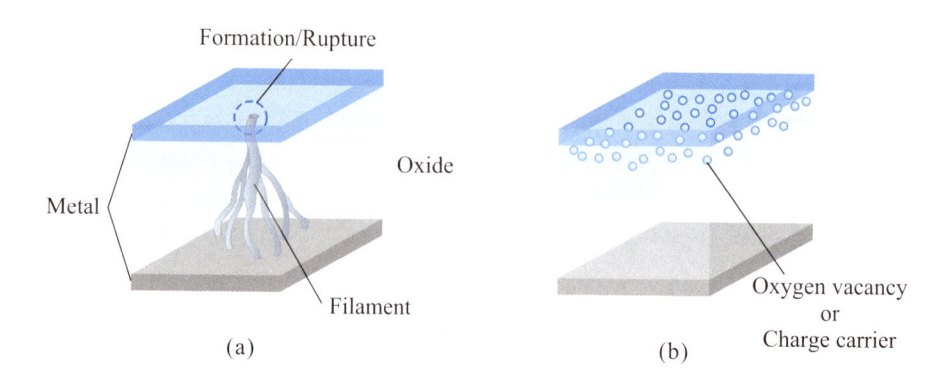

▲ 圖 7.24　高介電係數材料電阻式記憶體的記憶特性與機制：(a) 奈米通道效應 (filament-type)；(b) 蕭特基熱激發效應 (interface-type)。

體的效應，因為大部分的金屬氧化物需經過一定的形成 (forming) 過程，才會有電阻式記憶體特性，此一形成過程是以大電壓將金屬氧化物加以破壞，被破壞的金屬氧化物因為通道的形成，使得氧原子或金屬原子團等等可以被電流加以趨動產生通道的短路而形成通路，此時元件會被轉換成低電阻阻態，接著利用焦耳熱效應 (Joule heating effect)，施加電場使通道流經大電流而造成通道斷裂，並轉換成高電阻阻態，接著再加一電場使氧原子或金屬原子團再次形成通道，如此循環操作。另一種為蕭特基熱激發效應 (interface-type) (如圖 7.24(b) 所示)，這代表著其記憶效應是存在金屬氧化物的表層，即金屬氧化物與電極之間，當電荷或缺陷直接累積在界面上，使得金屬氧化物的能障形狀產生彎曲而降低，造成電阻下降，而加反向電場將電荷排開之後便能恢復其高電阻特性 [21, 30]。因此，金屬電極對於電阻式記憶體特性有著十分重要的影響，若金屬電極與金屬氧化物間為蕭特基接觸時，電阻的記憶特性將會因為阻抗過大而顯現不出來 [31]，適當選擇金屬及金屬氧化層材料，會讓電阻式記憶體特性有顯著的改善，以達到好的記憶保存時間、循環操作、快速的讀寫時間、穩定性高、低操作電壓，以及和 CMOS 製程相容等需求。

## 7.4.2 新型導通橋式電阻式記憶體 (Conductive-Bridging RAM, CBRAM)

傳統的電阻式記憶體因為機制的不確定性，而無法準確的控制操作特性，因此較無市場競爭力，因此有學者提出所謂的導通橋式電阻式記憶體。所謂的導通橋式電阻式記憶體，也是利用電阻值轉換來操作元件，在基本的奈米通道效應機制下，將上電極金屬材料置換成高移動率的金屬材料，如銅、銀等金屬，結構如圖 7.25 所示。在施加電壓下，上電極之金屬會因電壓極性不同而產生氧化反應 ($M \rightarrow M^+ + e^-$)，產生之金屬離子再擴散至中間的電阻轉換層產生金屬奈米通道，接著藉由施加反向的電壓而產生還原反應 ($M^- + e^- \rightarrow M$)，使通道的金屬離子移動到原本上電極的位置進而打斷金屬奈米通道，回到原本電阻狀態，機制如圖 7.26 所示，因為需要兩個極性的電壓來達到氧化還原反應，所以導通橋式電

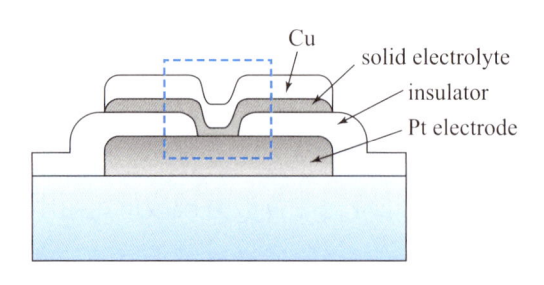

圖 7.25　導通橋式電阻式記憶體的主要結構。

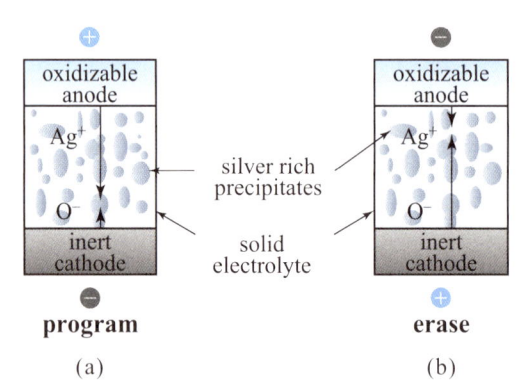

圖 7.26　銀金屬上電極之導通橋式電阻式記憶體的轉換機制；(a) 銀金屬產生氧化反應；(b) 銀離子產生還原反應 [32]。

阻式記憶體必為雙極性元件。此元件主要利用上電極之金屬離子來形成奈米通道，而非中間電阻轉換層之氧原子或金屬離子來形成通道，因此能掌握其主要機制，有利於了解其元件，並調整製程而達到元件最佳化，並且利用金屬離子奈米通道截面積大小不同，更能達到多位元記憶的效用。然而，大部分的導通橋式電阻式記憶體之電阻轉換層也採用高介電係數材料，基於材料的不同，金屬離子有不同的移動率而造成不同的特性，表 7.2 整理出不同的高介電係數材料導通橋式電阻式記憶體的特性比較。

表 7.2　不同的高介電係數材料導通橋式電阻式記憶體特性比較

| 高介電係數材料 | SiO$_2$ | NiO | MoO$_x$ | ZrO$_2$:Cu |
| --- | --- | --- | --- | --- |
| 上/下電極 | Au or Pt/Cu | Au/n-Si | Pt/Cu | Ag/Pt |
| V$_{SET}$ (V) | 0.21 | 3.9 | 2 | 0.75 |
| V$_{RESET}$ (V) | −0.05 | −1.4 | −1.5 | −0.38 |
| On/Off Ratio |  | 20 | 15 | $10^5$ |
| 操作耐久度(次數) |  |  | ~$10^6$ |  |
| 資料保存度 (秒) |  | ~$5\times10^4$ | ~$10^5$ |  |
| 參考文獻 | [33] | [29] | [29] | [34] |

### 7.4.3　電阻式記憶體的應用

在應用方面，電阻式記憶體單元結構常常以 1D1R [35] 或 1T1R [36] 為主，其最小單位尺寸分別為 4F$^2$ 及 6F$^2$，但是也有人提出 1TXR 的 3D 結構 [37]，大大提升可利用的空間，如圖 7.27 所示。目前已有廠商準備推出導電橋式電阻式記憶體產品。

### 小結

電阻式記憶體是現在最受注目的新型記憶體，近年來已經有許多研究單位在進行研究開發，成為最可能取代快閃式記憶體的元件之一，但是其操作機制還沒得到實際的驗證。而導電橋式電阻式記憶體由於機制確定，極有可能有產品問世。不管是何種電阻式記憶體，高介電係數材料應用在電阻轉換層是十分廣泛且重要的。而得到一個穩定的電阻轉換層是未來需要努力的目標。

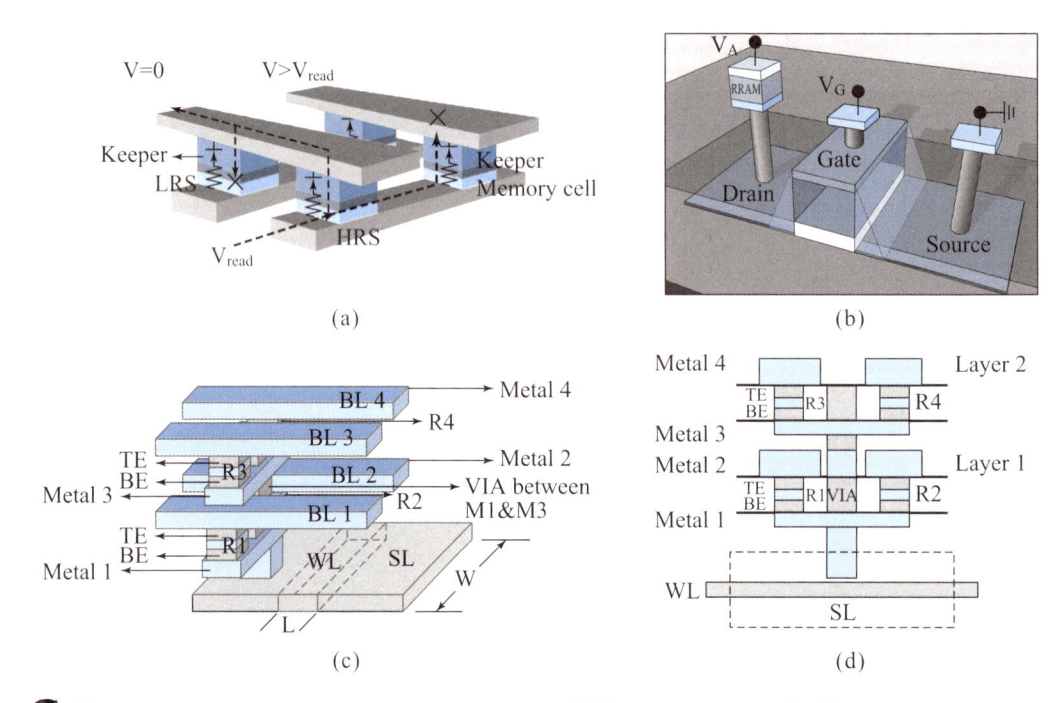

圖 7.27　(a) 1D1R；(b) 1T1R；(c) 1TXR 結構；(d) 1TXR 剖面圖。

## 7.5 高介電係數材料在感測場效電晶體上的應用

隨著半導體技術、高介電係數材料的快速發展，相關的技術、材料、科學，也同樣地提供許多相關的應用領域，如微機電 (Micro Electro Mechanical System, MEMS) 技術便是其一，融合了微電子技術、機械工程、電化學等科學，呈現出微縮卻具備原有功能的器具，有種「麻雀雖小，五臟俱全」的意思。而本節所要介紹的「感測器」，亦是積體電路技術下所衍生的另一重要產物；此外，由於其生化與生醫相容性，因此，成為了本世紀相當重要的研究課題。

以下將由感測器切入主題，並針對離子感測場效電晶體之發展歷史、背景、感測機制做介紹。利用高介電係數材料所應用之感測薄膜成分、製程方式、厚度等特性進行調變並探討其對感測特性的影響，最後分別舉一種高介電係數材料為例進行介紹與討論。

### 7.5.1 感測器之簡介

感測器 (sensor)，是接收信號或刺激並反應的器件，能將待測物之物理量或化學量轉換成另一種可讀取之輸出訊號的裝置 [38]。其結構示意圖如圖 7.28 所示，將目標待測物之熱、光、重量、壓力或濃度，經由感測元件、訊號處理與讀出系統轉換成可讀取之光、數位、聲音等訊號 [39]。

目前，各式各樣的感測器，已被廣泛地研究與應用。主要的目的，是取代人類的感官系統。即使待測物只有很微量的改變，感測器也能夠分辨出來。從體重計、測速照相、可控溫冷氣機、觸碰手機等生活用品，到自來水工廠、食品加工、藥品製造、環境監控等，處處可見感測器之蹤跡。此外，隨著醫療技術的進步與高齡化的社會，「生醫感測器 (biosensor)」亦被大量的研發與應用，精確地觀察人類身體中的細微變化。如汗水、尿液、口水中酸鹼值與成分，或是血液中的血糖、脂蛋白、電解質 (鈉、鉀、鈣、磷…等)、酸鹼值等含量，提前預防疾病或意外的發生。目前生物感測器主要分為四大種類，分別為，電化學感測器 (electrochemical sensor)、離子感測器 (ion-sensitive sensor)、光纖感測器 (optical-fiber sensor) 和壓電感測器 (piezoelectric sensor)。在這四種感測器中，離子感測系統的感測反應速度快，易與半導體科技結合，進行微型化並整合成感測陣列，且僅需要微量待測物即可檢測。因此，被視為最有機會商品化與廣泛應用之感測元件。本節以「離子感測場效電晶體 (ion sensitive field effect transistor, ISFET)」為例，便是其中一種。

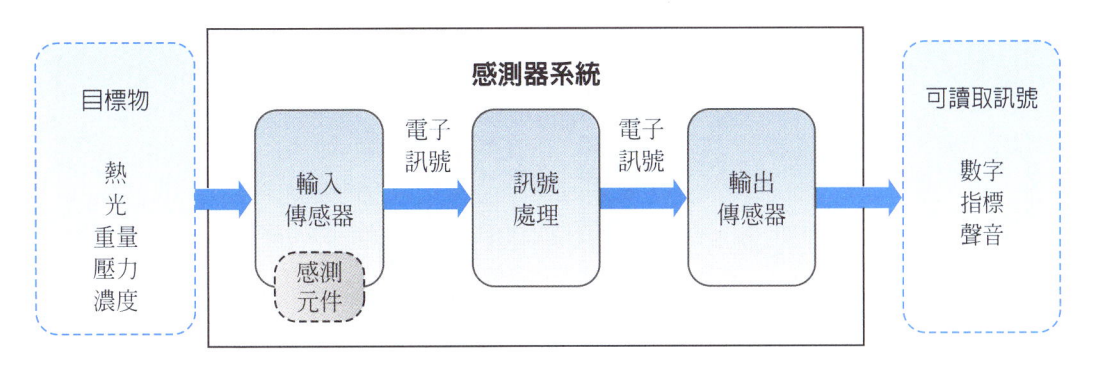

**圖 7.28** 感測器系統與訊號之示意圖。

## 7.5.2 離子感測場效電晶體之歷史背景

電子與半導體工業於 1960-70 年代蓬勃發展，因此影響了感測器技術之研究。1967 年，開始有人嘗試將以白金為金屬閘極的金氧半場效電晶體 (MOSFET)，浸泡於溶液中，藉以感測氫離子濃度 [40]。1970 年，Wise 於史丹佛大學 (Stanford University) 提出以矽製程製作微電極 [41]。同年，P. Bergveld 首次提出以一個結構與金氧半場效電晶體類似，但結構上去除了金屬閘極，而以參考電極 (甘汞或氯化銀/銀) 與感測溶液取代的電晶體–離子感測場效電晶體，用於量測神經細胞的離子變化 [42, 43]。

1974 年，Matsuo 又進一步提出「氮化矽 ($Si_3N_4$)/氧化矽 ($SiO_2$)」這種三明治結構的感測薄膜，並首次提出「離子感測電晶體/參考電晶體」以差動訊號方式對感測系統的改善。1978 年起，開始有學者利用生化方式，進行化學改質，並固定酵素 (enzyme)、去氧核糖核酸 (DNA)、抗體 (anti-body) 等於感測薄膜上，應用於生醫感測技術。此外，自 1974 年起，氧化鋁 [44]、氧化鉭 [45] 等高介電係數 (high-k) 薄膜被提出並應用於離子感測薄膜 (sensing membrane)，因此，找尋一個高感測度且無時飄 (drift)、溫度、遲滯 (hysteresis)、光效應等非理想效應的感測薄膜，成為了研究的目標。迄今，已有數十種高介電係數材料之金屬氧化

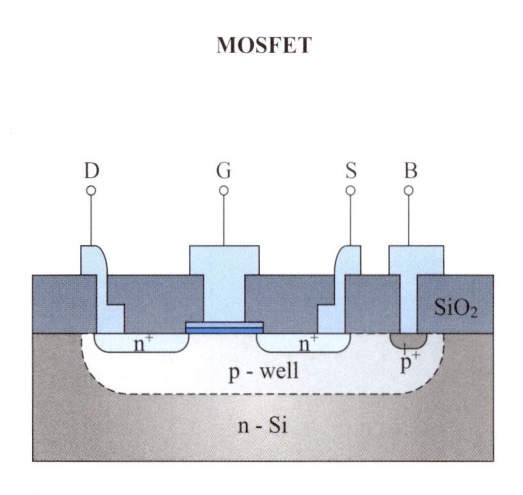

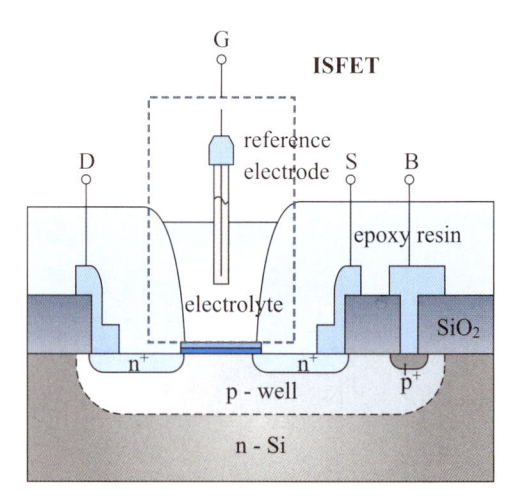

**圖 7.29** 金氧半場效電晶體 (MOSFET) 與離子感測場效電晶體 (ISFET) 之示意圖。

物，用於離子感測薄膜。關於離子感測場效電晶體研究的里程碑，如圖 7.30 所示。

### 7.5.3 離子感測機制

在這類型電位式感測器中，固體與液體的接面，會形成一種電雙層 (electrical double layer) 的結構。其感測機制以二氧化矽為例，如圖 7.31 所示。此感測機制稱為鍵結分離定律 (site dissociation model)[46]：

$$SiOH \Leftrightarrow SiO^- + H^+$$

$$SiOH + H^+ \Leftrightarrow SiOH_2^+$$

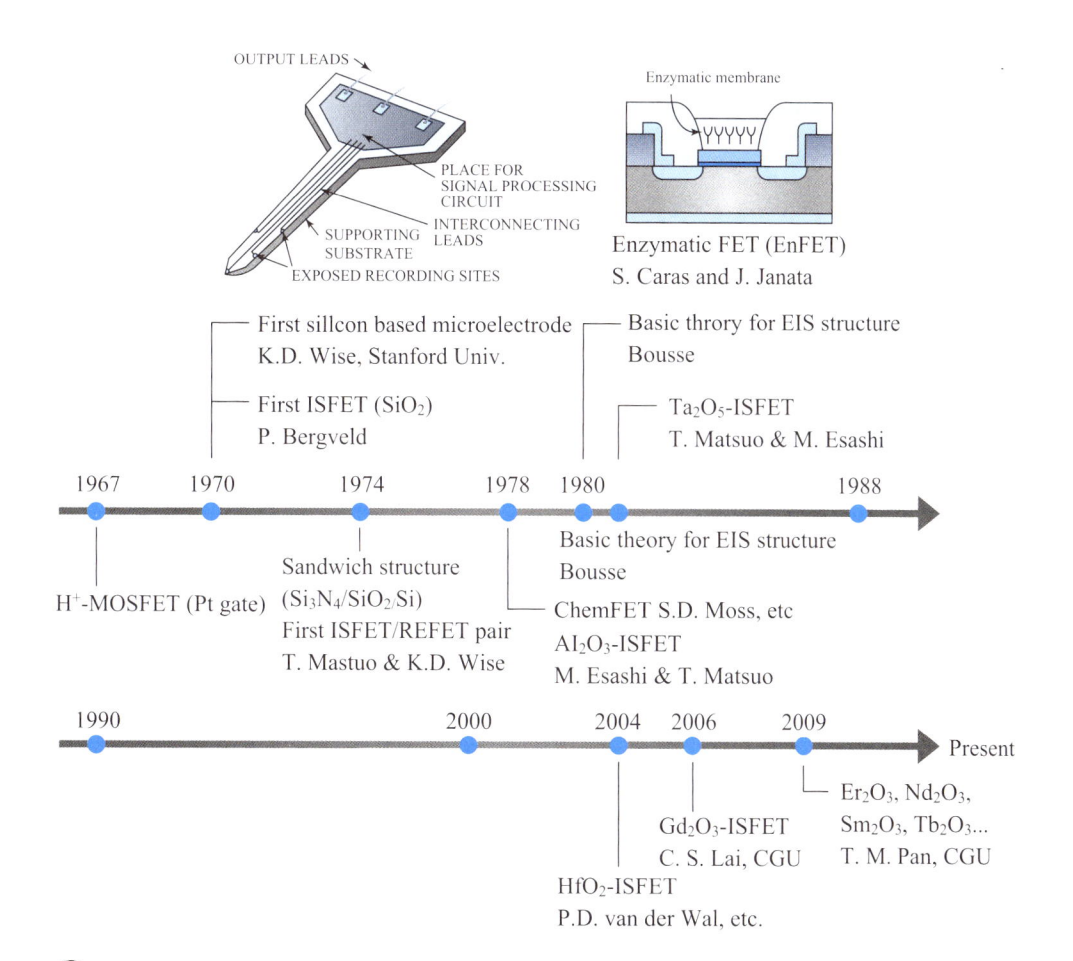

圖 7.30 離子感測場效電晶體之里程碑。

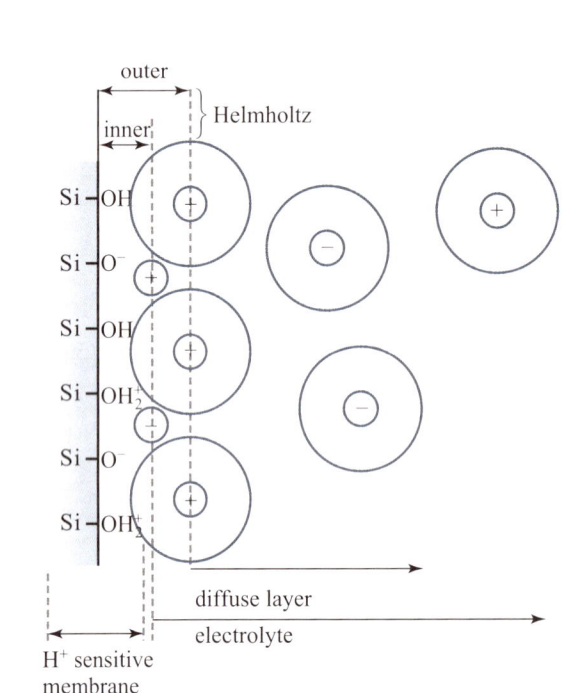

圖 7.31　二氧化矽表面之電雙層模型 [47]。

隨著溶液的酸鹼度 (或氫離子濃度) 的不同，表面的電荷量也隨之不同，進而影響到表面電位。也因此，反映在電容結構或電晶體結構的平帶電壓 (flatband voltage, $V_{FB}$) 或臨界電壓 (threshold voltage, $V_T$) 上。此電壓隨著酸鹼值的變化量，也被定義為氫離子的敏感度：

敏感度 (Sensitivity)＝電壓變化量 ($\Delta V$)/酸鹼值變化量 ($\Delta pH$)

而上述之鍵結的多寡、密度、種類等，隨著不同的感測層材料和製程方式，也有所不同，也因此影響著感測特性。一般而言，理想狀態下，由能斯特公式 (Nernstian equation) 可計算得到敏感度為 59.2 mV/pH。

## 7.5.4　感測器之製程技術

如上節所述，由於離子感測場效電晶體之結構與金氧半場效電晶體之結構極為相似，因此製程流程與技術也大同小異。在此小節中，為了簡化製程步驟並針

## 第 7 章　High-k 介電層製程 (II)：應用　241

對高介電係數薄膜與感測器結構本身之關連性，以離子感測場效電晶體之核心部分，電解液-絕緣層-半導體 (electrolyte insulator semiconductor, EIS) 電容結構之製程流程作為介紹。

流程圖與結構圖如圖 7.32 所示：(一) 選定所使用的矽晶片，並以標準流程進行清洗 (RCA clean)；(二) 以乾氧化的方式，成長二氧化矽層於矽晶片表面；(三) 沈積感測薄膜與後製程：此製程步驟將主導感測特性，目前所沈積的薄膜材料多為高介電係數材料，沈積方法包括：低壓化學氣相沈積系統、射頻濺鍍系統、金屬氧化物氣相沈積系統、原子層沈積系統等，並在感測薄膜沈積後，對其進行熱退火或電漿處理；(四) 在結構背面以熱蒸鍍的方式沈積鋁，作為背電極；(五) 封裝：也是與金氧半電容差異最大之處，需保護除感測區域外之結構，免受溶液之干擾或侵蝕。

以上，即為電解液-絕緣層-半導體結構之製程，其他類似之電位感測元件之製程，亦類似此流程。

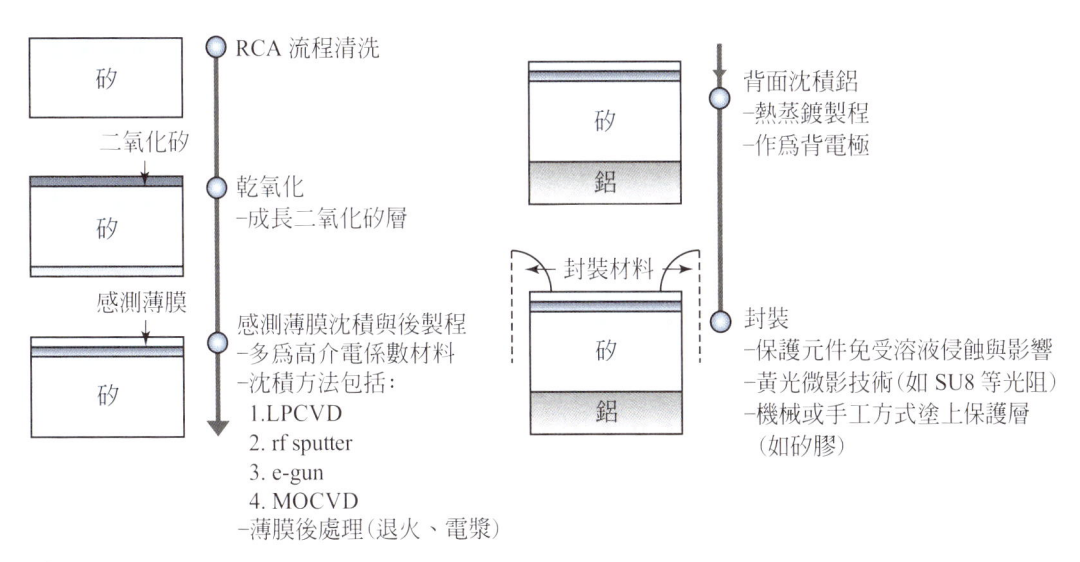

**圖 7.32**　電解液-絕緣層-半導體結構之製程流程圖。

## 7.5.5 感測器之量測系統

在上述元件製程結束後,此電容結構之量測系統,如圖 7.33 所示。因為量測的結構為電容,因此,在此以 HP 4284 為例,如量測之結構為場效電晶體,則可替換為 HP 4156 或 Keithley 4200 等機台。其中,量測之指令與數據都由電腦控制並擷取訊號;而黑箱,目的為避免光、電磁波等干擾因子。參考電極,則多採用商用之銀/氯化銀電極或甘汞電極,主要目的是提供感測器一穩定之參考電位。

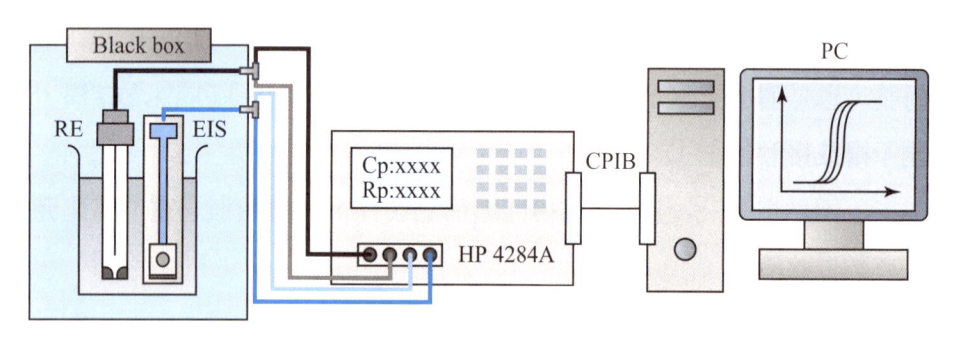

**圖 7.33** 電解液-絕緣層-半導體電容結構之量測系統。

## 7.5.6 高介電係數薄膜對感測特性之影響

本節將針對感測薄膜之成分、製程方式、結構與厚度等參數對感測特性之影響,進行介紹,並以不同的高介電係數薄膜為例。

**感測薄膜成分對感測特性之影響:以氮化矽 ($Si_3N_4$) 與氮氧化矽 ($SiO_xN_y$) 為例**

氮化矽薄膜一直是半導體工業中很常用到的絕緣層材料。於 1974 年起,也開始被應用於離子感測場效電晶體的感測薄膜。其中,為了薄膜的均勻度、穩定度等物理特性,大多採用低壓化學氣相沈積系統 (low pressure chemical vapor deposition, LPCVD) 來製程。因為其高感測度 (接近 46-56 mV/pH)、低時飄效應等優點,因此廣泛的應用於各項生化感測器上,並常用其為基材,在上層固定有機薄膜、酵素、抗體、單股去氧核醣核酸等,使其進一步地用於感測其他離子以及生醫訊號。目前，大多數商用的離子感測場效電晶體，也是採用氮化矽為感測薄膜。

其中，氮化矽薄膜在接觸到空氣與溶液之後，會轉變成氮氧化矽 ($SiO_xN_y$)，早已為眾人所知。此材料性質雖然影響了部分的感測特性，如降低感測度並造成時飄效應。然而，也可以利用其中氮氧比例的調變，使薄膜之感測特性結合二氧化矽與氮化矽之優點 [48]。

製程方法是控制低壓化學氣相沈積系統中製程氣體氨氣 ($NH_3$) 與一氧化二氮 ($N_2O$) 的比例，固定 $SiCl_2H_2$ 氣體流量，而 $NH_3/N_2O = 0.2$~$2.0$，藉以調整薄膜中氮氧的成分，並與二氧化矽、氮化矽相比較。由表 7.3 可見，不同比例的氮氧化矽薄膜，除了有低時飄效應的優點外，氫離子感測度可有效調變在 39.11-53.47 mV/pH。此外，更因具備了二氧化矽之特性，可進一步地應用於多離子感測，如：加入離子佈植後製程處理。

**薄膜製程方式對感測特性之影響：以二氧化五鉭 ($Ta_2O_5$) 為例**

二氧化五鉭，亦為另一種已被廣泛研究與應用之感測薄膜，除具備高感測度與高穩定性外，更因為其較高之表面緩衝容積係數 ($\beta$)，而被 Bergveld 視為最靈

**表 7.3** 二氧化矽、氮氧化矽 ($NH_3/N_2O = 0.2$~$2.0$) 與氮化矽之感測特性比較 [48, 49]

| 感測層材料 | 氫離子感測度 (mV/pH) | 校正曲線線性度 (%) | 時飄效應 | 鈉離子感測度 (mV/pNa) | 鉀離子感測度 (mV/pK) |
|---|---|---|---|---|---|
| 二氧化矽 | 27.19 | 95.68 | 高 | 33.34 | 23.67 |
| 氮氧化矽 ($NH_3/N_2O = 0.2$) | 39.11 | 99.11 | 低 | 12.97 | 20.09 |
| 氮氧化矽 ($NH_3/N_2O = 0.5$) | 47.24 | 99.21 | 低 | 6.14 | 11.65 |
| 氮氧化矽 ($NH_3/N_2O = 2.0$) | 53.47 | 99.68 | 低 | 4.20 | 7.96 |
| 氮化矽 | 57.85 | 99.96 | 最低 (< 1mV/h) | 1.58 | 1.89 |

敏卻最不會受到干擾離子影響的感測薄膜 [50, 51]。此外，其高抗化性的特質，使其感測薄膜可於 pH -7 ~ 13.7中量測 [52]，並可抵抗食品工業中必經之清洗流程 (Clean-in-place, CIP)[53]。

在二氧化五鉭薄膜之研究中，各研究單位紛紛提出不同的製程方式，改善其薄膜特性。如：(一) 薄膜沈積系統：金屬有機化學氣相沈積系統、金屬有機低壓化學氣相沈積系統、濺鍍機等方式；(二) 不同的熱退火方式後處理。不同的沈積條件，經過熱退火後，成分組成 (氧與鉭元素比例)，薄膜晶相 (非晶態與多晶態) 與表面粗糙度均會改變。其製程方式與感測特性如表 7.4 所示。

尤其，針對二氧化五鉭之光時飄效應，更為研究學者們所注重之改善目標，如圖 7.34 所示，隨著熱退火溫度的不同，薄膜之晶相以及鉭/氧比例的改變，都可能會對光效應造成影響。由此可見，每一項細微的製程參數，都可能影響到每一個感測元件很細微的感測特性、精準度與穩定度，藉由製程中良好的控制，也可以因此沈積出最適合相對溶液、量測需求的感測薄膜。

**表 7.4** 不同製程方式所製程之二氧化五鉭

| 製程方式 | MOCVD [54] | MOLPCVD [55] | RF sputter [56] | RF sputter |
|---|---|---|---|---|
| 熱退火後處理 | $O_2$, 500 – 900℃ 30 min | $N_2$, 525 – 800℃, 5–30 min | $N_2$, 400 ℃ / $O_2$, 400 ℃ | $N_2$, 500 – 900℃, 30 min |
| 離子感測度 (mV/pH) | 52 (700℃) – 63 (600℃) | 54 (525℃) – 59 | 58 – 59 | 52.5 (500℃) – 58.0 (900℃) |
| 遲滯 (mV) pH 7 | 10 – 41 (700℃) | – | – | 8.57 (500℃) – 0.33 (900℃) |
| 時飄 (mV/h) | <0.5 | <0.5 | 5 mV/Day ($N_2$) 1.8 – 3 mV/Day ($O_2$) | 0.24 – 1.24 (900℃) |
| 光效應 | 56 mV (as – dep) ~20 mV (500℃) <10 mV (600℃) ~0 mV (900℃) | 20 mV (525℃) 5 – 10 mV (600℃) 8 – 12 mV (800℃) | – | 6 mV (900℃) 一般室內光線 |

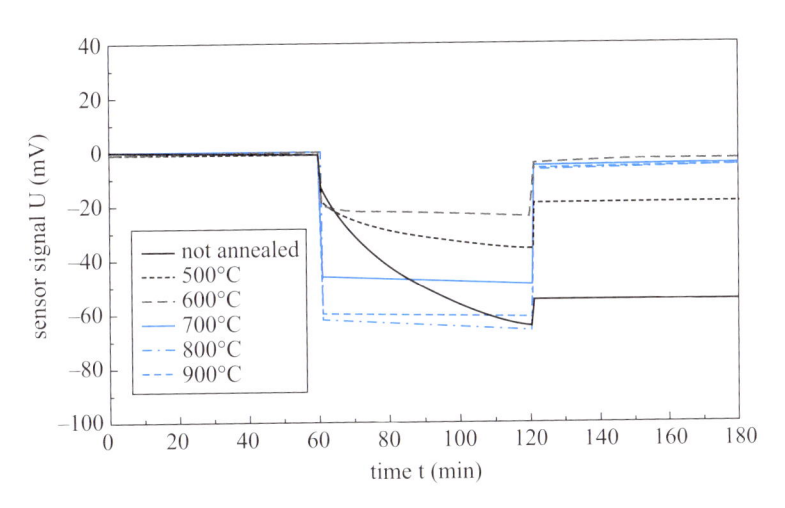

圖 7.34 以二氧化五鉭為感測薄膜之氫離子感測場效電晶體，經不同溫度熱退火處理後，對光效應所產生的時飄影響 [54]。

## 7.5.7 雙層結構與薄膜厚度之極限：二氧化鉿 (HfO₂)

二氧化鉿 (Hafnium dioxide, HfO₂)，在高介電係數絕緣層中被廣泛的研究，並用於記憶體元件、薄膜電晶體、高速半導體元件等。於 2004 年起，亦有學者將其用於氫離子感測場效電晶體，並發現其優秀的感測特性。二氧化鉿薄膜經過熱退火處理後感測度高達 59 mV/pH，並有很高的線性度與穩定度。

在感測薄膜發展初期，為了達到良好的穩定度以及薄膜界面，大多數的製程方式，都先以乾氧化的方式成長二氧化矽層，再將感測薄膜沈積於二氧化矽層上面。然而，隨著高介電係數薄膜的發展，二氧化鉿感測薄膜，也被嘗試直接沉積於矽晶圓表面。沉積方式多為射頻濺鍍系統或原子層沉積系統。其感測特性仍與原本「三明治」(雙層) 結構的特性接近，在未經熱退火處理下之薄膜，氫離子敏感度之斜率皆接近 50 mV/pH (如圖 7.35(a) 所示)。此方式不但簡化了製程步驟與時間，也有部分獨特優越的感測特性，如低光效應、低遲滯效應、反應時間短等。

另外，感測薄膜的厚度與感測度之間的關係，也是許多人很好奇的一個問

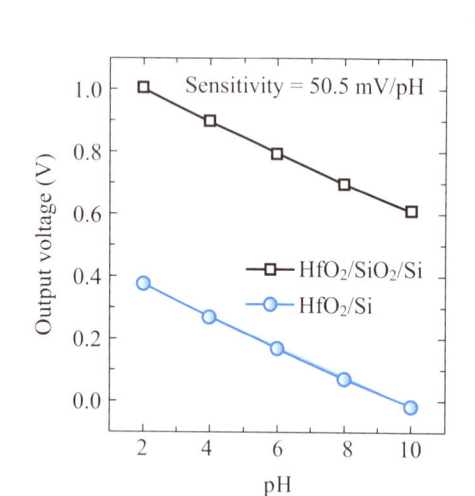

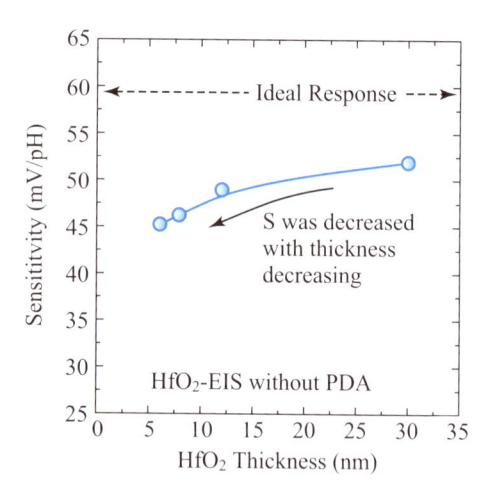

**圖 7.35** (a) 單層與雙層二氧化鉿薄膜之酸鹼感測特性，其敏感度 (斜率) 並無明顯差異，(b) 二氧化鉿厚度對感測特性的影響。

題。如圖 7.35(b) 所示，不同厚度的二氧化鉿感測薄膜，其感測度也有些微的不同，目前最薄約可微小至 5 nm，小於此厚度，則會因為漏電流而造成電位的漂移、時飄等非理想效應，而影響感測器之穩定度與精準度。

## 小結

由上述內容可見，對於同一結構之離子感測場效電晶體而言，感測薄膜的材料與製程方式對於離子感測特性有絕對的影響力。而離子感測場效電晶體發展至今，已開發之感測薄膜包含 $SiO_2$ (非 high-k 材料)、$Si_3N_4$、$Ta_2O_5$、$Al_2O_3$、$HfO_2$、$TiO_2$、$SnO_2$、$Gd_2O_3$、$Er_2O_3$、$Nd_2O_3$ 等，甚至還有一些利用共濺鍍技術或合金靶材的氧化物，也陸續加入感測薄膜之應用，如 HfWO、HfTiO 等。於表 7.5 中，列舉幾種最常見的薄膜之感測特性。從中可見，經過調變之後，大多數的薄膜或者金屬氧化物薄膜，其感測特性皆有不錯的表現，因此，該如何選擇感測薄膜，其實主要還是要從應用方向、領域、範圍來抉擇。如強酸鹼的環境下，$Al_2O_3$ 與 $HfO_2$ 薄膜，可能就無法長時間的使用，而 $Ta_2O_5$ 薄膜，則容易受到光的影響。而其他鑭系元素之高介電係數薄膜，則仍需考慮製程成本、穩定性與製程相容性等問題。

表 7.5　各種感測薄膜材料之感測特性比較表

| 感測薄膜材料 | SiO$_2$ | Si$_3$N$_4$ | Ta$_2$O$_5$ | Al$_2$O$_3$ | HfO$_2$ |
|---|---|---|---|---|---|
| 可量測酸鹼範圍 | 4-10 | 1-13 | 1-13 | 1-13 | 2-12 |
| 氫離子感測度 (mV/pH) | 25-35, >pH 7<br>37-48, < pH7<br>(non-linear) | 46-56 | 56-57 | 53-57 | 57-59 |
| 時飄 in pH 7 (mV/h) | 1.0 | 0.18 (pH 6) | 0.1-0.2 | 0.1-0.2 | 0.1 |
| 酸鹼遲滯 (mV) pH 7-4-7-10-7 | 3 | 5.1 (pH 7-2-7-12-7) | 0.2 | 0.8 | - |
| 參考文獻 | [57] | [45, 58] | [45] | [45] | [55] |

除了感測薄膜與特性的研發之外，此離子感測平台更結合了各種生醫材料，如酵素、DNA、抗體等，並整合微流體結構，針對細胞、尿液、血液等人體所取得的檢體，進行即時監控、診斷、分析。相信在不久的將來，隨著大量投入的研究成本、人員與心力，此結合半導體、電子、化學、生醫之科學，將帶給人類更健康、美好的生活。

## 本章習題

1. 試問現今非揮發性記憶體商品主流為何？說明其優缺點。
2. SONOS 快閃式記憶體優點為何？而其又有哪些結構上的變化？
3. SONOS 非揮發性記憶體的寫入及抹除有哪些方法？說明其優缺點。
4. 為何 BE-SONOS 具有較快的寫入及抹除速度？嘗試以能帶圖的觀點說明。
5. 試說明 high-k 材料的奈米晶體與金屬奈米晶體記憶體有何不同？
6. 考慮一 high-k 奈米晶體，假設其為半圓形。穿隧氧化層厚度為 3 nm，阻擋氧化層厚度為 10 nm，奈米晶體的平均半徑為 4 nm，分佈密度為 $5 \times 10^{12}$ cm$^{-2}$，假設每個奈米晶體內有五個電子，請問其理想的臨界電壓飄移量為多少伏特？
7. 請寫出 high-k 奈米晶體的製作方法 (至少四種)。
8. 本章圖 7.14 中，HfO$_2$ 的奈米晶體在電子顯微鏡下可以很清楚的被觀察到。想一想，根據圖 7.14 所呈現出的 HfO$_2$ 奈米晶體，你能不能約略估算出奈米晶體的「密度」大約是多少？(提示：單位是「個數/平方公分」)
9. 請畫出兩種不同的電阻式記憶體操作模式，並解釋其程序及目的。
10. 請解釋電阻式記憶體其中一種機制。
11. 請解釋導通橋式電阻式記憶體與傳統電阻式記憶體之機制的不同。
12. 試比較離子感測場效電晶體與金氧半場效電晶體之差異，並描述離子感測場效電晶體之操作方式？
13. 請定義氫離子敏感度 (Sensitivity)。若量測到的 pH 4 的電壓值為 30 mV，pH 7 為 –135 mV，請問其氫離子敏感度為多少？
14. 請列舉五種目前已用於離子感測場效電晶體之高介電係數薄膜。有哪些方法可以調變 (控制) 離子感測特性？

## 參考文獻

1. J. J. Lee, X. Wang, W. Bai, N. Lu, and D. L. Kwong, "Theoretical and experimental investigation of Si nanocrystal memory device with $HfO_2$ high-k tunneling dielectric," *IEEE Trans. Electron Devices*, vol. 50, no. 10, pp. 2067–2072, 2003.

2. T. Sugizaki, M. Kohayashi, M. Ishidao, H. Minakata, M. Yamaguchi, Y. Tamura, Y. Sugiyama, T. Nakanishi, and H. Tanaka, "Novel multi-bit SONOS type flash memory using a high-k charge trapping layer," *in Symp. VLSl Tech. Dig.*, 2003, pp. 27–28.

3. G. Zhang and W. J. Yoo, "$V_{th}$ control by complementary hot-carrier injection for SONOS multi-level cell flash memory," *IEEE Trans. Electron Devices*, vol. 56, no. 12, pp. 3027–3032, 2009.

4. X. Wang and D. L. Kwong, "A novel high-k SONOS memory using $TaN/Al_2O_3/Ta_2O_5/HfO_2/Si$ structure for fast speed and long retention operation," *IEEE Trans. Electron Devices*, vol. 53, no. 1, pp. 78–82, 2006.

5. M. T. Wu, H. T. Lue, K. Y. Hsieh, R. Liu, and C. Y. Lu, "Study of the band-to-band tunneling hot-electron (BBHE) programming characteristics of p-channel bandgap-engineered SONOS (BE-SONOS)," *IEEE Trans. Electron Devices*, vol. 54, no. 4, pp. 699–706, 2007.

6. S. Tiwari, F. Rana, K. Chan, H. Hanafi, C. Wei, and D. Buchanan, "Volatile and non-volatile memories in silicon with nano-crystal storage," *in IEDM Tech. Dig.*, 1995, pp. 521–524.

7. Y. C. King, T. J. King, and C. Hu, "MOS memory using germanium nanocrystals formed by thermal oxidation of $Si_{1-x}Ge_x$," *in IEDM Tech. Dig.*, 1998, pp. 115–118.

8. V. Mikhelashvili, B. Meyler, S. Yofis, J. Salzman, M. Garbrecht, T. C. Hyams, W. D. Kaplan, and G. Eisenstein, "A nonvolatile memory capacitor based on a double

gold nanocrystal storing layer and high-k dielectric tunneling and control layers," *J. Electrochem. Soc.*, vol. 157, no. 4, H463–H469, 2010.

9. Y. H. Lin, C. H. Chien, C. T. Lin, C. Y. Chang, and T. F. Lei, "High-performance nonvolatile HfO$_2$ nanocrystal memory," *IEEE Electron Device Lett.*, vol. 26, no. 3, pp. 154–156, 2005.

10. S. Maikap, T. Y. Wang, P. J. Tzeng, C. H. Lin, L. S. Lee, J. R. Yang, M. J. Tsai, "Charge storage characteristics of atomic layer deposited RuO$_x$ nanocrystals," *Appl. Phys. Lett.*, vol. 90, pp. 253108-1–3, 2007.

11. J. C. Wang, C. S. Lai, Y. K. Chen, C. T. Lin, C. P. Liu, Michael R. S. Huang and Y. C. Fang, "Characteristics of gadolinium oxide nanocrystal memory with optimized rapid thermal annealing," *Electrochem. Solid-State Lett.*, vol. 12, no. 6, H202–H204, 2009.

12. B. H. Koh, E. W. H. Kan, W. K. Chim, W. K. Choi, D. A. Antoniadis, and E. A. Fitzgerald, "Traps in germanium nanocrystal memory and effect on charge retention: Modeling and experimental measurements," *J. Appl. Phys.*, vol. 97, pp. 124305-1–9, 2005.

13. C. M. Compagnoni, D. elmini, A.S. Spinelli, A. L. Lacaita, C. Previtali, and C. Gerardi, "Study of data retention for nanocrystal flash memories," in *Reliability. Phys. Symp. Proceedings*, 2003, pp. 506–512.

14. M. She, and T. J. King, "Impact of crystal size and tunnel dielectric on semiconductor nanocrystal memory performance," *IEEE Trans. Electron Devices*, vol. 50, no. 9, pp. 1934–1940, 2003.

15. G. Weihua, L. Shibing, J. Rui, L. Qi, H. Yuan, W. Qin, and L. Ming, "Analysis of charge retention characteristics for metal and semiconductor nanocrystal non-volatile memories," *Electron Devices and Solid-State Circuits*, 2007, pp. 141–144.

16. J. C. Wang, C. T. Lin, C. S. Lai, and J. L. Hsu, "Nanostructure band engineering of gadolinium oxide nanocrystal memory by CF$_4$ plasma treatment," *Appl. Phys.*

Lett., vol. 97, pp. 023513-1–3, 2010.

17. R. Shriram, C. M. Paul, L. Jan, S. L. Patrick, Y. Yan, C. Zhiqiang, and S. Susanne, "Phase separation in hafnium silicates for alternative gate dielectrics, "*J. Electrochem. Soc.*, vol. 150, no. 10, F173–F177, 2003.

18. H. C. You, T. H. Hsu, F. H. Ko, J. W. Huang, and T. F. Lei, "Hafnium silicate nanocrystal memory using sol-gel-spin-coating method," *IEEE Electron Device Lett.*, vol. 27, no. 8, pp. 644–646, 2006.

19. J. Park, K. An, Y. Hwang, J. G. Park, H. J. Noh, J. Y. Kim, J. H. Park, N. M. Hwang, and T. Hyeon, "Ultra-large-scale syntheses of monodisperse nanocrystals," *Nature Materials*, vol. 3, pp. 891–895, 2004.

20. 劉志益、曾俊元，「電阻式非揮發性記憶體之近期發展」，電子月刊，第十一卷，第四期，182~189頁，民國九十四年。

21. 何家驊、謝光宇，「電阻型式之非揮發性隨機存取記憶體之介紹」，電子月刊，第十三卷，第四期，141~151頁，民國九十六年。

22. W. W. Zhuang, W. Pan, B. D. Ulrich, J. J. Lee, L. Stecker, A. Burmaster, D. R. Evans, S. T. Hsu, M. Tajiri, A. Shimaoka, K. Inoue, T. Naka, N. Awaya, K. Sakiyama, Y. Wang, S. Q. Liu, N. J. Wu, and A. Ignatiev, "Novel colossal magnetoresistive thin film nonvolatile resistance random access memory (RRAM)," *in IEDM Tech. Dig.*, 2002, pp. 193–196.

23. M. Yin, P. Zhou, H. B. Lv, J. Xu, Y. L. Song, X. F. Fu, T. A. Tang, B. A. Chen, and Y. Y. Lin, "Improvement of resistive switching in $Cu_xO$ using new RESET mode," *IEEE Electron Device Lett.*, vol. 29, no. 7, pp. 681–683, 2008.

24. K. C. Ryoo, J. H. Oh, H. Jeong, and B. G. Park, "Irregular resistive switching characteristics and its mechanism based on NiO unipolar switching resistive random access memory (RRAM)," *in SNW Tech. Dig.*, 2010, no.5562580.

25. C. Kügeler, C.Nauenheim, M. Meier, A. Rüdiger, and R. Waser, "Fast resistance switching of $TiO_2$ and MSQ thin films for non-volatile memory applications

(RRAM)," *in NVMTS Tech. Dig.*, 2008, no. 4731195.

26. C. Y. Lin, C. Y. Wu, C. Y. Wu, T. C. Lee, F. L. Yang, C. Hu, and T. Y. Tseng, "Effect of top electrode material on resistive switching properties of ZrO$_2$ film memory devices," *IEEE Electron Device Lett.*, vol. 28, no. 5, pp. 366–368, 2007.

27. V. Jousseaume, A. Fantini, J. F. Nodin, C. Guedj, A. Persico, J. Buckley, S. Tirano, P. Lorenzi, R. Vignon, H. Feldis, S. Minoret, H. Grampeix, A. Roule, S. Favier, E. Martinez, P. Calka, N. Rochat, G. Auvert, J. P. Barnes, P. Gonon, C. Vallee, L. Perniola, and B. De Salvo, "Comparative study of non-polar switching behaviors of NiO- and HfO$_2$-based oxide resistive-RAMs," *in IEEE IMW Tech. Dig.*, 2010, no. 5488316.

28. X. Cao, X. Li, X. Gao, W. Yu, X. Liu, Y. Zhang, L. Chen, and X. Cheng, "Forming-free colossal resistive switching effect in rare-earth-oxide Gd$_2$O$_3$ films for memristor applications," *J. Appl. Phys.*, vol. 106, no. 7, pp. 073723-1–5, 2009.

29. C. H. Cheng, A. Chin, and F. S. Yeh, "Novel ultra-low power RRAM with good endurance and retention," *in VLSI Tech. Dig.*, 2010, pp. 85-86.

30. K. M. Kim, B. J. Choi, C. S. Hwang, "Localized switching mechanism in resistive switching of atomic-layer-deposited TiO$_2$ thin films," *Appl. Phys. Lett.*, vol. 90, no. 24, pp. 242906-1–3, 2007.

31. K. M. Kim, B. J. Choi, Y. C. Shin, S. Choi, and C. S. Hwang, "Anode-interface localized filamentary mechanism in resistive switching of TiO$_2$ thin films," *Appl. Phys. Lett.*, vol. 91, no. 1, pp. 012907-1–3, 2007.

32. C. Liaw, M. Kund, D. Schmitt-Landsiedel, and I. Ruge, "The conductive bridging random access memory (CBRAM): A non-volatile multi-level memory technology," *in ESSDERC Tech. Dig.*, 2007, pp. 226–229. no. 5488316.

33. Y. Bernard, V. T. Renard, P. Gonon, and V. Jousseaume, "Back-end-of-line compatible conductive bridging RAM based on Cu and SiO$_2$," *Microelectronic Engineering*, vol. 88, no. 5, pp. 814–816, 2011.

34. S. Long, Q. Liu, H. Lv, Y. Li, Y. Wang, S. Zhang, W. Lian, K. Zhang M. Wang, H. Xie, and M. Liu, "Resistive switching mechanism of Ag/ZrO$_2$:Cu/Pt memory cell," *Appl. Phys. A: Materials Science and Processing*, vol. 102, no. 4, pp. 915–919, 2011.

35. J. J. Huang, G. L. Lin, C. W. Kuo, W. C. Chang, and T. H. Hou, "Room-temperature TiO$_x$ oxide diode for 1D1R resistance-switching memory," *in ISDRS Tech. Dig.*, 2009, no. 5378323.

36. F. Nardi, D. Ielmini, C. Cagli, S. Spiga, M. Fanciulli, L. Goux, and D. J. Wouters, "Control of filament size and reduction of reset current below 10 $\mu$A in NiO resistance switching memories," Solid-State Electronics, vol. 58, no. 1, pp. 42–47, 2011.

37. J. Zhang, Y. Ding, X. Xue, G. Jin, Y. Wu, Y. Xie, and Y. Lin, "A 3D RRAM using a stackable multi-layer 1TXR cell," *IEICE Transactions on Electronics*, vol. E93-C, no. 12, pp. 1692–1699, 2010.

38. "Sensor," http://en.wikipedia.org/wiki/Main_Page, Ed., ed. http://en.wikipedia.org/wiki/Sensor.

39. W. Vonau and U. Guth, "pH Monitoring: a review," *J. Solid State Electrochem*, vol. 10, pp. 746–752, 2006.

40. "Messung von Ionenkonzentrationen mittels Oxyd-Silizium-Struktu-ren," *Neues aus der Technik*, vol. 4, p. 2, 1967.

41. K. D. Wise, J. B. Angell, and A. Starr, "An integrated-circuit approach to extracellular microelectrodes," *IEEE Trans. Biomed. Eng.*, vol. BME-17, p. 238, 1970.

42. P. Bergveld, "Development of an ion-sensitive solid state device for neurophysiological measurements," *IEEE Trans. Biomed. Eng.*, vol. BME-17, pp. 70–71, 1970.

43. P. Bergveld, "Development, operation and application of the ion sensitive field

effect transsitor as a tool for electrophysiology," *IEEE Trans. Biomed. Eng.*, vol. BME-19, pp. 342–351, 1972.

44. M. Esashi and T. Matsuo, "Integrated micro multi ion sensor using field effect transistor," *IEEE Trans. Biomed. Eng.*, vol. BME-25, pp. 184–192, 1978.

45. T. Matsuo and M. Esashi, "Methods of ISFET fabrication," *Sensors and Actuators*, vol. 1, pp. 77–96, 1981.

46. P. Bergveld and A. Errachid, "Analytical and Biomedical Applications of Ion-Selective Field-Effect Transistors," *XXIII ed. Amsterdam: Elsevier*, 1988.

47. M. Yuqing, C. Jianguo, and C. Jianrong, "Ion sensitive field effect transducer-based biosensors," *Biotechnology Advances*, vol. 21, pp. 527–534, 2003.

48. P. K. Shin and T. Mikolajick, "Alkali- and hydrogen ion sensing properties of LPCVD silicon oxynitride thin films," *Thin Solid Films*, vol. 426, pp. 232–237, 2003.

49. P. K. Shin and T. Mikolajick, "$H^+$, $Na^+$, and $K^+$ ion sensing properties of sodium and aluminum coimplanted LPCVD silicon oxynitride thin films," *Appl. Surface Science*, vol. 207, pp. 351–358, 2003.

50. P. Bergveld, "Thirty years of ISFETOLOGY What happened in the past 30 years and what may happen in the next 30 years," *Sensors and Actuators B: Chemical*, vol. 88, pp. 1–20, 2003.

51. P. Bergveld, R. E. G. van Hal, and J. C. T. Eijkel, "The remarkable similarity between the acid-base properties of ISFETs and protins and the consequences for the design of ISFET biosensors," *Biosensors & Bioelectronics*, vol. 10, pp. 405–414, 1995.

52. P. V. Bobrov, Y. A. Tarantov, S. Krause, and W. Moritz, "Chemical sensitivity of an ISFET with $Ta_2O_5$ membrane in strong acid and alkaline solutions," *Sensors and Actuators B: Chemical*, vol. 3, pp. 75–81, 1991.

53. M. J. Schöning, D. Brinkmann, D. Rolka, C. Demuth, and A. Poghssian, "CIP

(cleaning-in-place) suitable "non-glass" pH sensor based on a $Ta_2O_5$-gate EIS structure," *Sensors and Actuators B: Chemical*, vol. 111-112, pp. 423–429, 2005.

54. T. Mikolajick, R. Kühnhold, and H. Ryssel, "The pH-sensing properties of tantalum pentoxide filmes fabricated by metal organic low pressure chemical vapor depostition," *Sensors and Actuators B: Chemical*, vol. 44, pp. 262–267, 1997.

55. P. D. van der Wal, D. Briand, G. Mondin, S. Jenny, S. Jeanneret, C. Millon, H. Roussel, C. Dubourdieu, and N. F. de Rooij, "High-k dielectrics for use as ISFET gate oxides," in *Proceedings of IEEE Sensors*, 2004, pp. 677–680.

56. D. H. Kwon, B. W. Cho, C. S. Kim, and B. K. Sohn, "Effects of heat treatment on $Ta_2O_5$ sensing membrane for low drift and high sensitivity pH-ISFET," *Sensors and Actuators B: Chemical*, vol. 34, pp. 441–445, 1996.

57. C. Cané, I. Grécia, and A. Merlos, "Microtechnologies for pH ISFET chemical sensors," *Microelectronics Journal*, vol. 28, pp. 389–405, 1997.

58. D. G. Pijanowska, "Analysis of factors determining parameters of ion sensitive filed effect transistors as the sensors of biochemical quantities," PhD Thesis, Institute of Biocybernetic and Biomedical Engineering, Polish Academy of Science, Warsaw, 1996.

# Chapter 8

# 應變矽製程

李敏鴻
張書通

## 作者簡介

### 李敏鴻

國立台灣大學電機博士。現擔任國立台灣師範大學光電科技研究所副教授,並為國際電機電子工程學會 (IEEE) 論文審查委員。曾任職於工研院電子所元件製程整合/技術開發、顯示影像中心軟性電子/顯示器研究開發。著作有國際學術論文 45 篇、專書 1 本、美國專利 7 件、與其他國家專利 16 件。

### 張書通

國立台灣大學電機博士。現擔任國立中興大學電機系暨光電所所副教授,並為國際電機電子工程學會 (IEEE) 論文審查委員。經歷包括國立中興大學奈米中心研發組組長與工研院電子所顧問。著作有國際學術論文 60 篇、專書 2 本、美國專利 3 件、中華民國專利 7 件。

目前，矽材料技術發展已朝向利用應變工程的方式來調整其能隙與載子遷移率，進而達到更好的性能。而元件特性亦可藉由提供適當的通道應力來獲得提升，最早先由史丹佛大學與麻省理工的研究團隊提出，將矽長在矽鍺虛擬基板方式形成應變矽 [1]。此外，值得一提的是，Intel 從其 90 nm 技術節點到現在 32 nm 技術節點，都採用應變矽技術來提升其產品效能 [2,3]，使得互補式金氧半導體 (complementary metal oxide semiconductor, CMOS) 技術正式宣告進入應變工程的新紀元。

在電晶體製造過程中，常見的應力產生方式有：將矽長在矽鍺虛擬基板、用矽鍺合金或矽碳合金來填充的源極與汲極應力源、附有應力的氮化矽覆蓋層 (CESL)、淺溝渠隔離技術 (STI) 等等 [2, 4]。對先進的矽積體電路而言，引入應力至通道來提升元件效益的觀念，是目前主流的技術。不過，人們仍然希望能持續透過元件微縮來提高驅動電流，進而提升電路速度，但此一要求亦使得矽技術發展將接近它物理的極限。所以，新的元件結構被提出，用以解決微縮的問題，柏克萊大學胡正明教授團隊 [5] 提出鰭式電晶體 (FinFET) 結構，大大解決微縮問題，而近來也與應變矽製程技術結合，發展出更高效能的元件，Intel 也採用類似的元件概念在其 22 nm 技術節點。

本章將應變矽製程技術分為四個小節來介紹：首先介紹應變矽的基本原理 (8.1 節)，接下的兩小節分別介紹全區域應變 (global strain) 製程與局部區域應變 (local strain) 製程 (8.2 與 8.3 節)，最後以目前先進應變矽技術，與高介電質金屬閘極 (high k metal gate, HKMG) 技術的結合 (亦即 Intel 45 nm 以後的應變矽技術)，以及 FinFET 與應變工程的結合作為本章結尾 (8.4 節)。

## 8.1 應變矽工程的理論基礎

應變矽電晶體為目前世界各大廠專注研發的焦點，本小節將介紹應變矽如何能提高載子遷移率的物理機制，說明目前學界與各大晶圓廠是如運用應變矽製程來產生應變。基本的應變產生，可以細分為以全區域應變 (global strain) 與局部

# 第 8 章 應變矽製程

區域 (local strain) 應變的製程技術來達成，本節會分別介紹其產生機制及其對矽材料傳輸特性的影響。

## 8.1.1 應變矽的材料性質與載子傳輸特性

元件的特性表現可歸因於汲極電流公式裡載子遷移率受應變作用而變化。若從能帶結構、相關參數來檢驗載子遷移率的變化，則載子於導電帶能谷或價電帶能帶的分布比例、散射率與有效質量等三個參數的影響最為直接。圖 8.1 與 8.2 顯示矽材料未應變 (unstrained) 前與受到雙軸拉伸 (biaxial tensile) 應變後，導電帶與價電帶的能帶變化簡單示意圖。矽材料未受到應變作用前，導電帶上的 6 個能谷其能量簡併 (energy degenerated)，而價電帶上的重電洞 (heavy hole, HH) 與輕電洞 (light hole, LH) 帶其能量亦簡併。當施加雙軸伸張應力時，平面上 (in-of-plane) 的晶格被拉長而垂直方向 (out-of-plane) 的晶格被擠壓，相對應到 k 空間上 $k_x$ 與 $k_y$ 方向的能谷 (fourfold degenerate, $\Delta_4$) 能帶上升，而 kz 方向能谷 (twofold degenerate, $\Delta_2$) 能帶下降，因此，電子大都分布於能帶較低的 $\Delta_2$ 能谷 (有效質量

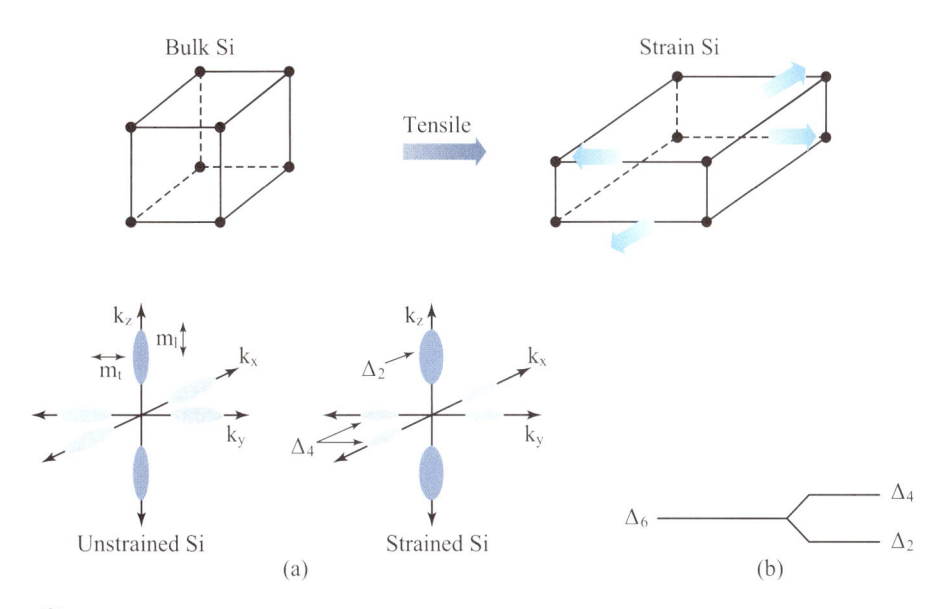

圖 8.1　電子的導電帶能谷 (conduction band valley) 在受雙軸拉伸應變後的結果。

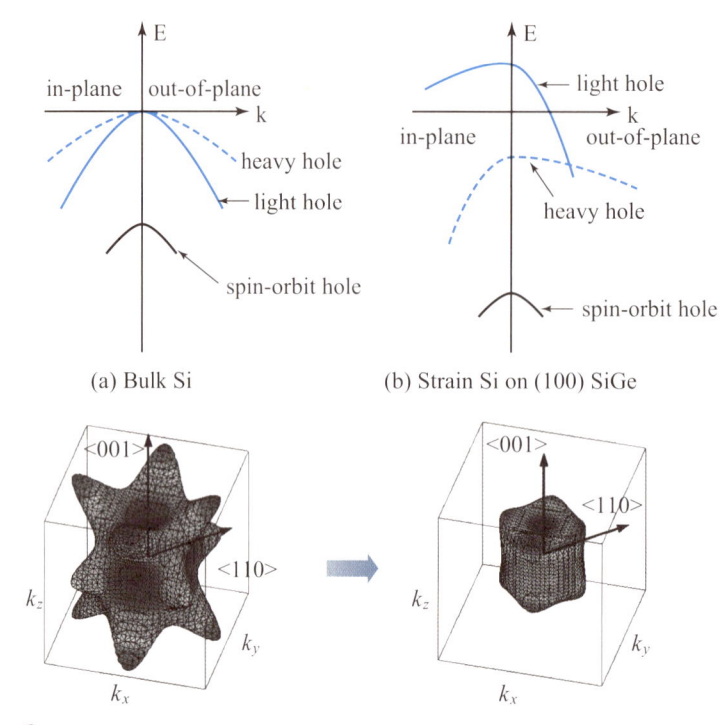

🌐 圖 8.2　電洞的能帶在受雙軸拉伸應變後的能帶圖與等能面圖的變化。

較低)，除此之外應變引致能帶分離 (strain-induced band splitting) 一方面降低能谷間散射率 (intervalley scattering rate, 即光學聲子散射率)，另一方面降低導電帶的有效狀態密度，進而減少能谷內散射率 (intravalley scattering rate, 能谷內部散射率聲學聲子散射率)，因此較低的有效質量與散射率的降低，進而改善電子遷移率。同於上述，價電帶上能量簡併的輕電洞帶 (上升) 與重電洞帶 (下降) 分離，能帶間與能帶內的散射率減少因而改善電洞遷移率。

## 8.1.2　全區域應變 (global strain, 使用矽鍺虛擬基板)

典型全區域應變的產生是由採用矽鍺虛擬基板來成長應變矽薄膜所致。此類磊晶方式的示意圖與對應的元件結構如圖 8.3 所示。一般來講，可以由矽鍺合金的鍺濃度來控制應變大小。比方說，20% 的鍺可以產生 0.8% 的雙軸拉伸應變，而此應變數值恰為矽與矽鍺虛擬基板的晶格不匹配的比率 (lattice mismatch)。約

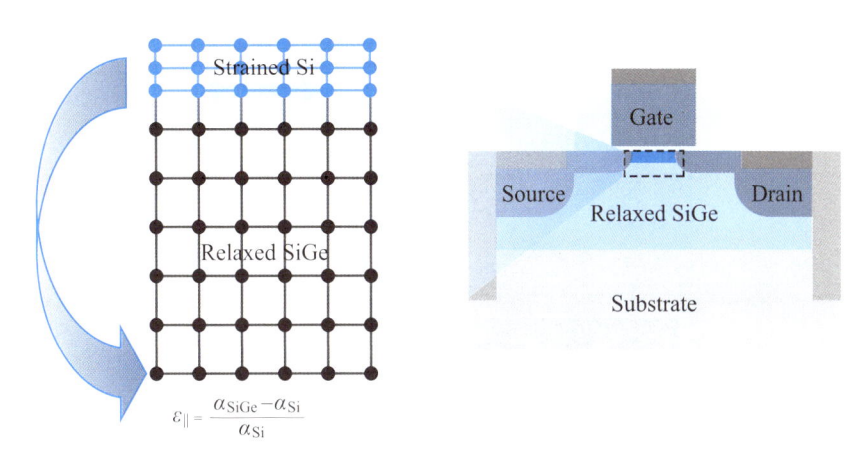

圖 8.3 利用矽鍺虛擬基板來成長應變矽薄膜的示意圖及其對應的元件結構。應變矽的應變量估算公式也列在其中。

在 2003 年以前，此類應變矽製程技術是主流的發展技術，主要是以史丹佛與麻省理工的研究團隊 [1] 為此種製程的主要推手。

全區域應變的技術所製作的 n 型與 p 型電晶體在總體的表現上雖然有獲得遷移率的增加，但是也有不少缺點，例如，因為使用矽鍺基板，由於應變矽與矽鍺間的異質接面問題造成臨界電壓的控制不易。此外，PMOS 的效能增強需要很高濃度鍺的矽鍺基板，成本過高且在中高垂直電場操作下有遷移率退化問題，所以，目前的主流技術並不是以此種製程為主，而是以下個小節介紹的局部區域應變製程為目前應變矽製程主流技術。

### 8.1.3 局部區域應變 [local strain, 使用各種局部應力源 (stressor)]

局部區域應變製程技術主要可以利用矽鍺合金或矽碳合金來當源極與汲極應力源、附有應力的氮化矽覆蓋層 (CESL)、淺溝渠隔離技術 (STI) 等等 [2, 4] 來達成。圖 8.4 為簡單說明各類局部區域應變製程技術在元件的位置。

對於一般高效能 CMOS 性能增強的有效方法，就是採用局部應變技術來提高載子的遷移率，對元件施以一個相當程度的類似單軸應力 (拉伸應力或壓縮應力)，並在特定的方向對應到通道。應力的散佈通常侷限在施力的區域，僅會影響電晶體的載子傳輸性質 (電子或電洞)。作法是在選定的區域中使用應力，或在

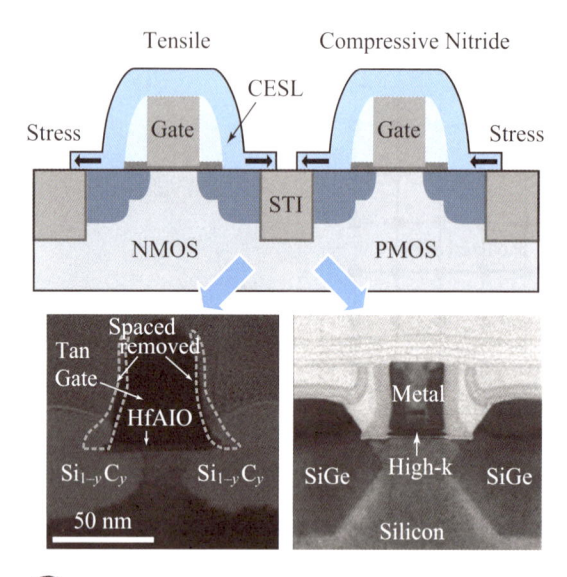

圖 8.4 各種常用局部區域應變製程技術對應在元件的位置。

區域內改變原本空白應力膜的薄膜特性。在各種應變的條件下，半導體能帶的形狀也會改變。當藉由降低能帶間/能帶內的分佈，或是減少有效質量，達到一定的狀態時，載子的遷移率就能因此提升。應變對載子遷移率的影響，可直接由壓阻公式來估計，相關壓阻參數可由受到外部機械應力的元件，量測遷移率的變化而得。載子遷移率的量測已有相當程度的進展，像是元件種類與通道的方向等許多因素，都是影響的參數。

運用應力來提升 CMOS 的效能，卻也會增加製程的複雜度與成本。利用現有製程與工具的方式，將是最理想的解決方案。雙重壓縮應力與拉伸應力施予在接觸蝕刻停止層 (contact etching stop layer, CESL) 或層間介電層 (inter layer dielectric, ILD) 作為應力源，也是一種可行的解決方案，如圖 8.4 之上圖所示。由於簡單的特性，加上在 90 奈米以下技術環境 [5-8] 能重複使用現有的製程工具，進一步提升 CMOS 效能，特別是搭配雙重整合技術 [6-8]。

在元件 S/D 區域中加入一個磊晶應力層，可形成另一個單軸應力源。磊晶材料有一個和基板不同的晶格常數。當生長薄膜的原子和基板對正方向時，就沒

有 (或微小到可忽略) 錯位的狀況發生，基板晶格的錯位以及重新配置材料，會對通道形成應力，進而產生遷移率提升的效果。磊晶矽鍺或矽碳合金是常見的壓力源材料。

由於鍺的晶格常數 (5.66 埃) 比矽的常數 (5.43 埃) 高出 4 %，因此在矽上方沉積的 SiGe 會被施予壓縮應變。S/D 嵌入型矽鍺合金因此會有理想的側向通道壓縮，而 S/D 嵌入型矽碳合金則導致通道拉伸應力 [因為鑽石的晶格常數為 (3.56 埃]，進而增進電洞 (hole) 與電子的遷移率，同時增強 CMOS 電晶體的電流。2002 年以後，業界針對晶圓與 SOI 技術陸續發表許多有關 pMOS S/D 矽鍺應力源的研究。Intel 採用 90 奈米節點製程的矽鍺應力源晶圓電路是在 2003 年底問市 [2]。為配合矽鍺應力源效能提升以及 SOI 基材的效益，IBM 研發團隊在 2005 年發表採用 65 奈米 SOI 材料產生矽鍺應力源拉伸應力的技術 [9]。

運用一個相似的矽鍺應力源製程，整合一個類似的機制來提高 n-type 電晶體的性能，S/D 嵌入型之矽碳合金可在 S/D 的邊緣區上長成磊晶，進而影響 n-type 電晶體通道的拉伸應力。這種方法自 2004 年以後獲得許多業界與研究機構的關注，因為它類似 Intel 90 nm 以後量產製造的矽鍺應力源模組，能讓 n-type 電晶體的效能大幅提升 30% 以上 [10]。然而，特定的矽碳合金製程與先進的磊晶技術仍須進一步改良，方能達到理想品質的磊晶薄膜，具備高品質之矽碳合金，可作為有效的拉伸應力。至今仍沒有一種簡單、單一化、長久發展的方法，不必經過進一步的改良就能在兩個以上技術節點同時提升 n 型與 p 型電晶體效能。

以上介紹之局部區域應變製程會在元件通道產生類似單軸應力的應力分佈，一般習慣用壓阻係數來預測遷移率與應力的關係，而公式如 (8.1) 式：

$$-\frac{\Delta \rho}{\rho} = \frac{\Delta \mu}{\mu} = -(\Pi_{\parallel}\sigma_{\parallel} + \Pi_{\perp(in)}\sigma_{\perp(in)} + \Pi_{\perp(out)}\sigma_{\perp(out)}) \tag{8.1}$$

公式中的壓阻係數如下表所示：

表 8.1　不同矽晶圓方向與電晶體通道方向所量測的壓阻係數

| 晶圓方向 | (001) | | | | (110) |
|---|---|---|---|---|---|
| 通道方向 | <110> | | <100> | | <110> |
| 元件類型 | NMOSFET | PMOSFET | NMOSFET | PMOSFET | PMOSFET |
| $\pi_{\parallel}$ | −35.5 | 71.7 | −38.5 | 9.1 | 27.3 |
| $\pi_{\perp(in)}$ | −14.5 | −33.8 | −18.7 | −6.19 | −5.1 |
| $\pi_{\perp(out)}$ | 27.0 | −20.0 | − | − | −25.8 |

通常要增強元件遷移率，NMOS 喜歡用單軸拉伸應力，而對於 PMOS 則喜歡用單軸壓縮應力，現行的 Intel 90 奈米以後的應變矽技術是採用此依原則去設計元件結構。

## 8.2　全面性應變 (矽鍺緩衝層結構)

圖 8.5 為應變矽電晶體之輸出特性，在鍺濃度 20% 的應變下，NMOS 與 PMOS 的汲極電流 $I_{DS}$ 分別增加 35% 與 25%，此為遷移率增加之故，見 (8.2) 式與 (8.3) 式：

$$I_{DS} \propto \frac{1}{2}\mu C_{ox}\frac{W}{L}\left(V_{gs}-V_{t}\right)^{2} \tag{8.2}$$

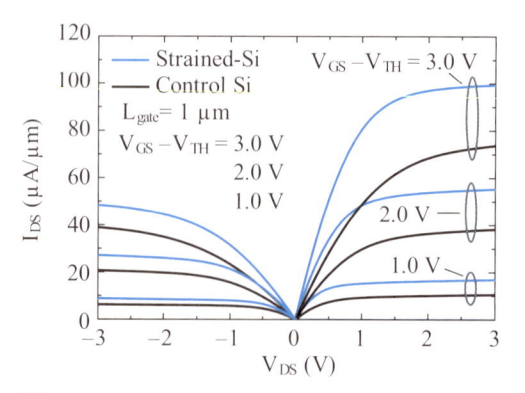

圖 8.5　應變矽電晶體之輸出特性。

$$v = \mu \cdot E \qquad (8.3)$$

其中 v 為載子速度 $\mu$ 為遷移率，W 與 L 為元件的寬與長，E 為電場，從 (8.3) 式可知，載子傳輸的速度決定於遷移率與電場，圖 8.6 為粹取之遷移率，電子增加約 65%，而電洞增加約 30%，而圖 8.7 為目前應變矽的電子與電洞的遷移率的增加率，以電子而言 [11,12,13-21]，在鍺濃度 20% 時，大多數的研究團隊皆做約 60-80% 的增加率，此點與理論值相符，而對電洞而言 [13,14,18,20-26]，在鍺

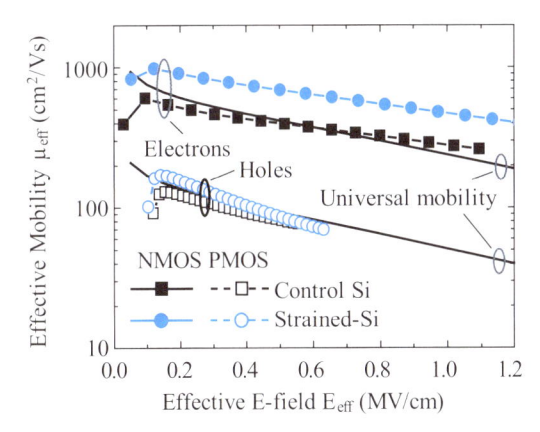

圖 8.6 粹取之遷移率，電子增加約 65%，而電洞增加約 30%。

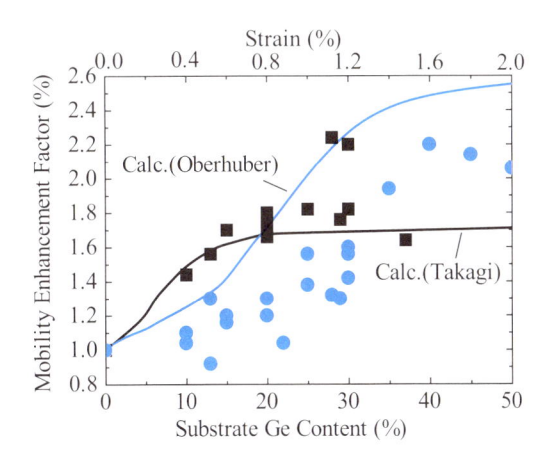

圖 8.7 目前應變矽的電子與電洞的遷移率的增加率。

濃度 20% 時，大多數的研究團隊卻只有約 20% 的增加率，此點與理論值差距甚大，故最近的趨勢則是由 Intel 所提出的，於 PMOS 中製作壓縮應變 (compressive strain)，以增加電洞的遷移率。

由於矽在受應變後，其能帶的分裂改變造成能隙 (energy bandgap) 變小，且由於應變矽成長於鬆弛矽鍺緩衝層上，所造成的在價帶 (valence band) 與導帶 (conduction band) 會有約 ~6mV/Ge % 的能帶差 (band offset)，以鍺為 30% 為例，價帶能差 $\Delta E_c$ 約有170 meV，導帶能差 $\Delta E_v$ 約有 180 meV，若操作在反轉區 (inversion region) 時，此能差在 NMOS 便會造成 $V_{th}$ (threshold voltage) 降低，載子被侷限 (confinement) 於應變矽的量子井 (strained-Si well) 中，如圖 8.8，PMOS 便會造成有矽鍺的埋藏通道效應 (SiGe buried channel) 的形成，對於元件的縮小化 (scaling) 有不利的影響，$V_{th}$ 的變化較 NMOS 不明顯 [27]，如圖 8.9。此外，由於能帶的 offset 也會反應在 CV (Capacitance- Voltage)，如圖 8.10，可以看到在 $V_g$ 負偏壓下，有電洞被侷限住的平台 (hole confinement shoulder)，這是因為在 $V_g$ 為負偏壓下，電洞便會形成在表面與埋層兩個通道，故在 CV 的表現上也會有 shoulder，為兩通道之電容的串聯。

此外，於類比電路 (analog circuit) 中，RF 雜訊對 LNA (Low Noise Amplifier) 則有決定性的關鍵，如 (8.4) 式與 (8.5) 式：

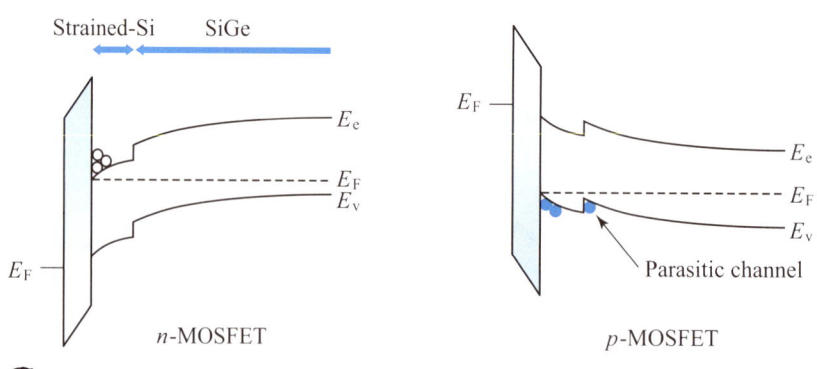

圖 8.8 操作在反轉區 (inversion region) 的應變矽 NMOS 與 PMOS 之能帶圖 [27]。

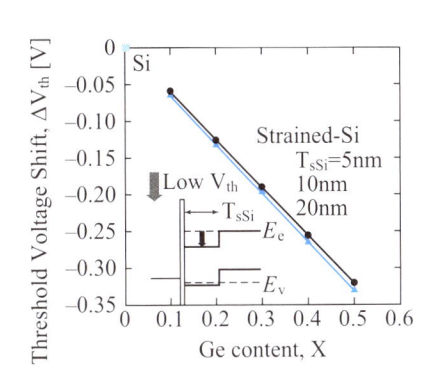

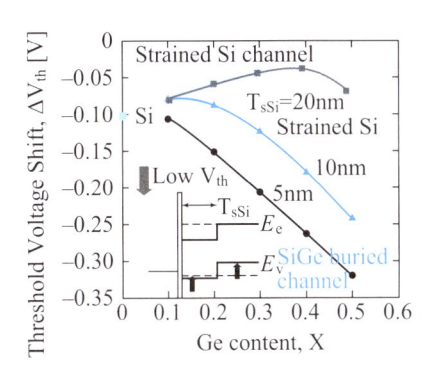

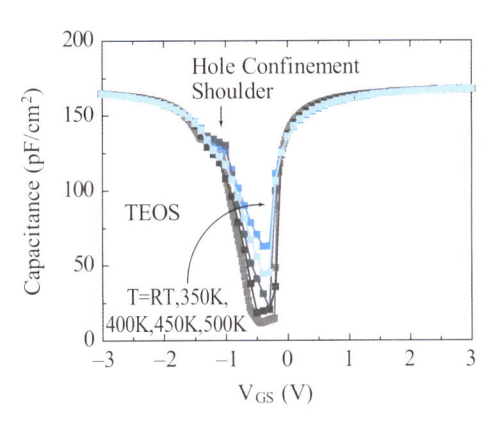

圖 8.9　NMOS 與 PMOS 中 $V_{th}$ 的變化 [28]。

圖 8.10　在 $V_g$ 負偏壓下，有電洞被侷限住的平台 (hole confinement shoulder)。

$$NF_{min} = 1 + K \cdot \frac{f}{f_T} \sqrt{g_m(R_g + R_s)} \tag{8.4}$$

$$f_T = \frac{1}{2\pi} \cdot \frac{g_m}{C_{gg} + C_{par} + C_{gso} + C_{gdo}} \tag{8.5}$$

　　而應變矽則表現出 $NF_{min}$ (minimum noise figure) 約低 0.5 dB，這是由於應變矽的遷移率較高，驅動電流較大，$g_m$ (Transconductance) 也就較高，相同的理由也表現在較高應變矽的 $f_T$ (Cutoff Frequency)，如圖 8.11[29]，低頻雜訊 (Flicker

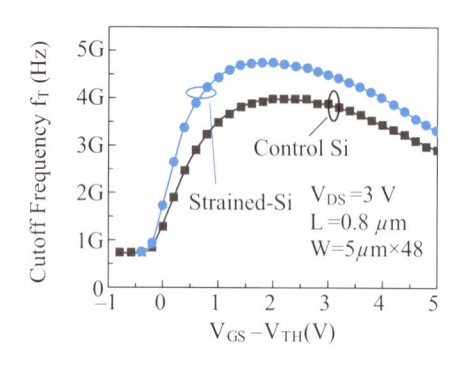

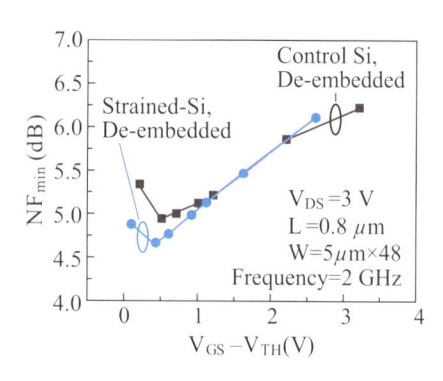

◯ 圖 8.11　應變矽的 RF 表現，如 NF$_{min}$ 與 f$_T$。

Noise) 為 VCO (Voltage Control Oscillator) 的雜訊的來源，而應變矽在低頻雜訊的表現是與線錯排 (threading dislocation, TD) 有關，在成長應變矽及鬆弛矽鍺緩衝層時，不可避免的一定會有 TD 產生 (~10$^6$ cm$^{-2}$)，如圖 8.12，而低頻雜訊的來源為則是與線錯排密度有關，因此在大面積元件 (>100 μm$^2$)，應變矽表現出較高雜訊，原因為通道有很大的機會遇到 TD。

如圖 8.13，若小面積元件則是表現出與控片相當的雜訊，圖 8.14 為不同面積大小的元件之雜訊比率統計結果，當元件面積大於 100 μm$^2$ 時，比率皆大於 1，不管是 Ring FET 或 Rectangular FET，可知只與元件大小有關，與元件幾何形狀無關，因此若要利用應變矽做為 direct conversion receiver 則是需要控制在小面積元件 [29]。

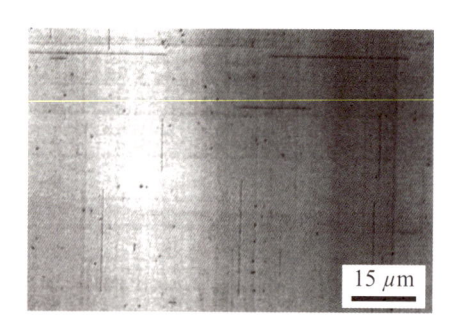

◯ 圖 8.12　經缺陷蝕刻 (defect etching) 之應變矽表面形態。

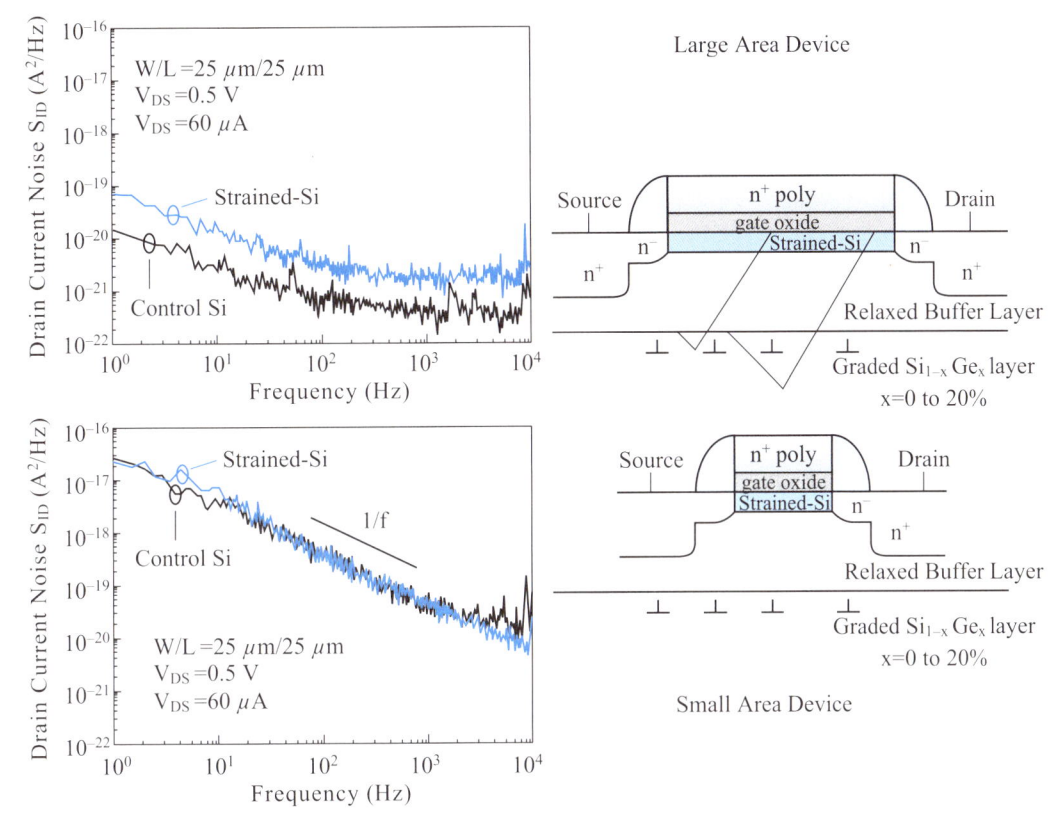

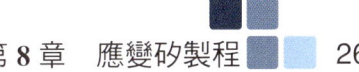

圖 8.13 低頻雜訊在大面積元件 (>100 $\mu m^2$)，應變矽 MOSFET 表現出較高雜訊，原因為通道有很大的機會遇到 TD，若小面積元件則是表現出與控片相當的雜訊。

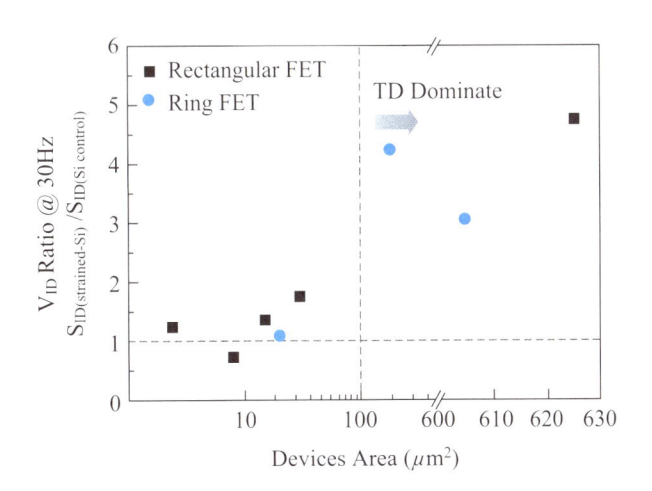

圖 8.14 不同面積大小的元件之雜訊比率統計結果，當元件面積大於 100 $\mu m^2$ 時，ratio 皆大於 1，不管是 Ring FET 或 Rectangular FET，可知只與元件大小有關，與元件幾何形狀無關 [29]。

## 8.3 區域性應變 (製程造成)

目前使用矽鍺當基材使矽通道產生雙軸應變的技術，已研究得知可增強 CMOS 的效能。然而，其面對的挑戰像是成本、縮小化所衍生之問題如短通道效應與鍺濃度之影響，在整合方面如淺溝渠隔離 (STI)、缺陷等問題均是在量產之前需要克服的問題。另一方面，製程產生之應變效應變得很重要，特別是元件縮小至 90 nm 技術以後時需考慮之，有關全面性應變 (矽鍺緩衝層結構) 與區域性應變 (製程造成) 比較列於表 8.2，全面性應變 (矽鍺緩衝層結構) 可以得到較大的應變量，對元件的尺寸較沒影響，而區域性應變 (製程造成) 則是成本降低，與目前的製程完全相容。

在 CMOS 積體電路工作效能中，其重要因素為用於電洞及電子兩者能有良好遷移率。兩載子之遷移率應儘可能提高，用以增強 PMOS 及 NMOS 工作效能。整體 CMOS 電路工作效能幾乎端視 NMOS 及 PMOS 工作效能而定，因此，應視電子及電洞遷移率而定。在矽之半導體材料上，其應力變化改變該電子及電洞的遷移率，接著改變其上形成之 NMOS 及 PMOS 裝置之工作效能。增加遷移率導致增加之工作效能。然而，也已經發現了該電子及電洞遷移率不總是對應力作相同方式之反應，因此，應變之問題變得複雜。此外，遷移率對應力之依賴度隨該結晶半導體材料之表面定向及該應力及電流流動方向而定。例如，用於沿

**表 8.2** 全面性應變 (矽鍺緩衝層結構) 與區域性應變 (製程造成) 比較

|  | 全面性應變 | 區域性應變 |
|---|---|---|
| 應變量 | ~ 1 % | < 0.4 % |
| 技術 | 矽鍺緩衝層 | 製程引入, 如 STI, nitride cap, silicide, spacer |
| 應變方向 (軸) | 雙軸 (biaxial) | 單軸 (uniaxial) |
| 縮小化 | 對各種通道長度皆可 | 非常敏感 (sensitive) |
| 傑出之性能表現 | NMOSFET | PMOSFET |
| 其它 | 可獲大應變量 (高濃度矽鍺層) | 源/汲極選擇性矽鍺磊晶 |

著該 (100) 平面上之 <110> 方向之電流流動中，拉伸應變朝向增加該電子遷移率及減少該電洞遷移率。反之，用於沿著該 (100) 平面上之 <100> 方向之電流流動中，拉伸應變朝向增加電子及電洞遷移率。目前，半導體裝置係定向使得電流沿著 (100) 矽上之 <110> 方向流動。NMOS 及 PMOS 一般在 (100) 晶圓上成長，電流方向係相對於該晶圓而與該 <110> 方向對準。在此定向中，該電子及電洞遷移率反向變化作用至水平應力。換言之，當沿著該電流流動方向施加應力至該下面矽時，不是該電子移動性增加及該電洞遷移率減少就是該電洞遷移率增加及該電子遷移率減少。因此，整體 CMOS 電路執行效率並未增加。基於此理由，必須使用該矽材料之選擇性應力，以增加一類型裝置之載子遷移率，而無關於另一類型裝置之遷移率。這個需要仔細設計如何有效利用局部應變製程的方式，如淺溝渠隔離 (STI)、silicide、$Si_3N_4$ 等方式來對通道產生應變。此局部應變製程不但成本較低，且能達到元件效能增強效果，如 Intel 就應用此技術，僅增加 2% 的成本就可達到增強目前 CMOS 元件效能。

　　元件越做越小，機械應力對元件效能影響越來越大，國際各大廠及學術機構均開始對此一影響展開研究，像 Intel、NEC、Hitachi、Mitsubishi、AMD、TMSC 等均有詳細之局部應力對元件效能之影響方面的研究，如何來控制這些可能的製程應力，使元件能從中獲得效能提升，是當今重要課題之一，如表 8.3，特別是 Intel 宣布正式利用應變矽技術在其 90 nm 技術節點，並應用其 CPU 的產品之中，所用之應變矽技術即為局部應變，而非傳統的矽鍺緩衝層上所成長應變矽之技術，其成本只比現有技術提高 2% 而已，所以，業界對此相當重視，因為，成本是最重要的考量因素，也因此瞭解局部應變對 CMOS 元件之影響就顯得特別重要了。國內的晶圓大廠台積電 (TSMC) 提出三維應變工程對 CMOS 元件效能的影響，此一內容即為局部應變之核心觀念，而其他國際大廠亦發表許多相關論文在此主題之上的探討。由製程所造成之局部應變效應是十分值得研究的，所以，若能掌握此一方面的技術，相信對業界來說應該是一很好的提升效能的方法，且其成本低，適合大量生產。如何去瞭解應變對元件的影響，局部應變如何透過製程來產生，如何控制使其能讓元件效能可同時使 PMOS 與 NMOS 均

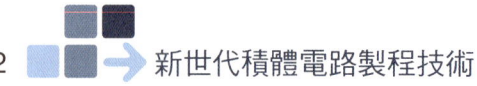

表 8.3 國際各大廠及學術機構在區域性應變 (製程造成) 的研究成果

| 公司 | 技術節點<br>(閘極長度) | 應變機制 | 遷移率 (電流) 增強 | 參考文獻 |
|---|---|---|---|---|
| Intel | 90nm<br>(45nm for N,<br>50nm for P) | P: SiGe in S/D<br>N: Si$_3$N$_4$ capping layer | I$_{dlin}$>50%, I$_{dsat}$ >25% (P)<br>I$_{dsat}$~10% (N) | IEDM2002<br>p. 61[44]<br>IEDM2003<br>p. 978[2] |
| TSMC | 130nm<br>(90nm)<br>65nm | Process-strained Si<br>(PSS): Cap layer, STI,<br>Silicide, STI | I$_{off}$-I$_{on}$ @ 1V(P,N) ↑ 15%<br>I$_{dsat}$ 30%, I$_{dlin}$ ↑ 45% (P)<br>Mobility ↑ 45%<br>I$_{dsat}$ 35%(N) FinFET like | IEDM2003<br>p. 73[30]<br>VLSI2003<br>p.137[31] |
| AMD | (25nm) | Local Strain: Silicide,<br>Metal Gate, Spacer | Electron mobility ↑ 22%<br>(simulation) | IEDM2003<br>p. 445[32] |
| IBM | 90nm<br>(45nm) | STI | NA | IEDM2003<br>p. 77[33] |
| Toshiba | (40nm) | SiGe/Si mismatch<br>lattice & STI | Mobility ↑ 33% (P) &<br>Mobility ↑ 107% (N) by<br>L$_g$=1$\mu$m<br>I$_{dsat}$ ↑ 11%~19% (P) | IEDM2003<br>p. 65[34] |
| Mitsubishi | (55nm) | Poly+As =><br>channel tensile | I$_d$ ↑ 15% (N) | IEDM2002<br>p. 27[35] |
| Hitachi | 70nm | Si$_3$N$_4$ cap+Ge implant<br>P-SiN: compressive<br>(PECVD)<br>T-SiN: Tensile<br>(Thermal-CVD) | I$_d$ ↑ 20% (N&P) | IEDM2001<br>p.433[36] |
| IMEC | 250nm | Silicide (S/D & Gate) | W$_{S/D}$ ↑ g$_m$ ↑ | IEDM1999<br>p.497[37] |

提升效能是當今最重要之研究課題，由此足見其重性。根據上表之整理，國內外大廠均很重視此一由製程造成之局部應變對元件特性的研究。

## 8.3.1 Intel: 90 nm technology node for Pentium IV

在製程時淺溝渠隔離 (STI) 或 Silicide 所造成在通道內的應變，已被研究出對 CMOS 效能有增強的效果。而 Intel 90nm 應變矽技術則利用有應變的氮化矽層來增強 NMOS 的效能,如圖 8.15(a)。對於 PMOS,Intel 在 p-doped (摻有硼以提供電洞) 的區域相對應的兩端挖出稱為「壕溝」(trenches) 的結構,然後填入具有較大晶格常數的鍺化矽 (SiGe),如圖 8.15(b)。所填入的矽鍺則會從兩側壓縮其間的矽通道,使得其電洞遷移率增加。

## 8.3.2 TSMC: 3D Strain Engineering (process-strained Si, PSS)

台積電在於 IEDM 2003 提出之製程引發應力的三維應變工程觀念。而由製程產生之應變分量可如圖 8.16 所示。根據實際製程所引發的各應變分量來看,其對 CMOS 元件效能之影響如表 8.4 所示,結果推出在 y 方向分量的應變對

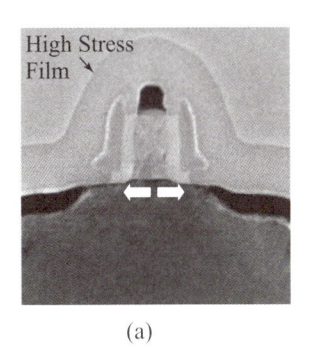

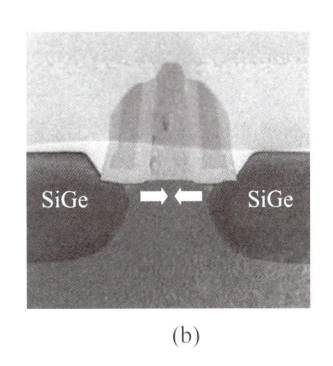

圖 8.15　Intel 所發表的利用製程調變的應變矽技術 **(a) NMOS (b) PMOS**。

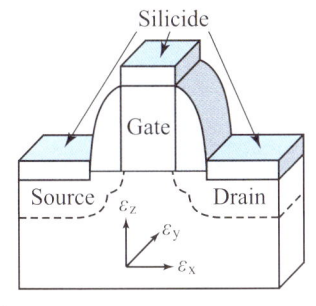

圖 8.16　由製程產生之 **3D** 應變分量。

**表 8.4**　3D 應變效應對 CMOS 元件效能的影響。

| Direction of Strain Change* | CMOS Performance Impact | |
|---|---|---|
| | NMOS | PMOS |
| X | Improve | Degrade |
| Y | Improve | Improve |
| Z | Degrade | Improve |

* Strain change = Increased tensile or deceated compressive strain

PMOS 與 NMOS 效能提升均有利,而其他分量則都會無法兼顧同時 PMOS 與 NMOS 之效能提升。各種可能的局部製程應變如圖 8.17 所示,圖 8.18 顯示元件特性受對局部應變影響而變化的情形。

### 8.3.3 Toshiba: Local Strain Induced by STI

當有 STI 時對通道區域而言會伴隨著壓縮應變的產生,若是長通道之元件影響還不是很明顯,若當元件尺寸縮小,此效應則很明顯,如圖 8.19 所示。若是原本為應變矽之 NMOS 元件受到 STI 之影響,會抵銷其拉伸應變使遷移率變差,可見圖 8.20 所示。對於 PMOS 元件則不然,會使電洞遷移率增加,由於 STI 造成之壓縮應變對電洞有增強遷移率之效果,而對原本有拉伸應變通道之元件,反會抵銷其原本之拉伸應變,但由於其壓縮應變大小還沒有大過原本之拉

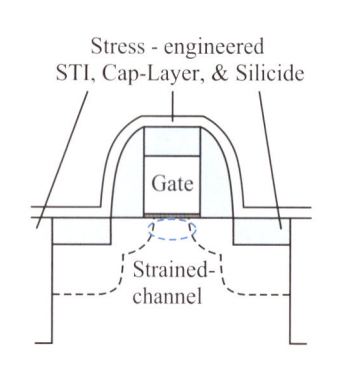

圖 8.17 各種可能的局部製程應變。

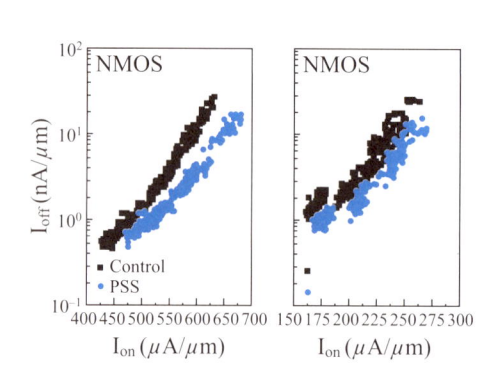

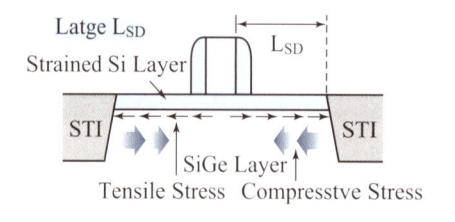

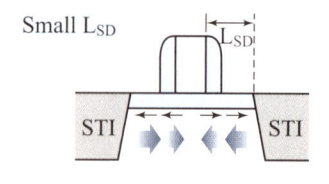

圖 8.18 元件特性受局部應變的變化,其中 PSS 為 Process-Strained Si。

圖 8.19 在通道中對不同通道長度之應力分佈狀況,在小的元件中拉伸 (由矽鍺基板造成之應變矽通道) 與壓縮應力 (STI 造成) 互相抵消。

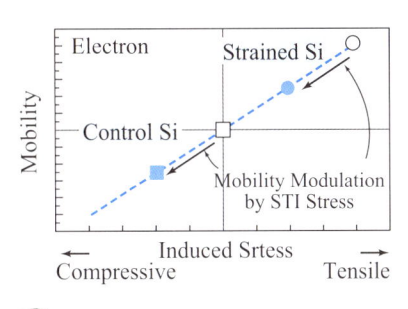

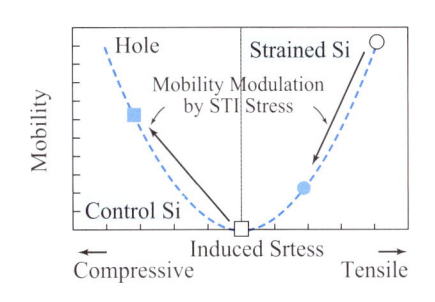

圖 8.20　對於 control 與 strained Si 元件受製程產生之機械應變與遷移率之關係。

伸應變所以造成電洞遷移率較原本下降。大體來講，通道長度之縮小化對 PMOS 是可行的，然對 NMOS 則不然。對 LSD (見圖 8.19) 而言，其縮小化則對 PMOS 不利。

## 8.3.4　Mitsubishi Electric Corporation: Local strained Channel Technique

　　主要針對閘極部分的多晶矽來造成應力源，可分 NMOS 之 N-gate 與 PMOS 之 P-gate 兩種。其中 N-gate 能產生殘餘壓縮應力在其中而 P-gate 則無，應力形成機制如下描述：在活化退火之前，由於高劑量的離子佈值，使得在 N-gate 的上半部幾乎是非晶態，然而在退火之後非晶態區域轉為再晶化，如此使得 N-gate 擴張而有殘餘壓縮應力在其中。另外，額外 CVD $SiO_2$ 的 cap-annealing 也加強了在 N-gate 內之壓縮應力。因此，在 N-gate 內之應變對通道區域提供高度的拉伸應力。其應力形成機制圖示見圖 8.21，對於 NMOS 與 PMOS 在此 LSC (局部應力控制，capping layer) 影響下，應力分佈情況。根據其 2D 應力分佈模擬結果顯示，當通道長度變短時其應力會增加，此亦顯示當元件縮小時，此種局部應變的影響力是很重要的。這種透過運用多晶矽閘極的應力來控制通道區域產生應力的方法是相當有效，特別是對於 NMOS，其驅動電流可增加 15% 左右，然對於 PMOS 則沒有。因此，還有努力的空間。

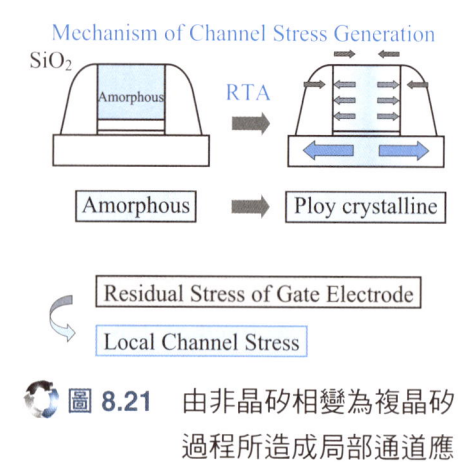

圖 8.21　由非晶矽相變為複晶矽過程所造成局部通道應變的機制流程。

### 8.3.5　Hitachi: Local Mechanical-Stress

其研究重點在於控制 SiN 之應力，使之對通道產生所需之應變並透過離子佈值 Ge 來加強 SiN 之應力，而 SiN 分為由 PECVD 成長的壓縮應力層與 thermal-CVD 成長之拉伸應力層，其對 CMOS 元件通道之影響如圖 8.22 所示。一般來講，應用此一方式對於 70 nm CMOS 技術之元件的驅動電流大約可增加

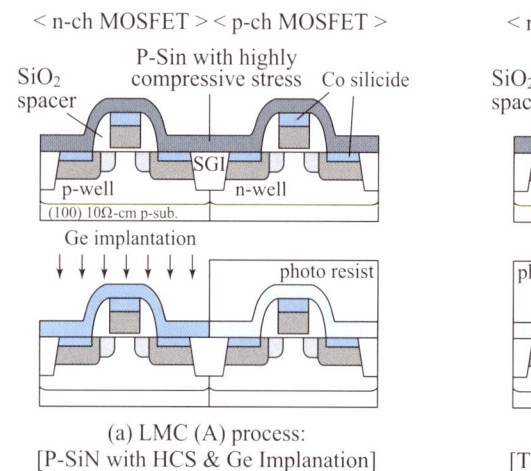

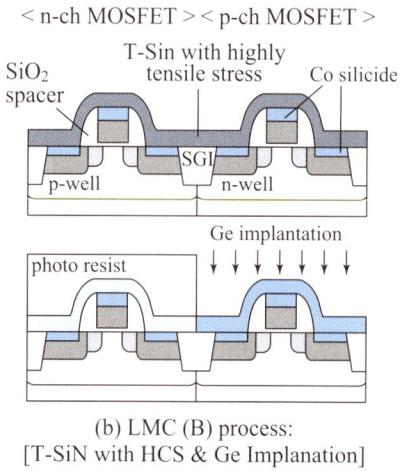

圖 8.22　Local mechanical-stress control 對兩種不同條件之製程過程。

20% 左右。其 T-SiN 層與 Intel 的拉伸的 SiN 有異曲同工之妙，只是 Intel 不需 Ge 離子佈值的動作。

### 8.3.6  NEC: Mechanical stress induced by Etch-stop nitride

NEC group 利用 ANSYS 應力模擬所用之元件結構如圖 8.23 所示 [38]。計算出之應力分佈情況如圖 8.24 所示。在圖 8.25 顯示了短通道 CMOS 效能對SiN capping layer 內應力之變化。對 NMOS 來說只要 SiN 是拉伸應力則通道是亦受拉伸應力而此時之驅動電流是增加的。對於 PMOS 則相反，且效應不顯著，如圖 8.26 所示。而對 NMOS 通道長度對其通道內應力變化不同。

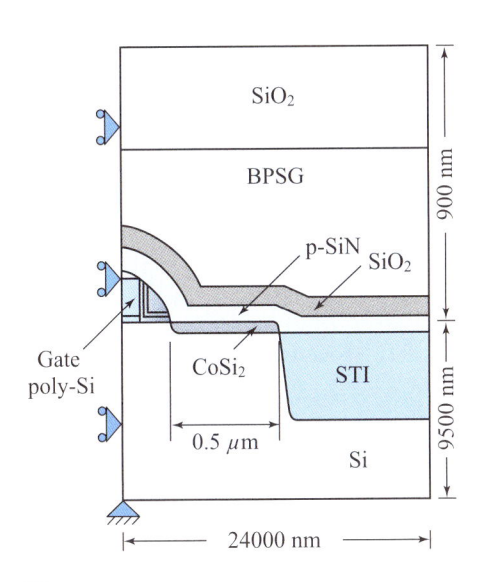

圖 8.23　ANSYS 應力模擬所用之元件結構所用之邊界條件幾何大小與維度。

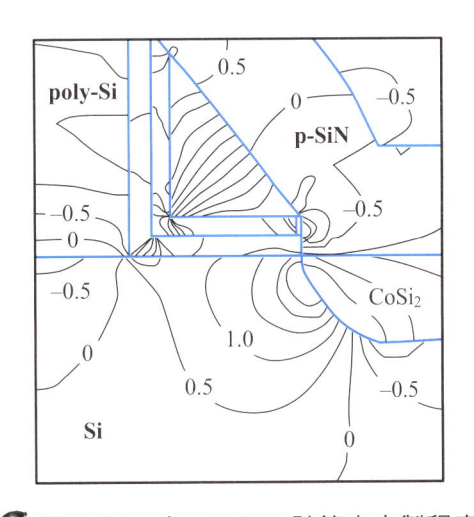

圖 8.24　由 ANSYS 計算出之製程產生之應變分佈。其中 SiN 為 -300MPa，圖中的應變大小是乘以 1000 後的值。(Lg=90 nm)。

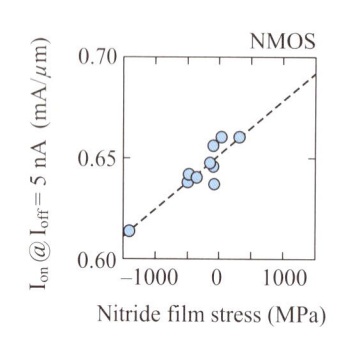

**圖 8.25** 短通道 NMOSFET 效能對 SiN 內應力之變化。

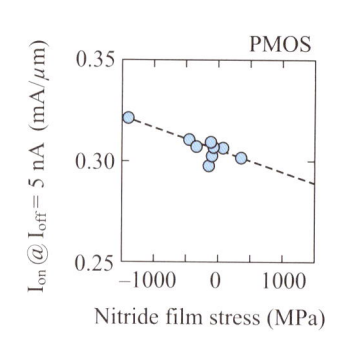

**圖 8.26** 短通道 PMOSFET 效能對 SiN 內應力之變化。

## 8.4 先進應變矽元件製程技術

在這個小節,我們將介紹兩種與應變矽有關連的最新發展主流技術,一為高介電質與金屬閘技術與應變矽工程的結合,也就是 Intel 的 45 nm 以後的應變矽元件製程技術。而另外一個則為鰭式電晶體與局部應變技術的結合。

### 8.4.1 Intel 的 45 nm 應變矽元件製程技術

在 2007 年,Intel 推出了首顆採用高介電係數絕緣層 (high K, HK) 與金屬閘 (metal gate, MG) 技術的 45 奈米微處理器。無論是否為了強調此一事件的重要性,或是為了突出以其名字命名的定律仍然奏效,戈登‧摩爾 (Gordon Moore) 已經成為 Intel 45 奈米技術行銷的核心。摩爾將這一創新形容為「自上世紀六十年代晚期採用多晶矽閘 MOS 電晶體以來,在電晶體技術上最大的創舉。」甚至「時代」雜誌也將 Intel 的微處理器列為 2007 年的最佳發明之一。

透過採用高介電係數絕緣層 (high K) 與金屬閘 (metal gate)──通常也被稱為HKMG─Intel 取得了巨大但並非獨特的進展,其電晶體工程又向前邁進了一大步。隨著 MOS 電晶體尺寸及功耗的微縮,摩爾定律一直在向前推進。但自 90 奈米節點以來,電晶體實體尺寸的微縮已經遭遇阻礙。當閘極介電質層厚度微縮到約 1.2 nm (或大約四個原子層) 時,便已經沒有微縮餘地了。

矽 CMOS 佔據了目前積體電路世界，主要原因是在每個矽晶表面都會自然生長出氧化層。在通道表面生長出具有相當低缺陷密度 $SiO_2$ 的能力，使得先是 NMOS，之後是 CMOS 在積體電路中完全取代了雙極技術。

從 130 奈米節點開始，氮與 $SiO_2$ 的結合又提高了介電質的電子性能。為了繼續保持摩爾定律，必須在 90 nm 開始採用新材料取代閘極介電質。然而，通道應變工程的廣泛採用將閘極電介質的替換延遲了幾個技術世代。應變矽大幅改善了電晶體的性能和功耗，這樣，即使不採用革命性的新材料，也能確保實現等比例的微縮。採用高介電常數材料的優勢在於可獲得較大的實體厚度，這可抑制閘極漏電流，能獲得對 FET 通道的足夠控制並維持或提高性能。Intel 在微縮，特別是閘極介電質方面非常突出。

在 65 nm 節點中，閘氧化層的實體厚度值比在超微 (AMD) 的四核心微處理器中發現的還薄 13%。Intel 和 AMD 在 65 nm 世代不同之處在於所使用的晶圓。AMD 已經轉向了絕緣層上覆矽 (SOI)；Intel 還在固守塊狀矽。SOI 元件在閘極漏電方面性能更好，並能滿足更薄閘極電介質的要求。甚至特定電晶體性能等級時，AMD 的方法還可以限制功耗。

在公佈 45 nm 和 high K 與 metal gate 之前，Intel 技術和製造集團的資深研究員 Mark Bohr 指出，「源極之間的漏電比閘極到通道的漏電大得多。Intel 的觀點是SOI 並不值得這樣的努力，而且它會增加成本。」因此，Intel 強迫業界降低了對獲得閘極漏電的預期。但這僅是 2007 年以前的情況。2007 年以後，已經邁向了積體電路的一個新里程碑。在 Intel 45 奈米電晶體中，首次在閘極堆疊上出現了陌生的新材料。隨著閘極堆疊技術實現了重大進展，現在 Intel 的目標是將漏電改善 10 倍或更多。

高介電材料對產業界來說並不是全新的。在摩爾定律的驅動下，DRAM單元尺寸已經非常小，因此儲存電容必須採用特殊的介電材料。在 DRAM 中選用了很多材料。在大規模量產的 DRAM 中，不同的供應商選用了$Al_2O_3$ 或 $ZrO_2$。但 Intel 不但是第一個採用高介電質材料的邏輯 IC 製造商，同時也是業界首家製造具有高介電質 FET 的廠商。因此，要增進 CMOS 遷移率，不能光靠傳統全區域應變的技術，在基板內所產生的雙軸應變，以及應用 n 與 p 型元件來達成。反而必須在 NMOS 上運用雙軸拉伸應力或單軸拉伸應力，並對 PMOS 施予單軸壓縮應力，藉以產生最高遷移率的效果。此外，HKMG 技術可有效解決元件微縮造成氧化層過薄而引發漏電流過大問題。應變矽技術的配合仍是 2000 年以後解決 IC 縮小化問題的主流技術。圖 8.27 顯示 90、65 與 45 奈米應變 PMOS 元件之高解析度穿透式電子顯微鏡的影像，此技術明顯可以大大增強電洞遷移率，進而提升 PMOS 元件效能。

IBM 的研究團隊，在 2007 年的 VLSI 國際會議發表以矽碳合金材料為 S/D strssor 的 NMOS 電晶體 [39]，其中碳的濃度更高達 1.65%，利用矽碳來對通道產生大的單軸拉伸應力，大大增加電子遷移率。新加坡研究團隊首度發表以矽鍺錫合金當 S/D stressor 之 SiGe 通道 PMOS 元件 [40]，結構如圖 8.28 所示，其遷移率可增強 135%，驅動電流增強 82%，其中錫的比例佔 8%，鍺的含量 60%，足見加錫到矽鍺合金材料有其研究與實用的重要性。

明顯看出含錫元件有 135% 的增強。然而，單軸應力源主要可以用來提升 PMOS 的效能 [40]。在低成本與可投產的嵌入型矽碳合金程以及發展出一種理想

**Intel 90 奈米以下技術**

| 130 nm | 90 nm | 65 nm | 45 nm |
| --- | --- | --- | --- |
| 2001 | 2003 | 2005 | 2007 |

32 nm
2009

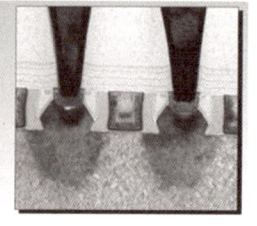

圖 8.27　Intel 90 奈米以下的技術介紹。

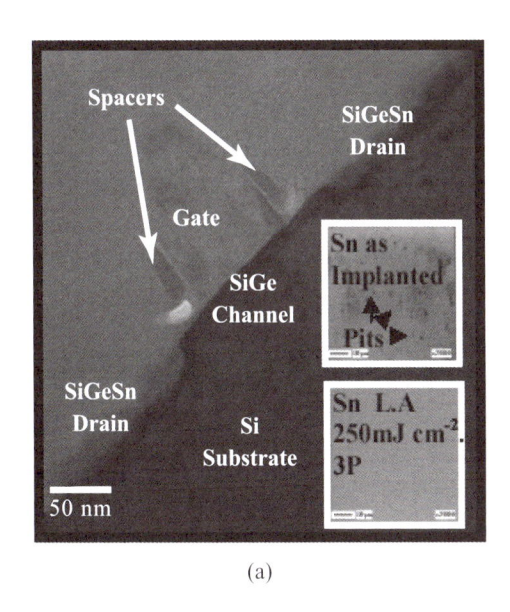

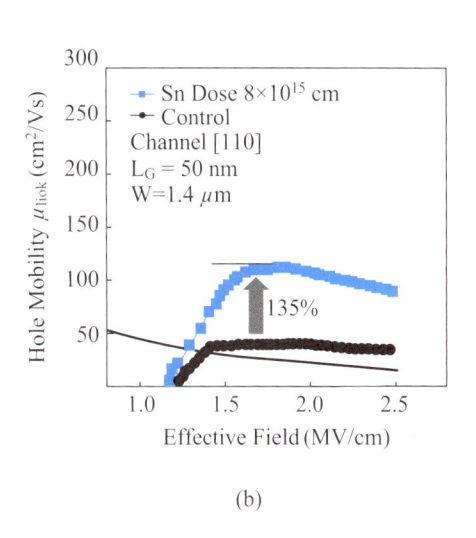

图 8.28 (a) 新加坡大學於 2007 IEDM 發表之以矽鍺錫合金的矽鍺通道 PMOS 元件結構 TEM 圖。(b) 含錫元件與 control 元件的遷移率對電場的關係之比較。

方法來整合雙重嵌入型 S/D 應力源之前,想要運用拉伸應力來提升 nMOS 的效能,其難度確實較高。但是,此一技術最近有新的發展,聯電 UMC 宣稱他們已有不錯的技術可以同時生產以矽鍺合金做 PMOS 與矽碳合金做 NMOS 的應力。

## 8.4.2 應變矽鰭式電晶體

由於工業界希望能持續有透過元件微縮來提高驅動電流,進而提升電路速度,但此一需求造成矽技術發展將接近它物理的極限。所以,新的元件結構被提出,用以解決微縮的問題,柏克萊大學胡正明教授團隊提出鰭式電晶體 (FinFET) 結構,大大解決微縮問題,而近來有需多的研究發現可以與應變矽製程技術結合,發展出更高效能的元件。以柏克萊大學、IBM 與新加坡大學的研究團隊分別提出應變矽鰭式電晶體的結構來增原本強鰭式電晶體的效能,Intel 也宣布將採用類似元件概念在其 22 nm 技術之 CMOS 元件。

如圖 8.29 所示,利用類似 Intel 應變矽 PMOS 技術,將矽鍺應力源與矽鰭式

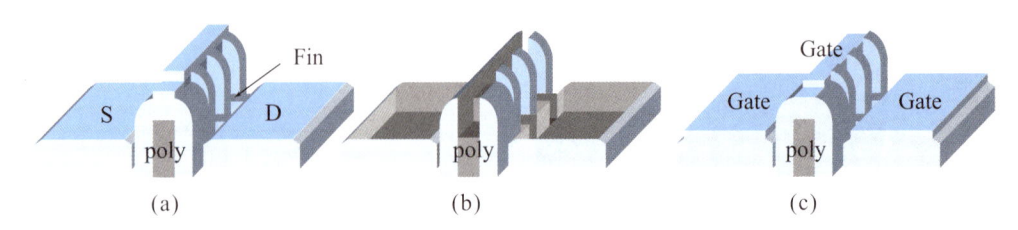

图 8.29　矽鍺應力源與矽鰭式電晶體結合的製程流程示意圖。

電晶體結合的製程流程示意圖 [41]。可以在通道產生類似單軸壓縮應力，造成約 25% 的效能增強。

如圖 8.30 所示，利用類似 Intel 應變矽 NMOS 技術，將 CESL 應力源與矽鰭式電晶體結合的元件結構與對應造成應力分佈模擬結果 [42]。拉伸的 CESL 可以造成拉伸的通道應力適用於 NMOS，而壓縮的 CESL 可以造成壓縮的通道應力，適用於 PMOS。

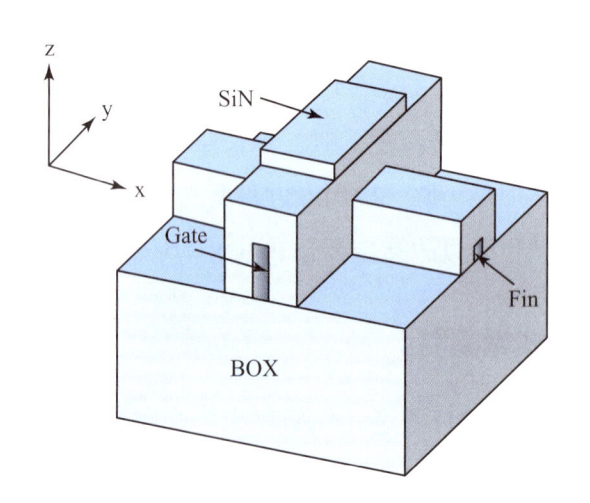

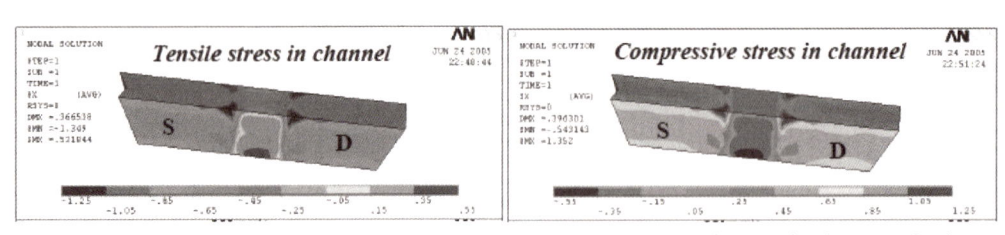

(a) With tensile capping layer (1GPa)　　(b) With compressive capping layer (–1GPa)

圖 8.30　CESL應力源與矽鰭式電晶體結合的元件結構與應力分佈模擬結果。

如圖 8.31 所示，利用類似 Intel 應變矽 PMOS 技術概念，將矽碳應力源與矽鰭式電晶體結合的製程流程與 SEM 及 TEM 照片 [43]。利用不同碳濃度可以對通道產生類似拉伸單軸應力，對於 NMOS 元件有達 22% 增強效果。

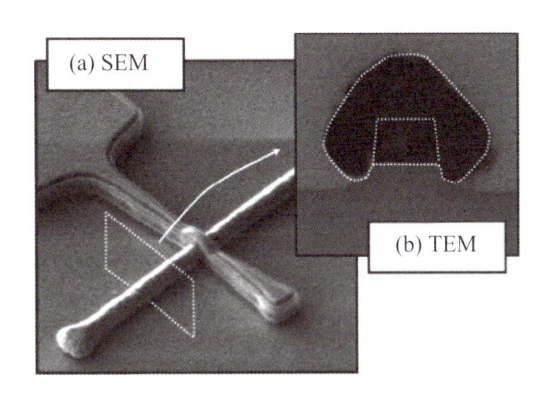

- Channel lmplant
- Fin definition
- Poly-Si/SiO$_2$ (20Å) gate-stack formation
- Gate definition
- Source/drain extension (SDE) implant
- Spacer formation with stringer removal
- SDE RTA implant activation
- Spacer liner oxide ungercut (wet etching)
- Selective Epitaxy Splits:
  Si : P : P-doped Si (Control)
  SiC : P 1.7% : P-doped Si$_{0.983}$C$_{0.017}$
  SiC : P 2.1% : P-doped Si$_{0.979}$C$_{0.021}$

圖 8.31　矽碳應力源與矽鰭式電晶體結合的製程流程與 SEM 及 TEM 照片。

## 本章習題

1. 2007 年 Intel 提出的 CMOS 技術為何？用了哪些創新製程？
2. 簡述在應變工程中應變的分類，比舉出實際的製程例子？
3. 應變鰭形場效電晶體的製程技術特點為何？試例舉之。
4. Intel 的 45 奈米技術有考慮應變矽技術，試簡述應變工程如何應用到 CMOS 元件製程。
5. 請利用壓阻係數的觀念來估計受到 1 GPa 的單軸壓縮應力對 PMOS 的遷移率增強比率為何？
6. 請估計當 20% 鍺濃度的矽鍺薄膜長在 (001) Si 基板上的應變類型與大小為何？
7. 請比較由製程造成的雙軸應力與單軸應力對 PMOS 元件在遷移率的影響，並說明其優缺點。
8. 如何成長高品質的雙軸拉伸應變的應變矽薄膜，以作為應變矽電晶體之用，請簡述之。
9. 工業界在 NMOS Si 通道中產生類似拉伸單軸應力，有哪些可能的製程作法，請舉例說明之。
10. 工業界在 PMOS Si 通道中產生類似壓縮單軸應力，有哪些可能的製程作法，請舉例說明之。

## 參考文獻

1. K. Rim et al., "Enhanced Hole Mobilities in Surface-channel Strained-Si p-MOSFETs," *IEDM Tech. Dig.*, 517 (1995)

2. T. Ghani et al., "A 90nm High Volume Manufacturing Logic Technology Featuring Novel 45nm Gate Length Strained Silicon CMOS Transistors," *IEDM Tech. Dig.*, 978 (2003).

3. J.-S. Lim et al., "Comparison of Threshold-Voltage Shifts for Uniaxial and Biaxial Tensile-Stressed n-MOSFETs," *IEEE Electron Device Lett.*, vol. 25, 731 (2004).

4. Y.-C. Yeo et al., "Enhancing CMOS transistor performance using lattice-mismatched materials in source/drain regions," *Semiconductor Science and Technology*, Vol. 22, S177 (2007).

5. X. Huang et al., "Sub 50-nm FinFET: PMOS," *IEDM Tech. Dig.*, 67 (1999).

6. P. Pidin et al., "Novel Strain-enhanced CMOS Architecture using Selectively Deposited High-tensile and High-compressive Silicon Nitride Films," *IEDM Tech. Dig.*, 213 (2004).

7. W.-H. Lee et al., "High-perform. 65nm SOI Technology with Enhanced Transistor Strain & Advanced Low-k BEOL," *IEDM Tech. Dig.*, 61 (2005).

8. P. Grudowski et al., "1-D and 2-D Geometry Effects in Uniaxially-Strained Dual Etch Stop Layer Stressor Integrations," *Symp. VLSI Technology Dig.*, 76 (2006).

9. D. Zhang et al., "Embedded SiGe S/D PMOS on Thin Body SOI Substrate with Drive Current Enhancement," *Symp. VLSI Technology Dig.*, 26 (2005).

10. K.-W. Ang et al., "Thin Body Silicon-on-Insulator N-MOSFET with Silicon-Carbon Source/Drain Regions for Performance Enhancement," *IEDM Tech. Dig.*, 503 (2005).

11. S. Takagi et al., "Comparative study of phonon-limited mobility of two-dimensional electrons in strained and unstrained Si metal–oxide– semiconductor

field-effect transistors," *J. Appl. Phys.*, vol. 80, 1567 (1996).

12. J. J. Welser et al., "Strain Dependence of the Performance Enhancement in Strained-Si n-MOSFETs," *IEDM Tech. Dig.*, 373 (1994).

13. T. Mizuno et al., "Advanced SOI-MOSFETs with Strained-Si Channel for High Speed CMOS Electron/Hole Mobility Enhancement," *Symp. VLSI Technology Dig.*, 210 (2000).

14. K. Rim et al., "Strained Si NMOSFETs for High Performance CMOS Technology," *Symp. VLSI Technology Dig.*, 59 (2001).

15. L.–J. Huang et al., "Carrier Mobility Enhancement in Strained Si-On- Insulator Fabricated by Wafer Bonding," *Symp. VLSI Technology Dig.*, 57 (2001).

16. Z. –Y. Cheng et al., "Electron Mobility Enhancement in Strained-Si n-MOSFETs Fabricated on SiGe-on-Insulator (SGOI) Substrates," *IEEE Electron Dev. Lett.*, vol. 22, 321 (2001).

17. M. T. Currie, et al., "Carrier mobilities and process stability of strained Si n- and p-MOSFETs on SiGe virtual substrates," *J. Vac. Sci. Technol*, vol. 19, 2268-2279 (2001).

18. N. Sugii et al., "Enhanced Performance of Strained& MOSFETs on CMP SiGe Virtual Substrate," *IEDM Tech. Dig.*, 737 (2001).

19. T. Tezuka et al., "High-performance strained Si-on-insulator MOSFETs by novel fabrication processes utilizing Ge-condensation technique," *Symp. VLSI Technology Dig.*, 96 (2002).

20. T. Mizuno et al., "High Performance CMOS Operation (of Strained-SOI MOSFETs using Thin Film SiGe-on-Insulator Substrate," *Symp. VLSI Technology Dig.*, 106 (2002).

21. K. Rim et al., "Characteristics and Device Design of Sub-100 nm Strained Si N- and PMOSFETs," *Symp. VLSI Technology Dig.*, 98 (2002).

22. D. K. Nayak et al., "High-Mobility Strained-Si PMOSFET's," *IEEE Trans.*

*Electron Dev.*, vol. 43 1709 (1996).

23. T. Mizuno et al., "High Performance Strained-Si p-MOSFETs on SiGe-on-Insulator Substrates Fabricated by SIMOX Technology," *IEDM Tech. Dig.*, 934 (1999).

24. T. Mizuno et al., "Advanced SOI p-MOSFETs with Strained-Si Channel on SiGe-on-Insulator Substrate Fabricated by SIMOX Technology," *IEEE Trans. Electron Dev.*, vol. 48, 1612 (2001).

25. T. Mizuno et al., "Novel SOI p-Channel MOSFETs With Higher Strain in Si Channel Using Double SiGe Heterostructures," *IEEE Trans. Electron Dev.*, vol. 49, 7 (2002).

26. C. W. Leitz et al., "Hole mobility enhancements and alloy scattering-limited mobility in tensile strained Si/SiGe surface channel metal–oxide–semiconductor field-effect transistors," *J. Appl. Phys.*, vol. 92, 3745 (2002).

27. N. Sugii, et al., "Elimination of parasitic channels in strained-Si p-channel metal-oxide-semiconductor field-effect transistors," *Semicond. Sci. Technol.*, vol. 16, 155 (2001).

28. T. Numata et al., "Control of Threshold Voltage and Short Channel Effects in Ultra-thin Strained-SO1 CMOS," *IEEE International SOI Conference Proceedings*, 119 (2003).

29. M. H. Lee et al., "Comprehensive Low-Frequency and RF Noise Characteristics in Strained-Si NMOSFETs," *IEDM Tech. Dig.*, pp. 69-72, (2003).

30. C.-H. Ge et al., "Process-Strained Si (PSS) CMOS Technology Featuring 3D Strain Engineering," *IEDM Tech Dig.*, pp.73-76, (2003).

31. F.-L. Yang et al., "Strained FIP-SOI (FinFET/FD/PD-SOI) for Sub-65 nm CMOS Scaling," *Symp. VLSI Technology Dig.*, pp. 137-138, (2003).

32. Z. Krivokapic et al., "Locally Strained Ultra-Thin Channel 25nm Narrow FDSOI Devices with Metal Gate and Mesa Isolation," *IEDM Tech Dig.*, pp.445-448,

(2003).

33. V. Chan et al., "High Speed 45nm Gate Length CMOSFETs Integrated Into a 90nm Bulk Technology Incorporating Strain Engineering," IEDM Tech Dig., pp.77-80, (2003).

34. T. Sanuki et al., "Scalability of Strained Silicon CMOSFET and High Drive Current Enhancement in the 40nm Gate Length Technology," *IEDM Tech Dig.*, pp.65-68, (2003).

35. K. Oda et al., "Novel Locally Strained ChannelTechnique for High Performance 55nm CMOS" *IEDM Tech Dig.*, pp.27-30, (2002).

36. A. Shimizu et al., "Local Mechanical-Stress Control (LMC): A New Technique for CMOS-Performance Enhancenient," *IEDM Tech Dig.*, pp.433-436, (2001).

37. An Steegen et al., "Silicide induced pattern density and orientation dependent transconductance in MOS transistors," *IEDM Tech Dig.*, pp.497-500, (1999).

38. S. Ito et al., "Mechanical Stress Effect of Etch-Stop Nitride and its Impact on Deep Submicron Transistor Design," *IEDM Tech Dig.*, 247-250, (2000).

39. Y. Liu et al., "Strained Si Channel MOSFETs with Embedded Silicon Carbon Formed by Solid Phase Epitaxy," *Symp. VLSI Technology Dig.*, 44-45, (2007).

40. G. H. Wang et al., "Silicon-Germanium-Tin (SiGeSn) Source and Drain Stressors formed by Sn Implant and Laser Annealing for Strained Silicon-Germanifum Channel P-MOSFETs," *IEDM Tech Dig*.131-134, (2007).

41. C. D. Sheraw et al., "Dual Stress Liner Enhancement in Hybrid Orientation Technology," *Symp. VLSI Technology Dig.*, pp.12-13, (2005).

42. K. Shin et al., "Effect of Tensile Capping Layer on 3-D Stress Profiles in FinFET Channels," *Device Research Conf. Digest*, p. 201-202, (2005).

43. T.-Y. Liow et al., "Strained n-Channel FinFETs Featuring In Situ Doped Silicon–Carbon ($Si_{1-y}C_y$) Source and Drain Stressors With High Carbon Content," *IEEE Trans. on Electron Dev.*, Vol. 55, 2475, (2008).

44. S. Thompson et al., "A 90 nm Logic Technology Featuring 50nm Strained Silicon Channel Transistors, 7 layers of Cu Interconnects, Low k ILD, and 1 $\mu m^2$ SRAM Cell," *IEDM Tech Dig*. 61-64, (2002).

# Chapter 9

# SOI 製程

葉文冠
林成利

## 作者簡介

### 葉文冠

攻讀成大電機所碩士學位時,即在 tsmc 研發部 (R&D) 擔任研究工程師,協助開發新半導體製程,之後在交大攻讀博士學位時,也與 tsmc 共同開發新半導體製程技術,並完成數項技術發明與專利申請。獲得博士學位後,任職 UMC 研發部 (ATD) 從事先進半導體元件與製程開發之工作。2000 年,投入國立高雄大學電機系之籌備工作,擔任創系系主任,目前擔任工學院院長與電機系教授。期間創立國際電機電子協會中華民國臺南支會 (IEEE Electron Device Society Tainan Chapter),並協辦相關國際會議,先後共發表超過百篇論文、數篇專論與專業用書,也申請通過百項國內外各項專利。

### 林成利

國立交通大學電子研究所博士,博士論文榮獲第七屆科林論文競賽頭等獎,曾任職矽統科技 (SiS) 資深工程師,以及聯電可靠度技術發展與保證部 (RT&A) 閘極氧化課經理。2007 年 9 月,任職逢甲大學電子系助理教授,目前擔任資訊電機學院院長秘書與電子系副教授,先後共發表數十篇SCI 論文及會議論文。及擔任 IEEE TED、JECS、Microelectronic Engineering 等國際期刊之審稿委員,及擔任 INEC2011 國際研討會委員會,目前從事先進 CMOS 元件電性量測及可靠度研究,以及新型電阻式記憶體 (RRAM) 技術開發。

## 9.1 概述 (introduction)

近年來，由於各類消費性電子產品的快速發展，消費者對產品的需求已朝向輕、薄、短、小的趨勢發展，為了滿足消費者的需求與使用，許多半導體元件與製程技術亦不斷的快速縮小化，依據莫爾定律 (Intel 公司的創始人之一 Gordon E. Moore 所觀察到的經驗現象)，每一個晶片所含電晶體數目，約每隔 18 個月增加一倍，即計算速度與時間呈指數成長。一個尺寸相同的晶片上所容納的電晶體數量，因製程技術的提升，使製作成本不斷的下降；產品規格加倍，但是售價卻相同。同時晶片體積縮小、運算速度增快、同時產品所提供的功能也更強大，且新產品不斷推陳出新。目前因傳統的塊狀矽 (bulk silicon) CMOS 元件的特性已不符合產品需求，如功率損耗要小、元件速度要快等等。因此新的元件與製程技術，陸續被開發出來，絕緣層上矽 (silicon on insulator, SOI) 元件的技術發展已有 20 多年，最初 SOI 結構的發展是希望能應用於外太空中，以降低太空中高能量輻射線對 CMOS 元件特性的影響，因此常被用在輻射線防護與高操作電壓元件的設計上，然而因 SOI 結構的 MOSFET 元件有其特殊的優越性能，如圖 9.1 所示，使得它在今日傳統塊狀矽 (Bulk-Si) 元件進入次 0.1 微米領域而面臨到製造技術上的瓶頸時，更有了發揮的空間，也逐漸受到各方的矚目與研究。因為 SOI 技術所製作出的 MOSFET 具備高絕緣性、低寄生電容、高溫的免疫能力與可消除栓鎖 (latch-up) 現象等優點，特別適合在高速以及低消耗功率元件設計上，並有可能取代傳統即將微縮到元件閘極長度的物理極限 (閘極長度小於 $0.1\mu m$) 的塊狀矽 (Bulk-Si) MOSFET 元件的趨勢，可望成為下一世代積體電路元件的主要結構與技術之一。但由於在結構上的改變，SOI MOSFET 物理特性與傳統之 Bulk-Si MOSFET 有所不同，在產品的設計上也有所差異。本章將針對 SOI 技術的發展過程、基本元件操作特性、SOI 基板與元件的製作方法與過程、材料與元件特性以及產品應用等逐一作分析，並探討未來 SOI 元件技術上的挑戰。

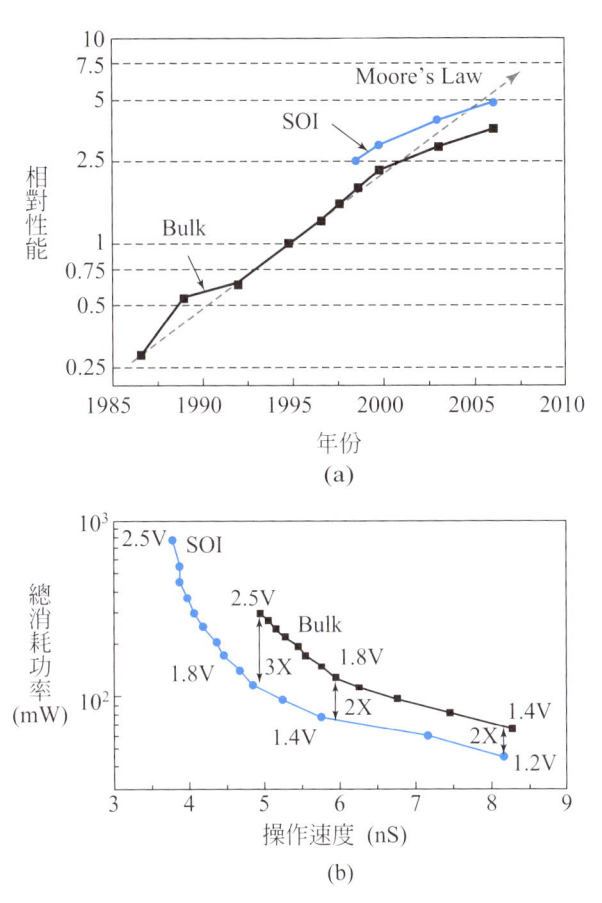

**圖 9.1** (a) SOI 元件與傳統 Bulk-Si MOSFET 元件特性與莫爾定律 (Moor's law) 預測趨勢比較圖 [1]；由圖中顯示 SOI 元件在未來具有較佳的性能。(b) SOI 元件與傳統 Bulk-Si MOSFET 元件之消耗功率與操作速度比較圖 [1]；由圖中顯示 SOI 元件具較低消耗功率。

## 9.2 SOI MOSFET 操作原理 (SOI MOSFET operation)

SOI 是 Silicon On Insulator 的簡稱，即在二氧化矽絕緣層上生長一層矽薄膜，而在此層薄膜上成長所需的主被動式元件 (n 型與 p 型 MOSFET 元件) 以及相關電路，如圖 9.2(a) 所示 [3]。由於傳統的矽製程中，晶圓的厚度往往高達數微米，而且其中 99% 以上是對元件操作沒有幫助的，反而會製造多餘降低

MOSFET 元件的寄生效應。所以才會有 SOI 技術的發展，因為 SOI 多了一埋層氧化層 (buried oxide, BOX)，元件之間彼此的間距可以經由去除 N 或 P 井而縮短元件間隔寬度，使得 SOI 元件的製造面積可以更小，線路可以更密集，同時由於 BOX 的絕緣效果，減少了 P 型或 N 型井與基板之間接面的面積，因此減少了接面寄生電容如圖 9.2(b) 所示。換句話說，在使用 SOI 技術的晶片上，以同樣的製程技術，我們可以得到比以往 Bulk-Si 製程密度更高，且速度更快的電路。但是仍然有一些因素會影響 SOI 的發展與普及，例如使用新技術造成製造單價

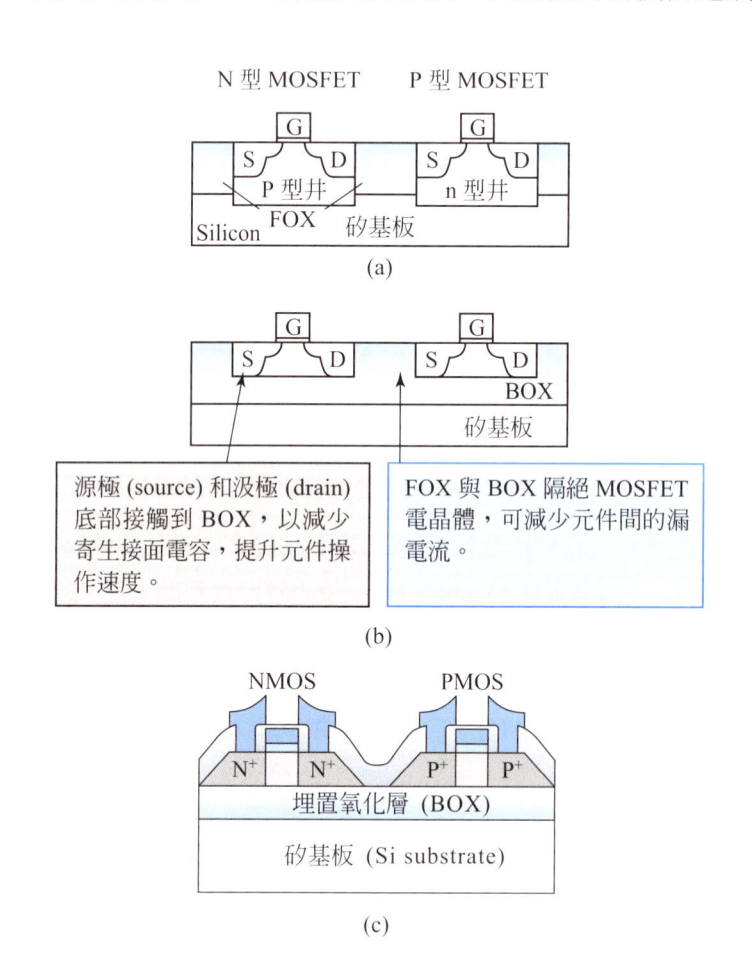

圖 9.2 (a) 傳統塊狀矽 (bulk-Si) MOSFET，其中 FOX 為場氧化層 (field oxide, FOX)；(b) SOI MOSFET 示意圖；及 (c) 另外一種 SOI MOSFET 結構圖 [2][3]。

過高、元件製造技術尙未成熟、SOI 元件穩定性不足等問題,但隨著新製作技術開發與量產成本降低,SOI 晶圓的價格已有下降,而且 SOI 元件的特性也漸漸被掌握。另外是 SOI 本身結構所產生的問題,由於 $SiO_2$ 與 Si 之間的晶格不匹配,以及 BOX 阻隔了載子的散逸,造成浮體效應 (floating-body effect, FBE),而 FBE 所衍生之 history effect [4] 也會造成元件設計上之困難。另外因 BOX 的阻隔導致散熱困難,使得元件在操作時,因爲無法散熱,使通道溫度快速上升,造成所謂 self-heating [5] 現象而影響到元件的特性,都是 SOI 所面臨到的問題。所幸這些現象已漸漸被新的技術與元件結構來改善。事實上,SOI 製程技術之所以未能普及,最重要的因素就是在目前的技術下,傳統 Bulk-Si 製程仍然勉強能滿足現今科技的要求,非必要時才會使用 SOI 製程。雖然如此,因爲傳統 Bulk-Si 製程在深次微米元件的微細加工技術上日益困難與 SOI 技術不斷的增進,加上現今行動通訊市場的需求,SOI 元件之製程技術已可被實現在 ULSI 矽製程上,因此只要設計上沒有問題,SOI 電晶體將有機會成爲未來半導體元件的主流之一。

### 9.2.1 SOI 材料與晶圓 (wafer) 製作

在過去二十年來,各式各樣 SOI 晶圓製作方式被提出,主要的目的是希望將一薄矽層 (50~200 nm) 成長在埋層氧化層 (BOX) 上,以便將元件製作在此薄矽層上。根據不同的需要,業界也發展出許多種不同製作 SOI 晶圓的方法,本節將介紹最常被使用以及目前已經大量生產的幾種方法來作介紹。目前較爲人所知的技術可分爲 SIMOX (Separation by IMplanted OXygen)[6] (圖 9.3)、Wafer Bonding [7] (圖 9.4),以及 UniBond [8] (即所謂 Smart Cut 法,圖 9.5) 三種,目前以 SIMOX 與 UniBond 方法製作出來之 SOI 晶圓較具競爭性,SIMOX 的製造成本因較早開發而技術較成熟,同時在元件穩定性與品質一致性上也有不錯的表現。SIMOX SOI 晶圓的製作上大多來自於:(i) IBIS,(ii) Komatsu Electronic Metals,(iii) Nippon steel 三家廠商,其中 IBIS 利用 Advantox [9] 方法完成,而其餘兩家則利用 ITOX-SIMOX 方式 [10]。另外,Smart-Cut 乃由 SOITEC 公司提供,其方法較 SIMOX 新穎,因此製造成本比 Smart-Cut 來的貴,然而最近因

氧離子植入
能量：120-200 keV
劑量：3-18×10$^{17}$cm$^{-2}$

高溫退火處理
退火溫度 1300°C 以上
退火時間 3-6 小時

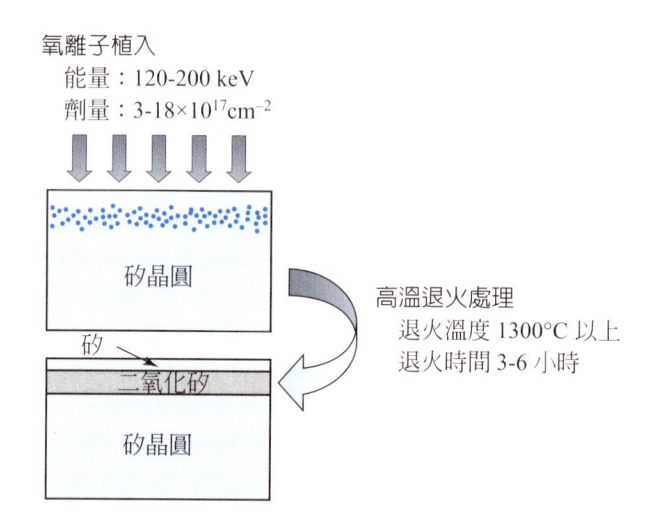

**圖 9.3** SIMOX SOI 晶圓製作流程 [6]。首先以氧離子植入，之後再以 1300°C 以上的高溫退火處理 3 至 6 小時，以形成埋置氧化層 (BOX)。

Smart-Cut 在技術上的不斷提升與量產製造的日益進步，已經使其製作成本明顯下降，更具競爭力。現在 SOITEC 所製作之 Smart-Cut SOI 晶圓已經成為全球 8 吋 SOI 晶圓之最大量。以下就針對 SOI 技術的發展以及製作的方法作基本的介紹：

SIMOX 是最早開始被使用的方法 (圖 9.3)，首先在矽基板中用離子佈植的方法打入氧離子，植入的氧離子會以高斯分佈的曲線，集中在某一段區域內，因此可由離子值入的能量取決打入深度，而由氧離子的濃度取決氧化層厚度，然後進行高溫熱退火 (1300~1400°C)，使氧離子與矽產生反應形成二氧化矽的絕緣層並減少缺陷，但是其缺點是在氧離子植入過程中會破壞矽晶圓鍵結，之後的高溫熱退火過程中更會造成矽晶圓差排缺陷，而且氧植入需要很高的劑量，此製程所費不貲。第二種 Wafer Bonding & Etchback (BE-SOI) 的製作方法 (圖 9.4)，則需要結合 (bonding) 兩片晶圓，一片為製作元件的晶圓 (Device Wafer)，另一片則作為之後 SOI 元件底下矽基材的 Handle Wafer，在 Device Wafer 上成長具孔洞矽薄膜 (porous Si) 之蝕刻分離層 (etch stop layer)，及製作元件的磊晶層矽薄膜 (Device Si

## 第 9 章　SOI 製程

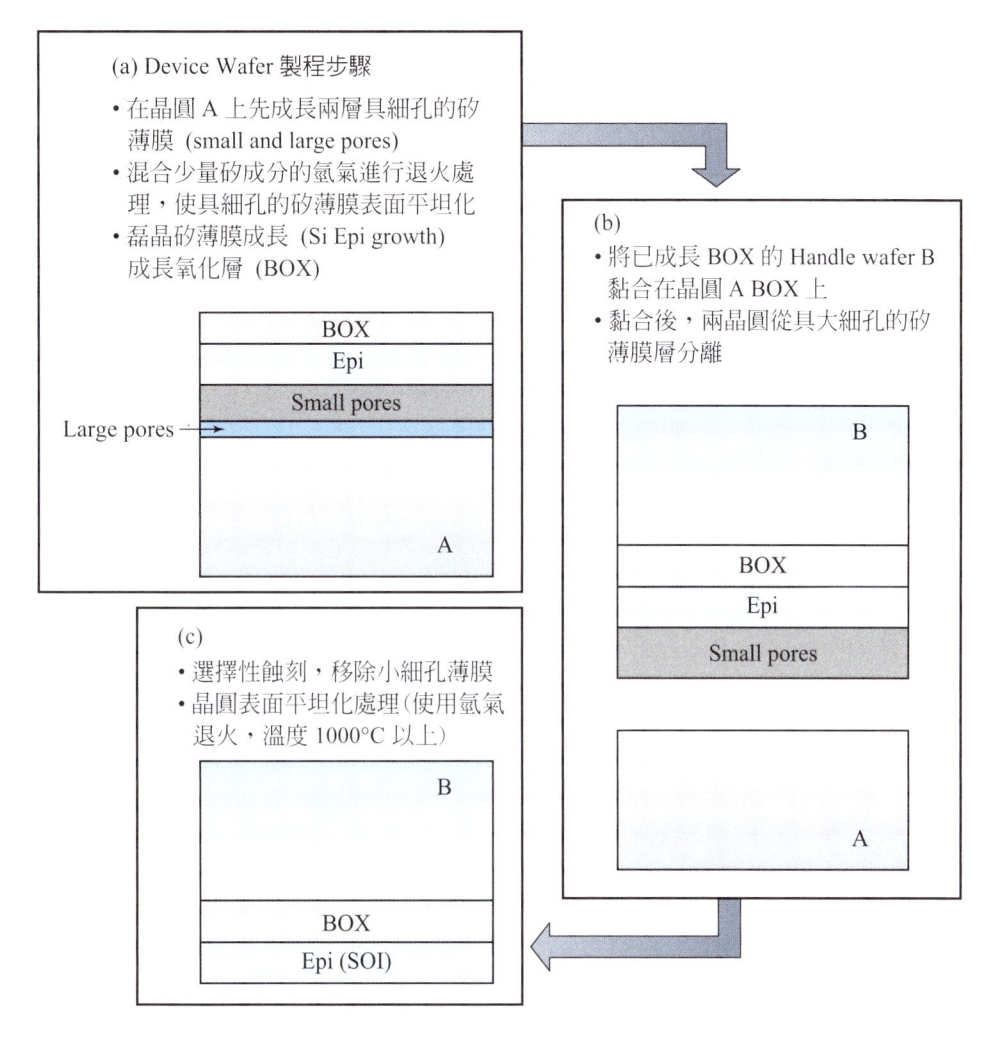

**(a) Device Wafer 製程步驟**
- 在晶圓 A 上先成長兩層具細孔的矽薄膜 (small and large pores)
- 混合少量矽成分的氫氣進行退火處理，使具細孔的矽薄膜表面平坦化
- 磊晶矽薄膜成長 (Si Epi growth) 成長氧化層 (BOX)

```
       BOX
       Epi
       Small pores
Large pores →
              A
```

**(b)**
- 將已成長 BOX 的 Handle wafer B 黏合在晶圓 A BOX 上
- 黏合後，兩晶圓從具大細孔的矽薄膜層分離

```
              B

       BOX
       Epi
       Small pores

              A
```

**(c)**
- 選擇性蝕刻，移除小細孔薄膜
- 晶圓表面平坦化處理 (使用氫氣退火，溫度 1000°C 以上)

```
              B

       BOX
       Epi (SOI)
```

🌐 **圖 9.4**　晶圓黏合 (bond) 與回蝕 (etchback) 技術之 SOI 晶圓製作流程 [7]。順序為 (a) Device Wafer 製程，(b) Handle wafer 與 Device wafer 黏合與分離製程，(c) 最後完成之 SOI wafer。

Epi Layer) 與氧化層 (Oxide Layer)，此氧化層當作一部分的埋置氧化層 (BOX)，另外在 Handle Wafer 上先成長埋置氧化層 (BOX)，接著兩片晶圓經由埋置氧化層 (BOX) 面對面加熱使兩層 BOX 互相產生鍵結，將兩片晶圓黏合在一起後，即可進行蝕刻，則兩片晶圓在孔洞矽薄膜 (porous Si) 處分離，然後進行高溫度氫氣退火處理，以改善磊晶層矽薄膜 (Device Si Epi Layer) 品質。然後再將磊晶層

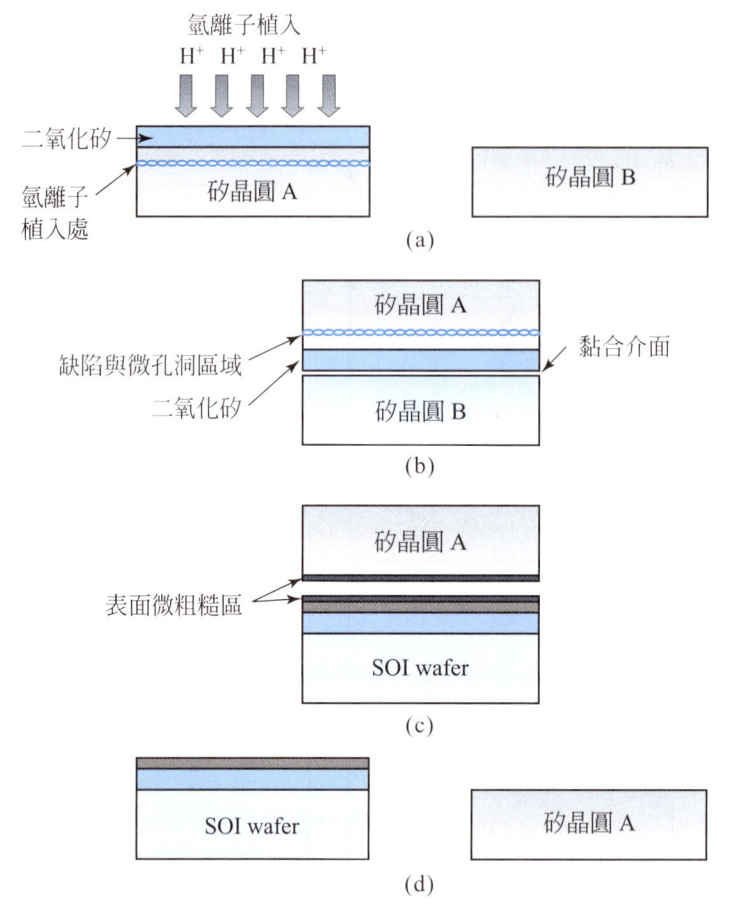

圖 9.5 Smart-Cut SOI 晶圓製作流程 [8]。(a) 氫離子植入 (約 $3.5\times10^{16} \sim 1\times10^{17}\text{cm}^{-2}$)，(b) 兩片晶圓黏合 (bonding)，(c) 第一階段 400~600℃ 退火處理使黏合的晶圓在氫離子植入處分離，接著進行第二階段 ~1100℃ 的退火處理修復 SOI 矽鍵結，(d) 完成之 SOI 晶圓。

矽薄膜削薄打磨到所需要的磊晶矽薄膜 (Epi)，即 SOI 厚度，所產出的 SOI Wafer 的絕緣層上矽的薄膜品質比 SIMOX 要好，然而其缺點為：此晶片因加熱所產生的鍵結力仍嫌稍弱，且 Device Wafer 反覆蝕刻造成大量浪費。第三種為 Unibond 法，也稱為 Smart Cut (圖 9.5)，是由 BE-SOI 法衍生而來的，同樣需要結合兩片晶圓，首先在一片頂端長好二氧化矽的矽晶圓 A 植入氫離子，然後與另一片矽晶圓 B 結合，此時加熱到 400~600℃ 退火，原先植入的氫離子便會成為氣泡，使矽晶圓 A 自然裂開，只要用化學研磨法使表面平順即可。而裂開的矽晶圓 A 也可繼續使用，是相當經濟且品質極佳的方法，由於缺陷少，少數載子活期經過實驗，約可達到 SIMOX 法之 10 倍。

至於如何評估晶圓的好壞，不外乎晶圓的平坦度，含氧量與缺陷密度的多寡，對元件之影響大致可由：(i) MOS 電容品質與氧化層崩潰 (time dependent dielectric breakdown, TDDB; time zero dielectric breakdown, TZDB)；(ii) MOSFET 元件性能，如臨界電壓 (threshold voltage)、次臨限擺幅 (subthreshold swing, SS)、轉移電導 ($G_m$) 及源/汲極區域與 SOI 的接面漏電流 (S/D junction leakage)；(iii) SOI 金屬雜質 (metal impurity) 來判斷。針對各種不同方法製作的 SOI 晶圓與傳統 Bulk-Si 晶圓來比較，大略可知：(i) 不同 SOI 方法製作之 SOI 晶圓與傳統 Bulk-Si 晶圓在元件 TDDB 的特性上並無不同，但是在 SOI 元件之退化的情形來看，SOI 之閘極氧化層品質 (gate oxide integrity, GOI) 會受到 Process-Induced BOX Breakdown, Metal contamination, Crystal Originated Particles (COPs) 與 HF defect 等因素影響；(ii) 對於 MOSFET 之元件特性而言，在 $V_{th}$、Gm、Subthreshold Swing (SS) 與 junction leakage 方面上，Bulk-Si 與 SOI 晶圓上並無太大的不同，然而其對 DRAM 可靠性仍需觀察相關元件在 SOI 晶圓上的情形；(iii) 對於 Metal impurity 如鉻、鋁、鐵、鎳、銅等皆可以被控制在很少的範圍內，然而在 SIMOX-SOI 晶圓上仍有銅、鎳等金屬被發現在 BOX/Si 介面，另外如 BOX pinhole 問題必須被解決，然而似乎在材料分析方面並無法直接看出 SOI 晶圓的材料對元件的特性有何影響，需導入量產後有大量數據才可看出其影響，至於就 SOI 晶圓的材料以及 Si 層與 BOX 厚度，皆可因客戶所需而量身定做，當然價格的減少是 SOI 晶圓能否量產化一大重要因素。

### 9.2.2 SOI 技術的優點與限制

通常電晶體的操作速度常受到寄生電容的影響，早期的元件因通道與植入濃度較小，因此元件接面寄生電容並不大，不至於造成元件速度變慢，然而當元件尺寸縮小至深次微米時，濃度較高的通道與深井 (deep well) 就必須被使用來避免短通道效應 (short channel effect) 與通道穿越 (punch-through) 問題的發生，然而此時會間接造成很大的寄生電容，因此在元件操作時，一部分的電將被消耗在寄生電容的充電，降低元件的操作速度。因為在 SOI 上之 MOS 元件之源/汲極區域會擴伸至 BOX 區，由於 BOX 的絕緣效果，減少了 P/N 基板與井之間接面的面積，使得接面漏電流與接面電容可被大大地減少，所以 SOI 元件更適合高速化與低消耗電力元件的設計，也適合在高溫環境下操作，但是接面電容會隨著 SOI 厚度減少而變小 [11]。比較起傳統本質矽 (bulk-Si) 線路，SOI 線路在設計上可包含元件與元件之橫向隔絕 (lateral isolation) 以及元件與基板間之縱向隔絕 (vertical isolation)，因此傳統之壕溝隔離 (trench isolation) 與井 (well) 製程皆可簡化，特別對於 inter-device (即 n/p MOSFET 之間)，無須 trench isolation 與井植入來隔絕，可提供了更緊密的設計與較簡單的製程。也由於無垂直方向的寄生電晶體，而消除了「閂鎖效應」(latch up) 發生的可能性。另外針對完全空乏型 SOI 元件而言，由於矽層十分薄 (~50nm)，因此源/汲極縱向區域被限制於 BOX 上薄矽層，所以元件通道電荷分配效應 (charge sharing effect) 會減小，使得次微米 MOSFET 元件之短通道效應會被壓抑下來。此外 $\alpha$-particle 問題會因存在 BOX 而被改善，且 SOI 元件因無基底端點 (body terminal)，所以不會造成源極與基底的偏壓 (source-body bias, $V_{bs}$)，因此無所謂反向基體效應 (reverse body effect) 現象 [12] 的發生，對 stack 線路與 pass-gate 元件設計上十分重要。最近因高頻元件的 IC 化日漸受到重視，以及 SOI 技術存在厚 BOX 且可結合 trench isolation 將元件完全隔離，因此可避免閘極對基板 (gate to substrate) 的耦合 (coupling) 現象，也可避免與其他相鄰元件 (包含類比與邏輯元件) 因 coupling effect 所造成雜訊 (noise) 的現象 [12]，由此可見，SOI 元件更適合發展混合訊號 (Mixed Signal) 線路設計，但仍需克服低頻雜訊 (low-frequency noise) 問題 [13]。

### 9.2.3 SOI MOSFET 電晶體種類與操作

SOI 電晶體可大致可分為部分空乏型 (partially depleted SOI) 與完全空乏型

(fully depleted SOI)。若 Si 層的厚度大於兩倍的最大空乏區寬度，即在 BOX 膜上源極和汲極間存在沒有載子的空乏區，此空乏區與眾多載子存在的中性區域相互結合，稱作部分空乏型。相反地，中性區域不存在，載子僅由空乏區形成，我們稱為完全空乏型。

### 9.2.3.1 全空乏型 SOI MOSFET (fully depleted SOI, FD-SOI)

完全空乏區的 BOX 層厚度大多為 200 nm，此上面的元件區域的厚度約為 50~100 nm，它的優點是 MOSFET 基底沒有中性區域如圖 9.6(a) [14] 所示，因此，不會有 Kink 現象，而且具備有良好的次臨限電壓區域的特性 (SS~60 mV/dec.)，然而因矽的厚度太薄，在製程上是一大挑戰且元件特性會受到此矽薄膜厚度變化而變得不穩定，另外由於完全空乏 SOI 元件的基板電荷會完全被排斥掉，意味著空乏區完全蓋住基底而被排斥的電荷是固定的且會擴散到基板，當 $V_G$ 加偏壓時，因基底多數載子會完全被排出形成空乏區，使得中間空乏層被閘氧化層與 BOX 夾合，而當 $V_G$ 更增加時，基底表面區會形成反轉區 (inversion layer)，即載子通道，形成閘氧化層與 BOX 並聯，因此會造成耦合現象 (coupling effect)，造成前後二表面電位互相影響，且隨閘極與 BOX 之厚度變化而變動，所以全空乏型元件之汲極電流 (drain current) 與轉移電導 ($G_m$) 會隨著閘極電壓 ($V_G$) 變動而明顯變化，使元件不易受控制。

### 9.2.3.2 部分空乏型 SOI MOSFET (partially depleted SOI, PD-SOI)

部分空乏型的 BOX 層厚度大多為 400 nm，此上面的元件區域的厚度約為 100~200 nm，在部分空乏型元件中，基板電荷並不完全被排斥掉，因此存在所謂的中性區 (neutral region)，如圖 9.6(b) 所示。如果中性區的電荷無法被排除，就會降低源極與基極間的能障 (energy barrier)，會有所謂的飄移效應 (floating body effect, FBE)，即 Kink effect (如圖 9.7 所示)，此乃因為 SOI MOSFET 基板並無接地端所致。此現象的產生，主要是由於傳輸載子 (transport carrier) 對晶格的碰撞游離 (impact ionization) 而造成電子電洞對的分離，使得電洞聚集在中性區，降低了源極與基極間的電位，此現象會造成操作電流 (drain current) 與臨界

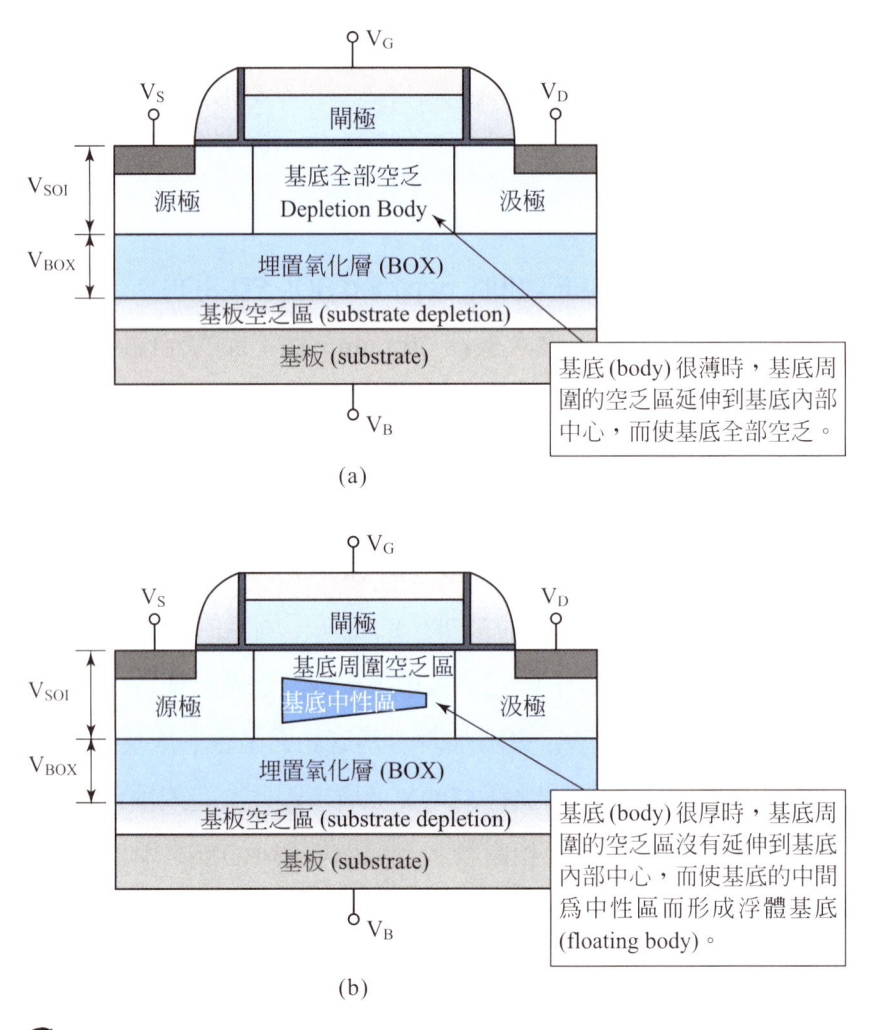

### 圖 9.6
(a) 全空乏型 (fully depleted, FD) SOI MOSFET；(b) 部分空乏型 (partially depleted, PD) SOI MOSFET [14]。

電壓 ($V_{th}$) 不穩定，這種現象在邏輯電路上並不會造成太明顯的影響，但會影響到類比電路的操作，使得電晶體在操作時產生不安定性，造成電流不穩定的現象，也可能會發生一些錯誤動作的現象，讓設計者感到十分的困擾。然而如果在電路中設計非常低電壓操作 (<1V) 的產品，則飄移效應 (即 Kink effect) 較不明顯，因此 PD-SOI 元件適合 0.1 微米以下低消耗功率元件的設計。另外部分空乏型元件會存在所謂的寄生雙載子電晶體效應 (parasitic bipolar transistor effect,

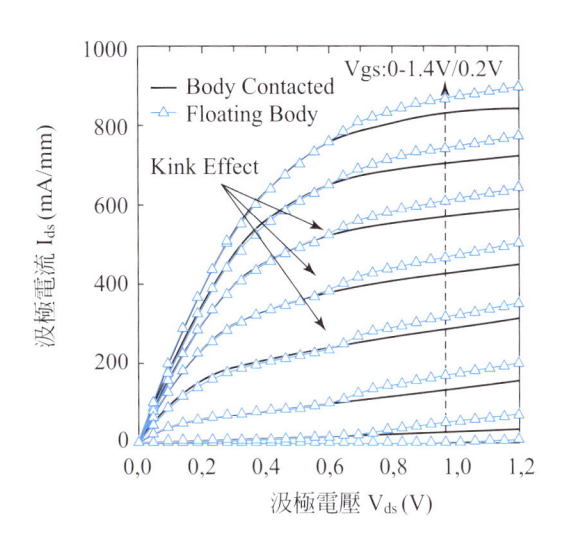

圖 9.7 部分空乏型 IDS-VDS 呈現 Kink 效應之曲線圖 [15]。

PBT)，即當 PD-SOI MOSFET 發生 impact ionization 時，即使在閘極電壓 $V_G$ 很小時 ($V_G$＝0~Vt)，仍然會造成電子電洞對，使得基板開始累積電洞，造成基板電壓升高，基底-源極接面 (body-source junction) 會被打開，此時源極-基底-汲極 (source-substrate-drain) 三端將形成類似於雙載子電晶體 BJT 中的 Emitter、Base 與 Collector 三端，此時會將電子導向汲極 (drain) 端，再增加 impact ionization rate，造成更多電子電洞對，一旦電洞聚集在基板會造成一正回饋在 BJT 中，同時源極與基板之間的電位差也會被降低，使得更多電子能通過，快速提高汲極電流 (drain current)，但會受到基板正電荷與電子復合的負回授限制，因此正回授效應將會被限制在一個定值後即不再增加，故電流增加是有限度的，因此 PBT 現象是有其限制的，唯一可了解的是，此現象很容易發生在低閘極電壓，但是當汲極 (drain) 電壓再提高時，會造成基底 (body) 電洞電位增加，便能再次打開 SOI 元件中的寄生 BJT 電晶體，造成第二次 Kink 效應。

另一問題是自生熱 (Self-Heating) 現象，此問題乃因為 BOX 的低熱導率 (low thermal conductivity) 使 PD-SOI 元件在操作時產生之熱無法完全被有效的排除到晶圓外，進而造成通道 (channel) 溫度升高，降低了載子之移動率 (mobility)，也間接影響元件的操作電流，此現象對邏輯線路影響較少，但對部分類比線路如輸出與輸入電路 (I/O) 和鎖相迴路 (phase lock loop, PLL) 有明顯的效應，為了解決此問題，BOX 之厚度必須被減少去增加熱的排出 [16]，然而此法會增加 SOI 晶圓製作的困難。另外此 FBE 也會造成暫態 (transient) 現象，即 I/O 元件電流在一段時間後突然減少 (即所謂 overshoot 現象)，其發生原因乃因一開始多數載子因閘極 ($V_G$) 偏壓排斥而聚集至基板，因而提升了基板位能，一旦時間一久，多數載子會被中和 (recombination)，導致 $I_D$ 降低，另外也有弱反轉層 (weak inversion) 形成現象，發生在 SOI 元件中，當操作在由強反轉區 (strong inversion) 轉變成弱反轉區 (weak inversion) 時，汲極電流 ($I_D$) 會突然增加，此暫態 (transient) 現象會造成元件的不穩定。除了前述靜態 (直流) 的 Kink effect 外，也有所謂之動態 (Dynamic) Kink effect [17]，此現象發生在元件在開關交換 (switching) 時，尤其在高操作電壓時，因為源極 (source) 與基底 (body) 之間因 Kink effect 而造成電位能差降低，使得電荷流失 (discharge)，進而降低元件的反應速度 (即增加 delay time)，除了此問題之外，SOI 元件會有 pass-gate leakage [18] 問題發生，即如果 SOI 元件之源極與汲極同時加強電壓，則基底 (body) 會被充電 (charge) 至 VDD，如果此時 $V_G=0$，則基底 (body) 會形成累積模式 (accumulation)，且累積許多主要載子 (hole)，一但 source 變成 off 態時，則電洞 (hole) 會跑至源極 (source) 端，而電子會跑至汲極 (drain) 端，導致電流突然增加，即使閘極是處在閉關之狀態下，但此現象只有發生在暫態操作時 (transient-phenomenon) 時。

表 9.1 說明文獻上所提出消除 FBE 的做法，其中較有效避免 FBE 的方法是設計基底接觸 (body contact)，如圖 9.8 所示，然而此方法會較浪費額外的面積。另外，亦可調整矽基材的能隙 (bandgap engineering) [19]，亦可解決此一現象，而且似乎較無副作用，但是其製程穩定度較不易控制。另外利用 field-oxide 下之預留矽層去連接 body contact (如圖 9.9 所示)，但會增加接面電容。亦有以 Field-shield isolation [20] (如圖 9.10 所示)之方法來消除 FBE。Body-contact 的結構除了需注意其可能造成旁生電容增加，與會產生 PN 接面順偏之副作用之外，另外需要注意因 SOI 元件中矽層很薄，所以片電阻較高，而 body contact 往往被設計在

表 9.1　減小 SOI MOSFET 浮體效應的方法

| 方法＼缺點 | 不利面積縮小化 | 汲極電流衰退 | 與閘極寬度有相依性 | 製程複雜 | 汲極與源極不可交替使用 |
|---|---|---|---|---|---|
| 輕摻雜汲極 (Lightly Doped Drain) | 無 | 是 | 無 | 無 | 無 |
| 基底接觸 (Body contact) | 是 | 無 | 是 | 無 | 無 |
| 源極栓繫法 (Source tie) | 無 | 是 | 可能 | 無 | 是 |
| 場隔離法 (Field shield isolation) | 無 | 無 | 可能 | 可能 | 無 |
| 矽能隙工程法 (Bandgap engineering) | 無 | 無 | 無 | 無 | 無 |

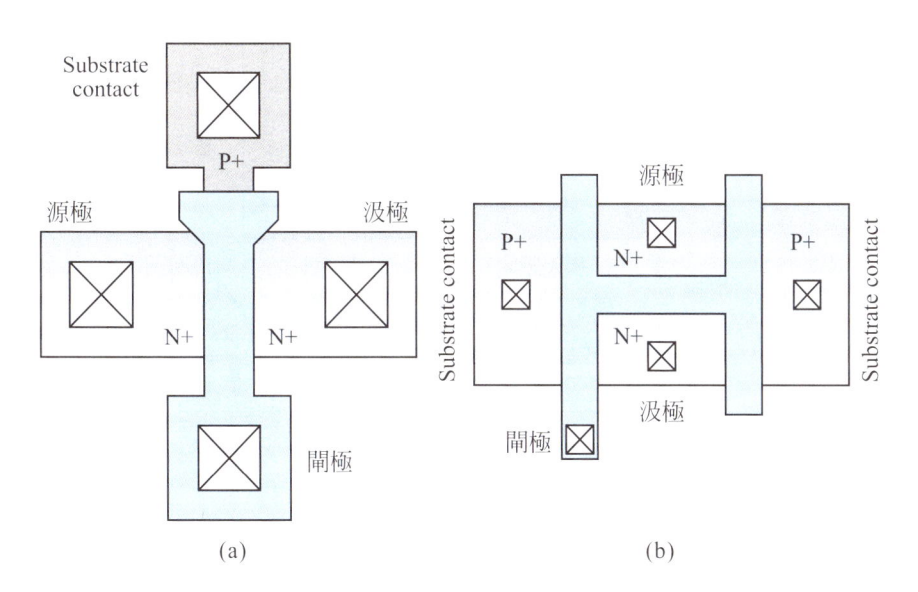

圖 9.8　SOI 基底接觸結構 (body contact structure) 上視圖 (top-view)：(a) T 型閘極 (T-Gate) 結構；(b) H 型閘極 (H-Gate) 結構 [19]。

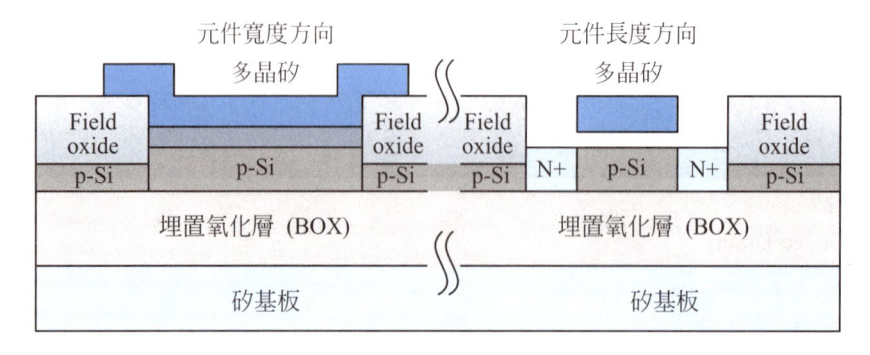

図 9.9 使用 Field oxide 底下預留之矽層去連接 body contact：
(a) 元件閘極通道寬度方向 (width direction) 的截面圖；
(b) 元件閘極通道長度方向 (length direction) 截面圖之 SOI 結構圖。

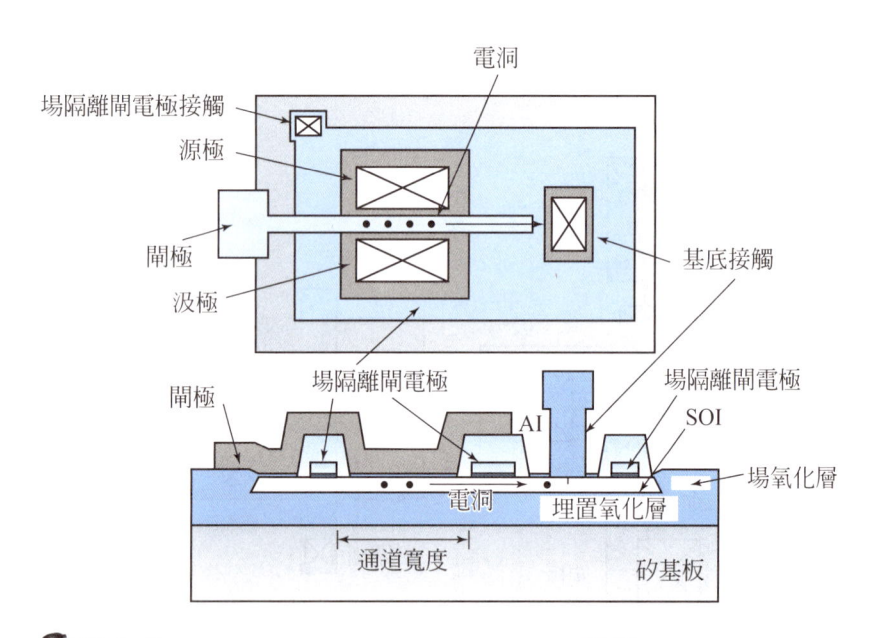

圖 9.10 SOI with Field-shielded Isolation 結構 [20]。

離 MOS 元件較遠處，因此可能造成額外的片電阻，產生不必要的雜訊，因此將閘極與基板接在一起之 SOI 結構 (Gate-to-Body contact) 似乎較可行，此模式即動態臨界電壓電晶體 (Dynamic-threshold, DT-MOS) [21]，它即是將閘極與基板連在一起，增加額外閘極在 BOX 層內，形成 SOI DT-MOS 結構 [圖 9.11(a)]，此為一不同的操作方法，即當元件打開時，會降低它的截止電壓，反當關閉時，會增加它的截止電壓 [圖 9.11(b)]，此結構很適合最為低消耗功率與低電壓元件。另外有人提出在製程上額外加一光罩在源極 (source) 端植入與通道 (channel) 同態之雜質 [22]，如此一來，可使源極 (source) 與基底 (Body) 相連接 (圖 9.12)，如此即使未增加元件之面積，也可抑制 FBE。雖然 FBE 對 PD-SOI 影響很大，但綜合

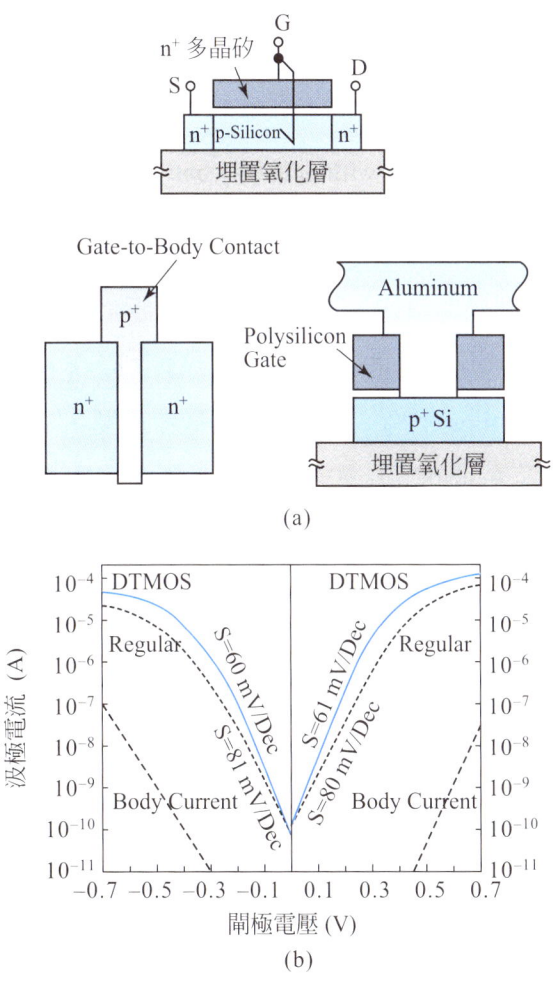

(a)

(b)

**圖 9.11** SOI 閘極與基體連在一起之動態臨界電壓 (Dynamic threshold, DT) MOSFET 元件：(a) 元件結構圖與；(b) 元件特性曲線 [21]。

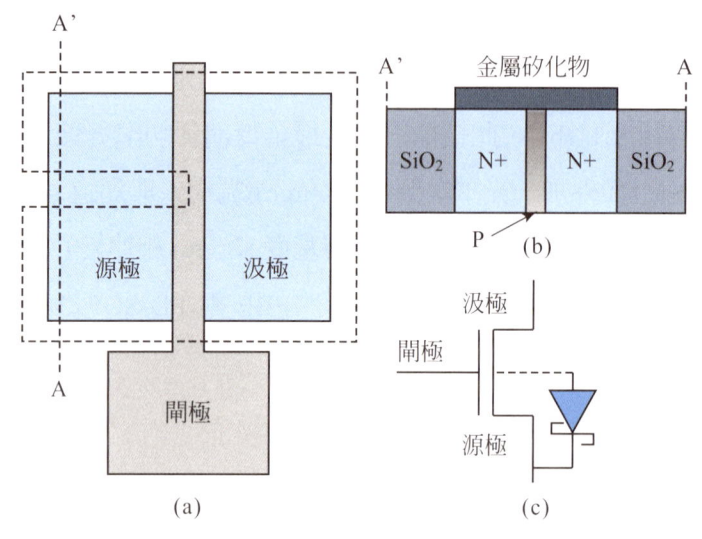

圖 9.12　PD-SOI with Schottky body contact 結構 [22]。

而言，若能適當地控制操作模式，對 SOI 元件反而有好處的，文獻 [23] 指出，如果利用 PD-SOI 中源/汲極接面電容降低、可消除 Kink effect 與利用 DT-MOS 結構，可以減少 delay time 27%，即改善元件操作速度 1/3 左右，可見善加設計 PD-SOI 元件可有效完成高速元件的目標。由於所需的功能以及應用方面有所不同，PD-SOI 元件可能同時會有 Body Contact 與無 Body Contact 結構存在，採用 Floating Body 製程的元件由於沒有作 Body 的接觸 (contact)，因此體積較小，可減小所佔空間是其優點，而採用 Body Contact 製程的元件，則是因為 Body 端可將電荷導走，能壓抑 Kink effect、PBT effect 以及 Gate Induced Drain Leakage (GIDL) 等效應，因此具有較高的穩定性。值得注意的是，在低溫下，即使有 body contact，SOI 元件也會發生 Kink 效應，這是因為低溫造成載子凍止 (freeze out)，基底變成近似絕緣，因此仍有 Kink 現象。另外在高溫時因載子移動速率降低，導致 impact ionization 減弱，故高溫能抑制 Kink 效應。另外若元件通道載子活期越長，Kink 現象就會愈早出現，此現象對類比電路的傷害較數位電路大。對於 FD-SOI 而言，則較不受 FBE 效應影響，因為電洞輕易就能穿透到源極，並不會累積在基底 (body)。

## 9.3 SOI 元件之應用 (SOI device application)

### 9.3.1 邏輯/射頻電路與記憶體應用

SOI 最適合用於邏輯領域,其次是 Gate Array,在 SRAM 及 DRAM 上,SOI 不僅能降低消耗能量,也能運用在降低軟錯誤上 (soft error),即能減少因 α 射線所造成記憶體電荷破壞的現象。最近更有高頻元件被製作在 SOI 晶片上面,最主要的考量上是低消耗功率,特別是像鎖相迴路 (phase lock loop, PLL) 和電壓控制振盪器 (voltage control oscillator, VCO) 等元件,需要長時間等待時,造成電路電流消耗,特別需要低消耗功率的元件,尤其是以 SOI-BiCMOS 元件製作的產品已被發表出來,如 0.2 微米技術開發出之接收系統中,在 0.5V 操作下可達到 2 GHz [24],另外以 0.18 微米 SOI-BiCMOS 技術開發之 PLL 與 VCO 產品可達到 2.5 GHz [25]。針對高性能的 SOI CMOS 線路,即所謂低功率/低電壓與高速度的極大型積體電路 (ULSI) 也有許多產品被開發與驗證出來,有 0.13 微米技術開發之微處理器 [26]、8.64 $\mu m^2$ cell size 之 1M SRAM [27] 與 0.13 微米技術開發之埋置型 (embedded) DRAM [28] 被發表出來。由於無線通訊產業的快速發展,高頻系統,尤其是射頻線路 IC 化已漸漸被開發出來,由於 SOI 適合高速度與低消耗功率的特性,十分適合作為射頻/類比產品的設計,然而首先需克服 FBE 所造成之影響,有研究群利用部分空乏 SOI 元件完成 embedded RF/ analogy 的設計平台 [29] (圖 9.13),也可與邏輯線路一起形成 System on Chip (SoC) 線路,對未來的 SoC 產品提出一解決方案。

有關 SOI DRAM 產品的開發,主要以減少軟錯誤率 (soft-error rate, SER)、降低接面漏電流與簡化製程/結構為目的。對 DRAM cell 而言,大多不加 Body Contact 只有在控制邏輯線路,如偵測放大器 (sense amplifier) 上,才以 body contact 結構來改善 (圖 9.14),另外 word line 部分之 PN 接面 (即 drain-to-source 接面) 需要較大之崩潰 (breakdown) 電壓,因此也需要 body contact 結構,以避免因 FBE 而造成提早崩潰。由於 PD-SOI 製程較接近傳統的 Bulk-Si 半導體的製程,在製程的改變上較輕微,目前大多數的公司皆採用此型 SOI 作為產品的

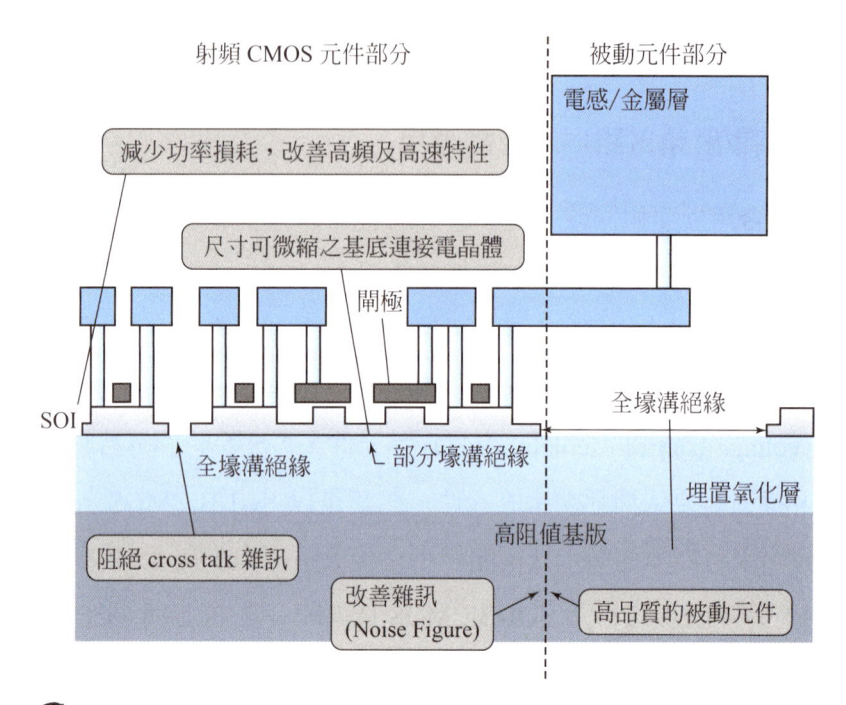

圖 9.13 利用部分空乏 SOI 元件完成 embedded RF/ analogy 平台之 SOI 混合訊號電路系統晶片之結構圖 [29]。

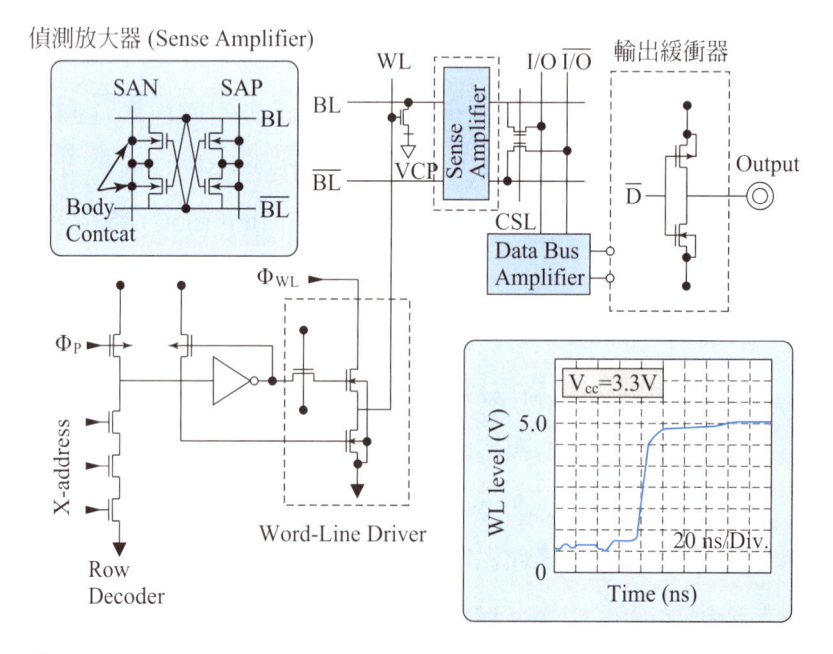

圖 9.14 SOI Sense Amplifier with body contact 結構 [30]。

開發,對於比較不計較低消耗功率的產品以追求高密度為目標的前提下,是適合用部分空乏型的 SOI 元件來設計作為產品,因此目前已有 high-end MPU、low-power LOGIC、RF and Analog 線路、DRAM、Display、Smart Card 與 image sensor 等以 SOI 材料製成之產品被提出且很快會量產化。目前 SOI 相關 DRAM 產品例如 Fujitsu、Sony、NEC 等公司提出,另外 Mitsubishi 提出之 Gate Array,IBM 之 SOI PowerPC、AMD、Motorola 與 Samsung 之 MPU,與 Seiko 公司提出之手錶是以 SOI 元件設計之產品。在 SRAM 產品上,SOI 技術因能消除 $\alpha$-Particle 的現象,故能改善軟錯誤率 (Soft Error Rate, SER) 問題,但 SOI 需注意寄生雙載子電晶體 (PBT) 的問題。另外因 SOI 可減少元件的接面電容,因此對 SRAM 線路中差動放大器位元 (differential-pair bit) 結構中會面臨數以千計之源/汲極接面的線路,使用 SOI 技術可減少接面電容,因此可減少位元胞的處理時間 (cell access time),至於 FBE 雖可由 body contact 方式解決,但會額外增加 SRAM cell 面積,然已有新的 SRAM cell 結構來改善 (圖 9.15),另外 DRAM 產品希望到最小 cell 尺寸下得到最大儲存電容,但尺寸縮小後會受到 SER、dynamic & static data-retention time,以及 sense-amplifier 靈敏度等因素影響,由於 SOI 元件之 P-N 接面面積較小,因此接面電流較少,所以 SER 與 static data-

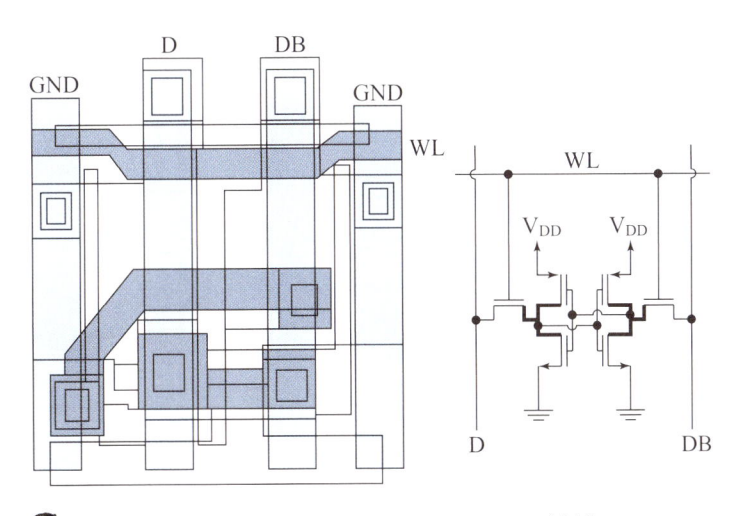

**圖 9.15 SOI SRAM with body contact 結構 [30]。**

retention time 等問題可被改善，但 dynamic retention time 之問題仍需改善。另外有人提出 boosted-sense-ground (BSG) [31] 結構來改善。對於 FD-SOI 而言，目前欲採用 FD-SOI 作為產品的公司，大多以追求低消費功率的產品為主，Intel 已經提出 $0.05 \mu m$ FD-SOI Device [59]，元件表現可到達 THz 的境界，也有人提出 $0.2 \mu m$ FD-SOI RF-CMOS [60]，$f_{max}$ 可到達 63-76 GHz 的境界，另外 Sharp and NTT 也發展 FD-SOI 技術許多年。

### 9.3.2 影像感測器 (image or pixel sensor)

SOI 技術可製作影像圖素偵測元件 (pixel sensor)，即為影像感測器 (image sensor)，如圖 9.16 所示，使用高阻值 (低摻雜濃度) 的 n 型基板與高濃度摻雜的 $p^+$ 區域形成影像偵測二極體 (pixel sensor diode)，光線照進此偵測二極體將會產生感應的電子與電洞載子，經由背電極 (backside contact) 施加一個電壓，可使電洞向上流進讀取電路 (CMOS readout electronics)，而電子流向底下背電極，而形成感應電流。影像顏色有不同的光波長，則所產生的感應電流不同，因此，此結構為影像感測器的基本原理。其所產生的感應電流經由讀取電路，以作為後續的影像處理。此讀取電路使用 SOI CMOSFET 於 BOX 上，以減少 $P^+$ pixel sensor diode 之載子的雜訊干擾。因此使用 SOI 技術可整合圖素偵測元件 (pixel sensor) 與讀取電路在同一塊狀矽 (bulk-silicon) 上，可節省製作成本。

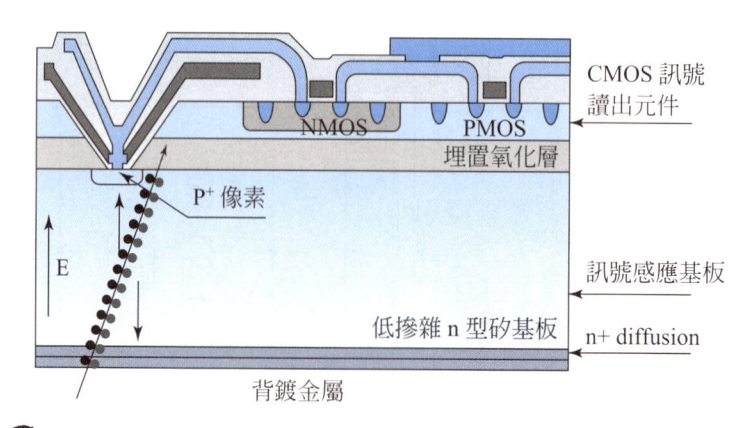

圖 9.16 使用 SOI 技術製作之主動圖素影像感測器 (active pixel sensor) 元件結構圖 [32]。

圖 9.17 為 SOI 影像感測元件的製程步驟。首先在低摻雜 (高阻值) 的 $n^-$ 的基板上製備 n 型 SOI 薄膜，完成後，先對 n 型 SOI 薄膜進行蝕刻 [圖 9.17(a)]，以形成凹洞，作為後續圖素 (pixel) 感測二極體的光感測窗口，接著進行 NMOSFET 之 p 型井製作 [圖 9.17(b)]，然後進行沉積通道阻絕層薄膜 (channel stopper layer) [圖 9.17(c)]，以形成 N/PMOSFET 元件主動區域 (active region)，隨後進行製作 $P^+N$ 圖素 (pixel) 感測二極體 [圖 9.17(d)]，再進行沉積第一層金屬層 (metal 1) [圖 9.17(e)]，最後沉積第二層金屬層 (metal 2) 並完成元件結構圖 [圖 9.17(f)]。圖 9.18 為 SOI 影像感測元件的讀取電路架構示意圖。其中圖素感測二極體 (pixel sensor diode) 連接 NMOSFET 電晶體與保護二極體，並經由電壓隨

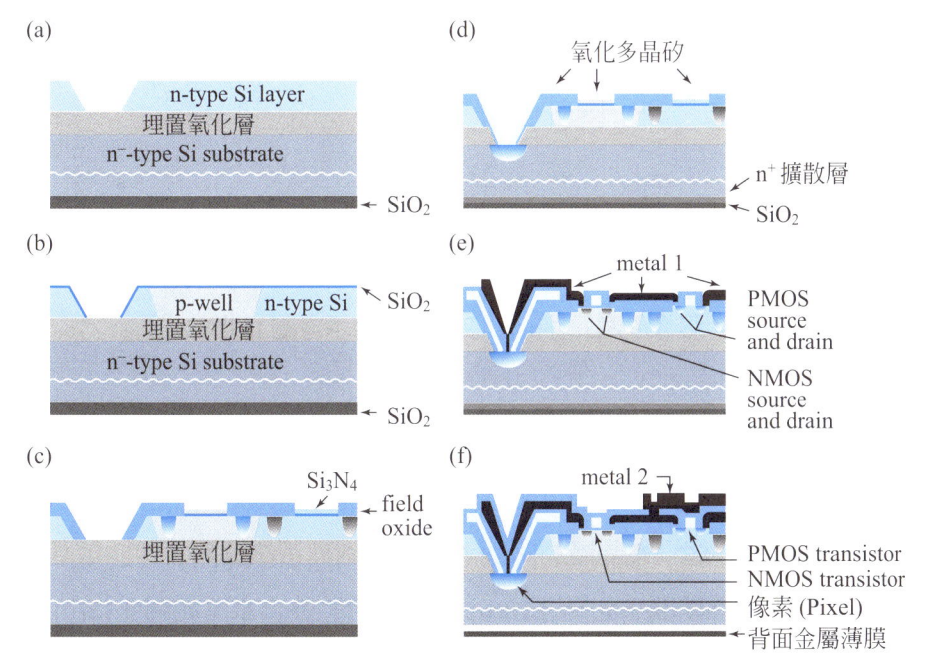

圖 9.17 SOI 影像感測元件製作步驟：**(a) n 型 SOI 薄膜先進行蝕刻，以形成凹洞，作做為後續圖素 (pixel) 感測二極體的光感測窗口；(b) NMOSFET 之 p 型井製作；(c) 沉積通道阻絕層薄膜 (channel stopper)，以形成 N/PMOSFET 元件主動區域 (active region)；(d) 製作 $P^+N$ 圖素 (pixel) 感測二極體；(e) 沉積第一層金屬層 (metal 1)；(f) 沉積第二層金屬層 (metal 2) 並完成元件結構圖 [33]。**

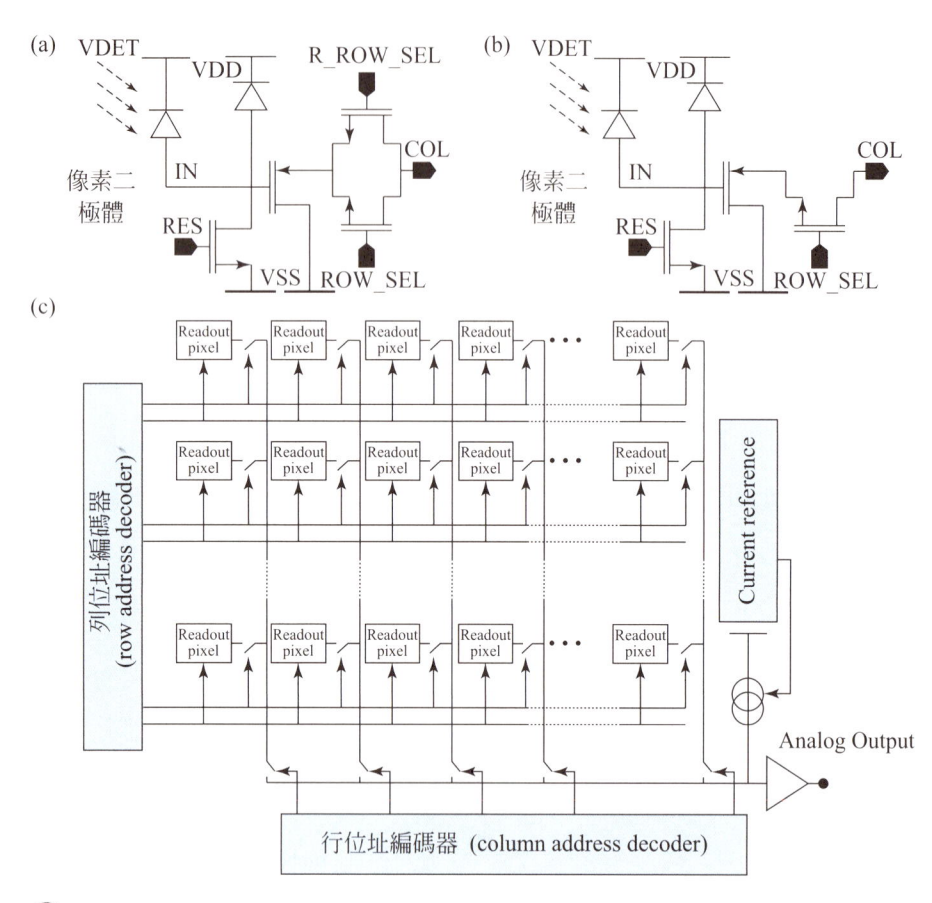

圖 9.18 SOI 影像感測元件的讀取電路架構示意圖 [32]。

耦器 (source follower) 連接到傳輸閘 (transmission gate)，此傳輸閘接到列選擇開關 (raw-selection switch) 與行選擇開關 (column-selection switch)，如圖 9.18(a) 所示。另外亦可使用一個單電晶體的閘極 (gate) 接到列選擇開關，而此電晶體的汲極 (drain) 接到行選擇開關，如圖 9.18(b) 所示。積體整合電路如圖 9.18(c) 所示。

## 9.4 新型 SOI 元件 (novel SOI device)

由於晶圓厚度的限制，而且大部分雙極性電晶體 (bipolar junction transistor, BJT) 有橫向結構的要求，混合式的 MOS-Bipolar SOI 電晶體已被開發出來，有文獻 [34] 提出 BiCMOS SOI 元件能夠達到截止頻率大於 27G Hz。橫向 Doublediffused vertical MOS (DMOS) 元件擁有長的 Drift region 也被成功地製作在 SOI 晶圓上，SIMOX 製程提供了部分的 BOX 結構，其他垂直的高功率元件如 DMOS、IGBT 與 UMOS 等元件 [35] 皆可被完成，此外雙層的 SIMOX 也被製作出來，有些特殊 SOI 元件 (圖 9.19) 包含：(a) 將本質矽晶片與 SOI 製作在同一晶圓上；(b) 雙閘極 SOI 元件；(c) 壓力感測器 (pressur sensor)；(d) 全環繞閘極 (Gate-all-around) MOSFET。其它的應用是可調整 SOI 矽的厚度，因為 Si/BOX 介面十分清楚，因此是個很理想的材料可當作很好的 etch-stop mask，使得可以製成非常薄的矽層，是一個理想的微型感測器 (micro sensor) 材料，就如換能器 (transducer) 而言，可以偵測壓力、速度、氣流、溫度、放射性與磁場，目前已被開發出來 [35]。另外利用 thin SOI film 完成 Lateral bipolar BJT [36] 結構，此法不但製程簡單，在元件表現上也不錯。至於完全空乏 SOI 元件面臨 S/D 接面因金屬矽化物所造成矽層減少之問題，已有人提出 elevated S/D [37] 與 Pre-amerphization [38] 技術來克服，Selective CVD-W [28] 也被提出來去完成降

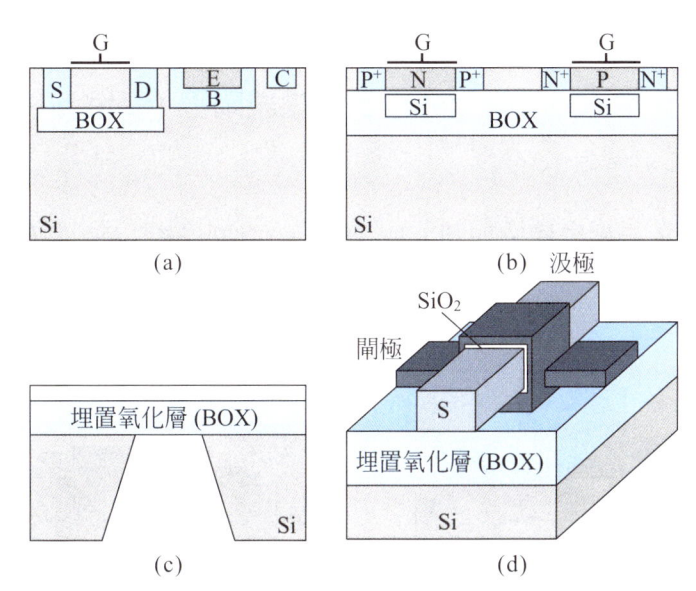

圖 9.19 特殊 SOI 結構：(a) Combined Bipolar bulk-Si (high voltage) with SOI device (low-power)；(b) dual-gate SOI device；(c) pressure sensor；與 (d) gate-all-around (GAA) MOSFET [1]。

低片電阻值的目的。至於臨界電壓 ($V_{th}$) 不穩定情形,也有人提出 SiGe Gate [39] 或 Metal Gate [40] 來完成 Dual-Gate MOSFET。由於未來類比線路與數位線路有很多機會會整合在一起,然而彼此之間可能因雜訊經由基板(substrate) 而互相影響,因此 SOI 可利用 trench 與 BOX 之阻隔來防止交互干擾雜訊 (cross-talk noise) 發生,可見未來 SOI 材料應用在 mixed-signal 與 SOC 之產品上有其競爭力。最近有人提出了為 high power amplifier 所設計之 Ultra-thin Body D-G SOI [41]、Ultra-thin Body DMOS SOI with Raised S/D technology [42]、Self-aligned Double-Gate (SDG) [43] 與 Vertical Replacement Gate (VRG) MOSFET [44] 等結構,以及最近受人矚目之鰭狀電晶體 (FinFET) [45][46] (圖 9.20),另外有人利用 selectively deposited Ge raised S/D 去降低片電阻 (圖 9.21),也有人以 SiGe channel 成長在 SOI 上去增加通道載子移動率 (mobility) [47] (圖 9.22),以提高元件之操作速度,由目前來看,在元件設計與製程簡易上,似乎 PD-SOI 比 FD-SOI 元件來得較具有競爭性,然 PD-SOI 需克服模型 (model) 建立的問題,至於 FD-SOI 元件之製程仍以日本之技術較領先。

### 9.4.1 双閘極 (double gate) 及全環繞閘極 (gate-all-around) SOI 元件

双閘極 SOI 元件結構,如圖 9.23 所示,在塊狀矽下面多製作一個閘極,因

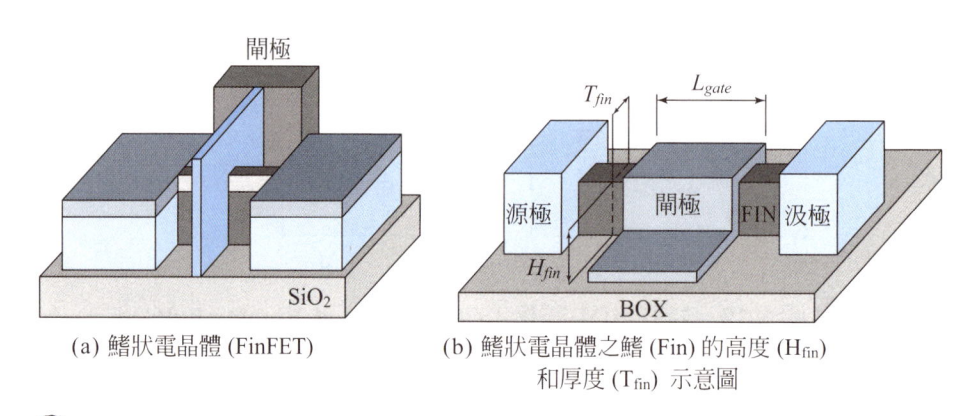

(a) 鰭狀電晶體 (FinFET)

(b) 鰭狀電晶體之鰭 (Fin) 的高度 ($H_{fin}$) 和厚度 ($T_{fin}$) 示意圖

圖 9.20　鰭狀電晶體 (FinFET) MOSFET 結構 [45][46]。

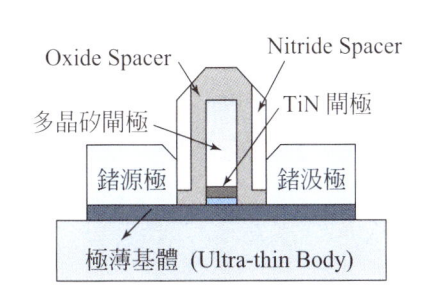

圖 9.21　具選擇性沉積鍺源極與汲極之 SOI MOSFET 結構。

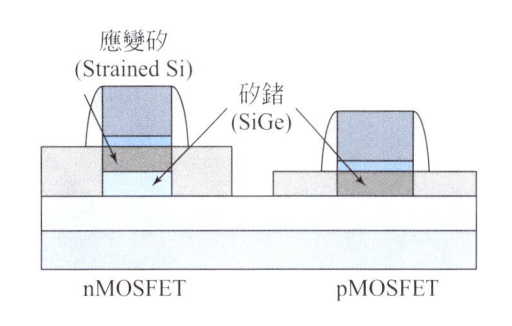

圖 9.22　具矽鍺通道之 SOI CMOSFET 結構 [47]。

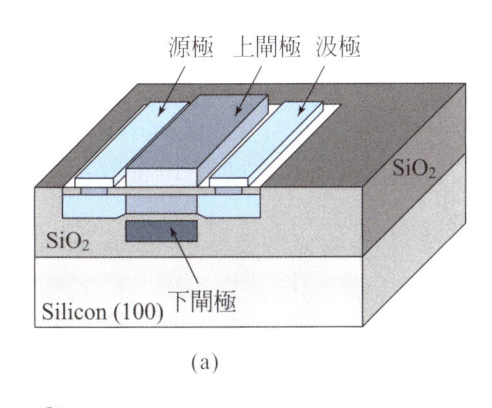

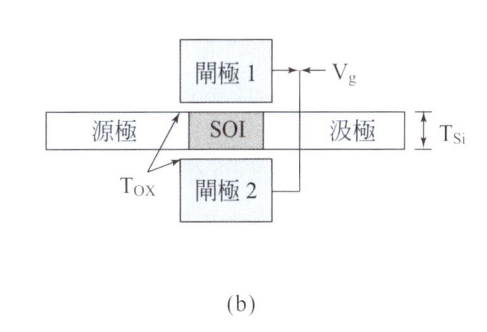

圖 9.23　双閘極 Double gate SOI device：(a) 立體結構圖；(b) 通道橫截面圖 [14][48]。

此形成上閘極 (top gate) 與下閘極 (bottom gate) 之 SOI 元件，因兩個閘極加電壓後形成兩個通道有較大的汲極電流，因此在相同尺寸下 double gate SOI 元件之汲極電流加倍，同時此類 SOI 元件有較佳的可調尺寸能力 (scalability) 及較小短通道效應 (small short channel effect)。

圖 9.24 為全環繞閘極 (gate-all-around) SOI 元件的概念圖，整個元件的矽基板為直立圓柱狀，而且被閘極完全包圍 (環繞) 住 (gate-all-around)，汲極 (drain) 在上端，而源極 (source) 在下端，當閘極加電壓後，通道 (channel) 在環繞閘極下之圓形矽基板的表面形成。因此通道為一環繞閘極之圓帶。此元件為 3 維的元件結構，由於通道由閘極所環繞可減少短通道效應。而且整個矽層可貢獻電流，

圖 9.24 全環繞閘極 (gate-all-around) 3 維 SOI 元件的概念圖 [1]。

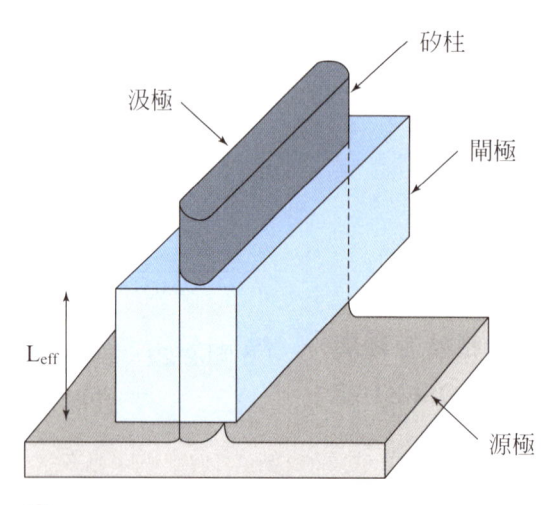

元件汲極電流可增加許多。另外元件可向上設計，因此元件的密度可提高很多，減少積體電路產品的大小，在未來有很大的發展潛力。

圖 9.25 為另一種全環繞閘極 (gate-all-around) SOI 元件製作步驟。此製程為改良傳統 2 維 SOI 元件製程以製作全環繞閘極 (gate-all-around) SOI 元件。一開始 SOI 基板先進行元件主動區域 (active region) 定義製程如圖 9.25(a) 所示，之後將上層的氮化矽硬光罩 (Nitride hardmask) 移除，然後沉積氮化矽/二氧化矽/氮化矽等薄膜 (nitride/oxide/nitride) 的沉積，如圖 9.25(b) 所示，接著對最上層氮化矽進行圖案定義與蝕刻，以對之後全環繞閘極的製作進行準備，對氮化矽進行圖案定義與蝕刻後進行氧化層沉積，此氧化層使用高密度電漿 (high density plasma, HDP) 設備來進行沉積，結果如圖 9.25(c) 所示。之後進行化學機械研磨 (chemical mechanical polishing, CMP)，將上層的 HDP 氧化層進行平坦化製程，同時移除掉氮化矽 [圖 9.25(d)]。接著進行二氧化矽與氮化矽的蝕刻，之後進行矽通道表面的氧化，以改善矽通道表面的平坦度 (rounded the channel edge) [圖 9.25(e)]。之後進行矽通道下層的二氧化矽蝕刻，以形成凹槽，同時將矽通道懸空 [圖 9.25(f)]，之後進行閘極氧化層 (gate oxide) 成長，之後再進行多晶矽閘極沉積 (ploysilicon deposition) 及 CMP 平坦化，即完成全環繞 (gate-all-around) 的

## 第 9 章 SOI 製程 319

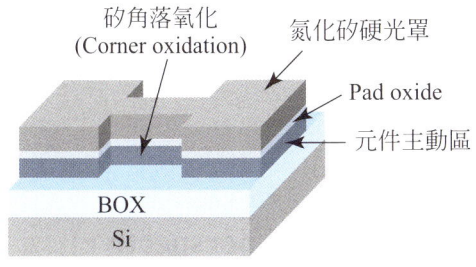

(a) 定義主動區域 (active area patterning)
- 矽角落氧化 (Corner oxidation)
- 氮化矽硬光罩
- Pad oxide
- 元件主動區
- BOX
- Si

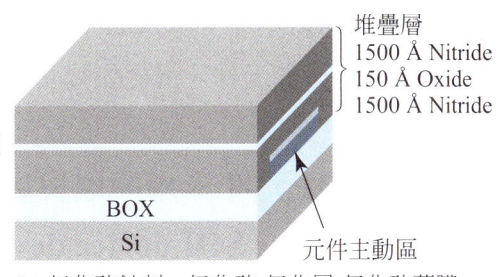

(b) 氮化矽蝕刻，氮化矽-氧化層-氮化矽薄膜沉積
- 堆疊層 1500 Å Nitride / 150 Å Oxide / 1500 Å Nitride
- 元件主動區
- BOX
- Si

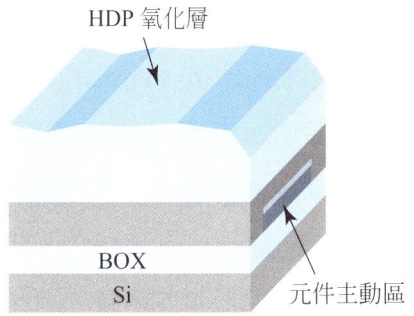

(c) 定義替換閘極區域及氧化層沉積 (replacement gate mask patterning and oxide deposition)
- HDP 氧化層
- 元件主動區
- BOX
- Si

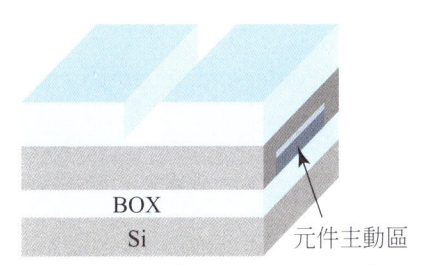

(d) 氧化層平坦化 (CMP) 及移除氮化矽
- 元件主動區
- BOX
- Si

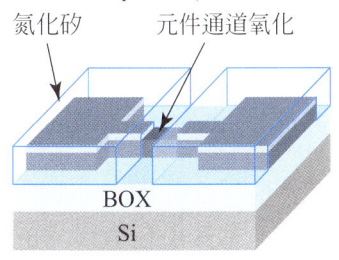

(e) 蝕刻氧化層及氮化矽，及對元件通道進行氧化
- 氮化矽
- 元件通道氧化
- BOX
- Si

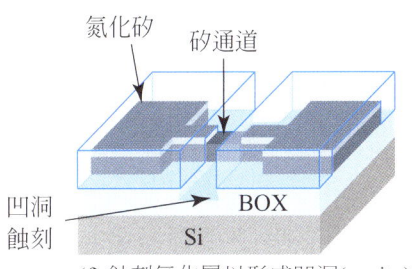

(f) 蝕刻氧化層以形成凹洞 (cavity)
- 氮化矽
- 矽通道
- 凹洞蝕刻
- BOX
- Si

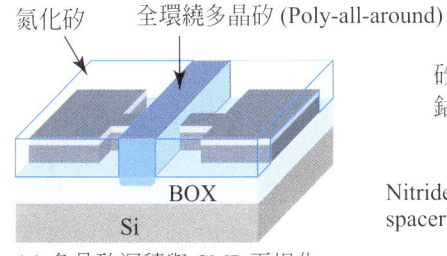

(g) 多晶矽沉積與 CMP 平坦化
- 氮化矽
- 全環繞多晶矽 (Poly-all-around)
- BOX
- Si

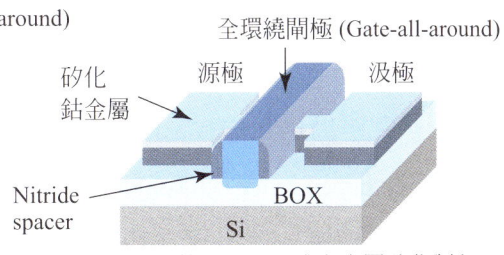

(h) 元件 spacer 形成與金屬矽化製程
- 全環繞閘極 (Gate-all-around)
- 源極
- 汲極
- 矽化鈷金屬
- Nitride spacer
- BOX
- Si

**圖 9.25** 全環繞閘極 (gate-all-around, GAA) 3 維 SOI 元件製作流程圖 [49]。

閘極，如圖 9.25(g) 所示，最後進行 spacer 與 silicide 的製作，即元件整個全環繞 (gate-all-around) SOI 元件，最後如圖 9.25(h) 所示。

## 9.5 SOI 元件未來發展與展望
### (future SOI device development and perspective)

SOI 已可算是一個成熟的技術，然而仍有些問題必須被解決。除了製程方面，部分空乏 SOI 產品化上有以下問題要解決。首先為遲滯 (hysteresis) [50] 現象，即所謂 history-dependent propagation delay，遲滯會造成 delay time 的不穩定，尤其是在 initial switching 或 dynamic steady-state switching 時，主要乃因 FBE 在 switching 時會造成 $V_{BS}$ 變化，進而影響到元件 $V_{th}$ 與 delay time 不穩定，此現象會使線路的 timing 不準確、導致線路 delay 問題、增加設計者的困難，因此，此現象必須被完全掌握與控制，才可以讓設計者有效地設計 SOI 線路。另外，Charge-dump effect [51] 也是因 FBE 所引起，有三種因 transient dump effect 而造成在 SOI 元件關閉狀態時 (off state) 出現了 transient leakage，即 Parasitic Bipolar Current、MOS-channel Current 與 S/D Capacitive Coupling Displacement Current。Charge-dump effect 主要是因為 PBT 造成元件在 off-state 時之漏電流。另外在量產時所需要的 SOI 晶片必須要滿足非常低的缺陷含量，尤其是在大尺寸的晶圓上 (12 吋晶圓)，另外價格也要被普遍降低，才可實行。晶圓平坦度的要求是十分重要的，尤其是在 FD-SOI 上，保持穩定的矽層片電阻是十分重要的，因為此矽層會受到後續的氧化沉積與金屬矽化等製程影響而有所變動。SOI 元件對設計者很重要之問題仍是元件 Model 之建立，就 SOI 元件中，如前述所談之 Kink effect，History dependence、Pass-gate leakage [52]、Self-heating 與熱效應等現象，皆需要有效地模擬，才可建立其正確之 PD-SOI 元件模型。尤其是部分空乏型 SOI 元件模型 (Model)，由於部分空乏型 SOI 有 FBE 現象會造成元件特性之不穩定，因此很難建立合理之元件模型。目前 SOI 元件模型較成熟的有 (1) University of Florida 發展之 PD-SOI & FD-SOI Models、(2) University of Berkeley

發展之 BSIM3 SOI Model、(3) University of South Hampton 發展之 STAG SOI Model 與 (4) Honeywell 公司發展之 Honeywell SOI Model 四種。另外已經有人利用 Pulse Signal [53] 去量測 PD-SOI 元件特性 (圖 9.26)，量測出來之元件結果可正確地描述 SOI 元件之 FBE，如此一來，即可以此量測結果作為 PD-SOI 之模型標準，提供給 PD-SOI 線路設計者做準則。SOI 元件可靠性問題也需考慮，ESD 是影響 SOI 元件可靠性重要因素之一 [55]，在 Bulk-Si 線路中之 ESD 元件，大都以大面積低電阻值的垂直 PN 接面二極體來完成，或是利用高 $V_{th}$ 之 thick-field-oxide 元件來製成，由於對於 ESD 可承受電壓 (sustained voltage) 而言，在 SOI pMOSFET 比 SOI nMOSFET 來得高，因此有一折衷方法，即 nMOSFET 做在 bulk-Si，而 pMOSFET 做在 SOI 上即可 (圖 9.27)，另外在熱載子效應導致元件特性的退化，大多是由缺陷 (defect) 的產生所造成，而由於 SOI 元件存在著 FBE 與 PBT 等特性，對熱載子的效應將有不同的表現 [54]。至於因熱效應導致元件特性的退化，在 SOI 元件也有不同的表現 [55]，這些現象都必須被有效地模擬與描述。

另外，應變矽製程 (strain silicon) 所製作的元件具有高載子遷移速率的特性，亦被開發出來而且愈來愈受到重視 [56]。在 2002 年，英特爾 (Intel) 半導體大廠在 90 奈米製程技術上，使用 Strained silicon n/pMOSFET 應變矽新製程技術來提升元件性能時，許多相關的 strained SOI (SSOI) 元件的研究與製程亦陸續被

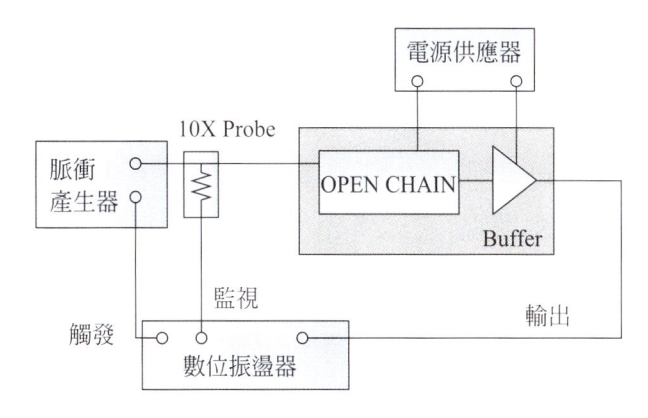

**圖 9.26** Pulse measurement 系統架構圖 [47]。

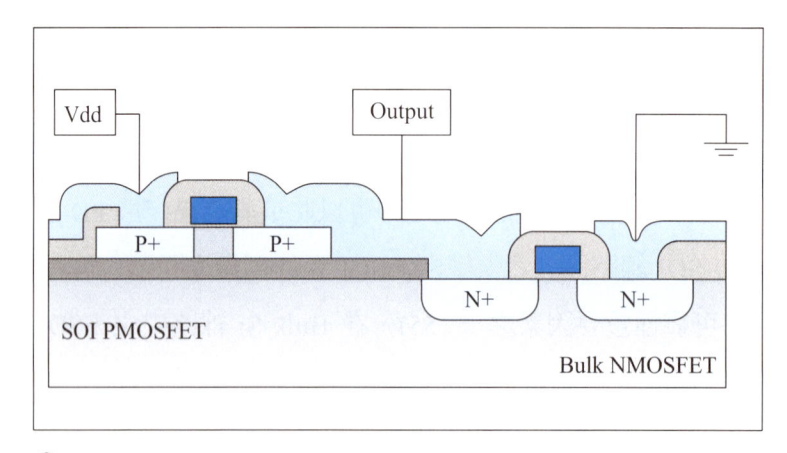

圖 9.27　減低 ESD 之 SOI 結構圖 [55]。

開發出來，例如使用張應力 (tensile stress) 可有效提升電子的移動率。另外，亦有文獻使用矽鍺 SiGe 基板上成長 strained Si，以形成張應力來製作 nMOSFET 元件 (又稱為 SGOI MOSFET)，此方法與使用傳統塊狀矽基板的 SOI 元件有很大的不同，以下將說明 SiGe 基板之 SOI 元件的製作方法。圖 9.28 所示為 smart-cut SGOI 的製作方法，先使用一矽基材成長 relaxed SiGe 薄膜，再植入氫原子，之後的製程與前面圖 9.5 所述之 smart-cut SOI 技術相同，將另外一片長有 SiO$_2$ 的 handle wafer，使用 bonding 技術與此 relaxed SiGe 薄膜的基板相接合 [圖 9.28(b)]，之後加熱，使相結合的兩種晶片在氫原子植入處分開，如圖 9.28(c) 所示，接著再磊晶成長 Si 薄膜，因矽薄膜在 relaxed SiGe 薄膜上進行磊晶，此磊晶薄膜為 strained Si 薄膜，此即完成 SGOI 基板的製作 [圖 9.28(d)]。因為 Ge 原子容易外擴散 (out diffusion)，其中 condensation 製程為對 SiGe 薄膜內之 Ge 進行排斥或擴散的製程，如圖 9.29 所示。此製程先使用一般 SOI 基板，上面先沉積一 stressed SiGe 薄膜及一 Si 薄膜 [圖 9.29(a)]，使用高溫氧化製程 (進行 condensation 製程)，此時最上層的 Si 薄膜氧化形成 SiO$_2$ [圖9.29(b)]，因而阻擋 Ge 原子向上擴散，使 SiGe 層內之 Ge 向下推進到 SOI 內進而導致 SOI 變成 relaxed SiGe 薄膜 [圖 9.29(c)]。之後再成長一層磊晶層，即為 strained silicon [圖 9.29(d)]。使用壓應力 (compressive stress) 的應變矽 (strain silicon) pMOSFET 可提升電洞的移

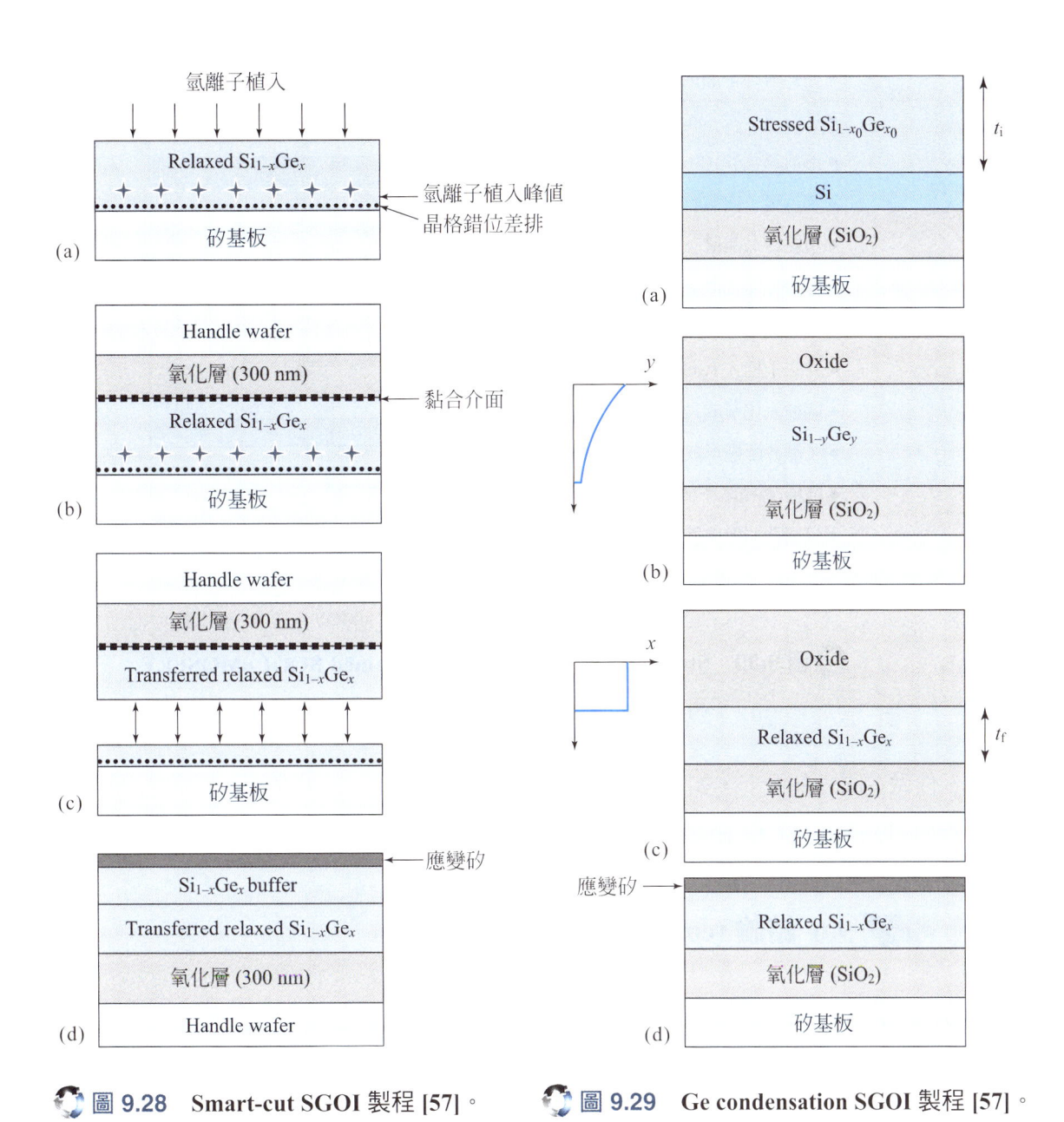

圖 9.28　Smart-cut SGOI 製程 [57]。

圖 9.29　Ge condensation SGOI 製程 [57]。

動率,但其效果沒有提升很多,同時遠小於 nMOSFET 的電子的移動率,近來使用壓應力的 strained SGOI 可大大提升電洞的移動率,亦可拉近 strained SOI nMOSFET 與 strained SGOI pMOSFET 兩者的載子移動率。甚至可整合兩者的元

- 矽鍺薄膜磊晶沉積在 SOI 上
- 進行第一次 condensation 製程
- 形成氮化矽 ($Si_3N_4$) 硬光罩 (hard mask)
- 進行第二次 condensation 製程
- 覆蓋矽磊晶層
- 形成二氧化矽 ($SiO_2$) 硬光罩 (hard mask)
- 應變矽選擇性磊晶沉積
- 井離子植入 (well ion implantation)
- 閘極氧化層成長
- 多晶矽閘極形成
- 汲極/源極離子植入及離子高溫活化退火處理
- 接觸孔洞形成與接觸金屬沉積

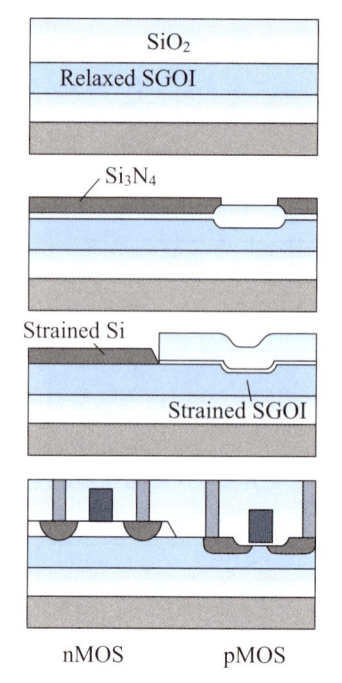

圖 9.30　Strained SOI nMOSFET 與 strained SGOI pMOSFET 元件製作流程圖 [58]。

件做在同一基板上，如圖 9.30 所示，其張應力之 strained SOI nMOSFET 與壓應力的 strained SGOI pMOSFET 整合在同一基板上。

## 9.6　結論 (conclusion)

在 21 世紀 SOI 將會提供很多的機會讓 CMOSFET 元件能繼續往下縮小，同時在低消耗功率元件將佔有一席之地。由此可見，短時間以 SOI 為基礎 (base) 之產品將以低消耗功率與低電壓為主要產品，未來如低溫 SOI 元件、次 50 nm 奈米高介電質 (High-K) SOI MOSFET、Double-Gate DG-SOI 與 gate-all-around (GAA) SOI 將可預期是 SOI 元件的新舞台。AMD/Motorola 已經發展出 0.13 μm CMOS PD-SOI 技術並應用在 CPU 的線路上。由此可知，未來 SOI 技術只要能克服 SOI 元件特性與元件模型之問題，相信 SOI 對 ULSI 而言，將不是一種全新的技術，而是將原來矽 (Si) CMOSFET 蛻變為 SOI CMOSFET 而已，想必未來

ULSI 可以 SOI 為基礎，將 SOI 電路 (circuit) 完全商品化。最後，如何將 SOI cell library 與 design methodology，以及 bulk-Si 完全吻合，才是未來 SOI 是否能成功之最重要因素。

## 本章習題

1. 請詳細說明 SOI MOSFET 相對於塊狀矽 MOSFET 元件的優點？
2. 請詳細說明 SOI MOSFET 的操作原理？
3. 說明 SOI 基材的製作方法？可分為哪幾類技術？
4. 說明 SOI 的技術限制？
5. 請詳細說明全空乏型與部分空乏型 SOI MOSFET 電晶體的操作原理與兩者比較？及相對的優缺點有哪些？
6. 請詳細說明部分空乏型 SOI MOSFET 電晶體有哪些不好的效應？
7. 何謂浮體效應 (floating body effect, FBE)？及解決此效應的方法有哪些？
8. 請詳細說明 SOI MOSFET 元件有哪些重要應用？
9. 請詳細說明 SOI 影像感測元件 (pixel or image sensor) 的工作原理？
10. 請詳細說明 SOI 影像感測元件的製程步驟？
11. 請說明目前有那些新型 SOI 元件及其特性？
12. 請說明全環繞閘極 (gate-all-around, GAA) 3 維 SOI 元件製作方法？
13. 請說明 SOI 元件未來發展的重要問題有哪些？
14. 請說明應變矽鍺 (SiGe) 基板 (SGOI) 的製作方法？

## 參考文獻

1. 趙天生，電子資訊 第 9 卷第一期，2003 年 6 月。
2. Ted Dellin, Tutorial in IEEE International Reliability Physics Symposium (IRPS), 2006.
3. Sorin Cristoloveanu, Circuit and Device, 1999, p. 26.
4. F. Assaderaghi, VLSI Tech. Dig., 1999, p. 122.
5. L. T. Su, IEEE Trans Electron Devices, 1994, p.69.
6. M. W.antanabe, Jpn. J. Appl. Phys., 1996, p.737.
7. S. S. Mayer, ECS meeting, 1994, p.391.
8. M. Bruel et. al., Jpn. J. Appl. Phys., 1997, p.1636.
9. L. P. Allen, IEEE SOI conference, 2001, p.5.
10. Makoto Yoshimi, Toshiba company report, 1999.
11. S. K. H. Fung, IEEE IEDM Tech. Dig., 2000, p.551.
12. J. Kodate, SSDM, 1999, 362.
13. Y.-C. Tseng, IEEE Trans Electron Devices, 2001, p.1428.
14. Kaushik Roy, IEEE/ACM International Conference on Computer-Aided Design, 2005. ICCAD-2005, p.217.
15. A. Siligaris, IEEE Trans. Electron Device, 52, 2005, p.2809.
16. S. P. Shiba, IEEE SOI conference, 2001.
17. M. M. Pelella, IEEE IEDM Tech. Dig., 1999.
18. F. Assaderaghi, IEEE EDL, 1997, p.241.
19. M. Yosgimi, IEEE EDL, 1997, p.423.
20. T. Iwamatsu, IEEE Trans Electron Devices, 1995, p.1943.
21. F. Assaderaghi, IEEE EDL, 1994, p.5
22. J. W. Sleight, IEEE Trans Electron Devices, 1999, p.1451.
23. M. M. Pelella, IEEE SOI conference, 2001, p.1.

24. M. Harade, IEEE ISSCC, 2000, p.378.

25. K. Yoshimura, IEEE SOI conference, 1999, p.12.

26. S. Geisser, IEEE JSSCC, 2000, p.148.

27. N. Shibata, IEEE JSSCC, 2001, p. 1542.

28. H. L. Ho, IEEE IEDM Tech. Dig., 2001, p.2.

29. S. Maeda, IEEE VLSI Tech. Dig., 2000, p.154.

30. C.-T. Chuang, Proceedings of the IEEE, 1998 , pp.689-720.

31. T. Kono, IEEE JSSCC, 2000, p. 1179.

32. J. Marczewski, IEEE Trans. Nuclear Science, 2010, p.381.

33. J. Marczewski, Nuclear Instruments and Methods in Physics Research A 560, 2006, pp.26-30.

34. T. Hiramoto, IEEE IEDM Tech. Dig., 1992, p.39.

35. H. Vogt, IEEE SOI Technology and Devices, ECS society, 1994, p.430.

36. T. Tue, IEEE Trans Electron Devices, 2001, p.2428.

37. S. Bagchi, IEEE SOI Conference, 2000, p.56.

38. C.-M. Park, IEEE VLSI Tech. Dig., 2001.

39. D. Hisamoto, IEEE VLSI Tech. Dig., 2000, p.208.

40. T. Ohmi, Proceeding of IEEE, 2001, p.394.

41. L. Chang, IEEE IEDM Tech. Dig., 2000, p.719.

42. Y. K. Choi, IEEE VLSI Tech. Dig., 2001, p.19.

43. H. S.Wong, IEEE IEDM Tech. Dig., 1997, p.427.

44. Hergenrother, IEEE IEDM Tech. Dig., 1999, p.75.

45. D. Hisamoto, IEDM Tech. Dig., 1998, p.1032.

46. D. Ponton, IEEE Trans. Circuits and Systems-I, 56, 2009, p.920.

47. T. Tezuka, IEEE IEDM Tech. Dig., 2001, p.946.

48. L. Chang, IEEE Circuits and Devices Magazine, 2003, p.35.

49. A. L. Theng, IEEE Conference on Electron Devices and Solid-State Circuits

(EDSSC), 2007, p.1129.

50. M. M. Pelella, IEEE IEDM Tech. Dig., 1999.

51. M. M. Pelella, IEEE SOI conference, 1995.

52. F. Assaderaghi, IEEE EDL, 1997, p.241.

53. F. Assaderaghi, IEEE VLSI Tech. Dig., 1996, p. 122

54. W. K. Yeh., IEEE EDL, 2002, p.1.

55. W. K. Yeh., IEEE EDL, 2001, p.339.

56. C. L. Lin, Microelectronic Engineering, 88, 2011, p.228.

57. H.-S. P. Wong, IBM J. Res. and Dev., 46, 2002, p.133.

58. T. Tezuka, Semicond. Sci. Technol., 22, 2002, p.S93.

59. R. Chau, IEEE IEDM Tech. Dig., 2001.

60. C. L. Chen, IEEE EDL, 2001, p.52.

# Chapter 10

# 非揮發性記憶體製程

阮弼群

## 作者簡介

### 阮弼群

美國華盛頓大學材料工程所碩士、國立清華大學電機工程系博士。現任教於明志科技大學材料工程系。曾任職於德碁半導體、台灣積體電路製造,及聯華電子公司近 12 年,先後服務於製程、元件研發、產品,及可靠度工程部門。經驗涵蓋 CMOS 邏輯電路、分閘式快閃記憶體 (split-gate flash memory),及堆疊式/深溝渠式 DRAM 製程研發與後段記憶體產品測試分析等。博士論文著重開發鐵電記憶體 (FRAM)。目前的主要研究包含載子注入型記憶體、鐵電與電阻式記憶體、高介電常數材料 (high-k),及矽晶與薄膜太陽能電池等。

## 10.1 概述

快閃式記憶體 (flash) 與 EPROM 及 EEPROM 同屬於非揮發性記憶體 (non-volatile memory)。因電路設計的不同，快閃式記憶體可一次區塊抹除 (block erase) 如段 (sector)、頁 (page) 與晶片 (chip) 的大量批次資料，然而 EEPROM 則為抹除單一位元 (byte) 或行 (column) 與列 (row) 的少量資料。現今快閃式記憶體以 NOR 與 NAND 型操作模式為兩大設計主流。NOR 型為東芝公司 Masuoka 博士在 1985 年以浮閘式結構概念的組合設計發表專利 [1]；之後更於 1987 年的 IEEE IEDM 會議中發表 NAND 型設計 [2]。1988 年 Intel 以 NOR 型快閃式記憶體發表第一顆商用的晶片 [3]，且於 1989 年製作第一顆商業化 ETANN 嵌入式邏輯記憶晶片 [4]。

有三種商業上比較成熟的非揮發性記憶體單元結構，分別為：(1) 堆疊浮閘式 (stacked gate)，(2) 分離閘極式 (split gate)，(3) 浮閘薄膜式 (floating gate thin oxide)。其寫入與抹除的偏壓狀態分別於圖 10.1 至圖 10.3 所示。浮閘式結構為 Kahng 與 Sze 博士於 1967 年所發明 [5]，當時為三閘極結構。此結構經

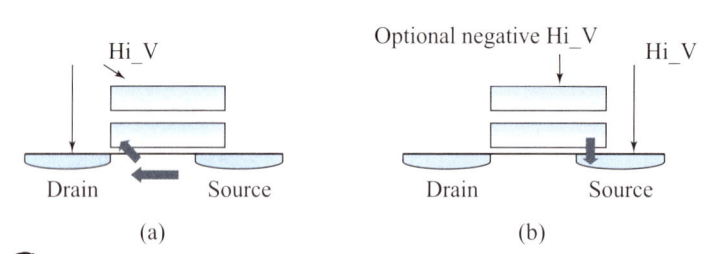

圖 10.1 堆疊浮閘式結構 (a) 寫入模式；(b) 抹除模式。

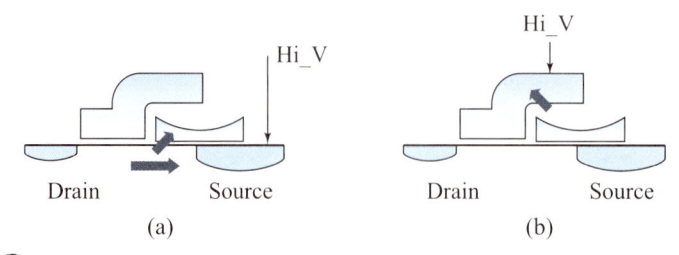

圖 10.2 分離閘極式結構 (a) 寫入模式；(b) 抹除模式。

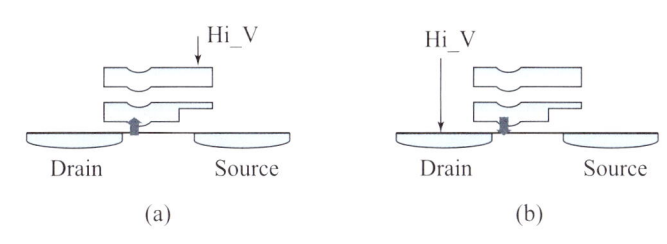

▲ 圖 10.3　浮閘薄膜式結構 (a) 寫入模式；(b) 抹除模式。

Mukherjee 等人於 1985 年改良為以汲極端通道熱電子注入 (Channel Hot Electrons, CHE) 與傅勒-諾德翰 (Fowler-Nordheim Tunneling, FN tunneling) 穿隧方式將電子從浮動閘極處移除。這種以穿隧氧化物 (Electron Tunneling OXide, ETOX) 來進行抹除及寫入的概念，稱之為 ETOX-type 快閃式記憶體。然而其間為了改善電子注入效率，1980 年間有浮閘薄膜式結構的提出 [6]，其寫入與抹除方式均以 FN 穿隧機制進行。為了追求更快的寫入速度與較低的寫入電壓，Eitan 與 Ali 於 1988 年分別提出分閘式記憶結構與 256K 記憶容量的記憶體設計 [7, 8]。另外，1980-1990 年間發展許多類似分閘式記憶結構的概念來增進寫入時注入效率，例如圖 10.4(a) 汲極端注入結構 [9]、(b) 間隙壁 (side-wall) 浮閘式結構 [10]、與 (c) 聚焦離子束佈植結構 [11] 等。以通道熱電子注入方式的記憶體結構，我們也稱為 SIMOS (Stacked gate Injection MOS)，而浮閘薄膜式的記憶體結構也稱為 FLOTOX (FLOating gate Thin OXide)。

　　雖然堆疊浮閘式結構面積比分離閘極式略小，但較大的寫入電流將造成過度抹除 (over-erase) 與電遷移 (electromigration) 的現象及易與介面產生缺陷 (interface traps) 等，因而影響記憶體可靠度，所以有分離閘極式與雙電晶體薄膜式結構的發展，但是這兩者較不易微縮與簡化製程。由於時代的演變與市場需要，記憶體的容量要求越來越大，但由於以上三種雙閘極製程比金氧半電晶體 MOS 半導體製程稍嫌繁複，在 MOS 尺寸不斷的縮小化趨勢下，目前遭遇到兩個瓶頸，一是微縮後穿隧氧化層厚度隨之下降，雖可得到較快的讀寫速度，但電荷保存時間隨漏電流增大而變短。二是在多次讀寫後在穿隧氧化層品質產生劣化而產生過大漏電流，使得尋求與 MOS 製程相容的新一代記憶體結構日益需要。

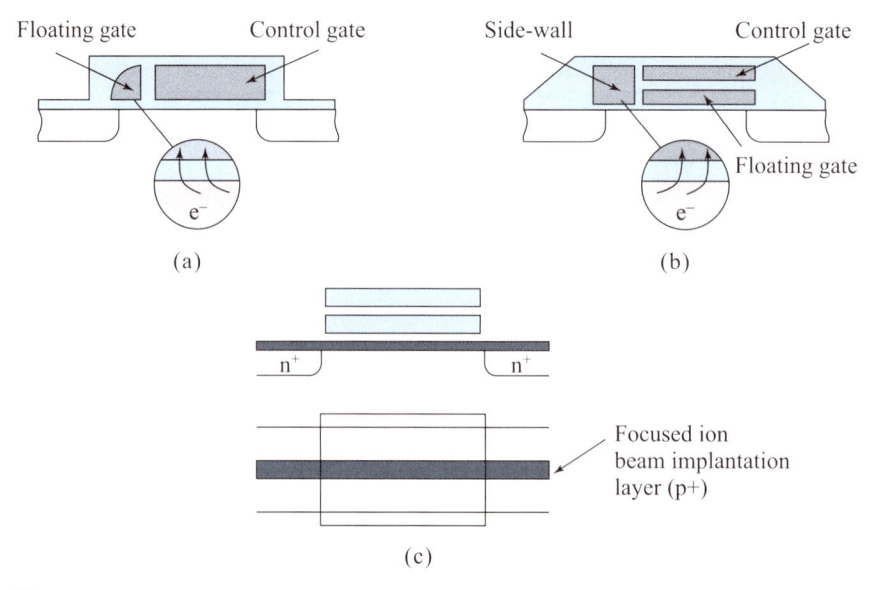

圖 10.4　(a) 汲極端注入結構；(b) 間隙壁浮閘式結構；與 (c) 聚焦離子束佈植結構。

## 10.2 載子注入型記憶體發展

為了追求更大的記憶容量，必須克服微縮化的瓶頸且可同時配合世代間的演進。在不改變原來 MOS 元件架構下具有低成本與低操作電壓的優勢，主要有三種改良的方法，即載子陷入元件、多晶肩側壁元件與奈米晶體元件。多晶肩側壁元件以分離式閘極概念改變電晶體肩側壁 (spacer) 材料，又分為內側壁與外側壁兩種。另外正開發的矽基記憶體產品如相變化記憶體、磁阻式記憶體、鐵電記憶體、電阻式記憶體，雖然操作不是傳統載子寫入及抹除方式，但記憶單元必須整合於半導體製程中。記憶體容量隨著 CMOS 製程世代演進與自身製程結構的發展快速增加。將於 10.3 至 10.6 章節分述之。

### 10.2.1 載子陷入元件 (Charge-Trapping Devices)

載子陷入記憶元件於 1967 年發明 [12]。當時以氮化矽來當陷入層，而形成MNOS (Metal Nitride Oxide Silicon) 結構，如圖 10.5 所示。於 1980 年以多晶矽閘極取代金屬閘極，整合於 MOS 製程中，稱為 SNOS (Silicon Nitride Oxide Semiconductor)[13]。操作的原理是利用氮化矽層中的陷阱 (traps) 來造成起始電壓的偏移 (threshold voltage shift, $\Delta V_t$)。由於氮化矽中有許多鍵結不全的陷阱，可用來捕捉及儲存電荷，可取代浮動閘極並儲存電荷。因為這些陷阱是獨立的，被捕捉的電荷不易在陷阱間移動，因此即使在薄氧化處有陷阱路徑，也不會造成全面性漏電，所以元件可以長時間地保存住大量的電荷。而量子穿隧的薄氧化層 (Ultra-Thin Oxide, UTO) 約 1.5 至 3 nm，氮化矽層厚度約 20-40 nm。圖 10.6 表示在寫入時，電子以調變傳勒-諾德翰穿隧 (modified Fowler-Nordheim tunneling) 機制，由矽的傳電帶進入氮化矽傳電帶而陷入氮化矽陷阱中。當抹除時，電洞以直接穿隧 (direct tunneling) 機制，由矽的價帶進入氮化矽價帶而陷入氮化矽陷阱中 [14]。現今 1M bit 的 EEPROM 商用產品，使用 LPCVD 製程成長氮化矽以及利用氫氣退火增進氮化矽/UTO/Si 介面特性 [15]，可得陷入正負電荷在氮化矽層等量不錯的結果。另外以 SiON (oxynitride) 代替氮化矽層 ([O]/([O] + [N])~0.17)，雖然能障高度較高，但資料維持時間 (retention) 與可用次數 (endurance) 因漏電流降低而受惠 [16]。SNOS 有兩個重要用途，一是因為抗輻射能力可應用於軍事與太空。二是寫入速度可調功能如 1-100 ms，資料維持可長達年，若寫入速度為 1-10 $\mu$s，資料維持以數天計 [17]。

為了降低在寫入時閘極電洞流發射到氮化矽層，進入的電洞會和通道進入的電子中和，使寫入狀態門檻的起始電壓 (threshold voltage, $V_t$) 下降，因此亟需有

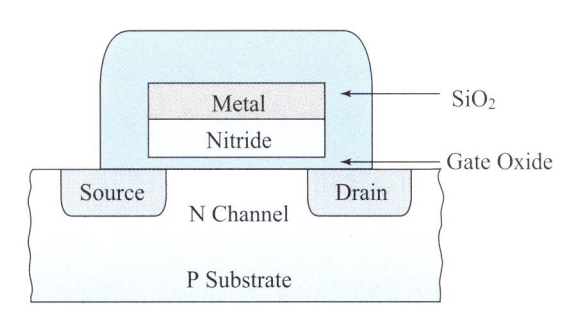

圖 10.5　MNOS 載子陷入記憶元件結構。

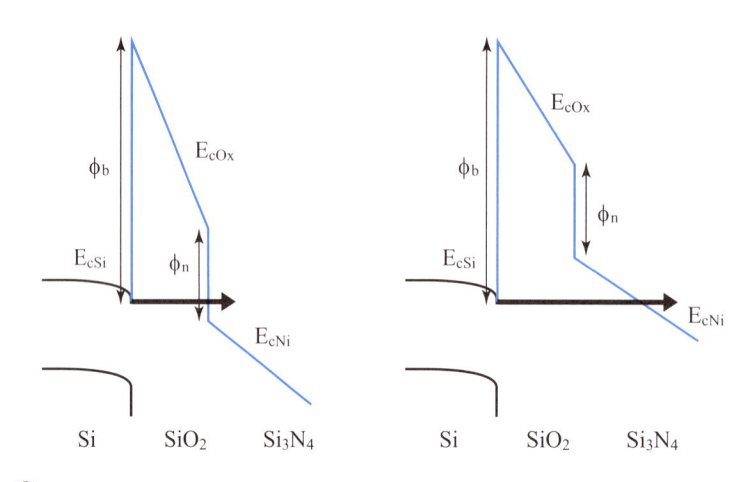

圖 10.6　(a) 直接穿隧 (direct tunneling)；(b) 調變傅勒-諾德翰穿隧 (modified Fowler-Nordheim tunneling)。

一阻擋氧化層，SONOS (Silicon Oxide Nitride Oxide Semiconductor) 的結構於是被提出 [18]。中間三層介電層從下到上分別稱為穿隧氧化層 (tunneling oxide)、氮化矽層或叫電荷儲存層 (charge storage layer)，與阻擋氧化層 (blocking oxide)。隨著元件尺寸縮小及外加電壓的下降，為了維持足夠大的電場，其元件之介電層厚度勢必要下降。但當降低至 20 nm 時會碰到一個困難，就是電洞在氮化矽層的陷阱長度 (trapping length) 為 15-20 nm，比電子的陷阱長度 5-10 nm 長 [19]，這時電洞將聚集氮化矽上表面而產生較大閘極漏電。Suzuki 等人將上層氧化層厚度增加與中間氮化矽層減少成功解決此問題 [18]。SONOS 因僅有單一多晶矽結構，而使製程複雜度降低，且操作電壓較低，所以目前為取代浮動閘極結構地位的熱門架構。再加上 SONOS 一個單位晶包 (unit cell) 可以於兩旁特定區域 (localized) 各自儲存成 2 個位元 (bits) (圖 10.7)，比浮動閘極元多了一倍的容量與面積 [20]。SONOS 的製作易與一般的邏輯製程整合，且只需要多 4 道光罩的數目，而浮動閘極架構的記憶體則需要增加 11 道額外的光罩數 [21]，故愈來愈受到重視。

電荷儲存層的載子捕獲能力與能帶工程是目前研究的兩大方向。前者基本上是為了形成較大的一個記憶窗，可以改善資料的保存時間。一般認為矽氫鍵為淺

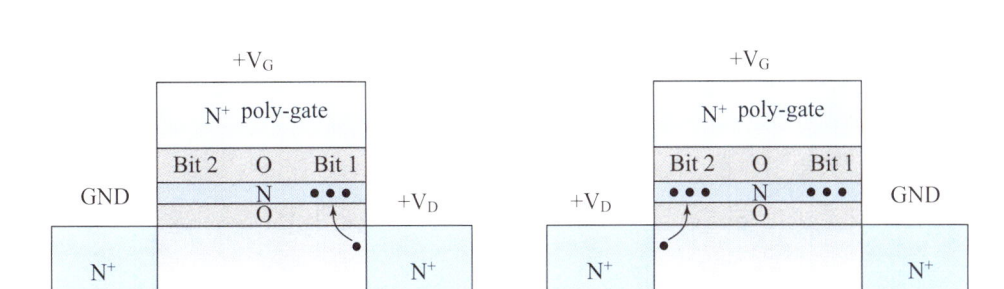

圖 10.7 二位元 SONOS 記憶元件：(a) bit 1 寫入，此時起始電壓為 Vt1；(b) bit 2 寫入，得到不同起始電壓 Vt2。

缺陷造成記憶窗變小。如使用 HDPCVD 相較於 LPCVD 沉積氮化矽 [22]、四氯化矽 (SiCl$_4$) 相較於二氯矽烷 (SiCl$_2$H$_2$)[22]、與 SiC:O 深陷阱位置 [23] 可以有效抑制矽氫鍵的產生。能帶工程是把高介電材料應用在 SONOS 元件結構中，成為所謂的 SOHOS 結構。高介電材料如 HfO$_2$、Al$_2$O$_3$、Ta$_2$O$_5$ 在 2003 年開始大量受到重視，原因為其導帶位置相對於矽的導帶位置較小。在同樣的閘極電壓下，電子較易穿隧到儲存層的導帶上。從圖 10.8(a) 能帶圖中，看出 Al/SiO$_2$/HfO$_2$/SiO$_2$/p-Si 寫入時閘極加負偏壓下，電子容易進入電荷儲存層；反之，圖 10.8(b) 抹除時，電洞不容易進入電荷儲存層。除了可以大大改善 SONOS 的寫入與抹除速度，還可以解決過度抹除的缺點或是有更好的電荷儲存能力。如圖 10.9(a) 的結果說明 SONOS 結構在寫入與抹除時，平帶電壓偏移 (flatband voltage shift, $\Delta V_{FB}$) 嚴重，表示有更多的電洞進入氮化矽層，造成過度抹除的現象；而 SOHOS 結構在大的抹除電壓時，電壓偏移始終保持飽和狀態。圖 10.9(b) 顯示在 1-10$^{-4}$ 秒的區間中，SOHOS 結構的起始電壓保持一定，與 SONOS 結構隨時間增加而增加不同，因此 SOHOS 結構有較快的寫入速度。

## 10.2.2 多晶肩側壁元件 (Poly Spacer Devices)

多晶肩側壁元件為解決高密度容量 SONOS 記憶體所發展的製程結構。在閘極長度小於 100 nm 的先進製程技術中，傳統 SONOS 結構將因電荷分佈區

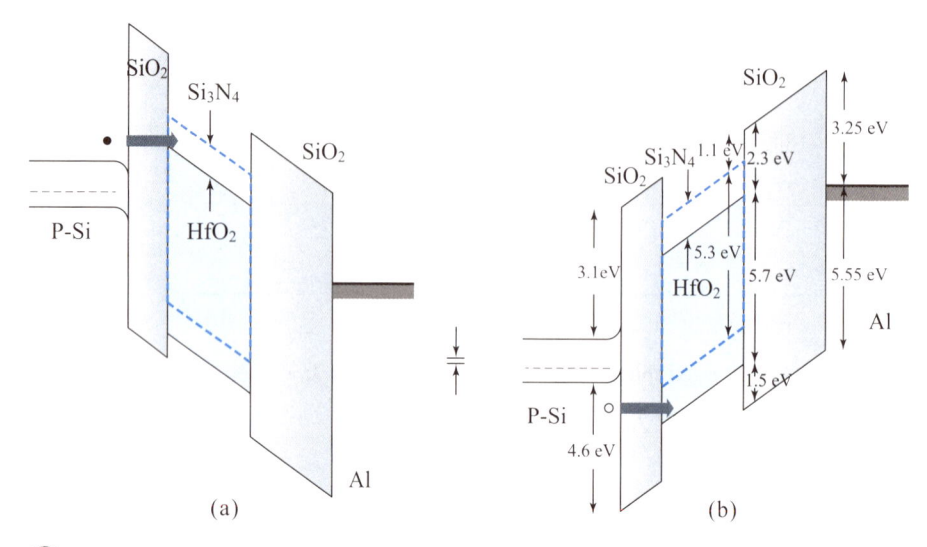

圖 10.8　SOHOS 結構：(a) 寫入、(b) 抹除之能帶圖。

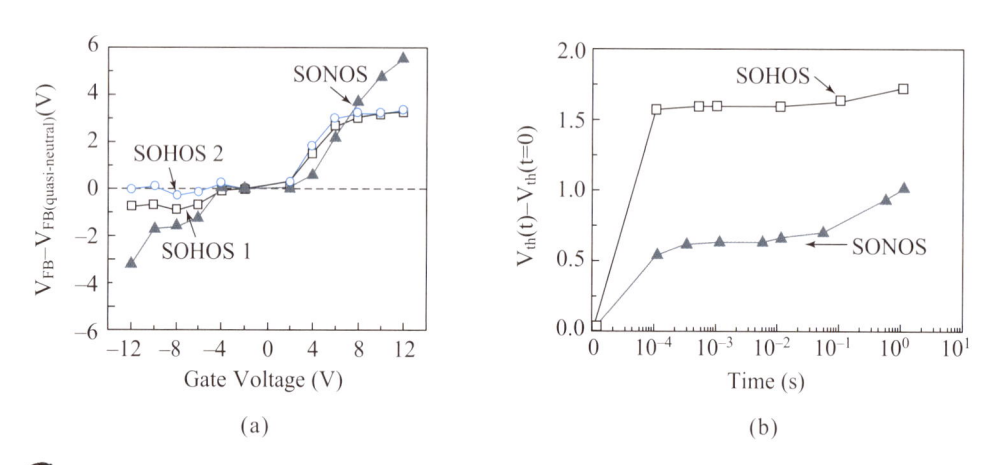

圖 10.9　(a) 過度抹除 (over-erase) 的比較；(b) 寫入速度的比較。

分困難、氮化矽層注入電荷依時擴散、疲勞 (fatigue) 產生下層氧化電荷等而無法微縮化。多晶肩側壁元件於是取而代之，可分為內側壁 (inner sidewall) 與外側壁 (outer sidewall) 兩種。圖 10.10 為多晶外側壁 SONOS 記憶元件之鑲嵌 (damascene) 製程 [25]。圖 10.11 表內側壁因側壁長度 ($L_{sp}$) 固定將影響主要閘極長度 ($L_g$)，而閘極長度是兩個儲存點的重要部分；反之，如果為外側壁方式，微

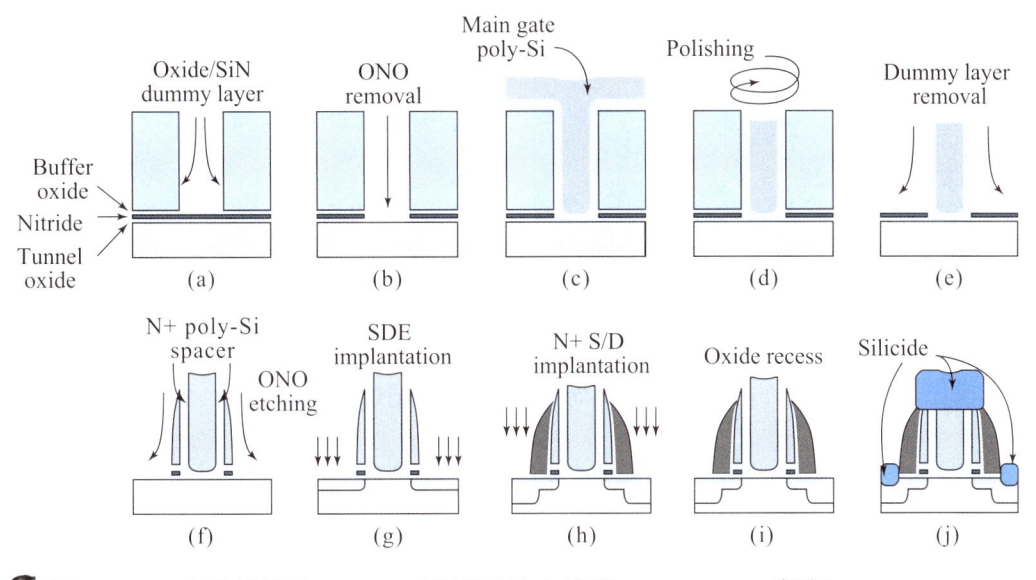

圖 10.10　多晶外側壁 SONOS 記憶元件之鑲嵌 (damascene) 製程。

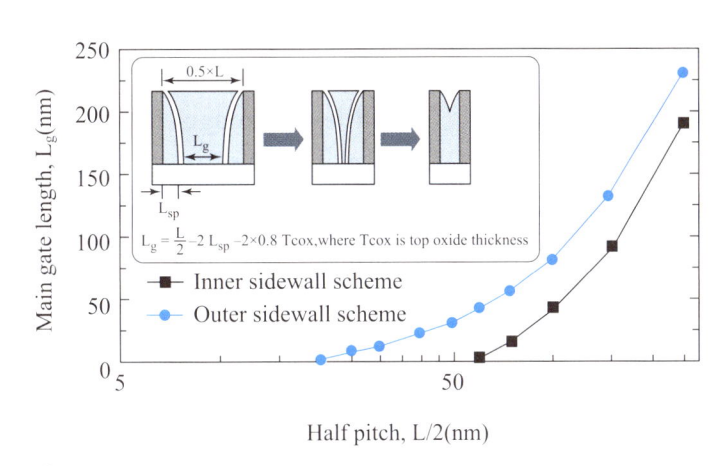

圖 10.11　內側壁與外側壁微縮化比較。

小化將可隨元件製程微縮至 50 nm 以下的世代。圖 10.12(a) 為內側壁記憶元件，閘極長度為 90 nm，ONO 厚度分別為 3.8/9.1/10.0 nm [26]。圖 10.12(b) 表示外側壁記憶元件，閘極長度可微縮至 25 nm，側壁寬度為 20 nm [25]。

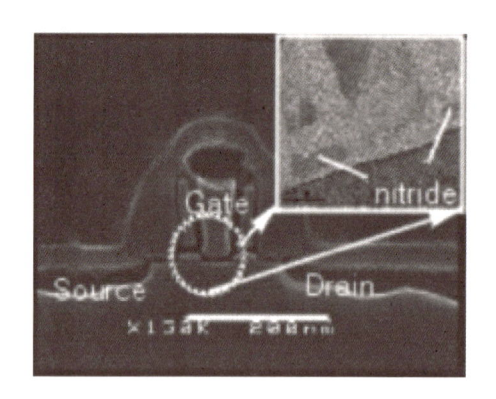

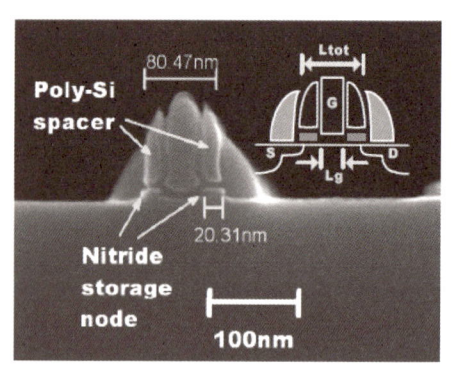

🔵 圖 10.12　**(a)** 內側壁記憶結構；**(b)** 外側壁記憶結構。

## 10.2.3 奈米晶體元件 (Nanocrystal Devices)

傳統多晶矽浮動閘有個缺點，就是當僅有一個漏電路徑產生時電荷會漏光，尤其是當穿隧氧化層隨著世代的演進越來越薄時更容易發生。奈米晶體 (Nanocrystal, NC) 可視為多個小浮動閘，解決單一漏電路徑的問題，可以提高了資料維持時間的特性與多儲存態 (multilevel storage) 的好處。IBM 的 Tiwari 等人於 1996 年率先發表以 Si 奈米晶製作奈米晶體元件 [27]。奈米晶體材料可分為金屬如 Au、Ag、Pt、Ni、Co、Ru 與上述的一些矽化物等，半導體如 Si、Ge、ZnO 等，或與 SONOS、SOHOS 一樣，利用具有大量陷阱的金屬氧化物，如高介電常數材料 $HfO_2$、$ZrO_2$ 等。儲存電荷的數量與極性主要與金屬的功函數 (work function) 有關，當功函數大過 NC 與 Si 的能帶差 (band offset)，則極性為電子；反之，則為電洞。當功函數約在矽的中間能隙 (midgap)，則極性對稱均可儲存。由於製程的不同，上述的功函數也會有所變化。如表 10.1 [28] 說明，當包覆 NC 的氧化層以 PECVD 製作比熱氧化成長的氧化層有較低的金屬功函數，極性電荷為電洞傳輸，這種偏移的現象適用於所有的奈米晶體；但表中 Ni 與 W 又呈現不同的結果，這是因為功函數也與介電氧化物種類及其介面有關。

圖 10.13(a) 為典型奈米晶體結構。元件製程主要有三種改善方向，如圖 10.13(b) [29]。第一為介電層工程，利用拋物線或三角形能障來取代矩形能障，

### 表 10.1 儲存電荷極性對功函數與氧化物製程之間的關係

| Nanocrystal | work function (eV) | control oxide | Preferable polarity of charge storage |
|---|---|---|---|
| Ag | 4.46 | PECVD SiO$_2$ | Hole |
| Au | 4.94 | PECVD SiO$_2$ | Symmetric electron/hole |
| Pt/Si | 4.95 | PECVD SiO$_2$ | Symmetric electron/hole |
| Ni | 5.15 | CVD HfO$_2$ | Symmetric electron/hole |
| Ni | 5.15 | CVD HfO$_2$ | Electron |
| W | 4.50 | Oxidized a-Si | Symmetric electron/hole |
| W | 4.50 | ALD HfAlO | Electron |

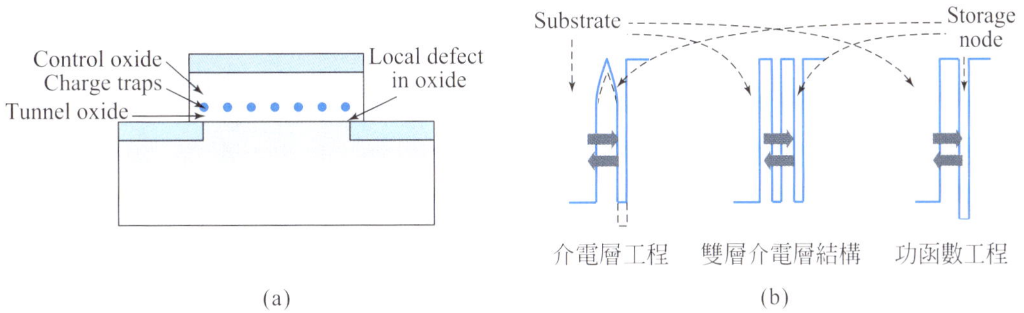

圖 10.13　(a) 典型奈米晶體結構；(b) 元件製程改善方向。

實線表資料維持時有高能障，虛線表寫入/抹除時因高電場使能障拉低。其二為雙層的儲存概念，較小的奈米點控制在最低層，資料維持的能力將因庫倫相斥效應 (coulomb blockade effect) 而改善；這是因為儲存電荷提高奈米點的電子位能，致減少橫跨在穿隧氧化物的電場與電流。最後為功函數工程，因為奈米晶的功函數影響位能井 (potential well) 深度與穿隧時所需的能態密度。藉由調變儲存層/電極比儲存層/基板之間的能障高度還大，則可達到寫入時有較小的能障與資料維持時的高能障狀態。

目前成長奈米晶的方式有濺鍍法、低壓化學汽相沉積、雷射分子束磊晶系統與離子佈植等在包覆的氧化層中,需注意奈米點的均勻度、密度分佈、與控制矽奈米晶的大小等。例如離子佈植過量矽析出法 (excess Si-precipitation technique),使用高能量將過量的矽佈植到氧化層,或先成長含過量氧化層,經退火使形成矽奈米晶體,但缺乏好的氧化層和粒子大小的控制能力。LPCVD 成長矽於氧化層上,或者使用兩段式成長增加均勻性。濺鍍法需注意摻雜時電漿的環境,較缺乏薄膜均勻性與大面積鍍膜。由於奈米晶記憶體在費米能階 (Fermi level) 附近有極高能態密度、功函數調變範圍大、CMOS 微縮化易於整合、低電壓操作、載子侷限 (carrier confinement) 不因能量擾動影響等的好處,吸引眾多公司與研究者注意。在發明後短短十年內,Freescale 公司已於 2005 年發表 24 Mb Si 奈米晶記憶體。在積集度的發展上,圖 10.14 為二位元 NC 記憶元件 [30],與 SONOS 氮化矽相比較,NC 記憶元件內不會有載子重新分佈 (charge redistribution) 以及水平擴散 (lateral charge diffusion) 的問題。另外 2009 年 Park 等人 [31] 發表具有 4 個儲存態的奈米晶記憶體,元件結構可小至 $4F^2$。

## 10.3 相變化記憶體

相變化記憶體 (Phase Change Memory, PCM) 又稱 PCRAM (Phase Change Random Access Memory) 或 OUM (Ovonic Unified Memory)。所用的材料屬 VIA 氧/硫族化合物 (chalcogenides) 具有適當的晶相轉換溫度。在控制加熱參數與散

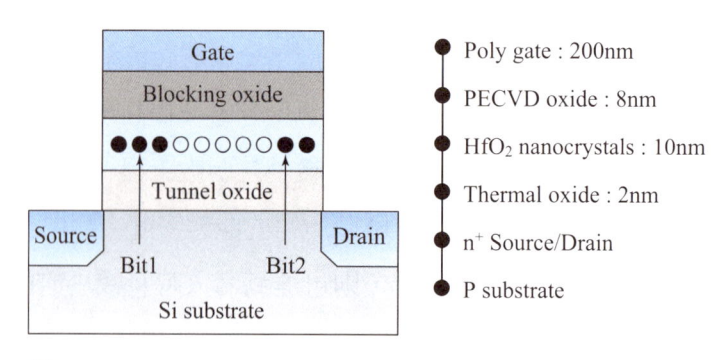

圖 10.14 二位元 NC 記憶元件與製程。

熱條件下，改變材料的結晶狀態而產生不同的電阻切換。這種材料於 1962 年由美國科學家 Ovshinsky 發表專利，並於 1968 年發表於學術期刊 [32]。在 1970 年便有 256 Bits 的發表 [33]，當時使用 AsTeGe 化合物。但是由於這種材料需要較高的抹除電流，而且阻值轉換速度較慢，因此市場逐漸失去耐性。1980-1990 年代 GST 相變化材料首用於高密度 RW CD/DVD 的產品，GST 為 $Ge_2Sb_2Te_5$ 化合物的簡稱。在 1999 年，美國 Ovonyx 公司重新評估 GST 相變化材料用於半導體記憶元件中，發現這種材料可使抹除時間由 ms 降至 nm，且電流低於 1 mA，故現今的相變化記憶體大部分均改用此種材料。

### 10.3.1 相變化記憶原理

大部分相變化記憶體使用鍺銻碲合金 (GeSbTe)，Ge:Sb:Te 元素配比為 2:2:5。如圖 10.15 所示相變化記憶體結構，相的變化主要在結晶態 (crystalline) 與非結晶態 (amorphous) 中切換，而改變此兩相的物理機制為加熱。即透過加熱，改變材料結構狀態，運作不同數位訊號，即 "0" 與 "1"。記憶原理如圖 10.16。當溫度介於結晶溫度 ($T_{cryst}$) 與熔點 ($T_{melt}$) 時，結晶化合物為低阻值狀態。當溫度降低，非結晶態顯現成為高阻值狀態。調整電流的大小與脈衝寬度下，給予不同的能量而產生不同的結晶狀態，而達成記錄或抹除資料的功能。通常脈衝時間約為 100 ns 左右，比正常 DRAM 的 2 ns 大許多。然而，Samsung 公司於近年發表轉換時間可短至 5 ns 的紀錄 [34]。

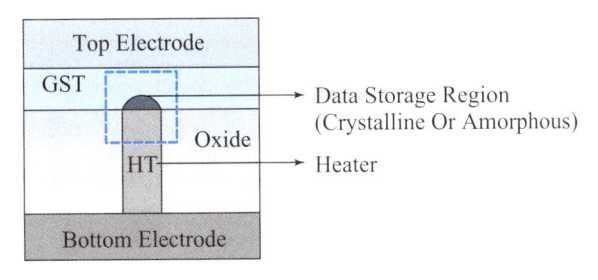

圖 10.15 典型相變化記憶體結構。

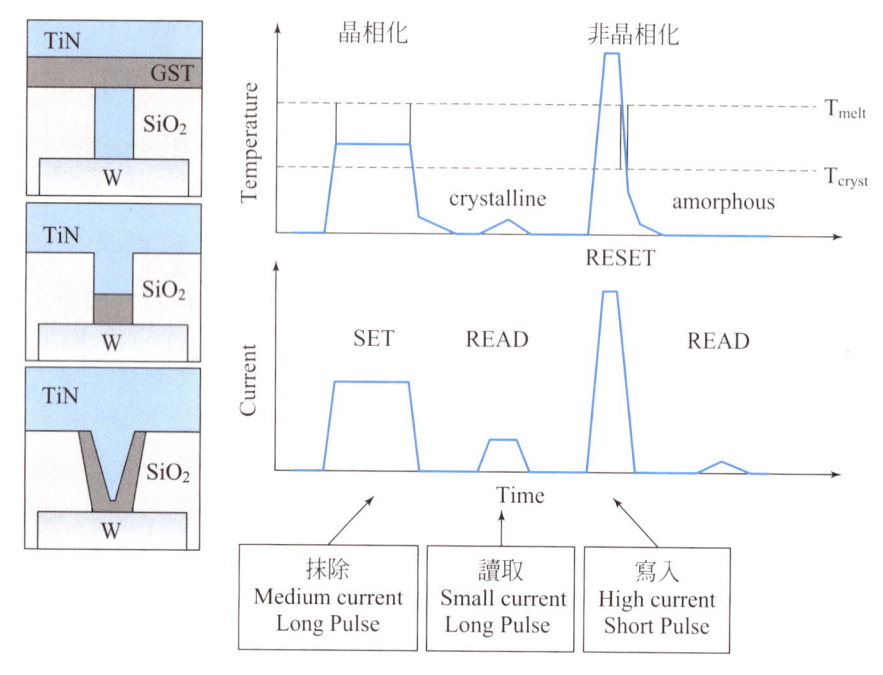

圖 10.16　相變化記憶機制。

### 10.3.2 現今發展的製程

現今發展的製程結構區分為兩種，即垂直型 (vertical-type) 與橫側型 (lateral-type)。典型垂直型相變化記憶結構如前圖 10.15 所示，雖然可得到較大記憶容量，但當製程微小化時會有連接洞 (via) 開口與填充 (filling) 的難題。相反地，橫側型製程較為簡單，且可得到較佳的低電流與多儲存態的好處 [35]。橫側型結構如圖 10.17 主要分為線 (line-style) 與橋 (bridge-style) 接模式 [36]，通常為發展製程、材料、結晶變化的指標性結構。例如 Lankhorst 等人以線結構模式研究摻雜型 SbTe 的材料 [37]。Chen 等人以橋接式結構研究 GST 材料的結晶特性 [38]。雖然橋接式結構需要一道 CMP 的製程，但比起線奈米縫隙 (nanogap) 結構需要先進奈米線寬黃光製程或電子束 (forced ion beam) 蝕刻設備，更具有低成本製程吸引力。

在材料選擇方面需注意結晶方式是屬於核驅動 (nucleation-driven) 或是成

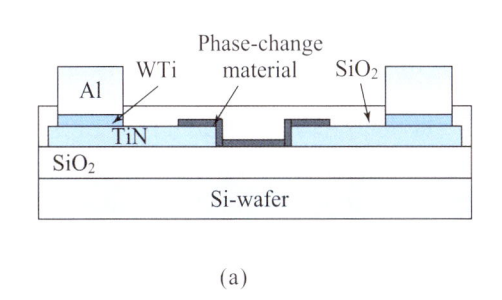

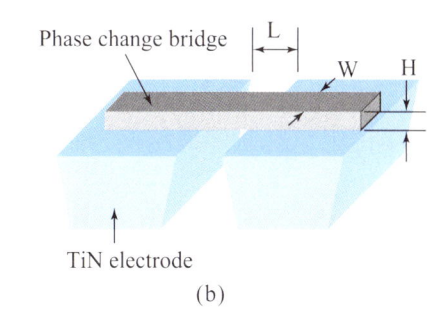

图 10.17 衡侧型结构：(a) 线模式 (line-style)；与 (b) 桥接式 (bridge-style)。

長驅動 (growth-driven)。摻雜型材料 GeSb、GeSb、與 SbTe 屬核驅動結晶，$Ge_2Sb_2Te_5$ 屬成長驅動結晶。成核方式的成長時間與體積有關，且結晶速度較快，有較快的寫入速度。成長方式的成長時間與體積無關，適合製程微小化，但資料維持較易受到干擾。現階段有許多研究添加具較低的 $T_g/T_m$ 比例的元素，如 Sb、Ag、Cu、Co、Pb 等，因為可產生大量的核成長位置 (nucleation site)，縮短擴散長度 (diffusion path)，但須考量具較高 $T_g$，才能維持非晶態的穩定性。另外在製程整合方面，改善記憶週期要注意相變層是否產生產生微小空洞 (pinhole)、相變層原子擴散問題、相變化過程體積改變、絕緣層因熱發生性質變化等。

### 10.3.3 未來發展的方向

為了達到高容量記憶密度與良好可靠度的需求，達到多儲存態的目的，有三個考慮的方向：第一為使用摻雜的材料，例如氧與氮摻雜的 GST [39]，可以增進資料維持的時間。另有一個非常重要的訊息是摻雜行為使結晶在不同操作溫度的阻值也不同，而有了多儲存態的好處，可以提升記憶容量。其二為侷限 GST 與接觸栓 (contact plug) 之間的面積 [40]。其三為使用熱阻障層 (thermal barrier layer)，如矽化物 GeSi、GeSiN [41] 與氧化物 $TiO_2$、$Ta_2O_5$、$WO_3$、$CeO_2$ 等 [11]。這些低熱傳導係數 (heat conductivity) 的熱阻障層能有效降低操作電流與其功率消耗 (power consumption)，達到 CMOS 微小化時元件特性的要求。另外熱產生器 (heater) 通常使用高電阻 >0.1 $\Omega$-cm 與低熱傳導係數的電極材料來產生與限制熱量，但如果電阻太高，會使 GST 結晶不完全與較高的功率消耗，故使用熱阻障層置於電極與 GST 之間還有一個好處是提升熱效率。另 Choi 等人 [43] 於 2010 年提出以絲狀傳導路徑控制 GST 活化面積，達到多儲存態的目的，如圖 10.18。

相變化記憶體屬於後段製程，易與 CMOS 邏輯製程整合一起，理論最小的 GST 寬度為 5 nm，故結構不受傳統元件微小化的規範。Samsung 公司曾於 2005-2006 年 VLSI 國際會議上發表 100 nm CMOS 技術試產之 256 Mb 相變化記憶體晶片 [34]。在 2007 IEDM 將進一步發表 90 nm 製程 512 Mb 的成果 [44]。Intel 與 STMicroelectronics 公司於 2008 年以 90 nm 製程發表應用於手機 128 Mb 的記憶晶片。雖然相變化記憶體之疲勞特性可達 $10^8$ 週期以及小於 100 ns 的讀寫速度，但是其熱穩定性及如何降低元件的操作功率仍為重要課題，因為經由降低操作電壓，才可有效地降低驅動電晶體的面積，進而達到尺寸縮小的目的，這些都是目前相變化記憶體製程技術發展的最大挑戰。

## 10.4 磁阻隨機存取記憶體

磁阻式隨機存取記憶體 (Magnetoresistive Random Access Memory, MRAM)。1988 年，歐洲科學家 Albert Fert 以 Fe/Cr 超晶格結構 (superlattice) [45] 與 Peter Grünberg 以 Fe/Cr/Fe 三明治結構 [46]，發現外加磁場可以改變鐵磁性材料之電阻 (或稱為磁阻)，因其磁阻的變化率遠大於鐵磁性材料本身具有的異向性磁阻 (Anisotropy Magneto Resistance, AMR)，將其命名為巨磁阻效應 (Giant

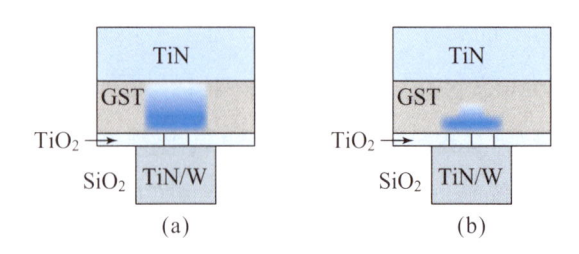

圖 10.18　不同 $TiO_2$ 絲狀密度造成：(a) 大面積活化；與 (b) 小面積活化 GST。

Magnetoresistance effect, GMR)。而 MRAM 便是利用此效應為工作原理而發展。巨磁阻效應存在於鐵磁性 (如：Fe, Co, Ni)/非鐵磁性 (如：Cr, Cu, Ag, Au) 的多層膜系統，由於非磁性層的磁交換作用會改變磁性層的傳導電子行為，使得電子產生程度不同的磁散射，而造成較大的電阻變化。巨磁阻變化率可表示為 $\Delta R = (R_{AP} - R_P)/R_P$，$R_{AP}$ 與 $R_P$ 分別為反相與同相磁化方向於兩個相鄰鐵磁性材料中。若 GMR 結構中的三層薄膜中，中間非磁性金屬層由絕緣層取代形成穿隧磁阻接面 (Magnetic Tunnel Junction, MTJ) 結構，稱為穿隧式磁阻 (Tunneling Magnetoresistance, TMR)。穿隧磁阻效應的電阻變化率較巨磁阻效應的磁阻變化大。絕緣層的厚度必須夠薄使得電子以穿隧方式通過。

1996 年 Slonczewski [47] 與 Berger [48] 說明另一種 GMR 結構引發的效應稱為自旋力矩傳輸 Spin-Torque-Transfer (STT)。當電流通過鐵磁層時，不僅帶有電荷而且具有自旋角動量。而由於此自旋流可與材料發生局部磁化交互作用。由於這種產生磁化的方式不需傳統額外長時間施加電流以便產生磁場的好處，吸引眾多研究。在半導體製程整合方面，一個電晶體與一個 MTJ (1T1J) 結構可以達到高密度需求。另外如何降低寫入電流與 MTJ 跨壓防止絕緣層崩潰，也是 MRAM 製程開發時需注意的地方。

### 10.4.1 磁阻記憶原理

巨磁阻的機制為 MTJ 結構在外加磁場下，當相鄰的鐵磁材料磁化方向平行時，若平行電子自旋方向為向上 (up)，可容許下方電極上的自旋方向為向上電子通過到達上電極；自旋方向反向的向下電子 (down)，造成強烈散射，則無法通過到達上電極，因此對於自旋方向為向上屬低阻態。反之，若相鄰的鐵磁材料磁化方向相反時，則不論自旋方向為向上或向下的電子都會強烈散射，對於所有電子都是高阻態。因此藉由外加磁場，可決定自旋極化電子的傳輸，造成高/低阻態的效應。

另自旋力矩傳輸的機制為當電流中的電子流經 MTJ 結構時，電流會穿越或受到固定層的反射，大部分穿越阻障層的電子流會保持極化量 (polarization) 而進入自由層且與之作用產生自旋力矩 (spin torque)，因而改變自由層磁域 (domain) 內的磁動量 (magnetic moment)。這種改變磁化方向的方式好處是降低寫入電流，其電流與讀取所需的電流相當，如圖 10.19。

傳統 MRAM 與 STT-MRAM 最大的不同是：傳統 MRAM 寫入時，需要大電流與複雜結構。圖 10.20(a) 表示傳統結構因為需產生磁場，故有一繞線 (bypass line) 與一遠端寫入線 (remote write line) [49]，寫入需大電流及不利 65 nm 製程以下的微小化。在 STT 的技術中如圖 10.20(b)，利用電流直接穿越 MTJ，解決了電流過大與複雜結構的問題，使元件結構可小至 $6F^2$，同時降低製程成本及易與

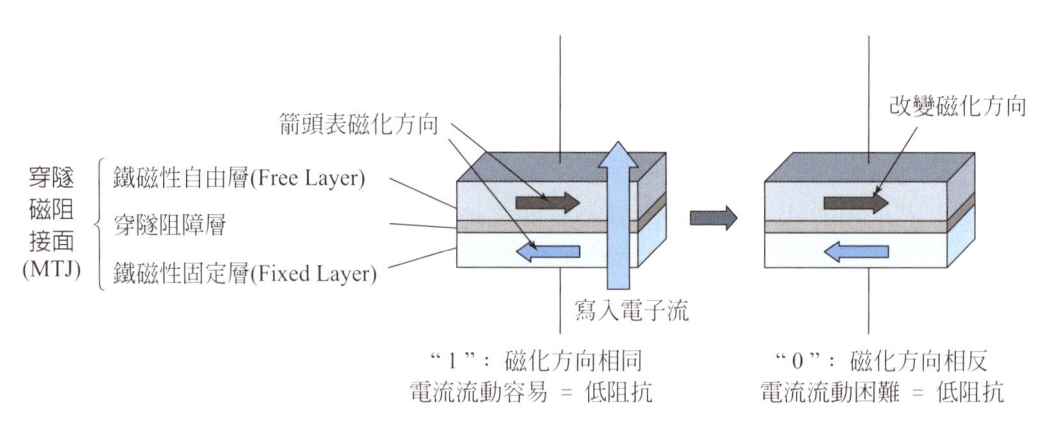

圖 10.19　MTJ 操作。

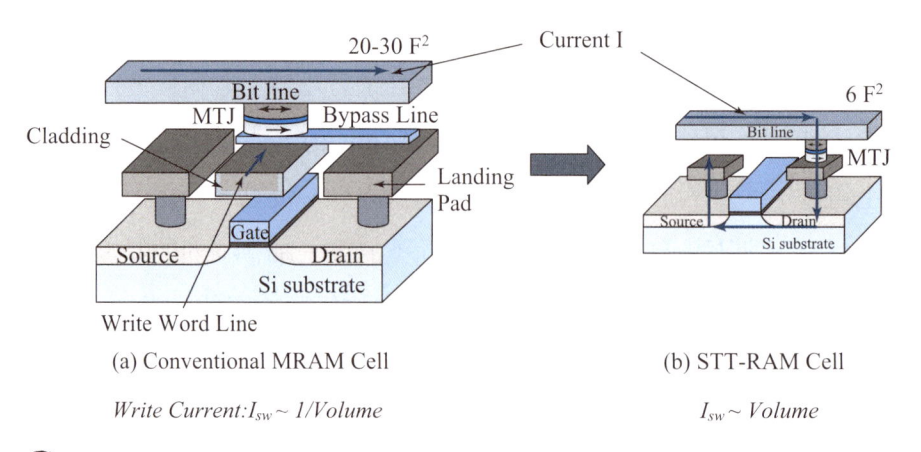

(a) Conventional MRAM Cell　　　　(b) STT-RAM Cell
Write Current:$I_{sw}$ ~ 1/Volume　　　　$I_{sw}$ ~ Volume

圖 10.20　(a) 傳統 MRAM 結構與 (b) STT-MRAM 結構。

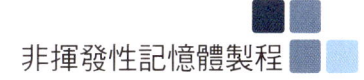

現有 CMOS 先進技術整合，且轉換電流 ($I_{SW}$) 將與製程世代一起縮小。

### 10.4.2 現今發展的製程

穿隧磁阻接面早期以 $Al_2O_3$ 薄膜來當穿隧層，2001 年 Butler 等人 [50] 以理論計算 MgO 與 Fe 較為晶格匹配與有序排列，導致較大的 TMR。2004 年開始有大量論文的研究 [51]。

在材料與製程研發方面，我們必須先了解 MTJ 中，本質電流密度為磁化來回反轉所需的電流，公式表示為：

$$J_{c0} = \frac{2e\alpha M_s t_F (H + H_k + 2\pi M_s)}{\hbar \eta} \tag{10.1}$$

H 為產生的磁場，$M_s$ 與 $t_F$ 為自由層的磁化強度與厚度，$\alpha$ 是阻礙常數 (damping constant)，$H_k$ 是有效異向場 (effective anisotropy field)。自旋轉移係 $\eta$ 為電流極化與自由與固定層的相對角度有關。使用低磁化強度 $M_s$ 與高自旋轉移係數 (spin transfer efficiency) 的材料，可以降低本質電流密度 $J_{c0}$，進而提高 TMR。例如 CoFeB 系列比傳統 CoFe 系列的 TMR 高出許多，因為有較高的自旋極化。另外雙 MTJ (dual MTJ) 製程結構 (圖 10.21) 因為施於自由層的兩邊而增大 [52]。可以使自旋力矩傳輸。另外將磁化方向垂直的設計也是目前考慮的高密度結構 [53]。

### 10.4.3 未來發展的方向

MRAM 積集度可與 DRAM 相當，存取速度目前可達 25 ns 以下，且有長資料儲存時間的優越性，但目前開發非常緩慢，市場仍處觀望狀態。究其原因，目

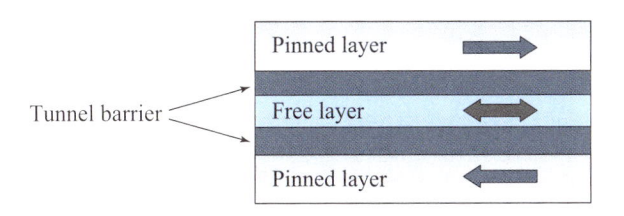

圖 10.21　雙 MTJ 結構示意圖。

前半導體廠皆屬於專為矽晶圓設計之生產設備。若要發展 MRAM，需針對磁性物質本身特性重新購買生產機台與必須發展全新製程。由於與半導體材料特性大不相同且整合困難，故致停滯不前。另外磁性薄膜系統的均勻度、品質與耐熱性極為重要；目前發展的磁性薄膜在大於居禮 (Curie temperature) 溫度且約 200℃後，便成為沒有自發磁性的順磁性 (paramagnetism) 性質。但若要與現有半導體元件製程整合一起，則需忍受高溫製程，此時磁性物質特性可能早已被破壞。另外，在資料寫入時必須通入較高的電流，此時亦有可能產生大於 200℃ 之高溫。如果鍍膜時出現 pinhole，TMR 磁阻變化率會小於 20%，這對資料分辨不利。故量產設備的均勻性、再現性及穩定度便是 MRAM 是否具有市場價值的重要因素。但目前的發展處百家爭鳴的熱絡情況，可見 MRAM 仍大有可為。2006 年 Freescale 公司推出國際上首顆 MRAM 商品，容量為 4Mb，所使用之技術為 0.18 微米製程，所使用之寫入模式為拴扣型 (toggle mode)。在 2007 年時，各家半導體廠研發的重心以 STT-MRAM 為主。Hitachi 公司於 2009 年以 0.15$\mu$m 製程發表一款 32 Mb MRAM，且於 2010 年發表多儲存態的 STT-MRAM 結構 (圖 10.22) [54]，元件結構可微縮至 3.65F$^2$。記憶體大廠 Samsung 與 Hynix 於 2008 年結盟準備為下一代 STT-MRAM 而努力。

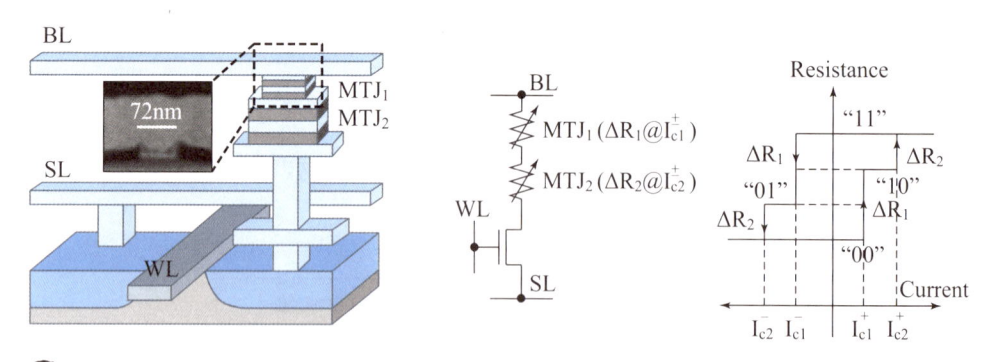

圖 10.22　四個儲存態的疊層結構。

## 10.5 鐵電隨機存取記憶體

鐵電記憶體 (Ferroelectric Random Access Memory, FRAM) 快速的編程的時間 ($\mu$s- ns，微秒-耐秒級)、更低的編程電壓 (2-5 V)、長時間的可用編程週期 ($10^{12}$ 個) 和快速的轉換特性 (switching speed)，一直受到學術研究者的重視。將鐵電材料應用於記憶體的構想，可以追溯至 1970 年代，為 Moll 和 Tarui 於 1963 年所設計 [55]，其構想為半導體薄膜鍍在塊材或單晶鐵電材料上，利用鐵電材料之殘留極化特性，調整半導體材料的場效傳導率。另金屬-鐵電-半導體 (MFS) 所構成的元件則是由 Wu 博士於 1974 年發表 [56]，由於鐵電薄膜與半導體介面的匹配問題，鐵電薄膜與半導體之間容易相互擴散，直接影響通道效能，且電荷容易從矽晶穿過氧化層陷於鐵電薄膜，因此元件並未能發揮功效。鐵電材料由於居禮溫度的不同，可以分為鐵電性材料或順電性材料兩類。鐵電材料的特性就是具有極化 (polarization) 的現象。順電材料由於居禮溫度比室溫時低，故在室溫時沒有電滯曲線。鐵電材料由於具有非常高的相對介電常數 $\varepsilon_r$，塊材往往有上千或甚至更高，薄膜亦有數百以上。

讀取方式區分，可分為破壞式讀取記憶 (Destructive Read Out, DRO) 與非破壞式讀取記憶 (Non-Destructive Read Out, NDRO)[57]。而在記憶 Cell 結構設計上。又分為具有多層介電電容之金屬-鐵電介電-金屬 (MFM) 與金屬-鐵電介電-半導體之場效電晶體 (MFSFET)。

### 10.5.1 鐵電記憶原理

圖 10.23 表示其極化強度與外加電場有電滯曲線 (P-E hysteresis) 的關係。當鐵電薄膜電容受外加電場作用時，非平行電場的電域會隨電場增加而轉向 (O→A→B)，當電域轉向正方向時，極化向量不再增加 (B→C)。當去除外加電場，曲線沿路徑 (C→B→D)，在電場＝0 處有一殘留極化 (remanent polarization, $P_r$)，而負電場增加時 (D→F→G)，則極化向量＝0 處有一矯頑電場 (coercive field, Ec)，此時電域極化向量總值為零。當外加電場增加，極化向量會迅速增加

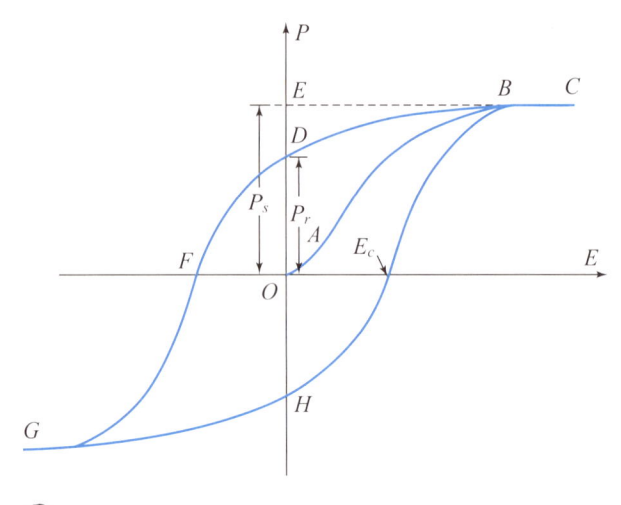

图 10.23 鐵電材料的電滯曲線。

(G→H→B)，而形成一個迴路。BC 兩點做一切線相交 P 軸之 E 點，此即鐵電材料的自發極化向量 (Ps)。晶體中同時存在著不同方向的電偶極矩，排列方向相同的區域，稱之為鐵電域 (ferroelectric domain)，界面稱之為電域壁 (domain wall)。而關於電域壁的移動和成長與晶體中的空間電荷 (space charge)，缺陷 (defect) 和應力分佈 (stress distribution) 有關。

自然界中的晶體結構分為 32 類，其中有 21 種是具有非對稱中心晶體結構，在非中心對稱的結構中，有 20 種是具有壓電特性 (piezoelectricity)，所謂壓電特性是當晶體外受一機械應力時，將產生電荷作用而形成電偶極矩 (electric dipole moment) 或變更原已存在的電偶極矩。其中在某溫度範圍內無外加應力下就有電偶極矩存在的晶體結構共有 10 種，這種自發極化 (spontaneous polarization, $P_s$) 的晶體，也叫做極性晶體 (polar crystals)。當電偶極矩大小會隨著溫度的變化而改變，我們稱晶體具有焦電特性 (pyroelectricity)，當這些焦電性材料的電偶極矩隨著外加電場改變方向時，我們稱晶體具有鐵電特性 (ferroelectricity)。

鐵電材料如 $BaTiO_3$ (BT)，$PbTiO_3$ (PT)，$SrTiO_3$ (ST), $Pb(Zr,Ti)O_3$ (PZT)，$(Ba,Sr)TiO_3$ (BST)，$(Pb,La)TiO_3$ (PLT)，La-doped $(Pb,La)(Zr,Ti)O_3$ (PLZT)，$Pb(Mg,Nb)O_3$ (PMN)，$SrBi_2Ta_2O_9$ (SBT) 等，以及最近熱門的多重鐵磁性材料如

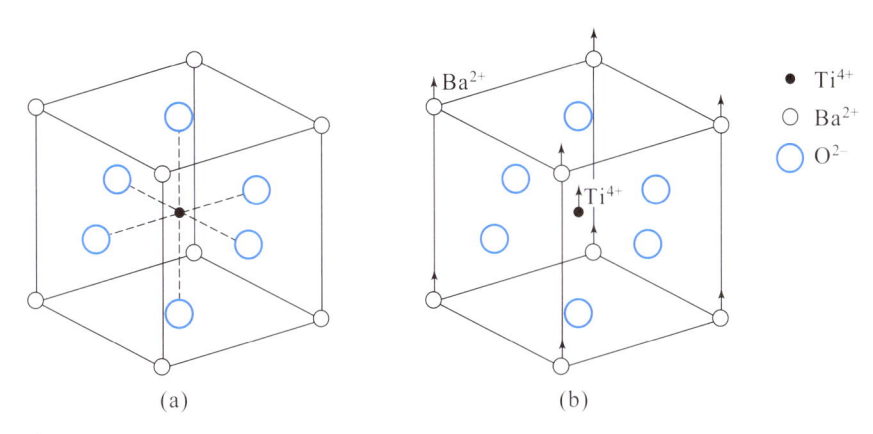

◎ 圖 10.24　BaTiO₃ 的鈣鈦礦結構。

BiFeO₃ (BFO) 等都是鈣鈦礦結構，鈣鈦礦 (perovskite) 是 CaTiO₃ 的名稱。這類氧化物有共同的基本化學式 ABO₃，其中 O 是氧原子，A 是較大半徑的陽離子而 B 是較小半徑的陽離子。大部分鈣鈦礦結構的鐵電材料以 $A^{1+}B^{5+}O_3^{2-}$、$A^{2+}B^{4+}O_3^{2-}$、$A^{3+}B^{3+}O_3^{2-}$ 的化學形式結合。圖 12.24 以 BaTiO₃ 為例，在晶格對稱中心的上下兩處存在兩個穩定中心，當外加電場時穩定中心會因電場方向不同而改變其位置，造成陰陽離子之間有一相對位移。

## 10.5.2　現今發展的製程

應用於超大型積體電路的非揮發性記憶體結構有兩種，即電容型 (capacitor-type) 和電晶體型 (FET-type) 鐵電記憶體。雖然最早的文獻是電晶體型的鐵電記憶體 [58]，但是因鐵電材料與矽材匹配的問題如在高溫熱處理時鐵電材料氧含量持續減少，以及鐵電材料與阻障絕緣層的介電常數差距極大，使得大部分跨壓落於絕緣層，因此研究方向在過去有一段時間轉向電容型的鐵電記憶體。如圖 10.25 在電容型記憶單元有兩種設計：(i) 1T1C，和 (ii) 2T2C。2T2C 有較大的感應邊際 (sensing margin)，而 1T1C 有較大的記憶總容量 (memory size)。電容型鐵電記憶結構的製程與 DRAM 的製程類似，且可以很容易地整合在超大型積體電路中，並不需改變基本的邏輯元件。但是因為鐵電材料需要不低的熱退火溫度

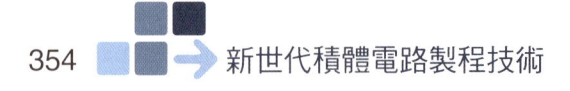

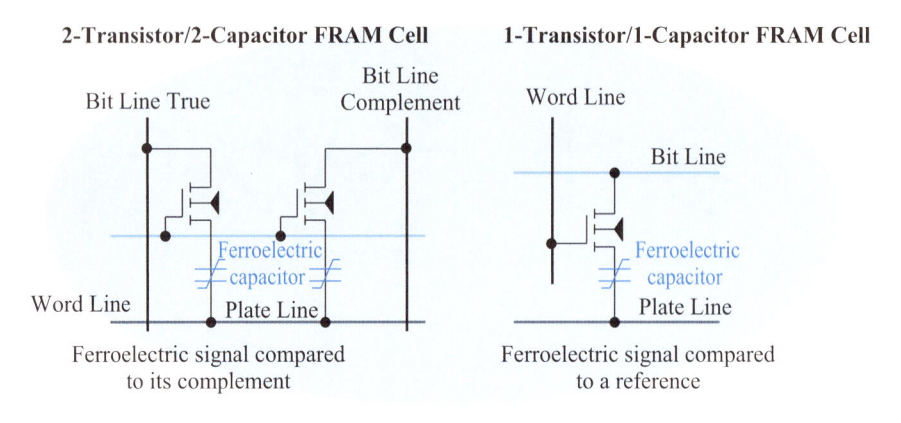

図 10.25　1T1C 與 2T2C 結構的比較。

使鐵電結晶及成相，使得先前沈積的金屬鋁層與鎢栓連結會因高溫製程而有嚴重的可靠度問題 [59]。電容型的鐵電記憶體讀取資料時為破壞性操作，對於存取速度是個缺點，疲勞的次數減少。相反地，電晶體型的鐵電記憶體不是破壞性操作，與傳統的記憶元件同為 1T 的構造，但是與矽材接觸時介面問題困擾著此種結構。由於鐵電材料沉積及介面控制製程上的改善，使得 1T 結構的 MFIS 電晶體重新受重視，因可與現今半導體邏輯元件整合，降低元件面積。文獻上，多種的電晶體結構陸續被提出。例如以 BLT 為鐵電材料及 $HfO_2$ [60] 為絕緣層製作的 n-通道電晶體。以 PLZT 為鐵電材料及 $SrTiO_3$ [61] 為絕緣層製作的 n-通道電晶體，得到不小的電洞遷移率。以 SBT 為鐵電材料及 $CeO_2$ [62] 與 $HfO_2$ [60] 為絕緣層分別製作的 n 型與 p 型電晶體。以 PZT 為鐵電材料及 MgO [63]、$SrTiO_3$ [61]、$Al_2O_3$ [64]，以及 $SiO_2$ [65] 為絕緣層的 n-通道電晶體。以 PZT 為鐵電材料及以 $Dy_2O_3$ 來當絕緣層的 MFIS 的 n-通道電晶體 [66]，在抹除與寫入的時間可以短至 100 奈秒以下及有效遷移率可達 181 $cm^2/V \cdot s$。另以 PZT 為鐵電材料及以 $Y_2O_3$ 來當絕緣層的 MFIS，其遷移率約為 22 $cm^2/V \cdot s$ [67]。

在存有氫氣的電漿環境中例如後段製程常用的 forming gas ($H_2/N_2$) 退火及鎢金屬的化學氣相沈積 (W-CVD)，將會對電容型鐵電記憶體造成損傷和降低鐵電記憶體的殘留極化量 [68]。文獻上改進的方法有：(1) 加入一阻障層介於金屬導線與鐵電電容器之間,可以防止氫氣所引起的電漿損傷 [69]。(2) 電容器位於導線之上 Capacitor Over Interconnect (COI) 的技術 [70]。(3) 電容器位於金屬/連結栓之間 Capacitor on Metal/Via-stacked-Plug (CMVP) 的技術 [71, 72]。上述的改進方法,因電容位於金屬後段製程,故鐵電薄膜熱退火的溫度希望不要高於金屬的熔點,低溫的沈積鐵電薄膜是近幾年研究主要的重點。例如以 PZT 為例:(i) 利用無氧的沈積環境來沈積 [73],雖可以穩定鐵電相,但是下電極需用導電氧化物如 IrO,以輔助沈積時的鐵電相,沈積溫度可以低至 450°C-475°C 的範圍內。(ii) 在鐵電電容器周圍以 SiON 來當 FG 退火的阻障層,元件的漏電並無增加 [69]。(iii) 以 Pt/TiN 與 Ir/IrO 當上下電極及 445°C 沈積鐵電薄膜製作 CMVP 的結構 [71]。TiN 經 Auger 儀器證實是可以防止鐵電薄膜中氧氣的擴散。使用 CMVP 的結構,鐵電元件的大小可以縮小。(iv) 上下電極使用 $LaNiO_3$,其晶格可與 PZT 相互匹配,使得介於電極及鐵電薄膜的非晶層厚度降低,疲勞的問題可獲得改善。運用此法使薄膜的沈積溫度可以從 600°C 降至 350°C-400°C,疲勞及殘留極化量獲得改善 [69]。雖然熱退火溫度可改善 $I_{DS}$-$V_{GS}$ 記憶窗,但是表面會隨之粗糙而漏電增加 [74]。例如以 SBT 為鐵電材料及 $Si_3N_4$ [75] 和 $SiO_2$ [76] 為絕緣層的電晶體,其記憶窗隨熱退火溫度的增加而增加。另一個電容型鐵電記憶體整合的主要問題是殘留極化量的大小。殘留極化量的減少是由於鐵電薄膜與導線間的絕緣層相互作用,如果把 BPSG 加溫至 800°C 使其緻密化,可防止殘留極化量的減少 [76]。

### 10.5.3 未來發展的方向

從 1984 年 Ramtron 公司開始發展商業化鐵電記憶體來,發展速度一直受限於鐵電材料的可靠度問題,使得發展非常緩慢。直到 2007 年 TI 公司開發完成 0.13 μm 4M 2T2C 產品。之前在鐵電材料的選擇上以 PZT 最被看好,但 PZT 有鉛成分易造成污染與稍差的疲勞問題。近幾年來鐵電材料 BFO 重新燃起了鐵電記憶體的希望。最主要的原因是具有較高的極化效應、居禮溫度 (Curie temperature 約 850-860°C) 與尼爾溫度 (Neel temperature 約 370-397°C) [23],

因此在室溫到 150°C 的操作範圍內，具有多重鐵磁特性 (multiferroic)，即鐵電性 (ferroelectric) 與反鐵磁性 (antiferromagnetic)，共具有四種轉換態 ($\pm P_s$ 與 $\pm M_s$)。但未摻雜之 BFO 鐵電薄膜，其漏電流是比 PZT 及 BST 高出至少 1-2 個 order，因此儲存能力及可靠度會受很大的影響。如果在電漿反應時，調整氫氧比發現，確實在氧比例增加下可改善疲勞特性。其原因可用 BFO 在缺氧沉積環境中，電荷因氧缺與注入效應被陷住；但記憶窗與電荷注入因氧含量增加造成介電常數的改變似乎有嚴重的趨勢。故如何降低 BFO 的漏電流，而不失其電學特性，成為目前的顯學。

BFO 的摻雜，是最近來才熱絡的研究。2005 年日本東京理工 [78] 及英國劍橋 [79] 團隊分別發表以 $La^{3+}$ 與 $Nd^{3+}$ 來取代 $Bi^{3+}$，及以 $Ti^{4+}$ 與 $Ni^{2+}$ 來取代 $Fe^{3+}$。其理論基礎均以使用相似於鐵離子與鉍離子大小之摻雜元素。以 $La^{3+}$ (1.032 Å) 與 $Nd^{3+}$ (0.983Å) 來取代 Bi-site ($Bi^{3+}$ 1.030 Å) 所持的理由是從 $Bi_4Ti_3O_{12}$ 鐵電材料所觀察的結果，補償因揮發損失之 Bi 離子能有效降低氧缺的形成；而 $Ti^{4+}$ (0.68 Å) 與 $Ni^{2+}$ (0.69 Å) 來取代 Fe-site ($Fe^{3+}$ 0.64 Å)，則需電荷平衡機制。以四價取代三價之機制可由下列假設完成：(1) 氧缺的填充、(2) $Fe^{2+}$ 因陽離子價數減少而增加、(3) 陽離子缺陷產生；相反地，以二價取代三價之機制為 (1) 氧缺由陰離子的缺陷產生、(2) 增加陽離子價數 ($Fe^{2+}$ 轉換到 $Fe^{3+}$)。故摻雜四價鈦離子會減少氧缺，但會形成 $Fe^{2+}$，而摻雜二價鎳離子會增加氧缺，但會防止 $Fe^{2+}$ 形成。實驗結果顯示，$Ti^{4+}$ 比 $Ni^{2+}$ 能有效降低漏電流，得到氧缺而非 $Fe^{2+}$ 造成漏電流。除此之外，2006 年有 Cr 摻雜 [80] 及 La 摻雜 [81] 的報導。之後研究最多的摻雜為 Mn 與 Nb，首見於 2006 年 [82]。日本東京理工與富士通公司尤其於 2007 後發表最多 [83, 84]。其中 $Cr^{3+}$ (0.76Å)、$Mn^{3+}$ (0.72 Å)、$Nb^{5+}$ (0.64 Å) 與鐵三價離子類似可取而代之。上述文獻所使用的離子取代後，漏電及極化量均有改善，但還是有機會 $Mn^{2+}$ (0.81 Å) 取代 $Fe^{3+}$，而使漏電不降反增的情況 [82]。

摻雜型 BFO 之沉積大部分使用凝膠旋覆法 (sol-gel) 或化學溶液混合沉積 (Chemical Solution Deposition，CSD) [78, 80, 82, 83] 法沉積摻雜鐵電薄膜。好處是容易控制化學劑量比，可以提供一種較低成本及變化性較大的研究方法。不過需要注意晶片的區域均勻度、磊晶成長的變異，及大氣環境下汙染的影響對電晶體製作的要求，此法需要詳加考慮。另以 Pulsed Laser Deposition (PLD) [79] 或濺鍍 [81]，是利用物理性濺鍍的方法制備薄膜，而不易導入外在雜質、污染較少、薄膜沉積速率高、成膜條件易於控制，可製備出高純度穩定性較好的薄膜，薄膜厚度可低至幾十個奈米。文獻中以 PLD 或 sputtering 的方法沉積摻雜 BFO 薄膜，是以預配好的粉末進行燒結，而後製成靶材進行濺鍍。共鍍亦是其中的一個方法，適當調整電漿參數，可以製作多種不同變化比例的金屬離子摻雜於 BFO 中，須考慮摻雜離子是否有效地進入欲取代之晶格位置。

另利用結構將極化效應增加，也為未來熱門的研究。根據分壓定律，如果把鐵電層做成電容即加一層金屬層於鐵電薄膜與絕緣層之間，這使得 MFM 電容器的面積 ($S_F$) 與 MIS 電容器的面積 ($S_M$) 可以分開設計，而達到增加鐵電極化的效應。例如以 SBT 為鐵電材料，STA/SiON 為絕緣層，若中間加一層電極 Pt 與 $S_M/S_F$ 比例達到 3.8-5.9 時，記憶窗大小可由 1.1 V 增加至 3.0 V [85]。MFM 電容器的面積較低時，資料維持時間可以有效的增加。因為可以有效降低去極化場的大小。

## 10.6 電阻式隨機存取記憶體

近年來，電阻式隨機存取記憶體 (Resistive Random Access Memory, RRAM) 的熱門發展，帶動了記憶體技術的另一個領域，此技術與相變化記憶體一樣是利用薄膜阻值變化的不同。然而不同於相變化記憶體的阻值切換行為，相變化記憶體是利用結晶相與非結晶相阻值的切換，而阻抗記憶體與薄膜缺陷的產生高低阻態有關。Asamitsu 等人於 1997 年發現鐠鈣錳氧 ($PrCaMnO_3$，PCMO) 低於居禮溫度 ($T_c$~270K) 時，為 Charge-Ordered (CO) state 電荷有序相。當提供外加電場時，會造成 CO 絕緣態崩潰，造成絕緣體-金屬態的轉換 (insulator-metal transition) [86]，阻態比值約 $10^7$，但當電壓去除後記憶效果不再，為揮發記憶體。2000 年時，Liu 等人 [87] 鍍製 PCMO 薄膜於 Yba$_2$Cu$_3$O$_{7-x}$ (YBCO) 基板形成 Ag/PCMO/YBCO 結構，在室溫下施加電壓可改變電阻值，高低阻態隨脈衝偏壓觀察電阻比值 [R$_{ratio}$＝(R$_{high}$ − R$_{low}$)/R$_{low}$] 可達 1770%，此種電阻改變方式並非來自於金屬-絕緣體轉換，而是由於脈衝電壓誘發電阻改變效應 (electric-pulse-induced resistance change effect)。實驗發現，當外加偏壓去除後有別於前述的 CO，即持續保持記憶效果。當時認為來自於鐵磁團簇 (ferromagnetic clusters) 混合磁極子 (magnetic polarons)，當施加電壓時，鐵磁群聚物從混亂態變為有序態，形成金屬絲傳導路徑，反向電場會使鐵磁群聚物形成高電阻組織狀態。但眾說紛紜。Baikalov 等人 [88] 認為電阻改變來自晶體缺陷。Sawa [89] 等人觀察 Ti/PCMO/SRO 結構發現電滯曲線，由於 Ti/PCMO 形成蕭特基接面 (Schottky contact)。Chen 等人 [90] 以凱文掃描探針顯微技術量測表面電位來計算相對電阻值，發現電阻變化來自 Ag/PCMO 界面。雖然目前研究上述指向界面原因，但尚未有明確定論。Sharp 公司以 0.5um-CMOS 的製程技術於 2002 年開發一款 PCMO (1R1T) 電阻式記憶體，元件面積僅 6F$^2$，操作於 100 ns 的寫入與抹除速度 [91]。另外 Meijer 等人 [92] 以脈衝雷射沉積法製作摻雜 0.2% Cr 的 SrZrO$_3$ 薄膜在 (001) 的 SrTiO$_3$ 單晶基板上，發現也有電阻轉換效應。解釋電阻值的改變來自於薄膜本身的電荷轉移。但也有人認為傳導路徑來自於薄膜的本質缺陷等。

在 2006 年後許多研究學者觀察二元化合物也有電阻式記憶效應，例如 TiO$_2$、ZnO、NiO、Ta$_2$O$_5$、ZrO$_2$ 等。例如 Kim 等人 [93] 利用原子層沉積 (ALD) 製作 TiO$_2$ 薄膜於 Pt/Ti/SiO$_2$/Si 的基板，觀察到 TiO$_2$ 型與 PCMO 型阻抗記憶體機制不同，並非靠外加偏壓極性來改變高低電阻態，而是以偏壓大小來控制。低電阻狀態是由於晶格中氧空缺為了保持整體電中性，解離出的氧離經氧空缺移動而連成導通路徑。當陽極產生足夠大的焦耳熱密度時，路徑破壞導致高電阻狀態。目前二元氧化物的阻值轉換機制沒有定論，有不少的機制被提出。大致可分為 bulk-limited 與 electrode-limited 控制兩類，包括：(1) 絲狀路徑形成與破裂 (formation and rupture of filaments)。(2) 金屬與氧化層介面的陷阱陷入造成 Schottky barrier 的改變。(3) 氧化層內部陷阱引發的空間限制電流 (Space-Charge-

Limited Current, SCLC)。(4) 聲子輔助穿遂效應 (phonon-assisted tunneling)。(5) 表面電化遷移 (electrochemical migration at the interface)。(6) 氧缺或金屬離子內部缺陷 (oxygen vacancies and ionic interstitials) 等。由於二元化合物製作簡單與低成本，現今蔚為發展主流。

## 10.6.1 電阻式記憶原理

目前二元氧化物電阻式記憶體較為人所接受的機制為絲狀路徑傳導 (filament path conduction) 理論 [94]。此理論說明需產生一個薄膜缺陷的路徑。若路徑形成 (formed, set point) 可以使阻值位於低阻抗狀態；反之，若路徑中斷 (broken, reset point) 阻值則位於高阻抗狀態。高阻抗狀態 (HRS, High Resistance State) 及低阻抗狀態 (LRS, Low Resistance State) 的轉換開始需要一個限流 (current compliance) 的崩潰機制 (施加電壓使元件軟崩潰，Soft Breakdown，SBD)，讓電子能夠穿隧過薄膜從陰極到陽極，如圖 10.6.1(a) 所示。需注意限流的大小，因為會對阻抗的轉換有一定程度的影響。在抹除的過程中，其中最為人採用的為陰離子透過薄膜內的導通路徑從陰極遷移到陽極，在過程中會因距離不同導致能量有不同能量密度分佈 [95]。完成阻值轉換後，找出同時符合可以讀到 HRS 和 LRS 的電流值，稱為讀取電壓 (read voltage)，再利用歐姆定律計算出 HRS 和 LRS。另外能夠使薄膜產生崩潰而產生導通路徑的電壓稱為設定電壓 (set voltage)；反之，將導通路徑破壞的電壓稱為重置電壓 (reset voltage)。

電阻式記憶體的阻值轉換可分為單極性 (unipolar) 及雙極性 (bipolar)，如圖 10.26。單極性的定義為寫入及抹除的電壓為相同極性，雙極性則可同時操作在正負偏壓範圍。雙極性轉換目前大多是利用氧化還原反應解釋。例如硫化銀 ($Ag_2S$) 中的銀在上下電極極性改變後，在高電場的情況下解離出陽離子。陽離子在薄膜內形成上下電極的導通路徑形成 LRS。當電壓極性改變時，由於產生足夠的熱能密度破壞薄膜內的導通路徑形成 HRS。而陰離子會沿著薄內的氧缺所形成上下電極的導通路徑遷移到陽極形成 LRS [96]。

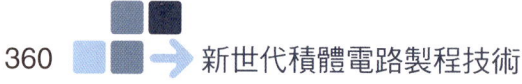

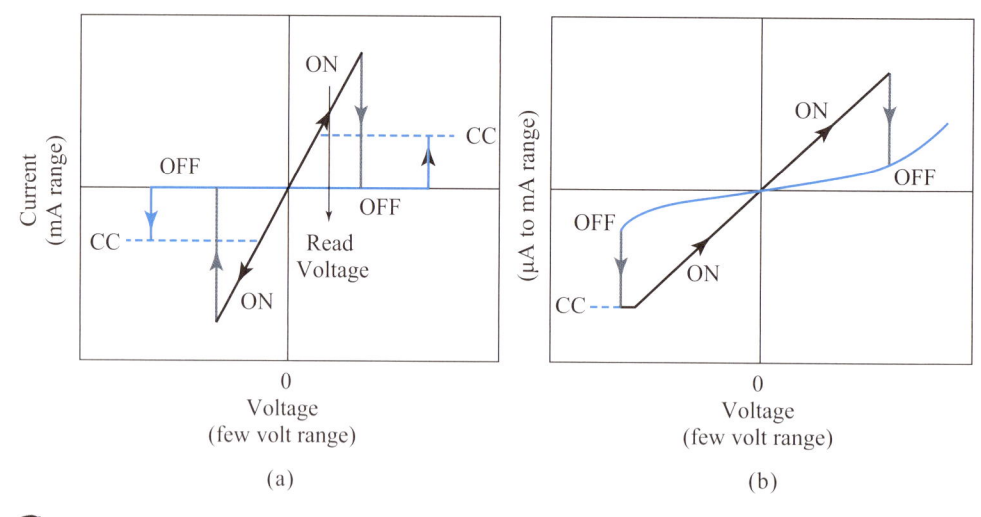

圖 10.26　(a) 單極性 (Unipolar)；與 (b) 雙極性 (Bipolar)。

## 10.6.2　現今發展的製程

　　電阻式記憶體具備操作電壓低、結構簡單、轉換速度快、多位元記憶、資料維持時間長、記憶元件面積微小及非破壞性讀取等優點，並與 CMOS 製程相容，擁有低成本的競爭力，發展潛力受市場矚目。一般來說，製程條件需注意如下。絕緣層的厚度太薄影響資料維持的時間，因為在軟崩潰後，大量疲勞的操作會使薄膜內形成很多缺陷，而陷阱輔助穿隧效應 (trap-assisted tunneling) [97] 造成漏電流惡化，故絕緣層增厚能改善這個現象。但由於阻值轉換的機制是由導通路徑決定，如此一來，絕緣層厚度太厚會產生操作電壓過大與設定電壓變動過大的問題，所以絕緣層在製作過程中必須注意厚度最佳化。另外限制崩潰電流大小、操作速度的增加，與崩潰電壓大小等都造成疲勞的問題，所以做出高品質的絕緣層，降低薄膜內本身的缺陷才是根本的解決之道。目前高品質鍍膜以 Atomic Layer Deposition (ALD) 與 Chemical Vapor Deposition (CVD) 為主。不論電流轉換機制為 bulk 或介面的影響，溫度是一個極重要考慮的參數。不同機制其溫度的影響亦不同。例如以 $Cu_2O$ 製作二元氧化物阻抗記憶體 [98]，不管對 HRS 或 LRS，溫度在 25℃ -125℃ 是非常穩定的，電流機制可解釋為大量陷阱分佈在禁帶中。另以 $Ta_2O_5$ 為主的二元氧化物阻抗記憶體 [99] 中，探討在 4K-298K 低溫時，電流機制為 phonon scattering 所主宰。在以 $TiO_2$ 為主的阻值記憶體 [100] 中，設定電壓的電阻會隨著溫度的增加而增加，因為絲狀路徑的形成與金屬離子的擴散有關。薄膜內氧含量是影響阻抗記憶體電荷維持重要的因素。電荷維持能力決定了高阻抗的時間長短。當氧空缺多的時候表示薄膜內的缺陷多，這也將使得元件的漏電流更大進而使高阻抗時的阻抗值變小。

### 10.6.3 未來發展的方向

在 2008 年國際電機電子的 IEDM 會議中已有團隊研發 1.5 V 的低電壓操作、5 ns 快速脈衝與最低可達 23 $\mu A$ 的電流的電阻式記憶體 [101]，具有省電、存取速度快、儲存容量大等多項優點。另外在製程整合方面，傳統電阻式記憶體為 1T1R 結構，其電阻晶包為 MIM 結構。Samsung 公司於 2007 年發表高密度 1D1R 電阻式記憶體結構 [102]，如圖 10.27。這個高密度結構的優點是以對稱的氧化物二極體降低漏電流。TSMC 公司於 2009 年發表一款以 90nm 邏輯製程之 Contact Resistive RAM (CR-RAM) 結構概念 [103] (圖 10.28)，這個結構的優點是選擇的電晶體 (select transistor) 與要轉換的電阻相接，對於高密度的記憶晶排

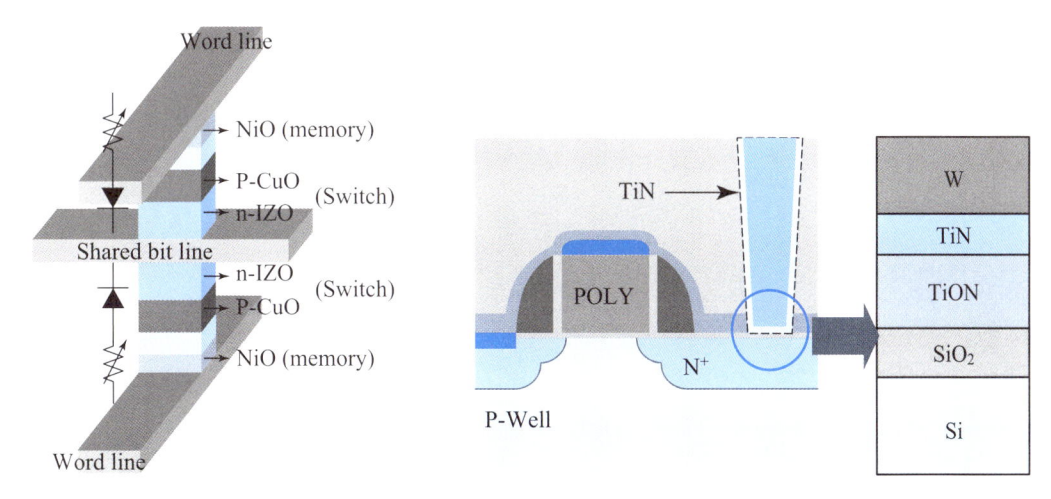

圖 10.27　Samsung 1D1R 結構。　　圖 10.28　TSMC 90 nm CR-RAM 結構。

列容易與 90 nm 下世代 CMOS 整合。國家奈米元件實驗室更於 2010 年發表全球最小的 9 nm 電阻式記憶體陣列晶胞 [104]，即一平方公分的面積可容納超過 500 GB 的記憶容量，如果 5-10 年內開發順利，則可爲未來低價位大容量儲存元件，甚至如硬碟提供一個新選擇。

## 本章習題

1. 簡述目前載子注入型快閃式記憶體的一種改良形式與其原理。
2. 為何 SONOS 元件以高介電材料取代氮化矽薄膜有較好的操作特性？
3. 申論奈米晶記憶體的元件製程改進之三大方向。
4. 說明相變化記憶原理，其與阻值變化記憶體的原理有何不同？
5. 解釋相變化記憶的結晶方式有哪兩種驅動方式？其優劣如何？
6. 說明磁阻式記憶體的穿隧磁阻接面 (MTJ) 結構之好處，與何謂自旋力矩傳輸 (STT) 效應？
7. 解釋電容型的鐵電記憶體讀取資料時為破壞性操作，而電晶體的 MFIS 結構則為非？
8. 寫出 BFO 材料的化學式。為何它是鐵電記憶體的一顆明星？
9. 電阻式記憶體的薄膜製程需要注意什麼？其對記憶體操作有何影響？
10. 以你個人的意見申論目前非載子注入型快閃式記憶體中，何者與下世代 CMOS 製程整合容易？為什麼？

## 參考文獻

1. Fujio Masuoka, US patent 4531203, 1985.
2. F. Masuoka, et al. IEEE IEDM, pp. 552-555, 1987.
3. http://www.manifest-tech.com/ce_products/flash_revolution.htm.
4. M. Holler, et al. Pro. Inter. Joint Conf. on Neural Networks, Washington D.C., II, p. 191-196, 1989.
5. D. Kahng and S.M. Sze, The Bell System Tech. Journal, 46, p. 1288, 1967.
6. W. Johnson, *et al*. IEEE ISSCC Dig. Tech. Pap., p. 152, 1980.
7. B. Eitan, *et al*. 9th NVSM Workshop, Monterey, Calif. 1988.
8. S. Ali, *et al*. IEEE J. Sol. St. Circ, SC-23, no. 1, p. 79, 1988.
9. Y. Mizutani and K. Makita, IEEE IEDM Tech. Dig., p. 63, 1985.
10. A. T. Wu, *et al*. IEEE IEDM Tech. Dig., pp. 584–587, 1986.
11. S. Shukiri, *et al*. IEEE Trans. Elect. Dev., ED-34, p. 1264, 1987.
12. H. Wegener, *et al*. IEEE IEDM. p. 58, 1967.
13. T. Hagiwara, *et al*. IEEE J. Solid State Circuits, SC-15, p. 346, 1980.
14. K. I. Lundstrom and C. M. Svensson, IEEE Trans. Elect. Dev., ED-19, p. 826, 1972.
15. G. Schols and H. E. Maes, Proc. ECS, 83-8, p. 94, 1983.
16. H. E. Maes and E. Vandekerckhove, Proc. ECS, 87-10, p. 28, 1987.
17. W. D. Brown, *et al*. Sol. St. Electr., 29, p. 877, 1985.
18. E. Suzuki, *et al*. IEEE Trans. Elect. Dew, ED-30, p. 122, 1983.
19. F. L. Hampton and J. R. Cricchi, IEEE IEDM Tech. Dig., p. 374, 1979.
20. T. Sugizaki, *et al*. IEEE Symp. VLSI Technology Digest of Technical, p. 24-28, 2003.
21. C. T. Swift, *et al*. IEDM Tech. Dig., p. 927-930, 2002.
22. T. C. Chang, *et al*. Electrochem. Solid-State Lett., 7, p. G112, 2004.

23. T. C. Chang, *et al*. Electrochem. Solid-State Lett., 7, p. G138 , 2004.

24. Y. N. Tan, *et al*. IEEE Trans. Electron Devices, 51, 7, p. 1143-1147, 2004.

25. B. Y. Choi, *et al*. Symp. VLSI Tech. Dig., p.118, 2005.

26. Yong Kyu Lee, *et al*. Electron Device Lett., 25, 5, p.317-319, 2004

27. S. Tiwari, *et al*. Appl. Phys. Lett., 68, p.1377, 1996.

28. T. H. Hou, *et al*. IEEE Electron Dev. Lett., 28, p. 3, 2007.

29. Z. Liu, *et al*. IEEE Electron Dev., 49, p. 1606, 2002.

30. Y. H. Lin, *et al*. IEEE Electron Dev., 53, p. 782, 2007.

31. J. G. Park, *et al*. Nano Lett., 9, p.1713, 2009

32. S. R. Ovshinsky, Phys. Rev. Letters, 21, p. 1450, 1968.

33. R. G. Neale, *et al*. Electronics, p. 56, 1970.

34. S. J. Ahn, *et al*. IEDM Tech Digest, p. 6B-2, 2005.

35. Y. Yin, *et al*. IEEE Electron Dev. Lett. 29, p. 876, 2008.

36. Y. C. Chen, *et al*. EPCOS, 2008.

37. 4. M.H.R. Lankhorst, et al. Nature Mater., 4, p.347-352, 2005.

38. Y.C. Chen *et al*. MRS Spring Apr. 13, San Francisco, 2007.

39. S. Privitera *et al*. Appl. Phys. Lett. 85, p. 3044, 2004 .

40. V. Pore, *et al*. J. Am. Chem. Soc. 131, p. 3478, 2009 .

41. C. Xu, *et al*. Appl. Phys. Lett. 92, p. 062103, 2008 .

42. F. Shang, *et al*. Appl. Phys. Lett. 95, p. 203504, 2010 .

43. B. J. Choi, *et al*. Appl. Phys. Lett. 97, p. 132107, 2010 .

44. J. Oh, *et al*. IEDM Tech Digest, 2007.

45. M. N. Baibich, *et al*. Phys. Rev. Lett. 61, p. 2472, 1988.

46. G. Binasch, *et al*. Phys. Rev. B, 39, p. 4828, 1989.

47. J .C. Slonczewski, *et al*. J. Magn. Magn. Mater. 159, p. L1, 1996.

48. L. Berger, Phys. Rev. B, 54, p. 9353, 1996.

49. Y. Huai, AAPPS Bulletin, 18, p.33, 2008.

50. W. H. Butler, *et al*. Phys. Rev. B 63, p. 054416, 2001.

51. S. S. P. Parkin, *et al*. Nature Mater. 3, p. 862, 2004.

52. Z. Diao, *et al*. Appl. Phys. Lett. 90, p. 132508, 2007.

53. U. K. Klostermann, *et al*. IEEE IEDM, p.187, 2007.

54. http://techon.nikkeibp.co.jp/english/NEWS_EN/20100622/183658/

55. J. L. Moll and Y. Tarui, IEEE Trans. Electron Devices ED-10 p. 338, 1963.

56. S. Y. Wu, IEEE Trans. Electron Devices ED-21(8) p. 499, 1974.

57. S. Sinharoy, *et al*. J. Vac. Sci. Technol. A, 10, 4, p. 1554-1561, 1992.

58. J. L. Moll and Y. Tarui, IEEE Trans. Electron Devices, 10, p. 333, 1963.

59. N. Inoue, *et al*. IEEE Trans. Electron Devices, 50, p. 2081, 2003.

60. K. Aizawa, *et al*. Appl. Phys. Lett., 85, p. 3199, 2004.

61. E. Tokumitsu, *et al*. IEEE Electron Device Lett., 18, p. 160, 1997.

62. T. Hirai, *et al*. Jpn. J. Appl. Phys. 36, p. 5908, 1997.

63. N. A. Basit, *et al*. Appl. Phy. Lett., 73, p. 3941, 1998.

64. A. Chin, *et al*. IEEE Electron Device Lett. 22, p. 336, 2001.

65. J. Yu, Z. *et al*. Appl. Phys. Lett., 70, p. 490, 1997.

66. P. C. Juan, *et al*. IEEE Electron Device Letters, 27, 4, p. 217, 2006.

67. W. C. Shih, *et al*. Journal of Applied Physics, 103, p. 094110, 2008.

68. T. Hase, *et al*. Integ. Ferroelec., 16, p. 29, 1997.

69. T. Nakura, *et al*. IEEE IEDM p. 801, 1999.

70. S. L. Lung, *et al*. Proc. of the 6th IEEE Int. Sym. on Solid-State and Integrated-Circuit Technology, 1, p. 692, 2001.

71. K. Amanuma, *et al*. IEEE IEDM, pp. 363, 1998.

72. H. Toyoshima, *et al*. Proceedings of the IEEE Custom Integrated Circuits p. 171, 2001.

73. N. Inoue, *et al*. Tech. Dig. – IEDM, p. 797, 2000.

74. W. Lee, et al. Jpn. J. Appl. Phys., 38, p. 2039, 1999.

75. T. Choi, *et al*. Appl. Phys. Lett. 79, p. 1516, 2001.

76. S.Oh, *et al*. J. Appl. Phys., 81, p. 4230, 2002.

77. J. C. Chen and J. M. Wu, Appl. Phys. Lett., 91, p. 182903, 2007.

78. H. Uchida, *et al*. Jpn. J. Appl. Phys., 44, p. L561, 2005.

79. X. Qi, J. *et al*. Appl. Phys. Lett., 86, p. 062903, 2005.

80. J. K. Kim, *et al*. Appl. Phys. Lett., 88, p. 132901, 2006.

81. Y. H. Lee, *et al*. Appl. Phys. Lett., 88, p. 042903, 2006.

82. C. F. Chung, *et al*. Appl. Phys. Lett., 88, p. 242909, 2006.

83. S. K. Singh, *et al*. J. Appl. Phys., 102, p. 094109, 2007.

84. Z. Zhong, *et al*. Jpn. Appl. Phys., 47, p. 6448, 2008.

85. E. Tokumitsu, *et al*. Jpn. J. Appl. Phys., 39, p. 2125, 2000.

86. A. Asamitsu, *et al*. Nature, 388, p. 50, 1997.

87. S. Q. Liu, *et al*. Appl. Phys. Lett., 76, p. 2749, 2000.

88. A. Baikalov, *et al*. Appl. Phys. Lett., 83, p. 957, 2003.

89. A. Sawa, *et al*. Appl. Phys. Lett., 85, p. 4073, 2004.

90. X. Chen, *et al*. Appl. Phys. Lett., 87, p. 233506, 2005.

91. W. W. Zhuang, *et al*. IEEE IEDM, p. 193, 2002.

92. G. I. Meijer, *et al*. Phys. Rev. B., 72, p. 155102, 2005.

93. K. M. Kim, *et al*. Appl. Phys. Lett., 90, p. 242906, 2007.

94. B. J. Choi *et al*. J. Appl. Phys., 98, p. 033715, 2005.

95. A.Beck, *et al*. Appl. Phys. Lett., 77, p. 139, 2000.

96. R. Waser and M. Aono, Nature material, 6, p. 833-840, Nov 2007.

97. M. P. Houng, *et al*. J.Appl. Phys. 86, 3, p.1488-1491, 1999.

98. A. Chen, *et al*. Appl. Phys. Lett., 91, p. 123517, 2007.

99. T. Sakamoto, Appl. Phys. Lett., 91, p. 092110, 2007.

100. K. Tsunoda, *et al*. Appl. Phys. Lett., 90, p. 113501, 2007.

101. H. Y. Lee, *et al*. IEDM Tech. Dig., p. 1, 2008.

102. M. J. Lee, *et al*. IEDM Tech. Dig., p. 771-774, 2007.
103. Y. H. Tseng, *et al*. IEDM Tech. Dig., p. 1, 2009.
104. C. H. Ho, *et al*. IEDM Tech. Dig., p. 536, 2010.

# Chapter 11

# 動態隨機存取記憶體技術 (DRAM Technology)

何青松

## 作者簡介

### 何青松

美國中佛羅里達大學 (University of Central Florida, Orlando, Florida) 電機工程所博士。現任職於新竹科學園區力晶科技，擔任 P1/2 技術處副處長。曾任職於茂德、聯電、台積電、茂矽等公司元件相關部門之主管或工程師，經濟部智慧財產局外聘專利審查委員，IEEE TED、IEEE EDL、Solid State Electronics、Microelectronics Reliability 等國際期刊之審稿委員，及擔任 INEC2011、ICSICT2004/2006/2008、EDSSC2005/2007 等國際研討會之委員會委員。專業興趣涵蓋半導體元件之設計模擬、製程整合與特性分析。

## 11.1 概述

近年來,全球經濟的發展乃是奠基於資訊科技產業的發展,而半導體產業的發展則是資訊科技進步的重要一環。圖 11.1 顯示,1990 年到 2011 年全球 GDP 與半導體銷售市場之成長率曲線 [1]。二十年來,除 1996 年外,此兩成長曲線皆成正相關關係,即全球 GDP 成長,半導體銷售亦會跟著增加。再來,依 iSuppli 2011 年元月所發表之統計資料,輔以工研院 IEK 和拓墣產研之研究報告 [2,3],如圖 11.2 所示,2006 年到 2011 年半導體晶片銷售市場,其中記憶體產值約占 1/5,而動態隨機存取記憶體 (DRAM＝Dynamic Random Access Memory,本文將以 DRAM 代表之) 又占了記憶體比例的 50% 以上。所以 DRAM 的製程技術一直是半導體製程技術發展的重要指標,而且 DRAM 產業景氣的好壞,也關係著整個全球經濟的景氣起伏。

DRAM 技術發展的驅動力通常來自於其應用端的需求。傳統上,DRAM 主要是應用於滿足個人電腦 (與/或伺服器) 對大量數據資料處理的需求上。直到現在,這一需求還占有 DRAM 大部的消耗量——依據市場銷售資訊,在 2009 年整個年度,DRAM 銷售在 PC (包括桌上型與攜帶型) 相關應用超過 70% 的比率。

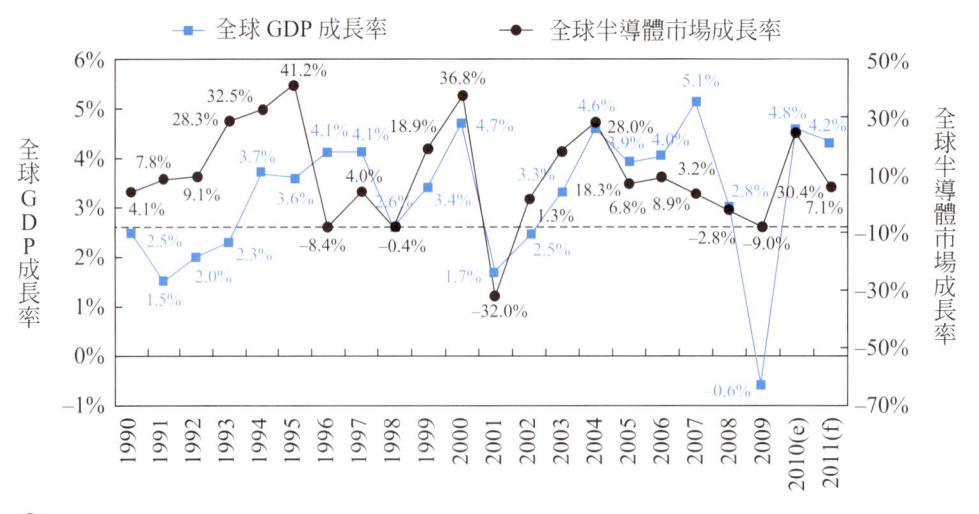

圖 11.1 全球 GDP 成長率與半導體市場成長率曲線。

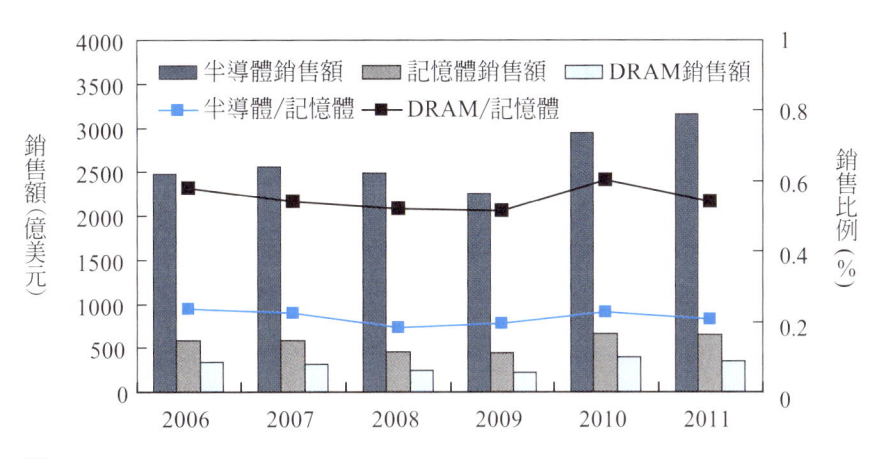

圖 11.2 半導體、記憶體與 DRAM 之市場銷售額 (左)，以及記憶體對半導體、DRAM 對記憶體銷售額之比值 (右)。

除此之外，近年來，由於數位消費電子和娛樂市場之快速發展，DRAM 的運用正往非電腦市場擴張，如行動電話、數位相機、MP3 音樂播放器、遊戲機和數位電視等。為因應以上所述之各類應用需求，大容量化、高速化和低消耗功率是 DRAM 技術發展的三個主要方向。

以技術層面觀之，如何提高數據保留時間 (retention time) 是 DRAM 技術發展的重點 [4]。數據的保留時間取決於電容存儲電荷之多少和儲存節點 (storage node) 的電荷流失 (有時間依賴性)。因此，DRAM 記憶單元 (memory cell) 的戰略關鍵是增加電容之電容量和極小化儲存節點的漏電流 [5]。

對於增加電容之電容量，圖 11.3 可以說明 DRAM 記憶單元電容之演變軌跡 [4, 6-9]。在 DRAM 進入奈米技術節點 (technology node) 前，增加電容器的有效面積，進而提昇電容之電容量，是主要的途徑。其間，電容從二維 (two-dimensional) 平面結構的平面電容轉變為三維立體結構的堆疊型電容 (stack capacitor) 或溝槽型 (trench capacitor)；並進一步利用較複雜製程作結構改良，如魚鰭型 (fin structure) 或圓筒型 (cyclindrical structure) 的堆疊結構 [6, 7]、或更深的溝槽，再增加其存儲容量，以延伸到更精進的技術節點。當微縮技術進入奈米節點後 (如 90 奈米技術節點)，必須利用高介電材料 (high-k dielectrics)，來取代傳統之 ONO (或 NO) 介電薄膜，以提升單位電容值，及滿足微縮技術之需求。

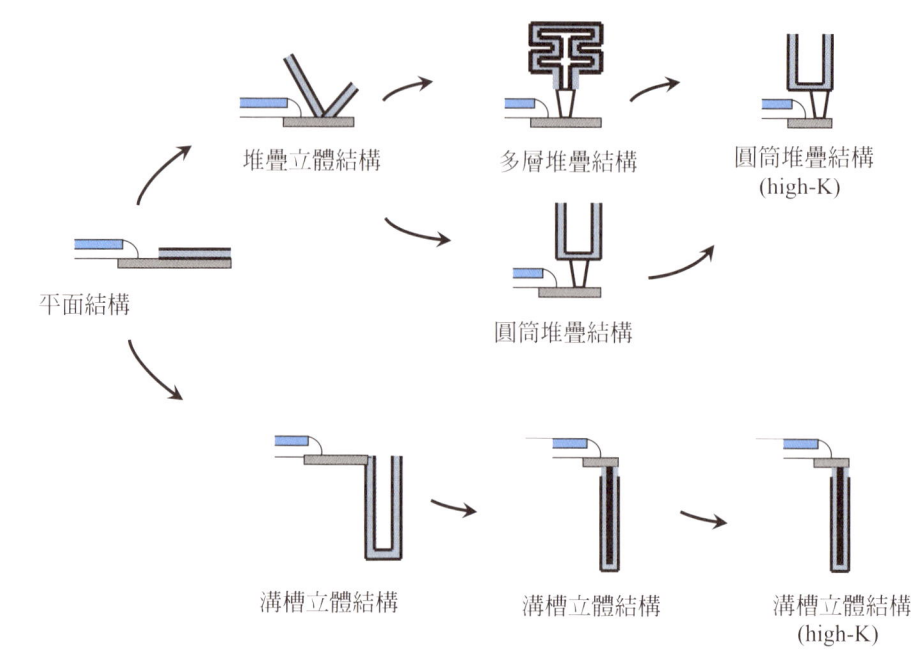

圖 11.3 DRAM 記憶單元電容發展之軌跡

如今，高介電材料，如 $Al_2O_3$、$HfO_2$ 和 $ZrO_2$，配合 ALD (原子層沉積) 優良的台階覆蓋 (step coverage) 能力，已經被廣泛地應用在 70~50 奈米 (甚至延伸到 40 奈米) 技術節點 [4]。

對於漏電流，一般 DRAM 記憶單元之電晶體 (transistor)，為因應製程造成之尺寸微縮問題，會以增加通道摻雜 (channel doping) 濃度來降低次臨界值漏電流 (sub-threshold leakage current)。然而，這樣的做法會導致儲存節點漏電流增加，以及記憶單元電晶體驅動電流 (driving current) 降低。當製程技術低於 100 奈米節點時，傳統平面電晶體結構可能無法同時滿足漏電流與驅動電流的基本需求，因此不同電晶體的改良結構必需運用，例如 LASC (Localized Asymmetric Channel Doping，局部的不對稱通道摻雜) [10, 11]、RCAT (Recessed-Channel Array Transistor，凹槽通道陣列電晶體稱) [12-15] 以及 S-RCAT (Sphere-shaped RCAT，球形凹槽通道陣列電晶體) [16-17] 等結構，能在不增加記憶單元尺寸下，改善短通道效應偕同低得多的通道摻雜濃度，以獲得極小化漏電流與高驅動電流。目前 RCAT 和 S-RCAT 結構已成功實施於 60 奈米 1 Gb DRAM，而且似乎可適用到 50 奈米節點。至於 40 奈米，鰭狀閘電晶體 (FinFET) 明顯地是一個極具潛力的選擇 [18]。

除此之外，利用閘極工程 (gate-engineering)，如閘極使用金屬矽合金 (silicide)，降低因電阻形成之壓降，以增加驅動電流，抑或/以及減少佈線延遲 (interconnect delay)，都能有效提升 DRAM 的速度。另外，為了降低功耗 (power consumption)，DRAM 除了極小化漏電流 (對記憶單元之電晶體以及周邊控制電路之電晶體)，其工作電壓亦不斷降低，如我們所看到，電壓已經持續由 3.3 V、2.5 V、1.8 V 下降到 1.5 V。依此趨勢，工作電壓不久將被迫下降到 1.0 V。

以上所述乃根據市場應用端的需求，對 DRAM 技術發展之歷程與現況所做的簡要說明。在以下的章節，我們將進一步說明其中細節，並將其流程安排如下：首先定義 DRAM，說明 DRAM 與其他半導體記憶體之差異以及其種類與應用場合。接著，闡述 DRAM 基本工作原理，包括其基本結構與讀寫操作功能，並探討 DRAM 記憶單元電荷儲存之理論。再來，進一步詳細說明「概述」中所陳之 DRAM 記憶單元與其他相關技術的發展。之後，依據技術發展與市場狀況，對 DRAM 未來之展望提出一點個人看法。最後，給予結論與建議。本章對於 DRAM 發展之相關說明與討論，除了讓讀者瞭解 DRAM 技術方面之發展，並希望引導讀者對於 DRAM 建立些許市場需求之看法。

## 11.2 DRAM 簡介

### 11.2.1 半導體記憶體

半導體記憶體係利用半導體積體電路的製程製作，具體積小、速度快、可靠性高和成本低等優勢，發展非常快速。一般來說，半導體記憶體可概分為揮發性 (volatile memory) 及非揮發性 (non-volatile memory) 兩種，而常見者有 DRAM、SRAM (＝Static Random Access Memory，靜態隨機存取記憶體) 與 Flash (＝Flash Memory，快閃記憶體) 三種，它們各自擁有不同的結構、特徵、與資料存取機

制 (如圖 11.4 與表 11.1 所示)。

　　DRAM 屬於揮發性記憶體，由一個電晶體和一個電容結構而成一個記憶位元 (bit)，圖 11.4(a)，其主要作用原理是利用電容內儲存電荷的多寡來實現一個二進位記憶位元是 1 或是 0。在現實中，電容與電晶體會有漏電的現象，因此電容需周期性地重寫 (refresh)，以避免儲存在電容中的電荷消失而造成資料流失。由於這種需要定時重寫的特性，因此被稱為「動態」記憶體。相對來說，「靜態」記憶體 (SRAM) 的一個記憶位元通常需要六個電晶體 (或四個電晶體加一對電阻)，見圖 11.4(b)，以形成 Flip-Flop 的電路結構來儲存資料。當存入資料後，縱使不重寫也不會遺失記憶。然而，SRAM 亦屬於揮發性記憶體，當電力供應停止時，其內儲存的資料還是會消失。DRAM 的記憶單元與 SRAM 的記憶單元相比 (見表 11.1)，DRAM 結構簡單，製造上擁有高密度，低成本的優點；然而，在同樣的運作頻率下，由於 SRAM 對稱的電路結構設計，使得記憶單元內所儲存的數值都能比較快速被讀取。除此之外，由於 SRAM 通常都被設計成一次就讀取所有的資料位元，比起高低位址的資料交互讀取的 DRAM，在讀取效率上也快上很多。因此，雖然 SRAM 的生產成本比較高，但在需要高速讀寫資料的地方，如電腦上的快取 (cache)，還是會使用 SRAM，而非 DRAM。

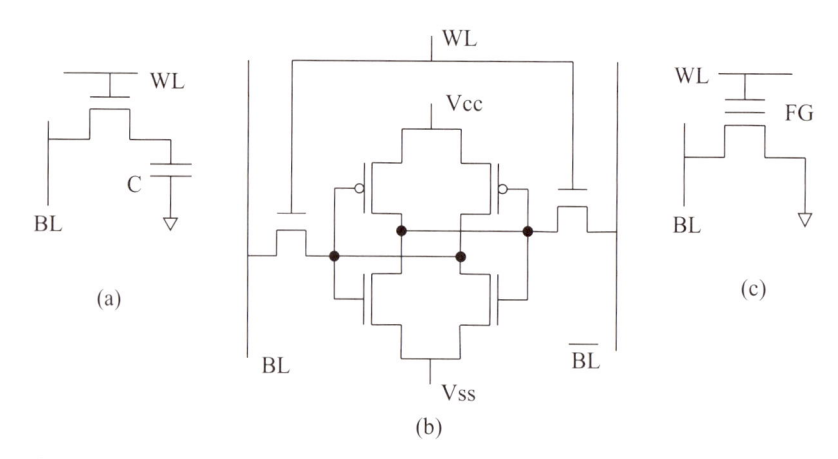

圖 11.4　各種記憶單元之元件結構：**(a)** 動態隨機存取記憶體 **(DRAM)**，**(b)** 靜態隨機存取記憶體 **(SRAM)**，以及 **(c)** 快閃記憶體 **(Flash)**。

表 11.1　DRAM、SRAM 與 Flash 的功能表現比較表

|  | **DRAM** | **SRAM** | **FLASH** |
|---|---|---|---|
| 結構 | 一電晶體＋一電容 ($8F^2$, $6F^2$ or $4F^2$) | 六電晶體或四電晶體 ($60F^2 \sim 100F^2$) | 單一浮閘電晶體 ($4F^2$) |
| 特徵 | 揮發性<br>破壞性讀出<br>需重新充電 | 揮發性<br>非破壞性讀出<br>不需重新充電 | 非揮發性<br>非破壞性讀出<br>不需重新充電 |
| 資料儲存機制 | 電容之充放電 | 兩交錯反向器之轉換 | 浮閘之充放電 |
| 存取／寫入時間 | < 100 ns / < 100 ns | < 50 ns / <50 ns | ~ 100 ns / ~10 $\mu$s |
| 寫入電壓 | < 5 V | < 3 V | > 12 V |
| 資料抹除時間 | 無 | 無 | ~ ms |
| 讀寫週期次數 | 無限 (> $10^{15}$) | 無限 (> $10^{15}$) | 讀：無限 ($10^{15}$)<br>寫：百萬次 |
| 資料保持時間 | 0 | 0 | 無限 (10 年) |
| 功率 | ~ 100 mW | ~ 100 mW | ~10 mW |
| 待機電流 | ~ mA | ~ 0.1 $\mu$A ~ mA | ~ 10 $\mu$A |

　　對於非揮發性記憶體，Flash 是目前運用最廣泛的一種。它是一種電子式可抹除程式化唯讀記憶體的形式，允許在操作中被多次擦 (或寫) (erase (or write)) 的記憶體。結構上，Flash 每一個記憶單元都具有一個控制閘 (control gate) 與浮閘 (floating gate)，見圖 11.4(c)。Flash 利用高電場改變浮動閘的臨界電壓以進行編程動作，因此單就資料保存而言，是不需要消耗電力的 (即使電力供應停止，其內儲存的資料還是會保存)。此外，Flash 也具有相當低的讀取延遲 (雖然沒有像電腦主記憶體 DRAM 那麼快)。其他相關於 DRAM、SRAM 以及 Flash 功能表現之比較，則詳載於表 11.1。

## 11.2.2 DRAM 的種類

　　依據應用，目前市場上常見的 DRAM 種類有 SDRAM 系列 (包括 SDR SDRAM 以及 DDR1、DDR2 與 DDR3 SDRAM)、Video DRAM (VRAM)、

Graphics RAM (SGRAM)，以及 Pseudostatic RAM (PSRAM) 等。

- SDR SDRAM：單倍數據率同步動態隨機存取記憶體 (Single Data Rate Synchronous DRAM：簡稱為 SDR SDRAM)，它可以做到與 CPU 時脈同步，去除時間上的延遲，藉以提高記憶體存取的效率。其操作電壓 3.0 V，時脈 ≤ 200 MHz。目前市面上絕大部分的 SDRAM 的需求是在消費產品運用，像是電腦周邊設備之暫緩記憶體 (buffer memory)。

- DDR SDRAM (or DDR1)：雙倍數據率同步動態隨機存取記憶體 (Double-Data-Rate Synchronous DRAM，簡稱為 DDR SDRAM) 為具有雙倍資料傳輸率之 SDRAM，其資料傳輸速度為系統時脈之兩倍 (每一時脈觸發 (trigger) 兩次)。傳統 SDRAM 在運作時，一個單位時間內只能讀／寫一次，當同時需要讀取和寫入時，便要等其中一個動作完成才能繼續進行下一個動作。而 DDR SDRAM 則解決這項缺點，由於讀取和寫入可以在一個單位時間內進行，因此效能便會提升一倍。DDR SDRAM 傳輸效能優於傳統的 SDRAM，但結構沿用 SDRAM 的基礎，所以製造成本不會比 SDRAM 高出太多。其操作電壓 2.5 V，時脈 ≤ 200 MHz。早期運用於電腦主機後，因 CPU 速度增加漸漸轉移到電腦周邊或其他可攜式消費設備上。

- DDR2 SDRAM：第二代雙倍數據率同步動態隨機存取記憶體 (Double-Data-Rate Two Synchronous DRAM，簡稱為 DDR2 SDRAM)，它是 DDR1 的後繼者，並提供了相較於 DDR1 更高的運行效能與更低的電壓 (200 MHz < 時脈 < 400 MHz, 1.8 V 電壓)。DDR2 是現時流行的記憶體產品，大部分的需求是當 PC 的主記憶體，少數用作通訊設備之暫緩記憶體。

- DDR3 SDRAM：第三代雙倍資料率同步動態隨機存取記憶體 (Double-Data-Rate Three Synchronous DRAM，簡稱為 DDR3 SDRAM)，它是 DDR2 的後繼產品，提供了相較於 DDR2 SDRAM 更高的運行效能與更低的電壓 (時脈 > 400 MHz, 電壓 1.5 V)，是現時 PC 主流的記憶體產品。

- VRAM：影像 (或圖形) 記憶體 (Video RAM)。它的特性是可以很快的更新資料，通常用在高速影像處理的環境下。這對傳統的記憶體而言，因為只擁有一個資料埠 (單一個輸出入位元)，要在很短的時間內處理更新 CPU 的資料到電腦螢幕，會有極大的資料傳輸瓶頸；而 VRAM 擁有兩個分開的資料埠 (兩個單獨的輸出入位元)，一個資料埠可以專門用來處理電腦螢幕的資料，刷新在螢幕上的顯像，另一個資料埠由 CPU 或繪圖控制器用來改變記憶體內的顯像資料，所以可以解決上述的問題。

- SGRAM：圖形記憶體 (Synchronous Graphics DRAM)。SGRAM 是由 SDRAM 再改良的記體體，它的設計允許以「區塊 (block)」為單位個別分開地取回或修改其中的資料，減少整體記憶體讀寫的次數，增加繪圖控制器的效率。
- Pseudostatic RAM (PSRAM)：它是以 DRAM 記憶單元從事 SRAM 功能的一種低功耗記憶體。其理由是因 SRAM 記憶單元較大，當高容量晶片需求時，晶片面積變得相當大，不但不易融入系統，而且生產良率也會變差。當然，相較於 SRAM，速度的表現上比較差。目前 PSRAM 的市場是鎖定在取代手機上 SRAM 的需求。

## 11.3 DRAM 的工作原理

### 11.3.1 DRAM 的基本架構

DRAM 的標準架構展示於圖 11.5。其主要元件包括記憶體陣列 (Memory Array)、行/列解碼器 (Row/Column Decoder)，行/列位址緩衝器 (Row/Column Address Buffer)、感應放大器 (Sense Amplifier)、以及資料出入 (Data I/O) 與讀寫 (Read/Write) 之控制電路。如圖 11.5 所示，記憶體陣列為一 K (=N×M) 位元之二次元陣列記憶單元，用於儲存資料。欲進行特定記憶單元之資料讀出或寫入，需將此特定記憶單元之位址輸入行位址緩衝器和列位址緩衝器中，行位址訊號利用行解碼器，從 N 條字元線 (word line) 中選擇特定的一條 (例如圖 11.5 中所示之第 i 條字元線)，此一字元線會與 M 個記憶單元連接。經由記憶單元，然後連接 M 條位元線 (bit line) 和 M/2 組感應放大器。而列位址訊號經由列解碼器選擇 M

圖 11.5 DRAM 的基本架構圖。

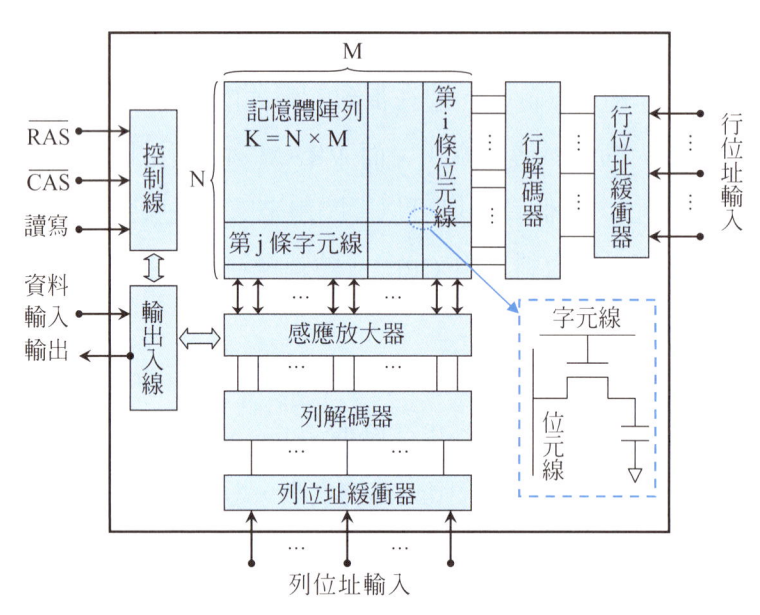

條位元線中的一條 (例如圖 11.5 中所示之第 j 條位元線) 之後，其連接的感應放大器會與資料輸出入線路連結，接受控制線路的指令將資料讀出或寫入此一被選定的記憶單元。

## 11.3.2 記憶單元資料之存取

DRAM 記憶單元簡單地包括一個電晶體和一個電容，其中電晶體為 N 型通道 MOS 元件 (見圖 11.6(a))，而電容結構 (就形成技術) 有溝渠式與堆疊式兩種 (分別顯示於圖 11.6(a) 與 (b))。記憶單元中的 MOS 電晶體為控制電荷充放之開關，又特別稱為轉移閘極 (transfer gate)。構成電容的兩個電極中，一邊施加電壓 (典型值為 1/2 電源電壓或 $V_{CC}/2$) 於其上的電極稱為細胞板 (cell plate)，另一邊的電極則用來儲存資料，稱為儲存節點。

記憶單元的基本動作可分為資料讀取與寫入。記憶單元讀取 (或寫入) 之工作狀況，可以訊號感應圖 (圖 11.7 和 11.8) 比較仔細地加以說明。圖 11.7 之記憶單元資料存取電路包括上一段落 (11.3.1) 之說明，所選定之記憶單元及其相臨位

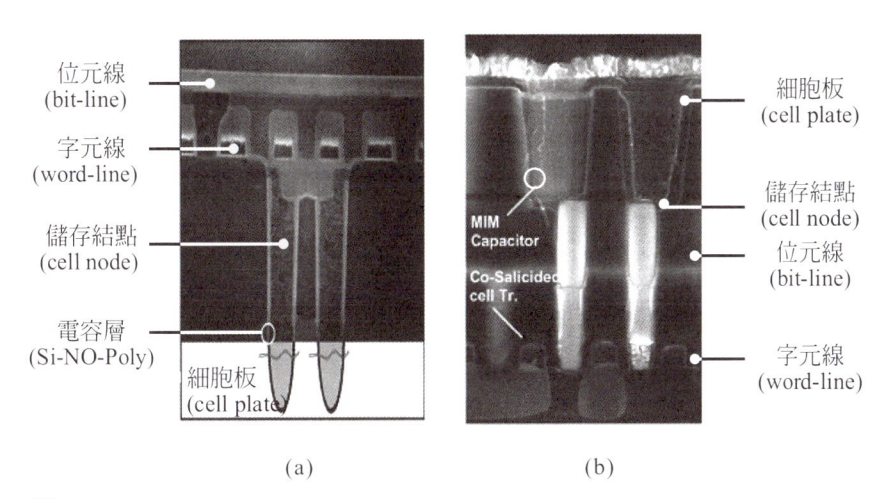

第 11 章　動態隨機存取記憶體技術 (DRAM Technology)　　379

圖 11.6　DRAM 記憶單元 SEM 切面圖：(a) 溝渠式結構 [19]，(b) 堆疊式結構 [20]。

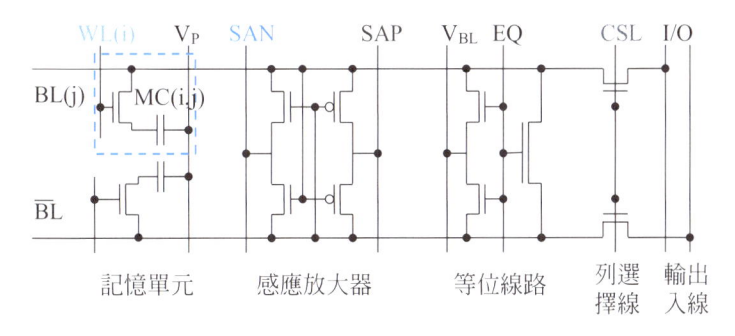

圖 11.7　記憶單元 MC(i, j) 之訊號感應電路。

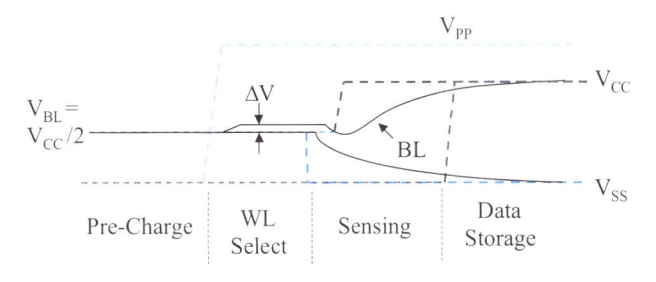

圖 11.8　訊號感測電路圖 11.7 中訊號讀取之輸入及輸出訊號。

元、感應放大器、預充電路與資料進出之控制等。首先，資料寫入以下列步驟施行：預先充電 (Pre-charge) →行選擇 (Row Select) →電位感應放大 (Sensing and Amplification) →列選擇 (Column Select) →資料讀取 (Data I/O)。其過程詳述如下 (訊號圖形顯示於圖 11.8)：

- 預先充電 (Pre-charge)：啟動 EQ 訊號導通電晶體，使兩位元線 (BL 與 $\overline{BL}$)月充電/放電到相同電位 $V_{BL}$ (典型的電壓值是 $V_{CC}/2$)。
- 行選擇 (Row Select)：當行位址訊號利用行解碼器選中一條字元線，字元線 (WL) 之電位拉升到 $V_{PP}$，啟動記憶單元中之 N 型 MOS 電晶體，使記憶單元中之電容連接到位元線 (BL)。經由電荷分享(Charge sharing)，位元線 (BL) 之電位會較 $V_{CC}/2$ 稍微上升或下降 (根據記憶單元電容原始之電位高或低)。圖 11.8 之訊號圖假設電容原始之電位在高電位 ($V_{CC}$)，因此位元線 (BL) 之電位會較 $V_{CC}/2$ 增加 $\Delta V$。在此，我們先定義這個增加量，$\Delta V$，為訊號感測電壓，並在以下章節說明。
- 電位感應放大 (Sensing and Amplification)：位元線 (BL) 之電位會上升後，首先 SAN→low (一般連接 $V_{SS}$)，因此 BL 與 $\overline{BL}$ 之電位會同時稍微下降 (其電位差異也稍微變大)；接著 SAP→high (一般連接 $V_{CC}$)，啟動感應放大器，其中偶合之反相器會將較高電位之位元線拉往 $V_{CC}$ 電位，同時另一較低電位之位元線則下降往 0 V (或 $V_{SS}$) 電位。
- 列選擇 (Column Select)：啟動列選擇線 (如圖 11.8 所示之 CSL or Collumn Select Line)，位址訊號便經由開通之電晶體連接到資料輸出入線路 (I/O 線)，接受控制線路的指令將位址訊號從記憶單元讀出。之後關閉行選擇、感應放大器與列選擇，則完成資料讀取。另一個記憶單元之資料讀取，跟隨以上之過程施行之。

至於資料寫入的過程，由圖 11.7 所示為例，從預先充電、行選擇、電位感應放大、到列選擇，與資料讀取之動作相同。至於列選擇之後，資料輸出入線 (I/O Line) 接受控制線路的指令，將欲寫入 (或儲存) 之訊號，經由資料輸出入線

(I/O Line) 以及開通之電晶體連接到位元線，重複驅使欲寫入 (或儲存) 之訊號覆蓋原先感應放大器感應之位元線電壓，促使欲寫入 (或儲存) 之訊號連接到記憶單元。之後關閉行選擇、感應放大器、與列選擇，則完成資料寫入。另一個記憶單元之資料寫入，跟隨以上所述過程施行之。

### 11.3.3 訊號感測電壓 (Signal sensing voltage)

由記憶單元操作之說明，訊號之讀取有賴於訊號感測電壓之產生。上述「行選擇 (Row Select)」之過程中，對於感應電壓 $\Delta V$ (sensing voltage)，我們可利用圖 11.9 加以計算得到。假設記憶單元電晶體尚未開啟時，$V_{BL}$ 及 $C_{BL}$ 分別表示位元線的電位及電容值，而 $V_C$ 與 $C_S$ 則分別代表記憶單元電容之電壓與電容值。當電晶體導通後，位元線之電位會因電荷分享而變動，依電荷不滅理論，位元線 (或記憶單元電容) 充放電後之電位，V，可計算求得，即

$$V = \{C_S (V_C - V_P) + C_{BL} \times V_{BL}\}/(C_S + C_{BL}) \tag{11.1}$$

當 $V_C = V_{CC}$ (Logic "1") 時，

$$V = V_H = \{C_S (V_{CC} - V_P) + C_{BL} V_{BL}\}/(C_S + C_{BL}) \tag{11.2}$$

當 $V_C = 0$ (Logic "0") 時，

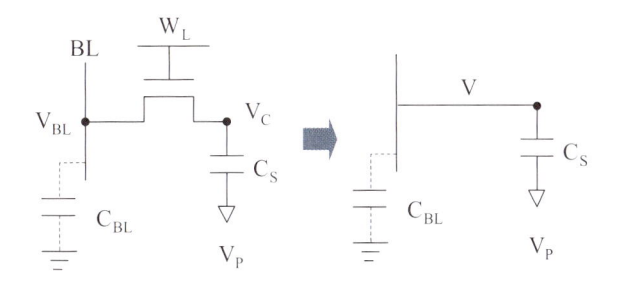

圖 11.9　記憶單元充放電機制以為訊號感應電壓之計算。

$$V = V_L = \{C_S(-V_P) + C_{BL}V_{BL}\}/(C_S + C_{BL}) \qquad (11.3)$$

接著，訊號感測電壓可以經由 $\Delta V = (V_H - V_L)/2$ 求得，即

$$\Delta V = 0.5 \times V_{CC}/(1 + C_{BL}/C_S) \qquad (11.4)$$

由上可見，$\Delta V$ 與 $V_{BL}$ 以及 $V_P$ 沒有相關。此外，就理論來說，$\Delta V$ 值越大越能保證正確訊號之讀取。因此，由式 (11.4) 之計算結果，訊號感應電壓 $\Delta V$ 可由增加 $V_{CC}$ 和/或減小 $C_{BL}/C_S$ 而獲得提升。

另外，有一事必須注意，對於記憶單元正確訊號讀取之操作，除訊號感測電壓之產生外，感測放大器之功能正常與否也是重要因素。在現實的狀況下，即使有適當之訊號感測電壓產生，但感測放大器功能可能會因雜訊而造成偏差 (offset)，致使發生「錯誤訊號」之讀取。這裡所提之雜訊主要是感測放大器中之 MOS 元件對，因製程造成之不協調 (mismatching) 現象，例如因通道摻雜差異與/或閘極尺寸差異造成 MOS 元件對之臨界電壓和操作電流的不協調。以上所述之不協調現象會隨著尺寸微縮進行而越來越嚴重。

## 11.4 DRAM 記憶單元技術

DRAM 記憶單元，簡單地包括一個細胞電容與一個電晶體，是 DRAM 微縮技術主要的限制。它們和 DRAM 數據的保留時間息息相關，也是 DRAM 減少功耗和提高性能的關鍵參數。通常下列兩種技術方法，可用於提高 DRAM 數據的保留時間：一個是在存儲單元中提供足夠大的電容，另一個是降低儲存節點的漏電流。

### 11.4.1 DRAM 記憶單元電容技術

首先，如何提供足夠大的電容？理論上 DRAM 記憶單元之電容值，$C_S$，可以下列方程式計算得到，

$$C_s = \frac{A_E \varepsilon_d}{t_d} \tag{11.5}$$

其中 $A_E$、$\varepsilon_d$ 及 $t_d$ 分別是電容的有效面積、介電質薄膜的介電常數以及介電質薄膜之厚度。一般來說，為了避免低「訊號/雜訊比 (S/N ratio)」對記憶效應的影響，記憶單元電容之電容值需求必須 >25 fF/cell [4]。從 (11.5) 式中，我們很容易得知，大的電容值可由減少介電質薄膜之厚度 ($t_d$)、增加電容的有效面積 ($A_E$) 或/以及提高介電常數 ($\varepsilon_d$) 等三種方式獲得。依據儲存容量發展的軌跡，DRAM 記憶單元電容技術要求，大概可分為下列三個階段 [21]：

### 第一階段

從 1 Kb 到 1 Mb，平面電容的發展主要是利用降低介電質薄膜厚度以增加電容值。減少介電薄膜的厚度固然能可以增加記憶單元的電容值，但實際考慮薄膜本身的絕緣破壞電壓 (breakdown voltage)、穿隧效應 (tunneling) 與可靠性度 (reliability) 等因素時，薄膜的厚度將很難進一步降低。即使利用降低電容兩端偏壓或/和提升薄膜的品質 (如減少薄膜的孔洞 (pinhole))，由理論上來看，3 nm 以下的薄膜，由於電位能障太低，穿隧效應還是會嚴重地影響記憶單元的儲存特性。因此，傳統之熱氧化絕緣薄膜 (thermal oxide)，在更高容量 (技術) 需求時，便漸漸朝向介電常數較高的 ONO (或 NO) 絕緣薄膜方向發展。

### 第二階段

從 1 Mb 到 1 Gb 階段，電容的發展主要是增加有效面積以提昇電容量。當 DRAM 製程技術持續進行微縮，即使利用 ONO (或 NO) 絕緣薄膜，電容以平面結構所能取得的面積將越來越困難，因此立體結構的想法便被引用來增加電容有效面積，提升或維持電容值。如 11.3.2 所述，依電容的擺置結構可分為堆疊式電容與溝槽式電容。堆疊式結構是目前商業化產品主流，其技術主要的發展方向是，在盡量不增加電荷儲存電極高度的情況下，來增加電容值，因為增加其電極的高度，會加重其後微影與蝕刻製程的困難度，甚或造成良率與可靠性問題。常見的改良型電容結構有延展型結構 (spread stacked capacitor) [22]、魚鰭型結構

(fin structure) [6] 和圓筒型結構 (cylindrical structure，或稱皇冠型，crown) [7]。此時，電容值雖然因面積增加而提升，但製程變得複雜。對於魚鰭型和圓筒型結構電容之形成，以下將做比較詳細之說明。

**1. 魚鰭型結構 (fin structure) 電容**

圖 11.10(a)~(g) 依次說明一個雙層魚鰭型結構的堆疊式電容之製程 [6]。其中電晶體首先成形 (圖 11.10(a))，接著，LPCVD SiN 沉積 (圖 11.10(b))。圖 11.10(c) 顯示依次沉積 $SiO_2$、Ploy 及 $SiO_2$，形成第一層魚鰭結構，並以蝕刻打開接觸洞穴以便形成儲存結點接觸。再來，沉積 Poly (僅在列陣區域，見圖 11.10(d))，並藉光刻技術形成儲存結點圖案 (見圖 11.10(e))。圖 11.10(f) 所示為利用 HF 溶液將 $SiO_2$ 層消除，接著做電容薄膜生長與 Poly 沉積，最後形成細胞板與位元線 ((見圖 11.10(g))。以上圖 11.10(a)~(g) 所形成之雙層魚鰭結構電容的 SEM 橫切圖，呈現於圖 11.11(a) 中。依據以上製程，更多層魚鰭型結構可以長成如圖 11.11(b) 所示，以增加電容有效面積，提升電容值。另外值得一提的是，圖 11.11(b) 所示之記憶單元為 COB (Capacitor Over Bitline) 結構 (不同於圖 11.11(a) 之結構)，亦即將電容之製作放在位元線形成之後，其優點不僅可增加電容，而且可降低形成儲存結點接觸的困難度 (因寬深比之限制)，是堆疊式 DRAM 在百萬位元 (Mb) 容量

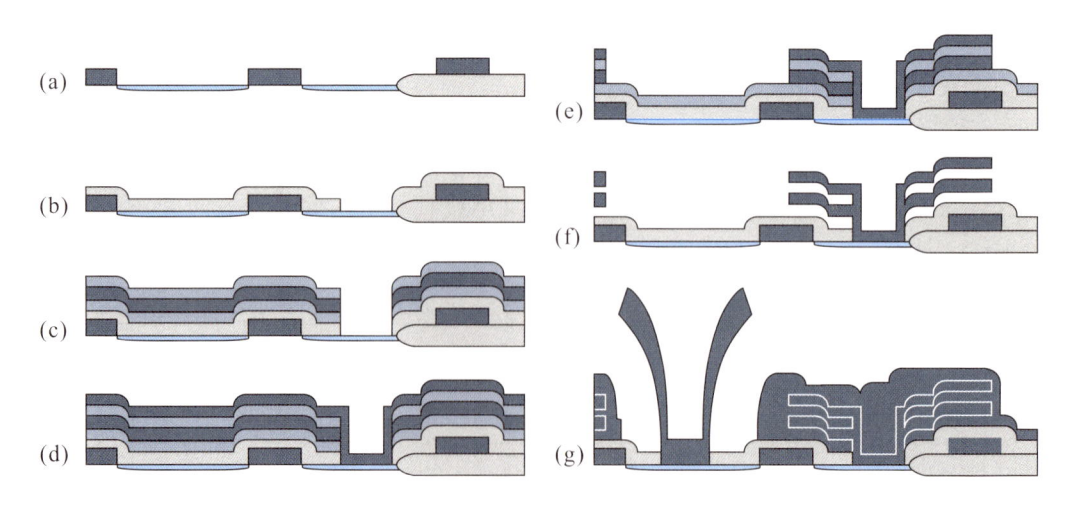

圖 11.10　一個雙層魚鰭型結構的堆疊式電容之製造流程 [6]。

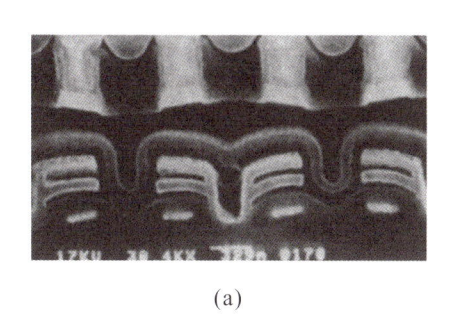

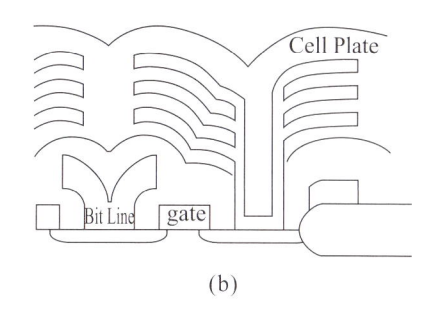

第 11 章　動態隨機存取記憶體技術 (DRAM Technology)　385

圖 11.11　(a) 雙層魚鰭結構電容之 SEM 橫切圖，與 (b) 多層魚鰭結構電容之橫切圖 [6]。

之後發展之主流結構。

### 2. 圓筒型結構電容

圖 11.12(a)~(f) 與 (g) 分別描述一個圓筒型結構的堆疊式電容之製程及其形成之結構電容的 SEM 鳥瞰圖 [7]。圖 11.12(a) 所示為在電晶體成形後，沉積一層氮化矽 (SiN) 薄膜，並利用光罩作圖案定義 (patterning) 儲存結點區域。以上之氮化矽薄膜主要作用為，在形成儲存結點接觸孔時，保護隔離及字元線區域之 $SiO_2$ 層，避免過度蝕刻。接著，舖蓋一層 poly-Si 在電容區域當緩衝層 (poly-Si pad) (見圖 11.12(b))。這一緩衝層不但是電容結點的一部分，而且用以防止對隔離 (isolation) 及字元線區域，在製造接觸洞時，造成過度蝕刻。之後，沉積厚的 $SiO_2$，而其厚度由儲存電容需求來決定。再來打開接觸洞，並沉積介電薄膜和 poly-Si 形成堆疊電容 (見圖 11.12(c))。接著，以濕蝕刻移除厚 CVD oxide，並且形成圓筒型電容之儲存結點 (如圖 11.12(d) 所示)，其 SEM 之鳥瞰圖如圖 11.12(g) 所示。最後，圖 11.12(e) 為較上層細胞板之形成，而圖 (f) 為 Ti/TiN 包覆之 W 位元線之形成。這個製程技術雖然可以增加圓筒高度，提升電容，但其深寬比還是深刻地依賴在蝕刻與填充技術上。

除此之外，半球型矽晶粒 (Hemi-Spherical Grained-poly-Si，簡稱 HSG) 或 Rugged poly-Si [23,24] 製程技術亦常被使用，讓多晶矽電極表面粗糙化，以增加接觸電極面積方式將電容值提升。HSG 的製程係利用低壓化學氣相沉

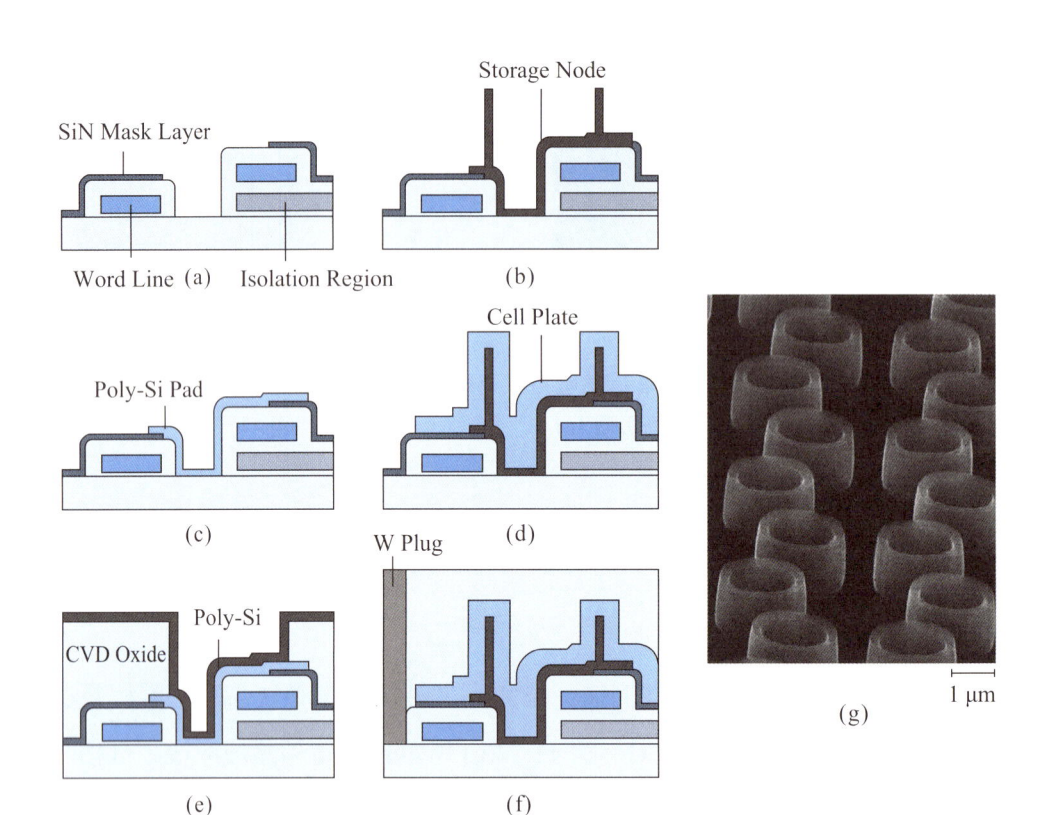

**圖 11.12** 一個雙層魚鰭型結構的堆疊式電容之製造流程 (a)~(f)，另 (g) 為其形成圓筒型電容之上視圖 (視偏角度)[7]。

積 (LPCVD) 技術，過程如圖 11.13(a)~(c) 所示，首先在高溫下通入 $Si_2H_6$ (~600°C)，$Si_2H_6$ 遇熱分解為矽原子，沉積到下電極板上形成晶種 (圖 11.13(a))。接著進行退火 (annealing) (如圖 11.13(b) 所示)，在退火過程中，不通入任何氣體，高溫會使下電極板的非晶矽與晶種重新排列組合，形成半球型矽晶粒 HSG (如圖

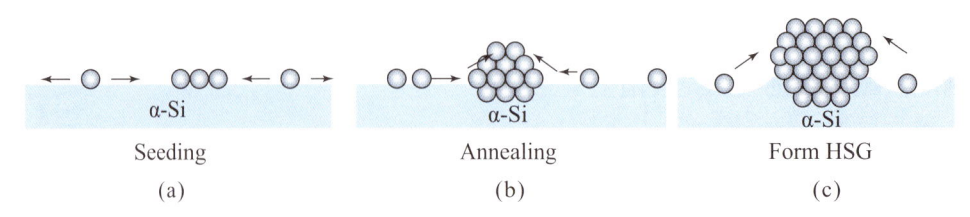

**圖 11.13** HSG 形成示意圖 [25]。

11.14 所示為一溝渠式 HSG SEM 切面圖)。另外，為了易於拉晶以形成 HSG，下電極板通常未作磷摻雜。如此一來，將會造成導電性變差。因此，一般需配合原位磷摻雜 (in-situ P-doped) 製程，使其導電性提升。另外，對於 HSG 製程技術需要提醒的問題是顆粒大小 (grain size) 不一致以及分佈不均勻之現象，尤其是電容下電極底端 位置，分佈不均勻的情形會特別嚴重 (如圖 11.14(b) 所示)。顆粒大小不一致與分佈不均勻之現象會使電容值起浮變大，而造成設計與生產良率之顧慮。對於顆粒大小及分佈之控制，通常在於最佳化 HSG 沉積溫度與壓力、$Si_2H_6$ 流量、晶種時間長短、與退火時間長短等製程參數 [25]。

對於溝槽式電容結構，它是利用電漿蝕刻矽基板 (silicon substrate) 到某一深度以形成凹槽。這一製程的好處是對後段製程提供較好的平坦性，以利後續微影、沉積和蝕刻製程的進行。對於溝槽式電容如何提升電容值而不影響 DRAM 的集積度，直接地利用蝕刻技術增加溝槽深度和擴大溝槽下部寬度使之成為瓶形結構 (見圖 11.16(a))。然而，當凹槽的深寬比 (aspect ratio) 越大，蝕刻的困難度也會越來越高，因而衝擊後續微影、沉積和蝕刻製程的進行，可能造成良率降低和可靠度問題。此外，利用 HSG 製程延伸技術節點也是溝槽式電容結構發展之一個重點。依據文獻 [35] 之陳述，英飛凌利用「HSG＋瓶狀」結構製作溝槽式電容，將凹槽的深寬比增加到 60 (需強烈依賴蝕刻技術與設備)，在使用 NO 薄膜下，可以將其溝槽式 DRAM 製程推展到 90 奈米技術節點。

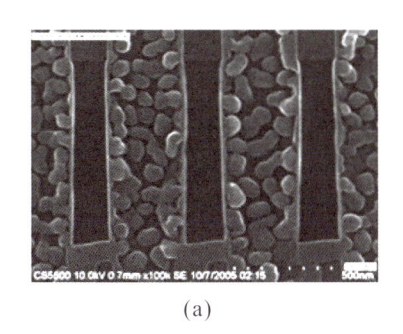

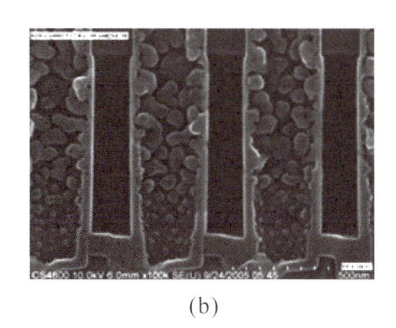

圖 11.14　一個溝渠式 HSG SEM 切面圖，(a) 與 (b) 分別顯示 HSG 顆粒大小分佈均勻和不均勻之圖形 [25]。

**第三階段**

1 Gb 以上,電容的發展則需倚重高介電常數的材料。電容器儲存電荷的能力,與其所使用的介電材質之介電常數成正比的關係。因此,在元件尺度進一步縮小時,若持續使用 ONO 為介電薄膜材料,電容將不易維持抑制雜訊時所需的值,因此採用高介電常數材料,配合上述 3D 電容結構來增加電容值,成為 DRAM 微縮進入奈米技術節點的必行之路。

高介電薄膜材料共分為三大類,如表 11.2 所示 [26]。第一類為二元氧化物,如:$TiO_2$、$Ta_2O_5$、$ZrO_2$、$Al_2O_3$、$HfO_2$ ⋯ 等。它們具較高的介電常數 (相較於 NO 薄膜) 並相容於現任的製程。第二類為無揮發性元素之多元氧化物順電性鐵電材料,包括 $SrTiO_3$、$(Ba_xSr_{1-x})TiO_2$ (簡稱 BST)、$Ba(Zr_xTi_{1-x})O_3$ 等,其介電常數可高達 300 (如 BST),但此類材料多為 perovskite 結構,漏電流通常較大,需有顯著的製程改善,才能有效應用於 DRAM。第三類則為 PZT 等鉛系強介電材料,其介電常數可高達 1000 以上。但鉛元素的揮發會導致設備污染,可靠度有待加強。

當 DRAM 微縮進入奈米技術節點,許多有關記憶單元電容的研究已經發表

**表 11.2** 高介電薄膜材料種類及其介電常數 [26]

| 類別 | 化學式 | 介電常數 |
|---|---|---|
| 二元氧化物 | $TiO_2$ | 60~100 |
| | $Ta_2O_5$ | 25~35 |
| | $ZrO_2$ | 15~30 |
| | $Al_2O_3$ | 7~12 |
| 強介電材料 | $SrTiO_3$ | ~140 |
| | $(Ba_{1-x}Sr_x)TiO_3$ | ~300 |
| | $Ba(Zr_xTi_{1-x})O_3$ | ~300 |
| 鉛系強介電材料 | $Pb(Zr_{1-x}Ti_x)O_3$ | 800~1200 |
| | $(Pb_{1-x}La_x)(Zr_{1-y}Ti_y)O_3$ | 800~1200 |
| | $Pb(Mg_{1/3}NB_{2/3})O_3$ | 1000~2000 |

[27-40]，其中二元氧化物，如 $Al_2O_3$、$HfO_2$、$ZrO_2$ 以及/或以上述介電材料混合形成之多層沉積結構，例如 AHO (即 AlO/HfO)、HAH (即 HfO/AlO/HfO) 與 ZAZ (即 ZrO/AlO/ZrO)，它們對現任製程的相容性較佳，配合 ALD (原子層沉積) 技術之優良的台階覆蓋能力，已經成為目前主流電容器之電介材料，並可廣泛地應用在 90~50 奈米技術節點。甚至，推升電容之高寬比，可延伸到 40 奈米技術節點。例如，在堆疊式 DRAM 方面，Samsung 與 Hynix 已成功地利用層板 ALD (laminate ALD) 方式，將上述之多層沉積結構整合進入圓筒型電容結構，並分別展示於各世代 DRAM 製程技術中：AHO MIS 電容用於 90 奈米製程技術 [30]、AHO MIM 電容用於 70 奈米製程技術 [31]、HAH MIM 電容用於 68 奈米製程技術 [33] 以及 ZAZ MIM 電容用於 56 奈米與 44 奈米製程技術 [33, 34]。圖 11.15(a) 是 TiN/ZAZ/TiN 圓筒型電容陣列之橫切面圖 (展示於上述之 56 奈米 DRAM 製程)，其電容高度=1.1 $\mu m$，而計算所得之 EOT~0.75 nm。另外，圖 11.15(b) 與 (c) 分別顯示其電容量與漏電流特性。此一 TiN/ZAZ/TiN 圓筒型電容之 50% 電容量與漏電流值分別為 25 fF/cell 與 0.3 fA/cell；與相同厚度與高度之 HAH 圓筒型電容之特性比較，明顯地比較優秀。

對於溝渠式 DRAM，一樣利用 ALD 技術，Infinion (現改稱 Qimonda) 整合 $Al_2O_3$ 之 MIS 電容結構於 70 奈米及 58 奈米製程 [35, 36]。在英飛凌展示的 70 奈

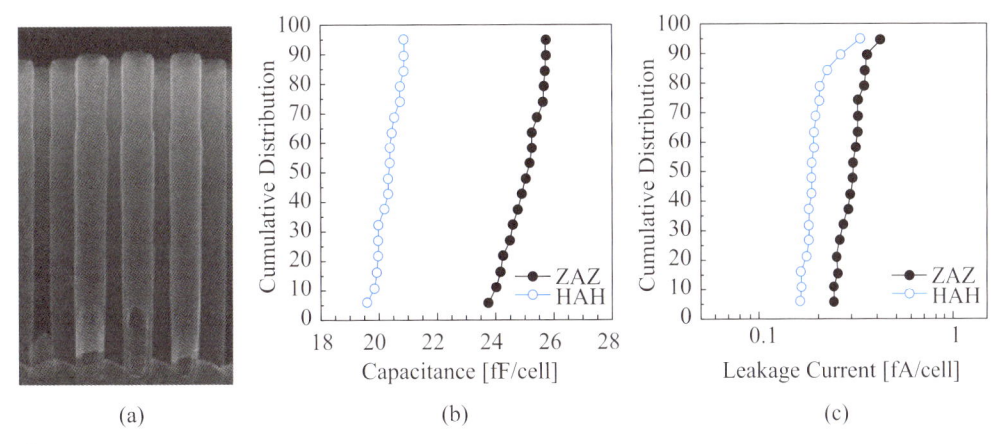

圖 11.15　TiN/ZAZ/TiN 圓筒型電容陣列之 (a) 橫切面圖以及其電容與漏電流特性、((b) & (c)) [33]。

米技術中 [35]，使用 ALD 技術沉積 $Al_2O_3$ 於半球型 HSG 混合瓶狀的溝槽以形成 MIS(TiN/$Al_2O_3$/Si) 電容，其中 HSG 晶粒尺寸的大小約 20-25 nm，並顯示出非常好的表面覆蓋 (見圖 11.16)。對於其 58 奈米製程，則在 $Al_2O_3$ 沉積過程中加入 Si 以形成 AlSiO 介電層，以此製成之 TiN/AlSiO/Si MIS 電容，相對於 [35] 之 MIS(TiN/$Al_2O_3$/Si)電容，具有較佳的電性表現 (如較低之接觸電阻與漏電流) [36]。接著，Infinion 並於 2007 年發表所謂「碳電極高介電材料電容 (Carbon-electroded high-k capacitor)」，利用碳具填充能力較佳的優點，形成較高高寬比之電容，以為溝渠式電容在 40 奈米技術節點之解決方案 [37]。

但是，到 30 奈米或以下技術節點，因為沒有太多空間，利用二元氧化物電介質並推高電容器，可能不是解決方法。因此，電容器應輔以強化技術連同較高 k 值的電介質，通過最佳化高 k 電介質材料和電容器高度，才能滿足 25 fF/cell 最小電容需求，順利發展到 30 奈米 [4]。為了提高電容/單位面積，文獻 [38-40] 已提出許多不同的材料與製程，其中 $SrTiO_3$ (或稱 STO) 為電容介質材料似

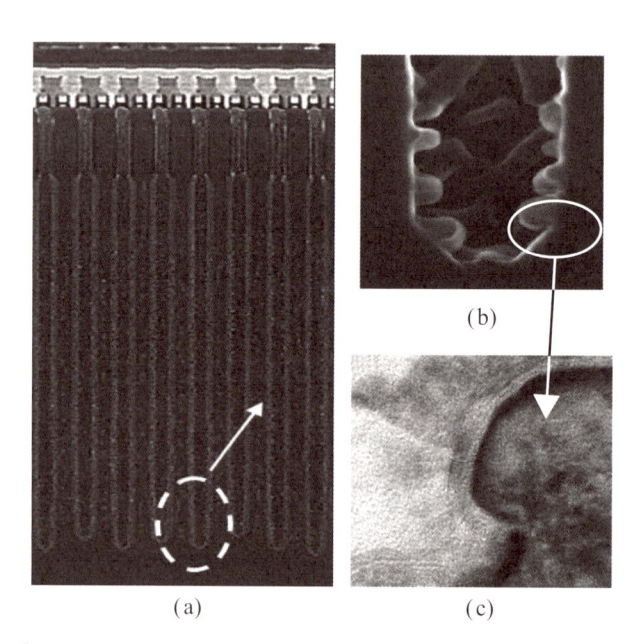

圖 11.16 **(a)** DT 電容之橫切面圖，**(b)** 在 **(a)** 圖標示區域 HSG 之形成圖，**(c)** $Al_2O_3$ 介電質覆蓋之矽顆粒的 TEM 圖。

乎是一可行方案。文獻 [38] 提供一個以高 Sr 含量的 STO 為介質材料的製程，形成 TiN/Ru/RuO$_x$/TiO$_x$/STO/TiN 之 MIM 結構電容 (如圖 11.17 所示)，以獲取等效氧化矽厚度 (EOT) 小於 0.5 奈米，並擁有低漏電流特性 (在偏壓為 0.8V 時，當 EOT = 0.4 nm 與 0.5 nm 時，其 Jg 分別是 $10^{-6}$ A/cm$^2$ 以及 $10^{-8}$ A/cm$^2$。此外，此 MIM 電容在各種 TiO$_x$ 與 STO 組合下 (EOT < 1 nm)，非常高的電容密度 (50~100 fF/um$^2$) 可以達到。

最後，推升電容之高寬比，可以增加電容面積達到提昇電容量之目的，但需要解決 (或避免) 因機械性之不穩定造成相鄰電容器 (電性) 導通。一種已被證實使用於 80 奈米 DRAM 的新型網狀電容器 (MESH-CAP) [41]，擁有強勁的機械穩定性，對於 30 奈米或以下技術節點應該是一個具發展潛力的技術。

### 11.4.2 DRAM 記憶單元電晶體技術

對於如何降低存儲結點的漏電流，我們必須先了解此漏電流的來源及其發生之原因。首先，由記憶單元之結構，存儲結點之各種漏電流路徑描述於圖 11.18，其中 $I_{DL}$ (dielectric leakage current) 表示電容介電質之漏電流。它的大小與下列三個因素極度地正相關：介電質薄膜中 traps 的密度 ($N_C$)，與其能量水平

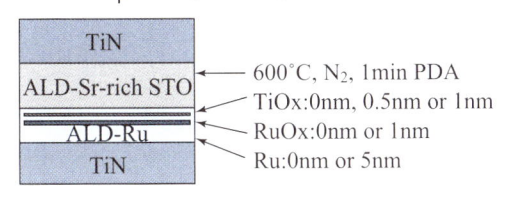

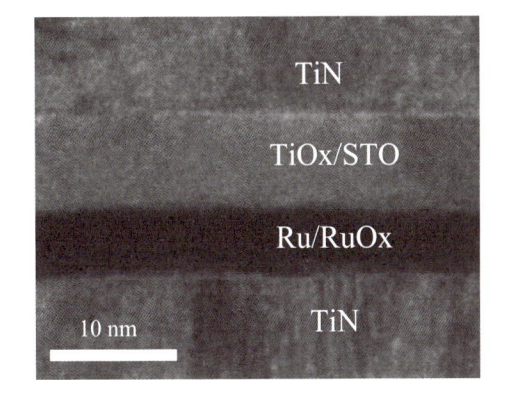

圖 11.17　Sr-rich STO MIM 電容之製作流程與結構圖；((b) 為 TEM 結構圖)。

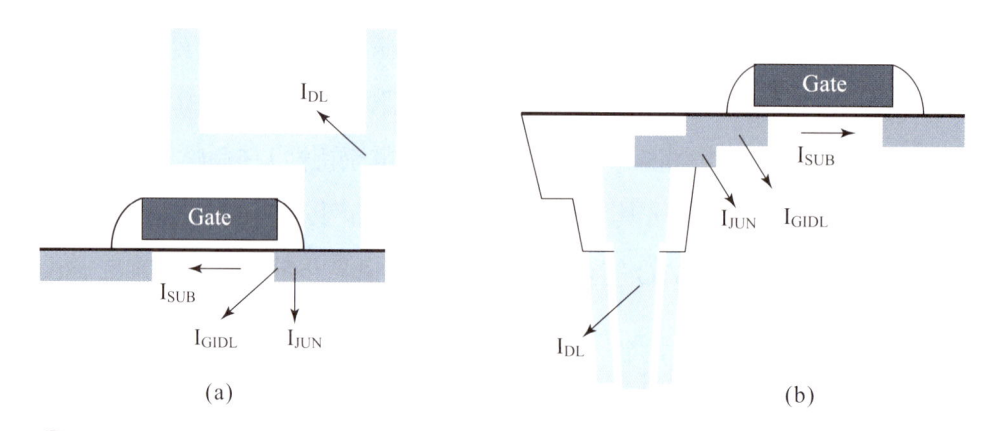

**圖 11.18** (a) 堆疊式，與 (b) 溝渠式結構存儲結點之各種漏電流路徑。

($E_C$)，以及不需要橫跨電容兩端之電場 (E)。當 $N_C$、$E_C$ 或/和 E 越高，則 $I_{DL}$ 越大。$I_{SUB}$ (subthreshold leakage current) 表示 MOS 元件之次臨界滲漏電流，是元件因短通道效應，致使次臨界導通 (subthreshold conduction) 而產生。在固定的汲極-源極偏壓下，它會隨閘極偏壓之增加或臨界電壓 (Threshold voltage) 之減少，而成指數形的增加。同時，次臨界漏電流也會因溫度的上升而成指數形的增加。$I_{JUN}$ (junction leakage current) 表示儲存結點 (元件源或汲極之擴散區域) 對基板之漏電流。它像是一個二極體之反偏電流，會隨儲存結點與基板之摻雜濃度、反向偏壓以及環境溫度之增加而變大。最後一項，$I_{GIDL}$ (gate-induced drain leakage) 表示閘極對汲極 (或儲存結點) 之漏電流。這個漏電流來自閘極-汲極 (負) 偏壓在閘極與汲極重疊之區域形成高電場，使得通道加速導通。它跟閘極對汲極 (負) 偏壓有指數形的關係，但對溫度效應不顯著。另外，閘極與汲極重疊區域之摻雜濃度越高，$I_{GIDL}$ 也會越大。在操作設計上，閘極與基板 (或井區域) 常使用負電壓以抑制次臨界漏電流。但是，閘極與基板之負電壓會分別造成 $I_{GIDL}$ 與 $I_{JUN}$ 增加。因此，如何最佳化閘極與基板之負電壓也是提昇數據保留時間的一個重點。

對於以上所述之漏電，就質來說，必須盡可能小，以維持記憶單元之記憶力。就量來看，則須滿足以下之限制：

$$\int_0^{T_{ref}} I_{LEAK}\ dt << Q_D = C_S \times \Delta V_D \tag{11.6}$$

其中 $I_{LEAK}$ (= $I_{SUB}$ + $I_{GIDL}$ + $I_{JUN}$ + $I_{DL}$) 是所有漏電流之總和 (隨時間變化)，Tref 表示一記憶單元自資料存入起到重新充電當時所經歷之時間長短 (一般消費型 DRAM 產品之規格需 >64 毫秒)，$Q_D$ 定義為維持記憶單元記憶力所容許之最大電荷流失量，而 $\Delta V_D$ 則是因電荷流失量 $Q_D$ 在電容器 (電容值 $C_S$) 上造成之電壓降。透過以上說明，吾人若欲降低存儲結點交界處的漏電流，除了電容器漏電極小化，其他就需要在記憶單元電晶體結構上尋求漏電極改善。典型的 DRAM 單元電晶體之結構設計，需要最佳化其電流驅動能力、次臨界漏電流 (通過單元電晶體) 和其他存儲結點漏電流，以同時符合速度與資料保持時間的規格。

當 MOS 元件隨著微縮技術前進而縮小時，元件之短通道效應，如穿通 (punch-through) 與次臨界導通，對元件特性所造成的不良影響變得越來越嚴重。為抑制短通道效應以製造出更小元件，在製程技術的演進中，通常以增加通道摻雜濃度、形成淺界面 (shallow junction) 以及抑制穿通離子佈植 (anti-punch through ion implantation) 或環狀離子植入 (halo ion implantation) 為手段。然而，以上減緩短通道效應的方法，隨著微縮技術前進而摻雜 (和佈植) 濃度不斷增加，不僅導致在儲存結點產生洩漏電流 (高摻雜界面→高電場)，同時也對存儲單元之電晶體造成高臨界電壓值，而降低其電流驅動能力。當 DRAM 製程技術接近 100 奈米節點時，記憶單元電晶體的改良結構必須引進以實現 DRAM 速度與資料保持時間的要求。

因應製程技術低於 100 奈米節點之需求，首先 DRAM 記憶單元電晶體的結構透過通道和源/汲極工程 (channel and source/drain engineering) 形成 LASC 結構 [10, 11]，被引用在大約 100 奈米節點製程中。LASC 記憶單元電晶體結構，如圖 11.19(c) 所示，具有非對稱的 DC (Direct BL Contact) 與 SN (Storage Node) 交界處輪廓 (junction profile)，並藉由獨立地最佳化 DC 與 SN 的深淺交界處輪廓，分別抑制短通道效應 (低穿隧電流，見圖 11.19(c) 路徑-1) 與降低接面漏電流 (低摻雜形成寬空乏區見圖 11.19(c) 路徑-2)。製程施行上 (顯示於圖 11.19(a)~(c))，首先對傳統之 MOS 結構作一個深而漸進地低摻雜濃度的磷 (Ph) 摻雜植入，接著，在 DC 區域利用硼 (B) 摻雜作選擇補償植入，以形成一個淺界面之磷摻雜區域。依

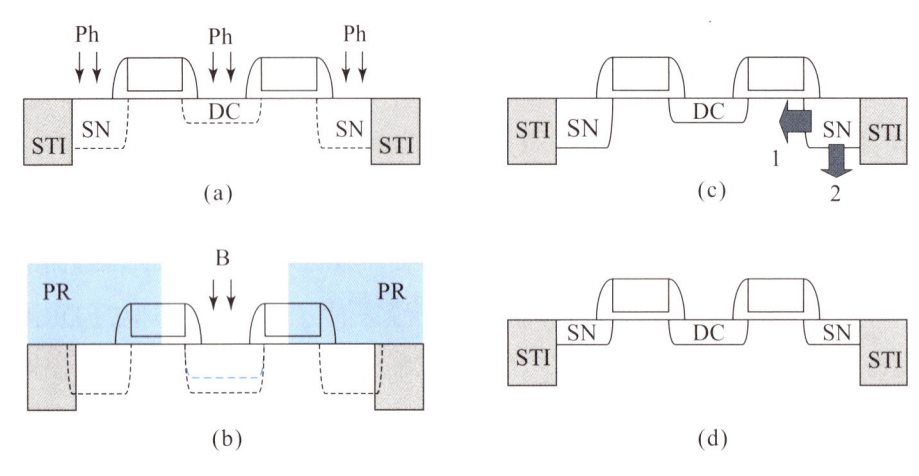

**圖 11.19** 記憶單元電晶體：**(a)~(c)** 為 LASC 製造流程與摻雜輪廓，**(d)** 顯示傳統電晶體之摻雜輪廓。

此，漸進較低的摻雜濃度可降低接面電場以減少漏電流，而深交界輪廓可推延交界處的空乏區，並制止空乏區中因缺陷所造成的局部增強電場。LASC 方法對於數據保留時間改進的有效性直接地在一使用 0.12 $\mu m$ 技術的 512 Mb DRAM 獲得證實 [12]。圖 11.20 顯示傳統結構 (以 A 表示) 與 LASC 結構 (以 B 表示) 之記憶單元電晶體特性的比較圖，其中透過製程，特意地將 A 與 B 的次臨界性能調整相近，之後，LASC 結構顯示較佳的漏電表現 (見圖 11.20(a))，故在數據保留時間之表現亦比較好 (見圖 11.20(b))。

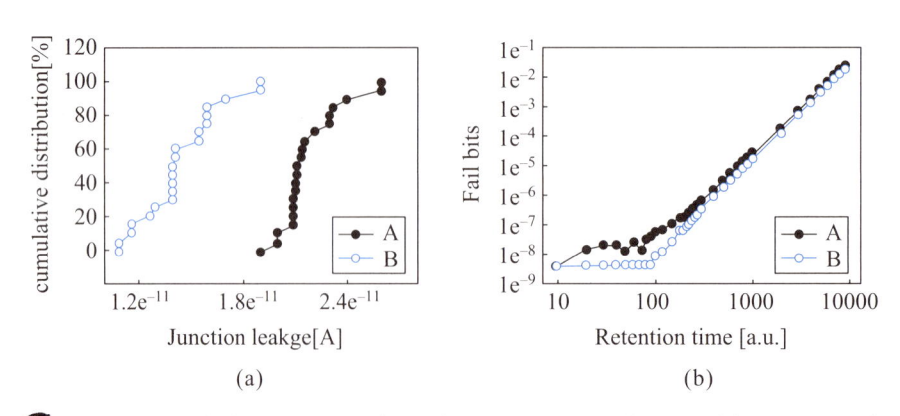

**圖 11.20** 傳統結構 (以 A 表示)與 LASC (以 B 表示) 記憶單元電晶體特性之比較。

到 90 奈米節點，新的三維晶體結構，稱為凹槽通道陣列電晶體 (Recess-Channel-Array-Transistor 或 RCAT)，已經被介紹引用 [13-15]。RCAT 結構的目的是延長有效通道長度，以改善短通道效應而不需增加單元尺寸。這種元件結構，雖然將有效通道變長，但其電流驅動力仍可藉由低的通道摻雜濃度而獲得改善，藉此並降低儲存結點之漏電流。對於可行性之驗證，RCAT 已成功地展示其改善數據保留時間之能力於一個 80 奈米製程技術的 512 Mb DRAM [14] 上。圖 11.21 簡單地描述一個 RCAT 製程。在作用區 (active area) 形成後，先做 poly 沉積，再利用光刻技術定義凹槽蝕刻區域 (見圖 11.21(a))，其中值得注意的是 poly 沉積層能有效抑制凹槽開口過度蝕刻之問題。接著進行凹槽蝕刻，並在凹槽形成之後，將光阻及 poly 移除，如圖 11.21(b) 所示。再來，成長閘氧化層，其後沉積 poly 及 W-Six，並使用光刻技術定義閘堆疊 (gate stack)，移除 W-Six 及 poly 沉積層，形成閘堆疊，完成 RCAT 製程，如圖 11.21(c) 所示。圖 11.22 展示以上 RCAT 製程在閘氧化層形成後之 TEM 橫切圖。圖中凹槽閘的輪廓很均勻，沒有開口處過度蝕刻之現象。

更進一步，一種 RCAT 之改良結構，稱為球形 (Sphere-shaped) RCAT 或 S-RCAT，它能解決 RCAT 因微縮造成底部變尖而發生閘控制能力變差的問題，並已成功實施於 70 奈米 1 Gb DRAM [16]。另外，利用 S-RCAT，配合非對稱之 DC/SN 摻雜輪廓，更將 DRAM 技術延伸到 50 奈米技術節點 [17]。圖 11.23(a)~(e) 描述製造 S-RCAT 結構的流程順序。首先，在作用區形成後，沉積

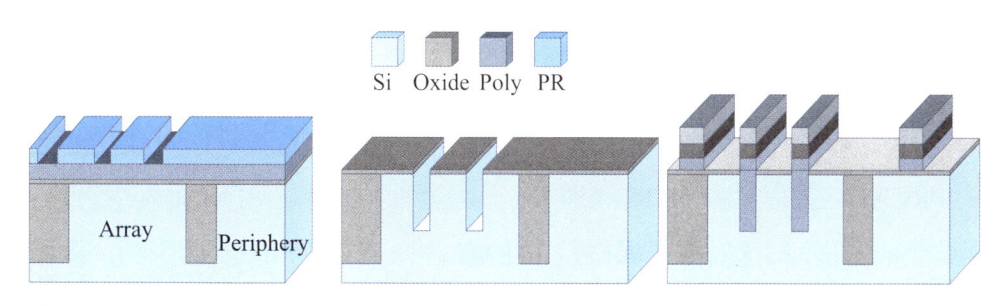

圖 11.21 RCAT 製程及其 TEM 圖 [39]，(a)-(d) 閘氧化層形成後之 TEM 橫切圖。

◎ 圖 11.22　RCAT 製程在閘氧化層形成後之 TEM 橫切圖。

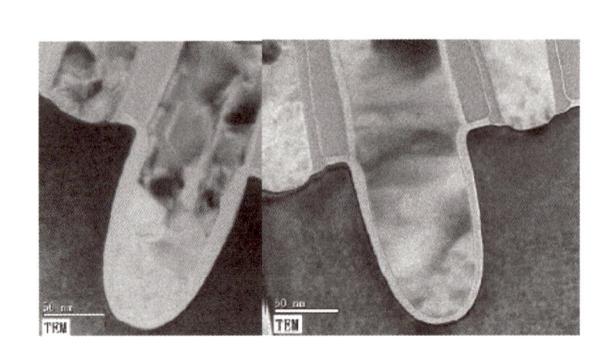

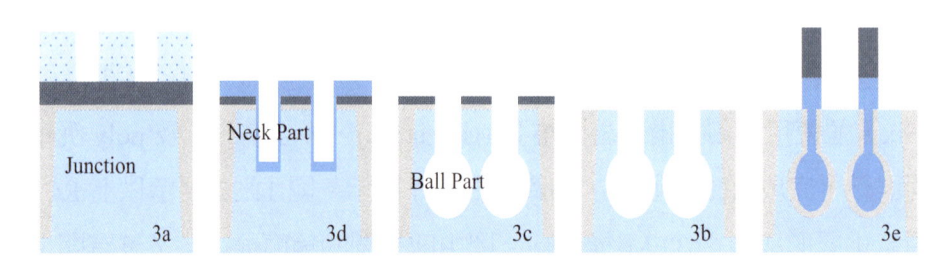

◎ 圖 11.23　製造 S-RCAT 結構的流程順序。

硬膜 (可為 SiON 或 oxide/SiN 薄膜)，並利用版面光刻形成硬膜光罩 (hard mask) [見圖 11.23(a)]。上頸部分，利用矽蝕刻技術形成凹槽，接著沉積薄氧化層，形成氧化物間隔 [見圖 11.23(b)]。在氧化物間隔形成後，先去除上頸底部之氧化層，再利用等同向性乾式蝕刻 (Isotropic dry etching) 技術，形成球面形的部分 [見圖 11.23(c)]。值得注意的是，以上之蝕刻過程中，上頸部矽晶已受氧化層間隔，故上頸部不會有腫大現象發生 (尤其在凹槽尺寸變小之後)。圖 11.23(d) 所示為球面形部分形成後，接著做去除氧化物濕洗。之後，先成長氧化層，再沉積 poly 與金屬層。最後，利用微影與蝕刻形成閘堆疊，如圖 11.23(e) 所示，則完成 S-RCAT 之製程。圖 11.24(a) 與 (b) 分別是 S-RCAT 之 SEM 垂直橫切圖 (在閘極堆疊成形後) 與透射電子顯微鏡 (TEM) 圖像 (在閘多晶矽沉積後)。圖中顯示 S-RCAT 閘氧化層厚度均勻，上頸部和下球形之連接點部分不會有氧化層薄化問題 (oxide thinning) —— 這是 S-RCAT 結構必須注意的問題點。除此之外，從圖

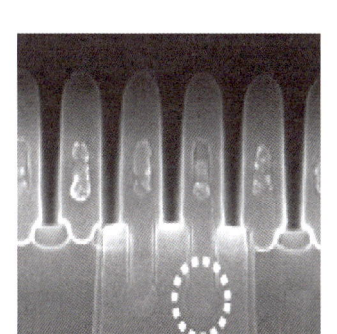

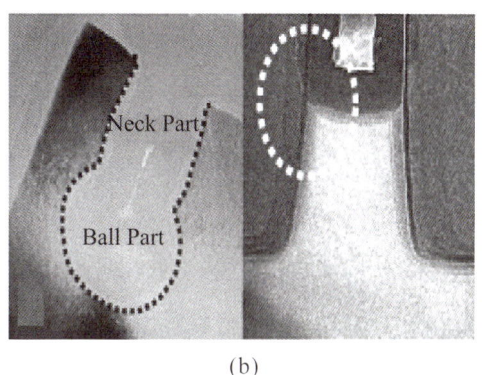

第 11 章　動態隨機存取記憶體技術 (DRAM Technology)　　397

(a)　　　　　　　　　　(b)

圖 11.24　S-RCAT 之 (a) SEM 垂直橫切圖，與 (b) 透射電子顯微鏡 (TEM) 圖像 (在閘極堆疊成形後)。

11.24(b) 亦可清楚見到凹槽沒有側壁 Si 殘留發生。

至於 40 奈米技術節點，新的電晶體結構，如鰭式電晶體 (FinFET) 元件，因具備良好的短通道免疫力，將成為一種可能之選擇。對於其可行性，多年來已獲證實於 70~50 奈米 DRAM 製程技術中 [18, 42, 43]，最近並被發表使用於 40 奈米技術節點 [34]。

圖 11.25(a)~(f) 描述一個接面絕緣基板鰭式電晶體 (junction-isolated bulk FinFET) 的製造流程。首先，圖 11.25(a) 說明使用光刻技術形成 hard mask，接著去除光阻，並進行基板蝕刻以形成鰭式作用區 (fin active area)，見圖 11.25(b)。之後，進行厚氧化層沉積 (圖 11.25(c))→研磨( CMP) 厚氧化層使停在 hard mask 上 (圖 11.25(d))→蝕刻氧化層形成鰭 (圖 11.25(e))。再來，循序進行下列步驟：通道摻雜離子佈植→成長閘氧化層→形成 N+ poly閘→源/汲極區摻雜離子佈植，最後形成鰭式電晶體，如圖 11.25(f) 所示。另外，圖 11.25(g) 展示一個鰭式閘結構的 SEM 橫切圖 (步驟在「形成 N+ poly 閘」前)，以及閘氧化層 TEM 切片圖 [42]。其中，藉由 TEM 切片圖可以發現，相較於高溫爐管，ISSG (In Situ Steam Generation) 對閘氧化層厚度均勻性的控制有比較穩定之表現。

除了以上陳述之電晶體結構，高架源/汲極結構 (elevated-source/drain structure) 採用 SEG (Selective Epitaxial Growth - 選擇性磊晶生長) 過程 [33]，經由

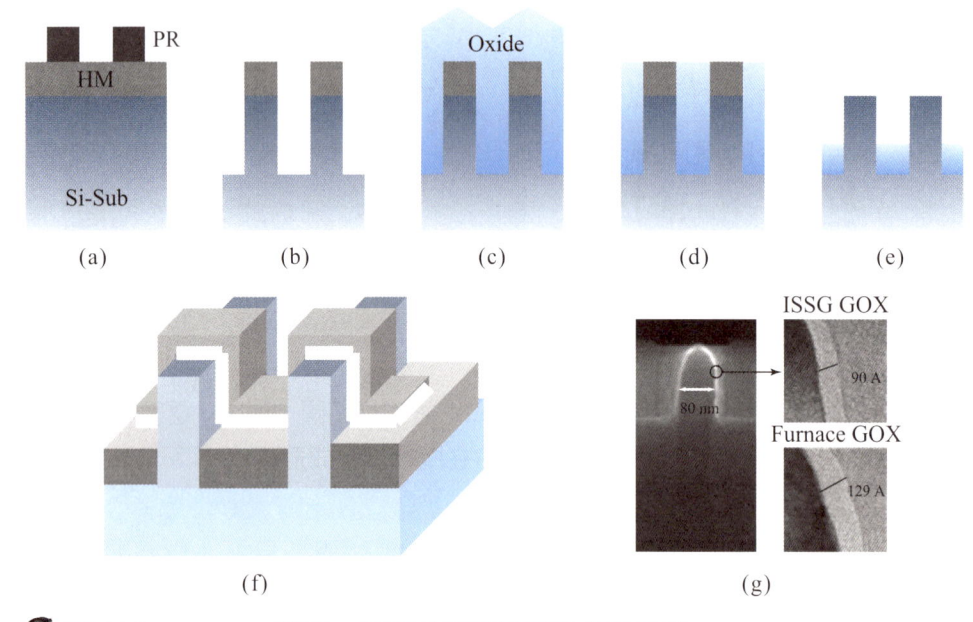

圖 11.25 (a)~(f) 說明一個接面絕緣基板鰭式電晶體 (junction-isolated bulk FinFET) 的製造流程，而 (g) 為鰭狀閘之 SEM 橫切圖及閘氧化層 TEM 切片圖 [42]，其中閘氧化層之厚度為 90A (藉 ISSG 技術成長) 與 129A (經高溫爐管技術成長)。

形成淺接面，也有助於減少短通道效應，從而提供低通道摻雜之空間 (margin)。除此之外，寬廣之製程窗口才能實現記憶細胞接觸的穩定性。一種垂直電晶體利用 SEG 技術，使其擁有圍繞閘極 (surrounding gate) 或內涵閘極 (inner gate) 結構在其垂直方向 (見圖 11.26)，因為它沒有光刻技術造成的限制，所以可能成為更低製程技術節點 (如 30 和 20 奈米) 之解決方案 [9, 44, 45]。

## 11.5 周邊電路元件技術及其他

隨著 DRAM 技術移轉到下一個先進的一代，DRAM 的存取速度 (和數據速率 (Data Rate))，藉由更快的電晶體 (和小的傳遞延遲) 和新的 DRAM 介面架構 (如從快速頁模式 (fast page mode)，到 EDO，到 SDRAM，到 DDR，到 DDR2，到 DDR3 等等所見到的演進)，不斷地獲得改善。

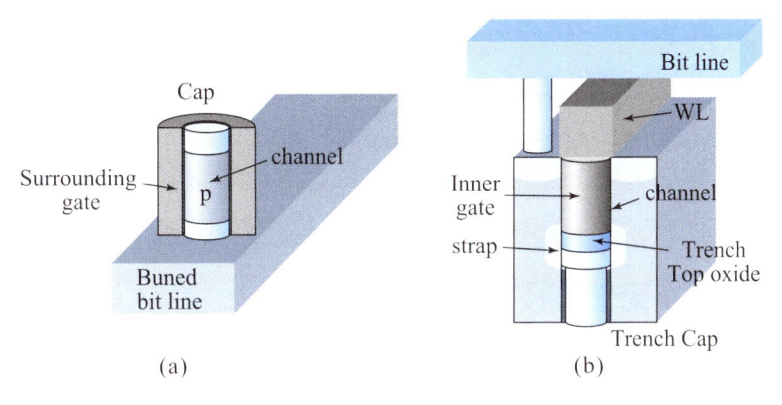

第 11 章　動態隨機存取記憶體技術 (DRAM Technology)　　399

圖 11.26　記憶單元垂直電晶體的典型結構 [9]：(a) 圍繞式閘極 (Surrounding gate，$4F^2$)，(b) 內涵式閘極 (Inner gate，$6F^2$)。

## 11.5.1　DRAM 的存取速度

對於 DRAM 的快速隨機存取 (fast random access)，除提升記憶單元電晶體的驅動電流外，並可藉由下列方法以降低記憶單元操作之 tRCD 和 tRP：降低字元線和/或位元線電阻 (如從 Poly，到 W-Polycide，到 W-Silicide 和/或 W-line 的演進)，適當的分割列陣大小，以及最大限度地減少感測延遲 (sensing delay)。

## 11.5.2　DRAM 的數據速率

對於高數據速率，關鍵參數如 tAA 和 tCK 必須足夠快，此需求則藉由周邊控制電路快速的電晶體，並通過最小化佈線延遲 (interconnect delay) 來達成。對於周邊控制電路的電晶體，其因應技術微縮的發展方式類似於邏輯元件之演進 (但同時必須維持低的漏電流)。傳統周邊元件對抗尺寸微縮的方法，不外乎下列幾種方法：閘氧化層薄形化、通道界面環形佈植、源/汲極淺接面，以及 SSR (Super Steep Retrograde) 通道佈植。然而，隨著微縮技術前進，閘氧化層之厚度有其限度 (因可靠度與漏電流問題)；高的通道環形佈植會降低元件驅動力；太淺之源/汲極接面會造成高電阻；而 SSR 通道佈植更難施行於變薄的通道區域。因此，新的材料 (如高介電常數之閘薄膜、Strained Si) 與製程技術 (如 elevated S/D with Silicide、FinFET) 已經引入 [9]，以延續周邊元件之發展。對於降低佈線延遲，使用銅導線 (取代鋁銅導線) 或/和 low-k 介電材料之金屬間隔離，是 DRAM 在 40 奈米或以下技術的可能選擇 (盡管投資必須增加，而且製程因污染之顧慮而變得複雜)。

### 11.5.3 記憶單元佈線技術

除了製程技術外，DRAM 依賴記憶單元佈線技術進行微縮也是重要之趨勢。典型的記憶單元佈線方式顯示於圖 11.27 中。一般記憶單元佈線是以 $8F^2$ 面積大小為基礎 (見圖 11.27(a))。其中 F 代表 DRAM 記憶單元之特性尺寸 (feature size)，通常是指記憶單元電晶體通道之佈線長度。例如，對於一個擁有 60 奈米通道長度之電晶體，其記憶單元面積等於 $8\times(60\text{ nm})^2 = 0.0288\ \mu m^2$。DRAM 依據容量需求與技術之提昇 (用以降低生產成本)，記憶單元佈線已由 $8F^2$ 轉變為 $6F^2$ (目前記憶單元主流的佈線方式，見圖 11.27(b))。相對於 $8F^2$，$6F^2$ 之記憶單元只需原來 75% 之占有面積，亦即利用 $6F^2$ 佈線方式，DRAM 單位產出會增加 25% (假設 100% 之陣列及相同生產良率)。當然，如果垂直結構之電晶體能應用於 DRAM 製程，那麼 $4F^2$ 之記憶單元佈線便會成為未來之需求 (見圖 11.27(c))。

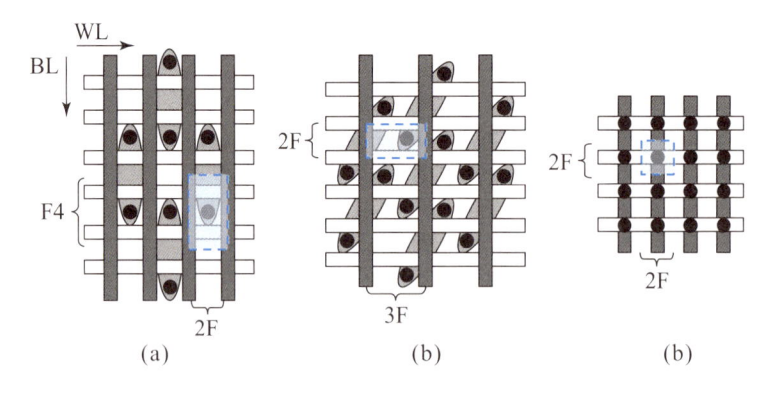

圖 11.27　典型的記憶單元佈線 (layout) 方式：(a) $8F^2$，(b) $6F^2$ 與 (c) $4F^2$。

## 11.6 DRAM 未來之展望

回顧 DRAM 技術發展的歷史，自 Boonstra 等人 [47] 於 1973 年提出單電晶體 (1T1C) 單元結構為 DRAM 標準之後，經歷 30 多年，除了設計技術之提昇與改良，並藉由製程微縮技術，其儲存容量不斷增加，並滿足高性能和低功耗的需求。於此其間，DRAM 記憶容量的引進步伐，保持在大約每三年增加四倍；直到 90 年代後半，這一增加比率已明顯放緩到約每三年增加二倍，如圖 11.28 所示 [48]。若從 80 年代和 90 年代之趨勢延伸，16 Gb DRAM 晶片預計將在 2010 年製造的。然而，現實上 2 Gb 晶片於 2010 年才初現市場，成為 PC 應用的主流產品。這一現象隱含兩種可能顧慮(或趨勢)，其一是 DRAM 技術微縮變得越來越嚴苛 (無論是技術上或設備上)，引進速度可能已趨緩，特別是當 DRAM 技術進入奈米節點之後。其二是 DRAM 市場之應用與需求可能減弱，尤其是 PC/NB 相關之應用與需求。

對於技術微縮，隨著技術移轉超過 30 奈米以下，DRAM 技術顯然接近圖案結構和矽電晶體的物理限制。因此，補充新的材料和新的製程技術以建立新的記憶單元結構，是 DRAM 微縮技術更進一步延伸的必行之路。例如，TiN/Ru/RuO$_x$/TiO$_x$/STO/TiN 之 MIM 電容加上垂直電晶體形成 4F$^2$ 佈線之記憶單元，可能是 20 奈米 DRAM 的解決方案 [45]。然而，新材料和新製程的開發與整合，不僅需要投入資源，亦需較長時間之蘊釀。依據 2009 ITRS 技術藍圖，DRAM 技

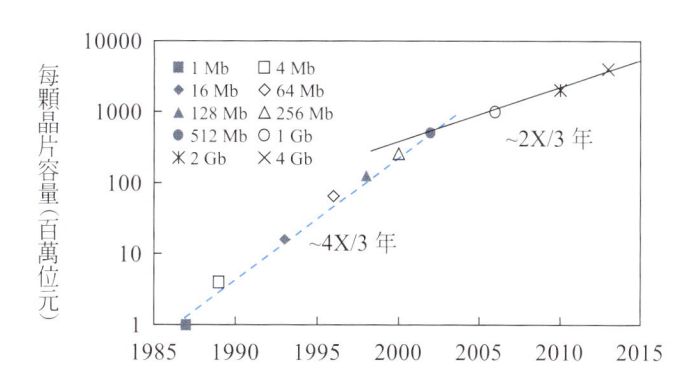

圖 11.28　DRAM 記憶容量引進市場的步伐。

術自 2004 年進入 100 奈米技術量產以來，其引進速度到 2010 年的 50 奈米之後，稍微減慢，但不明顯。同時，由近 10 年來之歷史經驗顯示，DRAM 位元消耗每年之增長，除 2007 年因 Vista 發售之預期而成長 94% 外，其餘始終保持在 43~62% 範圍內，而且，這一成長狀況會繼續下去 [4]。因此，對 DRAM 未來的發展，新材料與新製程的開發與整合似乎不是瓶頸。DRAM 微縮技術還是會依據原定速度繼續下去。

對於應用與需要，市場資料顯示 DRAM 主要的應用與需要來自於 PC/NB 相關領域 (接近 70%)。依據市調之統計資料，從 2003 年至今 (2009 年因金融危機除外)，PC/NB 之年成長率約在 12~18%，而每台 PC/NB DRAM 的搭載率約每年成長 25~42% [49]。以此計算，DRAM 在 PC/NB 應用的需求約以每年 40~65% 成長。表面上來看，這一需求成長率似乎接近於 DRAM 位元增長率 (43~62%)。然而，在此同時，市場營收卻只以大約每年平均 10% 左右之成長率，往上增長，其間波動起伏頻繁且反覆無常。因此，我們相信在許多區段時間內，DRAM 的供給高於需求，因而造成削價競爭，致使營收無法接近 DRAM 位元之增長。另外，因應當前作業系統需求，每台 PC 搭載 DRAM 容量之成長性，從 2009 年開始已有下滑之趨勢，這將影響 DRAM 需求之成長，並惡化市場營收。加上為實際進行量產而對製程技術和新廠不斷增加的投資 (生產成本增加)，漸漸地使得 DRAM 成為一個無利可圖的產業。以上這些顧慮將會嚴重地阻礙 DRAM 未來之發展。解決以上所提之問題，唯一的辦法可能是：擴大 DRAM 的應用。事實上，DRAM 的應用已被擴大，從電子數據處理應用、圖形，延伸到消費電子和移動應用。但這些應用本身似乎還不夠強大，足以支撐 DRAM 未來的發展——像一些不能避免的大量的新廠投資，昂貴的開發費用以及高製造成本。因此，開發新的大規模應用以支持未來 DRAM 的發展，應該是目前最迫切需要的。

## 11.7 結論

在以上之章節裡，我們對於 DRAM 之結構、技術原理、發展歷程以及現況

# 第 11 章 動態隨機存取記憶體技術 (DRAM Technology)

已作解釋與說明,並也對 DRAM 未來之展望提出見解。根據本章對於 DRAM 技術演進之論述,我們以表 11.3 作一個簡單的結論。

依據 DRAM 技術之演進 (由 80 奈米到 30 奈米),為克服尺寸微縮問題,其記憶單元電晶體結構需求已由RCAT,經 S-RCAT 並轉變為鰭式閘電晶體 (FinFET),未來則可能匯集在垂直通道電晶體 (vertical transistor);而其電容則由高介電值材料 (如 AHO/HfO) 之 MIS 結構,經高介電值材料 (如 ZAZ) 之 MIM 結構,將來則需要更高介電值材料 (如 SrTiO) 之 MIM 結構。另外,為達低功耗之目的,操作電壓已由 1.8 V,降到現在的 1.5 V,未來將再降低到 1.2 V,甚至 1.0 V;為因應高速之需求,閘極堆疊已由 WSix 改為 W+WN 或 CoSix 以降低阻抗,

表 11.3 DRAM 技術發展之歷程與近期可能之方向。

| 年<br>(Year) | 2004 | 2006 | 2008 | 2010 | 2012 |
| --- | --- | --- | --- | --- | --- |
| 技術節點<br>(Node) | 80 nm | 65 nm | 50 nm | 40 nm | 30 nm |
| 容量<br>(Density) | 512 Mb | 1 Gb | 1 Gb | 2 Gb | 4 Gb |
| 操作電壓<br>(Operation Voltage) | 1.8 V, DDR2 | 1.8 V, DDR2<br>1.5 V, DDR3 | 1.5 V, DDR3 | 1.5 V, DDR3 | 1.2 V, DDR4 |
| 單元電晶體<br>(Cell Transistor) | RCAT | RCAT 或<br>S-RCAT | RCAT 或<br>S-RCAT | FinFET | FinFET 或<br>Vert, Transistor |
| 單元電容<br>(Cell Capacitor) | MIS<br>(AHO/HfO) | MIN<br>(AHO/HfO) | MIM<br>(ZAZ) | MIM<br>(ZAZ 或 TiO) | MIM<br>(SrTiO) |
| 光刻技術<br>(Lithography) | ArF<br>(Dry) | Arf<br>(Dry) | ArF(Wet) | Arf<br>(Wet) | ArF-F2 (Wet)<br>或 EUV |
| 閘極<br>(Gate) | WSix | WSix+Si 或<br>W+Si | W+Si 或<br>W+WN/CoSix | W+WN/<br>CoSix | W+WN/CoSix |
| 連線金屬/絕緣層 (Metal/IMD) | Al/TEOS | Al/TEOS | Al/TEOS 或<br>Cu/Low-k | Al/TEOS 或<br>Cu/Low-k | Cu/Low-k |

增加驅動能力；而對於金屬連線/絕緣體材料，未來可能由 Cu/Low-k (低介電值材料) 取代 Al/TEOS 以減少傳遞延遲，加快速度。除此之外，照相平版印刷技術 (Photolithography) 也是 DRAM 技術向前推進的必要技術，在 50 奈米或以下之技術節點，浸潤式 ArF 必須引進以克服線寬之限制。

再者，雖然 DRAM 技術在 30 奈米以下已接近圖案結構和矽電晶體的物理限制。然而，新材料與新製程的開發與整合將能克服這些限制，因此 DRAM 微縮技術定能繼續延伸下去。既然 DRAM 技術延伸不是問題，那麼如何大規模地擴充新的應用需求，是支持未來 DRAM 技術發展的首要之務。

# 第 11 章 動態隨機存取記憶體技術 (DRAM Technology)

## 本章習題

1. 請定義下列 DRAM 相關名詞：(a) RAM 與 ROM，(b) 動態 (Dynamic) 與靜態 (Static) 記憶體。

2. 試說明 DDR、DDR2 與 DDR3 SDRAM 的差異性。

3. 當 $V_{CC}$ = 1.5 V、$C_{BL}$ = 100 fF 及訊號感測電壓值等於 0.2 V 時，試利用方程式 (11.4) 與 (11.5) 設計一高介電質薄膜參數 (例如厚度、面積與 k 值) 以製成電容。

4. 請參考本章所列或其他參考文獻，試比較堆疊式與溝渠式 DRAM 之優缺點。

5. 試計算下列高介電質薄膜 (厚度) 之 EOT，(a) HAH (8 nm/8 nm/8 nm)，(b) ZAZ (10 nm/10 nm/10 nm)。

6. 一般消費型 DRAM 產品之 Tref (min) 為 64 ms，假設維持記憶單元記憶力所容許之最大電壓降為 0.5 V，試利用方程式 (11.6) 以及習題 3 所製之電容，計算此記憶單元所能容許之最大漏電流。

7. 請參考本章所列或其他參考文獻，試比較 ISSG GOX 與 Furnace GOX (圖 11.25) 製程及電性之差異性。

8. 請參考本章所列或其他參考文獻，試描述垂直電晶體製程或結構上可能面臨之挑戰或問題。

9. 試說明閘氧化層薄形化、通道界面環形佈植、源/汲極淺接面，以及 SSR (Super Steep Retrograde) 通道佈植為何能克服尺寸微縮效應？

10. 開發新的大規模應用以支持未來 DRAM 的發展，應該是目前最迫切需要的。依據個人之看法，請描述如何能開發新的大規模應用？

## 參考文獻

1. 陳玲君，產業動態觀察與展望──TSIA 2010Q3 IC 及 3D IC，工業技術研究院，產業經濟與趨勢研究中心，2010 年 11 月 30 日。

2. 彭茂榮，"08Q1 臺灣半導體產業回顧與展望"，工業技術研究院，產業經濟與趨勢研究中心，2008 年 5 月 30 日。

3. 翁健哲，焦點報告──2010 下半年半導體產業展望，拓墣產研 2010 年 8 月 4 日。

4. K. Kim, "Future memory technology: challenges and opportunities", VLSI-TSA 2008, pp.5-9.

5. K. Kim *et al.*, "DRAM technology perspective for gigabit era," IEEE Trans. Elec. Dev., pp. 598-608, 1998.

6. T. Ema, *et al.*, "3-dimensional stacked capacitor cell for 16M and 64M DRAMs", IEDM Tech. Dig., pp. 592-595, 1988.

7. W. Wakamiya, *et al.*, "Novel stacked capacitor cell for 64Mb DRAM", Symp. VLSI Tech. Dig, pp. 69-70, 1989.

8. A. Nitayama, Y. Kohyama, and K. Hieda, "Future directions for DRAM memory cell technology," IEDM Tech. Dig., pp. 355-358, 1998.

9. Sungjoo Hong, *DRAM beyond 32nm*, 2007 Symp. VLSI Technology short course, p15 & p52.

10. Yongjik Park and Kinam Kim, "COB stack DRAM cell technology beyond 100nm technology node," IEDM Tech. Dig., pp. 221-224, 2001.

11. S.J. Ahn and *et al.*, "Novel DRAM cell transistor with asymmetric source and drain junction profiles improving data retention characteristics," Symp. VLSI Tech. Dig., pp. 176-177, 2002.

12. H.S. Uh *et al.*, "A strategy for long data retention time of 512Mb DRAM with 0.12nm design rule," Symp. VLSI Tech. Dig., pp. 27-28, 2001.

13. J.-Y. Kim *et al.*, "The breakthrough in data retention time of DRAM using Recess-Channel-Array transistor(RCAT) for 88nm feature size," Symp. VLSI Tech. Dig., pp. 11-12, 2003.

14. H. S. Kim *et al.*, "An outstanding and highly manufacturable 80nm DRAM technology," IEDM Tech. Dig., pp. 411-414, 2003.

15. I. -G. Kim *et al.*, "Overcoming DRAM scaling limitations by employing straight recessed channel array transistors with <100> uni-axial and {100} uni-plane channels," IEDM Tech. Dig., pp. 319-322, 2005

16. J. -Y. Kim *et al.*, "S-RCAT (Sphere-shaped-Recess-Channel-Array Transistor) technology for 70nm DRAM feature size and beyond," Symp. VLSI Tech. Dig., pp. 34-35, 2005.

17. Y. K. Park *et al*,. "Fully integrated 56nm DRAM technology for 1Gb DRAM," Symp. VLSI Tech. Dig., pp. 190-191, 2007.

18. Deok-Hyung Lee *et al.*, "Improved cell performance for sub-50nm DRAM with manufacturable bulk FinFET structure," Symp. VLSI Tech. Dig., pp. 164-165, 2007.

19. G. Bronner *et al.*, "A fully planarized 0.25 $\mu$m CMOS technology for 256 Mbit DRAM and beyond," Symp. VLSI Tech. Dig., pp. 15-16, 1995

20. S. Arai et al., "A 0.13 $\mu$m full metal embedded DRAM technology targeting on 1.2 V, 450 MHz operation," IEDM Tech. Dig., pp.18.4.1-18.4.4, 2001.

21. H. Sunami, "The role of the trench capacitor in DRAM innovation," IEEE Solid State Circuits Society (SSCS) News, pp.42-44, winter 1998.

22. S. Inoue. K. Hieda, A. Nitayama, F. Horiguch and F. Masuoka, "A spread stacked capacitor (SSC) cell for 64Mb DRAMs," IEDM Tech. Dig., pp. 31-34, 1989.

23. H. Miki *et al.*, "Leakage current mechanism of a Tantalum Pentoxide capacitor on Rugged Si with a CVD-TIN plat electrode for high density DRAMs," Symp. VLSI Tech. Dig., pp.99-100, 1999.

24. H. Watanabe, et al., "A new cylindical capacitor using hemi-spherical grained Si (HSG-Si) for 256Mb DRAMs," IEDM Tech. Dig., pp. 259-262, 1992.

25. 黃伊伶，碩士論文──改善 HSG 製程以增加 DRAM 電容量，逢甲大學，2006年6月。

26. 簡銘萱，碩士論文──探討利用原子層化學氣相沉積法鍍製 $Al_2O_3$、$HfO_2$ 之高介電結構薄膜應用，在奈米尺度世代 DRAM 影響之電性研究，清華大學，2007 年 6 月。

27. W. D. Kim et al., "Development of CVD-Ru/$Ta_2O_5$/CVD-Ru capacitor with concave structure for multi-gigabit-scale DRAM generation," IEDM Tech. Dig., pp. 263-266, 2001.

28. Hang Hu et al., "A high performance MIM capacitor using $HfO_2$ dielectrics," IEEE Elect. Dev. Letters, vol. 23, no. 9, pp. 514-516, 2002.

29. Shi-Jin Ding et al, "High-performance MIM capacitor using ALD high-k $HfO_2$–$Al_2O_3$ laminate dielectrics," IEEE Elect. Dev. Letters, vol. 24, no. 12, pp. 730-732, 2003.

30. Y. K. Park et al., "Highly manufacturable 90nm DRAM technology," IEDM Tech. Dig., pp. 819-822, 2002.

31. J. M. Park, "A novel robust TiN/AHO/TiN capacitor and $CoSi_2$ cell pad structure for 70nm stand-alone and embedded DRAM technology and beyond," IEDM Tech. Dig., pp. 823-826, 2002.

32. D. S. Kil et al., "Development of highly robust nano-mixed HfxAlyOz dielectrics for TiN/$Hf_xAl_yO_z$/TiN capacitor applicable to 65nm generation DRAMs," Symp. VLSI Tech Dig., pp. 243-246, 2004.

33. Y. K. Park, "Fully integrated 56nm DRAM technology for 1Gb DRAM," Symp. VLSI Tech. Dig., pp. 190-191, 2007.

34. Hyunjin Lee et al., "Fully integrated and functioned 44nm DRAM technology for 1GB DRAM," Symp. VLSI Tech. Dig., pp. 86-87, 2008.

35. J. Amon *et al.*, "A highly manufacturable deep trench based DRAM cell layout with a planar array device in a 70nm technology," IEDM Tech. Dig., pp. 73-76, 2004.

36. T. Tran *et al.*, "A 58nm trench DRAM technology," IEDM Tech. Dig., pp. 1-4, 2006.

37. G. Aichmayr, "Carbon/high-k Trench Capacitor for the 40nm DRAM Generation," Symp. VLSI Tech. Dig., pp. 186-187, 2007.

38. M.A. Pawlak *et al,*. "Enabling 3X nm DRAM: record low leakage 0.4nm EOT MIM capacitors with novel stack engineering," IEDM Tech. Dig., pp. 277-279, 2010..

39. K. C. Chiang, "High-temperature leakage improvement in metal–insulator–metal capacitors by work–function tuning," IEEE Elect. Dev. Letters, vol. 28, no. 3, pp. 235-237, 2007.

40. 鄭淳護，博士論文──高介電常數介電質金氧金電容應用於動態記憶體與射頻元件之研究，國立交通大學，2008 年 6 月。

41. D.H. Kim *et al.*, "A mechanically enhanced storage node for virtually unlimited height (MESH) capacitor aiming at sub 70nm DRAMs," IEDM Tech. Dig., pp. 69-72, 2004.

42. D. Lee *et al.*, "Fin-channel-array transistor (FCAT) featuring sub-70nm low power and high performance DRAM," IEDM Tech. Dig., pp. 407-410, 2003.

43. C.H. Lee *et al.*, "Novel body tied FinFET cell array transistor DRAM with negative word line operation for sub-60nm technology and beyond," Symp. VLSI Tech. Dig., pp. 130-131, 2004.

44. K. Kim *et al.*, IEEE NMDC Tech. Dig., 2006

45. Sungjoo Hong, "Memory technology trend and future challenges," IEDM Tech. Dig., pp. 292-295, 2010.

46. K. Kim, "Memory Technologies for sub-40nm Node," IEDM Tech. Dig., pp. 27-

30, 2007.

47. L. Boonstra *et al.*, "A 4096-b one-transistor per bit random-access memory with internal timing and low dissipation," IEEE J. Solid-State Circuits, vol. SC-8, p.305, 1973.

48. Randy Isaac, "The remarkable story of the DRAM industry," Society SSCS Newsletter, January 1, 2008.

49. 邱鶴倫,"產業報告——2009 年 DRAM 產業展望",國票綜合證券,2008 年 12 月 2 日。

# Chapter 12

# 新世代邏輯製程應用

楊健國

## 作者簡介

### 楊健國
國立交通大學電子工程所博士。中華民國斐陶斐學會榮譽會員。現任職於台灣積體電路公司，擔任元件工程經理。曾任職於台積電、聯電等公司製程整合與元件相關部門之主管，專利審查委員。專業興趣涵蓋邏輯、類比混合模式、功率 MOS 以及 SOI 之半導體元件設計、模擬、製程整合與特性分析。

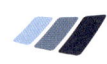

## 12.1 前言 (Introduction — More Moore and More than Moore)

隨著未來電子產品朝向輕、薄、短、小、多 (功能多，整合資訊處理、通訊、多媒體、儲存及感測功能等)、省 (省電節能)、廉 (價格合理)、快 (速度快、效率高)、慧 (智慧) 的發展趨勢。半導體技術藍圖正朝兩大方向發展：一是製程技術依照摩爾定律 (Moore's Law) 繼續不斷微縮 (More Moore)，也就是每兩年左右，製程微縮技術就會進入下一個世代，使得如邏輯、微處理器及記憶體等數位功能應用的 IC 產品，在相同面積下可容納的電晶體數目倍增，半個多世紀以來，矽晶片上電晶體的數目已經從一個增加到將近 10 億個。二是新摩爾定律 (More Than Moore)，透過以 CMOS 技術為基礎的各種元件製程相容性，高度整合不同功能的數位與非數位 IC (例如 Logic、Analog、HV Power、Sensors、Biochips 等)，以提升晶片系統化層級並提高附加價值，讓客戶有更多元化的選擇。這種朝向嵌入多重技術裝置的演進趨勢，也影響未來元件模型建立、設計規則與方法、以及系統架構的開發工作。

圖 12.1 所示為摩爾定律與新摩爾定律的發展趨勢。摩爾定律原本是早年英

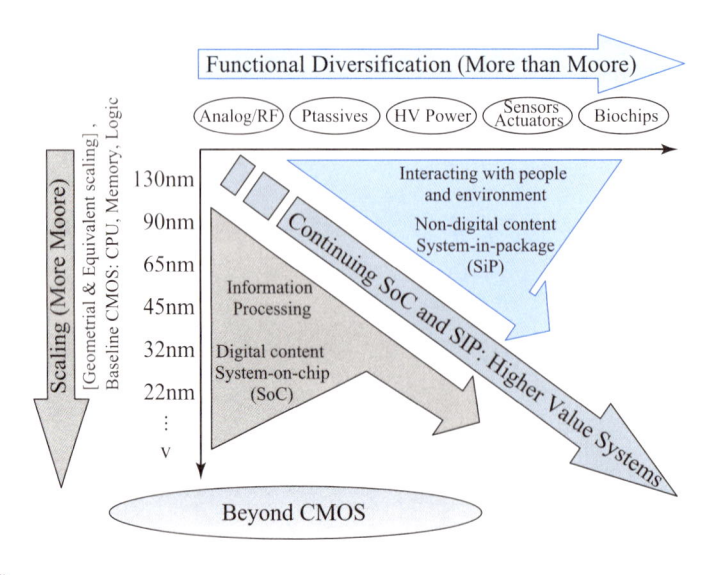

圖 12.1　摩爾定律與新摩爾定律發展趨勢 (取自 ITRS [1])。

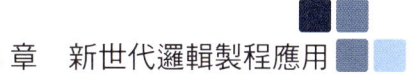

特爾共同創辦人 Gordon Moore 觀察 1958 年到 1965 年間晶片內電晶體數的成長率而得到的結論,當時 (1965 年) 他預計這個趨勢會繼續維持 10 年,但直到今天依然適用。基本上,摩爾定律較著重在數位 IC 應用的半導體技術發展,使得數位 IC 產品能持續降低成本,提升性能與功能。而新摩爾定律則較著重在整合數位與非數位 IC應用的半導體技術發展,整合的方式包含系統單晶片 (system-on-chip, SOC) 與系統級封裝 (system-in-package, SIP) 兩種技術。SOC 就是以 CMOS 技術為平台嵌入類比射頻、電源管理、感測與致動元件 IC 的單晶片,如圖 12.2 所示。本章將以摩爾定律與 SOC 的新摩爾定律相關技術及應用為探討重點。

## 12.2 邏輯製程平台-微型化 (Logic Platform - Miniaturization)

邏輯製程技術平台依照不同的數位產品應用概分為三類:高效能 (High Performance, HP)、低操作功率 (Low Operation Power, LOP) 及低待機功率 (Low Standby Power, LSTP),如圖 12.3 所示。HP 技術應用在高複雜、高性能與高功率消耗的 IC 晶片,要求最快的速度但可接受較高的功率消耗,如桌上型電腦或伺服器使用的微處理器。LOP 技術應用在高性能可攜式系統的 IC 晶片,要求運作時功率消耗低,但要有足夠的電池容量因應待機功率消耗,如筆記型電腦使用的

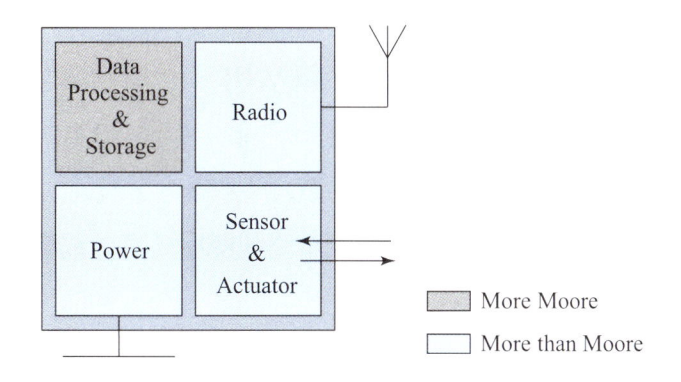

圖 12.2 整合數位與非數位子系統的微系統 (取自 ITRS [1])。

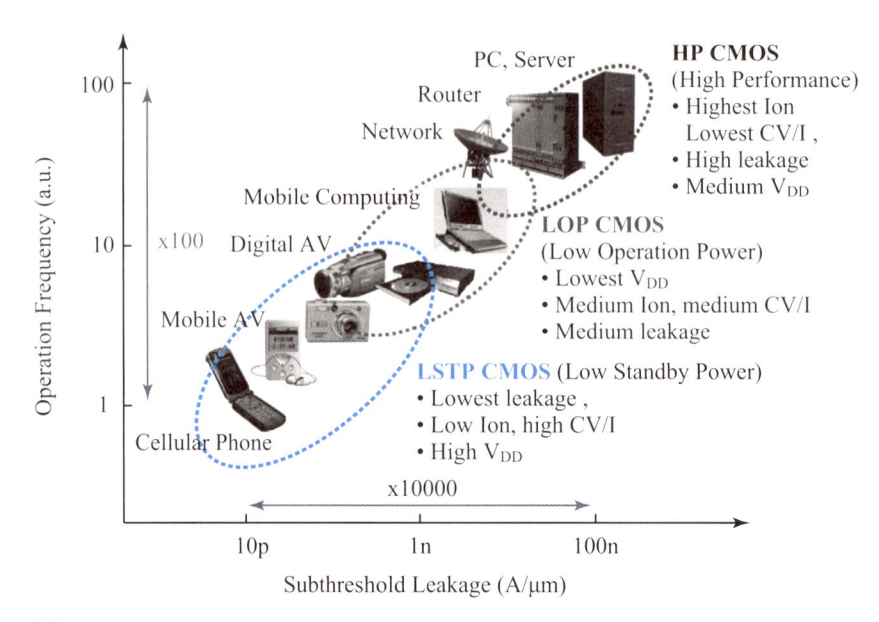

圖 12.3　操作頻率與次臨界漏電之關係 (取自 ITRS [3])。

微處理器。LSTP 技術應用在較低性能和較低價格的消費性應用，要求在不工作時用電量要非常小，以節省電源，如手機。SOC 的製程技術開發則是架構在這些邏輯技術平台上 [2]。

這三類技術所製造的 CMOS 元件特性各有不同，對微型化的要求亦有所不同。HP 技術的 CMOS 元件具有最高的性能及最高的漏電，LOP 技術的 CMOS 元件有次高的性能及適當的漏電，LSTP 技術的 CMOS 元件則有最低的性能及最低的漏電，如圖 12.3 所示。

高效能晶片對元件的速度要求最高，使得 HP 技術驅動微型化的速度最快，每二至三年元件尺寸與 $V_{DD}$ 電壓就縮小約 0.7 倍，如圖 12.4 所示。但也必須處理伴隨而來的高次臨界漏電，以維持可接受的靜態功率消耗。常用的方法是僅將 HP 元件用在重要電路路徑上，非重要電路則使用高臨界電壓的元件以降低漏電。

低功率晶片的主要目標是降低功率消耗以增加電池壽命。因此 LOP 的 $V_{DD}$ 電壓縮小得比 LSTP 快，以儘量降低動態功率消耗，

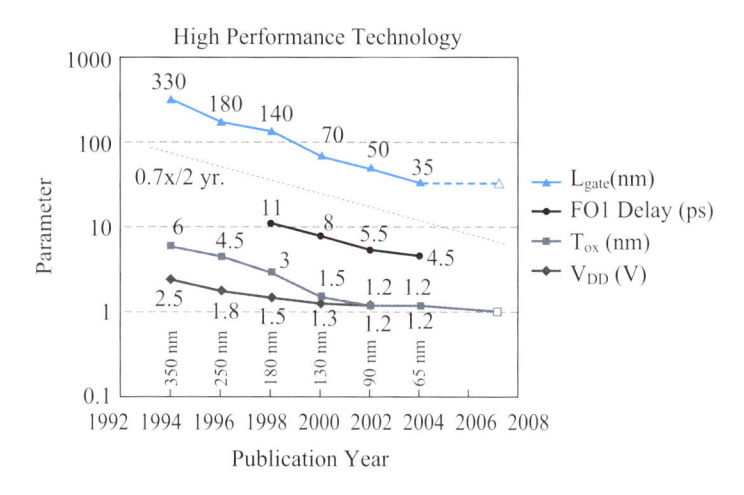

圖 12.4 高效能技術微型化趨勢 (取自 IEDM [4])。

　　低待機功率晶片的臨界電壓則須最高，以得到最低的漏電，但為了維持相對高的 $V_{DD}-V_{th}$，$V_{DD}$ 縮小就會越來越趨緩，如圖 12.5 所示。

　　傳統數位應用的 IC 產品包含邏輯 IC (Logic Integrated Circuit)、微元件 IC (Micro Component Integrated Circuit) 與記憶元件 IC。

　　邏輯 IC 又分為標準邏輯 (Standard Logic) 與特殊用途 IC (Application Specific Integrated Circuit or ASIC)。標準邏輯 IC (Application Specific Integrated Circuit or

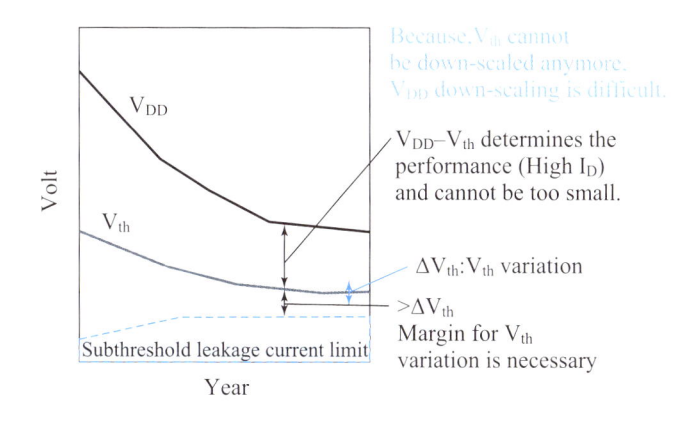

圖 12.5　$V_{DD}$ 與 $V_{th}$ 縮小的趨勢 (取自 IEDM [5])。

ASIC) 是最早期的 IC 產品，主要是進行一些基本的邏輯運算，如：AND、OR 等。特殊用途 IC (Application Specific Integrated Circuit or ASIC) 可以完全由 IC 設計公司自行設計，或同時採用部分標準元件。特殊用途 IC 依照客製化的程度可以分為三大類：

1. 全客戶設計 (Full Customer Design, FCD)。彈性最大但最耗時間。
2. 閘門陣列設計 (Gate Array based Design, GAD)。
3. 可程式化元件設計 (Programmable Device based Design, PDD)。透過已經設計好但功能可程式化的元件來設計。特點為彈性最小，但開發時間最快。

微元件 IC (Micro Component Integrated Circuit) 又分為微處理器單元 (Micro Processor Unit, MPU)、微控制器單元 (Micro Controller Unit, MCU)、微處理周邊 (Micro Peripheral, MPR) 與數位訊號處理器。

微處理器單元主要是用來進行運算用的 IC，在一個系統內 (如 PC 或是手機) 可以透過軟體程式，控制 MPU 內部的運算功能以達到特定目的。而其架構上又可以分為：(1) 複雜指令集運算 (Complex Instruction Set Computing or CISC)，(2) 精簡指令集運算 (Reduced Instruction Set Computing or RISC)。兩種架構各有其優缺點，如廣為 PC 採用的 Intel x86 微處理器，即是採用 CISC 架構，而廣為使用在行動電話內的 ARM 微處理器則採用 RISC 架構。

微控制器單元是整合 MPU、較小容量記憶體 IC、外加少許的電子零件所組成的簡單控制系統。主要應用在低成本的小型電子產品上，如：遙控器、微波爐等。

微處理周邊是由多種 IC 構成，用來處理週邊設備的組合式晶片，如：圖形控制晶片組、通訊控制晶片組、儲存控制晶片組與其他控制晶片組，如：鍵盤控制、語音輸出入等。

數位訊號處理器用來處理需要複雜數學運算的一種特殊型 MPU，主要是用在自然界訊號的運算與處理，如：聲波、電波、光波等。

依照摩爾定律的技術演進，至今仍可以緊跟上最先進製程的晶片產品，主要

剩下處理器 (CPU、GPU)、可程式邏輯裝置 (CPLD、FPGA) 等。這些晶片都仍然具有高用量、高銷售單價的經濟規模效益。否則，無論是數位、混合訊號、或類比晶片，大多難以使用最先進的半導體製程。

隨著半導體元件的微型化，使得可程式邏輯裝置進入 40nm 後的製程節點已經超過 ASIC 達三倍，如圖 12.6 所示。這是因為先進製程的優勢大幅降低可程式邏輯裝置的成本與功率消耗，因此更能滿足大量製造與應用的需求。再加上其較高的靈活性與較短的上市時間，這在變化快速的可攜式消費電子市場尤其重要。另外在通訊、工業乙太網、軍用、電腦與儲存與車用等不同市場也已逐漸見到快速的成長。在 28nm 的製程節點，Altera 的可程式邏輯裝置如表 12.1，即是針對不同領域的應用使用不同的先進製程，提供差異化解決方案。

另外，不斷提升中央處理單元與繪圖處理單元的效能，如圖 12.7 與表 12.2 所示，更是 CMOS 元件微型化的動力。圖 12.8(a)(b)(c) 進一步說明元件微型化所帶來的微處理器電晶體數目增加、驅動電流增加與內建靜態隨機存取記憶體單元面積縮小的趨勢。然而效能的不斷提升，也代表功率消耗不斷增加與控制漏電的困難度增加，多核心的 CPU 架構因而產生，高介電常數閘絕緣層、金屬閘、應變矽與 SOI 先進技術也逐漸被引入，以解決高功率消耗與漏電的問題。

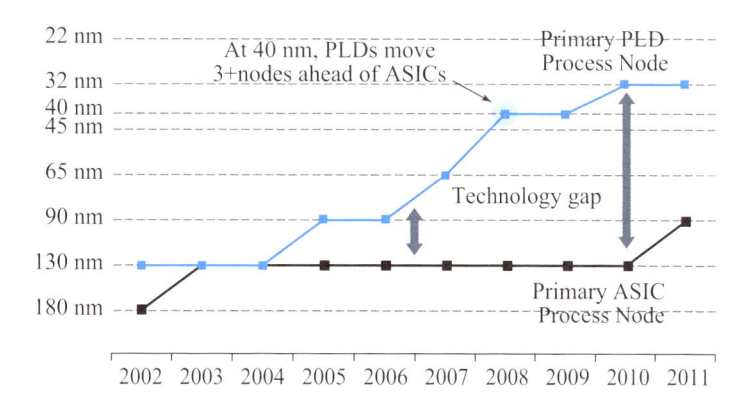

圖 12.6　PLD 與 AISC 製程技術發展趨勢 (取自 Altera [6])。

表 12.1　Altera 28nm 的可程式邏輯裝置應用 (取自 Altera [6])。

| Altera 28nm 可程式邏輯裝置 FPGA ||| 
|---|---|---|
| LP 製程 || HP 製程 |
| Cyclone V | Arria V | Stratix V |
| 瞄準馬達控制、顯示與軟體無線電 (SDR) 等需低功耗和電路板面積受限的設計。功耗較前一代低 40%，具備 5 Gbps 運作的收發器、強化的 PCIe Gen2 模組，及可支援 LPDDR2、mobile DDR 和 DDR3 外部記憶體的硬式記憶體控制器。 | 適用於遠端射頻、廣播混音器與 10 G/40 G 線卡等，須在成本、功耗和效能間取得平衡。比前代低 40% 功耗，含 10 Gbps 運作的收發器、支援 DDR3 外部記憶體的硬式記憶體控制器，及具可變精度 DSP 模組的高效有限脈衝響應 (FIR) 過濾器。 | 針對 LTE 基地台、高階射頻卡與軍事雷達等廣泛的高頻寬應用所設計。最大的收發器資料傳輸速度達到 14.1 Gbps，可支援包括光纖通道 Fiber Channel 1600 在內的新興高速通訊協定。單一裸晶上密度達 10 萬邏輯單元 (LE)。 |

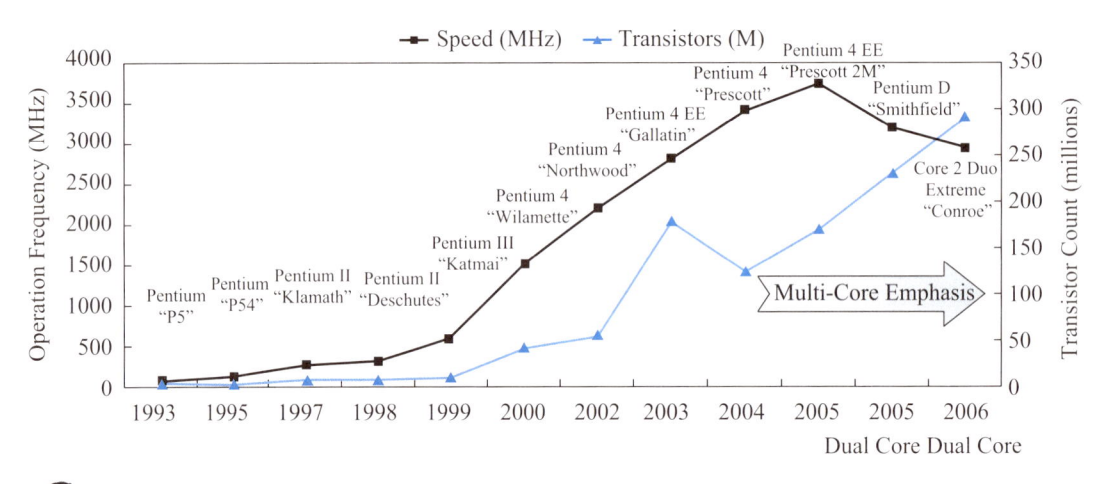

圖 12.7　Intel 桌上型 PC 用處理器產品開發藍圖 (取自 Intel [7])。

## 12.3 嵌入式記憶體 (Embedded Memory)

　　嵌入式記憶體就是將記憶體與邏輯 IC 整合在同一顆 SOC 晶片中，困難的是，只要記憶體中一小部分出現錯誤，將會使得整顆 SOC 晶片報廢。因此隨著元件尺寸越來越小，嵌入的記憶體容量越來越高，良率的提升將是未來很大挑

## 第 12 章　新世代邏輯製程應用　419

**表 12.2**　Intel 桌上型 PC 用處理器產品規格 (取自 Intel [7])。

| Year | 1993 | 1995 | 1997 | 1998 | 1999 | 2000 | 2002 | 2003 | 2004 | 2005 | 2005 Dual Core | 2006 Dual Core |
|---|---|---|---|---|---|---|---|---|---|---|---|---|
| Processor Series | Pentium (original) | Pentium | Pentium II | Pentium II | Pentium III | Pentium 4 | Pentium 4 | Pentium 4 Extreme Edition | Pentium 4 | Pentium 4 Extreme Edition | Pentium D Extreme Edition | Core 2 Duo Extreme x6800 |
| Code name | P5 | P54 | Klamath | Deschutes | Katmai | Wilamette | Northwood | Gallatin | Prescott | Preacott 2M | Smithfield | Conroe |
| Introduced | March | June | May | Jan | Sept | Nov | Jan | June | Feb | Feb | May | July |
| Process | $0.8\mu$ BiCMOS | $0.35\mu$ BiCOMS | $0.35\mu$ CMOS | $0.25\mu$ CMOS | $0.25\mu$ CMOS | $0.18\mu$ CMOS | $0.13\mu$ CMOS | $0.13\mu$ CMOS | 90nm CMOS stained-Si | 90nm CMOS strained-Si | 90nm CMOS strained-Si | 65nm CMOS stained-Si |
| Speed (MHz) | 66 | 133 | 266 | 333 | 600 | 1500 | 2200 | 2800 | 3400 | 3730 | 3200 | 2930 |
| Transistors (M) | 3.1 | 3.3 | 7.5 | 7.5 | 9.5 | 42 | 55 | 178 | 125 | 169 | 230 | 291 |
| Die size (sq. mm) | 295 | 83 | 203 | 118 | 128 | 217 | 146 | 237 | 112 | 135 | 206 | 143 |
| Volts/Watts (max) | 5.0V/ 16W | 3.V/ 11W | 2.8V/ 43W | 2.0V/ 21W | 2.0V/ 34.5W | 1.7V/ 75W | 1.5V/ 73W | 1.5V/ 80W | 1.3V/ 103W | 1.3V/ 115W | 1.3V/ 130W | 1.4V/ 75W |
| FSB Speed (MHz) | 66 | 66 | 66 | 100 | 133 | 400 | 533 | 800 | 800 | 1066 | 800 | 1066 |

戰。

　　記憶體在整個嵌入式系統中，不但負有指令緩衝的責任，也同時具有儲存、管理，甚至是加速等作用。對於晶片設計廠商來說，記憶體的嵌入，除了考量到整個系統架構的簡潔外，也必須從效能以及成本來做考量，依照不同的記憶體種類，來決定不同的使用目的。以下將分別討論三種嵌入式記憶體。

### 嵌入式 SRAM

　　SRAM 元件結構與邏輯元件結構並無差異，所用邏輯製程也完全相同。因此，無論微處理器 (CPU)、繪圖處理器 (GPU)、可程式邏輯 (FPGA)、數位訊號處理 (DSP) 或是微控制處理器 (MCU) 晶片，大都已內建了 SRAM 的快取記憶體。嵌入式 SRAM 針對不同的邏輯 IC 應用亦可區分為高速、高密度及低消耗功率。由於嵌入式 SRAM 的廣泛運用，其市場甚至大於單獨的標準型 SRAM。

　　對於處理器來說，由於在存取指令時，必須與緩慢的主記憶體做溝通，雖然處理器內部的暫存器速度很快，但是處理器的匯流排有其限制，侷限於匯流排的寬度，勢必無法與主記憶體做及時的資料處理與交換，因此微處理器往往都會配備大容量的 SRAM 快取記憶體 (Cache)，讓這些快取記憶體作為處理器與主記憶體之間的緩衝，以達成理想的整體效能。根據英特爾規劃，中央處理器製程技術

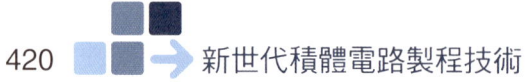

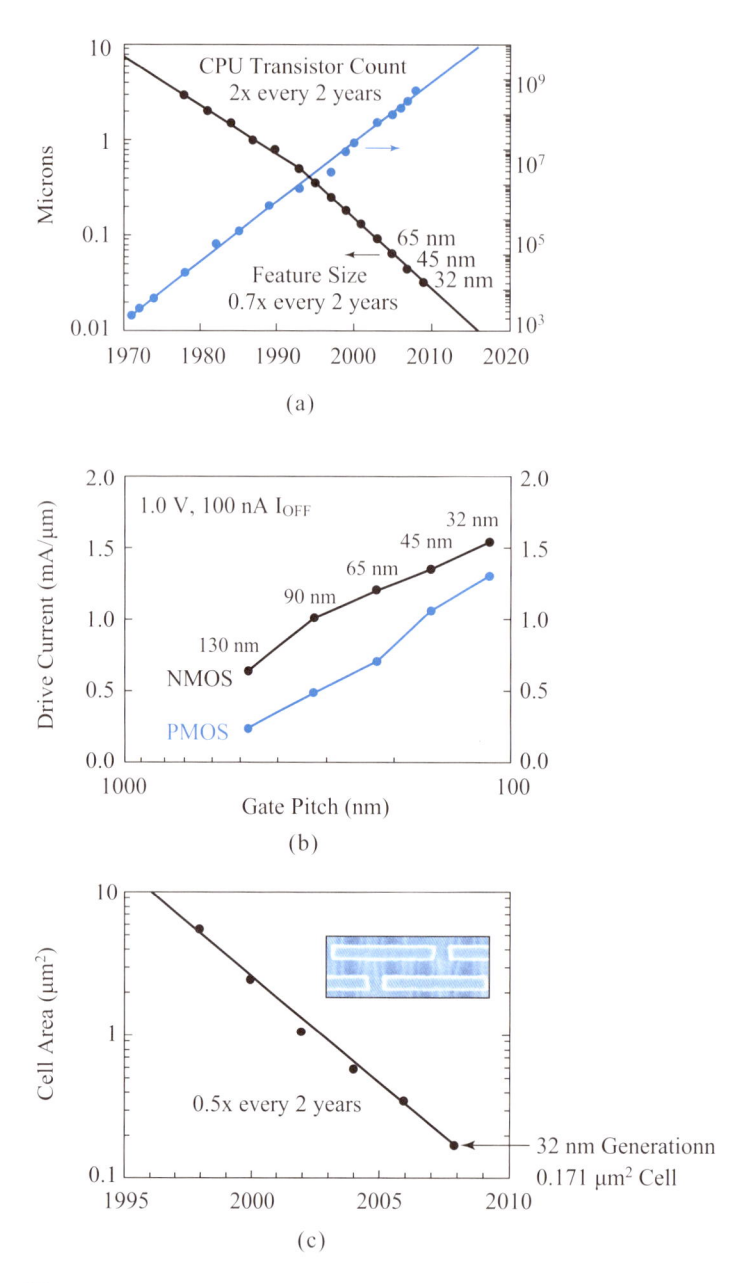

圖 12.8　微處理器電晶體縮小化對 (a) 電晶體數目、(b) 驅動電流，與 (c) 內建靜態隨機存取記憶體單元面積的變化趨勢 (取自 Mark Bohr [8])。

推進到 45 奈米製程技術時，中央處理器內部 SRAM 容量最高可達到 16MB。表 12.3 所示即是各種型號微處理器內建靜態隨機存取記憶體的容量。圖 12.9 所示為 Intel Core i7 980X Extreme Die Map。

同樣的，靜態隨機存取記憶體也內建在特殊應用 IC 及 PLD (CPLD/FPGA)

表 12.3　微處理器型號規格

|  | AMD Phenom II X6 1100T | Intel Core 2 Extreme QX9775 | Intel Core i7 980X Extreme |
|---|---|---|---|
| Spclet | AM3 | LGA 775 | LGA 1366 |
| Frequency | 3.3 GHz | 3.2 GHz | 3.3 GHz |
| Cores | Six | Quad | Six |
| L1 Cache | 384 KB (code)/ 384 KB (data) | 128 KB (code)/ 128 KB (data) | 192 KB (code)/ 192 KB (data) |
| L2 Cache | 3 MB | 12 MB | 1.5 MB |
| L3 Cache | 6 MB |  | 12 MB |
| Thermal Design Power | 125 W | 130 W | 130 W |
| CMOS Technology | 45 nm SOI | 45 nm | 32 nm |
| Number of Transistors | 904000000 | 820000000 | 1170000000 |
| Die Size | 346 mm$^2$ | 214 mm$^2$ | 240 mm$^2$ |

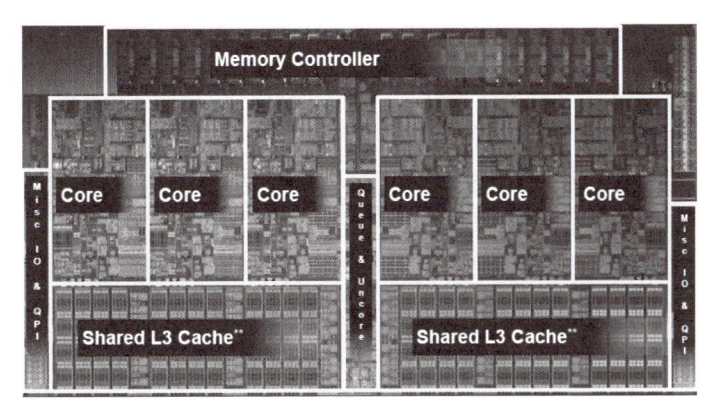

圖 12.9　Intel Core i7 980X Extreme Die Map (取自 Intel [6])。

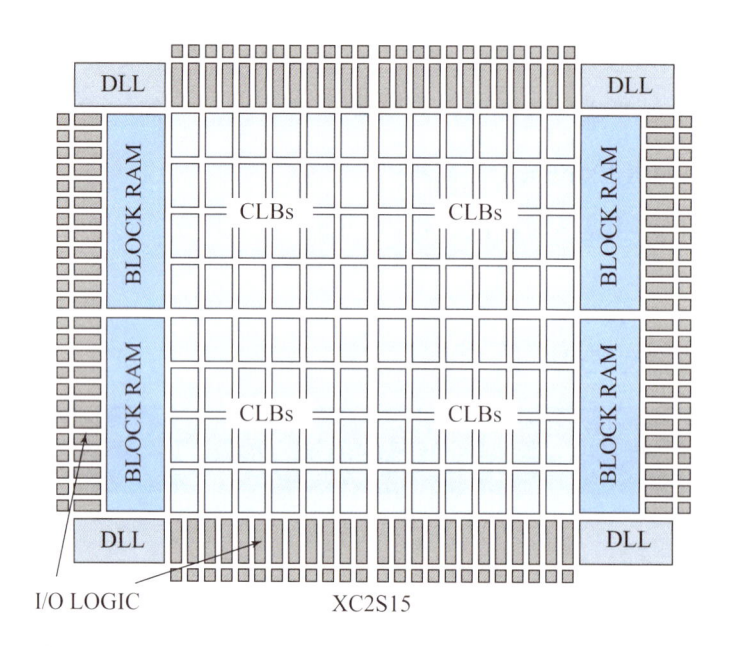

◯ 圖 12.10　**Basic Spartan-II Family FPGA Block Diagram** (取自 Xilinx [9])。

CLB: Configurable Logic Block; Block RAM: Flexible Synchronous Memory; DLL: Delay-Locked Loop for frequency adjustment

中，在現有三種基本的 FPGA 技術 (反熔絲、FLASH 和 SRAM) 中，SRAM 是目前應用範圍最廣的架構 (如圖 12.10 所示)，不但具有可重複編程能力，密度高，暫存器較多，大多用於 10,000 閘以上的大型設計，適合做複雜的時序邏輯，如數位信號處理等各種演算法。

## 嵌入式 DRAM

由於 DRAM 比邏輯 IC 多了電容元件，並且不在 MOSFET 源極與汲極區域使用金屬矽化物以降低接面漏電流，再加上使用單一功函數的閘電極材料以降低成本，使得 DRAM 與邏輯製程本質上就有差異。因此，融和 DRAM 與邏輯兩種 IC 元件的嵌入式 DRAM 製程概分為兩類，一類是以邏輯製程為平台，另一類則以 DRAM 製程為平台，如圖 12.11 所示。前者邏輯元件密度高於 DRAM，多

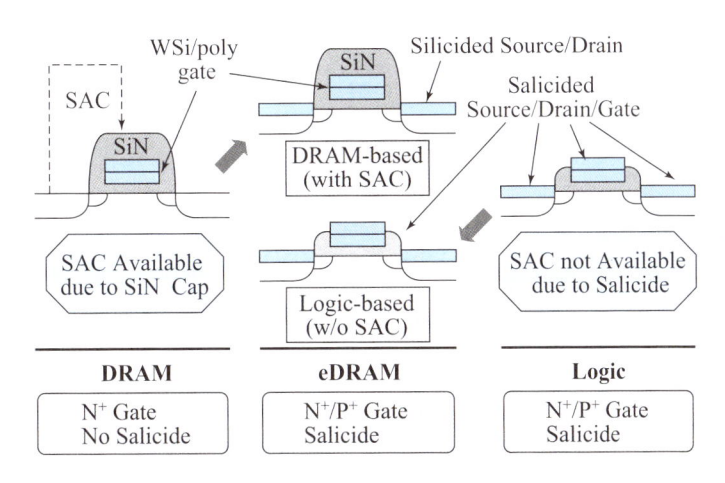

(a) MOSFET 結構的比較

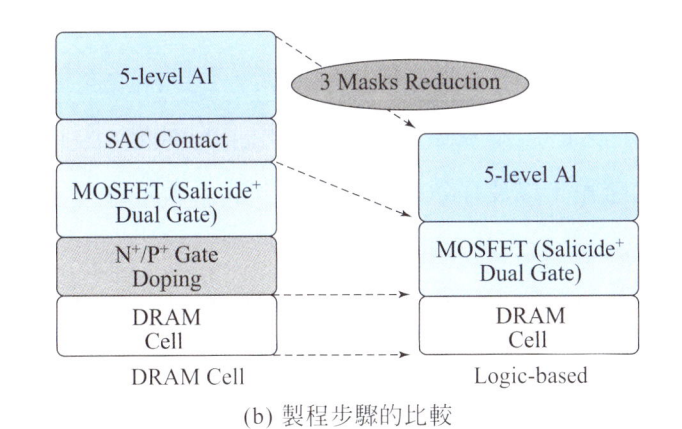

(b) 製程步驟的比較

**圖 12.11** 邏輯製程為平台與 DRAM 製程為平台的比較 (取自 H. Takato [10])。

採用 stacked cell 並能維持原邏輯製程平台的元件效能；後者邏輯元件密度低於 DRAM，多採用 trench cell 並略低於原邏輯製程平台的元件效能。

　　嵌入式 DRAM 的優勢，理論上有低耗電、高頻寬、小面積，不過其成本關鍵在於製程的精密度，擁有越先進製程的廠商，越容易從嵌入式 DRAM 的生產中得到效益。由於嵌入式 DRAM 在生產過程中，也會遇到傳統 DRAM 晶片生產的問題，如電荷留滯時間及漏電流，再加上邏輯電路與 DRAM 作連接整合時，全體晶片的布局也會複雜化。因此，嵌入式 DRAM 在設計初期的高代價，也使其被侷限在特定的應用領域，如追求龐大銷量的遊樂器市場、高階通訊裝備等。圖 12.12 所示為嵌入式 DRAM 典型的應用。

記憶體資料傳輸寬度與時脈是成正比的，寬度越高，記憶體所輸出的頻寬也越高，提高記憶體時脈也可達到同樣的效果，但兩者通常只能取其一。以目前高階顯示卡來說，在不增加 PCB 面積與佈線複雜度的前提下，就需配備更高時脈的記憶體。然而不論是增加晶片接腳、佈線複雜度，或者是採用高時脈記憶體，都會大幅增加生產成本。嵌入式 DRAM (eDRAM) 應用案例之一就是 SONY PS2 遊戲機的繪圖晶片，內嵌 bus 寬度為 2560bit 的 4MB eDRAM，其中，1024bit 作為寫入，1024bit 作為讀取，512bit 用來執行圖像紋理材質讀取，達成總頻寬 48GB/s。

嵌入式 DRAM 的記憶體容量亦無法做太大，否則晶片面積跟著變大將會導致良率下降，伴隨而來的成本飆漲也會造成應用上的困擾，因此在設計階段就必須顧慮到實作的困難點，以及在效能與成本之間的平衡考量。

## 嵌入式 NVM

以邏輯製程為平台的嵌入式非揮發性記憶體技術包括 poly/metal fuse, floating gate OPT (one time programmable), anti-fuse OTP, CMOS FTP (few time

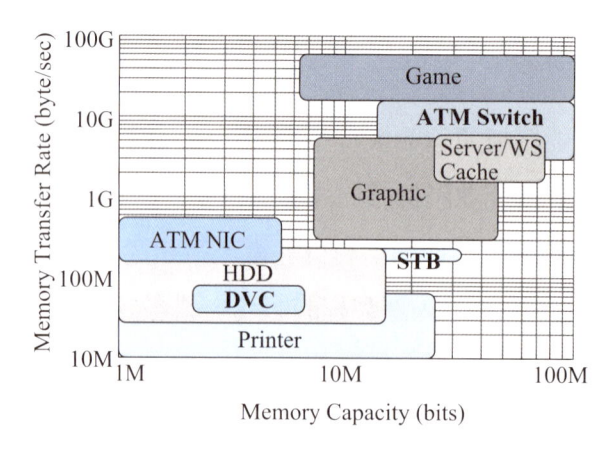

圖 12.12　嵌入式 DRAM 的應用 (取自 H. Takato [10])。

programmable), CMOS MTP (multiple time programmable)，以及 embedded Flash (mask adder solutions)。Poly/metal fuse 是利用高電流密度的 electro-migration 機制破壞導體 (如金屬矽化物多晶矽) 來編輯程式，因編輯程式過程不可逆，所以限於 OTP 應用。Floating gate OPT 則是利用浮動閘極結構儲存電荷來改變電晶體特性 (如臨界電壓或流過電晶體的電流)，並無電路系統清除資料，但可在製造過程用紫外光抹去儲存的電荷來重新編輯程式一兩次。CMOS FTP/MTP 與 OPT 的差異則是包含電路系統，以電性方式 (如 FN tunnel 和 Channel Hot Electron [11]) 清除資料和重新編輯程式。Antifuse OTP 是利用破壞電晶體的閘氧化物層來編輯程式。以上五種技術大多不需額外光罩。最後一種 embedded Flash (mask adder solutions)，則需增加第二層多晶矽與其他製程來建立高密度的浮動閘陣列。表 12.4 列出所有嵌入式非揮發性記憶體技術的特色摘要。

嵌入式非揮發性記憶體已成為現今許多系統單晶片解決方案的一個重要部分。它不但可在生產線上使用不同軟體進行晶片程式設計或軟體升級，更具有儲

表 12.4　嵌入式非揮發性記憶體技術摘要 (取自 Craig Zajac [12])

|  | Poly Fuse/ eFuse | Floating Gate OTP | Antifuse OTP | CMOS FTP | CMOS MTP | Process Adder MTP |
|---|---|---|---|---|---|---|
| Process node support | Down to 28 nm | Down to 65 nm/40 nm | Down to 65 nm/40 nm | Down to 65 nm/40 nm | Down to 65 nm/40 nm | Down to 130 nm |
| Extra Processing Steps | 0 | 0 | 0 | 0 | 0 | 5-25 depending on process node |
| Endurance | 1 | 1 | 1 | 100 | 1 M | 100 K |
| Bit count range | <1 K | <128 K | <1 M | <16 K | <8 K | <1 M |
| Quality level | Automotive | Commercial/ Industrial | Commercial/ Industrial | Commercial/ Industrial | Automotive | Automotive |
| Main target applications | Basic trim | Basic trim Configuration | Code storage | Patch code Personality settings | EEPROM replacement Data logging | Code storage |

存重要區域數據的功能，例如 PIN 密碼或通訊錄，以及在設備斷電時保留這些數據。典型的應用包括手機、電視機、MP3 播放器，電源管理，和智慧卡，以及電傳線控 (drive-by-wire) 的車用電子系統。以 Flash 為基礎的 PLD 是 FPGA 領域比較新的技術，也能提供可重複編程功能，一般 Flash 架構的 PLD 密度小，多用於 5,000 閘以下的小規模設計，適合做複雜的組合邏輯，如編碼器。

## 12.4 整合類比射頻與高電壓元件 (Analog/RF/High Voltage Power Applications)

### 12.4.1 整合類比射頻元件

隨著數位邏輯 CMOS 技術的微型化演進，以 CMOS 設計的類比射頻電路部分特性 (如電導、操作頻率等) 漸漸不亞於傳統的 Bipolar，如圖 12.13 和圖 12.14 所示，再加上 CMOS 低漏電與量產低成本的優勢，使得 SOC 能夠整合類比射頻電路，應用在通信與多媒體消費市場。SOC 設計內含的類比射頻元件從 2000 年約 10% 逐年增加，至 2006 年已超過 70%，其中無線通信電路包含類比混和信號 (類比至數位及數位至類比轉換器)、射頻收發 (低雜訊放大，頻率合成，電壓控制振盪器，驅動放大器及濾波器) 和功率放大器被認為是此類 SOC 產品應用

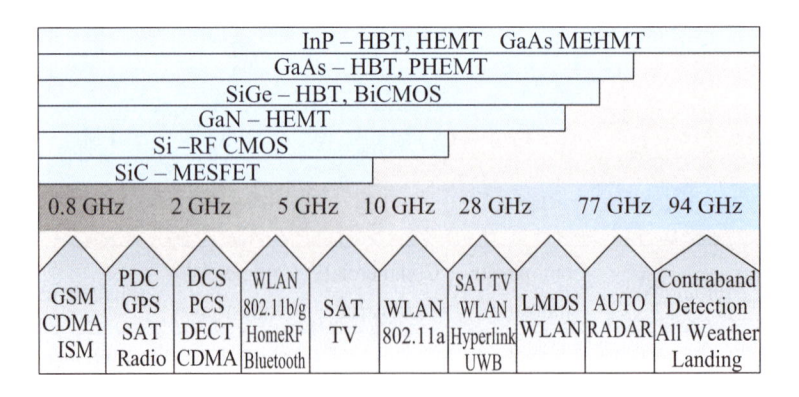

圖 12.13　頻譜應用範圍 (取自 ITRS [1])。

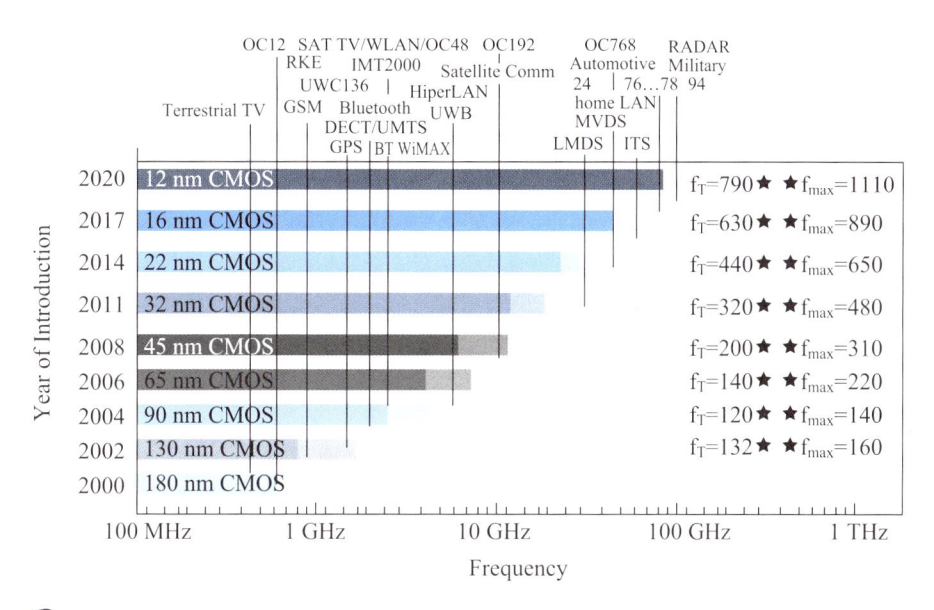

第 12 章　新世代邏輯製程應用　　427

圖 12.14　CMOS 技術在射頻應用的演進 (取自 Willy Sansen [13])。

藍圖的驅動力。這些無線通信電路所需的邏輯製程平台可分為低待機功率 Low Standby Power (LSTP) 與高效能 High Performance (HP)，前者應用在頻率範圍 0.4GHz～10GHz 的移動收發器如手機，後者應用在頻率範圍 10GHz～100GHz 如無線區域網路。圖 12.15 說明 CMOS 技術應用在 3G 手機的方塊圖。

　　嵌入的類比射頻元件可分類為主動與被動元件。類比射頻主動元件主要是 CMOS，另有寄生在 CMOS 中的 Bipolar (常被用在 band-gap reference 電路) 以及整合在 BiCMOS 中的 Bipolar。類比射頻被動元件則包括電阻、電感、固定電容與可變電容，電阻可由邏輯製程的前段 CMOS 製程產生 (如 N 型或 P 型摻雜的氧化擴散層與複晶矽層)，電容可由邏輯製程的前段 CMOS 製程或後段金屬導線製程產生，而電感則由後段金屬導線製程產生。

　　數位邏輯 CMOS 技術的製程最佳化，主要著重在操作頻率與功率消耗兩者之間的權衡，但當 CMOS 技術應用在類比電路設計時，則必須權衡更多維度的設計參數，包括 Supply Voltage，Voltage Swing，Speed，Input/Output Impedance，Power Dissipation，Noise，Linearity，Gain 等 [15]。因此，嵌入的

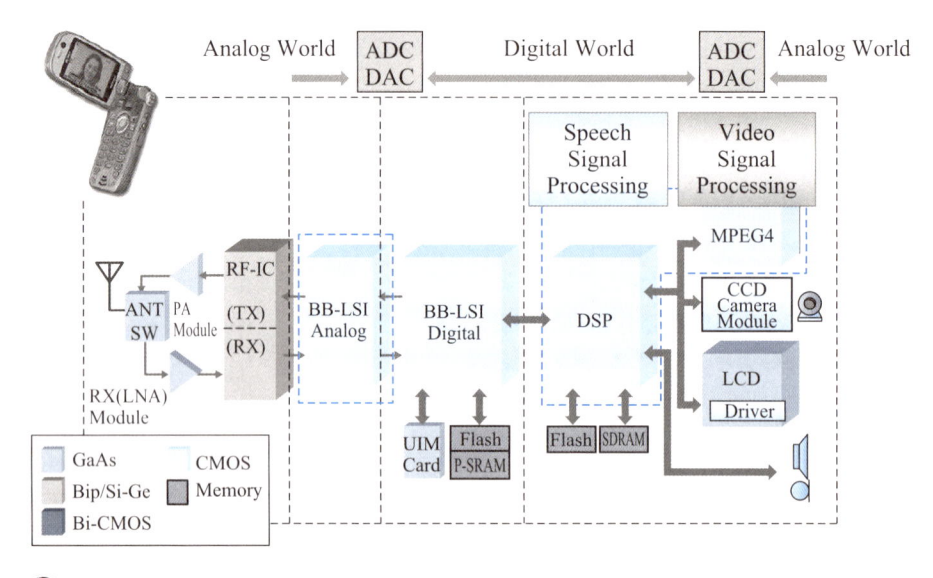

● 圖 12.15　3G 手機方塊圖 (取自 Katsuhiko Ueda [14])。

類比射頻主動與被動元件，也隨之增加了不少相關特性參數的考量，表 12.5 與 12.6 詳列了這些特性參數的需求，包括 CMOS 元件的電導 ($g_m$)、電導相對電流效率 ($g_m/I_d$)、輸出電阻 ($R_{out}$)、輸出對輸入電壓增益 ($g_m/g_{ds}$)、電流增益截止頻率 (current gain cut-off frequency, $F_t$)、和最大振盪頻率 (maximum oscillation frequency, $F_{max}$)、功率放大器的三階內部調變失真 (IP3)、差動對元件之間的不相稱性 (mismatch)，電阻電容的電壓與溫度係數與線性程度，電容與電感的 Q 值 (quality factor)，可變電容的調變範圍等，另外還有閃爍雜訊 (flicker noise, 1/f noise：一般與載子的產生及復合有關，在低頻時，其大小通常與頻率成反比)、熱雜訊 (thermal noise：起因於熱載子與晶格碰撞所造成，其與導體的電阻及溫度成正比)、散彈雜訊 (shot noise：導因於載子跨越能 位障所引起，如跨越 P-N 接面，其通常與電流成正比)、以及高頻雜訊指數 (noise figure, NFmin)。

以上類比射頻元件的參數特性，有些會隨者 CMOS 尺寸小縮小而提升，如 $g_m$、$F_t$、$F_{max}$ 等；但有些則隨者 CMOS 尺寸小縮小而降低，如 $g_m/g_{ds}$、差動對元件之間的 $V_{th}$ 不相稱性等 [16][17]。通常透過 MOSFET 短通道效應的抑制、通道表面濃度的降低與通道區摻雜濃度均勻性的提高，將有助於改善 $g_m/g_{ds}$ 以及提高

表 12.5　射頻類比混和信號 CMOS 技術需求 (取自 ITRS [1])

| Year of Production | 2009 | 2010 | 2011 | 2012 | 2013 |
|---|---|---|---|---|---|
| Performance RF/Analog (1) | | | | | |
| Supply voltage (V) | 1.1 | 1.1 | 1.1 | 1 | 1 |
| Tox (nm) | 1.6 | 1.5 | 1.4 | 1.3 | 1.2 |
| Gate Length (nm) | 38 | 32 | 29 | 27 | 22 |
| $g_m/g_{ds}$ at $5 \cdot L_{min\text{-}digital}$ (1) | 30 | 30 | 30 | 30 | 30 |
| 1/f-noise ($\mu V^2 \cdot \mu m^2/Hz$) (1) | 100 | 90 | 80 | 70 | 60 |
| $\sigma V_{th}$ matching (mV·$\mu$m) | 5 | 3 | 2.9 | 2.8 | 2.9 |
| $I_{ds}$ ($\mu$A/mm) (2) | 9 | 8 | 7 | 7 | 6 |
| Peak $F_t$ (GHz) (3) | 240 | 280 | 310 | 340 | 400 |
| Peak $F_{max}$ (GHz) (4) | | 300 | 330 | 370 | 450 |
| $NF_{min}$ (dB) (5) | 0.2 | <0.2 | <0.2 | <0.2 | <0.2 |
| Precision Analog/RF Driver | | | | | |
| Supply voltage (V) | 2.5 | 1.8 | 1.8 | 1.8 | 1.8 |
| $T_{ox}$ (nm) | 5 | 3 | 3 | 3 | 3 |
| Gate Length (nm) | 250 | 180 | 180 | 180 | 180 |
| $g_m/g_{ds}$ at $10 \cdot L_{min\text{-}digital}$ (1) | 220 | 160 | 160 | 160 | 160 |
| 1/f Nosise ($\mu V^2 \cdot \mu m^2/Hz$) (1) | 1000 | 360 | 360 | 360 | 360 |
| $\sigma V_{th}$ matching (mV·$\mu$m) | 9 | 6 | 6 | 6 | 6 |
| Peak $F_t$ (GHz) | 40 | 50 | 50 | 50 | 50 |
| Peak $F_{max}$ (GHz) | 70 | 90 | 90 | 90 | 90 |

(1) Operation point taken at 200 mV above the threshold voltage, $V_{th}$, and at $V_{dd}/2$.

(2) $I_{ds}$ for $F_t$ of 50 GHz for a minimum transistor length. $F_t$ of 50 GHz is chosen for being 10X the application frequency for 5 GHz. An application frequency of 5 GHz is chosen as a mid-point for the frequency range of interest (1-10 GHz).

(3) Peak Ft measured from H21 extrapolated from 40 GHz with a 20 dB/dec slope.

(4) Peak $F_{max}$ measured from unilateral gain extrapolated from 40 GHz with a 20 dB/dec slope.

(5) This is the minimum transistor noise figure at 5GHz. 0.2dB represents the limitation of commercially available measurement equipment.

表 12.6　單晶嵌入式被動元件技術需求 (取自 ITRS [1])

| Year of Production | 2009 | 2010 | 2011 | 2012 |
|---|---|---|---|---|
| Analog | | | | |
|   MOS Capacitor | | | | |
|     Density (fF/$\mu m^2$) | 7 | 7 | 11 | 11 |
|     Leakage (A/$cm^2$) | <1e-9 | <1e-9 | <2e-6 | <2e-6 |
|   Resistor | | | | |
|     Thin Film BEOL | | | | |
|       Parasitic capacitance (fF/$\mu m^2$) | 0.05 | 0.05 | 0.05 | 0.05 |
|       Temp. linearity (ppm/°C) | 40-80 | 40-80 | 40-80 | 40-80 |
|       1$\sigma$ Matching (% $\mu$m) | 0.15 | 0.15 | 0.15 | 0.15 |
|       Sheet resistance, Rs (Ohm/sq) | 50 | 50 | 50 | 50 |
|     P$^+$ Polysilicon | | | | |
|       Parasitic capacitance (fF/$\mu m^2$) | 0.1 | 0.1 | 0.1 | 0.1 |
|       Temp. linearity (ppm/°C) | 40-80 | 40-80 | 40-80 | 40-80 |
|       1$\sigma$ Matching (% $\mu$m) | 1.7 | 1.7 | 1.7 | 1.7 |
|       Sheet resistance, Rs (Ohm/sq) | 200-300 | 200-300 | 200-300 | 200-300 |
| RF | | | | |
|   Metal-Insulator-Metal Capacitor | | | | |
|     Density (fF/$\mu m^2$) | 5 | 5 | 5 | 5 |
|     Voltage linearity (ppm/$V^2$) | <100 | <100 | <100 | <100 |
|     Leakage (A/$cm^2$) | <1e-8 | <1e-8 | <1e-8 | <1e-8 |
|     $\sigma$ Matching (% $\mu$m) | 0.5 | 0.5 | 0.5 | 0.5 |
|     Q (5 GHz for 1pF) | >50 | >50 | >50 | >50 |
|   MOM Capacitor | | | | |
|     Density (fF/$\mu m^2$) | 5.3 | 6.2 | 6.5 | 7 |
|     Voltage linearity (ppm/$V^2$) | <100 | <100 | <100 | <100 |
|     s Mathching (% for 1pF) | <0.15 | <0.15 | <0.15 | <0.15 |
|   Inductor | | | | |
|     Q (5 GHz, 1nH) | 25 | 25 | 30 | 35 |

表 12.6　單晶嵌入式被動元件技術需求 (取自 ITRS [1]) (續)

| Year of Production | 2009 | 2010 | 2011 | 2012 |
|---|---|---|---|---|
| MOS Varactor | | | | |
| 　Tuning Range* | >5.5 | >5.5 | >5.5 | >5.5 |
| 　Q (5 GHz, 0 V) | 40 | 45 | 45 | 50 |

* Defined as Cmax/Cmin in C-V curve of the varactor. Varactor align with performance RF device in the CMOS table.

$V_{th}$ 的對稱性。除此之外，Common Centroid 與 Inter-digitization 的佈局方式亦可改善差動對元件的不相稱性。

另外，先進的類比元件電壓雖已降至 2.5V 和 1.8V，卻無法像數位核心元件電壓一樣降至 1V 甚至更低，這是因為雜訊並不會隨著電壓下降而減弱，因此，當需要高精確性的類比電路時，就可採用較大尺寸以及較高電源電壓的 CMOS 元件，以改善 $V_{th}$ 不相稱性並得到良好的信號雜訊比。

最後，矽基板的耦合效應是整合類比射頻 CMOS 單晶片的另一重要課題。當類比射頻電路與高效能的 DSP 或微處理器整合時，高頻邏輯電路所產生的雜訊，就會透過矽基板的耦合效應對類比電路造成干擾，如圖 12.16 所示。提高矽基板阻值、用 P-type 高摻雜保護環將雜訊接地、或採用 SOI 基底皆有助於減輕此耦合效應。

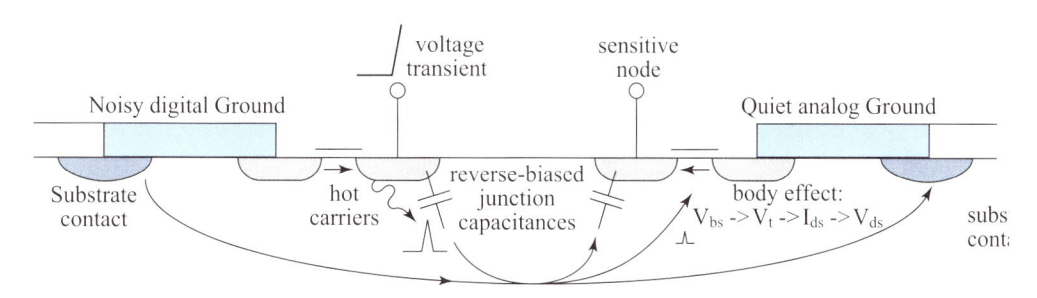

圖 12.16　雜訊耦合的主要機制 (取自 X. Aragones [18])。

## 12.4.2 整合高電壓元件

高電壓 MOSFET 可分為橫向擴散 MOS (lateral diffused MOS, LDMOS)、縱向擴散 MOS (vertical diffused MOS, VDMOS) 以及 trench VDMOS 等三種基本結構，三者皆可透過增加光罩、摻雜或磊晶區域等提高製程成本的方式嵌入標準 CMOS 邏輯製程平台。

其中，LDMOS 與 MOSFET 的元件結構較為接近，也得以不增加光罩與製程步驟，而僅改變佈局的低成本方式，嵌入標準 CMOS 邏輯製程平台。以 LDNMOS 為例，這些方式包括對稱 N-well LDD、不對稱 N-well LDD、P 型場環技術、閘偏移技術或加入金屬場平板等，如圖 12.17 所示。

整合高電壓元件的應用包含基地台的射頻功率放大器 (如圖 12.18 所示)、平面顯示面板的閘極與源極驅動 IC (如圖 12.19 所示)，以及電壓調整與參考的電源管理 IC (如 AC/DC converter、DC/DC converter)。

電源管理 IC 的主要目的是在系統不同的運作狀態中，隨時控制並保持系統內適當電流與電壓的供給，提供足夠且穩定的電力供系統正常運作，而在摩爾定律 (IC 元件中電晶體的數目將持續倍增) 下，IC 元件所需通過的電流及電壓波動範圍將更嚴苛，為了使系統穩定運作，電源管理 IC 的重要性越來越受系統業者重視，再加上用電成本增加，如何達到省電的功用，也是類比電源管理 IC 所需負擔的重大責任。電源管理 IC 所包含的功能，主要有電壓調整/參考、電池充電/測量 (Battery Charging/measurement)、熱插拔 (Hot swap/plug)、電壓監控 (Voltage supervisor/monitoring) 及電源管理單元 (power management unit) 等，其中又以電壓調整/參考類別中的 PWM (Pulse Width Modulator，脈衝寬度調節)、LDO (Low Drop Out，線性穩壓器) 以及 MOSFET (金氧半功率場效電晶體) 為主要的產品及應用。

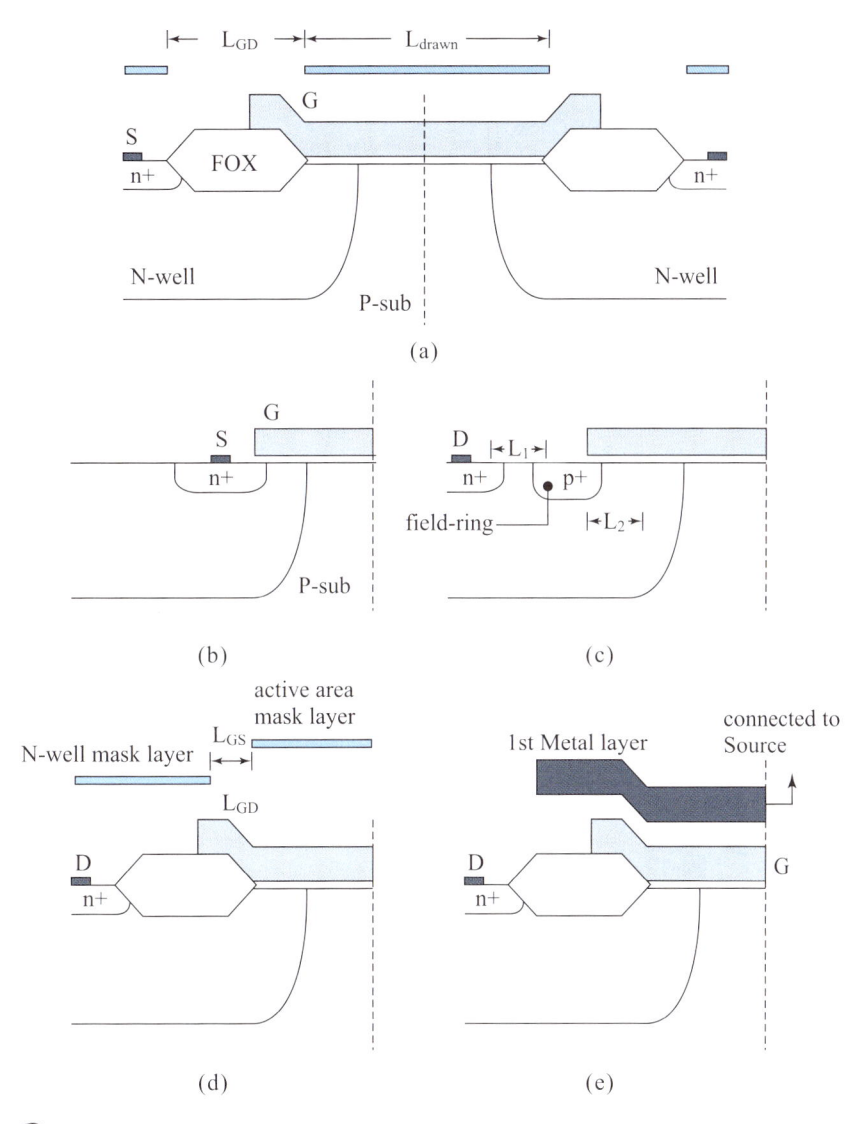

圖 12.17　各種標準 CMOS 製程技術所製作的高壓元件 (取自 P. Mendonca Santos [19])。

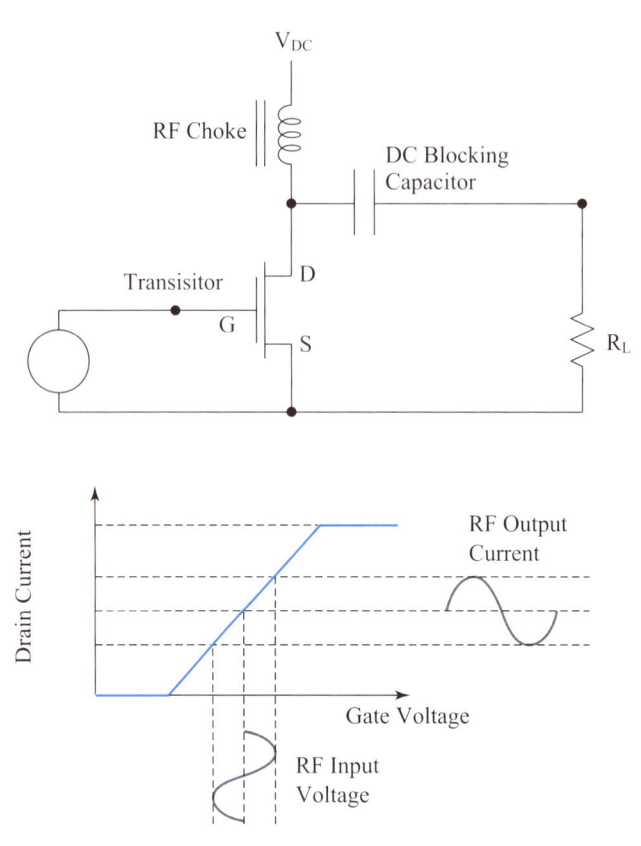

圖 12.18 射頻功率放大器。

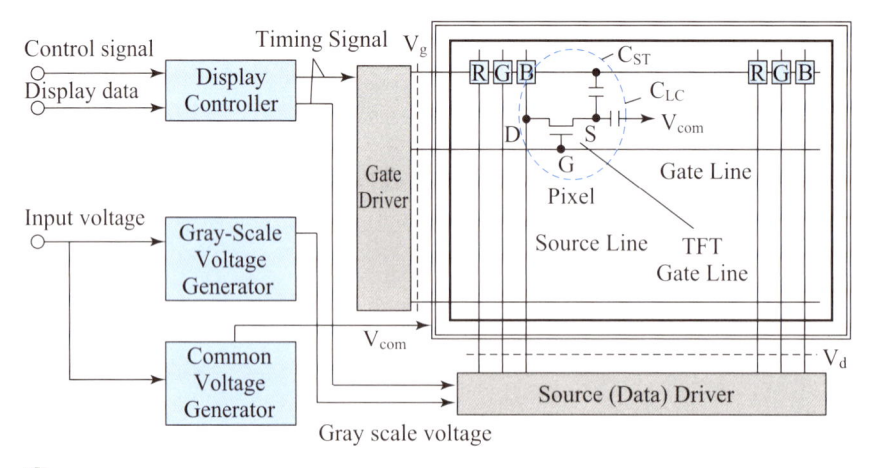

圖 12.19 平面顯示面板的閘極與源極驅動 IC。

## 12.5 整合感測與致動元件 (Sensor and Actuator Applications)

以 CMOS 製程為平台的影像感測器的構想早在 1968 年便被提出來了，不過當時由於光刻 (photolithography) 技術不成熟，並未開發出具有實用價值的感測器。直到 1990 年代初，次微米半導體製程技術成熟，才又使CMOS 影像感測器成為注目的焦點。由於次微米半導體製程技術的發展，使 Active Pixel CMOS 影像感測器的開口率及靈敏度得以提高，再加上 CMOS 具有低成本、低耗電的特性，又容易與數位 IC 整合，可大幅縮減相機模組 (Camera Module) 尺寸，使得 CMOS 影像感測器隨著製程演進，畫素容量不斷提升，逐步取代 CCD 的市場。

CMOS 影像感測器是由陣列式的感光畫素構成，從感光元件的種類劃分，畫素結構可為 MOS 電容或是 p-n junction 的感光二極體，以 MOS 電容為感光畫素的稱為 photo-gate 型，而以二極體為感光元件的稱為 photodiode 型。由於 photo-gate 會衰減藍光，因此 CMOS 影像感測器發展以 photodiode 型為主流。

依照畫素上的電路複雜程度不同，CMOS 影像感測器又分為 Passive Pixel 及 Active Pixel，如圖 12.20 所示。其主要的差別在於，Passive Pixel 的電路是由單個電晶體構成列的選擇開關，讓位於每一行末端的放大器，能夠讀取行、列交會處的畫素所積存的電子訊號；Passive Pixel 的優點是電路單純，不會佔掉太多

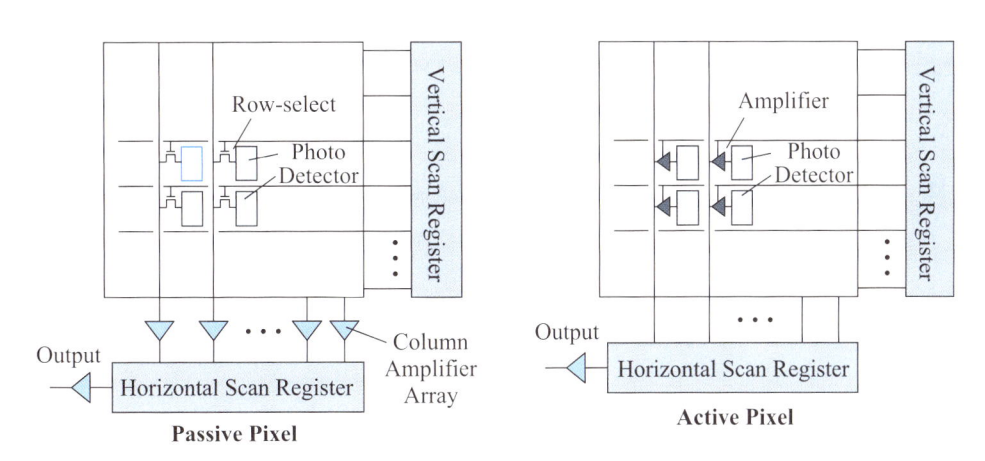

圖 12.20 CMOS 影像感測器構造 (取自 PIDA [20])。

感光面積，而影響到感測器的靈敏度(sensitivity)，缺點則是訊號輸出線路阻抗高，容易產生隨機雜訊 (random noise)，使影像品質不佳。Active Pixel 的電路則是由二個或二個以上的電晶體構成具有放大功能的放大器。電荷訊號在畫素所在的地方，即被放大器轉換成電壓訊號，同時被放大後輸出至感測器外部。Active Pixel 的設計解決了隨機雜訊的問題。不過由於放大器的線路會佔掉畫素的感光面積，使感測器的靈敏度降低；另外，畫素上的放大器特性不容易做得每個都一致，因此會產生所謂的固定圖案雜訊 (fixed pattern noise)，時下大部分產品所用的 CMOS 影像感測器為 Active Pixel。

除了影像感測器，整合聲音、溫度、壓力、電位、磁場、速度、氣體、溼度、生化分子或去氧核糖核酸 (DNA) 的感測與致動元件也可透過 CMOS-MEMS 的整合技術得到實現 [21, 22]，如圖 12.21 所示即為一種結合 CMOS-MEMS 技術偵測空氣中揮發性有機化合物的感測元件 [23]。

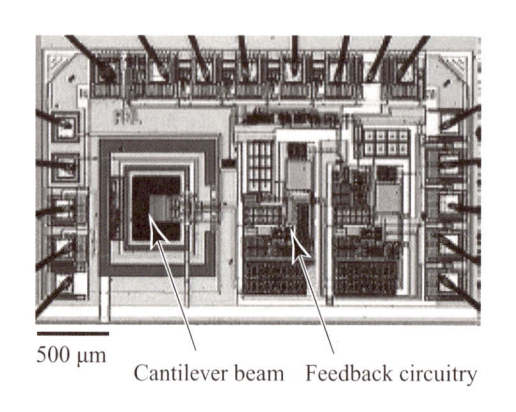

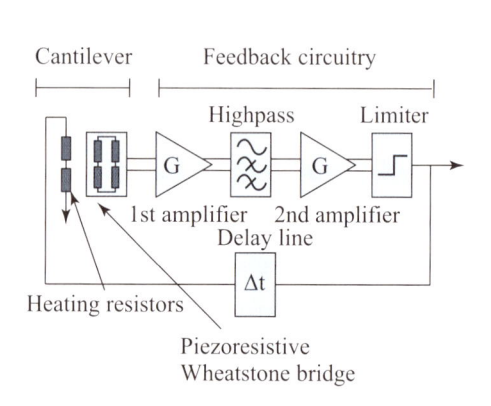

**圖 12.21** CMOS 技術的集成化學微感測系統與方塊圖 (取自 Martin Jenkener [21])。

## 本章習題

1. 請說明為何高效能 (high performance) MOSFET 微型化的速度最快，並舉出實際 IC 產品應用說明。
2. 試說明低功率製程技術對 SOC 發展的重要性。
3. 試以 log scale $I_d$-$V_g$ 說明 $V_{DD}$ 與 $V_{th}$ scaling 的限制。
4. 試說明為何高介電常數閘絕緣層、金屬閘、應變矽與 SOI 等先進技術可解決高功率消耗與漏電的問題。
5. 請比較嵌入式 SRAM、DRAM 與 NVM 的主要製程差異。
6. 試說明堆疊式與溝渠式兩種 DRAM 結構如何影響嵌入式DRAM中邏輯元件的密度與效能。
7. 試比較 performance 與 precision 類比射頻元件所需特性有何不同。
8. 請參考本章所列或其他參考文獻，說明如何改善 MOSFET $g_{ds}$ 的特性與 $V_{th}$ 的對稱性。
9. 請說明為何 LDMOS 結構的高電壓元件較易嵌入標準 CMOS 邏輯製程平台。
10. 試從製程角度分析為何 CMOS 影像感測器隨著製程演進逐步取代 CCD 的市場。

## 參考文獻

1. ITRS, International Technology Roadmap for Semiconductors, Edition Reports, 2000–2009.
2. R. Saleh, "Trends in Low Power Digital System-on-Chip Designs," proceedings of International symposium on Quality Electronic Design (ISQED), pp. 373-378, 2002.
3. ITRS Winter Public Conference, 2007.
4. IEDM SC, 2007.
5. IEDM SC, 2008.
6. Available: http://www.altera.com.
7. Available: http://www.intel.com.
8. Mark Bohr, "The New Era of Scaling in an SoC World," ISSCC SC, 2009.
9. Available: http://www.xilinx.om.
10. H. Takato *et al.*, "Embedded DRAM Technologies," Proc. ESSDERC, pp. 13–18, 2000.
11. S. J. Shen *et al.*, "Novel Self-convergent Programming Scheme for Multi-Level P-Channel Flash Memory," in IEDM Tech. Dig., pp. 287-290, 1997
12. Craig Zajac, "Choose the Right Non-Volatile Memory IP," EE Times, 2010.
13. Willy Sansen, "Analog/RF Design in Nanometer CMOS Technologies," IEDM SC, 2005.
14. Katsuhiko Ueda, SoC Design for Digital Consumer Electronics, IEDM 2004 Short Course on Devices for next generation digital consumer circuits and systems.
15. Behzad Razavi, "CMOS Technology Characterization for Analog and RF Design," IEEE J. Solid-State Circuits, vol. 34, pp. 268–276, Mar. 1999.
16. Pierre H. Woerlee *et al.*, "RF-CMOS Performance Trends," IEEE Trans. Electron Devices, vol. 48, pp. 1776–1782, Aug. 2001.

17. Marcel J.M. Pelgrom et al., "Transistor Matching in Analog CMOS Applications," in IEDM Tech. Dig., pp. 915-918, 1998.
18. X. Aragones *et al.*, "Experimental Comparison of Substrate Noise Coupling Using Different Wafer Types," IEEE J. Solid-State Circuits, vol. 34, pp. 1405–1409, Qct. 1999.
19. P. Mendonca Santos *et al.*, "High-Voltage Solutions in Standard CMOS," Power Electronics Specialists Conference, pp. 371–377, 2001.
20. Available: http://www.pida.org.tw/optolink/optolink_pdf.
21. Martin Jenkner *et al.*, "Cell-Based CMOS Sensor and Actuator Arrays," IEEE J. Solid-State Circuits, vol. 35, pp. 2431-2437, 2004.
22. Bikram Baidya *et al.*, "Challenges in CMOS-MEMS," Technical Proceedings of the Fourth International Conference on Modeling and Simulation of Microsystems (MSM), pp. 108-111, 2001.
23. Henry Baltes *et al.*, "CMOS MEMS – Present and Future," The Fifteenth IEEE International Conference on Micro Electro Mechanical Systems, pp. 459-466, 2002.

# Chapter 13

# 三維積體電路製程

陳冠能
陳裕華
鄭裕庭

## 作者簡介

### 陳冠能

麻省理工學院電機工程與電腦科學博士。現擔任國立交通大學電子工程系副教授。曾任職於美國 IBM 華生研究中心擔任研究員。著作有國際學術論文 116 篇、專書 1 本、專章 4 章、美國專利 18 件。

### 陳裕華

國立台灣大學化學博士。現擔任工業技術研究院電子與光電研究所構裝技術組研發副組長。98 年度中國工程師學會優秀青年工程師。著作有國際學術論文 18 篇、美國專利 7 件、中華民國專利 5 件、與其他國家專利 1 件。

### 鄭裕庭

密西根大學安娜堡校區電機工程博士。現擔任國立交通大學電子工程系教授。曾任職於美國 IBM 華生研究中心擔任研究員。著作有國際學術論文 50 篇、專章 2 章、美國專利 5 件。

藉由縮小電子元件本身的體積與增加運算能力，晶片功能得以不斷的提升，因此電腦與電子相關產品的功能日益強大。此晶片功能的提升與密度的增加基本上依循摩爾定律。然而在不久的未來，由於微影技術及物理極限，此縮小電子元件的趨勢將會遭遇到瓶頸 [1]。另外一方面，隨著晶片上元件密度的持續增加，在電路越趨複雜的情形下，金屬導線的總長度也急速增加，其總導線電阻電容延遲 (global interconnect RC delay) 將會直接影響晶片的表現 [2]。在產品需求上來說，電子產業在目前或未來均面臨新的挑戰，包括異質整合的需求、如何降低功率、增加密度、甚至降低成本。三維積體電路 (3D IC) 技術的出現提供了一個最佳的解決方案，本章將對三維積體電路及其製程做一個系統性的介紹。

## 13.1 前言

3D IC 或是 3D Integration 概念乃是利用堆疊的方式在第三維增加元件與電路，許多電子元件及半導體所面臨的問題將可迎刃而解，譬如：總導線過長或是晶片面積太大 [3]；同時，也能整合來自異質基板材料的不同元件的需求。一般的三維積體電路技術可分成兩類：晶圓級三維積體電路技術和三維積體電路系統構裝技術。前者的技術主要專注在晶圓階段如何與半導體製程互相整合，後者的技術核心則在於構裝階段如何將晶片堆疊及整合。

目前三維積體電路技術已成為半導體業及封裝產業中一個重要的先進技術，並且在消費電子、通訊、記憶體產業中引起注目，甚至某些產品已開始商品化 [4]。以封裝技術為例，三維積體電路系統構裝技術以晶片對晶片堆疊的方式來完成，目前發展重點是以增加記憶體容量或是發展異質晶片接合的能力為主 [5]。在本章接下來的部分，將依序為讀者分別介紹晶圓級三維積體電路製程、三維積體電路系統構裝技術、三維積體電路製程技術在微系統的應用，最後說明三維積體電路此技術的優點與挑戰。

## 13.2 晶圓級三維積體電路製程

雖然晶圓級 3DIC 的複雜性與困難度較 3DIC 整合封裝技術為高，但是當技術成熟後，將可帶來高經濟效益與高元件密度，並可達到最高密度的三維積體電路。在此部分將首先介紹晶圓級 3DIC 技術分類，接著透過實例的介紹讓讀者對 3DIC 有基本的概念，本節的最後將介紹目前晶圓級 3DIC 的關鍵技術。

### 13.2.1 晶圓級 3DIC 技術分類

晶圓級 3DIC 技術可依據晶圓堆疊方向、晶圓接合技術種類、TSV 製程順序與晶圓種類進行以下分類：

**1. 晶圓堆疊方向**

(a) 面對面 (face-to-face)：

將兩晶圓的元件面以面對面方式堆疊起來 (如圖 13.1)。此方式優點在於堆疊過程直接簡單，並相對於其他方式而言，無須使用攜帶晶圓 (handle wafer)，缺點在於設計電路及元件時，需要考慮到兩晶圓間對稱性的問題。

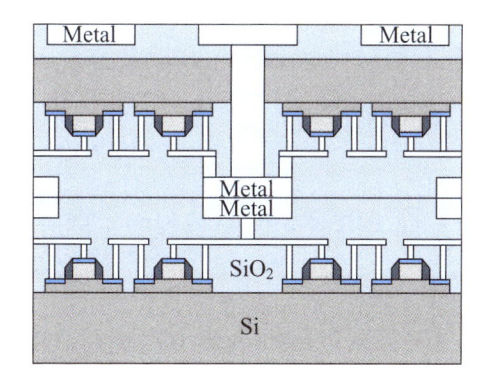

◎ 圖 13.1　面對面晶圓堆疊法示意圖。

(b) 面對背 (face-to-back)：

使用一晶圓的正面去堆疊另一個晶圓的背面 (如圖 13.2)，另一個晶圓的基板材料可能已被磨薄，並附在攜帶晶圓上。此種方式可避免設計上對稱性的要求，

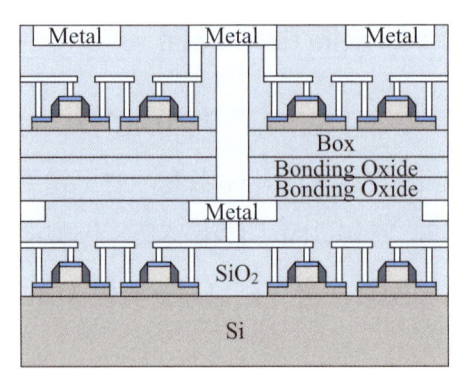

圖 13.2　面對背晶圓堆疊法示意圖。

但是磨薄晶圓需要暫時性地與攜帶晶圓接合，增加製程上的複雜性 [6]。

**2. 晶圓接合技術種類**

(a) 金屬接合技術：

　　金屬為元件內的導線材料，也同時被用於晶圓接合的主要媒介，常見的使用金屬有銅、錫、金與這些金屬間的化合物 [7, 8]。其中銅、錫及其化合物為標準半導體製程與封裝製程的導線材料，這些材料的接合技術亦為目前晶圓級 3DIC 技術主要發展目標 [9]。

　　使用此技術的優點在於可得到較高的晶圓接合強度，且接合金屬本身可視為一導線金屬層並且其具有高散熱能力。

(b) 氧化物接合技術：

　　因為二氧化矽 ($SiO_2$) 為半導體元件與製程中主要介電質材料，以其發展的接合技術，簡稱為氧化物接合技術，可用於晶圓級三維積體電路之中。

　　其技術特色為兩晶圓在二氧化矽接合後，再進行 TSV 鑽孔及金屬填充的製程。優點為可使用 SOI 晶圓接合，故可得到最薄的晶圓厚度，因此可獲得最高密度的堆疊。其缺點在於此接合技術的表面需完全平坦與乾淨，另外環境清潔度要求非常高 [10]。

(c) 高分子接合技術：

此接合技術與氧化物接合技術類似，不同處在於用高分子聚合物取代二氧化矽作為接合材料，也因此依然可以得到高密度堆疊的結構。此外，其有效接合面積及接合強度也比矽氧化物接合來得高 [11]。

此接合技術的缺點在於，一般高分子的熔點或玻璃轉換溫度可能在攝氏 400 度以下，而此正是許多接合材料的溫度。另外，在接合完成之後的後續半導體製程，若是必須在高溫下完成，有可能因為高分子的分解而導致元件損壞甚至設備污染。

**3. 晶圓種類**

(a) 矽晶圓：

使用一般的矽晶圓，此種晶圓普遍使用於晶圓級三維積體電路。

(b) 玻璃晶圓：

使用玻璃晶圓其透明的特性，可直接檢測兩晶圓對準過程與結果。功能性的攜帶晶圓 (handle wafer) 也常使用玻璃晶圓，其過程在利用玻璃晶圓「暫時性」的與元件晶圓接合後，再將元件晶圓磨薄，此玻璃晶圓就可攜帶磨薄晶圓，而「永久性」地接合另一個元件晶圓，最後再將玻璃晶圓移除，完成任務。另外，圖 13.3 為玻璃晶圓上暫時接合另一片有元件電路的磨薄晶圓 [11]。

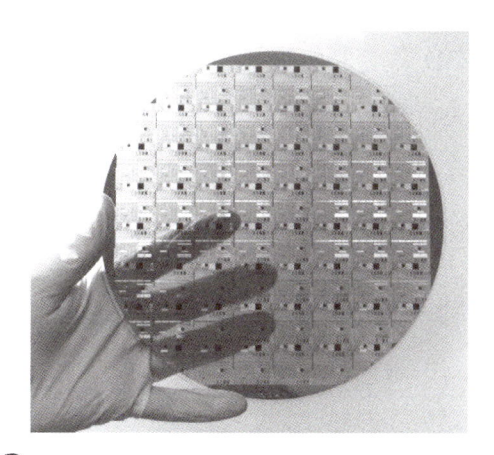

圖 13.3　玻璃晶圓作為攜帶晶圓 [11]。

(c) SOI 晶圓：

將 SOI 晶圓中的氧化層當成良好的蝕刻停止層 (etching stop layer)，因此可以將磨薄晶圓的厚度控制在最小最均勻的狀態。

(d) 其他晶圓：

其他晶圓如三五族晶圓等，可依照異質整合的需求而應用在晶圓級三維積體電路中。

**4. TSV 製程順序**

(a) 先製程 TSV (via-first)：

此方式為在標準 CMOS 元件製程前，先將 TSV 的部分完成。

(b) 中製程 TSV (via-middle)：

此方式為在標準 CMOS 元件製程後，但在後段製程 (BEOL) 前，將 TSV 的部分完成。

(c) 後製程 TSV (via-last)：

此方式為在後段製程 (BEOL) 之後，才將 TSV 的部分完成。

## 13.2.2 實例介紹：MIT 晶圓級三維積體電路製程

藉由介紹一個完整的 3DIC 製程，可深入了解晶圓級三維積體電路製程每一步驟的重要性。本段落將介紹一種由美國麻省理工學院 (MIT) 於西元 2000 年左右所發展出來的晶圓級 3D 整合製程技術 [12]，此技術的特色在於涵蓋多種的重要 3DIC 製程，雖然此法有其製程挑戰，但相當適合作為晶圓級三維積體電路的介紹。

MIT 晶圓級 3DIC 製程技術流程 [12]：

**1.** 上層晶圓使用 SOI 晶圓，在元件及電路製程後，進行金屬製程 (如圖 13.4)。

第 13 章　三維積體電路製程　　447

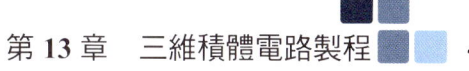

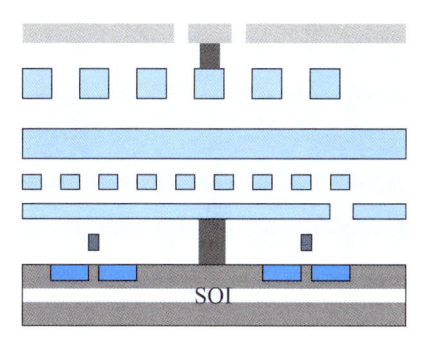

图 13.4　上層晶圓製程 [12]。

**2.** 上層 SOI 晶圓與攜帶晶圓暫時性接合 (如圖 13.5)。

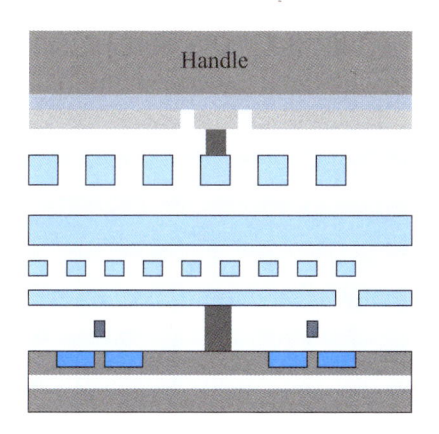

图 13.5　上層晶圓與攜帶晶圓暫時性接合 [12]。

**3.** 將上層 SOI 晶圓的矽基板開始磨薄，接著進行蝕刻，使之停留在氧化矽處 (如圖 13.6)。

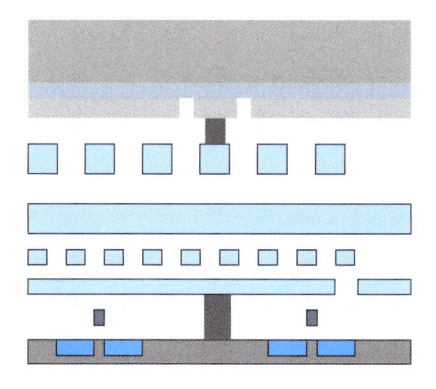

图 13.6　上層晶圓磨薄 [12]。

4. TSV 鑽孔 (如圖 13.7)。

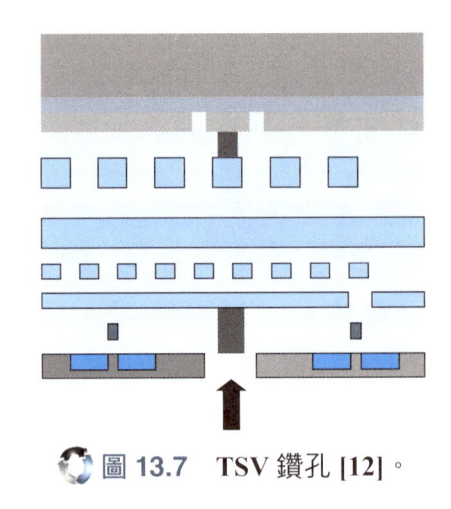

圖 13.7　TSV 鑽孔 [12]。

5. TSV 金屬填充 (如圖 13.8)。

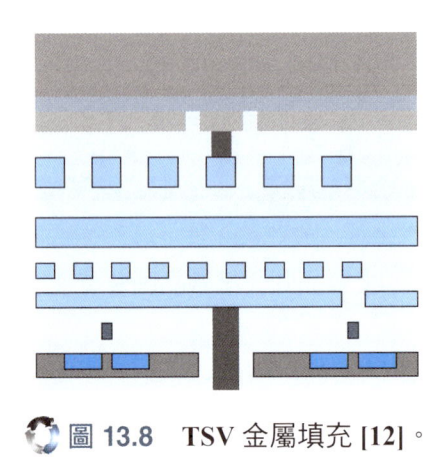

圖 13.8　TSV 金屬填充 [12]。

6. 作為接合用之銅金屬製程 (如圖 13.9)。

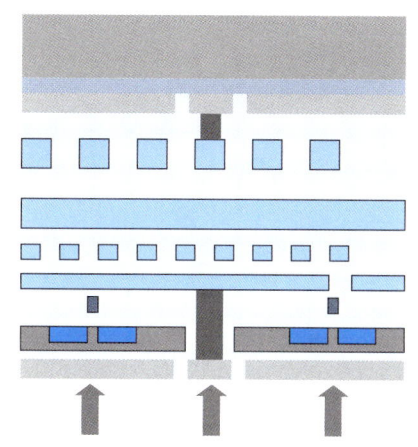

第 13 章　三維積體電路製程　　449

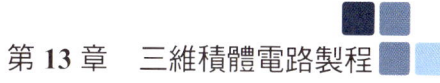

▲ 圖 13.9　作為接合用之銅金屬製程 [12]。

7. 將此接合晶圓 (含攜帶晶圓與磨薄的上層 SOI 晶圓) 與下層元件晶圓 (可採用矽晶圓即可) 進行銅晶圓接合 (如圖 13.10)。

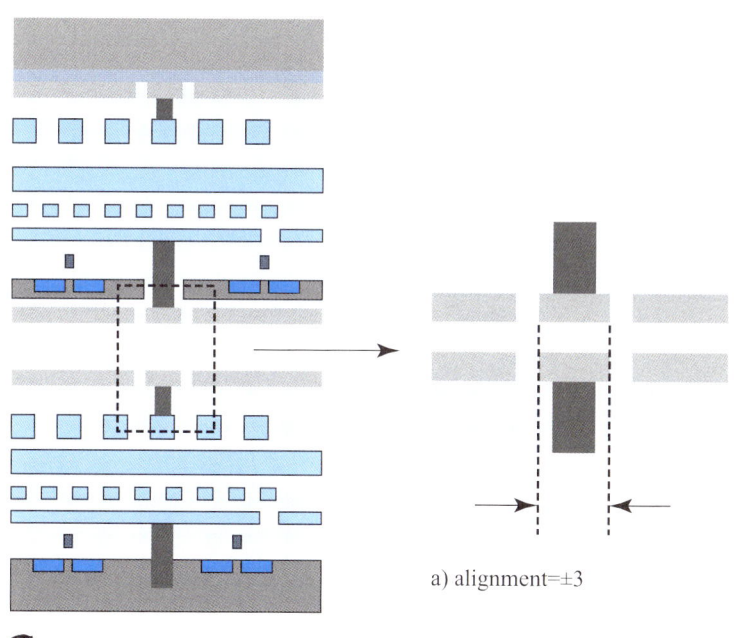

a) alignment=±3

▲ 圖 13.10　銅晶圓接合 [12]。

8. 移除攜帶晶圓 (如圖 13.11)。

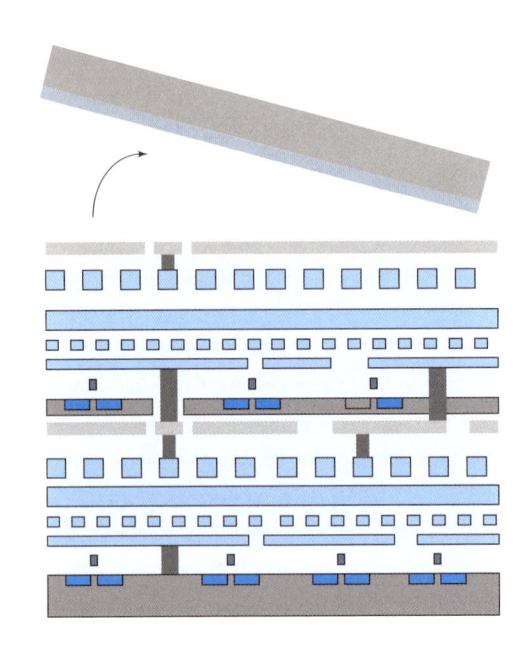

圖 13.11 移除攜帶晶圓 [12]。

9. 完成晶圓級三維積體電路製程，此接合晶圓包含來自不同晶圓的兩層元件，同時此接合晶圓可以視為新的下層晶圓，可以與第三個晶圓 (第二個上層晶圓) 接合 (如圖 13.12)。

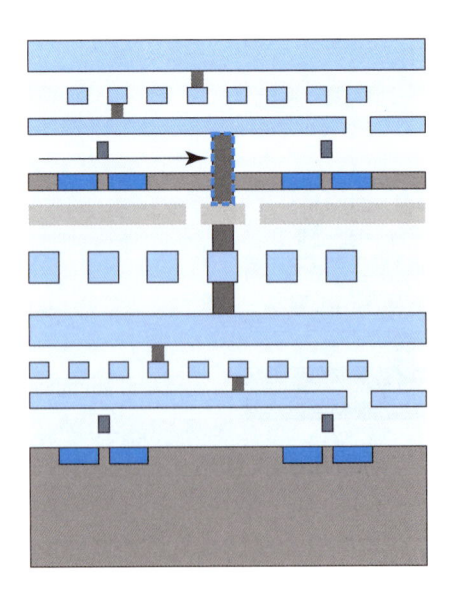

圖 13.12　MIT 的晶圓級 3D 整合製程 [12]。

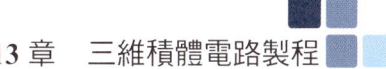

以上為 MIT 的晶圓級三維積體電路製程，根據本章所定義的分類，可以得知此製程採用面對背、銅晶圓接合、矽晶圓與 SOI 晶圓的製程。

### 13.2.3 關鍵晶圓級三維積體電路製程技術

由上所述，讀者可以了解要完成晶圓級 3DIC 製程，有許多關鍵的製程技術需要成熟發展。本部分將介紹最重要的幾種 3DIC 關鍵技術：

**1. 對準 (alignment)**

精確的對準度代表所需的接合區域面積較小，因此可以在電路設計時獲得較大的堆疊密度。相對地，不佳的對準，甚至超過對準容忍度 (alignment tolerance) 的堆疊，會導致電路短路或是元件失效，因此，對準的精確程度直接影響三維積體電路的良率。

對準精確度通常取決於機台的種類、對準記號 (alignment mark) 的設計與操作人員的經驗。圖 13.13 為在紅外線顯微鏡下所顯示兩晶圓在銅接合後的對準結果，此一範例顯示，X 軸方向有稍許的對準誤差 [13]。

**2. TSV 製程**

TSV 製程的第一步驟為 TSV 的鑽孔蝕刻，TSV 因為要貫通整個磨薄晶圓，故 TSV 需蝕刻的深度取決於磨薄晶圓的厚度。因此若磨薄晶圓所剩的厚度過

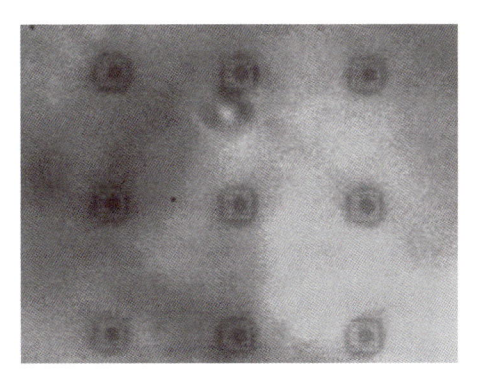

圖 13.13　在紅外線顯微鏡下所顯示的兩晶圓在銅接合後之對準結果 [13]。

大,則 TSV 蝕刻深度將會是一大挑戰。另外,同一晶圓不同位置的 TSV 蝕刻深度的均勻性也是重要課題。

TSV 蝕刻後的下一步驟為填充的導電性材料,其原因是 TSV 可作為連結不同晶圓之元件間的主要通道。除了採用多晶矽 (poly-Si) 外 (少部分製程),大部分的 TSV 填充是以銅 (Cu) 或鎢 (W) 作為主要材料。銅的優點在於其具有高導電性、高導熱性、殘留應力小及可廣泛地用在標準製程上,其缺點為銅要填入高深寬比的 TSV 是一大挑戰。另一方面,雖然鎢有高應力的問題,但此金屬對於高深寬比填充力較佳。

**3. 銅晶圓接合技術 (Cu wafer bonding)**

因為銅在半導體製程的廣泛使用,銅晶圓接合技術相當受到晶圓級三維積體電路技術的矚目。銅晶圓接合原理與其他金屬接合一樣,使用高溫高壓,以造成兩金屬間利用互相擴散的方式完成接合。故稱之為熱壓式接合 (thermocompression bonding) 或擴散式接合 (diffusion bonding)。

在影響接合強度的參數之中,最重要的是接合溫度。以目前研究的結果顯示,銅接合溫度越高,接合品質越好,但是不能超過半導體元件的上限溫度 (超過此溫度可能會損壞元件,通常為攝氏四百度),在攝氏 300 至 400 度可以得到較佳的接合品質及強度。另外,為了減低成本,如何在有限的溫度、壓力及真空下,於短時間內所獲得最佳接合強度乃成為重要的課題 [14]。圖 13.14 為銅接合

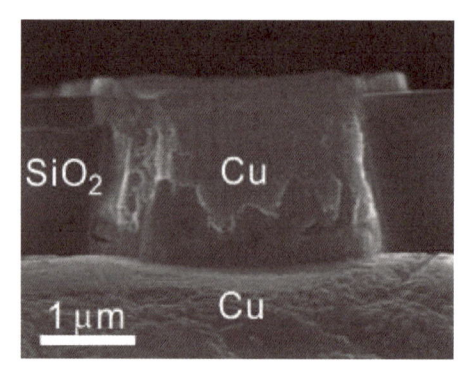

▶ 圖 13.14　銅接合晶圓結果,接合條件為攝氏 400 度下接合一小時 [13]。

晶圓結果，接合條件為攝氏 400 度下接合一小時 [13]。

## 13.3 三維積體電路系統構裝技術

隨著電子產品需求朝向高功能化、訊號傳輸高速化及電路元件高密度化發展，IC 所呈現的功能越強，搭配的被動元件數量亦隨之遽增，特別是消費性電子產品，例如 VCRs、Camcorders、Cellular phones 等，需使用為數眾多的被動元件，其與 IC 之比例甚至高達 60 倍之多，因此在電子產品強調輕、薄、短、小之際，如何於有限的構裝空間中容納數目龐大的電子元件，已成為電子構裝業者亟待解決與克服的技術瓶頸。為了解決此一問題，構裝技術逐漸走向 System in Package (SiP) 的系統整合階段，而埋藏式被動元件技術已成為 SiP 的關鍵技術之一，藉由被動元件的內埋化，不僅可大幅縮小構裝面積，也能使多餘的空間加入更多高功能性元件，藉此提高產品整體的構裝密度；因此，要在有限的構裝空間中納入數目更多的電子元件，縮小模組尺寸或基板之面積，朝向 SiP 的系統整合構裝技術，已成為電子構裝業者解決與克服此一問題之技術瓶頸。此外，在訊號傳輸路徑的縮小下，可有效改善電性，亦提高產品品質與可靠性。而在晶片之整合方面亦朝向 Z 方向之進行晶片的堆疊，就各家發展的三維構裝架構分類，目前堆疊的主流可分下述 5 類 [15]：

1. 以不同幾何尺寸或排列方式加上打線技術的 3D 堆疊
2. 以超薄基板與晶片搭配接合方式的 3D 堆疊
3. 以堆疊晶片組側壁電鍍金屬作為訊號傳輸
4. 以晶片上穿孔作為訊號導通
5. 以 Buried Interconnection 作為訊號傳輸

由於前兩種傳統式三維堆疊構裝，雖然具有跨入技術門檻較低之優勢，但由於其先天條件之因素，無論是在總導線長度上，或是在有效體積的縮減上都已經面臨其極限所在。至於透過側壁進行訊號傳遞之堆疊構裝，在製程上的挑戰相當的高，但在尺寸與導線長度問題的解決上，卻無法達要有效的縮減。

SiP 的主要構裝技術分類如下表所示：

| 封裝構造技術 | 機能整合技術 | 異種 Memory 整合 |
| --- | --- | --- |
| | | Si +化合物/Sensor |
| | | 立體 3D 堆疊技術 |
| | | 微機電技術 |
| | 基板構裝技術 | 多層高密度基板技術 |
| | | 埋藏式元件技術 |
| | | 基板鍍疊孔技術 |
| | 晶片連接技術 | 晶片再配線 (RDL) 技術 |
| | | 晶片貫穿 (TSV) 導通孔技術 |
| | | Wire 接線技術 |
| | | 凸塊電極接線技術 |
| | | Bumpless 電極接線技術 |
| | 封裝技術 | 樹脂封裝技術 |
| | | Flip Chip 封裝技術 |

此外，藉由訊號傳輸路徑縮小，可有效改善電性，進而提高產品品質與可靠性；然而更進一步審視被動元件與主動元件之整合，由有機 PCB 基板延伸至矽基板，亦或直指 IC 之矽晶圓，被動元件埋入矽基板中，可將部分被動元件——電容、電阻轉移至矽晶片上，減少於基板表面可能佔據之面積，達到面積縮小化的整合需求，對電性的考量亦可有更進一步的提升。在埋藏式被動元件的材料應用方面，除採用商用之特用化學品，亦可由研究機構針對設計之特性需求，開發適用之材料如結構尺寸奈米化，結合奈米分散技術，導入奈米結構材料於相關之電容、電阻材料中，以使埋入之被動元件其電氣特性達到開發設計所需之規格需求，再埋入有機基板或 IC 中，以減少被動元件——電容、電阻於基板表面可能佔據之面積，達到面積縮小化的需求結合。在埋藏式被動元件的製程發展方面，如要整合至 IC 中，必須與現有 IC 封裝製程技術結合，其中，晶圓級晶方尺度構裝 (wafer level chip scale package) 技術，不但具備覆晶構裝 (flip chip assembly) 高頻電性的優點，相較於其他構裝型態，由於在 Wafer 製程中即完成元件組裝

(component level) 工作，具備晶粒切割後即可直接進行 on board assembly 的優勢，可大幅減少組裝製程步驟及元件尺寸，使其在中高階產品應用上，特別是在高速記憶體、無線通訊，及行動電子產品上，逐漸展露其市場潛力。藉由晶圓級晶方尺寸構裝技術 (wafer level chip scale package, WLCSP) 中 I/O 重佈技術的概念的引入，應可將埋藏式被動元件技術與 IC 構裝技術整合 [16] [17]。

現今半導體構裝技術為了因應攜帶式電子產品的輕薄短小化、光電通訊產品的高速化、微系統產品的高度整合之需求及環境保護的強烈需求下，需開發更先進的微連結技術，諸如：提高覆晶接腳密度、採用 3D 堆疊構裝、超薄膜覆晶構裝、配合環保的無鉛覆晶構裝及微系統密封構裝，以因應未來整合度高的光電通訊、微系統、攜帶式電子產品。

3D 整合系統構裝展現了晶片面積的縮減，並能做到最佳化的劃分，這兩個優點使得整個系統的製作成本能夠降低；此外，3D 構裝尚有一個優點是，它能縮減連結線路的長度及消除晶片間傳輸速度的限制 [18] [19] [20]。

現在，世界上已經有許多公司及研究機構致力於發展 3D 系統之整合技術，目前除了利用再結晶或磊晶的方式成長具有不同功能之矽層外，最主要的還是利用構裝技術來達到 3D 系統整合，可歸為三類：

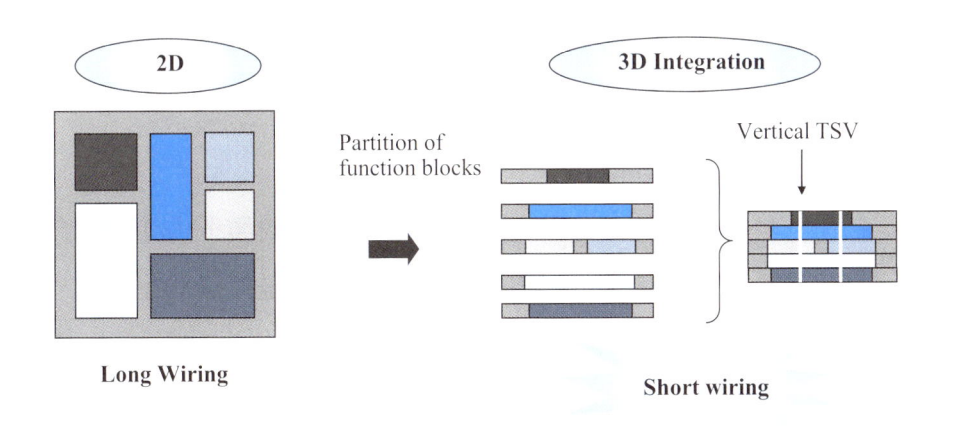

圖 13.15　3D 系統整合技術的優點 [21]。

### 1. Package stacking

Package stacking 技術如圖 13.16 可分為 PiP (Package in Package) 及 PoP (Package on Package) 架構，以 PiP 的結構而言，是將一個單獨且未上錫球的 Package 藉由一個 spacer 疊至晶片上，再一起進行封膠的封裝製程；而 PoP 則是將兩個獨立封裝完成的 Package 加以堆疊。此方式的好處在於係使用兩個獨立的封裝體，利用表面黏著方式來做疊合，以提高產品良率。其中 PoP (Package on Package) 因為傳統的單一封裝技術已趨於成熟，故只需要將兩個 Package 加以堆疊的製程技術，良率通常會比 PiP 來得好。此技術因含封裝體在裡面，所以對於體積上較大、線路較長，且需要微小化之晶片較難做應用。研發此技術的廠商包括：STATS ChipPAC、Panasonic。此技術具有可針對 IC 元件先進行預測、不會產生 Know Good Die 的問題、有較高的封裝良率等優點。

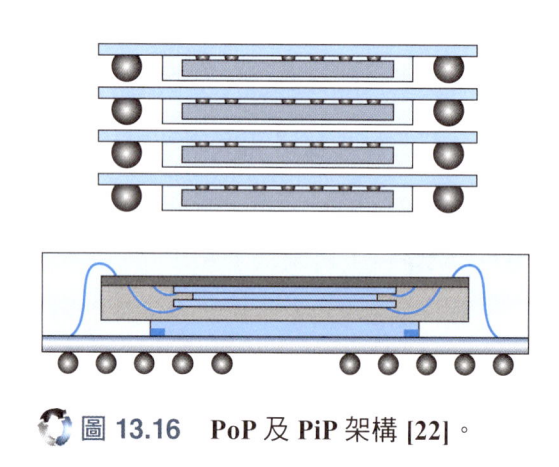

圖 13.16　PoP 及 PiP 架構 [22]。

### 2. Die stacking (wiring bonding)

打線技術是現今成熟之技術，為了達到更高密度的封裝，也發展出將晶片堆疊成立體打線電性連接之方式做訊號連結，如圖 13.17 是打線堆疊架構，好處是技術成熟、成本低，但因用打線方式使其範圍侷限於晶片周圍的連結，其電訊號傳輸路徑雖較 Packaging stacking 來得短，但無法與 3D IC with TSV 堆疊技術相比擬，在高頻應用上會有所限制，研發此技術的廠商如 Sharp、Amkor。此技術具有較短的導線距離、較佳電性，再加上沒有晶片的預封裝，可以獲得更薄型化

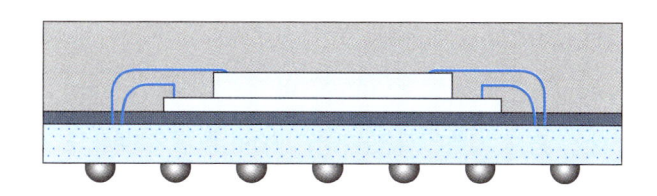

圖 13.17　以打線技術所製作的三維立體堆疊 [22]。

的效果。

**3. 3D IC with TSV**

　　3D IC 技術指利用矽穿孔電極技術 (TSV)，作為晶片間電訊號傳輸之用之堆疊產品，如圖 13.18 所示。在尺寸上可達到縮裝的目的，並且在此三種分類技術上，能達到最短之電信傳輸路徑，其連接線並不侷限於晶片周圍，也可在晶片中間，不論是要達到高密度的封裝或是應用在高頻產品上面，此種方式將是不錯的選擇。此技術具備晶片尺寸型封裝 (CSP)、薄型封裝、封裝成本較傳統法低、可靠性 (Reliability) 高、散熱性佳 (熱傳導路徑短)、電性優良 (封裝的走線短，使得電感及電容低) 等優點。

　　3D IC 除了可應用在同質晶片的堆疊，也可應用在異質晶片的堆疊上面如 (數位及類比、矽基及三五族、記憶體與射頻等)，目前最被看好的應用，就屬於 Memory 及 CMOS Image Sensor。

　　相較之下，目前較容易達到 3D 堆疊的構裝技術是晶片的堆疊，之後再利用打線的方式將電性及訊號與基材做連結，正如導線架的封裝一般，目前以封裝三片晶片以上為市場主流。上述之立體堆疊技術，各有各的優勢與應用的方

圖 13.18　以 TSV 之 3D IC 堆疊技術 [22]。

向,如果以上下元件連接的方式來區分,可區分為導通孔的連接方式,側壁的連接方式與 wire bond 的連接方式,同時亦可分為凸塊 (bump) 的連接方式與無凸塊 (bumpless) 的連接等方式,在連接的介質方面更是多樣化,有金屬對金屬的接合,也有膠材的接合與矽晶圓之矽或是二氧化矽的直接接合 (direct bonding),當然也有 Au、Si 的共晶接合等技術,這些不同的接合方式,無非都只是想要連接上下的訊號,如能再搭配晶圓薄化技術,除可以最短的封裝距離來達到尺寸與電性的最佳化外,更可在有限的空間裡,放進更多的元件,增加構裝密度。

攜帶式及輕薄短小長久以來一直是電子產品追求的目標之一。系統之模組化構裝 (SiP, System in Package) 正是能滿足上述終端產品的功能需求,此整合性構裝技術同時也是未來幾年電子系統構裝計畫所追求的最終技術目標。未來電子產業發展的重點,將以電腦、通訊及多媒體等 3C 整合的產品產業為全球的明星主流產業,故在電子系統構裝技術發展中,則針對我國電子、資訊及通訊產業之需求,以 3C 整合縮裝產品的載具開發為主軸,進行系統構裝設計及測試、系統組裝技術、電子構裝技術、基板製程及相關的電子材料研發;同時,配合內藏元件模擬模型及晶圓堆疊技術之開發等基礎研究的支援,並透過開發晶圓堆疊技術和內藏元件材料及基板,進一步達成電子系統構裝技術之提升及整合;更進而促成相關週邊技術及設備之開發,並達成建立量產製程技術及相關商品化技術之目的,帶動 3C 產業之蓬勃發展。

## 13.4 三維積體電路製程技術在微系統的應用

依據喬治亞理工學院 Tummala(1) 教授對於微系統之定義 [23],可以使讀者對於 3D IC 技術如何進一步推動微系統相關硬體製造之發展有著較深之了解。所謂「微系統」,乃是一個由光電、射頻、微機電感測與半導體等元件所組成之具有積體化與微小化之系統,而此系統具有之功能,將可應用於人類日常生活所需之設備儀器用品之上,其所應用之範疇涵蓋通訊、資訊、運輸、醫療等領域。凱斯西儲大學 Madou 教授則更具體定義微系統為一個具有微感測、微致動,與微處理等三個主要單元之微小系統 [24]。依此定義，大眾所接觸之通訊晶片系統、環境感測晶片系統、與生醫檢測晶片系統皆可納入此類範疇。由於本章節是以 3D IC 技術介紹為主，因此該技術於微系統製造相關之應用，則將著眼於矽基微系統晶片之開發為主軸。

顧名思義，矽基微系統晶片可統稱為以微電子技術實現系統功能之晶片，相較現今之微機電系統之定義，則有著極大之相似之處。基本上，矽基微系統晶片涵蓋面則較為廣泛，傳統僅含電子元件之晶片系統亦可稱之為矽基微系統晶片。因此從製造技術發展觀點而言，如何有效應用 3D IC 技術於微機電系統與晶片系統之整合，以實現最終之矽基微系統晶片，將可視為未來 3D 微系統製造之技術發展方向。因此本小節將以微機電系統晶片基本關鍵製程技術介紹出發，希冀讀者了解該關鍵製程技術與前節所述之晶片級 3D IC 技術的相關性，從而對於未來 3D 微系統製造技術所面臨之挑戰與可能發展之系統實體結構有著更為明確之認識與想法。

## 13.4.1 微機電系統應用與關鍵製程技術簡介

微機電系統是以融合微電子與機械之工程技術實現其系統功能，它的操作範圍在微米範疇之內，常見的應用有：印表機之噴墨系統、汽車內部以慣性加速器與陀螺儀為主之導航系統及搭配輪胎胎壓感測器所形成之控制動態穩定系統，與以溫度、血壓、血糖計所組成之個人生醫檢測系統等。由於此類微機電系統中所包含之感測、致動等元件具有小體積、高效能、與低成本等特性，微機電元件業已成為微系統中常備之重要組成單元之一。

以無線射頻晶片系統為例，近年來傳統上射頻前端收發系統包含了天線、轉接器、高頻濾波器、低雜訊放大器、壓控震盪源、混波器、寬頻帶接收器、與高功率放大器等多項組件。由於材料與製程上的限制；像是前端高頻濾波器與壓控震盪源多半是由石英或壓電陶瓷等非傳統半導體材料結合一般電子電路製造而成，高功率放大器則是由砷化鎵或矽鍺等非矽晶之化合物半導體材料所製成，以及於電路設計上的問題；像是壓控震盪源本身訊號因外漏而與其他訊號所產生的干擾耦合，使得該系統的形成必須藉由封裝整合方式以達其整合組件的目標，而較大的體積、寄生電感和電容、與較差的散熱能力……等卻成為系統上不可避免的缺點。近年來由於半導體製造以及電路設計技術的發展，已可將大部分的組件整合製作在一單一晶片之上，形成完全單一之射頻前端收發系統晶片。對於高性能通訊系統的發展，近年來已有相關研究提出，以矽微機電製程所開發之高性能的微波轉接器 [25]、高品質因素的共振器 [26] 與濾波器 [27]，以及可調變式的電容與電感器 [28,29] 等高效能被動元件，取代現有元件來達成無線通訊系統進一步的微縮化、多功化與低耗能化的目標，如圖 13.19 所示，此目標亦已成為國外各通信大廠開發下一世代高性能無線通訊系統晶片產品的重點發展項目之一。飛利浦所發展出的藍芽無線晶片 [30]，即是有效整合半導體，微機電，及頻微封裝製造技術，將一高電阻之單晶矽晶片製作成一多功能載具，如圖 13.20 所示。此載具除了以覆晶接合技術提供既有的晶片整合功能之外，亦藉由最佳化的射頻電

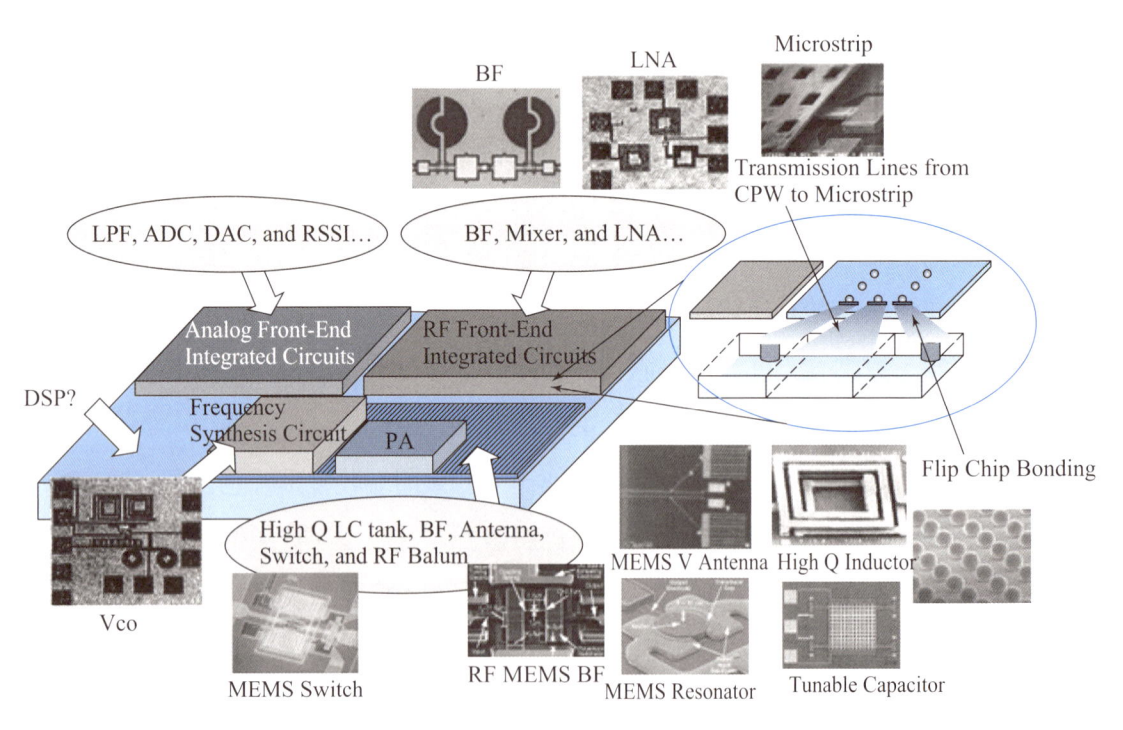

圖 13.19　具縮小化、多功能化與低耗能化之下世代矽基無線通訊系統。

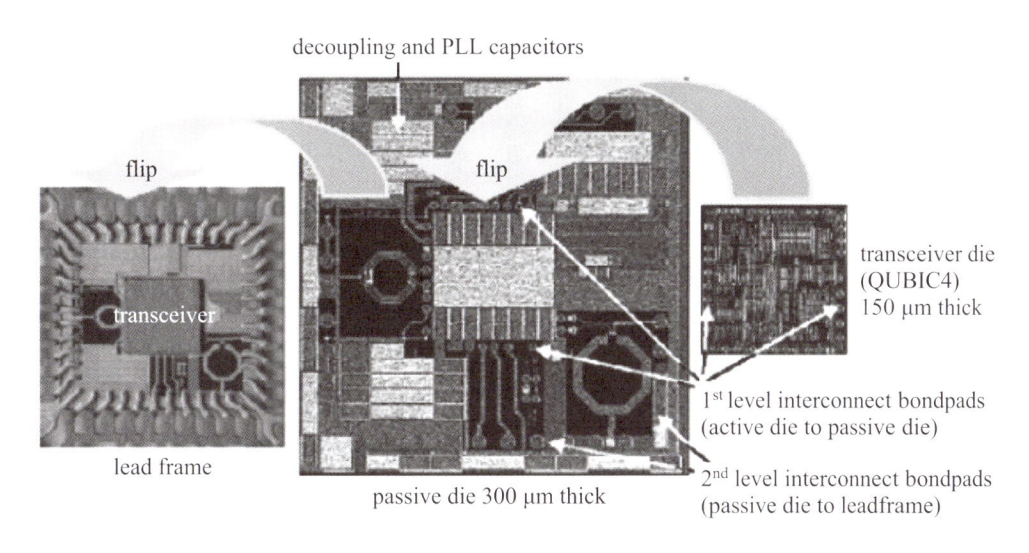

圖 13.20　飛利浦矽基藍芽晶片系統 [30]。

路設計與製程整合技術，把最先進的高性能射頻被動元件製成於此載具之中，並搭配其他前端收發晶片電路的設計，與矽晶片本身所擁有的絕佳導熱性，將此無線射頻系統整合矽晶片之上。此舉不但能降低系統能耗、體積與封裝成本，更為系統電路設計者提供了另一種系統晶片整合的方法。

另以光通訊系統為例，傳統上光通訊系統包含了雷射二極體、光感測器、雷射驅動器、寬頻放大器、多工解多工器、及時鐘資料復原器等多項晶片，所有晶片經由封裝技術整合而製成系統。然而此種方法擁有許多不可避免的缺點，譬如高封裝成本、龐大的體積，與較大的寄生電感和電容……等，極不適合應用於高頻系統的整合。自從 1980 年代末期，就有利用矽晶片作為一光學平台，將雷射二極體、光感測器以及被動光學元件整合於一體的研究。由於矽晶片本身擁有不錯的導熱性，此舉不但能降低封裝成本、體積的縮小，更能減少寄生的電感和電容，為高頻系統的整合上提供了絕佳的解決方法。並於1998年，Gates 等人成功展示其 "Hybrid integrated SiOB planar lightguide circuits" 的設計與製作，並用於 10 Gb/sec 光訊收發系統的整合 [31]。迄今 SiOB (矽機光學平台) 之發展，除了以先進的半導體、微機電，及光電封裝製造技術，將一高電阻之單晶矽晶片製作成一多功能載具。此載具會在提供既有的光學組件整合功能之外，藉由最佳化的設計，進而擁有較高的雷射對光纖之訊號耦合效率、較低的干擾及雜訊於各元件之間的訊號傳輸、較佳的晶片散熱能力，與防水氣的密閉式封裝等特性，以滿足更為高速寬頻上的要求。圖 13.21 為一 3D 模式之矽基光電子元件整合平台 [32]。在此架構之下，該下世代矽平台之開發，更可能包含垂直式晶片對光纖之接和器，積體光學鏡片與光阻隔器，用於電訊傳輸、晶片接合與密閉封裝之可熔接式金屬凸型界面，阻抗匹配之微波波導等組件等相關元件與製造技術，以達成光通訊系統中所有光電子元件整合上之需求。

由於微機電晶片系統基本上是以固態積體電路與微機械結構兩大單元所組成。如圖 13.22 所示，無線射頻系統所需之震動式微機械共振器 [26]、微機電式電感 [33]、電容 [28]，以及如圖 13.23 所示，光通訊系統所需之光源轉接衰減器 [34] 與可調式光源共振器 [35] 等。這類機械結構特徵使其無法相容於傳統半導體製程中的切割、封測等製造程序，因而導致後段構裝成本的居高不下，間接影響到微機電系統的商品化。切割、封測程序將會對此類懸浮可動之機械結構造成永久傷害，除製程過程所需之保護之外，泰半此類微機械結構更須保存亦或工作於氣密環境，以避免結構黏滯 (sticking) [24] 與效能減損之可靠度問題。因此微機電系統之關鍵製程即是如何有效解決微機電系統於切割與封測上所遭遇到的製

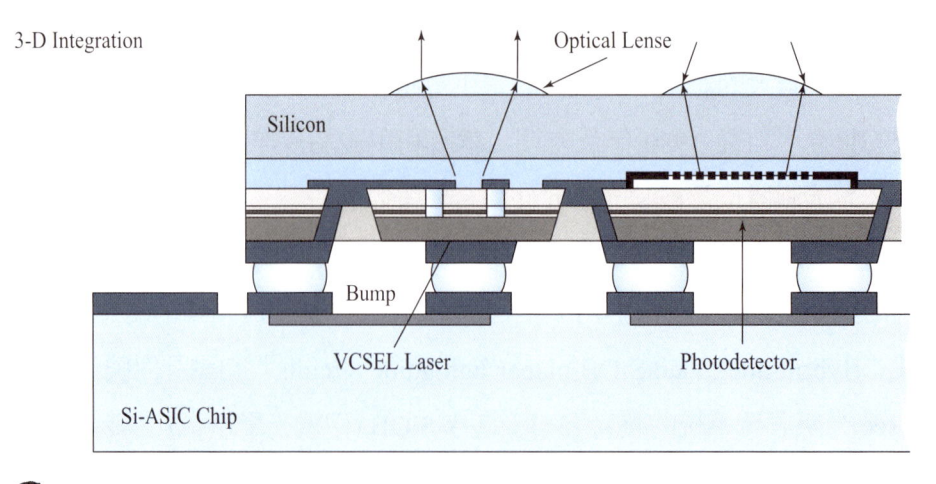

圖 13.21　3D 模式之矽基光電子元件整合平台 [32]。

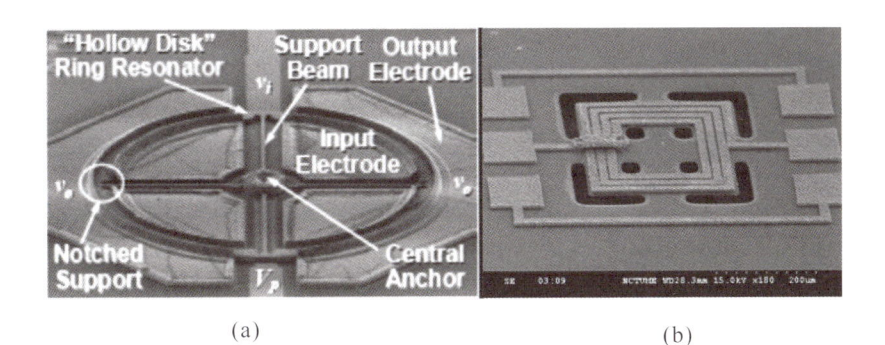

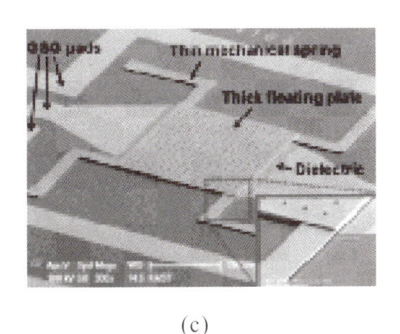

圖 13.22 微機電震動式：(a) 微機械共振器 [26]、(b) 電感 [33]、(c) 與電容 [28]。

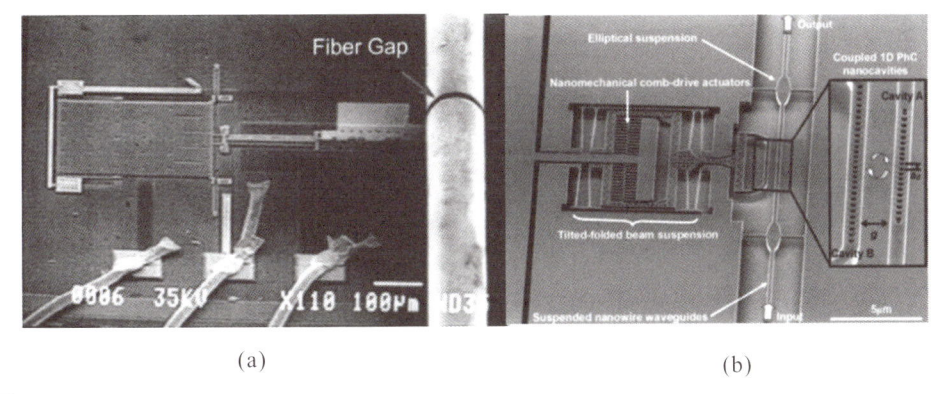

圖 13.23 微機電式：(a) 光源轉接衰減器 [34] 與 (b) 可調式光源共振器 [35]。

程相容性困難與元件工作中之可靠度的課題。

　　近年來，晶圓級的保護構裝製程已成為廣為接受的解決方案。在微機電元件完成移除犧牲層的程序後，隨即以一具有微型保護蓋之晶圓與微機電系統晶片接

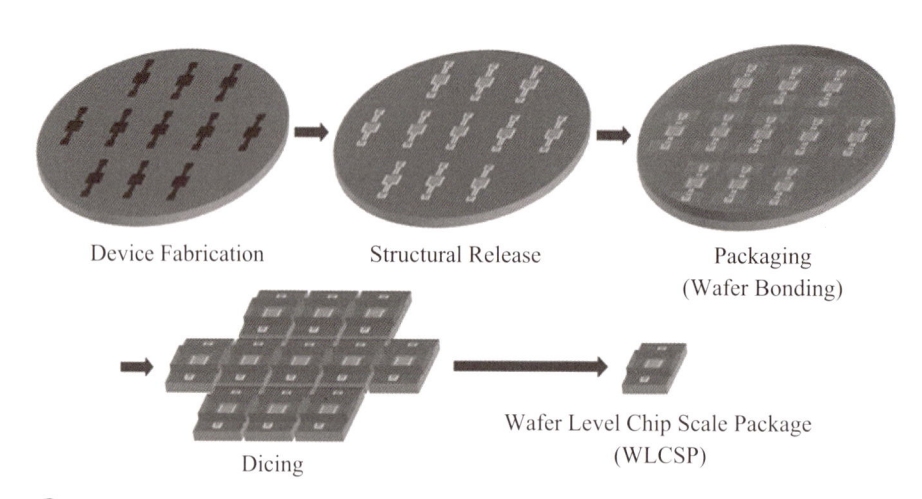

Device Fabrication　　Structural Release　　Packaging (Wafer Bonding)

Dicing　　Wafer Level Chip Scale Package (WLCSP)

**圖 13.24** 晶圓級微機電結構密封製程示意圖 [36]。

合，並將可動之微機械結構密封如圖 13.24 所示 [36]，如此一來，微結構便可免於晶圓切割過程中可能造成的污染及破壞；在密封過程中，更可根據元件需求提供不同的氣氛以提升元件特性。而保護蓋可讓封測廠於夾取晶粒時繼續沿用真空吸取的方式，而不需再開發全新的夾取機具。這種方式很類似覆晶技術；若是晶圓上有多種微結構元件，除可以製作不同形狀的封蓋於晶圓之上，再「上置」到各個微結構元件，亦可以應用「選擇性封蓋」概念於一微系統裡，使得部分化學或氣體感測器需要與外界環境接觸，但可同時完成部分元件所需之特殊氣密性封蓋來保護。此種晶圓級封蓋技術提供了一種氣密性佳、低成本、製程整合性佳的微機電系統晶片之製造方式。

## 13.4.2 應用於微系統整合之三維積體電路技術與所面臨之挑戰

誠如前小節所述之晶圓級的保護構裝製程與覆晶技術極為類似，其所需之製程就技術是一種面對面之接合技術。除常用之覆晶接合之金屬焊料如錫鉛、金錫與銅錫銀 (Pb-Sn, Au-Sn or CuSnAg) 等、現今常用之結合術亦有金矽、鋁鍺共晶低溫晶圓結合術 (Au-Si, Al-Ge eutectic wafer bonding)、矽對矽與矽對氧化矽高溫晶圓鎔合術 (Si-Si or Si-$SiO_2$ fusion bonding)、矽對氧化矽之陽極結合術 (Si-Glass Anodic bonding)，鋁對氧化矽與鋁對氮化矽之結合術 (Al-$SiO_2$ and Al-$Si_3N_4$

bonding) 等，由於此類結合術多是由加熱或加高電壓於晶圓之上的方式而達成，該封裝技術的成功應用，則需端賴於晶圓結合時的製程條件以及其可靠性。諸如，矽對矽與矽對氧化矽高溫晶圓鎔合術，其工作溫度需高於 1000℃，此法並不適合於含有積體電路的微系統封裝製作，實際上，上述需以晶圓加熱方式完成之晶圓結合術，並不適用於對製程溫度較為敏感之微系統整合製作。此外陽極接合、直接接合或是金屬焊料接合等方式，雖然提供了高接合強度、高密封性的特性，但其製程溫度多半過高，難以與其他電子元件整合；而高溫製程所伴隨而帶來的熱應力問題，也會影響元件的可靠度與特性曲線飄移問題，因此非常需要一種低成本、低溫的晶圓級構裝製程。另一方面 3D IC 於晶圓級立體堆疊所開發之相關技術包括透過膠材的接合方式 (adhesive bonding)、金屬接合 (metal diffusion bonding)、共晶接合 (Eutectic bonding) 與矽晶圓的直接接合 (silicon direct bonding) 等，該技術本質上與前述之封蓋接合技術極為相似，因此於微系統製造上僅需考量如何選取與運用適當之接合技術同時實現晶圓級封蓋與晶片立體堆疊之結構即可。

基本上，微機電系統的晶圓級保護構裝製程除提供機械支持與環境的保護之外，亦需考量其是否提供電氣介面及其於其他次系統的電性連結。由於微機電元件之感測訊號非常微小，易受外在環境之雜訊影響，而製程上微機電元件之製造與現今 CMOS 半導體製成多不相容，必須透過封裝方式將微機電元件晶片與 CMOS 電路晶片整合，然而元件訊號傳輸介面必須具有低雜訊之高品質傳輸特性，以利感測電路對於後續偵測訊號之放大與處理。因此 2002 年 Esashi 教授提出直通玻璃蓋穿孔導線 (Through Glass Cap Interconnect) 之架構，將感測元件信號透過此導線傳輸於外部電路區已進行訊號處理，如圖 13.25 所示 [37]。而此種導線架構因可降低傳輸線之寄生效應以及訊號傳輸時的損耗，使微機電系統效能得以進一步提升。相較於前述介紹之直通矽晶穿孔 (TSV) 之 3D-IC 技術，其應用情境、特性需求與結構極為相似，因此於微系統製造上，亦僅需考量如何適當設計直通矽晶穿孔之結構、材料與相關電性接面接合技術，即可同時實現具有電性連結之晶圓級封蓋，並與其他晶片整合而成之立體堆疊結構。

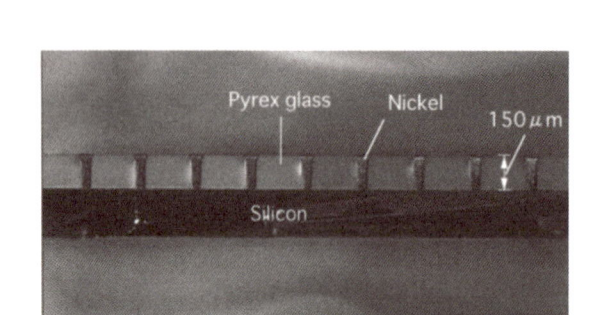

圖 13.25　直通玻璃蓋穿孔導線 (Through Glass Cap Interconnect)[37]。

儘管如此，對於前述所謂之 3D IC 技術應用於矽基微系統整合之技術考量，仍有許多製程挑戰必須面對，譬如於微機電整合部分，近年來以 CMOS 製程所實現之 CMOSMEMS 微機電感測與致動系統業已趨發展成熟 [38]，然而如何進一步將該微機電系統晶片於 3D IC 建構技術下完成最終微系統之整合，則須考量晶片堆疊時的接合溫度、接合材料、晶片薄化時之應力釋放、各晶片間因等效熱膨脹係數不同所產生之熱應力，以及 TSV 製作可能對 CMOSMEMS 晶片中的懸浮機械薄膜、橫樑等之剛性結構特性的影響。此外如圖 13.26 所示 [39]，未來之矽基微系統架構是為一 3D 晶片堆疊結構，因此為避免產生不必要於微機電系統晶片上的熱應力，該晶片須待其他晶片堆疊整合之後再予以接合，此舉將限縮晶

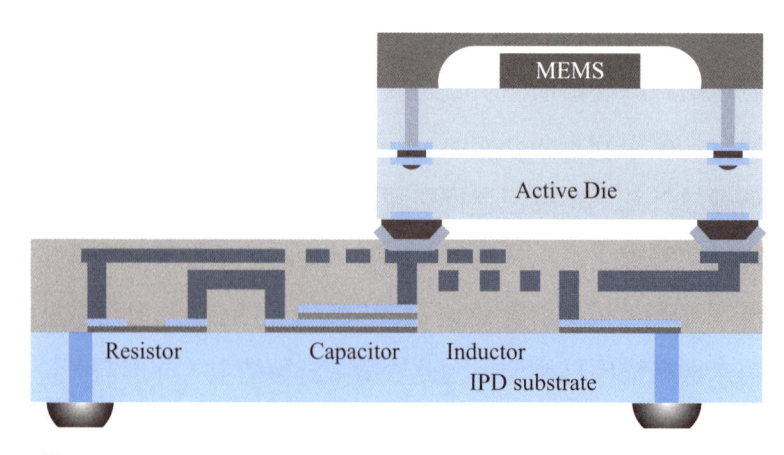

圖 13.26　三維堆疊式微系統 [39]。

圓堆疊結構之彈性,而造成 TSV 之設計難度,如何能使得各晶片之電性連結達成最佳化,亦為 3D IC 須面臨之挑戰。

## 13.5 三維積體電路優點與挑戰

三維積體電路有許多優點,最重要的有以下幾點:

1. 較短導線 (interchip interconnect) 長度;
2. 高元件密度;
3. 低的功率損耗;
4. 低製程成本;
5. 異質整合。

然而對於三維積體電路,目前仍有以下挑戰:

1. 需要建立相關的整合架構與設計工具 (EDA);
2. 提高良率與可靠度問題的解決;
3. 應用於高功率產品的散熱問題;
4. 相關技術之量產級製程設備的研發;
5. 來自不同領域的業界對 3D IC 的整合;
6. 標準化。

## 13.6 結論

隨著電子產品的多元化與輕薄短小發展趨勢,傳統電子元件電路的設計與製程,不可避免地將會遇到如物理極限或單一平面複雜化等多方面的瓶頸,三維積體電路的出現正好提供了一個最佳的解決方案,藉由第三軸縱向的堆疊,使得晶片的元件密度與應用可以進一步地提升。可預見的是,當相關的 3D IC 設計工具及 3D IC 製程設備發展完備,配合成熟的三維積體電路製程技術,就是三維積體電路時代的來臨。

## 誌謝

　　本章作者群在本章部分內容改寫引用他們在台灣電子材料與元件協會於電子資訊第十四卷第二期所發表的文章，在此表示對台灣電子材料與元件協會對本章的支持與協助。

## 本章習題

1. 請詳細說明晶圓級 3D IC 技術有哪些分類？
2. 請說明晶圓級 3D IC 技術在晶圓堆疊方向的分類？
3. 請列出幾種晶圓級三維積體電路的關鍵技術。
4. 請說明 3D SiP 堆疊的主要技術為哪五類？
5. 請說明 SiP 的主要構裝技術分類？
6. 請說明 3D IC with TSV 的特點為何？
7. 請說明 3D 系統整合技術的優點？
8. 試陳述何謂矽基微系統？並舉例所需的相關關鍵製程技術?
9. 請條列出晶圓級構裝製程之優缺點，以及如何應用該製程概念實現微系統之整合應用？
10. 試陳述 3D 微系統整合所面臨之挑戰、可能之技術挑戰與瓶頸，並提出可能之相對應策略。
11. 請說明三維積體電路的優點。
12. 請說明三維積體電路的挑戰。

## 參考文獻

1. D. Sylvester and C. Hu, Proceedings of the IEEE, 89, 634 (2001).
2. P. Kapur, J.P. McVittie and K.C. Saraswat, Proceedings of IEEE Interconnect Technology Conference, 235 (2003).
3. K. Banerjee, S.J. Souri, P. Kapur and K.C. Saraswat, Proceedings of the IEEE, 89, 602 (2001).
4. C.G. Hwang, Keynote Speech, IEEE International Electron Devices Meeting (2006).
5. D.K. Su, M.J. Loinaz, S. Masui and B.A. Wooley, IEEE J. Solid State Circuits, 28, 420 (1993).
6. K.W. Guarini *et al.*, ICMI (2005).
7. K.N. Chen, A. Fan and R. Reif, Journal of Electronic Materials, 331 (2001).
8. K. Tanica, M. Umemoto, N. Tanaka, Y. Tomita and K. Takahashi, Japanese Journal of Applied Physics, 43, 2264 (2004).
9. K.N. Chen, C.S. Tan, A. Fan and R. Reif, Electrochemical and Solid-State Letters, 7, G14 (2004).
10. A.W. Topol *et al.*, IEEE International Electron Devices Meeting Tech. Digest, 363 (2005).
11. J.-Q. Lu *et al.*, Advanced Metallization Conference, 515 (2000).
12. R. Reif, C.S. Tan, A. Fan, K.N. Chen, S. Das and N. Checka, RTI/ISMT 3D Architectures for Semiconductor Integration and Packaging Conference (2004).
13. K.N. Chen *et al.*, IEEE International Electron Devices Meeting Tech. Digest, 367 (2006).
14. K.N. Chen, A. Fan, C.S. Tan and R. Reif, Journal of Electronic Materials, 35, 230(2006).
15. S. F. Al-sarawi *et al.*, IEEE Transactions on Components, Packaging, and

Manufacturing Technology—Part B, Vol. 21, No. 1, 2 (1998).

16. H. Braunisch *et al*., Proceedings of 52nd Electronic Components and Technology Conference, 353 (2002)

17. A. Ostmann *et al*., 2nd International IEEE Conference on POLYTRONIC 2002, 23 (2002).

18. M. Umemoto *et al*., Proc. 54$^{th}$ Electronic Components and Technology Conference, 616 (2004).

19. P. Ramm *et al*., Microelectronic Engineering, Vol. 37-38, 39 (1997).

20. W. C. Lo *et al*., International VLSI Technology, Systems and Applications, 72 (2007).

21. 郭子熒，「3D IC 技術簡介與其發展現況」，先進微系統與構裝技術聯盟季刊，第三十期，78 (2008).

22. The international technology roadmap for semiconductors: 2009 edition assembly and packaging

23. R. R. Tummala, Fundamentals of Microsystems Packaging, McGraw-Hill, 2001.

24. M. J. Madou, Fundamental of Microfabrication, CRC Press, Inc., 1997

25. J. B. Muldavin and G. M. Rebeiz, IEEE Microwave and Wireless Components Lett., Vol. 11, 373 (2001).

26. C. T.-C. Nguyen, Proceedings of 2000 European Solid-State Device Research Conference, 2 (2000).

27. C. Nguyen, Proc. 2006 IEEE Ultrasonics Symp., 953 (2006).

28. H. S. Lee, Y. J. Yoon, D.–H. Choi and J.-B. Yoon, 21st IEEE Micro Electro Mechanical Systems, 180 (2008).

29. N. Sarkar, D. Yan, E. Horne, H. Lu, M. Ellis, J. B. Lee, R. Mansour, A. Nallani and G. Skidmore, 18th IEEE Micro Electro Mechanical Systems, 183 (2005).

30. F. Roozeboom, A. L. A. M. Kemmeren, J. F. C. Verhoeven, F. C. van den Heuvel, J. Klootwijk, H. Kretschman, T. Fric, E. C. E. van Grunsven, S. Bardy, C. Bunel, D.

Chevrie, F. LeCornec, S. Ledain, F. Murray and P. Philippe, Thin Solid Film, Vol. 504, 391 (2006).

31. J. Gates, D. Muehlner, M. Cappuzzo, M. Fishteyn, L. Gomez, G. Henein, E. Laskowski, I. Ryazansky, J. Shmulovich, D. Syvertsen and A. White, IEEE ECTC, 551 (1998).

32. Y. Liu, IEEE Trans. on Adv. Pack., Vol.25, 43 (2002).

33. J. W. Lin, C. C. Chen and Y.-T. Cheng, IEEE Trans. on Elec. Dev., Vol. 52, 1489 (2005).

34. C. R. Giles, V. Aksyuk, B. Barber, R. Ruel, L. Stulz and D. Bishop, IEEE JOURNAL OF SELECTED TOPICS IN QUANTUM ELECTRONICS, Vol. 5, 18 (1999).

35. X. Chew, G. Zhou, F. S. Chau, J. Deng, X. Tang and Y. C. Loke, Optics Letter, Vol. 35, 2517 (2010).

36. Zhi-Hao Liang, Y. T. Cheng, W. Hsu and Yuh-Wen Lee, IEEE Trans. Adv. Pack., Vol. 29, 513 (2006).

37. X. Lia, T. Abe, Y. Liu and M. Esashi, IEEE/ASME JOURNAL OF MICROELECTROMECHANICAL SYSTEMS, Vol. 11, 625 (2002).

38. Advanced Micro& Nanosystems, Vol. 2 CMOS-MEMS, by O. Brand, and G. K. Fedder, Wiley-Vch Verlag GmbH. KGaA, 2001.

39. 王盟仁、翁承誼、楊學安，"三維立體封裝之技術發展"，電子資訊，第12卷第12期 2008。